南京航空航天大学"十四五"规划（重点）教材资助项目

# 电力电子技术及控制

马运东　段　彬
王　芳　张承慧　编著

科学出版社
北　京

## 内 容 简 介

本书是针对"自动化专业卓越工程师培养计划"设计，面向电气工程及自动化、自动化等电气信息类专业学习"电力电子技术""电力电子系统与设计"等专业基础理论知识而撰写的。主要内容包括：电力二极管和晶闸管、晶闸管可控整流电路、晶闸管有源逆变电路、电力晶体管、直流-直流变换器、电力电子变换器辅助电路及元件、直流变换器建模及控制、逆变器及其控制、软开关技术与谐振变换器、电力半导体器件的热设计概念等。

本书概念清晰，结构严谨，适用于电气工程及其自动化专业、自动化专业和其他学习自动控制理论的本科专业，也可以作为从事电力电子技术及控制相关研究的工程技术人员的参考用书以及研究生教学的参考用书。

**图书在版编目（CIP）数据**

电力电子技术及控制 / 马运东等编著. —北京：科学出版社，2024.2
ISBN 978-7-03-077771-3

Ⅰ. ①电… Ⅱ. ①马… Ⅲ. ①电力电子技术－高等学校－教材 Ⅳ. ①TM1

中国国家版本馆 CIP 数据核字（2024）第 021141 号

责任编辑：惠　雪 / 责任校对：王萌萌
责任印制：霍　兵 / 封面设计：许　瑞

科学出版社 出版
北京东黄城根北街 16 号
邮政编码：100717
http://www.sciencep.com

三河市宏图印务有限公司印刷
科学出版社发行　各地新华书店经销

\*

2024 年 2 月第 一 版　开本：787×1092　1/16
2024 年 3 月第二次印刷　印张：19 1/2
字数：468 000

**定价：69.00 元**
（如有印装质量问题，我社负责调换）

# 序

电力电子技术近几十年发展迅速，涉及典型的弱电技术在强电领域的应用，诸如在传统家电和消费类电子、信息产业、工业自动化、电气化交通、电力系统及新能源等领域，特别是能源的变换，更是离不开电力电子技术。电力电子学科是综合了两个弱电学科"电子学""控制学"和一个强电学科"电力学"的新兴交叉学科，主要研究新型电力电子器件、电能的变换与控制、电力传动及其自动化等理论技术和工程应用，对学科的发展和社会进步具有广泛影响和巨大作用。《电力电子技术及控制》这部教材，实实在在地将"电子学""控制学""电力学"三门基础学科有机融合，注重基础理论研究、应用研究以及工程实践，有利于新型复合型专业人才培养。该教材应用电子学的基础知识讲述电力半导体器件，应用电力学的知识讲述变换器工作原理，应用控制学的知识讲述变换器闭环系统中控制器的设计方法。该教材内容进一步完善了电力电子学是"电子学""控制学""电力学"三个学科领域内容的教学体系，又实际应用了自动化专业基础课程"自动控制理论"的相关内容，有利于加强自动化专业本科生学习"电力电子技术"的目的性，促进本科生系统提升综合应用知识能力、增强创新能力。该教材特别为自动化专业及电气工程等专业撰写，相信将会对自动化、电气工程等专业人才的培养发挥积极作用。

中国工程院院士

2023 年 2 月 6 日

# 前　言

广义的电子技术包括信息电子技术和与电能处理相关的电力电子技术。电力电子技术利用电力半导体器件、应用电路和设计理论及分析开发工具，实现对电能的高效能变换和控制，它连接弱电、强电这两大技术领域，体现了电子学、电力学、控制学的学科交叉。专业基础课程"电力电子技术"对自动化、电气工程及自动化等相关专业极为重要，该课程对上述专业的学生全面掌握电气、控制两个领域的技术，夯实专业基础知识，训练实际设计能力，激发创新意识，培养终身学习能力具有重要的理论意义和实践价值。

目前国内电力电子技术教材普遍包含电子学和电力学的内容，以讲述电力半导体器件、功率变换电路结构和原理、功率变换器的应用为主，而相对缺少对电力电子系统的专业知识的阐述，特别是电力电子技术与自动控制理论的联系等，未能完整体现电力电子技术是电力、电子与控制交叉的学科内涵。因此，自动化相关专业的学生在学习时不清楚电力电子技术课程与控制学之间的联系，同时，电气工程相关专业学生在学习该课程时不能将所学习的控制理论知识应用于专业技术，不能很好地掌握电力电子系统知识。为进一步完善电力电子技术基础理论的系统性，提升本科生对电力电子技术和自动控制理论的专业知识的学习兴趣和专业知识的理解，基于"新工科"建设培养创新融合人才的出发点，立足于学科教学，对现有的电力电子技术课程教学内容进行创新和改革，撰写一本包含电子学、电力学、控制学三个学科知识的教材就显得十分重要与迫切。

本教材根据三个学科的交叉内容，在原有"电力电子技术"课程讲授电子学、电力学知识的基础上，增加了功率变换器建模及控制设计方面的基础知识。一方面，能够丰富该课程的内容、完善电力电子学是三个学科领域内容的教学体系；另一方面，将前面学习的专业基础课程"自动控制理论"的相关内容在具体的学科中应用，以尝试进一步加强本科生学习"电力电子技术"课程内容；同时促进本科生系统地提高电气、控制两个学科的知识水平，提升综合应用所学知识的能力，增强创新能力。

本教材兼顾传统理论知识，内容循序渐进、语言简洁，同时注重背景知识的介绍和概念的引入、知识结构的系统性与完善性。前3章首先介绍晶闸管及其变流技术的基本知识，其中第2章将单相、三相可控整流电路各设为一节，并介绍基于基本整流电路构建多重化大功率整流电路的原理和方法；从第4章起介绍高频电力半导体器件及其构成的高频功率变换电路与系统，第5章为高频直流-直流变换电路，将基本直流-直流变换器、单端直流-直流变换器和双端直流-直流变换器各设为一节，第6章介绍电力电子变换器的辅助电路与元件，将控制、缓冲、驱动、磁设计各设为一节，第7章系统介绍直流变换器建模的基本方法与控制器设计，由此为学生形成器件、电路与系统的全面概念，这都体现了内容的循序渐进；第8章将逆变器的基本原理、调制技术和控制设计各设为一节，对学生已形成的系统知识进行二次提升；第9章介绍软开关技术与谐振变换器，将谐振、准谐振、准谐振开关PWM变换器各设为一节，介绍软开关知识的同时，引发学生思考建模问题，对学生已形成的系统知识三次提升；第 10 章是电力半导体器件的热设计概念，该部分内容是电力电子装置设计过程中不可欠缺的重要环节。本教材在内容的编排上考虑了知识结构的系统性与完善性，并着力让学生掌握用发展的眼光看待电力电子技术的丰富和发展，注重培养学生的创新和开放思维能力。

与传统的电力电子技术教材相比，本教材新增了功率变换器建模与控制方面的内容：直流变换器基本建模方法，包括开关元件平均建模方法和状态空间建模方法；结合直流变换器不同传递函数的闭环控制系统和控制器参数，应用频域和零度根轨迹等方法进行系统分析设计；逆变器的数学模型、逆变器的闭环控制和控制器设计。应用的控制器包括积分、比例积分、相位超前、比例-准谐振等控制器，以及上述控制方式的组合：带积分调节的相位超前、带 PI 调节的相位超前控制器。

除了上述新增的控制学相关内容以外，本教材还增加了部分设计实例及新内容，主要包括第 5 章中各变换器工作在电感电流断续模式（DCM）、电感电流连续模式（CCM）的工作选择以及电感极限参数的设计准则及设计实例、双端直流变换器，第 8 章逆变器及各种调制方式，第 9 章软开关技术与谐振变换器的部分内容等。

本教材适用于自动化、电气工程及自动化等相关专业"电力电子技术"本科课程 32～72 学时教学使用，其中带"*"号的章节可由授课者灵活选用。

本教材由南京航空航天大学马运东，山东大学段彬、张承慧，南京工业职业技术大学王芳等合作编著。其中第 2、3 章、第 5.1、5.2、6.2、6.3 节由段彬撰写，第 1、4 章及附录由王芳撰写，绪论及第 6.1、6.4 节、第 10 章由张承慧撰写，其余各部分章节由马运东撰写。参加编著工作的还有蔡瑞佳、戴瑞然、赵志强、王鹏、王鹏飞、王迪、仝永记、吕尹等。

特别邀请中国工程院夏长亮院士主审并作序，夏院士提出了很多宝贵建议，在此由衷感谢夏院士！

邀请南京航空航天大学谢少军教授、邢岩教授作为学术顾问，衷心感谢两位教授。

在编写本教材时，作者先后听取了很多热心同仁的宝贵意见，衷心感谢各位热心同仁。

编写本教材时，参阅了国内已出版的多种电力电子技术、变换器建模与控制方面的著作，特此向相关作者表示衷心感谢。

由于作者水平有限，书中不妥之处，恳请广大同仁及读者不吝赐教。

作　者

2023 年秋

# 目 录

序
前言

## 第0章 绪论 ... 1
### 0.1 电力电子学的形成与发展 ... 1
### 0.2 电力电子技术的基本特点及应用 ... 2
#### 0.2.1 传统家电和消费电子 ... 2
#### 0.2.2 信息产业 ... 3
#### 0.2.3 工业自动化 ... 3
#### 0.2.4 电气化交通 ... 4
#### 0.2.5 电力系统及新能源 ... 4
### 0.3 本教材内容简介和使用说明 ... 4

## 第1章 电力二极管和晶闸管 ... 5
### 1.1 电力二极管 ... 5
#### 1.1.1 PN结与二极管的伏安特性 ... 5
#### 1.1.2 二极管的开关特性 ... 6
#### 1.1.3 二极管的类型 ... 7
#### 1.1.4 二极管的性能参数 ... 8
### 1.2 晶闸管 ... 9
#### 1.2.1 晶闸管的结构和工作原理 ... 9
#### 1.2.2 晶闸管的特性和主要参数 ... 11
### 习题 ... 17

## 第2章 晶闸管可控整流电路 ... 19
### 2.1 单相桥式可控整流电路 ... 19
#### 2.1.1 单相桥式全控整流电路 ... 19
#### 2.1.2 单相桥式半控整流电路 ... 27
### 2.2 三相可控整流电路 ... 29
#### 2.2.1 三相半波可控整流电路 ... 29
#### 2.2.2 三相桥式全控整流电路 ... 35
#### 2.2.3 带平衡电抗器的双反星形可控整流电路 ... 39

- *2.3 整流电压的谐波分析和脉动系数 ······ 44
  - 2.3.1 $\alpha = 0°$时 ······ 45
  - 2.3.2 $\alpha > 0°$时 ······ 46
- *2.4 整流电路的多重化 ······ 48
- 2.5 电源变压器漏抗对可控整流电路的影响 ······ 49
  - 2.5.1 换相的物理过程和整流电压波形 ······ 49
  - 2.5.2 换相压降与整流平均电压 ······ 50
  - 2.5.3 换相重叠角 $\gamma$ 的计算 ······ 50
- 习题 ······ 52

## 第 3 章　晶闸管有源逆变电路 ······ 54

- 3.1 电能的流转 ······ 54
- 3.2 三相半波可逆整流电路 ······ 55
  - 3.2.1 整流工作状态（$0 < \alpha < \pi/2$） ······ 55
  - 3.2.2 中间状态（$\alpha = \pi/2$） ······ 55
  - 3.2.3 逆变工作状态（$\pi/2 < \alpha < \pi$） ······ 55
  - 3.2.4 晶闸管的电压波形 ······ 57
  - 3.2.5 逆变角 $\beta$ ······ 57
  - 3.2.6 对触发电路的要求 ······ 57
- 3.3 三相桥式可逆整流电路 ······ 58
  - 3.3.1 三相桥式可逆整流电路工作原理 ······ 59
  - 3.3.2 电参数计算 ······ 59
- 3.4 逆变失败与控制角的限制 ······ 60
  - 3.4.1 逆变失败 ······ 60
  - 3.4.2 最小逆变角 $\beta_{min}$ ······ 61
- 习题 ······ 62

## 第 4 章　电力晶体管 ······ 63

- 4.1 电力双极晶体管 ······ 63
  - 4.1.1 电力 BJT 的稳态特性 ······ 64
  - 4.1.2 电力 BJT 的开关特性 ······ 65
  - 4.1.3 电力 BJT 的参数 ······ 66
  - 4.1.4 达林顿连接 ······ 68
  - 4.1.5 电力 BJT 对驱动的要求 ······ 69
- 4.2 电力 MOS 场效晶体管 ······ 70
  - 4.2.1 场效应晶体管的分类 ······ 70
  - 4.2.2 MOSFET 的导电机理 ······ 70
  - 4.2.3 电力 MOSFET 的特性和参数 ······ 74
  - 4.2.4 电力 MOSFET 对驱动的要求 ······ 78
- 4.3 绝缘栅双极晶体管 IGBT ······ 78

| | | |
|---|---|---|
| 4.3.1 | IGBT 结构和原理 | 78 |
| 4.3.2 | IGBT 基本特点 | 79 |
| 4.3.3 | IGBT 的特性 | 79 |

4.4 宽禁带半导体器件 ······ 82
习题 ······ 83

# 第 5 章 直流-直流变换器 84

5.1 基本直流-直流变换器 ······ 85
 5.1.1 降压变换器 ······ 85
 5.1.2 升压变换器 ······ 91
 5.1.3 升降压变换器 ······ 95
 *5.1.4 丘克变换器 ······ 95

5.2 单端直流-直流变换器 ······ 97
 5.2.1 单端正激变换器 ······ 97
 5.2.2 单端反激变换器 ······ 99

5.3 双端直流-直流变换器 ······ 105
 5.3.1 推挽直流-直流变换器 ······ 106
 5.3.2 半桥直流-直流变换器 ······ 109
 5.3.3 全桥直流-直流变换器 ······ 112

习题 ······ 114

# 第 6 章 电力电子变换器辅助电路及元件 116

6.1 电力电子变换器闭环控制电路 ······ 116
 6.1.1 电力电子变换器闭环控制系统组成 ······ 116
 6.1.2 脉宽调制基本原理 ······ 117
 6.1.3 集成脉宽调制芯片（控制器） ······ 117

6.2 开关晶体管的缓冲电路 ······ 121
 6.2.1 开关过程及负载线 ······ 121
 6.2.2 基本缓冲电路 ······ 122
 *6.2.3 无损缓冲电路 ······ 126

6.3 开关晶体管的驱动电路 ······ 128
 6.3.1 驱动电路的隔离技术 ······ 128
 6.3.2 典型驱动电路 ······ 130

6.4 电力电子变换器中的磁性元件 ······ 132
 6.4.1 磁芯的磁特性及基本的磁物理量 ······ 132
 6.4.2 磁芯的工作状态 ······ 136
 6.4.3 常用磁性材料的性能及选用 ······ 140
 *6.4.4 脉冲功率变压器及电感设计 ······ 142

习题 ······ 148

# 第 7 章 直流变换器建模及控制 ... 150

## 7.1 建立直流变换器小信号模型的基本方法 ... 150
### 7.1.1 思路及步骤 ... 150
### 7.1.2 降压变换器工作在 CCM 时的模型 ... 155

## 7.2 控制性能指标及降压变换器的闭环设计 ... 159
### 7.2.1 控制系统特性及性能指标 ... 159
### 7.2.2 降压变换器工作在 CCM 时的闭环设计 ... 161

## 7.3 开关元件平均法及 Boost 变换器的闭环设计 ... 174
### 7.3.1 开关元件平均法 ... 174
### 7.3.2 Boost 变换器工作在 CCM 时的闭环设计 ... 179

## 7.4 状态空间平均法和变换器工作在 DCM 时的闭环设计 ... 189
### *7.4.1 CCM 时状态空间平均模型法 ... 189
### *7.4.2 DCM 时状态空间平均建模方法 ... 193
### 7.4.3 变换器工作在 DCM 时的闭环设计 ... 207

## 习题 ... 214

# 第 8 章 逆变器及其控制 ... 216

## 8.1 逆变器工作原理 ... 216
### 8.1.1 电压型逆变器 ... 216
### 8.1.2 电流型逆变器 ... 227

## 8.2 逆变器调制方式 ... 228
### 8.2.1 单脉宽调制 ... 228
### 8.2.2 多脉宽调制 ... 229

## 8.3 逆变器数学模型与闭环控制分析 ... 238
### 8.3.1 传递函数 ... 238
### 8.3.2 滤波器及其数学模型 ... 240
### 8.3.3 电压双环控制 ... 242
### 8.3.4 电压电流双环控制 ... 251
### 8.3.5 逆变器控制设计问题的思考和探讨 ... 255

## 习题 ... 256

# 第 9 章 软开关技术与谐振变换器 ... 258

## 9.1 软开关技术 ... 258

## 9.2 谐振变换器 ... 259
### 9.2.1 串联谐振变换器 ... 260
### 9.2.2 LLC 谐振变换器 ... 267
### 9.2.3 并联谐振变换器、LCC 谐振变换器 ... 273

## 9.3 准谐振变换器 ... 274
### 9.3.1 零电流准谐振 ... 274

- 9.3.2 零电压准谐振 ································ 277
- 9.4 准谐振开关 PWM 变换器 ···························· 279
  - 9.4.1 零电压和零电流开关 PWM 变换器 ············ 279
  - 9.4.2 零转换 PWM 变换器 ························· 281
  - 9.4.3 移相全桥软开关 PWM 变换器 ·················· 283
- 习题 ···································································· 286

## *第 10 章　电力半导体器件的热设计概念 ················ 287

- 10.1 电力半导体器件最高允许结温与结温减额 ··············· 287
- 10.2 热路与温度计算 ············································ 287
- 10.3 热阻确定方法和散热器设计 ······························· 289
- 10.4 瞬态热路 ····················································· 291
- 习题 ···································································· 292

## 参考文献 ································································ 293

## 附录　基本环节的对数频率特性 ································ 294

# 第 0 章

# 绪 论

## 0.1 电力电子学的形成与发展

电力电子学目前已经发展成为电气工程领域的一门重要技术科学[1]。威廉·E. 纽威尔（William E. Newell）在 1973 年提出一个倒三角结构，描述了电力电子学是由电子学、电力学和控制学交叉形成，如图 0-1 所示[2, 3]。

电力电子技术应用电力半导体器件，对电能进行包括电压、电流、频率和波形等方面的变换，以使得电能更好地符合用电设备的要求。

自从交流电得到普遍应用以后，用电设备开始对电能变换提出要求。在 20 世纪三四十年代，一般使用电机组、汞弧整流器、闸流管、电抗器、接触器等设备对电能进行变换。这种变流装置的主要缺点有：功率放大倍数低、响应慢、体积大、功耗大、效率低、有噪声等。

1958 年第一只晶闸管的商业生产带来了电能变换方法的革命。此后大约 20 年，随着该器件额定值及性能的

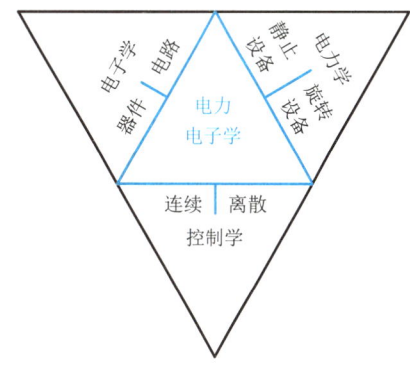

图 0-1 电力电子学倒三角形描述

提高和改进，电力电子技术进入"晶闸管及其应用"的第一阶段。应用晶闸管设计的装置很快在电化学工业、使用直流电机调速的钢铁工业、纺织工业、电气机车等行业得到广泛应用。在此期间晶闸管的派生器件（如光控晶闸管、逆导晶闸管、双向晶闸管等）也得到快速发展。目前在高压直流输电、无功补偿、大功率直流电源（化工电解，直流电弧炉等）、超大功率和高压变频调速等领域，基于晶闸管的电能变换技术仍起着主导作用。随着电力半导体技术水平的提高，电力电子学得到迅速发展。

20 世纪 70 年代中期以后，具有开通和关断功能的全控型器件得到快速发展和广泛应用，电力电子技术进入"全控型器件"的第二阶段。这类器件主要包括：门极可关断晶闸管（gate turn-off thyristor，GTO）、电力双极晶体管（bipolar junction transistor，BJT）等。门极可关断晶闸管受工作机理的限制，开关时间仍在 10μs 以上。电力双极晶体管的开关频率远比晶闸管高，其开关损耗小，饱和压降低（200A 的功率开关管可低于 1V）；达林顿晶体管可工作至 10kHz，单个 BJT 的开关频率可高于 20kHz。

20 世纪八九十年代电力金属-氧化物-半导体场效应晶体管（power MOSFET）、绝缘栅双极型晶体管（insulated gate bipolar transistor，IGBT）、MOS 门控晶闸管（MOS controlled thyristor，MCT）以及功率集成电路（power integrate circuit，PIC）和智能功率模块（intelligent power module，IPM）的相继出现，使电力电子技术进入"高频电力电子"的第三阶段。电力 MOSFET

在 20 世纪 70 年代中期已经出现，直到 80 年代初才获得商业应用。IGBT 是 MOS 输入控制、双极型结构输出的复合型电力半导体器件。MCT 利用 MOS 控制晶闸管的开通、关断，具有良好的动态特性和非常低的通态压降。功率集成电路（PIC）将功率开关与控制逻辑、监测与保护等功能集成在同一芯片上。智能功率模块（IPM）是将 IGBT、驱动电路、保护电路等集成在一个模块内。现代电力半导体开关器件就是以 MOS 结构为基础的电力 MOSFET、IGBT、MCT 以及 PIC 和 IPM。这些器件的共同特点是开关频率高，输入阻抗高，电压控制，采用集成驱动电路。采用这些器件可以缩小装置的体积，提高系统效率和可靠性[1]。诸如，采用 IGBT 和变频技术设计的交流变频调速器，把交流电机的调速性能提高到完全可与直流电机调速性能相媲美水平，导致 20 世纪 90 年代以后直流电机在工业应用中逐步被交流电机所取代。

随着技术的进步，21 世纪以碳化硅（SiC）、氮化镓（GaN）为代表的宽禁带功率半导体器件得到迅速发展。宽禁带器件具有比硅材料更多的优点：禁带宽、击穿场强高、电子饱和漂移速度快、热导率高、熔点高，使电力电子技术发展进入"宽禁带半导体器件"的新阶段。

以开关方式工作的电力半导体器件是电力电子技术的基础与核心。器件的每一步发展都带动了功率变换电路技术的突破。基于性能优良的电力半导体开关器件及磁性器件、性能卓越的微控制单元（microcontroller unit，MCU）、结构优化的新型电路拓扑和控制策略，电力电子技术具有了全新的面貌[1]。

## 0.2 电力电子技术的基本特点及应用

电力电子技术的基本特点：能以小功率输入信号控制很大的功率输出，该特点使得电力电子设备成为强电、弱电之间的接口；功率半导体器件工作于开关状态，正向导通压降低、反向阻断时漏电流小，在原理上保证电力电子变换器设备的损耗低。

应用电力电子技术构成的变换装置，称为电力电子变换器，按其功能可分为表 0-1 所列的几种类型。

表 0-1 电力电子变换器的类型

| 名称 | 功能 |
| --- | --- |
| 可控整流器 | 交流电压变换成大小固定或可调的直流电压 |
| 逆变器 | 直流电变换成电压、频率等参数固定或可调的交流电 |
| 变频器 | 固定或变化的交流电压变换成大小、频率固定或可调的交流电压 |
| 直流变换器 | 固定或变化的直流电压变换成可调或恒定的直流电压 |

电力电子技术在传统家电和消费类电子、信息产业、工业自动化、电气化交通、电力系统及新能源等领域应用广泛[1-10]。

### 0.2.1 传统家电和消费电子

家用电器都离不开电力电子变换器。变频空调、电冰箱、电烤箱、微波炉、洗碗机、电视机、洗衣机等用电基本都是经过电力电子变换器变换后的电能。消费类电子包括电视机、影碟机、录像机、收音机、各种音响、电脑、数码相机、手机等，基本都是使用电源适配器、开关电源供电。

照明也是电力电子变换器的典型应用。起初，因白炽灯发光效率低、热损耗大，日光灯广泛使用，但日光灯必须要有扼流圈（电感），启辉后，全部电流要流经扼流圈，无功电流较大，不能达到有效节能。电子镇流器的出现较好地解决了这个问题。电子镇流器就是一个交流-直流-交流变换器。若用于 20～40W 的日光灯，其体积要比相同功率的扼流圈要小，可以减少无功电流和有功损耗。目前更多使用发光二极管（light emitting diode，LED）灯照明，与白炽灯相比，LED 灯可节电 80%～90%。LED 灯采用的电源就是经过有源功率因数校正变换器（active power factor correction，APFC）整流变换后的直流电[1, 2]。

### 0.2.2 信息产业

信息和通信技术发展迅速，大型数据中心的电源包含不间断电源、服务器电源和板级电源等。

通信电源由一次电源和二次电源构成。一次电源是将电网市电变换成标称值 48V 的直流电。将市电直接或者先经有源功率因数校正变换器（APFC）整流，再经高频开关功率变换，又经过整流、滤波，最后得到 48V 的直流电源。在这里功率 MOSFET、IGBT 广泛应用，开关工作频率采用 100kHz 以上。与传统的一次电源相比，其体积、重量大大减小，效率显著提高[1]。二次电源是电信设备内部集成电路所需用的电源，要求体积小，规格齐全。将一次电源（48V）经过直流-直流高频功率变换，获得不同规格的直流电压输出，即二次电源。二次电源开关频率为几百千赫以上，甚至达兆赫以上。开关频率提高，带来更大的开关功耗。为了减小开关功耗，则推动"软开关"技术的研究[1, 2]。

### 0.2.3 工业自动化

#### 1. 电机调速

工业生产、自动化等领域应用大量的电机，其运行速度需要调节。在交流电机变频调速发明之前，直流电机由于调速方法简单得到广泛应用。比较典型的应用有轧钢机、纺织工业印染生产线等。直流电机调速应用的是晶闸管可控整流电路，只需改变电压，就可以改变直流电机的转速，且调速性能良好[1, 9]。但直流电机的电刷滑环机械结构影响其长期稳定和可靠运行，而交流电机则不存在这个缺陷。随着全控型功率器件的发展，交流电机变频调速技术得到快速发展，采用正弦脉宽调制（sinusoide pulse width modulation，SPWM）可以很方便地获得"变压变频"（variable voltage variable frequency，VVVF）电源，以"恒压频比"供电给交流异步机，就可以获得与直流电机相似的良好调速特性。因此，自变频调速器发明之后，直流电机逐渐被交流电机取代，带来巨大的节能效益。采用交流电机变频调速后用电效率明显提高，节电效率可达到 30% 以上。我国所拥有的风机、水泵等全面采用变频调速后，每年节电量达到百亿度电的数量级[1]。家用电器中的空调采用变频调速可节电 30% 以上[1, 10]。

随着变频调速技术的发展，功率容量增大，器件性能不断提高。由于数字控制的引入，电机具有所需要求的各种拖动特性，如电梯、吊车、自动门等要求 S 形加减速特性；电机转速或旋转位置达到很高的精度，满足一些如化纤或造纸行业的特殊要求[1]。

#### 2. 电化学、冶金等一般工业

电化学工业中大量使用大功率直流电源。比如电解铝、氯碱工业、电解硅、电镀等，且都需要使用整流器。冶金行业使用的中频感应加热电炉等也同样需要电力电子装置[2]。

#### 3. 高频逆变整流焊机电源

目前，以电力 MOSFET 和 IGBT 为主开关元件的逆变焊机已占主流。逆变焊机电源是低电压大电流输出,其工作原理与高频开关通信电源相同。由于采用高频(20kHz 以上)逆变,体积、质量明显减小,因而便于携带,适用于各种场合[1]。

### 0.2.4　电气化交通

电气化铁路中广泛采用电力电子技术。电动汽车的电动机依靠电力电子装置进行电能变换和驱动控制,电池充电也使用电力电子装置。飞机、船舶技术目前也向多电、全电方向发展[8]。

### 0.2.5　电力系统及新能源

电力电子变换器在电力系统中也有广泛的应用。例如,高压直流输电中,送电端的整流阀和受电端的逆变阀一般都采用晶闸管装置。轻型直流输电、柔性直流输电也需要电力电子装置实现。还有无功补偿等也采用电力电子装置实现。

目前应用广泛的太阳能、风能等新能源发电装置,在接入电网时,都需要电力电子变换器对电能进行变换[2]。

## 0.3　本教材内容简介和使用说明

本教材内容按学科知识分为五部分:

第一部分是电力半导体器件和无源器件(磁性元件)(第 1、4、6 章)。该部分内容是全书的基础,主要介绍各种电力半导体器件的基本结构、工作原理、主要参数、应用特性,磁性元件的设计,以及电力电子变换器辅助电路,包括控制、缓冲、驱动电路等。

第二部分是各种电力电子变换电路及 PWM 调制(第 2、3、5 章,以及 8.1 节、8.2 节)。由于电力电子变换电路种类繁多,本书尽可能避免机械罗列,突出典型电路,体现兼顾传统、由浅入深、循序渐进的原则。

第三部分是变换器建模及控制(第 7 章、8.3 节及附录)。这部分内容是控制学在电力电子技术中的应用,综合体现电力电子技术与控制学之间的联系。

第四部分是软开关与谐振变换技术(第 9 章)。软开关技术对提高工作频率、提高功率密度、提高效率具有重要意义。

第五部分是电力半导体器件的热设计概念(第 10 章)。虽然电力半导体器件的热设计与电子学、电力学、控制学关系不是非常紧密,但该部分内容仍是电力电子装置设计过程中不可欠缺的重要环节。

本教材内容编排,力图体现电力电子技术课程的科学性、系统性、实用性,同时注重学生开放思维与创新能力的培养。第 1 章～第 6 章讲述电力电子变换器的基本器件、主电路和辅助电路组成了系统;第 7 章讲述控制器设计,把零散、碎片化的知识提升到系统的角度,学生可以综合所学知识,进行控制器设计;第 8 章是应用前述的电路组成逆变器,设计控制器,提升学生对系统的理解;第 9 章介绍软开关技术与谐振变换器,在介绍软开关的同时,启发学生关注谐振变换器的建模;第 10 章介绍电力半导体器件的热设计概念,该部分内容是电力半导体器件可靠运行的温度保障。

本教材适用于自动化、电气工程及自动化专业,教学学时 32～72。期望本教材能对读者学习和理解"电力电子技术"有所帮助。

# 第1章

# 电力二极管和晶闸管

## 1.1 电力二极管

### 1.1.1 PN结与二极管的伏安特性

电力二极管[1]（power diode）的特性与普通小信号二极管相似。PN结理论特性：

$$I = I_S\left(e^{\frac{u}{U_T}} - 1\right) \tag{1-1}$$

式中，$I_S$ 为反向饱和电流，A，大约每升高 10℃，$I_S$ 增加 1 倍，在温度 -25~110℃ 范围内，$I_S$ 一般在几微安到几毫安范围内；$u$ 为外加电压，V；$U_T = kT/q$，为温度电压当量，V，27℃时，$U_T$ 约为 26mV；$k = 1.380649 \times 10^{-23}$ J/K，为玻尔兹曼常量；$T = t + 273.15$，为热力学温度，$t$ 为摄氏温度；$q = 1.6021892 \times 10^{-19}$ C，为电子电荷量；$I$ 为流过 PN 结的电流。当 $u > 0.1$V 时，式（1-1）可近似为

$$I = I_S e^{\frac{u}{U_T}} \tag{1-2}$$

正向电流 $I$ 随着其端电压的增加指数上升，这就是二极管的正向偏置特性，或称为正向导通特性。电力二极管的实际特性与 PN 结特性有所不同，电力二极管的引线、焊接和体电阻压降在大电流下不可忽略。同时为了承受高电压，半导体材料掺杂浓度低，导致正向压降大。因此，电力二极管特性偏离理论 PN 结特性。通常器件手册中所给的正向压降是在额定正向平均电流（正弦半波的平均值）下的平均正向压降。图 1-1 为某型号二极管正向特性与温度的关系，可以看出，PN 结的正向导通压降具有负温度系数，在同样的导通电流下，温度越低，PN 结导通压降越高。该特征不利于多个二极管直接并联。

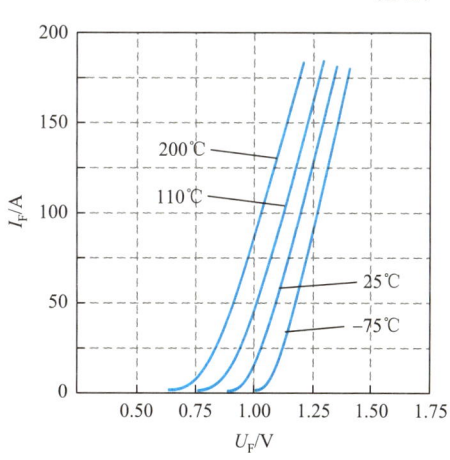

图 1-1 二极管正向特性与温度的关系

当 PN 结加反向电压时，$u$ 为负值，称为反向偏置。当 $u < -0.1$V 时，式（1-1）可近似为

$$I = -I_S \tag{1-3}$$

反向电流是由少数载流子引起的恒定电流，称为漏电流。实际二极管的反向特性与式（1-3）不完全相同，反向漏电流是式（1-3）表示的 PN 结体内的漏电流与其表面漏电流之和；前者与温度有关，随温度升高而升高，而后者与温度关系不定，主要由工艺确定，随外部施加电压增加而缓慢增加，直至反向击穿。

## 1.1.2 二极管的开关特性

**1. 二极管的电容效应**

二极管是非理想开关，还表现在它具有电容效应，此电容限制了二极管的工作频率。

PN 结是 P 型半导体与 N 型半导体结合处的空间电荷区。此空间电荷区形成一个由 N 区指向 P 区的内电场。此区域内无自由载流子，也称为耗尽层。当外加一 P 区相对于 N 区为正的电压时，在形成正向电流前，首先送入一定电荷到空间电荷区，使其变窄，削弱内电场，这样扩散才能进行并形成正向电流。当正向电压减少时，空间电荷区要释放一定电荷，内电场增强，正向电流减少，这个效应相当于电容的充放电。加反向电压时，也有类似现象。这个电容称为<u>势垒电容</u> $C_B$，其大小与 PN 结的横截面积成正比。

PN 结加正向电压给空间电荷区注入一定电荷（$C_B$ 充电）后，削弱了内电场，使载流子扩散大于漂移，大量电子由 N 区进入 P 区，空穴由 P 区进入 N 区，但电子进入 P 区以后并不与空穴立即复合而消失，而在离耗尽层一定的距离（通常称为扩散长度）内，一边继续扩散，一边与空穴复合而消失，反之亦然。因而在扩散区域内存储一定的电荷——非平衡载流子，此电荷分布梯度与二极管的正向电流成正比，正向电流越大，存储电荷就越多。正向电流加大，首先注入一定的电荷使电荷分布梯度加大，反之释放一定电荷。这相当于电容效应。此电容称为<u>扩散电容</u> $C_D$，扩散电容存储的电荷正比于二极管的正向电流。

势垒电容 $C_B$ 和扩散电容 $C_D$ 之和称为二极管的<u>结电容</u>，即 $C_J = C_B + C_D$。

**2. 二极管的开关特性**

当二极管施加正向电压流过正向电流时，结电容已有一定电荷。当外电路工作电压反向，正向电流下降到零，二极管并不能立即截止。因为结电容存在一定的电荷，需要一定的恢复时间，此时二极管仍处于导通状态，直至全部电荷被复合，二极管才恢复阻断状态。从二极管正向电流下降到零时，到反向电流下降到反向峰值电流 $I_{RR}$ 的 10% 为止的时间间隔，称为二极管的反向恢复时间 $t_{rr}$。根据 $t_{rr}$ 的大小可以将二极管分为普通二极管和快恢复二极管，图 1-2（a）所示为普通二极管的恢复特性，图 1-2（b）和（c）所示是快恢复二极管的恢复特性。

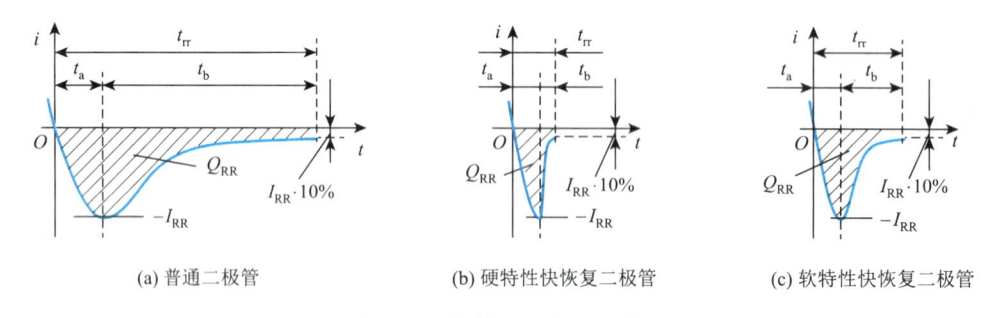

(a) 普通二极管　　(b) 硬特性快恢复二极管　　(c) 软特性快恢复二极管

图 1-2　二极管的反向恢复特性

反向恢复时间由两个分量组成：$t_a$ 是势垒电容的放电时间，$t_b$ 是扩散电容放电时间；$S_F$ 称为<u>柔度系数</u>。

$$S_F = t_b / t_a \tag{1-4}$$

从图 1-2（b）和（c）可见，前者比后者更快地恢复，即图 1-2（b）所示的特性比图 1-2（c）"硬"。但由于图 1-2（b）所示的特性下降太快，即 $di/dt$ 很大，通常在二极管电路中不可避免地有寄生电感和电容存在,这样过高的 d$i$/d$t$ 不仅会引起振铃现象导致严重的电磁干扰,而且会因瞬时尖峰电压太高损坏二极管本身或电路中其他半导体器件。因此使用时,希望采用图 1-2(c)所示的特性二极管,即柔度系数稍大的二极管。

总的反向恢复时间:

$$t_{rr} = t_a + t_b \tag{1-5}$$

反向峰值电流可用反向电流(图 1-2(a)中 $t_a$ 段)上升率 d$i$/d$t$ 表示:

$$I_{RR} = t_a \frac{di}{dt} \tag{1-6}$$

存储电荷是反向恢复特性与时间轴(图 1-2(c))所包围的面积:

$$Q_{RR} \approx I_{RR}\frac{t_a}{2} + I_{RR}\frac{t_b}{2} = I_{RR}\frac{t_{rr}}{2} \tag{1-7}$$

或

$$I_{RR} \approx 2Q_{RR}/t_{rr} \tag{1-8}$$

式(1-6)与式(1-8)相等,可得

$$t_{rr}t_a \approx 2Q_{RR}/(di/dt) \tag{1-9}$$

如果是超快恢复二极管,忽略 $t_b$($t_a \gg t_b$),则 $t_{rr} = t_a$,近似可得

$$t_{rr} = \sqrt{\frac{2Q_{RR}}{di/dt}} \tag{1-10}$$

和

$$I_{RR} = \sqrt{2Q_{RR} \cdot \frac{di}{dt}} \tag{1-11}$$

由式(1-10)和式(1-11)可知,反向恢复时间 $t_{rr}$ 和反向峰值电流取决于存储电荷 $Q_{RR}$ 和反向电流的上升率,其中存储电荷由正向电流决定。

如果二极管原先反向偏置,空间电荷区加宽,势垒电容充入一定的电荷。当突然加正向电压时,迫使二极管正向导通,但是二极管在 PN 结正向偏置前必须将势垒电容的电荷释放,然后正向电压上升到死区电压以上,PN 结才有正向电流流过,这就需要一定的时间,则称为正向恢复时间。但是,如果正向电流上升太快,特别是大电流器件,由于结面积太大,电流分布不均匀,可能只有小块面积达到正向偏置,因局部电流集中导致器件损坏。同样,正向恢复时间限制了正向电流的上升率和开关速度。

### 1.1.3 二极管的类型

根据制造工艺和恢复特性,电力二极管分为:普通二极管、快恢复二极管和肖特基二极管。

**1. 普通二极管**

普通二极管用于 1kHz 以下的整流电路。这类二极管典型反向恢复时间为 25μs,其额定电流从小于 1A 至数千安,额定电压从数十伏至 5kV 以上。

**2. 快恢复二极管**

快恢复二极管(或开关二极管)反向恢复时间小于 5μs,用于高频整流、斩波和逆变,其电流由 1A 到数百安,电压由数十伏到 3kV 以上。高于 400V 的快恢复二极管通常采用扩散法制造。外延法生产的二极管比扩散法具有更快的开关速度,它们都用掺金或铂来控制 $t_{rr}$ 的大小,恢复时间可低于 50ns,称为快速恢复外延二极管(fast recovery epitaxial diode,FRED)。

### 3. 肖特基（Schottky）二极管

肖特基二极管是用金属层沉积在 N 型薄硅外延层上，利用金属和半导体之间的接触势垒获得单向导电作用。接触势垒与 PN 结相似。肖特基二极管的整流作用仅取决于多数载流子，没有多余的少数载流子复合，恢复时间仅是势垒电容的充放电时间，故其反向时恢复时间远小于具有相同额定电压和额定电流的二极管，而且与反向的 $di/dt$ 无关。肖特基二极管正向压降比结型二极管小，典型值为 0.55V。但其漏电流比结型二极管大，它的额定电流从 1A 到数百安，早期生产的肖特基二极管额定电压最高为 100V，基于硅基半导体的肖特基二极管额定电压一般在 200V 以下，目前基于 SiC 等宽禁带半导体材料的肖特基二极管额定电压可以达到 1000V 及以上。

## 1.1.4 二极管的性能参数

#### 1. 最高允许结温 $T_{jM}$

结温 $T_j$ 是指整个 PN 结的平均温度，通常允许在温度范围 −40～+125℃内。最高允许结温 $T_{jM}$ 是指 PN 结不至于损坏的前提下能承受的最高平均温度。硅二极管的 $T_{jM}$ 通常在 +125～+175℃之间，宽禁带二极管的 $T_{jM}$ 可达 +175℃以上。

#### 2. 额定正向平均电流 $I_F$

额定正向平均电流是指在规定环境温度（通常为 +40℃）、标准散热条件下，二极管流过工频正弦半波的平均电流。在此电流下，正向压降引起的损耗使得结温升高，该温度不得超过最高允许结温。

实际应用中，二极管流过的电流并不一定是其额定电流（"额定正向平均电流"的简称）测试时所规定的工频正弦半波电流。由二极管额定电流参数的测试条件可知，二极管工作时所能允许的最大电流是受其结温限制的，即取决于二极管工作时的温度情况，因此，在实际选取二极管的额定电流时，应根据有效值相同的条件进行选取。

根据前述测量方法，二极管的额定电流测试时，通过的电流有效值为额定电流的 1.57 倍。

#### 3. 浪涌电流

浪涌电流是指连续几个工频周波的过电流，一般是用额定正向平均电流的倍数和相应的浪涌时间（工频周波数）规定浪涌电流。

在选择保护继电器时，继电器的过流保护特性应能与被保护的二极管特性相适应，即应不超出二极管的电流浪涌能力。

#### 4. 电流平方时间额定值 $I^2t$

用平方电流秒额定值来描述二极管承受正向最大不重复电流的能力。浪涌电流的平均值的平方乘以持续时间应不大于电流平方时间额定值。

以一个工频周期最大允许浪涌电流为参考，电流平方时间额定值通常由式（1-12）决定。

$$I^2t = (1 个周期浪涌电流额定值 / 2)^2 / f \tag{1-12}$$

式中，$f$ 为电网额定基波频率，我国公用电网的额定基波频率为 50Hz；$t$ 为浪涌时间。

根据这一额定值选择适当容量的熔断器。熔断器的 $I^2t$ 必须小于所保护二极管的 $I^2t$ 额定值。

以上的电流额定值是在环境温度为 25℃条件下规定的，当环境温度高于 25℃时，这些额定值随温度增加应减额使用。

#### 5. 反向重复峰值电压 $U_{RR}$

二极管工作时所能允许重复施加的最高反向峰值电压，称为反向重复峰值电压，一般是反

向雪崩击穿电压 $U_B$ 的 2/3。通常选取该电压为二极管的额定电压。使用时，按电路中二极管可能承受的最高峰值电压的 2 倍选取二极管的额定电压。

6. 反向恢复时间 $t_{rr}$

从正向电流过零到反向电流下降到其峰值 10%时的时间间隔，为反向恢复时间 $t_{rr}$。$t_{rr}$ 与反向电流上升率有关，但在实际电路中还与结温、关断前最大正向电流有关。

## 1.2 晶闸管

晶闸管（thyristor）发明于 1957 年，1958 年开始商业应用。最初生产的晶闸管额定值为 16A/300V，目前已经能够生产数千安、数千伏的大功率晶闸管。晶闸管按关断、导通及控制方式分为普通单向晶闸管、双向晶闸管、逆导晶闸管、可关断晶闸管、光控晶闸管等。晶闸管作为大功率、可控的静态固体开关，只需要几十至几百毫安的电流，就能够控制几百至几千安的电流，实现弱电对强电的控制，使电子技术应用从弱电领域扩展到强电领域。

晶闸管作为电力半导体器件，具有体积小、重量轻、效率高、反应快、控制特性好等优点（尤其是相对于旋转变换器），特别是其具有高压大容量、低损耗和高性能，在各个领域都获得广泛应用[1-8]。

普通晶闸管又称可控硅整流器（silicon controlled rectifier，SCR），是一种应用较为广泛的晶闸管。本书中的"晶闸管"如果不做特别说明就是指代"普通晶闸管"[1]。

### 1.2.1 晶闸管的结构和工作原理

1. 晶闸管的结构

晶闸管内部的管芯结构示意图如图 1-3（a）所示，图 1-3（b）为其 PN 结结构图。晶闸管是以硅单晶体为基本材料的 $P_1$、$N_1$、$P_2$、$N_2$ 4 层三端器件，4 层半导体形成 3 个 PN 结，在不触发导通时可以用图 1-3（c）串联的 3 个二极管描述，其电气图形符号如图 1-3（d）所示，3 个电极分别为：阳极（anode）A、阴极（cathode）K、门极（gate）G（也称控制极）。晶闸管在工作过程中由于损耗而产生的热量将通过散热器散发以降低管芯的温度。螺栓型晶闸管的螺栓一端为阳极，使用时用螺帽固定在散热器上；另一端的粗引线为阴极，细引线为门极。平板形晶闸管的两面分别是阳极和阴极，中间引出线是门极，使用时用两个互相绝缘的散热器将元件紧夹在中间。由于平板形元件散热效果好，因此容量较大的晶闸管都采用平板形结构。

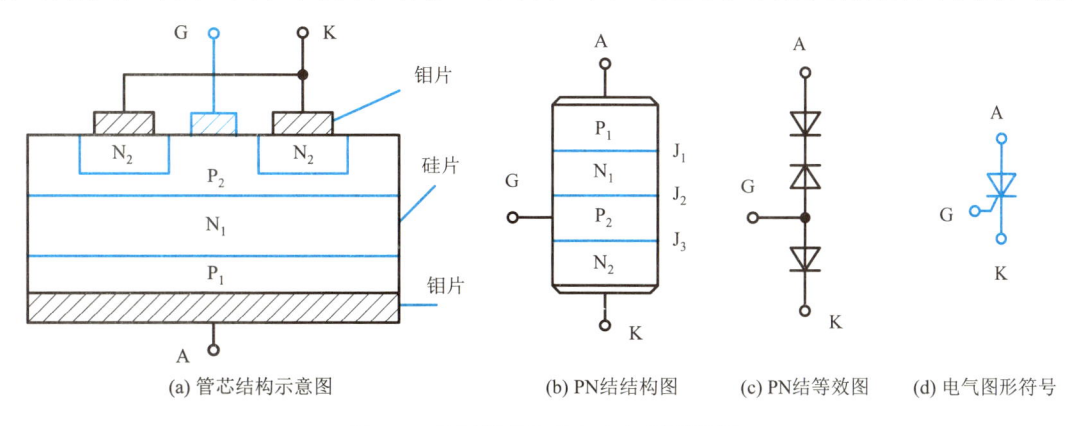

(a) 管芯结构示意图　　(b) PN结结构图　　(c) PN结等效图　　(d) 电气图形符号

图 1-3　晶闸管的结构与电气图形符号

## 2. 晶闸管开通与关断条件

（1）晶闸管的开通条件：一是晶闸管的阳极、阴极之间必须施加正向阳极电压；二是晶闸管的门极与阴极之间必须施加适当的正向门极电压和电流。欲使晶闸管从关断变为导通，在晶闸管承受正向阳极电压的同时，需在门极和阴极间施加正向电压或电流。

（2）晶闸管一旦导通，门极电压即失去控制。因此，晶闸管导通一段时间后，门极和阴极之间的电压和电流不必持续施加，即为使其导通需要施加的门极和阴极间电压或电流可以为正向脉冲电压或电流。

（3）当晶闸管导通后，若欲使其关断，需使流过晶闸管的电流减小到其维持电流以下。维持电流是晶闸管的一个特性参数，详见 1.2 节介绍。

晶闸管承受正向阳极电压时，给门极施加正向脉冲，晶闸管从关断变为导通的过程称为触发导通。门极触发电流一般只有几毫安到几百毫安，而晶闸管触发导通后，则可通过几百安到几千安的电流，故晶闸管是一个可控制的大功率静态开关。

## 3. 晶闸管的工作原理

晶闸管的管芯是 4 层半导体（$P_1$、$N_1$、$P_2$、$N_2$），形成 3 个 PN 结（$J_1$、$J_2$、$J_3$），如图 1-3（b）所示。当晶闸管阳极、阴极间施加正向电压时，$J_1$、$J_3$ 处于正向偏置，$J_2$ 处于反向偏置，只流过很小漏电流，称为正向阻断状态。当晶闸管阳极、阴极间施加反向电压时，$J_2$ 为正向偏置，$J_1$、$J_3$ 处于反向偏置，也只流过很小的漏电流，处于反向阻断状态。

将晶闸管 $N_1$ 层和 $P_2$ 层如图 1-4（a）所示各分为两部分，则将晶闸管看成由 PNP 型和 NPN 型两个晶体管 $Q_1$、$Q_2$ 的互连，如图 1-4（b）所示。其中，一个晶体管的集电极同时又是另一晶体管的基极。当晶闸管施加正向阳极电压，门极也施加足够的门极电压时，则有电流 $I_G$ 从门极流入 NPN 管 $Q_2$ 的基极，$Q_2$ 导通后，其放大后的集电极电流 $I_{c2}$ 流入 PNP 管 $Q_1$ 的基极使其导通，该管放大后的集电极电流 $I_{c1}$ 又流入 $Q_2$ 的基极，如此循环，产生强烈的正反馈过程，导致两个晶体管饱和导通，使晶闸管由阻断状态迅速转为导通状态。正反馈过程为：

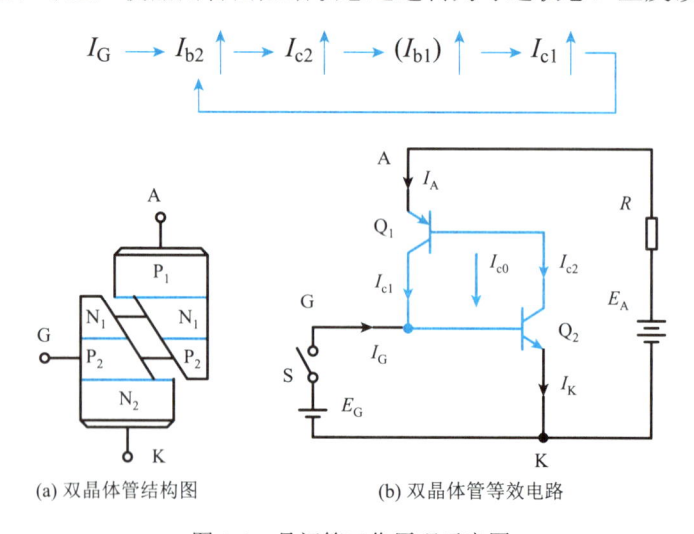

$$I_G \longrightarrow I_{b2}\uparrow \longrightarrow I_{c2}\uparrow \longrightarrow (I_{b1})\uparrow \longrightarrow I_{c1}\uparrow$$

(a) 双晶体管结构图　　(b) 双晶体管等效电路

图 1-4　晶闸管工作原理示意图

设两个晶体管的共基极电流放大系数分别为 $\alpha_1$ 和 $\alpha_2$，$I_A$ 和 $I_K$ 分别是 PNP 型晶体管 $Q_1$ 和 NPN 型晶体管 $Q_2$ 的发射极电流，则 $\alpha_1 = I_{c1}/I_A$，$\alpha_2 = I_{c2}/I_K$。在 $J_2$ 内电场作用下，流过 $J_2$ 的反向漏电流是 $I_{c0}$，则晶闸管的阳极电流：

$$I_A = I_{c1} + I_{c2} + I_{c0} = \alpha_1 I_A + \alpha_2 I_K + I_{c0} \tag{1-13}$$

若晶闸管的门极电流为 $I_G$，则晶闸管的阴极电流：

$$I_K = I_A + I_G \tag{1-14}$$

由式（1-13）和式（1-14）得晶闸管的阳极电流：

$$I_A = \frac{I_{c0} + \alpha_2 I_G}{1 - (\alpha_1 + \alpha_2)} \tag{1-15}$$

共基极电流放大系数 $\alpha_1$ 和 $\alpha_2$ 随发射极电流 $I_{e1}$（即 $I_A$）和 $I_{e2}$（即 $I_K$）的变化而变化，如图 1-5 所示。

当晶闸管仅承受阳极电压、门极不施加触发电压时，$I_G = 0$，两个晶体管的 $\alpha_1$ 和 $\alpha_2$ 近似为零。由式（1-15），阳极电流 $I_A \approx I_{c0}$，晶闸管处于正向阻断状态。当门极有足够电流 $I_G$ 时，则 $\alpha_1$ 和 $\alpha_2$ 随着两个晶体管发射极电流的上升而增大，当 $\alpha_1 + \alpha_2 \approx 1$ 时，式（1-15）中分母 $1 - (\alpha_1 + \alpha_2) \approx 0$，这时晶闸管的阳极电流 $I_A$ 将急剧上升，晶闸管由正向阻断状态转为正向导通。此后流过晶闸管的电流仅取决于主回路负载和外加电源电压。

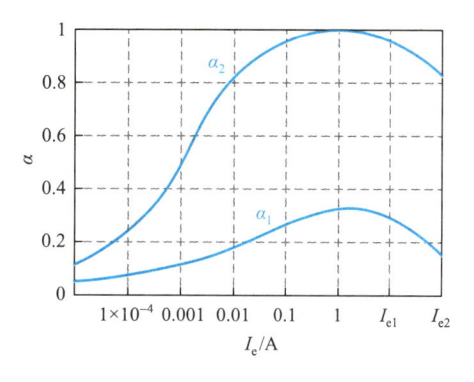

图 1-5　两个晶体管的共基极电流放大系数与发射极电流的关系图

晶闸管导通后，由于 $1 - (\alpha_1 + \alpha_2) \approx 0$，由式（1-15）可知，即使去掉门极信号使 $I_G = 0$，晶闸管仍保持原来的阳极电流而继续导通。欲关断晶闸管，只有减小阳极电压到零或为负值，使阳极电流小于维持电流，$\alpha_1 + \alpha_2$ 迅速下降近似于零，晶闸管重新恢复阻断状态，只流过很小的漏电流。

## 1.2.2　晶闸管的特性和主要参数

晶闸管是一个可控制的单向导电开关。其导通后流过的电流大小、管压降大小、阻断状态时承受的电压大小、从关断变为导通时其门极需要的触发电压和触发电流大小等，都与它的伏安特性和参数有关。

**1. 晶闸管的伏安特性**

晶闸管的伏安特性是指其阳极、阴极间的电压 $u_{AK}$ 与阳极电流 $i_A$ 之间的关系，如图 1-6 所示。晶闸管的伏安特性可用实验的方法测得。

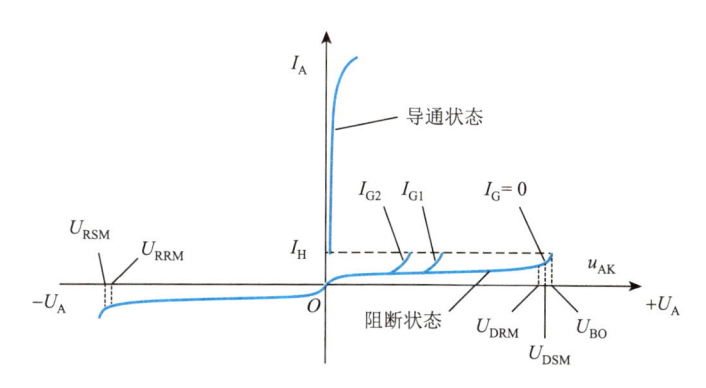

图 1-6　晶闸管的伏安特性

当门极触发电流 $I_G = 0$ 时，晶闸管在正向阳极电压作用下只有很小的漏电流，处于正向阻断状态。随着正向阳极电压的增加，正向漏电流也逐渐增加，当阳极电压 $u_{AK}$ 达到正向转折电压 $U_{BO}$ 时，阳极电流 $i_A$ 突然急剧增大，伏安特性从高阻区（阻断状态）经负阻区到达低阻区（导通状态）。这种在门极未加触发信号的情况下，仅由于阳极电压过大，导致处于反向偏置的 $J_2$ 结中的少数载流子得到足够大的能量，通过碰撞产生更多的载流子，新生的载流子在电场作用下又获得较高的能量，结果在 $J_2$ 结形成雪崩，造成晶闸管的雪崩击穿导通，属于非正常导通。所以，在使用中晶闸管承受的工作电压不允许超过转折电压 $U_{BO}$。若在晶闸管门极施加的触发电流 $I_G$ 足够大时，只需很小的正向阳极电压就可使晶闸管从阻断变为导通。晶闸管导通后管压降很小，其阳极电流 $i_A$ 的大小取决于外施加电压和负载。晶闸管导通后的伏安特性与二极管的正向伏安特性相似。当阳极电流 $i_A$ 逐渐减小，且小于维持电流 $I_H$ 时，晶闸管从导通状态转换为阻断状态。

晶闸管的反向伏安特性位于第三象限，其特性与一般二极管的反向特性相似，是反向阳极电压与反向阳极漏电流的关系曲线。在正常情况下，当晶闸管承受反向阳极电压时，不论门极是否加上触发信号，晶闸管总是处于反向阻断状态，只流过很小的反向漏电流。反向电压增加，反向漏电流也逐渐增大，当反向电压增加到某值时，反向漏电流将急剧增加，导致晶闸管反向击穿而损坏。

2. 晶闸管的主要参数

1）晶闸管的电压参数

（1）断态不重复峰值电压 $U_{DSM}$

断态不重复峰值电压是在门极开路时施加于晶闸管的正向阳极电压上升到正向伏安特性曲线急剧弯曲处所对应的电压值。它是一个不能重复且每次持续时间不大于 10ms 的断态最大脉冲电压。$U_{DSM}$ 小于转折电压 $U_{BO}$。

（2）断态重复峰值电压 $U_{DRM}$

在门极开路和额定结温下，允许每秒 50 次，每次持续时间不大于 10ms，重复施加于晶闸管上的正向断态最大脉冲电压，就为断态重复峰值电压 $U_{DRM}$，一般取 $U_{DRM} = 80\% U_{DSM}$。

（3）反向不重复峰值电压 $U_{RSM}$

在门极开路、承受反向电压时，对应于反向伏安特性曲线急剧弯曲处的反向峰值电压值，它是一个不能重复施加且持续时间不大于 10ms 的反向最大脉冲电压。

（4）反向重复峰值电压 $U_{RRM}$

在门极开路和额定结温下，允许每秒 50 次，每次持续时间不大于 10ms，重复施加于晶闸管上的反向最大脉冲电压，$U_{RRM} = 80\% U_{RSM}$。

（5）额定电压

将断态重复峰值电压 $U_{DRM}$ 和反向重复峰值电压 $U_{RRM}$ 中较小的那个电压值取整后，作为该晶闸管的额定电压值。

在使用时，考虑瞬时过电压等因素的影响，选择晶闸管的额定电压值要留有安全裕量。一般取电路正常工作时晶闸管所承受工作电压峰值的 2~3 倍。

（6）通态平均电压 $U_{ON}$

通过正弦半波的额定通态平均电流和额定结温时，晶闸管阳极阴极间电压降的平均值，简称管压降。通态平均电压一般最小值为 0.4V，最大值为 1.2V。

2）晶闸管的电流参数

（1）通态平均电流 $I_{Tav}$

在环境温度 +40℃ 和规定的冷却条件下，额定结温时，晶闸管在导通角不小于170°的电阻性负载电路中，允许通过的工频正弦半波电流的平均值。将该电流平均值按晶闸管标准电流系列取整数值，称为该晶闸管的通态平均电流，定义为该元件的额定电流。

晶闸管的额定电流用通态平均电流来标定，是因为整流电路输出端的负载电流大小常使用平均电流定义。决定晶闸管允许电流大小的是管芯的结温，而结温的高低是由允许发热的条件决定的，晶闸管发热的原因是损耗，其中包括晶闸管通态损耗、断态时正反向漏电流引起的损耗、开关损耗、门极损耗等。为了减小损耗，希望晶闸管的通态平均电压、漏电流等参数要小。一般门极损耗较小，开关损耗随工作频率的增加而加大。影响晶闸管温度的条件主要有散热器尺寸、元件与散热器的接触状况、采用的冷却方式（自冷却、强迫通风冷却、液体冷却）以及环境温度等。条件不同，其实际允许通过的通态平均电流值也不同。

从管芯发热角度看，表征热效应的电流应以有效值表示。不论流经晶闸管的电流波形如何、导通角多大，只要电流有效值相等，其发热就是相同和等效的。因此，只要流过晶闸管的任意波形电流的有效值等于该元件通态平均电流（即额定电流）的有效值，则管芯的发热就是一样的。

根据规定条件，流过晶闸管的工频正弦半波电流波形如图1-7所示。

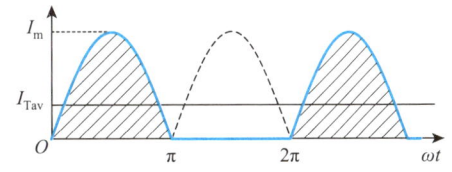

图1-7　晶闸管通态平均电流

设电流峰值为 $I_m$，则通态平均电流 $I_{Tav}$：

$$I_{Tav} = \frac{1}{2\pi} \int_0^\pi I_m \sin(\omega t) \mathrm{d}(\omega t)$$
$$= \frac{I_m}{2\pi}(-\cos(\omega t))\big|_0^\pi = \frac{I_m}{\pi} \tag{1-16}$$

该电流波形的有效值 $I_T$：

$$I_T = \sqrt{\frac{1}{2\pi}\int_0^\pi (I_m \sin(\omega t))^2 \mathrm{d}(\omega t)}$$
$$= I_m\sqrt{\frac{1}{2\pi}\int_0^\pi \left(\frac{1}{2}-\frac{\cos(2\omega t)}{2}\right)\mathrm{d}(\omega t)} = \frac{I_m}{2} \tag{1-17}$$

定义<u>电流波形的有效值与平均值之比为波形系数</u>，用 $K_f$ 表示。正弦半波电流波形系数 $K_f$ 应为

$$K_f = \frac{I_T}{I_{Tav}} = \frac{I_m/2}{I_m/\pi} \approx 1.57 \tag{1-18}$$

若额定电流为100A的晶闸管，其允许通过的电流有效值 $I_T = 1.57 \times 100 = 157\text{A}$。

在实际电路中流过晶闸管的波形可能是任意的非正弦波形，计算和选择晶闸管的额定电流值应根据电流有效值相等即发热相同的原则，将非正弦半波电流的有效值 $I_T$ 或平均值 $I_d$ 折合成等效的正弦半波电流平均值去选择晶闸管额定值，即

$$I_T = K_f I_d \approx 1.57 I_{Tav}$$
$$I_{Tav} \approx \frac{K_f I_d}{1.57} \approx \frac{I_T}{1.57} \tag{1-19}$$

式中，$K_f$ 为非正弦波形的波形系数。由于晶闸管元件的热容量小，过载能力低，所以在实际选用晶闸管时，一般取 1.5～2 倍的安全裕量：

$$I_{Tav} \approx (1.5 \sim 2) \frac{K_f I_d}{1.57} \tag{1-20}$$

利用式（1-20），在给定晶闸管的额定电流 $I_{Tav}$ 值后，也可计算流过该晶闸管任意波形允许的电流平均值 $I_d$：

$$I_d \approx \frac{1.57 I_{Tav}}{(1.5 \sim 2) K_f} \tag{1-21}$$

**例 1-1** 流经晶闸管的电流波形如图 1-8 所示。

1. 试计算该电流波形的平均值、有效值及波形系数。
2. 若取安全裕量系数为 2，求额定电流为 100A 的晶闸管，其允许通过的该波形电流的平均值和峰值。

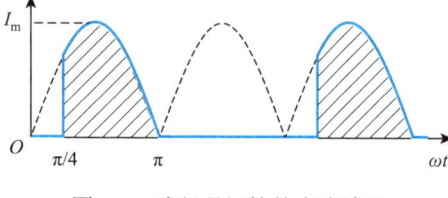

图 1-8　流经晶闸管的电流波形

**解**：该波形电流的平均值：

$$I_d = \frac{1}{2\pi} \int_{\pi/4}^{\pi} I_m \sin(\omega t) \mathrm{d}(\omega t) = \frac{2+\sqrt{2}}{4\pi} I_m \approx 0.272 I_m$$

电流有效值：

$$I_T = \sqrt{\frac{1}{2\pi} \int_{\pi/4}^{\pi} (I_m \sin(\omega t))^2 \mathrm{d}(\omega t)} = I_m \sqrt{\frac{3}{16} + \frac{1}{8\pi}} \approx 0.477 I_m$$

波形系数：

$$K_f = \frac{I_T}{I_{Tav}} = \frac{0.477 I_m}{0.272 I_m} \approx 1.76$$

额定电流为 100A 的晶闸管允许通过的该波形电流平均值：

$$I_d \approx \frac{1.57 \times 100}{2 \times 1.76} \approx 44.7\text{A}$$

电流峰值：

$$I_m \approx \frac{I_d}{0.272} \approx \frac{44.7}{0.272} \approx 165\text{A}$$

（2）维持电流 $I_H$

晶闸管被触发导通后，在室温和门极开路条件下减小阳极电流，使晶闸管保持导通所需要的最小阳极电流，即为维持电流 $I_H$，其值一般为十几毫安到几十毫安。

（3）擎住电流 $I_L$

晶闸管一经触发导通就去掉触发脉冲，能使晶闸管保持导通所需要的最小阳极电流，即为擎住电流 $I_L$，其一般为其维持电流 $I_H$ 的几倍。若晶闸管从阻断状态转换为导通状态，其阳极电流还未上升到擎住电流值就去掉触发脉冲，晶闸管将重新恢复阻断状态，因此，要求晶闸管的触发脉冲要具有一定的宽度。

（4）断态重复平均电流 $I_{DR}$ 和反向重复平均电流 $I_{RR}$

在额定结温和门极开路时，对应于断态重复峰值电压和反向重复峰值电压下的平均漏电流。

（5）浪涌电流 $I_{TSM}$

在规定条件下，工频正弦半周期内所允许的最大过载峰值电流，称为最大允许浪涌电流，简称"浪涌电流"。

由于元件体积不大，热容量较小，其能承受的浪涌过载能力有限。在设计晶闸管电路时，考虑到电路中电流产生的波动，这是必须注意的问题。电路虽然有过流保护装置，但保护不可避免地存在延时，仍然会使晶闸管在短时间内通过一个比额定值大得多的浪涌电流，这个浪涌电流值不应大于元件的允许电流值。

对于持续时间小于半个周期的浪涌电流，通常采用 $I^2t$ 这个额定值表示允许通过浪涌电流的能力。其中，电流 $I$ 是浪涌电流有效值，$t$ 为浪涌电流的持续时间。因为 PN 结热容量很小，在这么短时间内不需要考虑热量从结面传导出去，因此，$I^2t$ 与由此引起的结温成正比。

3）晶闸管的动态参数

（1）断态电压临界上升率 $du/dt$

断态电压临界上升率 $du/dt$ 是在额定结温和门极开路条件下，晶闸管保持阻断状态所能承受的最大电压上升率。在晶闸管断态时，如果施加于晶闸管两端的电压上升率超过规定值，即使此时阳极电压幅值并未超过断态正向转折电压，也会因 $du/dt$ 过大导致晶闸管的误开通。这是因为晶闸管在正向阻断状态下，处于反向偏置 $J_2$ 结的空间电荷区相当于一个电容器，电压的变化会产生位移电流；如果所加正向电压的 $du/dt$ 较高，便会有过大的充电电流流过结面，这个电流通过 $J_3$ 结时起到类似触发电流的作用，从而导致晶闸管的误开通。因此在使用中必须对 $du/dt$ 进行限制，$du/dt$ 的单位为 V/μs。

在实际电路中常采用在晶闸管两端并联 $RC$ 阻容吸收回路的方法来限制 $du/dt$，即利用电容器两端电压不能突变的特性限制晶闸管端电压上升率。

（2）通态电流临界上升率 $di/dt$

在规定环境温度（通常为+40℃）、重复频率为工频的一定幅度和上升率的触发脉冲作用下，晶闸管导通时，其能够承受而不会导致损坏的通态电流最大上升率。在使用中，应使实际电路中出现的通态电流临界上升率 $di/dt$ 小于晶闸管允许的电流上升率。$di/dt$ 的单位为 A/μs。

晶闸管在触发导通过程中，开始只在靠近门极附近的小区域内导通，然后向整个结面扩展。如果电流上升率过大，则过大的电流将集中在靠近门极附近的小区域内，导致局部过热而损坏器件，因此必须限制 $di/dt$ 的数值。为了提高晶闸管承受 $di/dt$ 的能力，可采用快速上升的强触发脉冲、加大门极电流、增大起始导通区，或在阳极电路串联一个不大的电感等方法。

（3）开通时间 $t_{on}$

在室温和规定的门极触发信号作用下，晶闸管从阻断状态转为开通状态时，从门极触发脉冲前沿的 10%到阳极电压下降至 10%的时间间隔，称为门极控制开通时间，如图 1-9 所示。

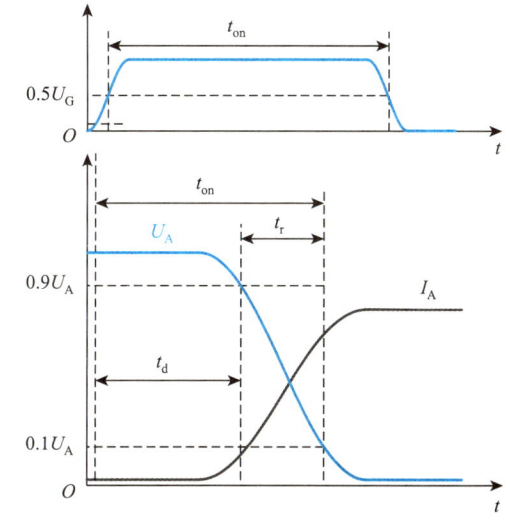

图 1-9 晶闸管门极控制开通时间

开通时间 $t_{on}$ 由延迟时间 $t_d$ 和上升时间 $t_r$ 组成，其中，$t_d$ 是从门极脉冲前沿的 10%开始到阳极电压下降 10%的时间。

门极的开通时间就是载流子积累和电流上升所需要的时间。晶闸管的开通时间不一致，导致串联的晶闸管在导通时不能均压，并联时不能均流。增大门极电流的幅值和前沿陡度即采用强脉冲触发，可以减少开通时间，并使 $t_{on}$ 的离散性显著减少，有利于晶闸管的均压和均流。此外，门极控制开通时间还与元件结温等因素有关。

（4）关断时间 $t_{off}$

从通态电流降至零瞬间起，到晶闸管能承受规定的断态电压瞬间的时间间隔。关断时间 $t_{off}$ 包括反向恢复时间 $t_{rr}$ 和门极恢复时间 $t_{gr}$，如图 1-10 所示。

晶闸管的阳极电流降到零后，$J_1$、$J_3$ 结附近积累的载流子，在反向电压作用下产生反向电流并随载流子的复合而下降至零，$J_1$ 和 $J_3$ 结开始恢复阻断能力，这段时间即为反向恢复时间 $t_{rr}$。此后，随着 $J_2$ 结两侧载流子复合完毕并建立新的阻挡层，晶闸管完全关断而恢复阻断能力，这段时间即为门极恢复时间 $t_{gr}$。

晶闸管关断时间与结温、关断时施加的反向电压等有关。结温越高，关断时间越大。如晶闸管在 120℃时的关断时间为 25℃时的 2～3 倍。反向电压增大，关断时间下降。实际电路中必须使晶闸管承受反向电压的时间大于其关断时间，并考虑一定安全裕量。

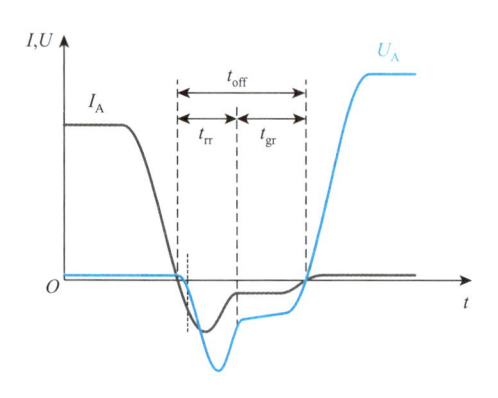

图 1-10　晶闸管电路换向关断时间

3. 门极伏安特性和参数额定值

晶闸管的门极伏安特性呈二极管的伏安特性。

对同一型号的晶闸管，由于门极特性的离散性，通常用其中的高阻特性曲线和低阻特性曲线作为边界，划定一个门极伏安特性的区域，其余的门极伏安特性均处于这个区域内。在该区域内又分为：不可触发区、不可靠触发和可靠触发区。图 1-11 为 KP-500 型晶闸管门极伏安特性，图 1-11（b）为其原点附近区域的门极伏安特性放大部分。

在原点附近，不触发电压 $U_{GD}$ 和不触发电流 $I_{GD}$ 组成不可触发区，如图 1-11（b）中 $OJIH$ 区域。KP-500 型晶闸管 $U_{GD} \leqslant 0.15V$，$I_{GD} \leqslant 1mA$；若触发电路的输出信号处于该区域内，则不可能使任何一个 KP-500 型晶闸管触发。

不可触发区以上的区域 $ABCJIH$ 为不可靠触发区，该区域内的触发信号只能触发导通那些触发电压和触发电流较低的晶闸管。

具体型号晶闸管的触发电压 $U_{GT}$ 和触发电流 $I_{GT}$ 只给出其数值范围。例如，KP-500 型晶闸管 $I_{GT} = 200～300mA$，$U_{GT} \leqslant 5V$。晶闸管的触发电流 $I_G$ 和触发电压 $U_G$ 必须满足 $I_G > 300mA$，$U_G > 5V$，才能触

(a) 整体

(b) 局部

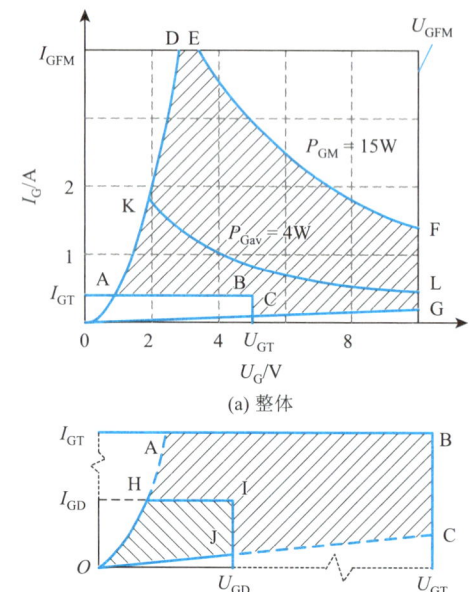

图 1-11　KP-500 型晶闸管门极伏安特性

发每一个 KP-500 型晶闸管。如图 1-11（a）所示，晶闸管若要可靠触发，触发电路的输出需处于 $OABC$ 区域之上。

晶闸管在触发过程中，若门极输入过大功率将引起门极发热，甚至损坏。所以规定门极的正向峰值电压 $U_{GFM}$、正向峰值电流 $I_{GFM}$、平均功率 $P_{Gav}$ 和峰值功率 $P_{GM}$。对于 KP-500 型晶闸管，$U_{GFM}=10\text{V}$，$I_{GFM}=4\text{A}$，$P_{Gav}=4\text{W}$，$P_{GM}=15\text{W}$。如图 1-11（a）所示，由于 $U_G I_G = 4\text{W}$ 为一双曲线，此双曲线与极限伏安特性围成的区域 ABCGLK 内任意点均为可靠触发点。这是当门极加直流信号时，此时门极的功率不应超过平均功率 $P_{Gav}$。如果门极施加触发脉冲，则电压和电流的峰值不应超过 $U_{GFM}$ 和 $I_{GFM}$，瞬时峰值功率不应超过 $P_{GM}$，并且脉冲循环一个周期的平均门极功率应小于平均功率 $P_{Gav}$。

图 1-11（a）中的 ABCGFED 区域为可靠触发区。

## 习　题

1-1　（1）电力二极管适合直接并联使用吗？为什么？（2）电力二极管的结电容由哪几部分组成？各部分形成的原因是什么？（3）可以仅使用流过电力二极管的最大电流来直接选择电力二极管的额定电流吗？为什么？（4）电力二极管反向恢复电流包含哪几部分？其存在的原因是什么？

1-2　晶闸管施加正向阳极电压和正向门极驱动电流后，为什么能够导通？

1-3　题图 1-3 所示电路，$E=50\text{V}$，$R=0.5\Omega$，$L=0.5\text{H}$，晶闸管擎住电流为 15mA。若使晶闸管导通，门极触发电流脉冲宽度至少应为多少？

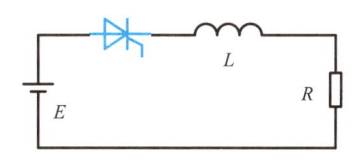

题图 1-3

1-4　题图 1-4 所示阴影部分表示流过晶闸管的电流波形，其最大值为 $I_m$。计算图中 4 种波形电流的平均值、有效值以及波形系数。

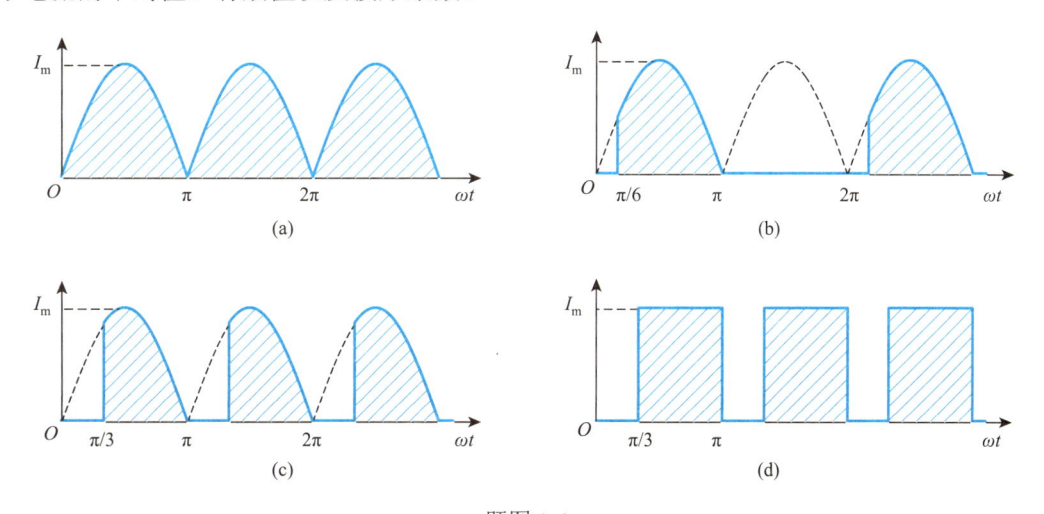

题图 1-4

1-5　习题 1-4 中，选用额定电流为 100A 的晶闸管，不考虑安全裕量。计算图四 4 种电流波形下，晶闸管能承受的平均电流和对应的电流峰值 $I_m$。

1-6　思考题：如果考虑晶闸管的开通时间、关断时间，在晶闸管应用时需注意哪些问题？

1-7　思考题：如果考虑晶闸管的断态电压临界上升率和通态电流临界上升率，在晶闸管应用时应注意哪些问题？

1-8　思考题：逆导晶闸管是将晶闸管反并联二极管，将两者制作在同一个管芯上，可承受反向电压吗？

1-9　思考题：光控晶闸管又称光触发晶闸管，是一款利用一定波长的光触发导通的晶闸管，触发导通的光可以通过光纤传输，该晶闸管具有哪些优点和缺点？

1-10　思考题：若通过在门极施加信号把导通的晶闸管关断，这样的晶闸管称为门极关断晶闸管（GTO）。你认为对该晶闸管应该做哪些结构的改变，施加什么信号才能实现其门极可关断？为什么？

# 第 2 章 晶闸管可控整流电路

生产生活中常使用的电源大多数是通过电网供应的正弦波交流电。由于有些设备不能直接使用交流电,需要按照用电设备的要求把正弦交流形式的电能变换成直流形式的电能供给各种设备。

可控整流电路是一种应用广泛的电能变换电路,它将正弦交流电变换成电压高低可调节的直流电,用来供给直流用电设备。例如,直流电动机的转速控制设备、同步发电机的激磁调节设备、电镀、电解电源设备等。

本章介绍几种常用的晶闸管可控整流电路,分析其工作原理,研究不同性质负载下整流电路电压、电流的波形,找出有关电物理量基本的数量关系,从而掌握各种整流电路的特点和应用范围,以便根据直流用电设备的要求正确地设计和选择可控整流主电路及控制电路各元件的参数,准确调试和使用晶闸管变流装置[1-7]。

研究可控整流电路的工作原理的基本方法是根据整流元件特性和负载性质,分析各元件开通、关断的物理过程,得到各元件电压、电流的波形,并在此基础上得出有关电物理量与移相控制角的关系。其中,波形分析是研究电力电子变换器的重要工具,应着重掌握该方法[1]。

## 2.1 单相桥式可控整流电路

用晶闸管组成的可控整流电路有多种形式,整流电路的负载有电阻性、电感性及反电势等。由于整流电路的形式不同、负载性质不同,因此整流电路的工作情况也不相同。

### 2.1.1 单相桥式全控整流电路

为了便于分析电路,假设晶闸管为理想开关元件,即晶闸管导通时其管压降等于零、阻断时其漏电流等于零;且假设晶闸管的开通与关断可以瞬间完成,不计开通瞬态过程和关断瞬态过程的时间。

1. 电阻性负载

1)工作原理

图 2-1(a)为单相桥式全控整流电路,$T_1$、$T_3$ 和 $T_2$、$T_4$ 组成两只桥臂,由电源变压器供电,$u_1$ 为变压器初级电压,变压器次级电压 $u_2$ 接在桥臂的中点 a、b 端上,$u_2 = \sqrt{2}U_2\sin(\omega t)$,$R$ 为负载电阻。

当变压器次级电压 $u_2$ 进入正半周时,a 端电位高于 b 端电位,两个晶闸管 $T_1$、$T_4$ 同时承受正向电压，此时如果门极无触发信号，则 $T_1$、$T_4$ 均处于正向阻断状态；忽略晶闸管的正向漏电流，电源电压 $u_2$ 全部施加在 $T_1$ 和 $T_4$ 上。当 $\omega t = \alpha$ 时给 $T_1$ 和 $T_4$ 同时施加触发脉冲，则 $T_1$、$T_4$ 立即被触发开通后处于导通状态（简称触发导通），电源电压 $u_2$ 通过 $T_1$、$T_4$ 施加在负载电阻 R 上，负载电流 $i_d$ 从电源 a 端经 $T_1$、电阻 R、$T_4$，回到电源 b 端。在 $u_2$ 正半周，$T_2$、$T_3$ 均承受反向电压而处于阻断状态。由于假设晶闸管导通时管压降为零，负载 R 两端的整流电压 $u_d$ 与电源电压 $u_2$ 正半周的波形相同。当电源电压 $u_2$ 降到零时，电流 $i_d$ 也降为零，$T_1$、$T_4$ 关断。

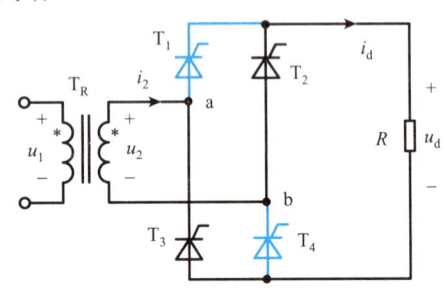

在 $u_2$ 的负半周，b 端电位高于 a 端电位，$T_2$、$T_3$ 承受正向电压；当 $\omega t = \pi + \alpha$ 时，同时给 $T_2$、$T_3$ 施加触发脉冲使其导通，电流从 b 端经 $T_2$、负载电阻 R、$T_3$，回到电源 a 端，在负载 R 两端获得与 $u_2$ 正半周相同波形的整流电压和电流，这期间 $T_1$ 和 $T_4$ 均承受反向电压而处于阻断状态。当 $u_2$ 过零变正时，$u_d$、$i_d$ 又降为零，$T_2$、$T_3$ 关断。此后，$T_1$、$T_4$ 又承受正向电压并在相应时刻 $\omega t = 2\pi + \alpha$ 触发导通，如此循环工作。输出整流电压 $u_d$、电流 $i_d$、变压器次级绕组电流 $i_2$、晶闸管两端电压 $u_{T1}$ 的波形如图 2-1（b）所示。由上述工作原理可知，在电源电压 $u_2$ 的正负半周中，$T_1$、$T_4$ 和 $T_2$、$T_3$ 两组晶闸管轮流触发导通，将交流电转换成脉动的直流电；改变触发脉冲出现的时刻即改变 $\alpha$ 角的大小，$u_d$、$i_d$ 的波形也相应变化，其直流平均值也相应改变。假设晶闸管在导通期间管压降 $u_{T1} = 0$，故其波形为与横轴重合的直线段；晶闸管阻断时，漏电流为零，其承受的最大反向电压为 $\sqrt{2}U_2$；假定两个晶闸管阻断时的等效电阻相等，则每个晶闸管承受的最大正向电压等于 $\sqrt{2}U_2/2$。

结合上述单相桥式全控整流电路的工作原理，介绍几个名词术语和概念。

（1）控制角 $\alpha$。从晶闸管承受正向电压到施加触发脉冲使其导通为止，这段时间所对应的电角度。

（2）导通角 $\theta$。晶闸管在一个周期内导通时间所对应的电角度，在带电阻负载的单相桥式全控整流电路中，$\theta = \pi - \alpha$。

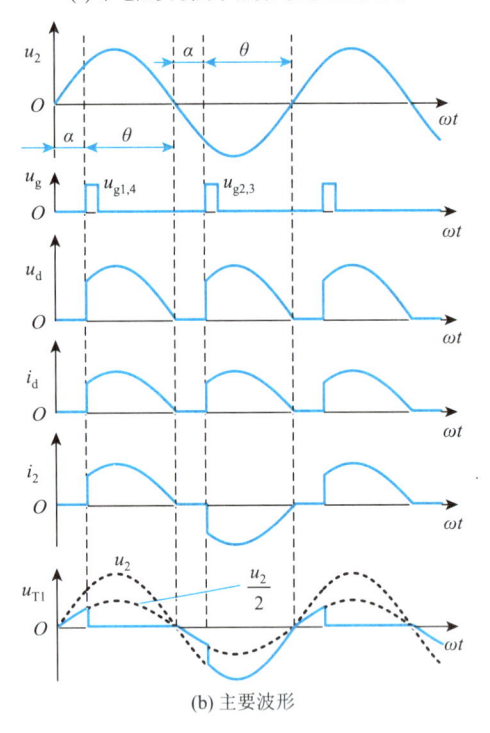

图 2-1 单相桥式全控整流电路电阻性负载时的电路及波形

（3）移相。改变触发脉冲出现的时刻，即改变控制角 $\alpha$ 的大小，称为移相。改变控制角 $\alpha$ 的大小，输出整流平均电压 $U_d$ 发生变化，即是移相控制。

（4）移相范围。改变控制角 $\alpha$ 使输出整流电压平均值从最大值降到最小值（零或负最大值），控制角 $\alpha$ 的变化范围为触发脉冲移相范围。单相桥式全控整流电路接电阻性负载时，其移相范围为 180°。

（5）同步。使触发脉冲与可控整流电路的电源电压之间保持频率和相位的协调关系称为同步。使触发脉冲与电源电压保持同步是电路正常工作必不可少的条件。

（6）**换流**。在可控整流电路中，从一路晶闸管导通变换为另一路晶闸管导通的过程称为换流，也称**换相**。

2）基本数量关系

电路的基本数量关系可结合主要波形计算得出。

（1）输出直流电压平均值。设电源电压 $u_2 = \sqrt{2}U_2\sin(\omega t)$，负载 $R$ 两端直流平均电压 $U_d$：

$$U_d = \frac{1}{\pi}\int_\alpha^\pi \sqrt{2}U_2 \sin(\omega t)\mathrm{d}(\omega t) = \frac{\sqrt{2}U_2}{\pi}(1+\cos\alpha) \approx 0.9 U_2 \frac{1+\cos\alpha}{2} \tag{2-1}$$

$$\frac{U_d}{U_2} \approx 0.9 \frac{1+\cos\alpha}{2} \tag{2-2}$$

由式（2-1）可知，直流平均电压 $U_d$ 是控制角 $\alpha$ 的函数：$\alpha$ 越大，$U_d$ 越小。当 $\alpha = 0°$ 时，$U_d = 0.9U_2$，为最大值；当 $\alpha = \pi$ 时，$U_d = 0$。可见，单相桥式全控整流电路电阻负载时的控制角移相范围为180°。

（2）输出直流电流平均值 $I_d$：

$$I_d = \frac{1}{\pi}\int_\alpha^\pi i_d \mathrm{d}(\omega t) = \frac{1}{\pi}\int_\alpha^\pi \frac{\sqrt{2}U_2\sin(\omega t)}{R}\mathrm{d}(\omega t) \approx 0.9 \frac{U_2}{R} \frac{1+\cos\alpha}{2} = \frac{U_d}{R} \tag{2-3}$$

（3）晶闸管平均电流 $I_{av}$ 和电流有效值 $I_T$。两组晶闸管 $T_1$、$T_4$ 与 $T_2$、$T_3$ 在一个周期中轮流导通，流过每个晶闸管的平均电流 $I_{av}$ 为负载平均电流 $I_d$ 的一半：

$$I_{av} = \frac{1}{2}I_d \approx 0.45 \frac{U_2}{R} \frac{1+\cos\alpha}{2} \tag{2-4}$$

流过晶闸管的电流有效值 $I_T$：

$$I_T = \sqrt{\frac{1}{2\pi}\int_\alpha^\pi \left[\frac{\sqrt{2}U_2}{R}\sin(\omega t)\right]^2 \mathrm{d}(\omega t)} = \frac{U_2}{\sqrt{2}R}\sqrt{\frac{\sin(2\alpha)}{2\pi}+\frac{\pi-\alpha}{\pi}} \tag{2-5}$$

（4）变压器次级绕组电流有效值 $I_2$ 和负载电流有效值 $I$。两组晶闸管轮流导通，变压器次级绕组在正负半周期均流过电流，其有效值与负载电流有效值相等：

$$I_2 = I = \sqrt{\frac{1}{\pi}\int_\alpha^\pi \left[\frac{\sqrt{2}U_2}{R}\sin(\omega t)\right]^2 \mathrm{d}(\omega t)} = \frac{U_2}{R}\sqrt{\frac{\sin(2\alpha)}{2\pi}+\frac{\pi-\alpha}{\pi}} = \sqrt{2}I_T \tag{2-6}$$

由式（2-3）和式（2-6）可得，变压器次级绕组电流（负载电流）有效值与负载电流平均值之比：

$$\frac{I_2}{I_d} = \frac{\sqrt{\pi\sin(2\alpha)+2\pi(\pi-\alpha)}}{2(1+\cos\alpha)} \tag{2-7}$$

（5）负载电阻上电压有效值 $U$：

$$U = \sqrt{\frac{1}{\pi}\int_\alpha^\pi \left[\sqrt{2}U_2\sin(\omega t)\right]^2 \mathrm{d}(\omega t)} = U_2\sqrt{\frac{\sin(2\alpha)}{2\pi}+\frac{\pi-\alpha}{\pi}} \tag{2-8}$$

（6）功率因数 $\cos\varphi$。对于整流电路，常需考虑功率因数和视在功率等因素。忽略晶闸管损耗，电源所供给的有功功率 $P = I^2R = UI$，而电源的视在功率 $S = U_2I_2$。将电源供给的有功功率与电源的视在功率之比定义为功率因数 $\cos\varphi$：

$$\cos\varphi = \frac{P}{S} = \frac{UI}{U_2 I_2} = \frac{U}{U_2} = \sqrt{\frac{\sin(2\alpha)}{2\pi} + \frac{\pi - \alpha}{\pi}} \qquad (2-9)$$

功率因数 $\cos\varphi$ 是控制角 $\alpha$ 的函数，$\alpha$ 越大 $\cos\varphi$ 越低，当 $\alpha = 0°$ 时 $\cos\varphi = 1$，为最大。

由式（2-2）、式（2-7）、式（2-9）可知，$U_d/U_2$、$I_2/I_d$ 及 $\cos\varphi$ 都是控制角 $\alpha$ 的函数，如图 2-2 所示。$U_d/U_2$、$\cos\varphi$ 都是随控制角 $\alpha$ 的增大而减小，$I_2/I_d$ 随控制角 $\alpha$ 的增大而增大。

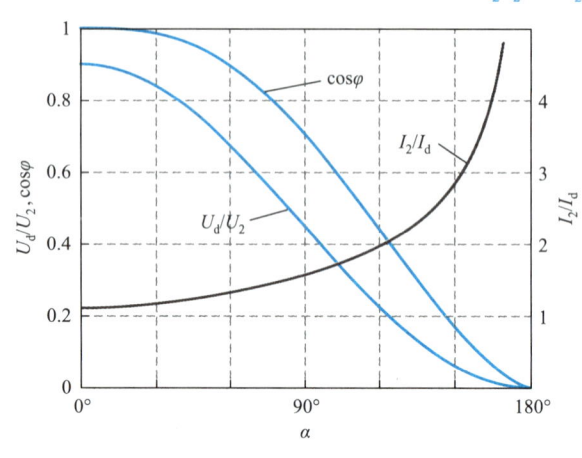

图 2-2 单相桥式全控整流电路电阻性负载 $U_d/U_2$、$I_2/I_d$、$\cos\varphi$ 与控制角 $\alpha$ 的关系

**例 2-1** 带电阻负载的单相桥式全控整流电路，要求输出直流平均电压 $U_d$ 为 20～100V，且连续可调，最大负载平均电流 $I_d$ 能力为 20A。考虑最小控制角 $\alpha_{min} = 30°$，试计算晶闸管导通角的变化范围，求电源容量和功率因数，并选择具体的晶闸管。

**解：** $\alpha_{min} = 30°$ 时，对应 $U_d$ 最大值为 100V，由式（2-1）可计算变压器次级电压有效值：

$$U_2 \approx \frac{U_d}{0.45(1 + \cos\alpha)} = \frac{100}{0.45(1 + \cos 30°)} \approx 119(\text{V})$$

在 $U_d = 20\text{V}$ 时对应最大控制角 $\alpha$，仍能输出 20A 电流，由式（2-1）计算最大控制角 $\alpha$：

$$\cos\alpha_{max} \approx \frac{U_d}{0.45 U_2} - 1 = \frac{20}{0.45 \times 119} - 1 \approx -0.6265$$

$$\alpha_{max} \approx 129°$$

由于 $I_2/I_d$ 与 $\alpha$ 的关系为单调递增函数，因此 $I_2/I_d$ 的最大值出现在最大控制角处：

$$\left.\frac{I_2}{I_d}\right|_{max} = \frac{\sqrt{\pi \cdot \sin(2 \times 129°) + 2\pi \cdot (\pi - 129° \times \frac{\pi}{180°})}}{2(1 + \cos 129°)} \approx 2.14$$

电路最大输出负载平均电流为 20A，据此求出变压器次级最大电流有效值：

$$\left.I_2\right|_{max} \approx 2.14 I_d = 2.14 \times 20 = 42.8\text{A}$$

若按 $\alpha = 30°$ 计算则 $I_2 \approx 1.17 I_d = 23.4\text{A}$。据此计算的变压器容量偏小，不能满足要求。要求的电源容量：

$$S = U_2 \cdot \left.I_2\right|_{max} \approx 119 \times 42.8 \approx 5.1\text{kV} \cdot \text{A}$$

功率因数最小值：

$$\left.\cos\varphi\right|_{min} = \sqrt{\frac{\sin(2\alpha)}{2\pi} + \frac{\pi - \alpha}{\pi}} \approx \sqrt{\frac{\sin(2 \times 129°)}{2\pi} + \frac{\pi - 129°}{\pi}} \approx 0.36$$

最大控制角 $\alpha_{max} = 129°$ 对应的 $I_2/I_d$ 及 $\cos\varphi$ 还可通过图 2-2 的曲线计算。

晶闸管的电流有效值：

$$I_T = \frac{1}{\sqrt{2}} I_2 \approx \frac{1}{\sqrt{2}} \times 42.8 \approx 30\text{A}$$

晶闸管的额定电流:

$$I_{\mathrm{Tav}} \approx (1.5 \sim 2) \times \frac{I_{\mathrm{T}}}{1.57} \approx (1.5 \sim 2) \times \frac{30}{1.57} \approx 29 \sim 38 \mathrm{A}$$

本例中,晶闸管承受的反向电压最大值为正弦波峰值电压,则晶闸管的额定电压:

$$U_{\mathrm{RRM}} = (2 \sim 3) \times \sqrt{2} U_2 \approx (2 \sim 3) \times \sqrt{2} \times 119 \approx 337 \sim 505 \mathrm{V}$$

因此,可选用额定电流为 50A,额定电压 500V 的晶闸管。

#### 2. 电感电阻负载

当负载中的感抗与电阻 $R$ 的大小相比不可忽略时,这个负载称为电感电阻负载。例如各种电机的激磁绕组,整流输出端接有平波电抗器的负载等。为了便于分析,将电感与电阻分开,如图 2-3(a)所示。

由于电感具有阻碍电流变化的作用,因而电感中的电流不能突变。当流过电感中的电流变化时,在电感两端将产生感应电势,引起电压降 $e_L$。

由于负载中电感量的大小不同,整流电路工作情况及输出 $u_d$、$i_d$ 波形具有不同的特点。

1) 电感量 $L$ 较小,控制角 $\alpha$ 较大

如图 2-3(b)所示,在 $u_2$ 的正半周中,$\omega t = \alpha$ 时刻触发 $T_1$、$T_4$ 导通,$u_2$ 立即施加到负载两端。由于电感的作用,负载电流 $i_d$ 从零开始上升,电感线圈两端产生感应电压 $e_L = L \dfrac{\mathrm{d} i_d}{\mathrm{d} t}$,极性为上正下负,阻止电流 $i_d$ 增大。这时由交流电网供给负载电阻消耗的能量和电感吸收的能量。当 $i_d$ 经过最大值下降时,$e_L$ 极性变为下正上负,阻止电流减小,电感释放能量,此时负载电阻消耗的能量由电网和电感共同供给。当 $u_2$ 下降到零,过 $\pi$ 变负时,由于 $|e_L| > |u_2|$ 且方向相反,因此晶闸管 $T_1$、$T_4$ 仍保持导通,输出电压 $u_d = u_2$,变为负值;此时电流 $i_d$ 方向没变,而电源电压方向已反,所以电感所释放的能量除供电阻消耗外,还回馈给电网。当 $\omega t = \alpha + \theta$ 时,$|e_L| = |u_2|$,此时电感储能释放完毕,负载电流 $i_d$ 降到零,$T_1$、$T_4$ 关断。当 $\omega t = \pi + \alpha$ 时,$T_2$、$T_3$ 被触发导通,$i_d$ 从零上升,在 $\omega t = \pi + \alpha + \theta$ 时 $i_d$ 下降到零,$T_2$、$T_3$ 关断。

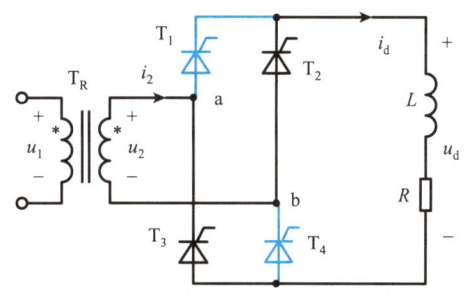

(a) 带电感电阻负载的单相桥式全控整流电路

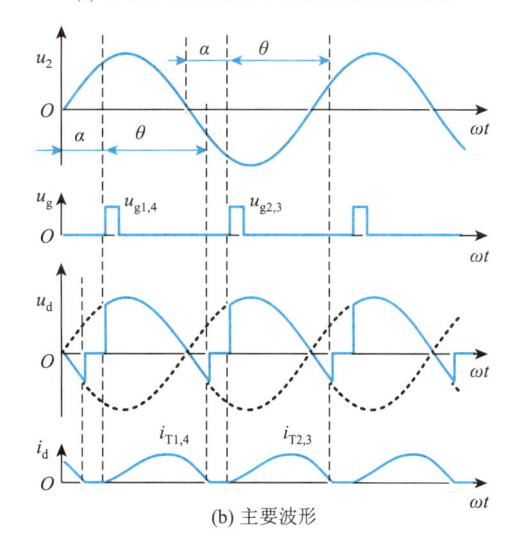

(b) 主要波形

图 2-3 单相桥式全控整流电路带电感电阻负载的电路及其波形

由上述分析可知,由于负载中电感的存在,输出电压 $u_d$ 波形出现负值。在电感 $L$ 值较小、控制角 $\alpha$ 较大时,电感储能较少,在 $i_d$ 下降过程中,电感释放的能量不足以维持晶闸管 $T_1$、$T_4$ 导通到 $T_2$、$T_3$ 触发导通时刻,负载电流就已下降到零,故导通角 $\theta < \pi$,$i_d$ 波形出现断续。

电路的基本数量关系如下。

（1）设电源电压 $u_2 = \sqrt{2}U_2 \sin(\omega t)$，晶闸管导通角为 $\theta$，输出整流电压平均值：

$$U_\mathrm{d} = \frac{1}{\pi}\int_{\alpha}^{\alpha+\theta}\sqrt{2}U_2\sin(\omega t)\mathrm{d}(\omega t) = \frac{\sqrt{2}U_2}{\pi}[\cos\alpha - \cos(\alpha+\theta)] \qquad (2\text{-}10)$$

（2）负载电流平均值：

$$I_\mathrm{d} = \frac{U_\mathrm{d}}{R} = \frac{\sqrt{2}U_2}{R\pi}[\cos\alpha - \cos(\alpha+\theta)] \qquad (2\text{-}11)$$

由于理想电感是储能元件，不消耗能量，其两端电压平均值为零，因此负载电流平均值 $I_\mathrm{d}$ 的计算与电阻性负载相同，$I_\mathrm{d} = U_\mathrm{d}/R$。

由式（2-10）和式（2-11）可知，输出整流电压平均值 $U_\mathrm{d}$、负载平均电流 $I_\mathrm{d}$ 均与控制角 $\alpha$ 和导通角 $\theta$ 有关。负载电路中 $L$、$R$ 不同，控制角 $\alpha$ 不同，晶闸管的导通角 $\theta$ 也不相同。

晶闸管导通后，回路电压方程式为

$$\sqrt{2}U_2\sin(\omega t) = L\frac{\mathrm{d}i_\mathrm{d}}{\mathrm{d}t} + Ri_\mathrm{d} \qquad (2\text{-}12)$$

上式的解为

$$i_\mathrm{d} = \frac{\sqrt{2}U_2}{Z}\sin(\omega t - \varphi) + A\mathrm{e}^{-\frac{R}{L}t} \qquad (2\text{-}13)$$

式中，$Z = \sqrt{(\omega L)^2 + R^2}$，为回路阻抗；$\varphi = \arctan\dfrac{\omega L}{R}$，为负载阻抗角。

当 $\omega t = \alpha$ 时，将 $i_\mathrm{d} = 0$ 代入式（2-13），求得常数 $A$：

$$A = -\frac{\sqrt{2}U_2}{Z}\sin(\alpha - \varphi)\mathrm{e}^{\frac{\alpha R}{\omega L}}$$

将常数 $A$ 代入式（2-13）可得

$$i_\mathrm{d} = \frac{\sqrt{2}U_2}{Z}\left[\sin(\omega t - \varphi) - \sin(\alpha - \varphi)\mathrm{e}^{\frac{R}{L}\left(\frac{\alpha}{\omega}-t\right)}\right] \qquad (2\text{-}14)$$

当 $\omega t = \alpha + \theta$ 时，晶闸管关断，此时将 $i_\mathrm{d} = 0$ 代入式（2-14）可得

$$\frac{\sqrt{2}U_2}{Z}\left[\sin(\alpha + \theta - \varphi) - \sin(\alpha - \varphi)\mathrm{e}^{-\frac{\theta R}{\omega L}}\right] = 0$$

移项整理得

$$\sin(\alpha + \theta - \varphi) = \sin(\alpha - \varphi)\mathrm{e}^{-\frac{\theta}{\tan\varphi}} \qquad (2\text{-}15)$$

式（2-15）是一个超越方程，通常采用数值解法计算给定负载参数 $\varphi = \arctan(\omega L/R)$ 下的 $\alpha$ 与 $\theta$，将其代入式（2-10），计算得到整流平均电压 $U_\mathrm{d} = f(\alpha, \theta)$ 值，它们的关系曲线即是图 2-4 所示的控制特性。图中纵坐标为 $U_\mathrm{d}/(\sqrt{2}U_2/\pi)$，横坐标为控制角 $\alpha$，实线族的参变量是 $\theta$，虚线族的参变量为 $\varphi$。已知电路参数，即可根据控制角 $\alpha$ 的大小求出整流电压平均值 $U_\mathrm{d}$。

由式（2-15）可知，当 $\alpha = \varphi$ 时，$\sin\theta = 0$，则 $\theta = \pi$。由图 2-4 所示的控制特性可知，满足 $\alpha = \varphi$ 的导通角 $\theta$ 均为 180°。如 $\alpha = \varphi = 60°$ 时，$\theta = 180°$，$U_d = \sqrt{2}U_2/\pi$ 等。

当 $\alpha > \varphi$ 时，$\sin(\alpha + \theta - \varphi) > 0$，故 $\theta < \pi$，这与上述控制角较大、电感量较小时的结论一致。在图 2-4 中可看出，满足 $\theta = 120°$ 曲线所对应的负载阻抗角 $\varphi$ 均小于控制角 $\alpha$。如 $\varphi = 40°$，$\alpha = 100°$ 时，$U_d \approx 0.6(\sqrt{2}U_2/\pi)$。

2）电感量 L 较大，控制角 $\alpha$ 较小

如果电感量较大而控制角较小，负载电流 $i_d$ 连续。由于 $\alpha$ 较小，晶闸管 $T_1$、$T_4$ 被触发导通后在电源的正半周中供给电感的能量增大，而电感 L 值越大，电感的储能也越多，因此，在 $i_d$ 下降的过程中电感释放能量的时间增加，

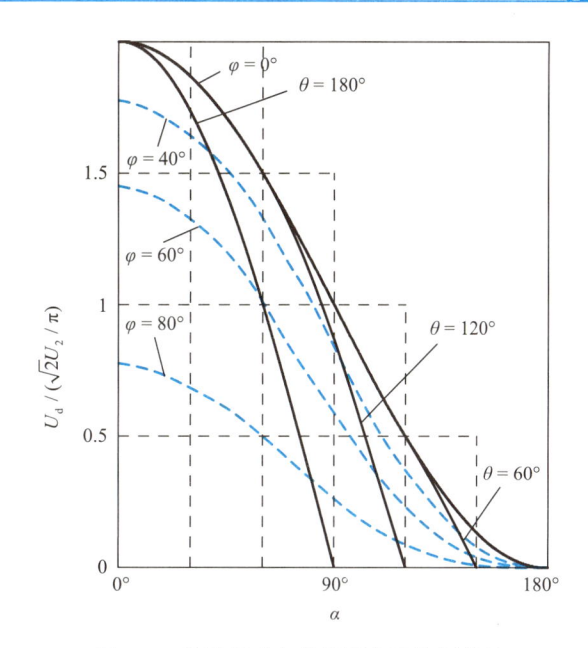

图 2-4 单相桥式全控整流电路控制特性

直到在 $u_2$ 的负半周 $\omega t = \pi + \alpha$ 时刻，$i_d$ 还未下降到零，此时触发 $T_2$ 和 $T_3$ 使之导通，$T_1$、$T_4$ 电流下降为零并关断，负载电流 $i_d$ 又开始上升，可见负载电流 $i_d$ 连续，稳态时初值与终值相等，晶闸管导通角 $\theta = \pi$，负载电流 $i_d$ 为连续有脉动的波形。

3）电感量 L 很大，$\omega L \gg R$

在电感量很大，$\omega L \gg R$ 的情况下，负载电流 $i_d$ 的脉动分量变得很小，其电流波形近似于一条平行于横轴的直线，流过晶闸管的电流近似为矩形波，整流电路波形如图 2-5 所示。

电路的基本数量关系如下：

（1）整流电压平均值：

$$U_d = \frac{1}{\pi}\int_{\alpha}^{\alpha+\pi} \sqrt{2}U_2 \sin(\omega t)\mathrm{d}(\omega t) \\ = \frac{2\sqrt{2}}{\pi}U_2 \cos\alpha \approx 0.9U_2 \cos\alpha \tag{2-16}$$

$\alpha = 0°$ 时 $U_d = 0.9U_2$；$\alpha = 90°$ 时 $U_d = 0$。故单相桥式全控整流电路大电感负载，控制角移相范围为 90°。

（2）输出（负载）电流平均值：

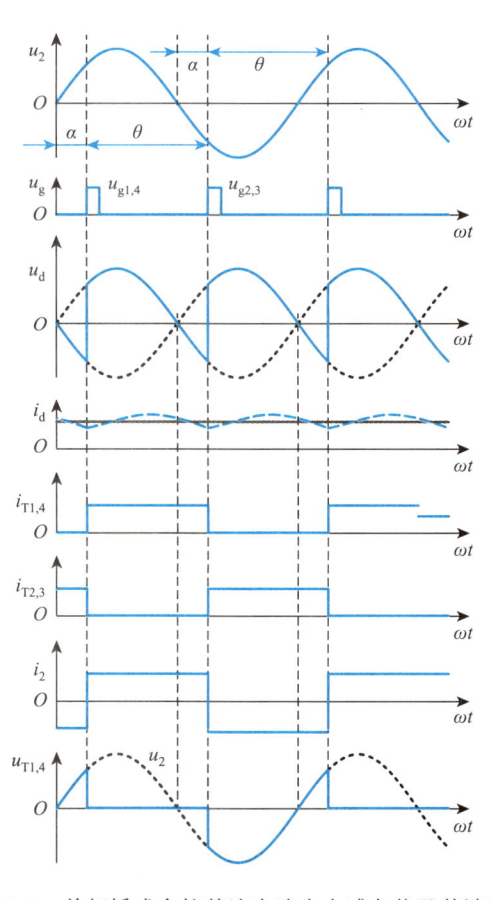

$$I_d = \frac{U_d}{R} \tag{2-17}$$

图 2-5 单相桥式全控整流电路大电感负载及其波形

（3）晶闸管电流有效值 $I_T$ 和平均值 $I_{av}$：

$$I_T = \sqrt{\frac{1}{2\pi}\int_{\alpha}^{\alpha+\pi} I_d^2 \mathrm{d}(\omega t)} = \frac{1}{\sqrt{2}} I_d \qquad (2\text{-}18)$$

$$I_{av} = \frac{1}{2} I_d \qquad (2\text{-}19)$$

（4）变压器次级电流有效值 $I_2$ 和负载电流有效值 $I$：

$$I_2 = I = \sqrt{\frac{1}{\pi}\int_{\alpha}^{\alpha+\pi} I_d^2 \mathrm{d}(\omega t)} = I_d = \sqrt{2} I_T \qquad (2\text{-}20)$$

### 3. 反电势负载

充电的蓄电池、正在运行的直流电动机的电枢（忽略电枢电感）等这类负载本身就是一个直流电源，对于可控整流电路，上述负载是反电势负载，其等效电路用电势 $E$ 和内阻 $R$ 表示，负载电势的极性如图 2-6（a）所示。

可控整流电路接有反电势负载时，只有当电源电压 $u_2$ 大于反电势 $E$ 时，晶闸管才能触发导通；当 $u_2 < E$ 时，晶闸管电流降为零而关断。在晶闸管导通期间，输出整流电压 $u_d = E + i_d R$，在晶闸管阻断期间，负载端电压保持原有电势，故整流平均电压较电感性负载时为大。整流电流波形出现断续，导通角 $\theta < \pi$，其波形如图 2-6（b）所示，图中的 $\delta$ 称为<u>停止导电角</u>。

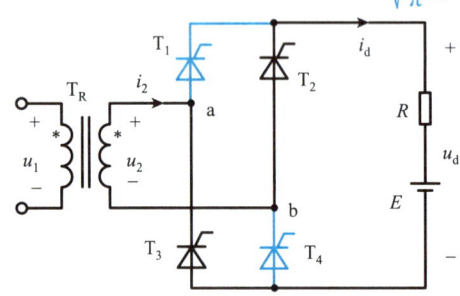

(a) 带反电势负载的单相桥式全控整流电路

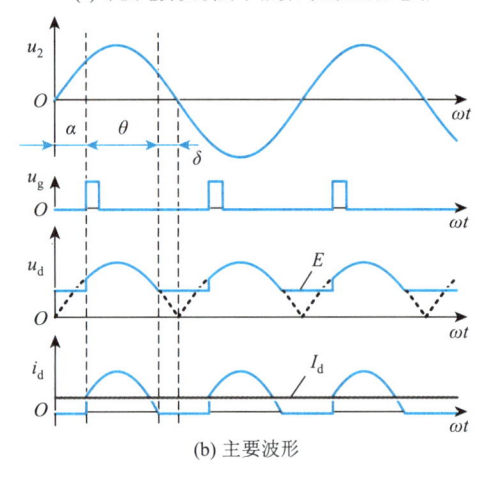

(b) 主要波形

图 2-6 单相桥式全控整流电接反电势负载时电路及其波形

$$\delta = \arcsin\frac{E}{\sqrt{2}U_2} \qquad (2\text{-}21)$$

（1）输出整流电压平均值：

$$U_d = E + \frac{1}{\pi}\int_{\alpha}^{\pi-\delta}\left[\sqrt{2}U_2\sin(\omega t) - E\right]\mathrm{d}(\omega t) = E + \frac{1}{\pi}\left[\sqrt{2}U_2(\cos\delta + \cos\alpha) - E(\pi - \delta - \alpha)\right]$$
$$= \frac{1}{\pi}\left[\sqrt{2}U_2(\cos\delta + \cos\alpha)\right] + \frac{\delta+\alpha}{\pi}E \qquad (2\text{-}22)$$

（2）整流电流平均值。晶闸管导通时，回路电压平衡方程式：

$$\sqrt{2}U_2\sin(\omega t) = E + i_d R \qquad (2\text{-}23)$$

$$I_d = \frac{1}{\pi}\int_{\alpha}^{\pi-\delta} i_d \mathrm{d}(\omega t) = \frac{1}{\pi}\int_{\alpha}^{\pi-\delta}\frac{\sqrt{2}U_2\sin(\omega t) - E}{R}\mathrm{d}(\omega t) = \frac{1}{\pi R}\left[\sqrt{2}U_2(\cos\delta + \cos\alpha) - E\theta\right] \qquad (2\text{-}24)$$

当整流输出直接带反电势负载时，由于晶闸管导通角小，电流断续，而负载回路中的电阻又很小，故输出同样的平均电流，峰值电流大，因而电流有效值比平均值大许多。对于直流电动机来说，将使其机械特性变软，导致整流子换向电流增大，易产生火花；因电流有效值大，则要求电源容量大，而功率因数小。因此，一般在反电势负载回路中串联电抗器，以平稳电流，使输出整流电压中的交流分量降落在电抗器上，输出电流波形连续平直，从而改善整流装置和电动机的工作条件。以平稳电流为目的的电抗器称为平波电抗器。

可控整流电路带反电势负载时在串联平波电抗器后的工作情况和特性与前述带电感负载的可控整流电路一致。

### 2.1.2 单相桥式半控整流电路

将单相桥式全控整流电路中一对晶闸管换成两个二极管，就构成单相桥式半控整流电路，如图2-7（a）所示。与单相桥式全控整流相比，单相桥式半控整流电路比较经济，触发装置相应简单。

单相桥式半控整流电路的工作特点是晶闸管触发导通，而整流二极管为自然换相导通。单相桥式半控整流电路在接电阻性负载时，其工作情况与单相桥式全控整流电路相同，输出电压、电流的波形及元件参数的计算公式也都相同。而当接电感电阻负载时，工作情况不同。

#### 1. 电路工作原理

假设负载中电感足够大，负载电流 $i_d$ 连续，近似为一条直线。

如图2-7（b）所示，在 $u_2$ 的正半周 $\omega t = \alpha$ 时刻触发晶闸管 $T_1$，则 $T_1$、$D_4$ 导通，电流从电源 a 端经 $T_1$、负载、$D_4$ 回到 b 端，负载两端整流电压 $u_d = u_2$，当 $u_2$ 过 $\pi$ 进入负半周时，电感上的感应电势将使 $T_1$ 电流仍保持原有方向且不为零，从而 $T_1$ 继续导通；而此时由于 b 端电位高于 a 端电位，整流二极管 $D_3$ 承受正向偏压而导通，电流从 $D_4$ 转换到 $D_3$，$D_4$ 电流降为零截止，负载电流 $i_d$ 经 $D_3$、$T_1$ 构成回路而继续导通，形成不经过变压器的自然续流。在续流期间，忽略 $T_1$、$D_3$ 的管压降，负载上的整流电压 $u_d = 0$；当 $\omega t = \pi + \alpha$ 时，触发 $T_2$ 使其导通，$T_1$ 不再有电流流过从而关断，负载电流从电源 b 端经 $T_2$、负载、$D_3$ 回到 a 端，负载两端得到相同的整流电压 $u_d$。同样地，当 $u_2$ 过 $2\pi$ 变正时，

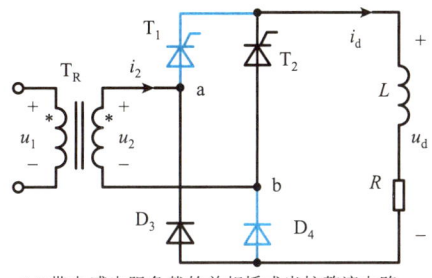

(a) 带电感电阻负载的单相桥式半控整流电路

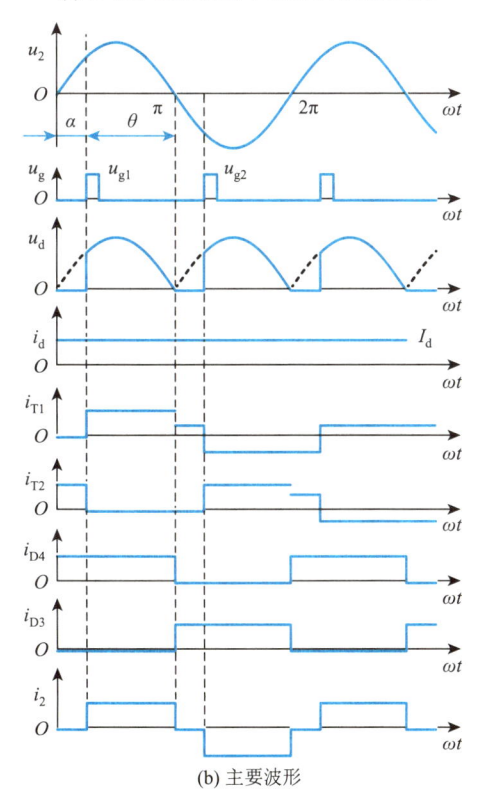

(b) 主要波形

图2-7 单相桥式半控整流电路及其波形

$D_4$ 自然换相导通，$D_3$ 截止，$T_2$、$D_4$ 自然续流，如此循环工作。电源电压 $u_2$ 的过零点有 0，$\pi$，$2\pi$，$3\pi$，…，称为整流二极管的自然换相点，也是该电路中计算控制角 $\alpha$ 的起点。输出整流电压 $u_d$ 波形如图2-7（b）所示。移相范围180°，晶闸管导通角 $\theta = \pi - \alpha$。

（1）输出电压平均值：

$$U_d = \frac{1}{\pi}\int_\alpha^\pi \sqrt{2}U_2 \sin(\omega t)\mathrm{d}(\omega t) \approx 0.9U_2 \frac{1+\cos\alpha}{2} \tag{2-25}$$

（2）输出电流平均值：

$$I_\mathrm{d} = \frac{U_\mathrm{d}}{R} \approx 0.9 \frac{U_2}{R} \frac{1+\cos\alpha}{2} \tag{2-26}$$

#### 2. 带续流二极管的单相桥式半控整流电路

1）单相桥式半控整流电路的失控现象

综上所述，$T_1$、$T_2$ 触发导通，$D_3$、$D_4$ 自然换相导通，改变控制角 $\alpha$ 即可改变整流输出电压平均值 $U_\mathrm{d}$。但在实际运行中，该电路在接入大电感负载时，可能出现一个晶闸管一直导通，而两个整流二极管交替导通的失控现象。比如，在 $u_2$ 正半周中，当 $T_1$ 触发导通后，若欲停止电路工作而断开触发脉冲，此后 $T_2$ 因无触发脉冲而处于阻断状态，但在 $u_2$ 过 $\pi$ 进入负半周，电流从 $D_4$ 换到 $D_3$，由于电感上感应电势的作用，电流 $i_\mathrm{d}$ 经 $T_1$、$D_3$ 继续流通，电感释放能量，如果电感很大，晶闸管 $T_1$ 将维持导通到电源电压 $u_2$ 进入下一个周期的正半周，$T_1$ 电流因未降为零而继续导通，而此时电流又从 $D_3$ 自然换流到 $D_4$，如此循环工作，则 $T_1$ 一直导通，$D_3$、$D_4$ 交替导通，这样电路就失去控制，输出变为单相半波不可控整流电压波形，$T_1$ 也会因过热而损坏。

2）续流二极管的作用

为了防止失控现象发生，在负载电路两端并联一续流二极管 D，如图 2-8（a）所示。

该续流二极管的作用是取代晶闸管和整流二极管的续流作用。在 $u_2$ 的正半周中，$T_1$、$D_4$ 导通，D 承受反压截止，从 $u_2$ 过 $\pi$ 变负时，在电感的感应电势作用下，使 D 承受正向偏压而导通，负载电流 $i_\mathrm{d}$ 经续流二极管 D 构成通路，电感释放能量。由于续流二极管的管压降不足以使 $T_1$、$D_3$ 维持导通，从而使 $T_1$ 恢复阻断，防止失控现象发生。并联接入续流二极管后输出整流电压 $u_\mathrm{d}$ 的波形与不接入续流二极管时相同（忽略管压降），但流过晶闸管和整流管的电流波形因二者导通角不同而不相同，如图 2-8（b）所示。

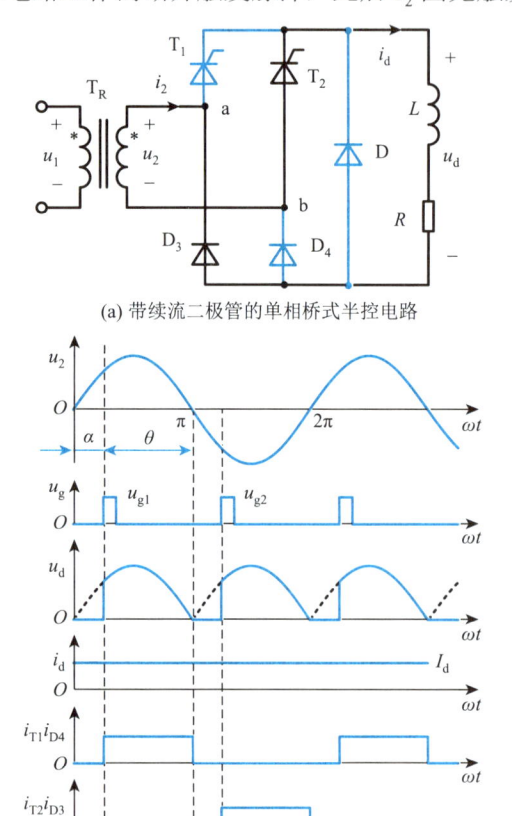

图 2-8 接入续流二极管的单相桥式半控电路及其波形

3）电路的基本数量关系

（1）输出电压平均值。

$$U_\mathrm{d} = \frac{1}{\pi} \int_\alpha^\pi \sqrt{2} U_2 \sin(\omega t) \mathrm{d}(\omega t) \approx 0.9 U_2 \frac{1+\cos\alpha}{2} \tag{2-27}$$

（2）晶闸管和整流管的电流有效值和电流平均值。

$$I_\mathrm{T} = I_\mathrm{D} = \sqrt{\frac{\pi-\alpha}{2\pi}} I_\mathrm{d} \tag{2-28}$$

$$I_{\text{Tav}} = I_{\text{Dav}} = \frac{\pi - \alpha}{2\pi}I_d \qquad (2\text{-}29)$$

（3）续流二极管的电流有效值$I_{\text{DC}}$与电流平均值$I_{\text{DD}}$。

$$I_{\text{DC}} = \sqrt{\frac{\alpha}{\pi}}I_d \qquad (2\text{-}30)$$

$$I_{\text{DD}} = \frac{\alpha}{\pi}I_d \qquad (2\text{-}31)$$

（4）变压器次级的电流有效值。

$$I_2 = \sqrt{\frac{\pi - \alpha}{\pi}}I_d \qquad (2\text{-}32)$$

## 2.2 三相可控整流电路

单相可控整流电路元件少，电路简单，但其输出电压的脉动较大，同时单相供电，适用于小容量的设备。当容量较大，要求输出电压脉动较小、对控制的快速性有较高要求时，则多采用三相可控整流电路。

三相可控整流电路有三相半波可控整流电路、三相桥式全控整流电路、带平衡电抗器的双反星形可控整流电路等。其中三相半波可控整流电路是多相整流电路的基础，其他整流电路可看作是三相半波可控整流电路不同形式的组合。

### 2.2.1 三相半波可控整流电路

**1. 电阻性负载**

三相半波可控整流电路因其负载与三相变压器次级绕组的中线相接，则又称三相零式电路，由三相电源变压器供电，变压器次级接成星形，初级接成三角形，以减少三次谐波的影响。三个晶闸管$T_a$、$T_b$、$T_c$的阳极分别接在变压器次级绕组的a、b、c相上，它们的阴极相连接，这种接法称为共阴极电路，如图2-9（a）所示。

1）工作原理

电源变压器次级绕组三相正弦波电压相位差为120°，其表达式为

$$\begin{cases} u_a = \sqrt{2}U_2\sin(\omega t) \\ u_b = \sqrt{2}U_2\sin(\omega t - 120°) \\ u_c = \sqrt{2}U_2\sin(\omega t - 240°) \end{cases} \qquad (2\text{-}33)$$

其波形如图2-9（b）所示。

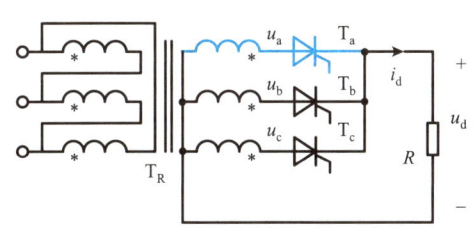

(a) 带电阻负载的三相半波可控整流电路

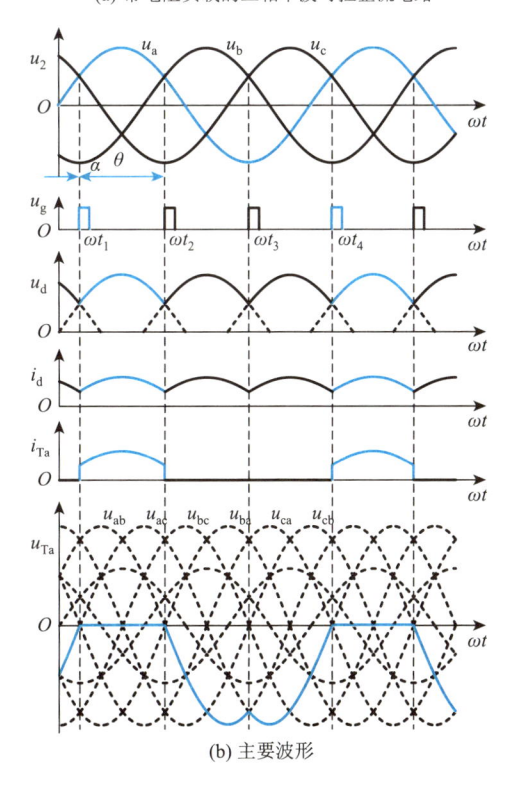

(b) 主要波形

图2-9 三相半波可控整流电路电阻性负载电路及其波形

（1）控制角 $\alpha = 0°$。

若将 $T_a$、$T_b$、$T_c$ 换成三个整流管，则：

$\omega t_1 \sim \omega t_2$ 期间，a 相瞬时电压最高，整流管 $T_a$ 导通，输出整流电压 $u_d = u_a$；

$\omega t_2 \sim \omega t_3$ 期间，b 相瞬时电压最高，整流管 $T_b$ 导通，输出整流电压 $u_d = u_b$；

$\omega t_3 \sim \omega t_4$ 期间，c 相瞬时电压最高，整流管 $T_c$ 导通，输出整流电压 $u_d = u_c$。

可见，在共阴极电路中，哪相电压最高，则该相绕组的整流管导通，其余两相上的整流管承受反向偏置电压而截止，在一个周期内，输出整流电压 $u_d$ 的波形为三相相电压的包络线，按相序每个整流管依次导通120°。

三相相电压正半周波形的交点 $\omega t_1$、$\omega t_2$、$\omega t_3$ 等称为自然换相点。

当 $T_a$、$T_b$、$T_c$ 为晶闸管时，若在自然换相点处，给 3 个晶闸管施加相位差为120°的触发脉冲，则 $T_a$、$T_b$、$T_c$ 轮流触发导通，输出电压 $u_d$ 的波形也为三相电压包络线，各晶闸管导通角均为120°。

自然换相点就是各相晶闸管可能被触发导通的最早时刻，在此之前由于承受反向偏置电压，不能触发导通。因此把自然换相点作为计算控制角 $\alpha$ 的起点，即在自然换相点处 $\alpha = 0°$。

图 2-9（b）示出晶闸管 $T_a$ 和与其相串联的变压器 a 相绕组中的电流波形。其他两相的电流波形相同，只是相位相差120°。可见变压器副边绕组通过的是直流脉动电流。

图 2-9（b）还示出晶闸管 $T_a$ 电压波形。$T_a$ 导通时，因忽略正向导通管压降，$u_{Ta}$ 为零，与横轴重合；b 相的晶闸管 $T_b$ 导通时，$T_a$ 承受 a 相和 b 相的电压差，即线电压 $u_{ab} = u_a - u_b$。c 相的晶闸管 $T_c$ 导通时，$T_a$ 承受 a 相和 c 相的电压差，即线电压 $u_{ac} = u_a - u_c$。由晶闸管电压 $u_{Ta}$ 的波形可知，晶闸管应能承受线电压峰值 $\sqrt{2}U_{21}$。

（2）控制角 $\alpha = 30°$。

当控制角 $\alpha = 30°$ 时，输出电压 $u_d$ 的波形相应变化如图 2-10 所示。

与 $\alpha = 0°$ 时不同之处是，当 $T_a$ 在 $\omega t_1$（$\alpha = 30°$）处被触发导通，再通过 $u_b$ 过 $u_a$ 正半周的自然换相点后，虽然 b 相电压高于 a 相电压，但此时 $T_b$ 未被触发，故 $T_a$ 将继续导通，直到 $\alpha = 30°$ 的相应时刻 $\omega t_2$ 给 $T_b$ 施加触发脉冲使之导通。此时相电压 $u_a$ 正好下降到零，电流 $i_d$ 也降为零，故 $T_a$ 关断。其他两相的晶闸管开通、关断情况与此相同，负载两端的整流电压 $u_d$ 为三相相电压波形的一部分。

由图 2-10 可知，$\alpha = 30°$ 正好是 $u_d$、$i_d$ 波形连续的临界状态，各相导通角仍为120°。$\alpha > 30°$，电压、电流的波形出现断续。

（3）$30° < \alpha < 150°$。

当控制角 $\alpha = 60°$ 时，$u_d$、$i_d$ 及晶闸管 $T_a$ 承受电压 $u_{Ta}$ 的波形如图 2-11 所示。

当 $\alpha = 60°$ 时，触发 $T_a$ 使之导通，输出整流电压 $u_d = u_a$，$i_d = i_a = u_d / R$，当 a 相电压 $u_a$ 降到零时，电流也降到零，$T_a$ 关断。直到 $\alpha = 60°$ 的相应时刻 $\omega t_2$，触发 $T_b$ 导通，此时 $u_d = u_b$，$i_d = i_b = u_d / R$，同

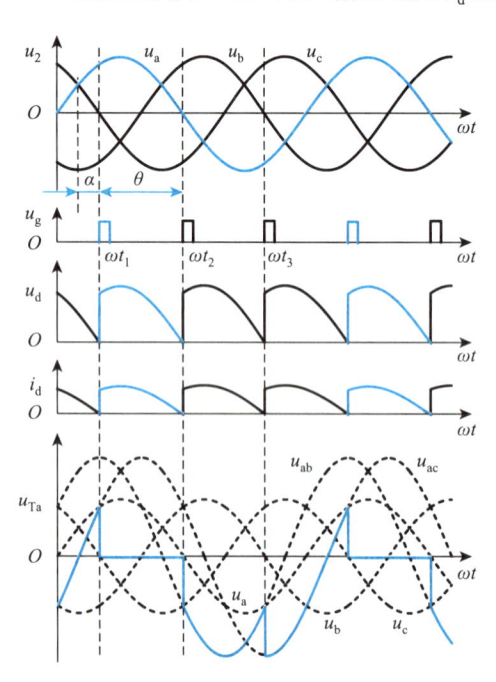

图 2-10　带电阻性负载的三相半波可控整流电路 $\alpha = 30°$ 时的波形

样，当 b 相电压过零时，$T_b$ 关断，此后在 $\omega t_3$ 触发 $T_c$ 导通，等等。由图 2-11 可知，输出整流电压 $u_d$、电流 $i_d$ 均为不连续的脉动波形。控制角 $\alpha$ 增大，$u_d$ 波形的平均值减小，当 $\alpha = 150°$ 时 $u_d = 0$，故三相半波可控整流电路带电阻性负载时的移相范围为 $150°$。

$\alpha > 30°$ 后，由于电流波形断续，在 $u_a$ 过零变负、$T_a$ 关断而 $T_b$ 还未触发导通的区间中，晶闸管 $T_a$ 还承受本相电源电压 $u_a$，故在整个周期内，晶闸管 $T_a$ 承受电压波形由直线段（导通段）、$u_a$、$u_{ab}$ 及 $u_{ac}$ 组成。

2）电路的基本数量关系

（1）输出整流电压平均值。

每个晶闸管在一个周期内轮流导通一次，$u_d$ 为三相电压波形的一部分，故计算平均电压 $U_d$ 只需取一相波形在 1/3 周期内的平均值即可。设相电压 $u_a = \sqrt{2}U_2\sin(\omega t)$，晶闸管导通角为 $\theta$，则输出整流平均电压：

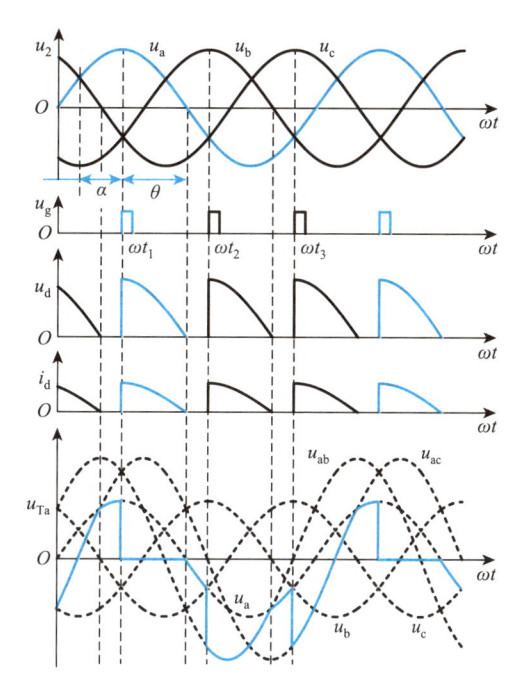

图 2-11 带电阻性负载的三相半波可控整流电路 $\alpha = 60°$ 时的波形

$$U_d = \frac{1}{2\pi/3}\int_{\frac{\pi}{6}+\alpha}^{\frac{\pi}{6}+\alpha+\theta}\sqrt{2}U_2\sin(\omega t)\mathrm{d}(\omega t) \tag{2-34}$$

$\alpha \leqslant 30°$ 时，$u_d$ 波形连续，晶闸管导通角 $\theta = 120°$，输出整流平均电压：

$$U_d = \frac{1}{2\pi/3}\int_{\frac{\pi}{6}+\alpha}^{\frac{5\pi}{6}+\alpha}\sqrt{2}U_2\sin(\omega t)\mathrm{d}(\omega t) = \frac{3\sqrt{6}}{2\pi}U_2\cos\alpha \approx 1.17U_2\cos\alpha \tag{2-35}$$

当 $\alpha = 0°$ 时，$U_d = U_{d0} \approx 1.17U_2$，其为最大值。

$\alpha > 30°$ 时，$u_d$ 波形断续，导通角 $\theta = (5\pi/6) - \alpha$，输出整流电压平均值：

$$U_d = \frac{1}{2\pi/3}\int_{\frac{\pi}{6}+\alpha}^{\frac{\pi}{6}+\alpha+\theta}\sqrt{2}U_2\sin(\omega t)\mathrm{d}(\omega t) = \frac{1}{2\pi/3}\int_{\frac{\pi}{6}+\alpha}^{\pi}\sqrt{2}U_2\sin(\omega t)\mathrm{d}(\omega t)$$
$$= \frac{3\sqrt{2}}{2\pi}U_2\left[1+\cos\left(\frac{\pi}{6}+\alpha\right)\right] \approx 0.675U_2\left[1+\cos\left(\frac{\pi}{6}+\alpha\right)\right] \tag{2-36}$$

当 $\alpha = 150°$ 时，$\cos\left(\frac{\pi}{6}+\frac{5\pi}{6}\right) = -1$，$u_d = 0$，故三相半波可控整流电路带电阻性负载时的移相范围为 $150°$，与前述分析结论一致。$U_d/U_2$ 与 $\alpha$ 的关系如图 2-12 中曲线 1 所示。

（2）输出电流平均值。

$\alpha \leqslant 30°$ 时，输出电流平均值：

$$I_d \approx 1.17\frac{U_2}{R}\cos\alpha \tag{2-37}$$

$30° < \alpha < 150°$ 时，输出电流平均值：

$$I_d \approx 0.675\frac{U_2}{R}\left[1+\cos\left(\frac{\pi}{6}+\alpha\right)\right] \tag{2-38}$$

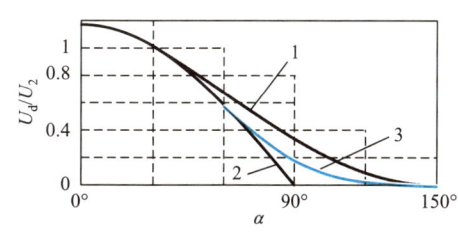

图 2-12 三相半波可控整流电路 $U_d/U_2$ 与 $\alpha$ 的关系曲线

1—电阻负载；2—电感负载；3—电感电阻负载

(3)晶闸管的平均电流。

3个晶闸管轮流导通，每个晶闸管的平均电流为$I_d$的1/3，即：

$$I_{av} = \frac{I_d}{3} \tag{2-39}$$

(4)晶闸管的电流有效值$I_T$和变压器次级绕组的电流有效值$I_2$。

$\alpha \leq 30°$时，

$$I_T = I_2 = \sqrt{\frac{1}{2\pi}\int_{\frac{\pi}{6}+\alpha}^{\frac{5\pi}{6}+\alpha}\left[\frac{\sqrt{2}U_2\sin(\omega t)}{R}\right]^2 d(\omega t)} = \frac{U_2}{R}\sqrt{\frac{1}{2\pi}\left[\frac{2\pi}{3}+\frac{\sqrt{3}}{2}\cos(2\alpha)\right]} \tag{2-40}$$

$30° < \alpha < 150°$时，

$$I_T = I_2 = \sqrt{\frac{1}{2\pi}\int_{\frac{\pi}{6}+\alpha}^{\pi}\left[\frac{\sqrt{2}U_2\sin(\omega t)}{R}\right]^2 d(\omega t)}$$

$$= \frac{U_2}{R}\sqrt{\frac{1}{2\pi}\left[\frac{5\pi}{6}-\alpha+\frac{\sqrt{3}}{4}\cos(2\alpha)+\frac{1}{4}\sin(2\alpha)\right]}$$

$$= \frac{U_2}{R}\sqrt{\frac{1}{2\pi}\left[\frac{5\pi}{6}-\alpha+\frac{1}{2}\sin\left(\frac{\pi}{3}+2\alpha\right)\right]} \tag{2-41}$$

图2-13 三相半波可控整流电路电阻性负载$I_T/I_d$、$I_2/I_d$与$\alpha$的关系曲线

由式(2-41)可知，$\alpha = 150°$时，$I_T = I_2 = 0$。

根据式(2-37)、式(2-38)及式(2-40)、式(2-41)可绘制出$I_T/I_d$、$I_2/I_d$随$\alpha$变化的关系曲线，如图2-13所示。

## 2. 电感电阻负载

### 1)工作原理

当三相半波可控整流电路带电感电阻负载时，其电路如图2-14(a)所示。在$i_d$减小的过程中，电感释放能量，在电源电压下降到零，又变为负值时，由于电感中感应电势的作用，仍能使原导通相的晶闸管继续流过电流而导通，整流电压$u_d$波形出现负值。如果负载电感值较大，电感储能较多，则本相晶闸管能维持导通到下一相晶闸管触发导通，才使本相晶闸管不能继续流过电流而关断。每个晶闸管导通角$\theta = 120°$，负载电流$i_d$波形连续，电感量越大，电流$i_d$脉动越小。当电感量足够大时，输出电流$i_d$波形近似于一条直线，此时也称为大电感负载。

图2-14(b)给出带电感电阻负载的三相半波可控整流电路在$\alpha = 60°$时，整流电压$u_d$、电流$i_d$及晶闸管承受电压$u_{Ta}$的波形。

由于负载电流$i_d$连续，晶闸管承受的最大反向电压和最大正向电压都是线电压峰值$\sqrt{2}U_{2l}$。

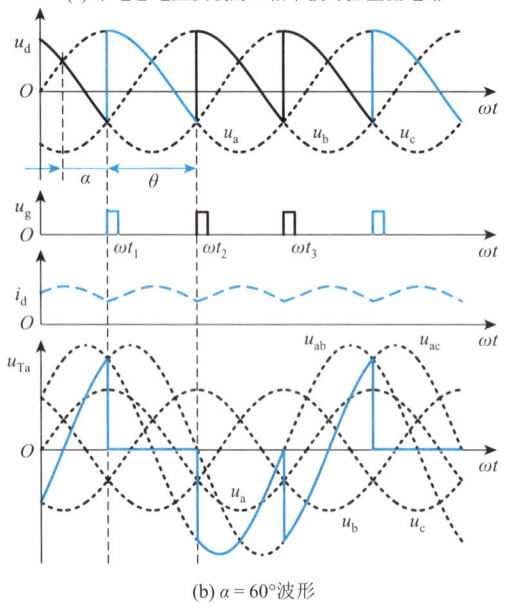

图2-14 带电感性负载的三相半波可控整流电路及其在$\alpha = 60°$时的波形

(a) 带电感电阻负载的三相半波可控整流电路

(b) $\alpha = 60°$波形

## 2）电路的基本数量关系

（1）输出整流电压平均值。

在电流连续情况下，晶闸管导通角 $\theta = 120°$，输出整流电压平均值：

$$U_\mathrm{d} = \frac{1}{2\pi/3} \int_{\frac{\pi}{6}+\alpha}^{\frac{5\pi}{6}+\alpha} \sqrt{2} U_2 \sin(\omega t) \mathrm{d}(\omega t)$$
$$= \frac{3\sqrt{6}}{2\pi} U_2 \cos\alpha \approx 1.17 U_2 \cos\alpha \tag{2-42}$$

当 $\alpha = 0°$ 时，$U_\mathrm{d} = U_\mathrm{d0} \approx 1.17 U_2$，为最大；当 $\alpha = 90°$ 时，$U_\mathrm{d} = 0$。从整流电压 $u_\mathrm{d}$ 的波形看，正负面积相等，电压平均值为 0，故三相半波可控整流电路大电感负载移相范围为 90°。$U_\mathrm{d}/U_2$ 与 $\alpha$ 的关系曲线如图 2-12 中的曲线 2。

（2）输出电流平均值：

$$I_\mathrm{d} = \frac{U_\mathrm{d}}{R} \approx 1.17 \frac{U_2}{R} \cos\alpha \tag{2-43}$$

（3）晶闸管的电流有效值 $I_\mathrm{T}$ 和变压器次级绕组的电流有效值 $I_2$。

当电感量足够大时，负载电流脉动分量很小，$i_\mathrm{d}$ 近似为平行于横轴的直线，$i_\mathrm{d} = I_\mathrm{d}$，$\theta = 120°$，则有

$$I_\mathrm{T} = I_2 = \sqrt{\frac{2\pi/3}{2\pi} I_\mathrm{d}^2} = \frac{I_\mathrm{d}}{\sqrt{3}} \approx 0.577 I_\mathrm{d} \tag{2-44}$$

## 3）电路中电感量 $L$ 较小时的情况

如果负载电感量 $L$ 较小而电阻 $R$ 较大或控制角 $\alpha$ 较大时，则在电流 $i_\mathrm{d}$ 上升时电感储能较小，$i_\mathrm{d}$ 下降时电感储能全部释放仍不足以维持电流连续，这时电流 $i_\mathrm{d}$ 出现断续。从输出电压 $u_\mathrm{d}$ 的波形来看：大电感负载，当 $\alpha = 90°$ 时，$u_\mathrm{d}$ 波形与横轴所包围的正负面积相等，因此平均电压 $U_\mathrm{d}$ 为零；而此时电感不大，储能有限，$i_\mathrm{d}$ 断续，$u_\mathrm{d}$ 波形包围的负面积小于正面积。当 $\alpha > 90°$ 时，这现象将继续存在，只有当 $\alpha = 150°$ 时，$u_\mathrm{d}$ 波形包围的正负面积均为零，此时 $u_\mathrm{d}$ 或 $U_\mathrm{d}$ 都为零。因此控制特性 $U_\mathrm{d}/U_2$ 与 $\alpha$ 的关系为图 2-12 中的曲线 3，最终仍将终止于 150°。则 $\alpha$ 移相范围为 150°。

电流 $i_\mathrm{d}$ 断续时，输出平均电压 $U_\mathrm{d}$ 的定量计算方法与单相桥式可控整流电路的方法相同。

## 3. 整流变压器容量与整流功率的关系（$\alpha = 0°$ 时）

整流功率 $P_\mathrm{d} = U_\mathrm{d} I_\mathrm{d}$，就是整流电路输出给负载所要求的直流功率。一般整流电路的输入都经过变压器。为了根据负载输出的需求估算整流变压器容量 $S$，需要计算 $S$ 与 $P_\mathrm{d}$ 的关系。

变压器的原边和副边视在功率可能相等，也可能不相等，根据电路不同而异。因此，有视在功率 $S_1$（原边）和 $S_2$（副边）之分，通常取其平均值作为变压器的容量 $S$。

以三相半波可控整流电路、大电感负载、电流 $i_\mathrm{d} = I_\mathrm{d}$ 的情况为例来说明。

大电感负载时，整流变压器次级的每相绕组电流 $i_2$ 波形如图 2-15 所示。$i_2$ 为单方向的矩形波，可将其分解为直流分量 $i_{2-}$ 和交流分量 $i_{2\sim}$。直流分量 $i_{2-}$ 不能感应到初级，只有交流分量 $i_{2\sim}$ 才能感应到初级。不考虑变压器激磁电流，假定变压器初、

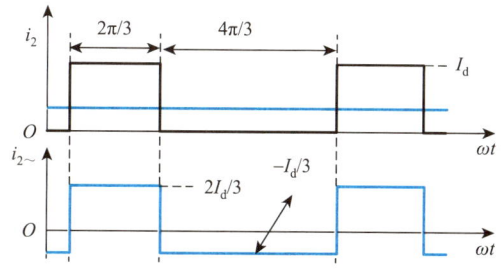

图 2-15 整流变压器初、次级电流波形

次级匝数相等，则 $i_1 = i_{2\sim}$。变压器初级的电流有效值：

$$I_1 = \sqrt{\frac{1}{2\pi}\left[\left(\frac{2}{3}I_d\right)^2 \frac{2\pi}{3} + \left(-\frac{1}{3}I_d\right)^2 \frac{4\pi}{3}\right]} = 0.473 I_d \tag{2-45}$$

变压器初级视在功率 $S_1$：

$$S_1 = 3U_1 I_1 = 3U_2 I_1 = 3 \times \frac{U_d}{1.17} \times 0.473 I_d = 1.21 U_d I_d = 1.21 P_d \tag{2-46}$$

变压器次级的视在功率 $S_2$：

$$S_2 = 3U_2 I_2 = 3 \times \frac{U_d}{1.17} \times I_2 \tag{2-47}$$

$I_2$ 由式（2-44）计算，有

$$S_2 = 3 \times \frac{U_d}{1.17} \times 0.577 I_d = 1.48 U_d I_d = 1.48 P_d$$

变压器容量：

$$S = \frac{1}{2}(S_1 + S_2) = \frac{1}{2}(1.21 P_d + 1.48 P_d) = 1.35 P_d \tag{2-48}$$

由上式可见，三相零式整流电路中应用的变压器容量要比输出功率 $P_d$ 大35%。

**4. 三相半波共阳极可控整流电路**

三相半波共阳极可控整流电路是将 3 个晶闸管的阳极连在一起，其阴极分别接变压器三相绕组，变压器的零线作为输出电压的正端，晶闸管共阳极端作为输出电压的负端，如图 2-16（a）所示。这种共阳极电路接法对螺栓形晶闸管的阳极可共用散热器，使装置结构简化；缺点是 3 个触发电路的输出必须彼此绝缘。

由于 3 个晶闸管的阴极分别与三相电源相连，阳极经过负载与三相绕组中线连接，故各个晶闸管只能在相电压为负时才触发导通，换流总是从电位较高的相换到电位更低的相。自然换点为三相电压负半波的交点，就是控制角 $\alpha = 0°$ 的起始点。图 2-16（b）所示的波形是 $\alpha = 30°$ 时输出电压的波形，$u_d$、$i_d$ 的波形均为负值。对于大电感负载，负载电流连续，晶闸管导通角 $\theta$ 仍为 $120°$。输出整流电压平均值：

$$U_d \approx -1.17 U_2 \cos\alpha \tag{2-49}$$

三相半波可控整流电路，晶闸管数量少，接线简单，只需 3 套触发装置，控制比较容易。但变压器每相绕组只有 1/3 周期流过电流，变压器利用率低；由于绕组中电流是单方向的，故存在直流磁势。必要时须加大变压器铁心的横截面积或对铁心开气隙，避免磁化曲线进入饱和。该电路一般用于中小容量的设备。

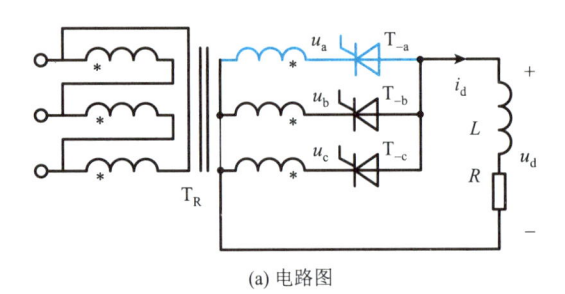

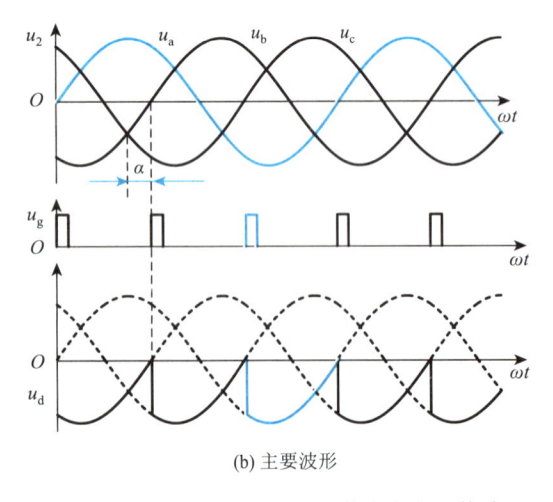

图 2-16 三相半波共阳极可控整流电路及其波形

## 2.2.2 三相桥式全控整流电路

三相桥式全控整流电路与三相半波可控整流电路相比,其输出整流电压提高 1 倍,输出电压的脉动较小,变压器利用率高且无直流磁化问题。由于在整流装置中,三相桥式全控整流电路晶闸管的最大失控时间只为三相半波可控整流电路的一半,故其控制快速性较好,因而三相桥式全控整流电路在大容量负载供电、电力拖动控制系统等广泛应用。

### 1. 电路的构成

从三相半波可控整流电路原理可知,共阴极电路工作时,变压器每相绕组流过正向电流,共阳极电路工作时变压器每相绕组流过反向电流,为了提高变压器的利用率,将共阴极组电路和共阳极组电路输出串联,接到变压器次级绕组,如图 2-17(a)所示。如果两组电路负载对称,控制角相同,则它们输出电流平均值 $I_{d1}$ 与 $I_{d2}$ 相等,零线中流过的平均电流 $I_0 = I_{d1} - I_{d2} = 0$,去掉零线,就成为三相桥式全控整流电路,如图 2-17(b)所示。在三相桥式全控整流电路中的变压器绕组中,一个周期内既流过正向电流,又流过反向电流,提高了变压器的利用率,且直流磁势相互抵消,避免直流磁化。

由于三相桥式全控整流电路是 2 组三相半波可控整流电路的输出串联,因此,输出电压是三相半波可控整流电路的 2 倍。当输出电流连续时,输出整流电压平均值:

$$U_d \approx 2 \times 1.17 U_2 \cos\alpha \approx 2.34 U_2 \cos\alpha \approx 1.35 U_{2l} \cos\alpha \tag{2-50}$$

式中,$U_2$ 和 $U_{2l}$ 分别为电源变压器次级相电压和线电压的有效值。

由于变压器变比并未改变,整流电压却比三相半波时大 1 倍,整流输出功率提高,变压器的利用率也提高。

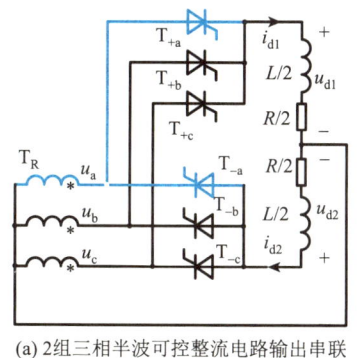

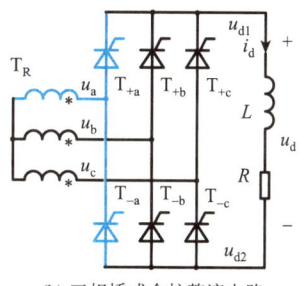

(a) 2 组三相半波可控整流电路输出串联　　(b) 三相桥式全控整流电路

图 2-17　三相桥式全控整流电路的组成

### 2. 三相桥式全控整流电路的工作过程

以图 2-18(a)所示带电感电阻负载的电路为例。假设电感较大,负载电流连续,且波形平直。

1) 控制角 $\alpha = 0°$ 时

在电源电压正半周中,每个自然换相点依次触发晶闸管 $T_{+a}$、$T_{+b}$、$T_{+c}$,在电源电压负半周中,每个自然换相点依次触发 $T_{-a}$、$T_{-b}$、$T_{-c}$,电路主要波形如图 2-18(b)所示。为分析方便,将电源供电周期 $T$ 分成 6 段,每段 60°。

晶闸管触发导通的原则:共阴极组的晶闸管,哪个阳极电位最高,就触发那个晶闸管导通;共阳极组的晶闸管,哪个阴极电位最低,就触发那个晶闸管导通。

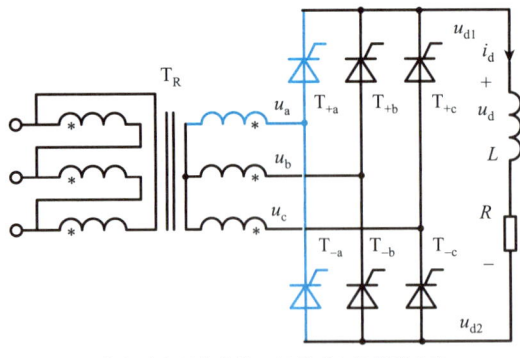

第一段 $\omega t_1 \sim \omega t_2$，假设晶闸管 $T_{-b}$ 已导通。此时 a 相电压最高，应触发晶闸管 $T_{+a}$，则晶闸管 $T_{+a}$、$T_{-b}$ 导通。电流由正 a 相输出，经晶闸管 $T_{+a}$、负载、晶闸管 $T_{-b}$ 回到负 b 相。输出的整流电压 $u_d$ 为

$$u_d = u_a - u_b = u_{ab} \tag{2-51}$$

即为线电压 $u_{ab}$。

第二段 $\omega t_2 \sim \omega t_3$，a 相电压仍最高，晶闸管 $T_{+a}$ 仍导通，c 相电压最低，这一段开始就应当触发晶闸管 $T_{-c}$ 使之导通，电流从 b 相换到 c 相，同时晶闸管 $T_{-b}$ 换到 $T_{-c}$。电流由 a 相输出，经 $T_{+a}$、负载、$T_{-c}$ 回到负 c 相。输出整流电压 $u_d$ 为

$$u_d = u_a - u_c = u_{ac} \tag{2-52}$$

第三段 $\omega t_3 \sim \omega t_4$，此时 c 相电压仍为最低，$T_{-c}$ 保持导通。而 b 相电压变为最高，故应触发晶闸管 $T_{+b}$ 导通，电流从 a 相换到 b 相，变压器 b、c 两相工作，整流电压 $u_d$ 为

$$u_d = u_b - u_c = u_{bc} \tag{2-53}$$

其余各阶段依次输出为 $u_{ba}$，$u_{ca}$，$u_{cb}$，$u_{ab}$，$u_{ac}$，⋯。

由以上分析，可以得到以下几点结论：

（1）三相桥式全控整流电路，必须有共阴极组和共阳极组各一个晶闸管同时导通，才能形成输出通路。

（2）三相桥式全控整流电路是 2 组三相半波可控整流电路的串联，因此对共阴极组触发脉冲应依次触发 $T_{+a}$、$T_{+b}$、$T_{+c}$，其触发脉冲之间的相位差为 120°；对于共阳极组触发脉冲应依次触发 $T_{-a}$、$T_{-b}$、$T_{-c}$，其触发脉冲的相位差也是 120°。在负载电流连续的情况下，每个晶闸管导电角为 120°。

(a) 带电感电阻负载的三相桥式全控整流电路

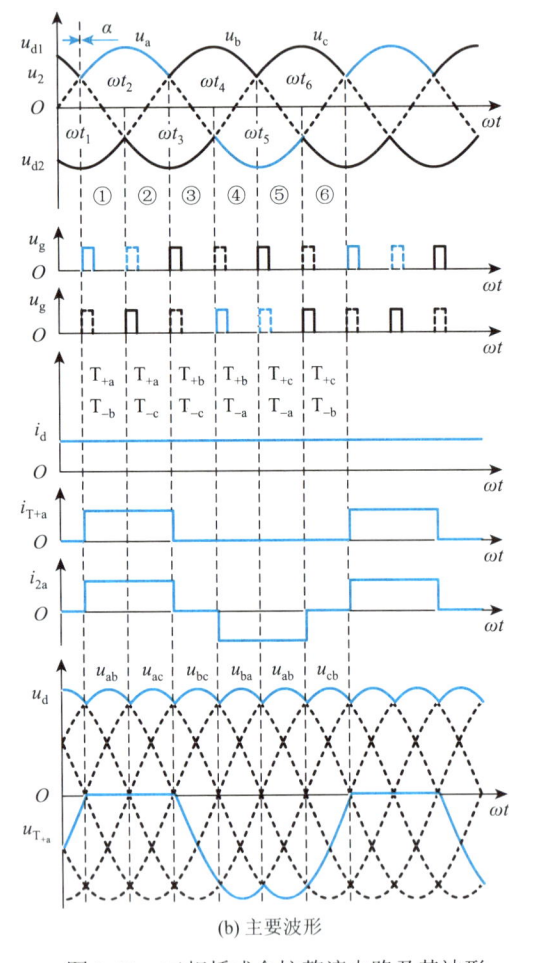

(b) 主要波形

图 2-18 三相桥式全控整流电路及其波形

（3）共阴极组晶闸管是在正半周触发，共阳极组晶闸管是在负半周触发，因此接在同一相的 2 个晶闸管的触发脉冲的相位差为 180°。例如，接在 a 相的 $T_{+a}$ 和 $T_{-a}$，接在 b 相的 $T_{+b}$ 和 $T_{-b}$，接在 c 相的 $T_{+c}$ 和 $T_{-c}$，它们触发脉冲相位差都是 180°。

（4）晶闸管的换流在共阴极组 $T_{+a}$、$T_{+b}$、$T_{+c}$ 之间或共阳极组 $T_{-a}$、$T_{-b}$、$T_{-c}$ 之间进行。但从整个电路来说，每隔 60° 有一个晶闸管换流，因此每隔 60° 触发一个晶闸管，从图 2-18(b) 可看出其顺序为 $T_{+a} \rightarrow T_{-c} \rightarrow T_{+b} \rightarrow T_{-a} \rightarrow T_{+c} \rightarrow T_{-b}$ 为了便于理解，画出 3 个相位差

为 120°的矢量表示共阴极组晶闸管 T 的下标 +a、+b、+c，然后相应相差 180°，画出共阳极组晶闸管 T 的下标 –a、–b、–c，得到相邻间隔 60°的 6 个矢量，如图 2-19 所示，则顺时针所得顺序即是各晶闸管的换流顺序。

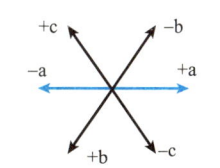

图 2-19 晶闸管换流顺序

（5）为了保证电路在电源合闸后，共阴极组和共阳极组各有一个晶闸管同时导通，或者由于电流断续后再次导通，必须对两组中应导通的一对晶闸管同时施加触发脉冲，常用的方法是采用间隔为 60°的双触发脉冲，即在触发某一个晶闸管时，同时给前一个晶闸管补发一个脉冲，使共阴极组和共阳极组的 2 个应导通的晶闸管都有触发脉冲。如当触发 $T_{+a}$ 时，给 $T_{-b}$ 也施加触发脉冲；给 $T_{-c}$ 施加触发时，同时再给 $T_{+a}$ 一次触发脉冲，等等，如图 2-18（b）所示。因此，在采用双脉冲触发时，每个周期内对各个晶闸管要触发 2 次，2 次触发脉冲间隔为 60°。也可以把每个晶闸管的触发脉冲宽度延至 60°以上，且小于 120°（通常取 80°~100°），则称宽脉冲触发，能达到与双脉冲触发相同的效果。通常采用双脉冲触发电路，其脉冲变压器体积较小，且易于达到脉冲前沿较陡，需用功率较小，只是线路接线稍为复杂。

（6）整流后的输出电压是两相电压相减后的波形，即线电压。控制角 α = 0°时的输出电压 $u_d$ 是线电压正半周的包络线。由于线电压的交点与相电压的正负半波的交点是在同一角度，所以线电压的交点同样是自然换相点。三相桥式全控整流电路的整流电压在一个周期内脉动 6 次，则对于 50Hz 的工频电源，整流电压脉动频率为 50Hz×6 = 300Hz，比三相半波时大 1 倍。

（7）图 2-18（b）中还示出晶闸管 $T_{+a}$ 电压 $u_{Ta}$ 的波形。在第一段①和第二段②时，由于晶闸管 $T_{+a}$ 导通，忽略导通压降与横轴重合。在第三段③和第四段④时，由于 $T_{+b}$ 导通，$T_{+a}$ 承受反向电压，其大小为线电压 $u_{ab} = u_a - u_b$；在第五段⑤和第六段⑥时，由于晶闸管 $T_{+c}$ 导通，$T_{+a}$ 承受反向电压，其大小为线电压 $u_{ac} = u_a - u_c$，所以晶闸管应能承受的峰值电压为 $\sqrt{2}U_{21}$。

2）当控制角 α ≠ 0°时

晶闸管在触发导通前承受正向电压，其大小与 α 有关。

α = 30°时的电路工作波形如图 2-20 所示。每个晶闸管从自然换相点后移一个 α 开始换相。如晶闸管 $T_{+a}$ 和 $T_{-c}$ 导通时输出线电压 $u_{ac}$，经过 a 相和 b 相之间自然换相点，b 相电压虽然高于 a 相电压，但是 $T_{+b}$ 尚未触发导通，因而 $T_{+a}$、$T_{-c}$ 继续导通，输出线电压 $u_{ac}$。直到经过自然换相点后，α = 30°时触发晶闸管 $T_{+b}$，则电流由 $T_{+a}$ 换到 $T_{+b}$，$T_{+b}$ 和 $T_{-c}$ 导通，$T_{+a}$ 截止，输出线电压 $u_{bc}$，其余类似。由波形可见，α = 30°，使得输出线电压的包络线减小一块相应于 α = 30°的面积，因而输出整流电压减小。

α = 60°时的波形如图 2-21 所示。

α > 60°时，当线电压瞬时值过零变负时，由于电感释放能量维持电流方向，使原本导通

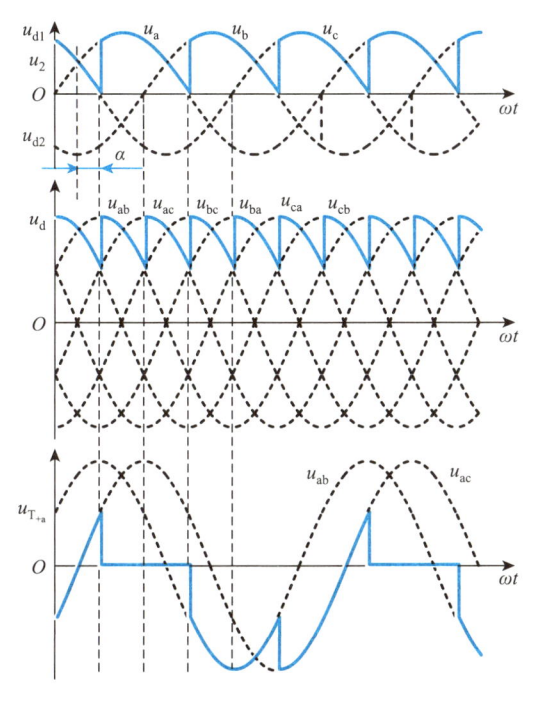

图 2-20 带电感性负载的三相桥式全控整流电路在 α = 30°时的工作波形

的一对晶闸管继续导通，整流输出电压 $u_d$ 波形出现负值，从而整流输出平均电压 $U_d$ 进一步减小。

$\alpha = 90°$ 时的波形如图 2-22 所示。当电流连续时，此时输出电压的波形正负两部分面积相等，因而输出平均电压等于零。由此可见，电感电阻负载电路，当电感大小能保证输出电流连续时，控制角 $\alpha$ 的最大移相范围为 90°。

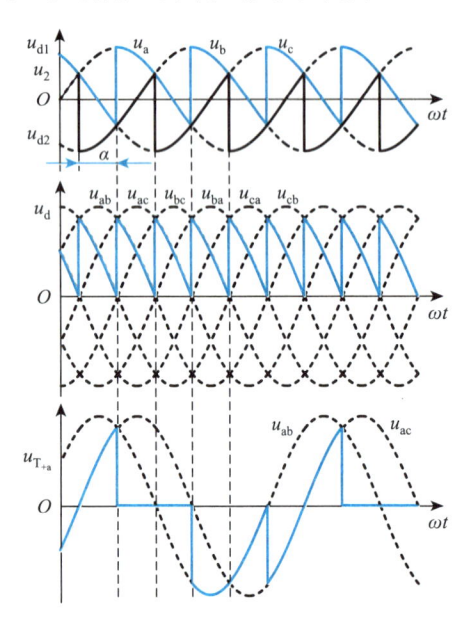

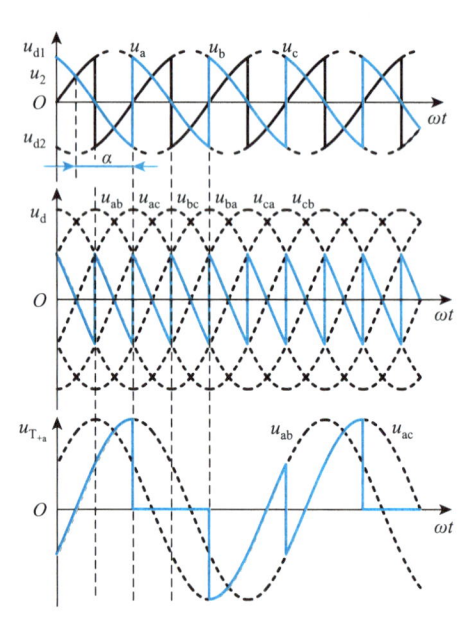

图 2-21 带电感电阻负载的三相桥式全控整流电路在 $\alpha = 60°$ 时的工作波形

图 2-22 带电感电阻负载的三相桥式全控整流电路在 $\alpha = 90°$ 时的工作波形

从图 2-20～图 2-22 的波形可以得出，输出整流电压与控制角 $\alpha$ 的关系。输出电压波形每隔 $\pi/3$ 重复一次，计算输出电压平均值在 60° 内取其平均值即可。

为计算方便，将坐标原点取线电压 $u_{ab}$ 的过零点处，则自然换相点距原点横坐标变为 $\pi/3$，则整流输出电压为

$$U_d = \frac{1}{\pi/3} \int_{\frac{\pi}{3}+\alpha}^{\frac{2\pi}{3}+\alpha} \sqrt{2} U_{2l} \sin(\omega t) \mathrm{d}(\omega t) \approx 1.35 U_{2l} \cos\alpha \approx 2.34 U_2 \cos\alpha \qquad (2\text{-}54)$$

可见，得到与式（2-50）相同的结果。从式（2-54）可得到，当 $\alpha = 90°$ 时 $U_d = 0$，即最大控制角移相为 90°。

**3. 三相桥式全控整流电路带电阻负载工作**

带电阻负载三相桥式全控整流电路如图 2-23（a）所示。控制角 $\alpha \leq 60°$ 时，由于输出电压 $u_d$ 波形连续，负载电流 $i_d = u_d/R$，因此电流波形也连续，在一个周期内每个晶闸管导电角为 120°，输出电压波形与电感电阻负载时相同。$\alpha > 60°$ 时，线电压过零变负时，晶闸管关断，输出电压为零，电流波形变为不连续，不能像电感电阻负载那样输出负电压。图 2-23（b）为 $\alpha = 90°$ 时的电压波形。此时一周期中每个晶闸管导通 2 次，每次为 $(120° - \alpha)$。为了保证晶闸管的 2 次导通，图 2-23（b）给出触发晶闸管的双窄脉冲或宽脉冲波形。

当 $\alpha = 120°$ 时，输出电压为零，电阻负载时最大移相范围为 120°。

整流输出电压与控制角 $\alpha$ 的关系：

当 $0°\leqslant\alpha\leqslant 60°$ 时，$u_d$ 波形连续，与电感电阻负载时相同，整流输出电压也一样：

$$U_d \approx 2.34U_2\cos\alpha \qquad (2\text{-}55)$$

当 $60° < \alpha < 120°$ 时，电流断续，当 $\omega t = \pi$ 时，$U_{21}$ 为零，故输出电压平均值为

$$\begin{aligned}U_d &= \frac{1}{\pi/3}\int_{\frac{\pi}{3}+\alpha}^{\pi}\sqrt{2}U_{21}\sin(\omega t)\mathrm{d}(\omega t) \\ &\approx 2.34U_2\left[1+\cos\left(\frac{\pi}{3}+\alpha\right)\right]\end{aligned} \qquad (2\text{-}56)$$

由式（2-56）可知，$\alpha = 2\pi/3$ 时，$U_d = 0$，$\alpha$ 最大移相范围为 $120°$。

三相桥式全控整流电路 $U_d$ 与控制角 $\alpha$ 的关系曲线如图 2-24 所示。

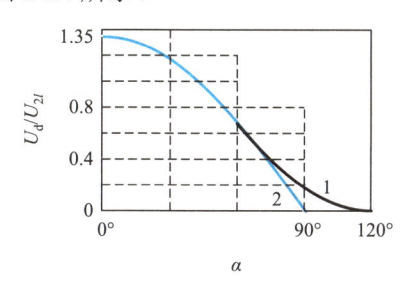

图 2-24 三相桥式全控电路输出特性
1—电阻性负载；2—电感电阻负载

**4. 三相桥式半控整流电路**

把三相桥式全控整流电路中的晶闸管 $T_{-a}$、$T_{-b}$、$T_{-c}$ 改用 3 个二极管，便组成三相桥式半控整流电路，其分析方法与单相桥式半控整流电路类似。

从直流侧，三相桥式半控整流电路可以看成为一个三相半波可控整流电路和一个三相半波不控整流电路的输出串联，因此，$U_d = 1.17U_2(1+\cos\alpha)$。三相半波桥式整流电路的移相范围为 $180°$。

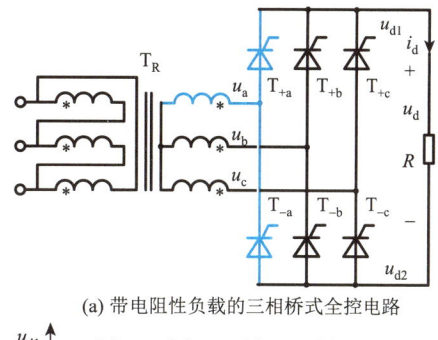

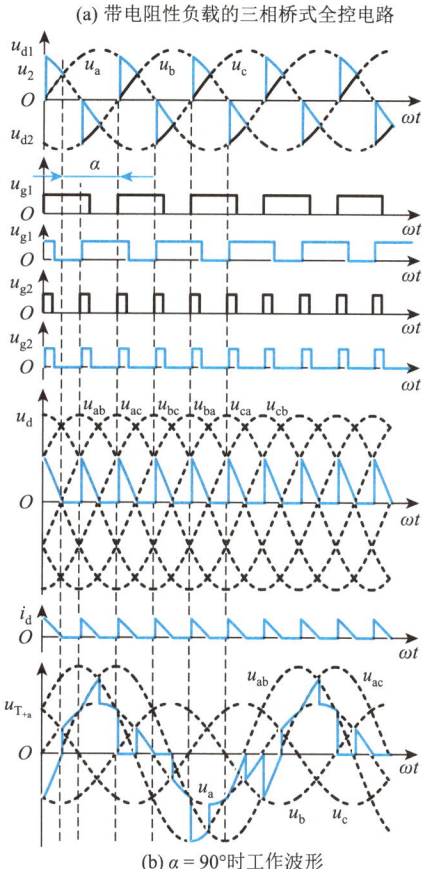

(a) 带电阻性负载的三相桥式全控电路

(b) $\alpha = 90°$ 时工作波形

图 2-23 带电阻性负载的三相桥式全控电路及 $\alpha = 90°$ 时工作波形

## 2.2.3 带平衡电抗器的双反星形可控整流电路

在工程应用中，有时需要电压不是很高，而电流高达数千安培以上的直流电源。如果采用三相桥式可控整流电路，则由于过大的负载电流需要将多个元件并联，这就使元件的均流和保护问题复杂化，而且这样大的负载电流每个通路都要经过 2 个导通元件，导通压降损耗大，整流装置效率低。

如果采用 2 组三相半波可控整流电路并联，使每组电路只承担负载电流的一半，同时变压器次级绕组采用合适的连接方式，消除三相半波可控整流电路的直流磁化，则满足低电压、大电流的负载要求。带平衡电抗器的双反星形可控整流电路即属于此。

1. 电路组成与基本特点

带平衡电抗器的双反星形可控整流电路如图 2-25（a）所示。电源变压器初级接成三角形，2 组次级绕组接成星形，组成 2 组三相半波可控整流电路，在两个中点之间，接有平衡电抗器 $L_p$。

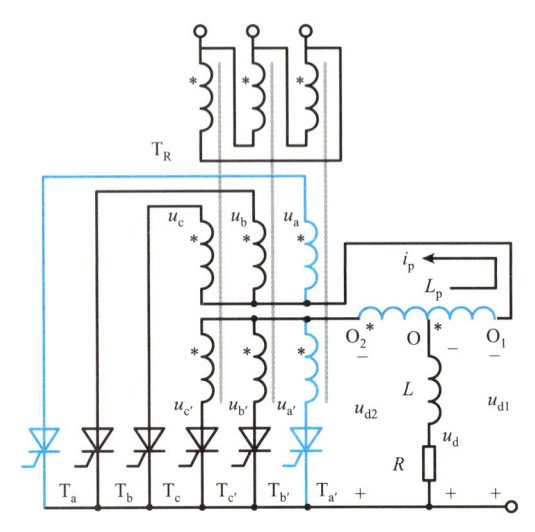

(a) 带平衡电抗器的双反星形可控整流电路

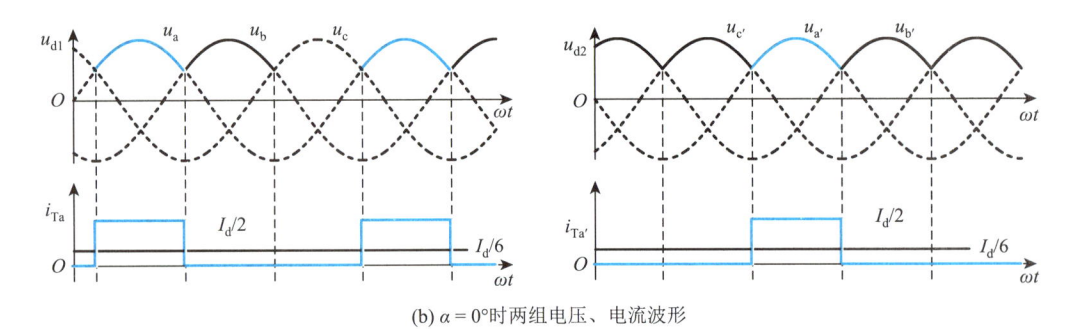

(b) α = 0°时两组电压、电流波形

图 2-25 带平衡电抗器的双反星形可控整流电路及 α = 0° 时两组电压、电流波形

次级的两组三相星形绕组每相为 a 和 a′、b 和 b′、c 和 c′，分别绕在同一铁心上，匝数相同，极性相反，故称为双反星形电路。同一铁心两个绕组上的相电压相位差180°，因而两组相电流相位差为180°。由于两组三相半波可控整流电路并联，每组只供给负载电流的一半，为 $I_d/2$，每一相（比如 a 相的电流 $i_a$ 和 $i_{a'}$）的平均值都为 $I_d/6$，而对铁心磁化方向相反，因此直流磁势互相抵消，没有直流磁化。α = 0°时整流电压和电流的波形如图 2-25（b）所示。

该电路输出电压不是很高，如十几伏到几十伏或几百伏，但电流较大，常用于电解、电镀；也常用于供电电流一般而环境温度较高、散热条件较差的场合，如飞机电源系统等。

2. 平衡电抗器

平衡电抗器的作用就是使上述两组三相半波可控整流电路的负载电流趋向均衡，实现并联供电。

为说明平衡电抗器的作用，将两个次级绕组的中点 $O_1$、$O_2$ 直接相连，则电路变为一般的六相半波可控整流电路，如图 2-26（a）所示。

如图 2-26（b）所示，在任一瞬间，六相绕组中只有相电压最高的那一相的晶闸管触发导通，其余相的晶闸管均承受反向电压而阻断。每个晶闸管的最大导通角是 60°，每个晶闸管的平均电流是 $I_d/6$。输出整流电压为六相半波电压波形的包络线，其平均值为 $1.35U_2$。

这种电路的晶闸管导电角小，变压器的利用率低，并未达到并联目的，一般很少采用这种电路。

为了克服上述缺点，将两个次级绕组中点用平衡电抗器连接。

当两个电源并联供电时，只有它们的瞬时值相等，才能使负载电流均衡分配。双反星形电路中并联的两组三相半波电路输出整流电压互差 60°，在同一控制角下，虽然两组电压平均值相同，但瞬时值不等。

正是由于平衡电抗器的作用补偿了两组输出 $u_{d1}$ 和 $u_{d2}$ 的瞬时电位差，因而可以使两组晶闸管同时导通，向负载提供电流。

如图 2-27 所示，$u_a$、$u_b$、$u_c$ 和 $u_{a'}$、$u_{b'}$、$u_{c'}$ 为两组相位差 180° 的三相电压波形。

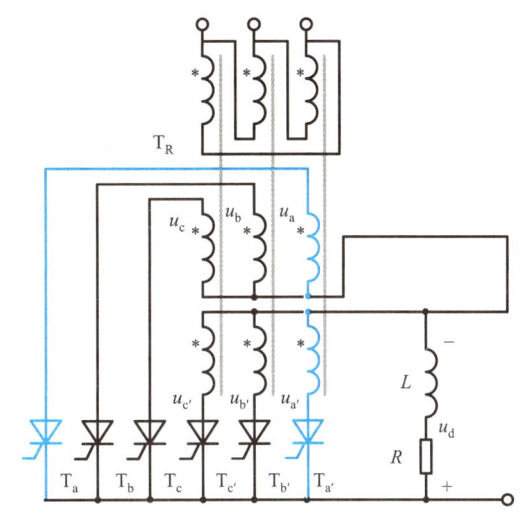

在任一瞬间，例如在 $\omega t_3$ 时刻 $u_a$ 与 $u_{c'}$ 都为正值，且 $u_a > u_{c'}$，若无平衡电抗器，则只有 a 相的晶闸管 $T_a$ 导通，仅 a 相工作。在接入平衡电抗器后，它补偿了 $u_a$ 与 $u_{c'}$ 的电位差，使得 $T_a$ 与 $T_{c'}$ 同时导通。$T_a$、$T_{c'}$ 同时导通时，等效电路如图 2-28 所示。由于在 $\omega t_3$ 时刻 $u_a$ 最高，$T_a$ 导通，流经负载及平衡电抗器右半绕组的电流增加，在右半绕组感应电势 $u_p/2$，其极性为：O 端为正、$O_1$ 端为负。与 $u_a$ 的极性相反。平衡电抗器的左半绕组与右半绕组匝数相等，并绕在同一铁心上，故左半绕组也感应出相同的电势 $u_p/2$，其极性如图 2-28 所示，且与 $u_{c'}$ 极性相同。平衡电抗器总的感应电势 $u_p$ 等于 $u_a$ 与 $u_{c'}$ 的差值。负载 L、R 两端电压 $u_d$ 为

$$u_d = u_a - \frac{u_p}{2} = u_{c'} + \frac{u_p}{2} \qquad (2-57)$$

上式说明，由于平衡电抗器的作用，将使电压较高的相 $u_a$ 减小 $u_p/2$，电压较低的相 $u_{c'}$ 增加 $u_p/2$，使 $T_a$ 和 $T_{c'}$ 同时导通，向负载供电。当 $\omega t = \omega t_4$

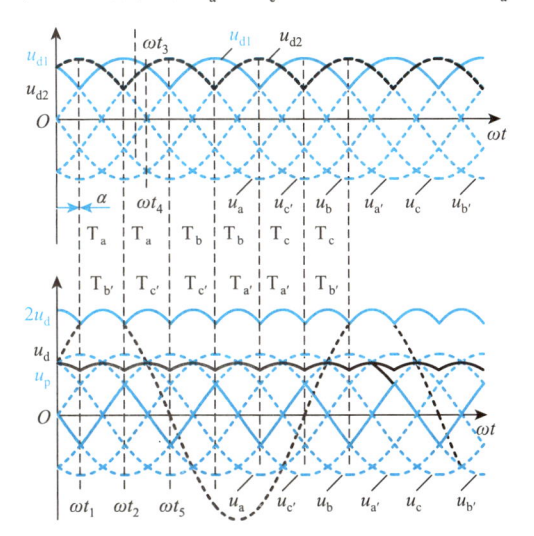

(a) 六相半波可控整流电路

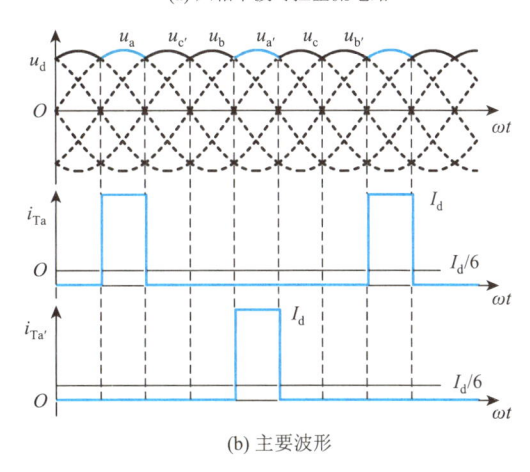

(b) 主要波形

图 2-26 六相半波可控整流电路及其波形

图 2-27 带平衡电抗器的双反星形整流电路 $\alpha = 0°$ 时电压电流波形

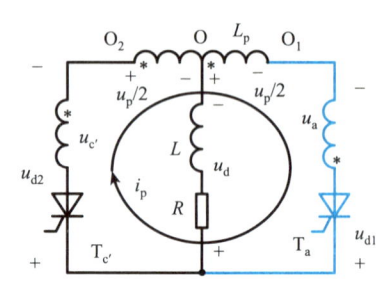

时，$u_a = u_{c'}$，两相的晶闸管（$T_a$、$T_{c'}$）继续导通，$u_p = 0$，此后，$u_{c'} > u_a$，流经 a 相 $T_a$ 的电流减小，c′相 $T_{c'}$ 的电流增加，平衡电抗器上感应电势的极性与上述极性相反，这时 $u_a + \dfrac{u_p}{2} = u_{c'} - \dfrac{u_p}{2}$，$T_a$、$T_{c'}$ 继续导通，直到 $u_b > u_a$ 时触发 $T_b$ 使 $T_a$ 不再有电流流过而关断，电流从 $T_a$ 换到 $T_b$，此时 $T_{c'}$、$T_b$ 同时导通，向负载供电。

图 2-28 $\omega t_3$ 时刻等效电路

由以上分析，可以绘出感应电势 $u_p$ 和输出电压 $u_d$ 的波形。图 2-27 分别给出两组三相电压 $u_a$、$u_b$、$u_c$、$u_{a'}$、$u_{b'}$、$u_{c'}$ 的波形，此时的输出电压波形，即两组三相电压正半波的包络线，分别用 $u_{d1}$ 和 $u_{d2}$ 表示，从图 2-28 右边回路来看，负载电压为

$$u_d = u_{d1} - \dfrac{u_p}{2} \tag{2-58}$$

从图 2-28 左边回路来看，负载电压为

$$u_d = u_{d2} + \dfrac{u_p}{2} \tag{2-59}$$

因此可得到：

$$u_d = \dfrac{1}{2}(u_{d1} + u_{d2}) \tag{2-60}$$

$$u_p = u_{d1} - u_{d2} \tag{2-61}$$

如图 2-27 所示，在 $\omega t_2 \sim \omega t_5$ 期间，$u_{d1} = u_a$，$u_{d2} = u_{c'}$，$u_{c'} = -u_c$，$u_a + u_b + u_c = 0$，因此

$$u_d = \dfrac{1}{2}(u_{d1} + u_{d2}) = \dfrac{1}{2}(u_a + u_{c'}) = \dfrac{1}{2}(u_a - u_c) = \dfrac{1}{2}u_{ac} \tag{2-62}$$

$$2u_d = u_{ac} \tag{2-63}$$

$$u_p = u_{d1} - u_{d2} = u_a - u_{c'} = u_a + u_c = -u_b \tag{2-64}$$

其他各时段的也有类似的结论。因此，$2u_d$ 的波形为部分三相线电压组合，$u_p$ 的波形为部分三相相电压组合，如图 2-27 所示。每个晶闸管在一个周期中的导通时间为120°。

由于 $u_{d1}$ 和 $u_{d2}$ 瞬时值不等，即有 $u_{d1} - u_{d2} = u_p$ 施加于平衡电抗器 $L_p$ 两端，如图 2-28 所示，这将产生环流 $i_p$，实际上就是平衡电抗器 $L_p$ 受感应电势作用后产生的激磁电流，它不流经负载而在电源回路中环行。其结果是一路流过的电流为 $I_d/2 - i_p$，另一路为 $I_d/2 + i_p$，形成两路向负载供电，不均衡。

平衡电抗器 $L_p$ 工作时必然有激磁电流，它保证两路并联供电，却又引起两路供电不均衡。当环流过大，若

$$i_p = I_{p\max} = I_d/2 \tag{2-65}$$

时，此时对负载将形成单路供电。一般取 $I_{p\max} = I_{d\min}/2$，$I_{d\min}$ 为最小负载电流。为了减小环流，需要加大平衡电抗器的电感 $L_p$。

**3. 参数计算**

当 $\alpha = 0°$ 时，$u_{d1}$ 和 $u_{d2}$ 的波形为三相电压 $u_a$、$u_b$、$u_c$ 和 $u_{a'}$、$u_{b'}$、$u_{c'}$ 正半波的包络线。分别用傅里叶级数展开可以得到：

$$u_{d1} = \frac{3\sqrt{6}U_2}{2\pi}\left[1 + \frac{1}{4}\cos(3\omega t) - \frac{2}{35}\cos(6\omega t) + \frac{1}{40}\cos(9\omega t) + \cdots\right] \quad (2\text{-}66)$$

$$u_{d2} = \frac{3\sqrt{6}U_2}{2\pi}\left[1 - \frac{1}{4}\cos(3\omega t) - \frac{2}{35}\cos(6\omega t) - \frac{1}{40}\cos(9\omega t) - \cdots\right] \quad (2\text{-}67)$$

$$u_d = \frac{1}{2}(u_{d1} + u_{d2}) = \frac{3\sqrt{6}U_2}{2\pi}\left[1 - \frac{2}{35}\cos(6\omega t) - \cdots\right] \approx 1.17U_2\left[1 - \frac{2}{35}\cos(6\omega t) - \cdots\right] \quad (2\text{-}68)$$

可见谐波含量不大，且最低谐波是 6 次谐波。直流分量为式中常数项，即 $U_d \approx 1.17U_2$，与 $\alpha = 0°$ 时的三相半波可控整流电路整流输出电压相等。带平衡电抗器的双反星形可控整流电路正常工作时是两组三相半波可控整流电路的并联，所以整流输出直流电压 $U_d$ 仍等于一组的输出电压。对于不同控制角 $\alpha$ 仍应有

$$U_d \approx 1.17U_2\cos\alpha \quad (2\text{-}69)$$

分析不同控制角 $\alpha$ 时的输出电压 $u_d$ 波形，先绘出两组三相半波可控整流电路的各自输出电压波形（$u_{d1}$ 和 $u_{d2}$），然后绘出 $(u_{d1} + u_{d2})/2$ 的波形，即为 $u_d$ 的波形；也可以先绘出 $2u_d$ 的部分三相线电压波形，再除以 2 就得到 $u_d$ 的波形。

图 2-29 绘出 $\alpha = 30°$、$60°$、$90°$ 时输出电压波形。与三相半波可控整流电路比较，带平衡电抗器双反星形可控整流电路的脉动程度减小而脉动频率加大 1 倍，工频时 $f = 50 \times 6 = 300\text{Hz}$，在电感电阻负载电流连续时，$\alpha = 90°$ 时输出电压波形正负面积相等，平均电压为零，因而 $\alpha$ 移相范围是 $90°$。电阻性负载下则只保留输出波形正半部分，当 $\alpha = 120°$ 时，输出电压为零，因此电阻性负载时移相范围是 $120°$（单组工作时移相范围为 $150°$）。

关于平衡电抗器 $L_p$ 的计算，可由 $\alpha = 0°$ 时感应电势 $u_p$ 的大小估算求得。

对于感应电势 $u_p$ 应有 $u_p = u_{d2} - u_{d1}$，将 $u_{d1}$ 和 $u_{d2}$ 的傅里叶级数展开式代入上式得：

$$u_p \approx 1.17U_2\left[-\frac{1}{2}\cos(3\omega t) - \frac{1}{20}\cos(9\omega t) - \cdots\right] \quad (2\text{-}70)$$

$u_p$ 的峰值 $U_{pmax}$ 可由波形图求得。由图 2-27 可知，取 $\omega t = 90°$，可得

$$U_{pmax} = u_{a\max} - u_{c'}(\omega t = 30°)$$
$$= \sqrt{2}U_2 - \sqrt{2}U_2\sin 30° = \frac{\sqrt{2}}{2}U_2 \quad (2\text{-}71)$$

从式（2-70）可见，$u_p$ 的主要成分是三次谐波，近似计算可取

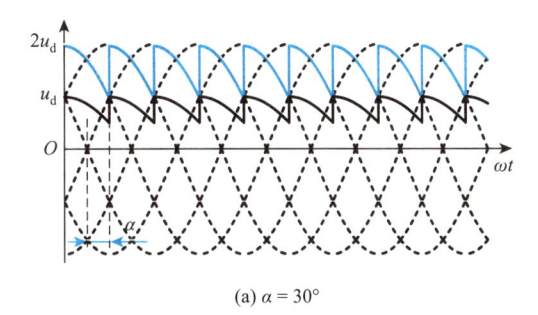

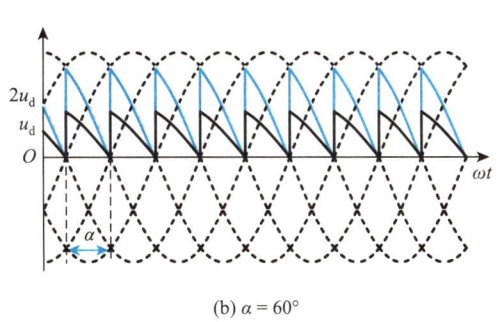

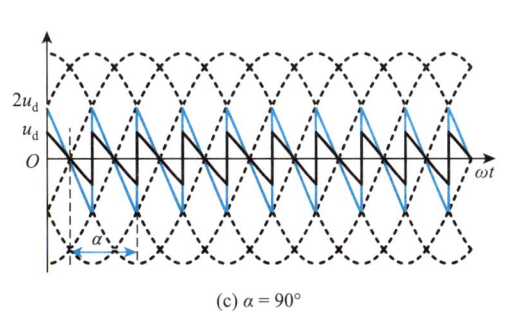

$$I_{pmax} = \frac{U_{pmax}}{3\omega L_p} \quad (2\text{-}72)$$

式中，$I_{pmax}$ 为最大环流值。

(a) $\alpha = 30°$

(b) $\alpha = 60°$

(c) $\alpha = 90°$

图 2-29 带平衡电抗器的双反星形可控整流电路 $\alpha = 30°$、$60°$、$90°$ 时的波形

由上述分析，一般取 $I_{pmax} = I_{dmin}/2$，代入上式得

$$L_p = \frac{\sqrt{2}U_2}{3\omega I_{dmin}} \quad (2-73)$$

当平衡电抗器的电感 $L_p$ 具有式（2-73）大小时，则当 $I_d > I_{dmin}$ 时，两组三相半波可控整流电路同时供电；当 $I_d \leqslant I_{dmin}$ 时，将单组三相半波可控整流电路供电，此时 $I_{dmin}/2 = I_{pmax}$。一般取 $I_{dmin}$ 为额定电流的 1%～2% 来计算 $L_p$ 值。因为单组六相半波输出平均电压高于两组并联供电，故得此时带平衡电抗器的双反星形可控整流电路的外特性如图 2-30 所示。当 $\alpha = 0°$、$I_d = 0$ 时，$U_d$ 已由 $1.17U_2$ 转换为 $1.35U_2$。

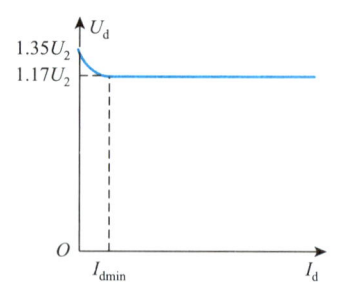

图 2-30　带平衡电抗器的双反星形整流电路 $\alpha = 0°$ 时的外特性

带平衡电抗器的双反星形可控整流电路的特点：

（1）两组三相半波电路双反星形并联工作，整流电压波形与六相的整流波形一样，整流电压的谐波最低为 6 次，比三相半波可控整流电路脉动情况好得多；

（2）同时有两相导电，变压器磁路平衡，无直流磁化；

（3）与六相半波整流电路比较，变压器次级绕组的利用率提高了一倍，所以变压器的容量比六相半波整流电路时小；

（4）每组三相半波可控整流电路的电流是负载电流的 50%。晶闸管的选择和变压器次级绕组容量确定按 $I_d/2$ 计算。流过晶闸管和变压器次级绕组的电流相同，在大电感负载时都是矩形波，其电流有效值 $I_T$ 为

$$I_T = I_2 = \sqrt{\frac{1}{2\pi}\left(\frac{1}{2}I_d\right)^2 \times \frac{2\pi}{3}} = 0.289I_d \quad (2-74)$$

（5）当负载电流小于一定程度时，会出现两组整流电路、单个整流电路供电的交替工作，输出电压高于两组同时供电情形。

本节以三相半波可控整流电路为基础，研究了整流电路的串联（三相桥式可控整流电路）和并联（带平衡电抗器的双反星形电路）的工作情况。它们都是利用两个次级绕组的极性差或共阴极组与共阳极组的极性差，即相位差来消除直流磁化；并且使整流电压脉动频率增加，消除特别是三次谐波，脉动幅度减少。电路串联使输出电压提高，并联则使输出电流增大。在大功率整流设备中常把整流电路串并联连接以增大输出功率，利用相位差消除某些谐波分量。

## *2.3　整流电压的谐波分析和脉动系数

从单相和三相可控整流电路输出电压 $u_d$ 的波形可以看出，它是一个脉动的周期性的非正弦函数，除直流分量外，还包含大量的高次谐波分量，傅里叶分解为直流分量和各次谐波分量。一般负载可假定为线性，应用叠加原理，将负载电流 $i_d$ 看成是各次谐波电压产生的谐波电流的合成。

采用谐波分析的方法，对于研究整流电路的质量指标，如脉动系数和纹波因数，以及为减小电流的脉动分量，保持输出负载电流波形的连续而选择合适的平波电抗器的电感量都是非常有用的。

## 2.3.1 $\alpha = 0°$时

由分析可知,三相半波可控整流电路的输出电压$u_d$,其脉动频率为3倍电源频率,每周期有3个波头。三相桥式可控整流电路和六相半波整流电路的输出电压波形中每周期有6个波头,其脉动频率为6倍电源频率,每个波头的宽度为$2\pi/6$。对$m$相整流电路在$\alpha = 0°$时,每个波头的宽度是$2\pi/m$,如图2-31所示。

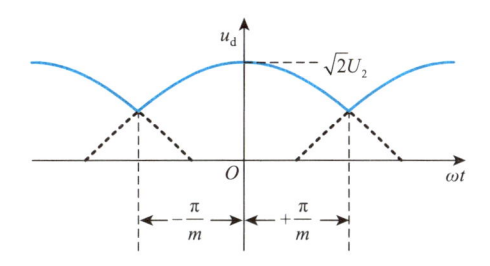

图2-31 $m$相整流电路的输出电压波形

将整流电压进行傅里叶分解:

$$u_d = U_d + \sum_{n=mk}^{\infty} a_n \sin(n\omega t) + \sum_{n=mk}^{\infty} b_n \cos(n\omega t) \tag{2-75}$$

将纵坐标选在整流电压的峰值处,则在$(-\pi/m, +\pi/m)$区间,$\alpha = 0°$时,整流电压可表示为

$$u_d = \sqrt{2}U_2 \cos(\omega t) \tag{2-76}$$

由于$\cos(\omega t)$为偶函数,$\cos(n\omega t) = \cos(-n\omega t)$,故

$$u_d = U_d + \sum_{n=mk}^{\infty} b_n \cos(n\omega t) \tag{2-77}$$

式中,$U_d$为直流分量,即整流电压平均值;$k = 1,2,3,\cdots$;$m$为相数,对于单相桥式可控整流电路,$m = 2$,$n = 2,4,6,\cdots$,对于三相半波可控整流电路$m = 3$,$n = 3,6,9,\cdots$,对于三相桥式全控整流电路,$m = 6$,$n = 6,12,18,\cdots$。$\alpha = 0°$时,整流电压平均值为

$$U_d = \frac{1}{2\pi/m} \int_{-\pi/m}^{+\pi/m} u_d \mathrm{d}(\omega t) = \frac{m}{2\pi} \int_{-\pi/m}^{+\pi/m} \sqrt{2}U_2 \cos(\omega t)\mathrm{d}(\omega t) = \sqrt{2}U_2 \frac{m}{\pi} \sin\frac{\pi}{m} \tag{2-78}$$

$$b_n = \frac{1}{n/m} \int_{-\pi/m}^{+\pi/m} u_d \cos(n\omega t)\mathrm{d}(\omega t) = \frac{m}{n} \int_{-\pi/m}^{+\pi/m} \sqrt{2}U_2 \cos(\omega t)\cos(n\omega t)\mathrm{d}(\omega t)$$
$$= -\sqrt{2}U_2 \frac{m}{\pi} \cdot \sin\left(\frac{\pi}{m}\right) \cdot \frac{2\cos(k\pi)}{n^2 - 1} \tag{2-79}$$

将式(2-78)和式(2-79)代入式(2-77)可得

$$u_d = \sqrt{2}U_2 \frac{m}{\pi} \sin\left(\frac{\pi}{m}\right)\left(1 - \sum_{n=mk}^{\infty} \frac{2\cos(k\pi)}{n^2 - 1}\cos(n\omega t)\right)$$
$$= U_{d0}\left(1 - \sum_{n=mk}^{\infty} \frac{2\cos(k\pi)}{n^2 - 1}\cos(n\omega t)\right) \tag{2-80}$$

式中,$U_{d0} = \sqrt{2}U_2 \frac{m}{\pi} \cdot \sin\left(\frac{\pi}{m}\right)$,为$\alpha = 0°$时整流电压平均值。对于三相桥式全控整流电路,可以等效为幅值为$\sqrt{2}U_{2l}$的六相半波可控整流电路,故有

$$U_{d0} = \sqrt{2}U_{21}\frac{m}{\pi}\sin\left(\frac{\pi}{m}\right) = \sqrt{2}U_{21}\frac{6}{\pi}\sin\left(\frac{\pi}{6}\right) \tag{2-81}$$
$$= 1.35U_{21}$$

故三相桥式全控整流电路的输出整流电压（$\alpha = 0°$ 时）：

$$u_d = 1.35U_{2l}\left(1 + \frac{2\cos(6\omega t)}{5\times 7} - \frac{2\cos(12\omega t)}{11\times 13} + \frac{2\cos(18\omega t)}{17\times 19} - \frac{2\cos(24\omega t)}{23\times 25} + \cdots\right) \tag{2-82}$$

由式（2-82）可知，整流电路的输出电压 $u_d$ 由直流平均电压与各次谐波分量组成。最低次谐波的频率与三相桥式全控整流电路输入电压的波头数相同，为 6 倍电源频率。其他谐波分量的频率均为相数的整数倍，相数增加，谐波分量的频率增加而幅值减小。在负载电路中，各次谐波电压产生各次谐波电流，负载电路中电感量愈大，感抗愈大，谐波电流的幅值愈小，负载电流 $i_d$ 的脉动程度愈小，整流装置输出电压的质量愈高。

据此，可根据负载电流脉动分量的要求，计算选择平波电抗器的电感量。为了评价整流装置的质量指标，引入电压脉动系数 $S_u$ 和纹波因数 $\gamma_u$。

纹波因数为各次谐波分量的总有效值与直流分量之比（表 2-1）。

**表 2-1　不同相数时电压纹波因数**

| $m$ | 2 | 3 | 6 | 12 | ∞ |
|---|---|---|---|---|---|
| $\gamma_u/\%$ | 48.2 | 18.27 | 4.18 | 0.994 | 0 |

纹波因数用有效值电压表可测出，但计算复杂，因此有些场合用脉动系数 $S_u$ 来表达整流电路负载上电压或电流的平整程度。$S_u$ 定义为最低次频率的谐波分量幅值与直流分量（即整流电压的平均值）的比值，一般 $m$ 相整流电路的电压脉动系数 $S_u$ 为

$$S_u = \frac{\sqrt{2}U_2\frac{m}{\pi}\cdot\sin\left(\frac{\pi}{m}\right)\cdot\frac{2}{n^2-1}}{\sqrt{2}U_2\frac{m}{\pi}\cdot\sin\left(\frac{\pi}{m}\right)} = \frac{2}{n^2-1} = \frac{2}{m^2-1} \tag{2-83}$$

式中，$n = m\times k = m\times 1$。

对于单相桥式、三相半波可控整流和三相桥式全控整流电路的 $S_u$ 值如表 2-2 所示。

**表 2-2　不同相数的电压脉动系数**

| $m$ | 2 | 3 | 6 | 12 | ∞ |
|---|---|---|---|---|---|
| $S_u/\%$ | 66.7 | 25.0 | 5.7 | 1.4 | 0 |

由表 2-2 可知，三相桥式全控整流电路（$\alpha = 0°$ 时）的脉动系数 $S_u = 5.7\%$，较单相桥式和三相半波可控整流电路小得多。相数 $m$ 越多，$S_u$ 越小，输出整流电压中交流分量所占比例越小，整流电压质量越高。

### 2.3.2　$\alpha > 0°$ 时

当 $\alpha > 0°$ 时，不同负载情况下整流电压和电流的波形有连续与断续两种情况。重点讨论三相桥式全控整流电路在电流连续时的工作情况。

整流电压可用下列级数表示：

$$u_\mathrm{d} = U_\mathrm{d} + \sum_{n=6k}^{\infty} C_n \cos(n\omega t - \theta_n) \tag{2-84}$$

以三相线电压 $u_\mathrm{ab}$ 的零点作为坐标原点，则 $u_\mathrm{ab}$ 的表达式为

$$u_\mathrm{ab} = \sqrt{2}U_{21}\sin(\omega t) \tag{2-85}$$

因此，

$$U_\mathrm{d} = \frac{3}{\pi}\int_{\frac{\pi}{3}+\alpha}^{\frac{2\pi}{3}+\alpha}\sqrt{2}U_{21}\sin(\omega t)\mathrm{d}(\omega t) = 1.35U_{21}\cos\alpha \tag{2-86}$$

观察三相全控桥式整流电路输出电流连续时的 $u_\mathrm{d}$ 波形，它的基频是交流电源频率的 6 倍。这说明，输出电压的所有谐波，其阶次是 $n=6k$，这里 $k$ 是整数。

还应有下列关系：

$$C_n = \sqrt{a_n^2 + b_n^2} \tag{2-87}$$

$$\theta_n = \arctan\frac{a_n}{b_n} \tag{2-88}$$

由于 $u_\mathrm{d}$ 的基频是 $6\omega$，由下面积分式确定系数 $a_n$ 和 $b_n$：

$$a_n = \frac{6}{\pi}\int_{\frac{\pi}{3}+\alpha}^{\frac{2\pi}{3}+\alpha} u_\mathrm{d}\sin(n\omega t)\mathrm{d}(\omega t) = \frac{6}{\pi}\int_{\frac{\pi}{3}+\alpha}^{\frac{2\pi}{3}+\alpha} \sqrt{2}U_{21}\sin(\omega t)\sin(n\omega t)\mathrm{d}(\omega t),\quad n=6,12,18,\cdots \tag{2-89}$$

$$b_n = \frac{6}{\pi}\int_{\frac{\pi}{3}+\alpha}^{\frac{2\pi}{3}+\alpha} u_\mathrm{d}\cos(n\omega t)\mathrm{d}(\omega t) = \frac{6}{\pi}\int_{\frac{\pi}{3}+\alpha}^{\frac{2\pi}{3}+\alpha} \sqrt{2}U_{21}\sin(\omega t)\cos(n\omega t)\mathrm{d}(\omega t),\quad n=6,12,18,\cdots \tag{2-90}$$

计算以 $n$ 为参变量的谐波幅值 $\dfrac{C_n}{\sqrt{2}U_{21}}$ 与 $\alpha$ 的关系如图 2-32 所示。当 $\alpha = 90°$ 时，谐波幅值最大。图 2-32 为三相桥式全控整流电路电流连续时，以 $n$ 为参变量的 $\dfrac{C_n}{\sqrt{2}U_{21}}$ 与 $\alpha$ 的关系。

负载电压 $u_\mathrm{d}$ 的有效值：

$$U = \sqrt{\frac{3}{\pi}\int_{\frac{\pi}{3}+\alpha}^{\frac{2\pi}{3}+\alpha} u_\mathrm{ab}^2 \mathrm{d}(\omega t)} = \sqrt{2}U_{21}\sqrt{0.5 + \frac{3\sqrt{3}}{4\pi}\cos(2\alpha)}$$

（2-91）

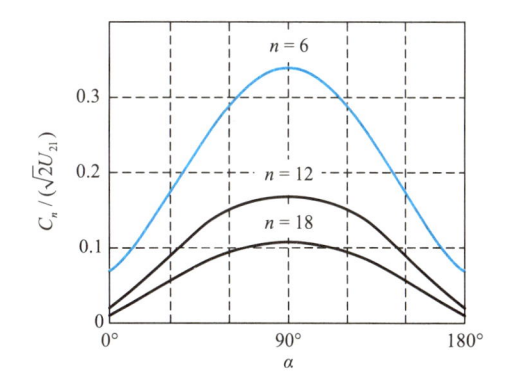

图 2-32 三相桥式全控整流电路电流连续时以 $n$ 为参数变量 $C_n/(\sqrt{2}U_{21})$ 与 $\alpha$ 的关系

纹波电压有效值：

$$U_\mathrm{R} = \sqrt{U^2 - U_\mathrm{d}^2} \tag{2-92}$$

电压纹波因数：

$$\gamma_u = \frac{U_\mathrm{R}}{U_\mathrm{d}} \tag{2-93}$$

将 $\alpha = 0°$ 代入式（2-91），求出 $U_\mathrm{R}$，从而计算出 $\gamma_u = 4.18\%$。与表 2-1 所列结果相同。

当 $\alpha > 0°$ 时，整流的脉动电压随 $\alpha$ 的增大而改变，因此，$m$ 相的整流电压一般表达式要复杂得多。

## *2.4 整流电路的多重化

为了减少低次谐波对电网的影响，提高可控整流供电装置的供电质量，可以采用十二相及十二相以上的多相整流电路。

为了得到十二相电源，需要两组六相电源，并使两组电源的相位差为30°。图 2-33（a）为两组三相桥式整流电路输出串联组成的十二相整流电路，为了获得相位差为30°的十二相电源，将三相电源变压器的初级接成星形，应用三相电源的星形和三角形连接时，线电压超前相应的相电压30°这个原理，将次级绕组之一接成星形、次级绕组之二接成三角形，分别供电给两组三相桥。为了使Ⅰ组桥和Ⅱ组桥的输出电压相等，要求两组交流电源的线电压相等，因此接成三角形的次级绕组其线电压应为星形绕组相电压的$\sqrt{3}$倍。Ⅰ组桥整流输出线电压矢量为$\dot{U}_{a1b1}$、$\dot{U}_{b1c1}$、$\dot{U}_{c1a1}$，及与其相差180°的$\dot{U}_{b1a1}$、$\dot{U}_{c1b1}$、$\dot{U}_{a1c1}$，Ⅱ组桥整流输出线电压矢量为$\dot{U}_{a2b2}$、$\dot{U}_{b2c2}$、$\dot{U}_{c2a2}$及与其相差180°的$\dot{U}_{b2a2}$、$\dot{U}_{c2b2}$、$\dot{U}_{a2c2}$。两组桥各线电压矢量依次相位差30°，如图 2-34 所示。将两组三相桥串联后接到负载上，则两组桥输出为只带有少量十二次谐波脉动的整流电压，其谐波分量比三相桥式全控整流电路明显减小，最低次谐波频率将是基波频率的12 倍。由于两组桥顺极性串联，故输出整流电压为一组桥的 2 倍，故该电路适用于高电压、小电流、要求供电质量较高的场合。

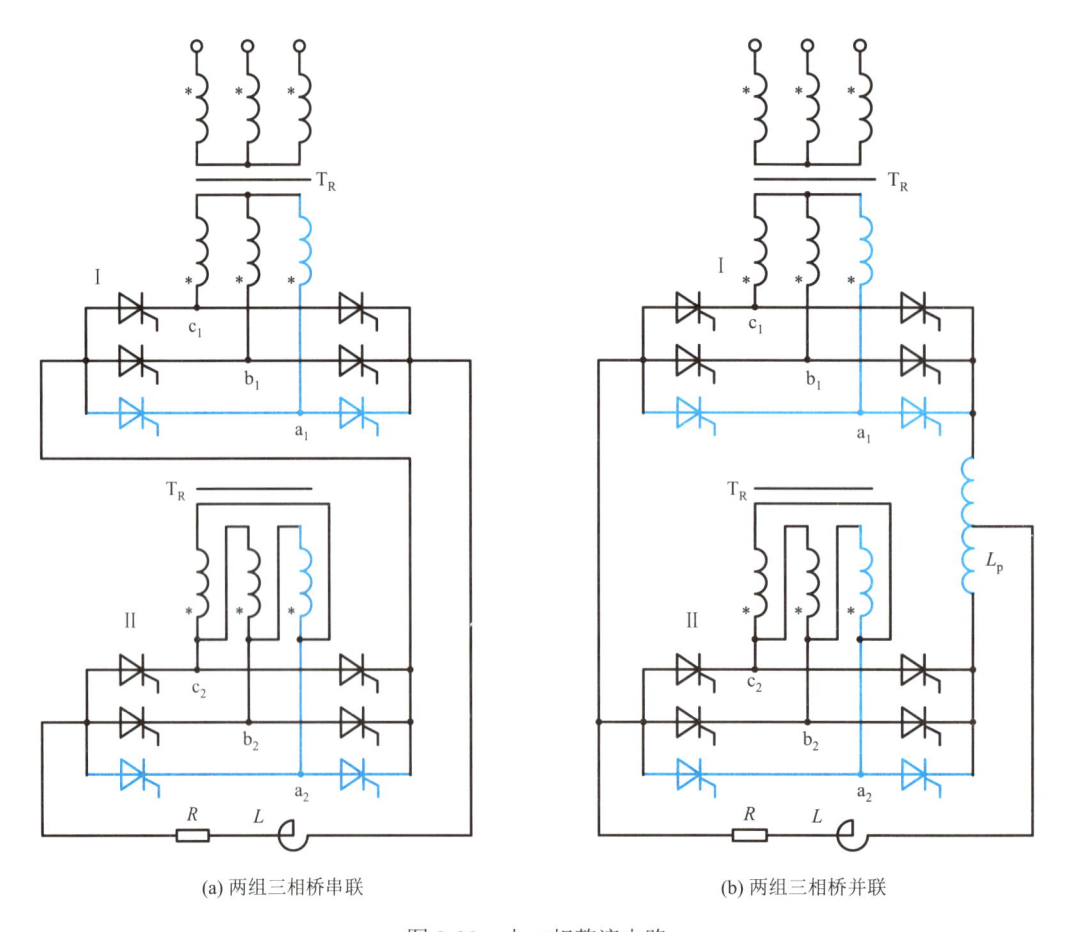

(a) 两组三相桥串联　　(b) 两组三相桥并联

图 2-33　十二相整流电路

此外，在某些场合常需要大电流、低电压、纹波小的直流电源，如在大型民航客机上作为二次电源的变压整流器，即采用将两组整流电路输出并联组成的十二相整流电路，如图 2-33（b）所示。

由于两组桥输出线电压相等，相位依次相差30°，当各个晶闸管的控制角相同时，两组桥的整流平均电压也相等，从而可以并联向负载供电，但是如同带平衡电抗器的双反星形可控整流电路，两个三相桥式整流器的输出也需要通过平衡电抗器进行并联，实现负载均衡。

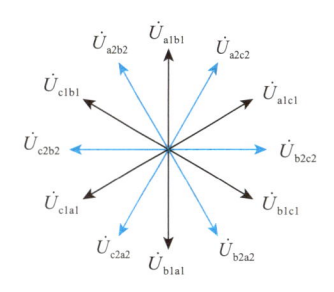

图 2-34　十二相电压相量

以三相半波整流电路为基础，由多个三相半波电路并联、串联、串并联且结合适当的平衡电抗器能够组合更多相的整流电路，称为整流电路的多重化。多相整流电路所需要的多相电源可以在基本的三相电源的基础上，通过电源变压器适当比例和连接方式的副边绕组"曲折接线"而形成。

多重化是电力电子技术中常用的一种改善电路输入输出特性，提高变换器输出电压、电流和功率等级的方法。

## 2.5　电源变压器漏抗对可控整流电路的影响

以上分析可控整流电路工作时都是忽略电源变压器漏抗的影响，假设晶闸管的换流是瞬间完成的。实际上由于变压器存在漏抗，在换相时电流不能突然变化，因而换相有一个过程。

### 2.5.1　换相的物理过程和整流电压波形

如图 2-35（a）所示，以三相半波可控整流电路电感性负载为例，讨论换相的物理过程，分析变压器漏抗对输出整流电压的影响。

假设负载为大电感负载，输出电流为恒定值 $I_d$，变压器每相初级绕组漏感折合到次级，用一集中电感 $L_B$ 表示。由于漏感 $L_B$ 有阻止电流变化的作用，所以当在控制角 $\alpha$ 触发b相上的晶闸管 $T_b$ 时，b相电流 $i_b$ 不能瞬时突变到 $I_d$，而是从零逐渐上升到 $I_d$；同时，流经 $T_a$ 和a相电流 $i_a$ 也不能瞬时降为零，而是逐渐减小到零，因而换相有一个过程，直到 $i_a$ 降到零，$i_b$ 上升到 $I_d$，换相过程结束，$T_a$ 关断，电流从a相换到b相。电流 $i_d$ 的波形如图 2-35（b）所示。换相期间所对应的角度 $\gamma$ 称为换相重叠角。

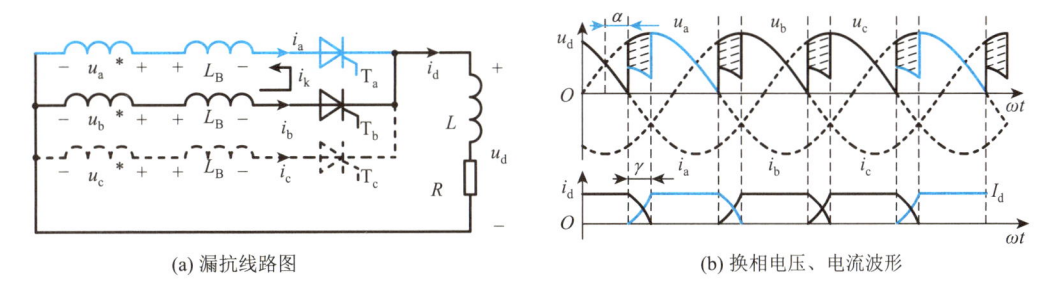

(a) 漏抗线路图　　(b) 换相电压、电流波形

图 2-35　变压器漏抗对可控整流电路电压、电流的影响

在换相期间，两相晶闸管 $T_a$ 和 $T_b$ 同时导通，相当于a、b两相间短路，短路电压即是两相间电位差 $u_b - u_a$，它在两相回路中产生一个假想的短路环流 $i_k$。由于两相都有电感 $L_B$，所以 $i_k$ 是逐渐增加的，a相电流 $i_a = I_d - i_k$，b相电流 $i_b = i_k$，当 $i_b = i_k$ 增长到 $I_d$ 时，$i_a$ 下降到零，晶闸

管 T$_a$ 关断，完成换相过程。忽略晶闸管上压降和变压器内阻压降，短路电压与回路中的漏感电势相平衡：

$$u_b - u_a = 2L_B \frac{di_k}{dt} \tag{2-94}$$

在换相过程中，输出整流电压：

$$u_d = u_b - L_B \frac{di_k}{dt} = u_b - \frac{u_b - u_a}{2} = \frac{u_a + u_b}{2} \tag{2-95}$$

式（2-95）表明，在换相期间，输出整流电压是换相的两相相电压的平均值，其整流电压的波形如图 2-35（b）所示。

### 2.5.2 换相压降与整流平均电压

由于变压器漏抗的存在，导致输出整流电压的平均值有所下降，其减小的数值为图 2-35（b）中阴影面积。它是负载电流 $I_d$ 在换相期间引起的电压降，故称为换相压降。用 $\Delta U_d$ 表示，对于三相半波可控整流电路：

$$\Delta U_d = \frac{1}{2\pi/3} \int_\alpha^{\alpha+\gamma} (u_b - u_d) d(\omega t) = \frac{3}{2\pi} \int_\alpha^{\alpha+\gamma} L_B \frac{di_k}{dt} d(\omega t) = \frac{3}{2\pi} \int_0^{I_d} \omega L_B di_k = \frac{3}{2\pi} X_B I_d \tag{2-96}$$

式中，$X_B = \omega L_B$，为变压器漏抗，可用下式计算：

$$X_B = \frac{U_2}{I_2} \frac{u_k}{100} \tag{2-97}$$

式中，$U_2$ 为变压器次级绕组额定电压；$I_2$ 为变压器次级绕组额定电流；$u_k$ 为变压器短路电压比，可查阅电工手册获取。一般 $u_k = 5 \sim 12$，容量越大取值越大。

对于 $m$ 相可控整流电路，一个周期中有 $m$ 个波头，换相 $m$ 次，其换相压降：

$$\Delta U_d = \frac{mX_B}{2\pi} I_d \tag{2-98}$$

三相桥式全控整流电路 $m = 6$，故换相电压降：

$$\Delta U_d = \frac{3X_B}{\pi} I_d \tag{2-99}$$

考虑变压器漏抗造成换相压降后，输出整流电压平均值为

$$U_d = U_{d0} \cos\alpha - \frac{mX_B}{2\pi} I_d \tag{2-100}$$

式中，$U_{d0}$ 为 $\alpha = 0°$ 时不考虑漏抗影响的整流电压平均值。对于三相半波可控整流电路，$U_{d0} = 1.17U_2$；对于三相桥式全控整流电路，$U_{d0} = 2.34U_2$。

由式（2-100）可知，换相压降 $\Delta U_d$ 正比于负载电流 $I_d$，负载电流越大，换相压降越大，就其对输出整流电压平均值的影响而言，相当于在整流电源增加了一项"内阻"，其值为 $mX_B/2\pi$。但是这项"内阻"并不消耗功率。

### 2.5.3 换相重叠角 $\gamma$ 的计算

换相重叠角 $\gamma$ 的大小与电路的参数、控制角有关。仍以三相半波可控整流电路为例，将坐标轴取在 a、b 两相的自然换相点处，则 a 相和 b 相电压可表示为

$$u_a = \sqrt{2} U_2 \cos\left(\omega t + \frac{\pi}{3}\right) \tag{2-101}$$

$$u_\text{b} = \sqrt{2}U_2 \cos\left(\omega t - \frac{\pi}{3}\right) \tag{2-102}$$

$$u_\text{b} - u_\text{a} = 2\sqrt{2}U_2 \sin\frac{\pi}{3}\sin(\omega t) \tag{2-103}$$

将式（2-103）代入式（2-94）得

$$2L_\text{B}\frac{\mathrm{d}i_\text{k}}{\mathrm{d}t} = 2\sqrt{2}U_2 \sin\frac{\pi}{3}\sin(\omega t) \tag{2-104}$$

$$\mathrm{d}i_\text{k} = \frac{\sqrt{2}U_2}{\omega L_\text{B}}\sin\frac{\pi}{3}\sin(\omega t)\mathrm{d}(\omega t) \tag{2-105}$$

在整个换相期间积分：

$$\int_0^{I_\text{d}} \mathrm{d}i_\text{k} = \int_\alpha^{\alpha+\gamma} \frac{\sqrt{2}U_2}{X_\text{B}}\sin\frac{\pi}{3}\sin(\omega t)\mathrm{d}(\omega t) \tag{2-106}$$

可解出：

$$I_\text{d} = \frac{\sqrt{2}U_2 \sin(\pi/3)}{X_\text{B}}[\cos\alpha - \cos(\alpha+\gamma)] \tag{2-107}$$

$$\gamma = \arccos\left(\cos\alpha - \frac{X_\text{B}I_\text{d}}{\sqrt{2}U_2 \sin(\pi/3)}\right) - \alpha \tag{2-108}$$

$\alpha = 0°$ 时，有

$$\gamma = \arccos\left(1 - \frac{2X_\text{B}I_\text{d}}{\sqrt{6}U_2}\right) \tag{2-109}$$

$m$ 相可控整流电路，换相重叠角：

$$\gamma = \arccos\left(\cos\alpha - \frac{X_\text{B}I_\text{d}}{\sqrt{2}U_2 \sin\left(\dfrac{\pi}{m}\right)}\right) - \alpha \tag{2-110}$$

对于三相桥式全控整流电路，可等效于六相半波整流电路，$m=6$，但相电压有效值$U_2$应改为线电压的有效值$U_{2l}$，则换相重叠角为：

$$\begin{aligned}\gamma &= \arccos\left(\cos\alpha - \frac{X_\text{B}I_\text{d}}{\sqrt{2}U_{2l}\sin\left(\dfrac{\pi}{6}\right)}\right) - \alpha \\ &= \arccos\left(\cos\alpha - \frac{2X_\text{B}I_\text{d}}{\sqrt{6}U_2}\right) - \alpha\end{aligned} \tag{2-111}$$

由式（2-111）可以看出，当$\alpha$一定时，$I_\text{d}$、$X_\text{B}$越大，换相重叠角越大，这是由于$I_\text{d}$、$X_\text{B}$越大，漏感中储存能量越多，换相过程加长，换相重叠角增加。当$I_\text{d}$、$X_\text{B}$不变时，控制角$\alpha$越大，电源供给能量减少，能量释放快，换相重叠角$\gamma$减小。已知电路的形式和参数$X_\text{B}$，根据负载电流$I_\text{d}$和控制角$\alpha$的大小，就可以利用式（2-111）计算换相重叠角。

变压器漏抗有利于限制短路电流，使电流变化平缓，对限制晶闸管的$\mathrm{d}i/\mathrm{d}t$有利。但由于漏感的存在，使晶闸管之间的换流不能瞬时完成，出现两相晶闸管同时导通，在换相期间相当于两相短路，产生换相压降，使相电压与线电压波形出现缺口，造成电网电压波形发生畸变。它将成为一个干扰源，不仅影响变流装置，使其功率因数下降，输出电压调整率降低，而且由于电压脉动程度增加，谐波分量加大，对电网上的其他用电设备造成不良影响。此外，电压波形中缺口将使晶闸管承受的$\mathrm{d}u/\mathrm{d}t$值加大，对晶闸管的工作不利。因此在晶闸管容量较大时，必须采取加装滤波器等方法拉平缺口，减少谐波分量对电网的影响。

## 习　题

**2-1** 题图 2-1 所示为带有续流二极管的单相半波可控整流电路，大电感负载保证电流连续。①试证明输出整流电压平均值 $U_d = \dfrac{\sqrt{2}U_2}{\pi}\dfrac{1+\cos\alpha}{2}$；②绘出控制角为 $\alpha$ 时输出整流电压 $u_d$、晶闸管承受电压 $u_T$ 的波形；③假设 $U_2 = 220\text{V}$，$R = 10\Omega$，要求输出整流电压平均值 $0 \sim 30\text{V}$ 连续可调，计算控制角 $\alpha$、导通角 $\theta$ 变化范围，选择晶闸管额定电压、电流并计算变压器次级容量。

**2-2** 具有变压器中心抽头的单相双半波可控整流电路如题图 2-2 所示。试绘出 $\alpha = 45°$ 时电阻性负载及大电感负载下输出整流电压 $u_d$、晶闸管承受的电压 $u_T$ 的波形。

**2-3** 题图 2-3 为带续流二极管的单相双半波可控整流电路，负载为大电感性，已知 $U_2 = 220\text{V}$，$R = 20\Omega$，$\alpha = 60°$。①考虑安全裕量为 2，试计算晶闸管额定电流、电压。②计算续流二极管电流的平均值和有效值。

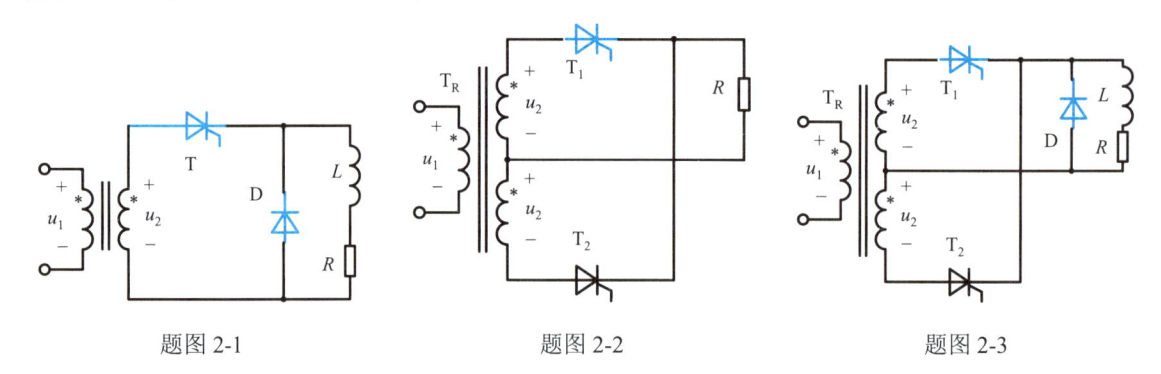

题图 2-1　　　　　题图 2-2　　　　　题图 2-3

**2-4** 单相桥式全控整流电路和单相桥式半控整流电路接入大电感负载，负载两端并接入续流二极管的作用是什么？两者的是否相同？

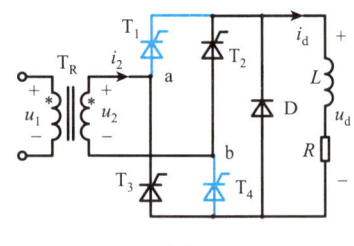

题图 2-5

**2-5** 题图 2-5 为单相桥式全控整流电路大电感负载，已知 $U_2 = 100\text{V}$，$R = 10\Omega$，$\alpha = 45°$。①负载端不接入续流二极管 D，计算输出整流电压、电流的平均值及晶闸管电流有效值。②负载端接入续流二极管 D，计算输出整流电压、电流平均值及晶闸管、续流二极管电流有效值；绘出 $u_d$、$i_d$、$i_T$、$i_D$ 及变压器次级电流 $i_2$ 的波形。

**2-6** 单相桥式半控整流电路连接电阻性负载，要求输出整流电压 $0 \sim 100\text{V}$ 连续可调，30V 以上时要求最大负载平均电流能力为 20A。当①采用 220V 交流电网直接供电；②采用变压器降压供电，最小控制角 $\alpha_{\min} = 30°$。分析比较两种供电方式下晶闸管的导通角和电流有效值、交流侧电流有效值及电源容量。

**2-7** 单相桥式半控整流电路，由 220V 经变压器供电，负载为大电感性并接有续流二极管。要求输出整流电压 $20 \sim 80\text{V}$ 连续可调，最大负载电流为 20A，最小控制角 $\alpha_{\min} = 30°$。试计算晶闸管、整流管、续流二极管的电流有效值以及变压器容量。

**2-8** 在三相半波可控整流电路中，如果触发脉冲出现在自然换相点之前，会出现什么现象？电路能否正常换相？试绘出电阻性负载和电感性负载时 $u_d$ 的波形。

2-9　如图 2-3 电路中，将晶闸管 $T_2$、$T_4$ 换成二极管 $D_2$、$D_4$，试绘出 $u_d$ 的波形。与图 2-7(a) 电路相比，有何优缺点？

2-10　具有续流二极管的三相半波可控整流电路，大电感负载 $R=10\Omega$，$U_2=100V$，当 $\alpha=60°$ 时：①绘出 $u_d$、晶闸管电流 $i_T$、续流二极管电流 $i_D$ 的波形；②计算输出电压、电流平均值 $U_d$、$I_d$ 以及晶闸管和续流二极管电流有效值 $I_T$、$I_D$。

2-11　三相半波可控整流电路对反电势、电阻、电感负载供电。已知 $U_2=100V$，$R=1\Omega$，$L$ 值极大。当 $\alpha=30°$、$E=50V$，求 $U_d$、$I_d$ 值，并绘出 $u_d$、$i_T$ 的波形。

2-12　题图 2-12 为三相桥式全控整流电路，试分析下列电路故障时 $\alpha=60°$ 的 $u_d$ 波形。①熔断器 1RD 熔断；②熔断器 2RD 熔断；③熔断器 2RD、3RD 熔断。

2-13　三相桥式全控整流电路电阻性负载，若有一个晶闸管被高压击穿短路，对电路会造成什么影响？

2-14　三相桥式可控整流电路，大电感、电阻负载，共阴极晶闸管 $T_{+a}$、$T_{+b}$、$T_{+c}$，以控制角 $\alpha_1=\pi/3$、$\pi/3$、$\pi/3$ 触发导通；共阳极组晶闸管 $T_{-a}$、$T_{-b}$、$T_{-c}$，以控制角 $\alpha_2=0$、$\pi/6$、$\pi/3$ 触发导通。试画出输出整流电压 $u_d$ 的波形，计算整流电压平均值。

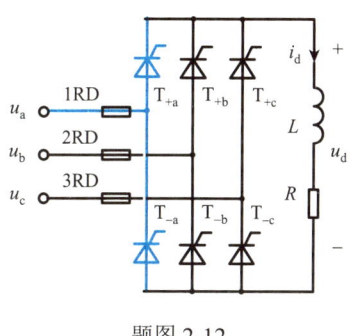

题图 2-12

2-15　某电力拖动控制系统，其直流拖动电机额定值为 60kW、305A、220V，由三相桥式全控整流电路供电，整流变压器初、次级电压分别为 380V 和 220V，要求起动电流限制在 500A，负载电流降至 10A 时仍保持电流连续，最小控制角 $\alpha_{min}=30°$。试计算晶闸管的额定电压、电流，平波电抗器电感量和变压器容量。

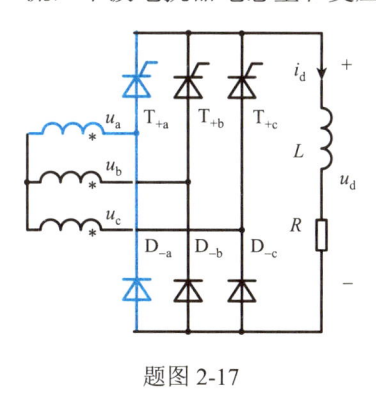

题图 2-17

2-16　三相桥式半控整流电路有续流二极管，对直流电动机供电，主回路平波电感足够大。改变控制角 $\alpha$ 对电动机在恒转矩下进行调速，调速范围 1：10。调速范围是否影响对晶闸管容量定额的选取，调速范围与要求的移相范围关系如何？如采用无续流二极管的桥式全控整流电路，情况又如何？

2-17　题图 2-17 为三相桥式半控整流电路。①当负载分别为电感性和电阻性负载时，电路输出整流电压波形是否相同？并绘出 $\alpha=60°$、$90°$ 时 $u_d$ 的波形；②证明整流电压平均值 $U_d=2.34U_2\dfrac{1+\cos\alpha}{2}$。

2-18　电镀用整流装置采用带平衡电抗器的双反星形电路，变压器初级线电压为 380V，要求输出整流平均电压 $U_d=18V$，电流为 3000A，考虑 $\alpha_{min}=30°$。①试计算变压器次级相电压、晶闸管电流平均值，并估算整流变压器容量；②当负载电流下降至 300A 时，仍能保证线路正常运行，估算平衡电抗器电感量。如果要求降至 60A 时，其电感量又应为多少？③当负载电流小于规定的最小电流值，整流装置的输出电压将怎样变化？

2-19　三相桥式全控整流电路对反电势、大电感性负载供电。$U_2=220V$，$E=200V$，$R=1\Omega$，$\alpha=60°$。①不计漏感时，求输出整流电压和电流 $U_d$、$I_d$ 值；②当 $L_B=1mH$ 情况下，计算 $U_d$、$I_d$、$\gamma$ 值，并分别绘出 $u_d$、$i_T$ 的波形。

# 第3章

## 晶闸管有源逆变电路

将直流电转换成交流电,这种对应于整流的逆向过程,称为"逆变"。有源逆变指的是将直流电转换成交流电后返送回(也称"回馈")交流电网。这里的"源"是指交流电网。

比如晶闸管控制的电力机车,交流电经可控整流电路后,供电给直流电机。电动运行时,从交流电网供给功率来拖动机车;机车下坡,直流电机工作在回馈制动状态时为发电机运行,发出的直流电能通过同一晶闸管的控制转换为交流电返送回交流电网。又如工作在回馈制动状态时的电动机,要使其迅速停车,也可让电动机作为发电机运行产生制动,将电机动能转换成电能后返送回交流电网。

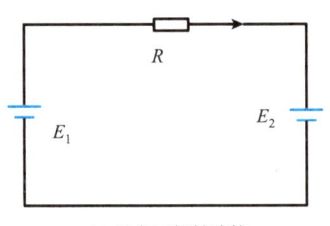

晶闸管有源逆变电路和可控整流电路常常是采用一套电路既作整流又作逆变,在一定条件下可互相转化[1-6]。

### 3.1 电能的流转

两个直流电源 $E_1$ 和 $E_2$ 相连如图 3-1(a)所示。设 $|E_1|>|E_2|$,电流 $I$ 从 $E_1$ 流向 $E_2$,大小为

$$I = \frac{|E_1|-|E_2|}{R} \tag{3-1}$$

式中,$R$ 为回路总电阻。电源 $E_1$ 的功率 $P_1=E_1I$,电源 $E_2$ 吸收的功率 $P_2=E_2I$,电阻消耗的功率 $P_R=(|E_1|-|E_2|)I=I^2R$。

图 3-1(b)的情况是两个电源极性都反过来,同时 $|E_2|>|E_1|$,电流方向不变,但功率反送。

图 3-1(c)则为两个电源反极性相连,电流大小为

$$I = \frac{|E_1|+|E_2|}{R} \tag{3-2}$$

相当于两个电源顺极性串联后向电阻 $R$ 供电。此时两电源都输出功率,$P_1=E_1I$,$P_2=E_2I$,电阻消耗的功率 $P_R=(|E_1|+|E_2|)I$。如果 $R$ 仅是回路寄生杂散电阻,电流 $I$ 将很大,实际上形成两个电源的短路。

(a) 正向同极性连接

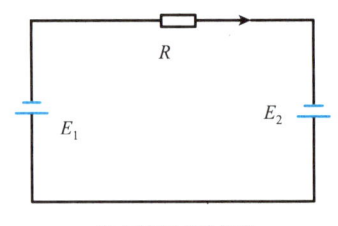

(b) 反向同极性连接

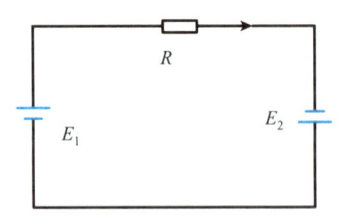

(c) 反极性连接(顺极性串联)

图 3-1 两个直流电源间电能的流转

由以上分析,可以得出结论:

①两个电源同极性相连,电流从电势高的电源流向电势低的电源,其大小取决于两电势之差和回路电阻。

②电流从电源正极性端流出者为发出功率，从电源正极性端流入者为吸收功率。
③两电源反极性相连（顺极性串联）时形成短路。

## 3.2 三相半波可逆整流电路

由于三相半波可控整流电路能够实现有源逆变，也称为三相半波可逆整流电路，如图 3-2（a）所示，它既可作整流又可作逆变。为了便于分析，设电路平波电感 $L$ 足够大到可以认为电流波形为一水平线。忽略电源漏抗，将直流电动机电枢电阻和电感分别归算到主回路的电阻和电感之中，此时直流电动机可看作是无内阻抗的理想电压源。

### 3.2.1 整流工作状态（0＜α＜π/2）

三相半波可逆整流电路的整流工作状态如图 3-2（b）所示，同时示出工作波形。每半周期开始以控制角 $\alpha$ 每隔 120° 依次触发晶闸管 $T_a$、$T_b$、$T_c$。此时输出电压 $u_d$ 波形示于图 3-2（b），其平均值 $U_d$ 为正。电流 $I_d$ 为

$$I_d = \frac{U_d - E_D}{R} \tag{3-3}$$

其方向由整流电路正极性端流出，流入电动机电势 $E_D$ 的正极性端。电动机吸收功率，电动运行，整流电路则为输出电能。

### 3.2.2 中间状态（α=π/2）

如图 3-2（c）所示，当增大控制角 $\alpha$，则电压 $u_d$ 波形与横坐标包围的正面积减小，负面积加大，平均值 $U_d$ 减小，电动机转速减小。直到 $\alpha = \pi/2$ 时，理想状态下，如果忽略电阻 $R$，则输出电压 $u_d$ 波形的正负面积相等，因而整流电路输出平均电压为零，电动机反电势 $E_D$ 为零，电路电流 $i_d$ 为零，电机转速为零：

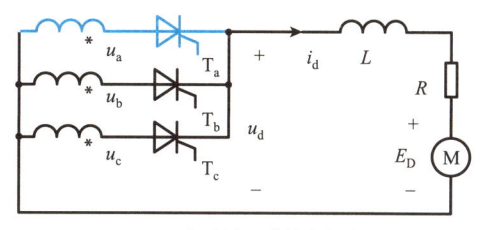

$$U_d = 0, \quad E_D = 0, \quad i_d = 0, \quad n = 0 \tag{3-4}$$

电动机将停转。但这只是理想状态，实际上电阻 $R$ 不可能为零，平波电感再大，总有损耗。此时电感 $L$ 释放能量维持电流 $i_d$ 的流动时间将比其储能时间短，即 $u_d$ 波形负面积将小于正面积，此时 $i_d$ 和 $u_d$ 均间断，电压平均值 $U_d$ 很小，$E_D$ 也很小，电动机处于缓慢爬行状态。

### 3.2.3 逆变工作状态（π/2＜α＜π）

从电路工作波形来分析，由于此时输出电压 $u_d$ 波形负面积大于正面积，电路有可能输出负

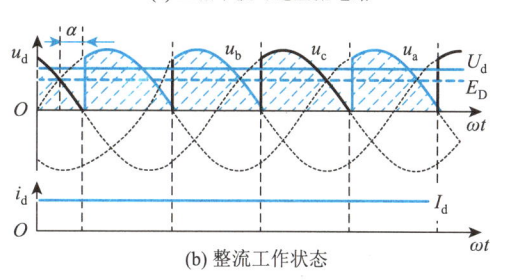

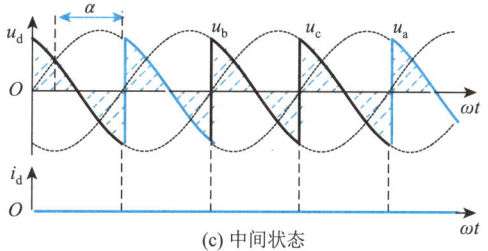

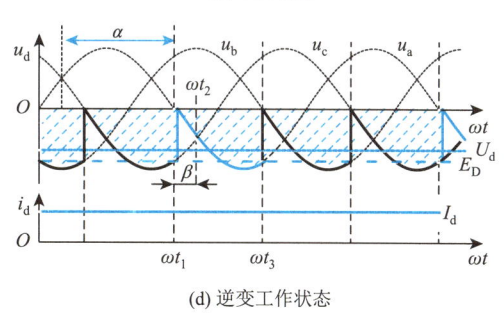

图 3-2 三相半波可逆整流电路整流及逆变波形

平均电压（图3-2（d））。要实现逆变工作状态应满足条件：

① $\pi/2 < \alpha < \pi$，这是电路的内部条件，满足该条件时，$U_d$ 为负值；

② $|E_D| > |U_d|$，同时 $E_D$ 反极性，这是电路的外部条件。此时电动机电势 $E_D$ 必须反极性，否则将与 $u_d$ 顺极性串联，形成短路。$|E_D|$ 也应大于 $|U_d|$，以使电路中电流方向不变。

满足上述条件，电路输出负平均电压完成有源逆变。由于此时 $|E_D| > |U_d|$，电流从电动机的电势 $E_D$ 正极流出，电动机处于发电工作状态，输出功率。直流回路电流仍保持从晶闸管阳极流入阴极流出，即从整流输出电压 $U_d$ 的参考负极性端（实际电位为正）流入，即整流器吸收功率，电动机发出的功率回流到交流电网，实现有源逆变。

如图3-2（d），取 $\alpha = 150°$ 分析波形和电路工作过程。仍然每隔120°依次触发晶闸管 $T_a$、$T_b$、$T_c$。在 $\omega t_1$ 时刻触发 $T_a$，虽然此时 $u_a = 0$，但在电势 $E_D$ 作用下，晶闸管 $T_a$ 仍然承受正向电压而导通，此后电路输出负压 $u_d = u_a$。但由于此时 $|E_D| > |u_d|$，因此晶闸管 $T_a$ 仍导通，且使电感 $L$ 储能。

在 $\omega t_2$ 时刻以后，由于 $u_d = u_a$，$|u_d| > |E_D|$，因此电感 $L$ 开始释放储能，仍使晶闸管承受正向电压而继续维持导通，电流 $i_d$ 方向不变。

在 $\omega t_3$ 时刻触发 $T_b$，因为此时 $u_b > u_a$，所以 $T_b$ 导通，$T_a$ 承受反压而关断。$T_a$ 在换相时承受反向电压为两相电压之差，即线电压。

逆变时电流的大小为

$$I_d = \frac{E_D - U_d}{R} \tag{3-5}$$

式中，$E_D$ 的大小取决于电动机转速；$U_d$ 可通过调节控制角 $\alpha$ 改变其大小。为了防止过大电流，可以通过控制 $U_d$ 来控制电流 $I_d$ 大小。

三相半波可逆整流电路在整流和逆变范围内，如电感 $L$ 足够大而使电流 $i_d$ 波形连续，则每个晶闸管导通120°。从输出电压 $u_d$ 波形不难求出直流输出电压 $U_d$ 与控制角 $\alpha$ 的关系：

$$U_d = \frac{1}{2\pi/3} \int_{\frac{\pi}{6}+\alpha}^{\frac{5\pi}{6}+\alpha} \sqrt{2} U_2 \sin(\omega t) \mathrm{d}(\omega t) = 1.17 U_2 \cos\alpha = U_{d0} \cos\alpha \tag{3-6}$$

此时 $U_{d0} = 1.17 U_2$。式（3-6）是一条余弦曲线。对于其他电路，它们的输出电压 $U_d$ 与控制角 $\alpha$ 的关系仍服从式（3-6），只是 $U_{d0}$ 与电源电压有效值 $U_2$ 的比值不同，单相桥式可逆整流电路的比值为0.9，三相半波可逆整流电路的比值为1.17，三相桥式可逆整流电路的比值为2.34，其标幺值如图3-3所示。

直流电动机电势 $E_D$ 的极性必须改变才能完成有源逆变。在实际生产中，当直流电动机拖动的卷扬机提升重物时，电动机处于电动工作状态，从电网吸收电能。当物件下降时，电动机处于发电工作状态，同时由于旋转方向的改变，使 $E_D$ 反极性。又如电力机车正常运行或上坡时，电动机处于电动工作状态。当机车下坡时，电动机处于发电状态，此时可以通过改变激磁磁场方向来改变电势 $E_D$ 的极性。

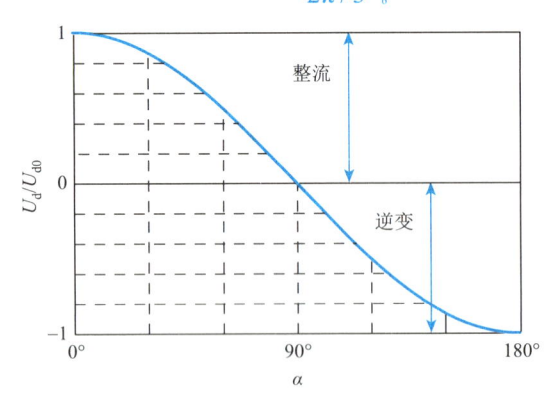

图3-3 可逆整流电路 $U_d/U_{d0}$ 与 $\alpha$ 关系

对于不可能有负电压输出的电路，如桥式半控电路或有续流二极管的电路，均不可能实现有源逆变。

## 3.2.4 晶闸管的电压波形

图 3-4 分别绘出控制角 α 为 π/3、π/2、2π/3 和 5π/6 时输出电压 $u_d$ 的波形和晶闸管 $T_{+a}$ 两端的电压 $u_{Ta}$ 波形。可以看到，在整流工作状态时，晶闸管未导通时主要承受反向电压；而在逆变工作状态时，晶闸管未导通时主要承受正向电压。晶闸管承受的最大正向或最大反向电压均为线电压峰值 $\sqrt{2}U_{2l}$。

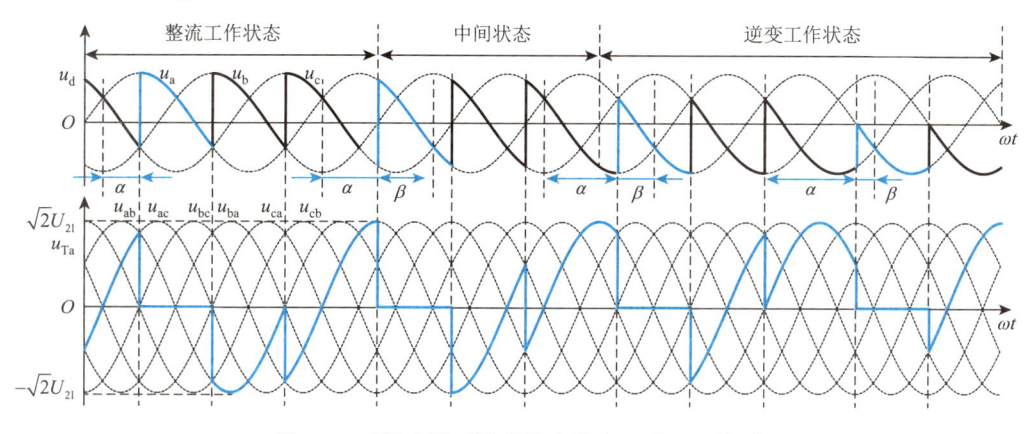

图 3-4　三相半波可逆整流电路中 $u_d$ 和 $u_{Ta}$ 波形

## 3.2.5 逆变角 β

为了分析和计算方便，通常把逆变工作时的控制角用 β 表示，称为逆变角。规定 α = π 时，β = 0，而 α + β = π，β = π − α。观察图 3-4，β = π/6 时，α = 5π/6；β = π/3 时，α = 2π/3；β = π/2 时，α = π/2；或 α = π 时 β = 0°。全逆变时晶闸管在自然换相点换相，此时输出负电压最大，然后向左，即以与控制角 α 计量相反的方向计量逆变角 β 大小。逆变时，α 在 π/2~π 之间，β 则在 π/2~0 之间。

逆变状态输出电压平均值可写成

$$U_d = -U_{d0}\cos\beta \tag{3-7}$$

可见，当 β = 0 时，输出电压平均值 $U_d$ 为负值最大值。

## 3.2.6 对触发电路的要求

以 α = 60° 和 β = 60° 为例，说明整流和逆变两种工作状态对触发脉冲电路的不同要求。工作波形如图 3-5 所示。

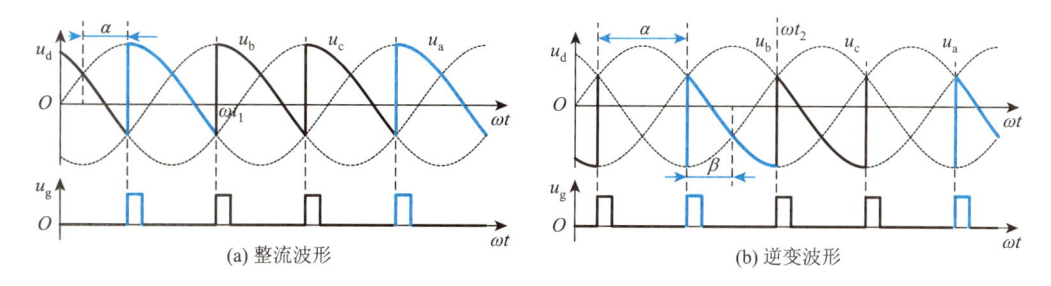

(a) 整流波形　　(b) 逆变波形

图 3-5　整流与逆变的触发

对于整流工作状态，触发脉冲电路可以同时供给 3 个晶闸管 $T_a$、$T_b$、$T_c$。如图 3-5（a）中在 $\omega t_1$ 时刻，应换相到 b 相，此时 b 相电压最高，可以保证顺利换相。虽然此时 $T_a$、$T_c$ 都施加触发脉冲，但由于其 a 相、c 相电压均低于 b 相电压，阳极对阴极承受反向电压，因此不会触发导通。

对于逆变工作状态，则只能依次触发晶闸管 $T_a$、$T_b$、$T_c$。如 $\omega t_2$ 时刻，如图 3-5（b）所示，由 a 相换流到 b 相，此时只能触发晶闸管 $T_b$，因为此时 $u_b = u_c$，要像整流工作状态那样触发脉冲同时供给 3 个晶闸管是不行的。

三相半波可逆整流电路接线较简单，所用元件较少，但功率处理能力和动态响应均不如三相桥式可逆整流电路。

## 3.3 三相桥式可逆整流电路

三相桥式全控整流电路工作时满足实现有源逆变的两个条件，就成为三相桥式可逆整流电路。图 3-6 绘出三相桥式可逆整流电路及工作波形。

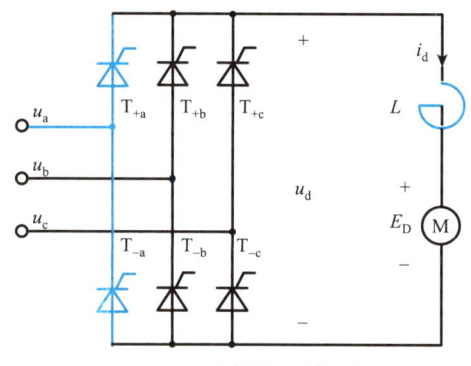

(a) 三相桥式可逆整流电路

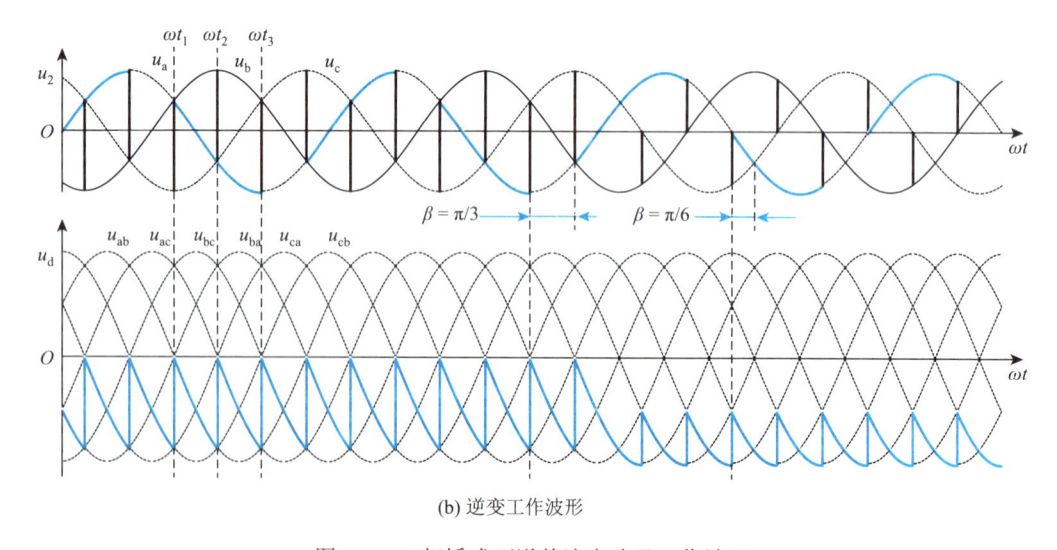

(b) 逆变工作波形

图 3-6 三相桥式可逆整流电路及工作波形

### 3.3.1 三相桥式可逆整流电路工作原理

三相桥式可逆整流电路工作时,晶闸管必须成对导通,每个晶闸管导通角为 120°,每隔 60°换流一次,仍按 $T_{+a} \to T_{-c} \to T_{+b} \to T_{-a} \to T_{+c} \to T_{-b}$ 顺序依次导通。

由图 3-6(b)工作波形可以看到,设晶闸管 $T_{+c}$ 和 $T_{-b}$ 导通,当 $\beta=60°$、$\omega t_1$ 时刻,触发晶闸管 $T_{+a}$,此时 a 相电压高于 c 相,$T_{+a}$ 开通,$T_{+c}$ 承受反向电压而关断,直流侧输出 $u_{ab}$,且 $u_{ab}<0$ 即为负电压。电流 $I_d$ 从 $E_D$ 正极流出,经晶闸管 $T_{-b}$ 流入 b 相,再由 a 相流出,经晶闸管 $T_{+a}$ 回到 $E_D$ 负极,电能从直流电源流向交流电源。

$\omega t_2$ 时刻,触发晶闸管 $T_{-c}$,由于此时 c 相电压低于 b 相电压,因此 $T_{-c}$ 开通,$T_{-b}$ 关断,晶闸管 $T_{+a}$ 和 $T_{-c}$ 形成通路,直流侧输出 $u_{ac}$,且有 $u_{ac}<0$。

$\omega t_3$ 时刻,触发晶闸管 $T_{+b}$,$T_{+b}$ 和 $T_{-c}$ 形成通路,输出 $u_{bc}$。如此循环下去,实现了有源逆变。在一个周期内,输出电压脉动 6 次,因而波形中最低次谐波为 6 倍基频,电压的纹波因数较三相半波可逆整流电路小。

### 3.3.2 电参数计算

逆变电路的参数计算与整流情况相似。设电路内电流连续,其输出负平均电压 $U_d$ 为

$$U_d = -2.34 U_2 \cos\beta \quad (3-8)$$

或

$$U_d = -1.35 U_{2l} \cos\beta \quad (3-9)$$

直流电流平均值为

$$I_d = \frac{U_d - E_D}{R_\Sigma} \quad (3-10)$$

$$R_\Sigma = R_B + R_D \quad (3-11)$$

式中,$R_\Sigma$ 为电路等效电阻;$R_B$ 为变压器次级绕组电阻;$R_D$ 为包括电动机电枢电阻在内的电路直流侧总电阻。

输出电压 $U_d$ 和电动机电势 $E_D$ 的极性与整流工作状态时极性相反,式(3-10)中 $U_d$ 和 $E_D$ 均为负值。

输出电流有效值 $I$:

$$I = \sqrt{I_d^2 + I_R^2}, \quad I_R = \sqrt{\sum I_n^2} \quad (3-12)$$

式中,$I_R$ 为纹波电流有效值;$I_n$ 为第 $n$ 次谐波电流有效值。

当把 $I$ 理解为等效直流电流大小时,不难得到流过每个晶闸管的有效值电流 $I_T$ 和平均值电流 $I_{Tav}$ 分别为

$$I_T = \sqrt{\frac{1}{2\pi}\int_0^{\frac{2\pi}{3}} I^2 d(\omega t)} = \frac{I}{\sqrt{3}} \quad (3-13)$$

$$I_{Tav} = I/3 \quad (3-14)$$

交流电源送到直流侧的有功功率为

$$P_d = R_\Sigma I^2 + E_D I_d \quad (3-15)$$

逆变时,$E_D$ 为负值,则一般 $P_d$ 也为负值,表示功率从直流电源送到交流电源。

从电路和工作波形可知,三相桥式可逆整流电路的线电流每周期内流通时间为 $4\pi/3$,为

每个晶闸管导通角 120°的 2 倍。因此变压器次级线电流有效值为

$$I_2 = \sqrt{2}I_T = \sqrt{\frac{2}{3}}I \tag{3-16}$$

三相电源的视在功率：

$$S = 3U_2I_2 = 3 \times \frac{U_{21}}{\sqrt{3}}I_2 = \frac{3}{\sqrt{3}}U_{21}\sqrt{\frac{2}{3}}I = \sqrt{2}U_{21}I \tag{3-17}$$

功率因数为

$$\cos\varphi = P_d/S \tag{3-18}$$

## 3.4 逆变失败与控制角的限制

在整流电路中若触发不可靠，脉冲将会丢失，导致某相无电压输出或全相无电压输出，停止供电。在逆变电路中若触发不可靠，换相失败，形成交流与直流两侧电源的顺极性串联，导致逆变失败，则称"逆变颠覆"。

### 3.4.1 逆变失败

以三相半波可逆整流电路（图 3-7（a））为例，图 3-7（b）表示丢失触发脉冲时的电路工作波形。在 $\omega t_1$ 时刻应有触发脉冲触发晶闸管 $T_b$，使 b 相导通，设此时触发脉冲丢失，a 相晶闸管 $T_a$ 继续导通，直到输出电源电压正半周时，形成与电势 $E_D$ 的顺极性串联，即形成短路。

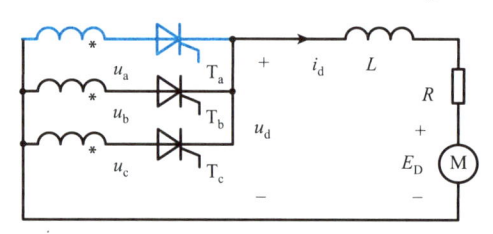

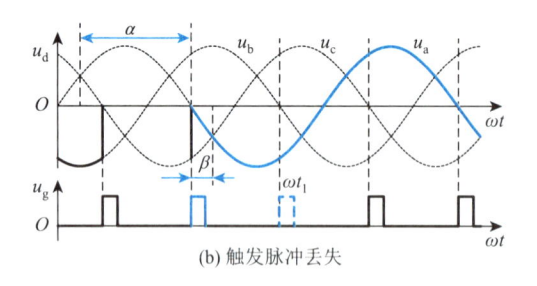

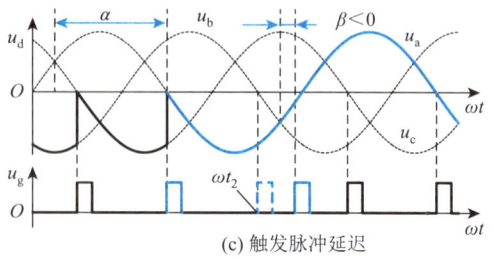

图 3-7 逆变失败的波形

图 3-7（c）表示触发脉冲延迟时电路出现的情况。在 $\omega t_1$ 时刻应有触发脉冲触发晶闸管 $T_b$，使 b 相导通，由于触发电路故障，结果在 $\omega t_2$ 时刻才触发晶闸管 $T_b$，此时 $\beta<0$，a 相电压已高于 b 相电压，结果 b 相的晶闸管 $T_b$ 承受反向电压而不能开通，而晶闸管 $T_a$ 将继续导通，a 相电压继续输出直到出现正半波时，形成与电势 $E_D$ 顺极性串联的短路。

另外，如某晶闸管发生故障，交流电源发生异常等均可造成逆变失败。这里不一一分析。重点讨论的换相裕量角问题，如图 3-8 所示。

当 $\beta=0$ 时的逆变工作状态，电路输出电压为相电压负半周的包络线，这是理想工作状态，既不考虑晶闸管的开通和关断时间，也不考虑电源变压器的漏抗。

设 $\beta=0$，考虑到晶闸管开通时间和关断时间，设电路原来 c 相导通，此时触发 $T_a$ 使 a 相导通；晶闸管开通时间一般为 6μs，而关断时间常需 10μs 以上，这样将超过 $\beta=0$ 的点，此时 a 相电压小于 c 相电压，晶闸管 $T_a$ 将不可能开通，c 相电压将继续输出，直到形成与 $E_D$ 的顺极性串联而短路。为了避免这种情况，应提前换相，即 $\beta$ 角应留有裕量。

实际上变压器都存在漏抗，在图 3-8（a）所示的电路图中，以集中的 $L_B$ 表示漏感大小。$L_B$ 的存在使换相不可能瞬间完成。其影响类似于整流工作状态，如 a 相电流由 $I_d$ 逐渐下降到零，b 相电流逐渐上升到 $I_d$，这个过程需要的时间用重叠角 $\gamma$ 表示。在这段时间内晶闸管 $T_a$ 和 $T_b$ 同时导通，输出电压波形将为两相电压的平均值，如图 3-8（b）所示。换相过程使整流输出电压略有降低，而对于逆变电路则使输出电压略有升高。降低或升高的电压称为换相电压降，均用 $\Delta U_d$ 表示，其计算方法也一样。计算方法参见 2.5 节。

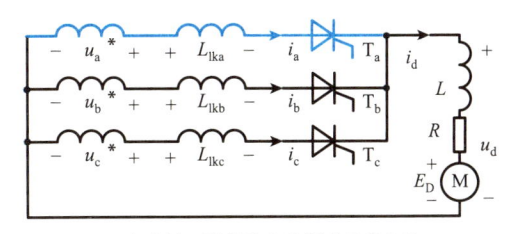

(a) 三相半波可逆整流电路漏感示意电路

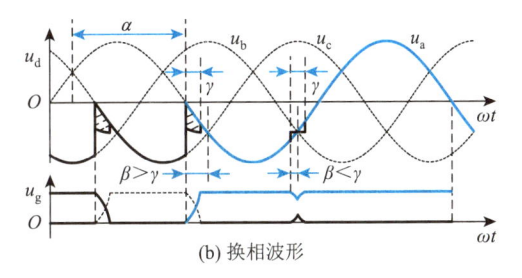

(b) 换相波形

图 3-8 逆变状态的 $\beta$ 角裕量

考虑到换相重叠角 $\gamma$，逆变角 $\beta$ 应加大裕量。如若逆变角 $\beta$ 裕量不够，如 $\beta<\gamma$，则到达 $\beta=0$ 时换相尚未完成，过了 $\beta=0$ 时，换相失败，将产生交流电源某相电压的正半周与电势 $E_D$ 的顺极性串联，形成短路。

## 3.4.2 最小逆变角 $\beta_{min}$

逆变时允许采用的最小逆变角 $\beta_{min}$ 为

$$\beta_{min}=\gamma+\mu+\delta \tag{3-19}$$

式中，$\gamma$ 为换相重叠角；$\delta$ 为晶闸管关断时间折合成的电角度；$\mu$ 为安全裕量角。

晶闸管的关断时间随其型号（普通型或快速型）和电流额定值不同而不同，可从晶闸管数据手册查得，如中速型 KPK-200 型晶闸管关断时间约为 40μs。换相重叠角 $\gamma$ 可由下列公式计算：

$$\cos\alpha-\cos(\alpha+\gamma)=\frac{I_d X_B}{\sqrt{2}U_2\sin(\pi/m)} \tag{3-20}$$

此时将 $\alpha=\pi-\beta$ 代入式（3-20），并设 $\beta=\gamma$，即暂不考虑 $\delta$ 和 $\mu$，则

$$\cos\gamma=1-\frac{I_d X_B}{\sqrt{2}U_2\sin(\pi/m)} \tag{3-21}$$

式中，$m$ 为一个周期内的波头数，即换相数，三相半波可逆整流电路中 $m=3$，三相桥式可逆整流电路中 $m=6$；$U_2$ 为电源相电压有效值。应当注意三相桥式可逆整流电路 $m=6$，$U_2$ 应以线电压的有效值代入式（3-21）计算。

在电路正常运行时，$\beta_{min}>\gamma$，故应有：

$$\cos\beta_{\min} < 1 - \frac{I_d X_B}{\sqrt{2}U_2 \sin(\pi/m)} \tag{3-22}$$

由此可估算 $\beta_{\min}$ 大小。

必须考虑安全裕量角 $\mu$，因为有些因素不可能那么理想，如触发脉冲给出的时间不可能很准确等。对于中小功率直流拖动系统，$\mu$ 取 10°，$\beta_{\min}$ 可取 30°~35°。

在晶闸管的可逆直流拖动系统中，$\alpha$ 限定为 $\alpha_{\min}$，一般取 $\alpha_{\min} = \beta_{\min}$。

# 习　题

3-1　实现晶闸管有源逆变工作，需要满足哪些条件？举例说明，既可以实现晶闸管可控整流又可以实现晶闸管有源逆变工作的电路。

3-2　已知三相桥式可逆整流电路，$R_\Sigma = 0.8\Omega$，$L = 5\text{mH}$，$U_{2l} = 230\text{V}$，工作于逆变状态，$E_D = -290\text{V}$，电流连续，若允许 $I_{d\min} = 30\text{A}$，求 $\beta_{\max}$，并选择晶闸管的电流额定值。

3-3　图 3-2 所示三相半波可逆整流电路，若直流侧电动机换成电阻，在 $\alpha > 90°$ 时，直流侧平均电压可能出现负压吗？晶闸管导通角可能达 120° 吗？

3-4　绘出三相桥式可逆整流电路 $\beta = 45°$ 时，晶闸管 $T_{+c}$ 和 $T_{-c}$ 两端的电压波形。分析它们各自承受的正向、反向最大电压为多少？

3-5　三相桥式可逆整流电路，输入相电压 100V，电源变压器漏感折合到变压器副边为 1.5mH。当 $I_d = 50\text{A}$，计算换相压降。若忽略不计晶闸管关断时间和安全裕量角，电流连续，计算此时的最小逆变角 $\beta_{\min}$、三相桥式可逆整流电路的输出直流电压。

3-6　图 3-6 所示电路输出正的或负的直流电压，而电流是单向的，称之为"双象限"变换器。现有一缆车牵引供电装置，直流牵引电动机可能工作在电动、再生制动（发电）状态，也可能工作在正转或反转状态，因此，需要供电装置能工作在电压、电流都为正或负的状态，即为四象限变换器。晶闸管四象限变换器也称为对偶可控整流器。请设计一套以图 3-6 所示电路为基础的对偶可控整流器，并绘出其电路原理图。

# 第4章 电力晶体管

作为开关使用的晶体管称为开关晶体管（简称开关管），其出现早于晶闸管。20世纪60年代已能提供耐压1000V以上、电流达到数百安培的电力双极结型晶体管（power bipolar junction transistor，power BJT，简称为电力双极晶体管或电力BJT）和具有达林顿结构的电力晶体管，或称为巨型晶体管（giant transistor，GTR）。20世纪80年代到90年代出现了开关速度更快的电力场效应晶体管，典型的器件有：电力金属-氧化物-半导体场效应晶体管（power metal-oxide-semiconductor field effect transistor，power MOSFET，简称为电力MOS场效晶体管或电力MOSFET）、绝缘栅双极晶体管（insulate-gate bipolar transistor，IGBT）。与之相应的快恢复二极管（fast recovery diode，FRD）、肖特基二极管以及高频电容、高频磁性元件也相继问世，这些器件的研发使得功率变换电路的工作频率由几千赫兹提高到几十、几百千赫兹，甚至几兆赫兹。诸如，采用电力双极晶体管和IGBT的功率变换电路的开关频率可达20kHz，而采用电力MOS场效晶体管的功率变换电路的开关频率可达兆赫兹级。功率变换电路的工作频率的提高极大减小了电子设备的体积和质量。

场控器件的控制功率很小，场控器件也具有不同类型的器件，如功率结型场效应晶体管或静电感应晶体管（static induction transistor，SIT）、静电感应晶闸管（static induction thyristor，SITH）、MOS门控晶闸管（MOS controlled thyristor，MCT）、MOS栅控晶体管（MOS gate-bipolar transistor，MGT）、集成门极换向晶闸管（integrated gate commutated thyrister，IGCT）等。

随着电力电子器件和电路的发展，控制电路也逐渐由分立、小规模集成电路发展为控制模块，继而发展为由控制电路、驱动电路和功率电路集成的混合集成器件和具有检测、保护功能的智能功率模块（IPM），从而大大简化了变换器的电路结构和设计。

近年来，随着SiC、GaN等宽禁带半导体材料的迅速发展，电力半导体器件具有工作温度更高、导通压降更低、开关速度更快等特性。第三代宽禁带电力半导体器件为提高变换器的功率密度带来重大机遇[1-6]。

## 4.1 电力双极晶体管

电力双极晶体管（或电力BJT）可作为可控开关器件。当外部电路施加基极电流使电力BJT工作在饱和状态时，电力BJT的集-射极压降很小，相当于开关接通；当外部电路不施加基极电流时，电力BJT工作在截止状态，集-射极能阻断电压，相当于开关断开。

电力 BJT 有 PNP 和 NPN 两种结构，这两种结构由 3 层半导体 2 个 PN 结构成。NPN 型电力 BJT 结构如图 4-1 所示。在重掺杂的 N⁺ 衬底上用外延生长法生长一层——N 漂移层（N 漂移区），然后在 N 漂移区上扩散 P 基区，接着扩散 N⁺ 发射区。基极 b 与发射极 e 在一个平面上，成为叉指形，用以减少电流集中，提高电流处理能力。

电力 BJT 是采用基极电流 $i_b$ 控制集电极电流 $i_c$ 的电流控制型器件。在放大状态时 $J_1$ 结（b-c 结）承受反向偏置。N 漂移区的电阻率和厚度决定器件的阻断能力。若电阻率高、厚度大，则其阻断能力强，但通态饱和电阻大、电流增益小。

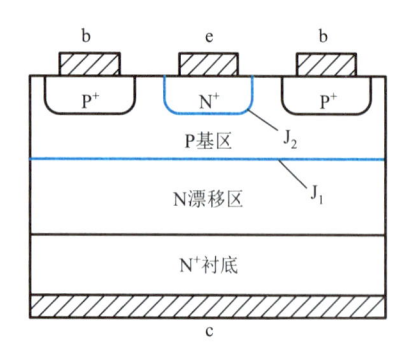

图 4-1 NPN 型电力 BJT 结构

一般电力 BJT 的电流增益很小（$\beta = 5 \sim 20$）。在大电流时，由发射极 e 注入 P 基区的载流子（电子）经 $J_1$ 结扩散到 N 漂移区，该载流子（电子）浓度可能超过 N 漂移区的背景杂质，使得饱和电阻比 N 漂移区电阻低。

### 4.1.1　电力 BJT 的稳态特性

NPN 型电力 BJT 组成的共射组态如图 4-2（a）所示。图 4-2（b）和图 4-2（c）分别为输入特性 $i_b = f(u_{be})_{U_{ce}}$ 和输出特性 $i_c = f(u_{ce})_{I_b}$。

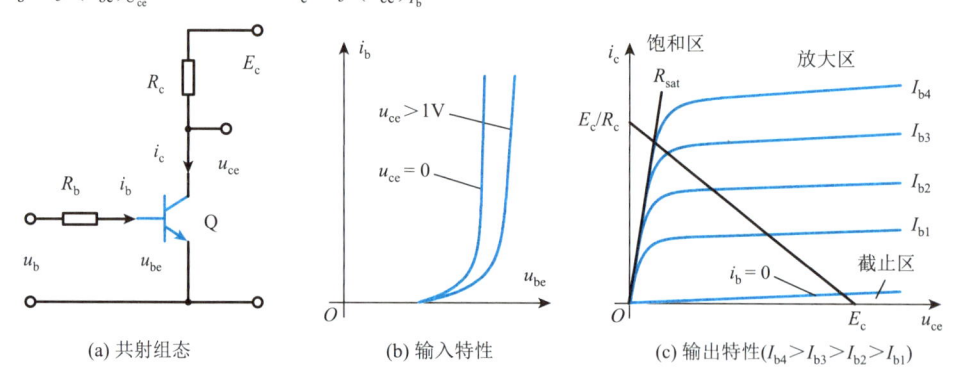

(a) 共射组态　　(b) 输入特性　　(c) 输出特性（$I_{b4} > I_{b3} > I_{b2} > I_{b1}$）

图 4-2　NPN 型电力 BJT 共射组态及输入、输出特性

图 4-2（a）所示电路中，电力 BJT 的负载是一个电阻 $R_c$。图 4-2（c）绘出电力 BJT 的负载线，即输出电流与集-射极两端电压的关系曲线。当电力 BJT 完全阻断时，其集-射极端电压为外电路工作电压 $E_c$；当电力 BJT 理想导通时，其流过的电流为由外电路决定的负载电流（$i_c = E_c / R_c$）。电力 BJT 的负载线与其伏安特性的交点对应于电路的实际工作状态点。

根据基极驱动情况，电力 BJT 有 3 个工作区：截止区、放大区和饱和区。在截止区，基极电流为零，2 个 PN 结（b-e 结、b-c 结）都反偏，集电极流过很小的漏电流，截止区为图 4-2（c）中 $i_b = 0$ 曲线与横坐标之间的区域。在放大区，基极电流大于零，b-e 结正偏，b-c 结反偏，集电极电流 $i_c$ 正比于基极电流 $i_b$，放大区为图 4-2（c）中 $i_b = 0$ 和 $R_{sat}$（$R_{sat} = U_{ces}/I_c$，为饱和导通电阻；$U_{ces}$ 为饱和导通压降；$I_c$ 为饱和导通集电极电流）两曲线之间的部分。如果基极电流继续增加，$i_c$ 增加，$u_{ce}$ 下降，当 $u_{ce}$ 下降到 $R_{sat}$ 曲线以左时，再增加 $i_b$，则 $u_{ce}$ 下降很小或不再下降，这时电力 BJT 工作于饱和区，2 个 PN 结都正偏。

电力 BJT 的三个电极的电流关系为

$$i_e = i_c + i_b \tag{4-1}$$

式中，$i_e$ 为发射极电流；$i_b$ 是基极驱动电流；$i_c$ 是集电极输出电流。在放大区，共射极电流放大倍数 $\beta$ 也称为电流增益，$\beta = i_c / i_b$，$\beta$ 也常记为 $h_{FE}$。

实际上，$i_c = \beta i_b + i_{ceo}$，其中 $i_{ceo}$ 为集-射极漏电流，一般忽略不计，则有：

$$i_e = \beta i_b + i_b = (1+\beta) i_b \tag{4-2}$$

图 4-2（a）所示电路，当 $u_b$ 为高电平时：
$$i_b = \frac{u_b - u_{be}}{R_b} \tag{4-3}$$

集电极电压：
$$u_c = u_{ce} = E_c - i_c R_c = E_c - \beta (u_b - u_{be}) \frac{R_c}{R_b} \tag{4-4}$$

又因
$$u_c = u_{cb} + u_{be} = u_{ce} \tag{4-5}$$

若 $u_{ce} > u_{be}$，则 $J_1$ 结反偏，电力 BJT 工作在放大状态。若 $u_b$ 增大，$i_b$、$i_c$ 也增大，$u_{ce}$ 下降。当 $u_{ce} = u_{be}$ 时，电力 BJT 临界饱和导通，此时集电极电流 $i_c$ 记为 $I_{cs}$，$u_{ce}$ 为饱和导通压降 $U_{ces}$。

$$i_c = I_{cs} = \frac{E_c - U_{ces}}{R_c} \tag{4-6}$$

相应的基极电流：
$$I_{bs} = \frac{I_{cs}}{\beta} \tag{4-7}$$

若继续增大 $i_b$，$u_{be}$ 略有增加，$u_{ce}$ 将低于 $u_{be}$，$J_1$ 结正偏，电力 BJT 进入深饱和状态。此时的基极电流与集电极电流关系为

$$i_b = \frac{i_c}{\beta'} \tag{4-8}$$

需注意的是，式（4-8）中的 $\beta'$ 已不是放大区的 $\beta$。深饱和状态时的驱动电流 $i_b$ 比 $I_{bs}$ 大，且实际驱动电流越大，导通压降 $U_{ces}$ 越小，电力 BJT 的导通损耗越低。实际驱动电流 $i_b$ 与 $I_{bs}$ 之比称为过驱动系数 ODF：

$$\text{ODF} = \frac{i_b}{I_{bs}} \tag{4-9}$$

通常 ODF $= 1\sim 3$，$I_{cs}$ 与实际驱动电流 $i_b$ 之比称为强制电流增益 $\beta_f$：

$$\beta_f = \frac{I_{cs}}{i_b} \tag{4-10}$$

电力 BJT 导通总损耗：
$$P_s = u_{be} i_b + U_{ces} I_{cs} \tag{4-11}$$

当过驱动系数 ODF 过大时，$U_{ces}$ 并未明显减少，而 $u_{be}$ 会随 $i_b$ 增加而增加，导致总损耗增加。

### 4.1.2 电力 BJT 的开关特性

正偏时，PN 结有势垒电容和扩散电容；反偏时，PN 结仅有势垒电容。这些电容对电力 BJT 的稳态特性没有影响，但会对电力 BJT 的开关特性产生影响。b-e 结的结电容用 $C_\pi$ 表示，b-c 结的结电容用 $C_\mu$ 表示。由于结电容的存在，导通或关断电力 BJT 会出现延迟，不能瞬时完成。电力 BJT 的开关特性如图 4-3 所示。

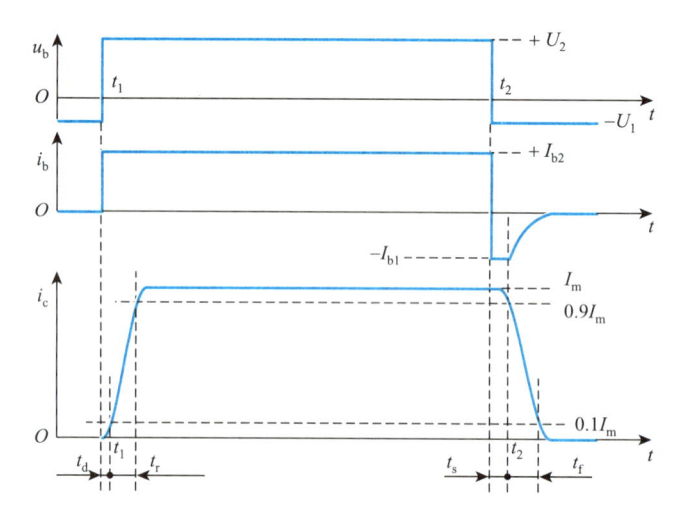

图 4-3 电力 BJT 的开关特性

（1）延迟时间 $t_d$。从施加输入基极电流正阶跃瞬时开始，到集电极电流 $i_c$ 上升到最大（稳态）值 $I_m$ 的 10% 所需的时间称为延迟时间。该延迟时间取决于发射极的势垒电容、初始正向驱动电流和上升率，以及基极电流阶跃前反向偏置的大小。

（2）上升时间 $t_r$。集电极电流 $i_c$ 由稳态值 $I_m$ 的 10% 上升到 90% 所需的时间称为上升时间，该上升时间与过驱动系数 ODF 和 $I_m$ 有关。ODF 越大、$I_m$ 越小，都使 $t_r$ 越短。

（3）存储时间 $t_s$。从撤除正向驱动信号到集电极电流 $i_c$ 下降到其稳态值 $I_m$ 的 90% 所需的时间称为存储时间，它正比于过驱动系数 ODF，反比于反向驱动电流 $-I_{b1}$。

（4）下降时间 $t_f$。集电极电流 $i_c$ 由其稳态值 $I_m$ 的 90% 下降到 10% 所需的时间称为下降时间，它主要取决于结电容和正向集电极电流。

延迟时间 $t_d$ 与上升时间 $t_r$ 之和称为开通时间 $t_{on}$。存储时间 $t_s$ 与下降时间 $t_f$ 之和称为关断时间 $t_{off}$。其中 $t_s$ 对开关过程影响最大，时间最长。一般通过驱动电路减少 $t_s$，提高 BJT 开关速度。

## 4.1.3 电力 BJT 的参数

**1. 共射极直流电流放大倍数 $\beta$ 或 $h_{FE}$**

$\beta$ 是电力 BJT 工作于放大区时，在规定的 $u_{ce}$ 下，集电极电流 $i_c$ 与基极电流 $i_b$ 的比值。它与集电极电流和温度有关。

**2. 集电极-发射极饱和压降 $U_{ces}$**

饱和压降 $U_{ces}$ 是指在规定集电极电流和基极电流（或 ODF）下的集-射极之间的饱和压降。它与集电极电流、饱和深度以及结温有关。

**3. 电力 BJT 的额定值和二次击穿**

1）额定电压

电力 BJT 所有额定电压都与这两个 PN 结（b-e 结和 b-c 结）有关。若外电路工作电压高过电力 BJT 电压的额定值，PN 结可能被击穿。额定电压主要有：

（1）发射极开路，集-基极之间最高允许电压 $U_{(BR)cbo}$；

（2）共射极雪崩击穿电压：

①基极开路，集-射极之间的最高允许电压 $U_{(BR)ceo}$；

②基-射极间外接电阻 $R$，集-射极间最高允许电压 $U_{(BR)ceR}$；当 $R=0$ 时则为 $U_{(BR)ces}$；

③b-e 结反偏，集-射极间最高允许电压 $U_{(BR)cex}$；

上述参数的大小：$U_{(BR)ceo} < U_{(BR)ceR} < U_{(BR)ces} < U_{(BR)cex} < U_{(BR)cbo}$。

（3）集电极开路，射-基极间最高允许反向电压 $U_{(BR)ebo}$，一般在几伏到几十伏之间。

选用电力 BJT 时一般选取 $U_{(BR)ceo}$ 电压额定值为承受外部施加最高电压的 1.5~2 倍。

2）额定电流

（1）集电极最大允许电流 $I_{cM}$。

（2）最大允许基极电流 $I_{bM}$ 和最大允许发射极电流 $I_{eM}$。

选取电力 BJT 一般选取 $I_{cM}$ 额定电流为流过最大电流的 2 倍。

3）额定功率损耗

电力 BJT 工作时流过电流，产生功率损耗，使芯片（结）温度升高。同时芯片热能通过外壳传到环境。当发热量与散热量相等时，芯片达到稳定温度。在最高允许结温 $T_{jM}$、规定散热器和指定壳温 $T_c$ 时，集电极最大允许功率损耗为 $P_{cM}$。

4）二次击穿

温度、电压和时间是引起电力 BJT 集电极电流不稳定的主要因素。二次击穿是以上因素的综合作用下出现的现象，是所有电力 BJT 的潜在破坏因素。通常认为，在一定的温度下，由于电力 BJT 在较短的时间内吸收的能量超过一定值，使芯片产生局部的过热点，此过热点产生热的恶性循环，使 PN 结局部损坏而导致二次击穿，表现为集-射极间电压突然减小到很低的数值，集电极电流迅速增大进而导致电力 BJT 永久性损坏。

二次击穿按电力 BJT 的偏置状态分为两类：b-e 结正偏，电力 BJT 工作于放大区的二次击穿，称为正偏二次击穿；b-e 结反偏，电力 BJT 工作于截止区的二次击穿，称为反偏二次击穿。

（1）正偏二次击穿

如图 4-4 所示，基极 b 和发射极 e 在同一个平面上。当 b-e 结正向偏置时，由于存在基区电阻，b-e 结各点的偏置是不同的：发射极 e 边缘大、中心小。又由于存在集-射电场，在发射区下的基区内合成一个横向电场，此电场将电流集中到发射极的边缘下很窄的区域内，造成电流局部集中，电流密度加大，温度升高，严重时形成热点或热斑。热点处的电阻率随温度升高进一步降低，若不加限制，就会因热点处热的恶性循环导致此局部 PN 结的失效。

（2）反偏二次击穿

如图 4-5 所示，当电力 BJT 由导通状态转入截止，b-e

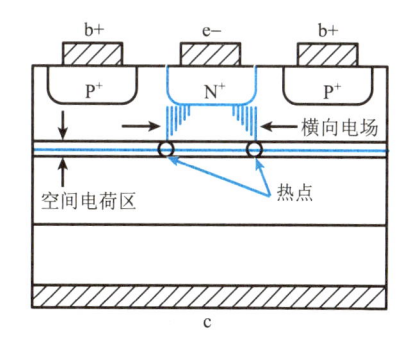

图 4-4 正偏二次击穿热点的形成

结反偏，由于存在存储电荷，集-射极仍有电流流过。同样由于存在 P 基区电阻，在发射极接近基极边缘结的反偏电压高，而在发射极的中心反偏电压很弱或仍然正偏，使发射极下的基区横向电场由中心指向边缘，使集电极的电子流被集中到发射极中心很小的区域内。在此小区域内，电流密度很高，造成热点，这样就可能在比正偏时低得多的能量水平下发生二次击穿。

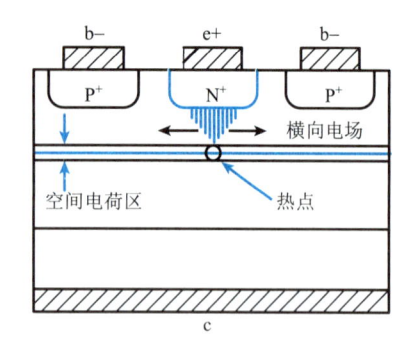

图 4-5 反偏二次击穿热点的形成

### 4. 安全工作区（safe operation area，SOA）

在使用电力 BJT 时，不允许施加的物理量超过上述电压、电流、功率和二次击穿耐量 $E_{S/B}$ 的允许值，一般把它们绘在双对数坐标中，以安全工作区的形式提供。

安全工作区界定了电力 BJT 安全工作的最大范围，如图 4-6 所示。在 $I$-$U$ 平面上，最大电流的边界是集电极最大允许电流 $I_{cM}$。脉冲情况下，边界是 $1.5 \sim 3 I_{cM}$，另一个边界是电压的边界，击穿电压 $U_{(BR)ceo}$。因 $P_{cM} = I U_{ce}$，在双对数坐标中是斜率为 –1 的直线，允许脉冲功率随脉冲持续时间减少而增加。

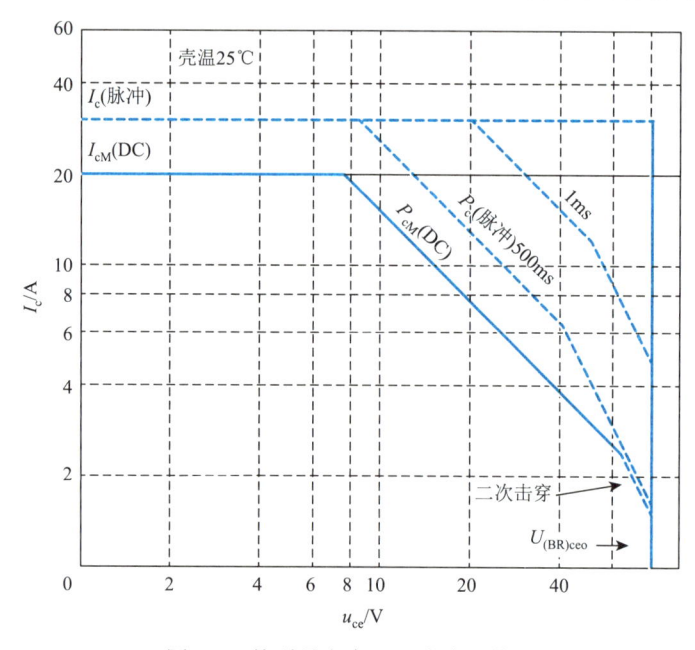

图 4-6 某型号电力 BJT 安全工作区

在小功率 BJT 中，因二次击穿在等功耗线以外，故安全区边界只有 $I_{cM}$、$U_{(BR)ceo}$ 和 $P_{cM}$。大功率 BJT 正偏二次击穿有一部分在等功耗线内侧，因此正偏二次击穿曲线构成安全区边界的第四条直线。

应当指出安全区是在一定的温度下得到的，例如，环境温度 25℃ 和壳温 25℃，等等。工作时，电力 BJT 若超过上述指定温度时，允许功耗和二次击穿耐量都必须降低其额定值。

### 4.1.4 达林顿连接

电力 BJT 的主要缺点是大电流增益 $\beta$ 低，$\beta$ 的典型值约为 10。若期望电力 BJT 饱和导通，需要外部电路施加很大的基极驱动电流。例如，集电极电流为 100A，若选择过驱动系数 ODF = 2，则基极驱动电流为 20A。驱动电流过大，除电路的效率降低外，还给驱动电路设计带来困难。为了提高增益 $\beta$，可将两个电力 BJT 组成复合管，也称达林顿（Darlington）连接，如图 4-7 所示。$Q_2$ 为辅助电

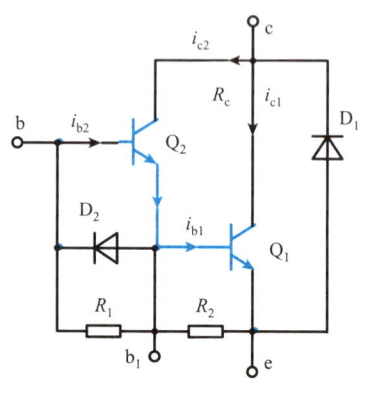

图 4-7 达林顿连接

力 BJT，$Q_1$ 为主电力 BJT。由图可见，$Q_2$ 的发射极电流 $i_{e2}$ 等于 $Q_1$ 的基极电流 $i_{b1}$ ($i_{e2} = i_{b1}$)，有：

$$i_c = i_{c1} + i_{c2} = \beta_1 i_{b1} + \beta_2 i_{b2} = \beta_1(1+\beta_2)i_{b2} + \beta_2 i_{b2} = (\beta_1 + \beta_2 + \beta_1\beta_2)i_{b2}$$
$$\approx \beta_1\beta_2 i_{b2} = \beta i_{b2} \tag{4-12}$$

式中，$\beta = \beta_1\beta_2$。$Q_1$ 与 $Q_2$ 复合可等效为一个电流增益 $\beta$ 的电力晶体管（GTR），也可组成多重达林顿管。达林顿管的电流增益从几十到几千倍。图中电阻 $R_1$ 和 $R_2$ 提供反向漏电流通路，提高复合管的温度稳定性。额定电压由构成复合管的电力 BJT 中最低的额定电压决定，达林顿连接虽然提高了电流增益，但饱和压降增大，单个电力 BJT 的饱和压降 $U_{ces}$ 可能大于或小于 $U_{bes}$，二重达林顿连接的饱和压降：

$$U_{ces} = U_{ces2} + U_{bes1} \tag{4-13}$$

因此，$U_{ces} > U_{bes}$，这是因为 $Q_2$ 起到抗饱和作用（或贝克（Baker）箝位），使 $Q_1$ 处于浅饱和状态，达林顿结构的饱和压降增大，这导致导通损耗极大增加。

在图 4-7 所示的结构中，若不连接图中的二极管 $D_2$，开通与关断 $Q_1$ 必须首先开关 $Q_2$，因此开关时间延长，为了加快 $Q_1$ 的关断速度，必须使 $Q_1$ 与 $Q_2$ 同时关断。在图中加入二极管 $D_2$，当输入信号反向关断 $Q_2$ 时，输入的反向驱动信号经 $D_2$ 也施加到 $Q_1$ 的基极，$D_2$ 提供反向 $I_{b1}$ 的通路，加速 $Q_1$ 的关断过程。

在集成达林顿管时，内部芯片寄生二极管 $D_1$（图 4-7）与 $Q_1$ 的集-射极反并联，但二极管 $D_1$ 的反向恢复时间很长。

随着电力 MOSFET 和 IGBT 的出现且成本降低，目前达林顿管已很少被使用。

## 4.1.5 电力 BJT 对驱动的要求

在电力 BJT 开通和关断时，需要加速开关过程，减小开关损耗。电力 BJT 开通瞬间，由于电路中电力二极管反向恢复时间引起的短路效应会导致电力 BJT 集电极电流的开启电流尖峰，此电流尖峰可能是电力 BJT 导通后集电极电流额定值的数倍，从而影响电力 BJT 的开通损耗。在关断电力 BJT 期间，尽可能减小存储时间影响，电力 BJT 的存储时间 $t_s$ 并不直接影响开关损耗，若存储时间 $t_s$ 太长，推挽或桥式电路中可能会引起同一桥臂的上下两只开关晶体管"同时导通"，即直通。

最佳基极驱动电流的波形如图 4-8 所示，其具有：

①电力 BJT 开通时，驱动电路提供的基极电流应有快速的上升沿和一定的过冲，以加速电力 BJT 开通的过程，使其在集电极电流开启电流尖峰时具有足够的基极驱动，从而减小开通损耗。

②电力 BJT 导通期间，驱动电路提供的基极电流在任何负载情况下都应保证电力 BJT 处于饱和导通状态，使电力 BJT 的饱和压降 $U_{ces}$ 较低，保证低的导通损耗。为减小存储时间，希望在电力 BJT 关断前处于临界饱和状态。

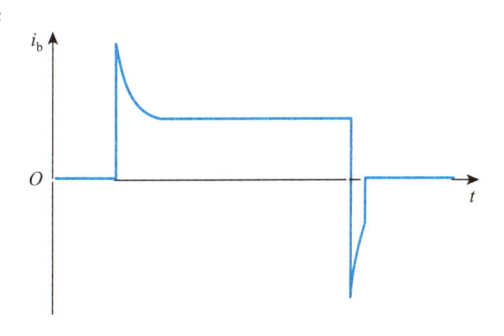

图 4-8 最佳基极驱动电流波形示意图

③关断电力 BJT 瞬间，驱动电路应提供足够的反向基极驱动电流，可迅速抽出基区的剩余载流子，减小 $t_s$；并施加反向偏置截止电压，使集电极电流迅速下降以减小下降时间 $t_f$。而在电力 BJT 被开通前，基-射极间的反向偏置电压应为零或很小。

## 4.2 电力 MOS 场效晶体管

与晶闸管相比，电力 BJT 有更快的开关速度，但其也存在明显缺点：随着功率变换电路工作频率的提高，电力 BJT 开关损耗增大，效率降低；其存储时间要求开关周期不能太短、开关频率不能太高；电力 BJT 是电流控制型器件，$\beta$ 较小，导致驱动功率较大，效率降低；虽然达林顿连接可减少驱动电流，但却导致导通压降显著增大；电力 BJT 还存在二次击穿问题。随着技术的发展，出现了电力场效应器件——电力 MOS 场效晶体管。该器件因结构和工艺的不同，具有不同的类型。比如，与导电沟道结构相关的垂直 V 形槽 MOSFET（vertical V-groove MOS field effect transistor，VVMOSFET）、垂直双扩散 MOSFET（vertical double-diffusion MOS field effect transistor，VDMOSFET）；与元胞形状相关的 T 形 MOSFET（TMOSFET）、六角形 MOSFET（HEXFET）和 P 沟道增强型 MOSFET（SIPMOS）等。

### 4.2.1 场效应晶体管的分类

场效应晶体管（field effect transistor，FET）或单极晶体管（unipolar transistor）导通时只有一种极性的载流子参与导电，目前应用广泛的是电子导电的硅基场效应晶体管。

FET 通过改变栅极（g）与源极（s）之间的电场，控制漏极（d）与源极（s）之间沟道的电导的场效应晶体管，改变漏极电流的大小。通过外加电场控制 FET 的栅-源极间 PN 结耗尽区的宽度来控制沟道的电导，称为结型场效应晶体管（junction field-effect transistor，JFET）。如果 FET 的栅-源极间是用硅氧化物介质将金属电极和半导体隔离的，外加电场通过改变半导体中感应电荷量，来控制沟道电导的场效应晶体管，则称为绝缘栅场效应晶体管（insulated-gate field-effect transistor，IGFET），或称为金属-氧化物-半导体场效应晶体管（MOSFET）。而作为功率开关使用的 MOSFET 称为电力 MOS 场效晶体管或电力 MOSFET。MOSFET 分为增强型和耗尽型。图 4-9 示出 4 种 MOSFET 类型和符号。

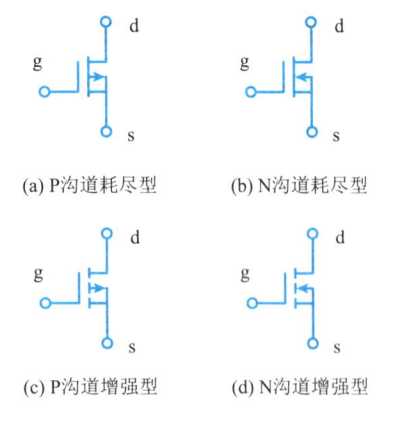

(a) P 沟道耗尽型  (b) N 沟道耗尽型
(c) P 沟道增强型  (d) N 沟道增强型

图 4-9 MOSFET 类型和符号

### 4.2.2 MOSFET 的导电机理

电力 MOSFET 导电机理与小功率 MOSFET 导电机理相似。

1. 小功率 N 沟道增强型 MOSFET 导电机理

1）结构

小功率 N 沟道增强型 MOSFET 的结构如图 4-10 所示，将一块低掺杂的 P 型半导体作为衬底，在衬底上面的左右两边用扩散法形成两个重掺杂的 $N^+$ 区；再在 P 型半导体上生成一层很薄的氧化膜——二氧化硅绝缘层；然后在两个重掺杂的 $N^+$ 区上端光刻掉氧化膜，露出 $N^+$ 区；最后在两个 $N^+$ 区的表面以及它们之间的二氧化硅表面各自喷涂一层金属膜，分别作为源极（s）、栅极（g）和漏极（d）。

2）工作原理

由图 4-10 所示，栅极、源极和漏极是互相绝缘的，比如若在漏-源极间施加正或负电压，由于漏-源极间是 N-P-N 结构，总有一个 PN 结处于反向阻断，不会产生电流。

器件制造时，通常将衬底和源极短接，如图 4-11 所示。若 $u_{ds}=0$，同时在栅-源极间施加一可调节的正电压 $u_{gs}$，栅金属极板与衬底 P 型半导体之间因有二氧化硅绝缘层隔离，形成一个平行板电容。若将 $u_{gs}$ 从零逐渐增加，则栅极-衬底间的电场逐渐加强。这个电场排斥 P 型半导体中的多数载流子（空穴）远离栅极，同时从 P 本体中吸引少数载流子（电子）聚集到栅极下的 P 型半导体表面上。当栅-源极间电压增大到一定值后，在 P 型半导体表面吸引许多自由电子，形成一层不同于 P 型的结构——反型层。这里的电子数远远超过 P 型半导体多数载流子（空穴）数。半导体性质由 P 型转为 N 型。这样漏（N⁺）、源（N⁺）两电极被反型层连通，形成导电沟道，就是感生沟道。由图 4-11 可知，导电沟道与 P 衬底被耗尽区绝缘，如果 $u_{gs}$ 进一步增加，导电沟道的电子数也增加，导电沟道加厚，导电沟道电阻减小。

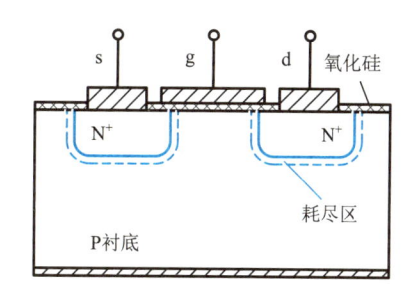

图 4-10 N 沟道增强型 MOSFET 结构

当栅-源极间形成导电沟道后，在漏-源极间施加正向 $u_{ds}$，产生漏极电流 $i_d$。在规定的 $U_{ds}$ 作用下，开始产生最小规定的漏极电流的栅-源电压，称为开启电压 $U_T$，即门限电压。这类场效应管在 $u_{gs}=0$ 时 $i_d=0$，只有在 $u_{gs}$ 增加到一定值后，才能产生导电沟道，形成漏极电流，因此，通常这类场效应管称为增强型场效应管。如果将衬底由 P 型半导体改为 N 型半导体，源极区和漏极区改为 P⁺，其他结构相同，构成 P 沟道增强型 MOSFET。

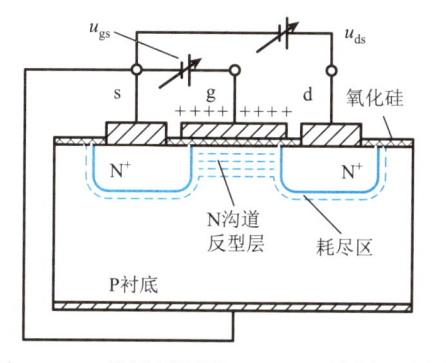

图 4-11 N 沟道增强型 MOSFET 沟道形成图

3）伏安特性曲线

（1）输出特性

共源极输出特性是在恒定的栅-源电压 $u_{gs}$ 下，漏极电流 $i_d$ 和漏-源电压 $u_{ds}$ 之间的关系。即 $i_d=f(i_{ds})_{u_{gs}}$。如果施加一个大于开启电压 $U_T$ 的栅-源电压 $u_{gs}$，当 $u_{ds}=0$ 时，如图 4-11 所示，沟道是均匀的（实际上沟道是在栅极下 P 型衬底表面上，为便于说明画成纵向）。当施加 $u_{ds}>0$ 时，形成漏极电流 $i_d$ 并随 $u_{ds}$ 增加而增加。$u_{gs}$ 与 $u_{ds}$ 在沟道中合成电场，改变沟道形状。在靠近漏极处栅极-衬底间的电压 $u_{gP}$：

$$u_{gP}=u_{gs}-u_{Ps}=u_{gs}-u_{ds}\geqslant U_T \tag{4-14}$$

这里电场被削弱，沟道变窄；在靠近源极处，$u_{gP}=u_{gs}-u_{Ps}=u_{gs}-u_{ss}=u_{gs}$，电场不变，沟道宽度也不变，沟道形成梯形（图 4-12（a））。若 $u_{ds}$ 继续增大，漏极电流增大。当 $u_{gd}=u_{gs}-u_{ds}=U_T$ 时，在靠近漏极附近的沟道宽度为零，即被"夹断"（图 4-12（b））。夹断处为耗尽区，其电阻很大。这种情况类似于双极晶体管放大状态的集电极。耗尽区的电场很强，这时来自源极的电子流一旦进入该耗尽区就会被强电场吸引到漏极，形成漏极电流 $i_d$，当 $u_{ds}$ 进一步增加，大部分 $u_{ds}$ 降落在耗尽区，而在接近源极处电位梯度变化不大，所以漏极电流基本不变，即达到饱和。$u_{gs}$ 增大时，沟道电阻减小，相同 $u_{ds}$ 下的 $i_d$ 也增大，输出特性上移，如图 4-13（a）所示。随着 $u_{gs}$ 的增大，达到夹断的电压 $u_{ds}$ 也增大。

(a) $u_{ds} < u_{gs} - U_T$，沟道未夹断

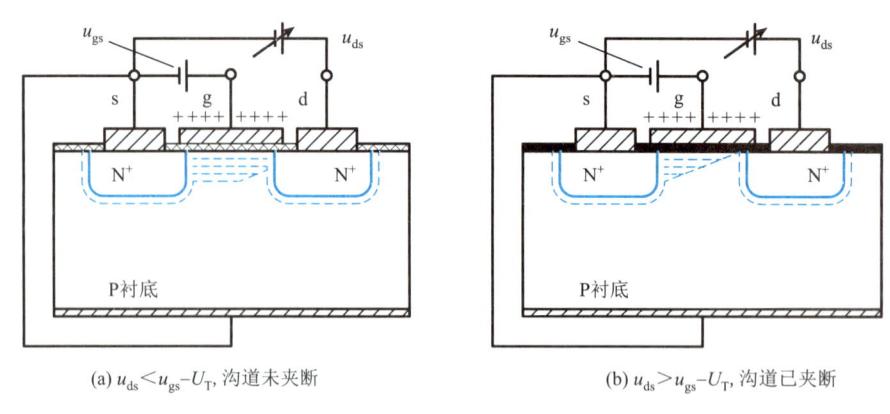

(b) $u_{ds} > u_{gs} - U_T$，沟道已夹断

图 4-12　N 沟道增强型 MOSFET 在不同 $u_{ds}$ 时的导电情况

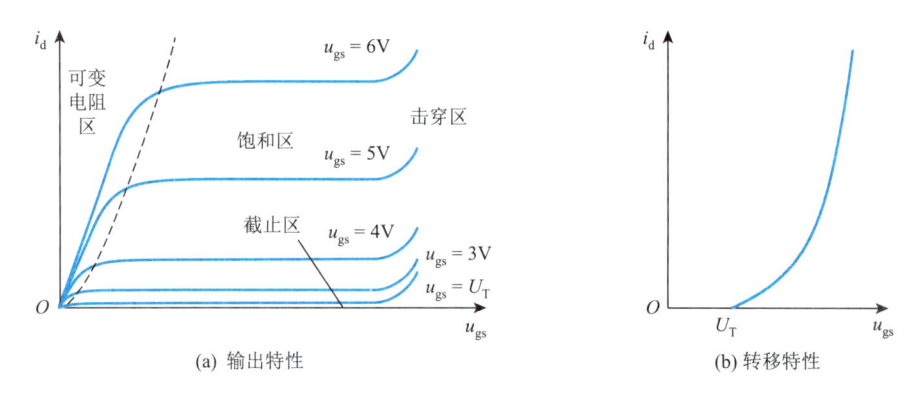

(a) 输出特性

(b) 转移特性

图 4-13　N 沟道增强型 MOSFET 的输出特性和转移特性

输出特性分为 4 个区域：

① 可变电阻区（$u_{ds} < u_{gs} - U_T$）

图 4-13（a）中，在可变电阻区内，$u_{ds}$ 增加时，$i_d$ 线性增加，接近夹断时，$i_d$ 增加变缓。在 $u_{ds}$ 较低，离夹断电压较大时，MOSFET 相当于一个电阻，其数值随 $u_{gs}$ 的增加而减小。当 MOSFET 作为开关时，导通状态工作在这个区域。驱动电压高可以减少通态损耗。在这个区域，漏极电流与栅-源电压之间的关系可表示为

$$i_d = K[2u_{ds}(u_{gs} - U_T) - u_{ds}^2] \qquad (4-15)$$

式中，系数 $K = \mu \varepsilon w / dl$；$\mu$ 为沟道中载流子的迁移率；$\varepsilon$ 为氧化硅绝缘层的介电常数；$w$ 为沟道的宽度；$l$ 为沟道的长度；$d$ 为绝缘层的厚度。

在 $u_{ds}$ 很小时，由式（4-15）可近似得到导通电阻

$$r_{ds} \approx \frac{1}{2K(u_{gs} - U_T)} \qquad (4-16)$$

② 截止区（$u_{gs} < U_T$）

在截止区，漏极电流 $i_d$ 为零，对应图 4-13（a）中 $u_{gs} = U_T$ 的输出特性以下的区域。

③ 击穿区

在相当大的漏-源电压 $u_{ds}$ 区域内，漏极电流近似为一个常数，但当 $u_{ds}$ 增加到一定数值后，漏极 PN 结发生击穿，漏极电流迅速增大，输出曲线上翘，进入击穿区。

④饱和区（$u_{ds} > u_{gs} - U_T$）

被上述三个区域包围的区域即为饱和区，也称恒流区或放大区。在这个区域漏极电流 $i_d$ 与 $u_{gs}$ 的关系为

$$i_d = K(u_{gs} - U_T)^2 \qquad (4\text{-}17)$$

（2）转移特性

MOSFET 的转移特性是恒定漏-源电压下漏极电流 $i_d$ 与栅-源电压 $u_{gs}$ 的关系，可直接由输出特性得到，如图 4-13（b）所示。饱和区的转移特性可用式（4-17）表示。

2. 电力 MOSFET 的结构和原理

1) VMOSFET 结构

最初将大规模集成电路技术用于电力 MOSFET 制造时，并联数百万个小功率 MOSFET 单胞，提高 MOSFET 的载流能力，但在结构上，小功率 MOSFET 的 3 个电极在同一平面，沟道不能太短，沟道电阻大；其次，导电沟道是由表面感应电荷形成的，而沟道电流是表面电流，若要增加电流容量，必须增加芯片面积。这样的结构要实现大电流非常困难。

为提高载流能力，改进 MOSFET 结构，则出现了垂直导电的场效应晶体管。根据采用的工艺和芯片元胞形状，MOSFET 分为 VVMOSFET、VUMOSFET、VDMOSFET、HEXFET、SIPMOS、TMOS 和 ZMOS 等类型，其中大多是 N 沟道增强型 MOSFET。电力 MOSFET 一般不采用 P 沟道，因为空穴迁移率比电子迁移率低，在相同的沟道尺寸下 P 沟道 MOSFET 比 N 沟道 MOSFET 的导通电阻大。

VVMOSFET 的单胞结构如图 4-14 所示，在高掺杂 $N^+$ 半导体衬底上，依次用外延法生成 $N^-$ 漂移区；并在其上经扩散形成 P 本体；再在 P 本体上扩散形成 $N^+$ 源区；随后腐蚀 V 形槽，V 形槽经 P 本体深入到 $N^-$ 漂移区；最后经过光刻，喷涂金属栅-源电极，衬底作为漏极。由图 4-14 所示，$N^+$ 源和 P 本体被源极电极短路。当栅-源极间施加正电压时，在靠近 V 形槽的 P 本体中产生反型层，形成感生 N 沟道。此 N 沟道连通 $N^+$ 源区和 $N^-$ 漂移区。如果在漏极和源极之间施加正电压，形成漏极电流。此电流由漏极 $N^+$ 区经 $N^-$ 漂移区，再经过感生 N 沟道到达源极。

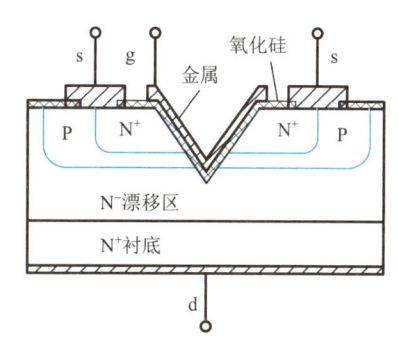

图 4-14 VVMOSFET 单胞结构截面

比较图 4-10 和图 4-14，VVMOSFET 的漏极移到底部，芯片顶部只有栅极和源极，每个单胞中电极所占顶部面积减小，集成度提高。在此基础上，采用双扩散技术，在同一窗口形成 P 本体，再形成 $N^+$ 源区，通过扩散工艺精确控制沟道长度，使导电沟道电阻降低。

2) 寄生电容

影响电力 MOSFET 开关特性的主要因素是极间电容。栅极到源极、漏极间各有一个寄生的极间电容（$C_{gs}$ 和 $C_{gd}$）。另外，漏极到源极的反偏结有一个结电容 $C_{ds}$。这些寄生电容与各自所施加的电压有关，如图 4-15 所示，近似表示为

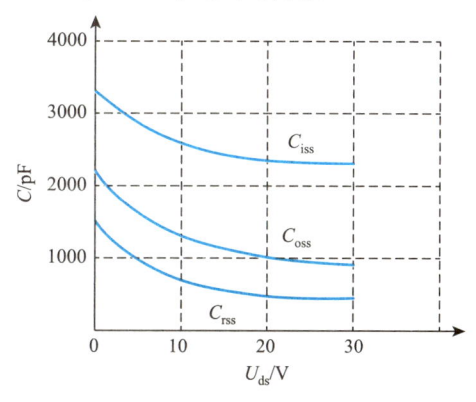

图 4-15 某型号电力 MOSFET 极间电容与所加电压的关系

$$C \approx \frac{1}{\sqrt{U}} \tag{4-18}$$

通常产品数据手册只提供输入电容 $C_{iss}$、输出电容 $C_{oss}$ 和反向转移电容 $C_{rss}$。这些电容是在 $U_{gs}=0$、$U_{ds}$ 为某一定值时的测试值，它们与寄生极间电容的关系为

$$\begin{cases} C_{iss} = C_{gs} + C_{gd} \\ C_{oss} = C_{ds} + C_{gd} \\ C_{rss} = C_{gd} \end{cases} \tag{4-19}$$

影响开关特性最大的是输入电容 $C_{iss}$，一般为数千皮法。当电力 MOSFET 开通时，动态输入电容随开通状态变化较大。图 4-16 为某型号电力 MOSFET 的输入电荷与漏-源电压的关系。在第一区（$u_{gs} < U_T$），电力 MOSFET 尚未导通，$u_{ds}$ 不变，电荷线性增加，输入电容为定值。在 $u_{gs}$ 增加到大于开启电压 $U_T$ 时，MOSFET 开始导通，$u_{ds}$ 下降（第二区），等效于输入电容增加（$C = \Delta Q_G / \Delta u_{gs}$）。这种因电压快速变化产生位移电流，进而在栅极出现电压平台的现象，称为密勒效应。当电力 MOSFET 完全导通，$u_{ds}$ 下降到很低时，密勒效应消失，等效于输入电容减小，为 $C_{gs}$ 与 $C_{gd}$ 并联，大于 $C_{gd}$（第三区）。

寄生电容对电力 MOSFET 开关性能影响很大，尽管电力 MOSFET 是电压控制型器件，导通时不需要输入电流，但输入电容特别是密勒电容的存在，在开通瞬间需要很大的充电电流，在关断瞬间需要释放电容存储电荷。如果驱动电源是非理想电压源，同时驱动电路存在寄生电感和电容，将可能导致开关过程延迟，严重时会引起剧烈振荡。

3）寄生晶体管和体二极管

由图 4-14 可见，漏-源极间是 $N^+$-$N^-$-P-$N^+$ 结构，类似 NPN 型双极晶体管，这就是寄生双极晶体管或背衬双极晶体管，它与 MOSFET 并联。因源极电极已将源区 $N^+$ 和 P 本体接通，背衬双极晶体管的基-射极短接，但内部有一个阻值很小的基-射极体电阻 $R_{be}$。当 MOSFET 漏极、源极出现反压时，背衬双极晶体管的 b-c 结导通，$R_{be}$ 很小，可不考虑，相当于一个内藏二极管与其反并联，等效电路如图 4-17 虚线所示。该二极管被称为电力 MOSFET 的体二极管。

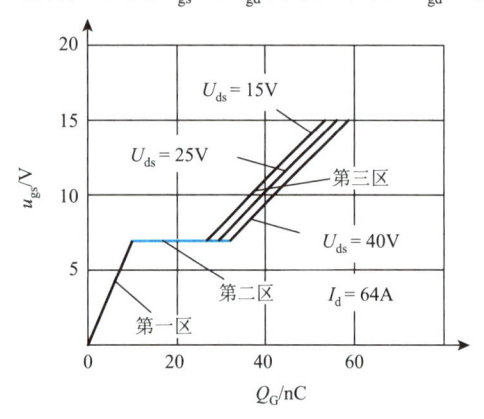

图 4-16 某型号电力 MOSFET 栅极电荷与漏-源电压的关系

### 4.2.3 电力 MOSFET 的特性和参数

1. 静态参数

1）通态电阻 $R_{ds}$

通态电阻大小决定电力 MOSFET 的导通功率损耗。通态电阻由许多成分组成，其中最重要的是沟道电阻和漏极 $N^-$ 漂移区电阻 $R_d$。在低额定电压电力 MOSFET 中，漏极漂移区很窄，决定导通电阻的是沟道电阻。由于工艺水平的限制，导通电阻的下降是有限的。目前，100V、55A 的 MOSFET 导通电阻小于 0.04Ω。

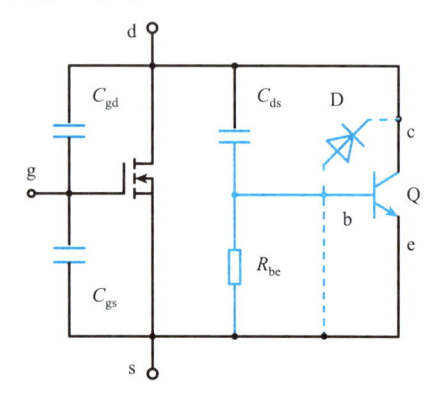

图 4-17 VVMOSFET 等效电路

若要提高额定电压,就要加宽 N⁻ 漂移区。因此,高额定电压的电力 MOSFET 导通电阻主要由漏极电阻 $R_\text{d}$ 确定,它与漏-源击穿电压的关系表示:

$$R_\text{d} = kU_{(\text{BR})\text{ds}}^{1.8\sim2.7} \quad (4\text{-}20)$$

随着额定电压的提高,电力 MOSFET 导通电阻 $R_\text{ds}$ 几乎以电压的平方增加。要减少导通电阻的方法为:一是增大芯片面积;二是提高工艺水平,这样可在单位面积上集成更多的单胞。此外,导通电阻还与漏极电流、栅极电压有关,如图 4-18(a)所示。导通电阻的温度特性为正温度系数。低额定电压的电力 MOSFET 温度系数为 $(0.2\sim0.7)\%/℃$,高额定电压的电力 MOSFET 温度系数为 $(0.6\sim0.9)\%/℃$,图 4-18(b)为导通电阻与温度的关系。

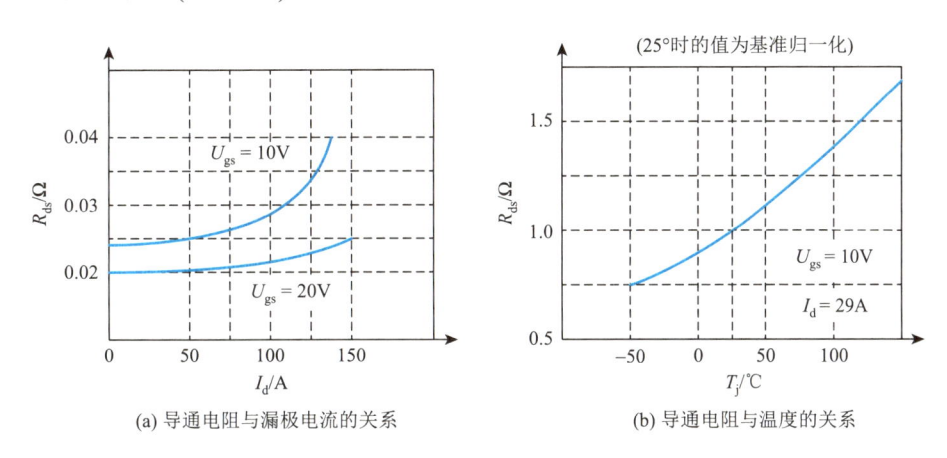

(a) 导通电阻与漏极电流的关系

(b) 导通电阻与温度的关系

图 4-18 导通电阻与漏极电流和温度的关系

2)开启电压 $U_\text{T}$

开启电压 $U_\text{T}$ 又称阈值电压,是指在一定的漏-源电压 $u_\text{ds}$ 下,增加栅-源电压使漏极电流由零达到某一定值(如 1mA)时的栅-源电压值。由于导电沟道是由本体少子产生的,在温度升高时,少子增加,产生沟道,因此开启电压下降。开启电压的温度系数是负值,约为 $-6.7\text{mV}/℃$。

2. 极限参数

1)漏-源击穿电压 $U_{(\text{BR})\text{ds}}$

电力 MOSFET 的最高工作电压取决于漏-源击穿电压 $U_{(\text{BR})\text{ds}}$。选取电力 MOSFET 时,通常选择 $U_{(\text{BR})\text{ds}}$ 额定电压为外部施加最高电压的 1.5~2 倍。

2)栅-源击穿电压 $U_{(\text{BR})\text{gs}}$

栅-源击穿电压 $U_{(\text{BR})\text{gs}}$ 是栅极和源极之间绝缘层的击穿电压,通常约 ±20V。由于绝缘层绝缘性能好,电容量又很小,很少的感应静电荷就能引起很高的电压,因此使用时需防止静电击穿。

3)最大允许漏极电流 $I_\text{dM}$

饱和漏极电流与电力 MOSFET 的结构有关。电力 MOSFET 一般是短沟道结构,最大允许漏极电流主要限制是沟道宽度。在使用时,需要考虑因素是导通损耗。选取电力 MOSFET 时,一般选取额定电流 $I_\text{dM}$ 为流过电流的 2 倍。

4)最大允许功率损耗 $P_\text{dM}$

环境温度 $T_\text{a} = 25℃$ 时,在规定的散热条件下,最高结温不超过晶体管的最高允许结温 $T_\text{jM}$ 时的允许功耗值称为最大允许功耗 $P_\text{dM}$。当环境温度 $T_\text{a} > 25℃$ 时,随温度升高要降低最大允许功耗使用。$T_a > 25\ ℃$时，最大允许功率损耗$P_{dMT}$：

$$P_{dMT} = \frac{T_{jM} - T_a}{T_{jM} - 25\ ℃} P_{dM} \tag{4-21}$$

3. 安全工作区

在输出特性中，由漏-源击穿电压$U_{(BR)ds}$、等功耗线$P_{dM}$和最大允许漏极电流$I_{dM}$参数包围的区域内为正偏直流安全工作区。此安全工作区是在环境温度为25℃下获得，如图4-19所示。在高电流的可变电阻区有一个通态电阻限制线。通态电阻限制线限制电力MOSFET的工作电流。如果施加的功率是单次脉冲，则允许功率损耗更高。

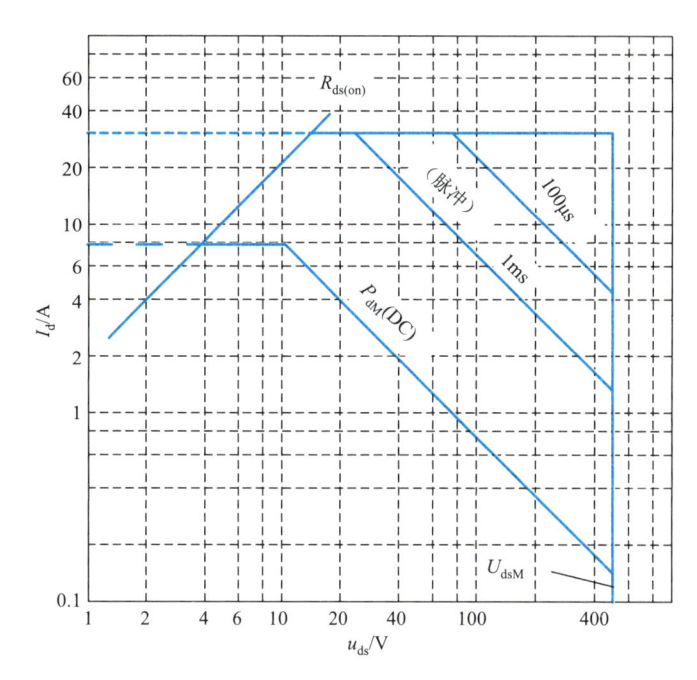

图4-19 某MOSFET的安全工作区

4. 动态参数

1）跨导

跨导是漏极电流的变化量$\Delta i_d$与栅-源电压增量$\Delta u_{gs}$之比：

$$g_m = \frac{\Delta i_d}{\Delta u_{gs}} \tag{4-22}$$

它表示栅-源电压对漏极电流的控制作用。

2）输出电阻

输出电阻$r_o = R_{ds}$，定义为

$$R_{ds} = \frac{\Delta u_{ds}}{\Delta i_d} \tag{4-23}$$

此值在夹断区很大，典型值为兆欧级。

3）开关特性

一般只需3～5V电压就可驱动电力MOSFET。若期望通态压降较小，就需提高驱动电压，

一般为15V左右，但小于20V。增强型电力MOSFET典型的开关特性如图4-20所示，开通、关断过程中的各时间定义为

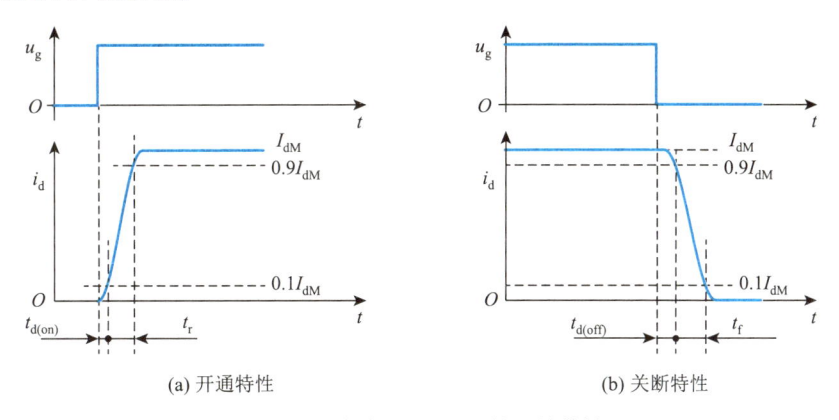

图4-20 电力MOSFET的开关特性
(a) 开通特性　(b) 关断特性

开通延迟时间$t_{d(on)}$，是从输入电压施加时刻起，到漏极电流上升到通态最大电流$I_{dM}$的10%所需的时间，这个时间主要取决于输入电容充电延迟时间。

上升时间$t_r$，是漏极电流由通态最大值$I_{dM}$的10%上升到90%所需的时间，该时间主要取决于输出电容和密勒效应产生的延迟时间。

关断延迟时间$t_{d(off)}$，是从撤除栅极电压时刻起，到漏极电流由稳态值$I_{dM}$下降到其90%的时间。该时间主要决定于过驱动电压的大小。

下降时间$t_f$，是漏极电流由稳态值$I_{dM}$的90%下降到10%所需的时间，此时间与输出电容有关。

开通延迟时间和上升时间之和为开通时间$t_{on}$；关断延迟时间和下降时间之和为关断时间$t_{off}$。

4）电力MOSFET d$u$/d$t$限制

当电力MOSFET由导通转向截止时，在漏-源极间产生很大的d$u_{ds}$/d$t$，①此d$u_{ds}$/d$t$会使$C_{ds}$充电，该充电电流在内部$R_{be}$上的电压降若大于寄生双极晶体管b-e结间的门限电压，导致寄生双极晶体管开通；②此d$u_{ds}$/d$t$引起经反向转移电容$C_{gd}$产生位移电流，该位移电流对栅极电容充电，如果栅极驱动回路内阻抗较大，栅极电压可能充电到高于开启电压$U_T$，使电力MOSFET产生误开通。这两种情况下的误开通都会产生严重后果，尤其是寄生双极晶体管的开通将使电力MOSFET永久损坏。为提高电力MOSFET的抗d$u$/d$t$能力，首先应选择高耐压器件，因为电力MOSFET的耐压是由漂移区N⁻的宽度和掺杂浓度确定的。为了提高耐压性能，首先需加大N⁻漂移区，降低掺杂浓度，将引起极间电容下降，导致抗d$u$/d$t$能力提高；其次在电路中加入缓冲电路降低d$u_{ds}$/d$t$；第三，尽量降低驱动回路阻抗，尽可能地缩短驱动电路到电力MOSFET的栅极引线，避免引线电感与寄生电容产生的谐振，或串联小阻值电阻产生阻尼以衰减可能产生的振荡。

5）体二极管

电力MOSFET内部有一寄生的、反向恢复时间较长的体二极管，为PN结二极管（图4-17）。当电力MOSFET用作开关时，工作频率较低（10kHz以下），可利用该寄生体二极管作为续流二极管；若开关频率较高，二极管的反向恢复时间远大于电力MOSFET本身的恢复时间，在桥式电路中，就可能在开关晶体管换流时引起短路。

### 4.2.4 电力 MOSFET 对驱动的要求

电力 MOSFET 的栅极与源极之间是一层二氧化硅绝缘层，该绝缘层导致电力 MOSFET 输入阻抗很大。同时由于绝缘层很薄，导致电力 MOSFET 具有较大的输入电容 $C_{iss}$。$C_{iss}$ 包括栅-漏极间电容 $C_{gd}$ 和栅-源极间电容 $C_{gs}$。在漏极与源极间施加一定的电压，若栅极电压（驱动电压）大于开启电压 $U_T$（3～5V），电力 MOSFET 开通，反之，电力 MOSFET 就关断。电力 MOSFET 导通期间输入电流很小，只是输入电容的泄漏电流。为了加速开关过程和减少导通电阻 $R_{on}$，需要施加大的驱动电压。

电力 MOSFET 的开通时间与关断时间分别是栅-源电压 $U_{gs}$ 从零上升到使其进入可变电阻区的过驱动电压 $U_{gsP}$ 的时间和从 $U_{gsP}$ 下降到 $U_T$ 的时间，实际上就是输入电容的充、放电时间。若要减小电容的充、放电时间，加速电力 MOSFET 开通与关断过程，需驱动电路具有很小的输出电阻。在开通过程中，驱动电路必须提供足够大的驱动电流为输入电容充电。电力 MOSFET 导通时，减小导通电阻 $R_{on}$，降低导通损耗，应尽量增加栅-源驱动电压（不能大于栅-源击穿电压），一般为大于 10V、小于 20V。若要加速电力 MOSFET 关断过程，应给输入电容提供低阻抗放电通道，加快电容放电。

由于电力 MOSFET 常用于高频工作，栅-源间的绝缘层泄漏电流很小，$C_{iss}$ 很容易与电路分布参数产生高频寄生振荡。为抑制高频振荡，首先要电力 MOSFET 各端的引线尽量短，特别是栅极引线，如果引线不能很短，可在靠近栅极的引线上套上铁氧体磁环或串联一个小阻值电阻产生阻尼以衰减可能产生的振荡。

此外，必须特别指出，由于电力 MOSFET 的输入电容是低泄漏电容，故栅极不允许开路或悬浮，否则会因静电感应使栅-源极间的电压上升到大于开启电平，造成误开通，甚至大于最大允许栅极电压，导致栅极击穿损坏器件。为此，应在栅-源极间并接一电阻或稳压管。为防止误开通，电力 MOSFET 截止时，外部电路通常施加负值的栅-源电压，或在栅-源极间并联一电阻。

## 4.3 绝缘栅双极晶体管 IGBT

电力 MOSFET 的优点是开关速度快、驱动功率小、导通电阻的温度系数为正（易于并联）；缺点是电流密度低、高耐压器件的导通电阻大。电力 BJT 的优点是导通压降小；缺点是开关速度慢、驱动功率大。将电力 MOSFET 和电力 BJT 结合，利用电力 MOSFET 的输入特性和电力 BJT 的输出特性组成一种新型器件——绝缘栅双极晶体管（insulated gate bipolar transistor, IGBT），该器件的控制极结构为电场控制，输出极为两种载流子参与导电。

### 4.3.1 IGBT 结构和原理

IGBT 是由多个 MOSFET 单胞组成，一个单胞结构如图 4-21 所示，三个引线端分别是栅极（g）、集电极（c）和发射极（e）。

在制造 IGBT 时，首先在重掺杂 P⁺ 衬底（集电极）上生长一层 N⁻ 漂移层，再在 N⁻ 漂移层上制造出栅极和发射极，称为对称型 IGBT。为了降低导通压降，若在 P⁺ 和 N⁻ 之间增加一层 N⁺ 缓冲区，称为非对称型 IGBT。非对称型有 N⁺ 缓冲区，载流子浓度高，导通电阻小、载流子寿命短，开关速度快、关断拖尾小；但反向阻断电压能力低。对称型 IGBT 阻断电压高，但导通电阻大、开关速度慢。

(a) 单胞结构　　(b) 符号　　(c) 等效电路

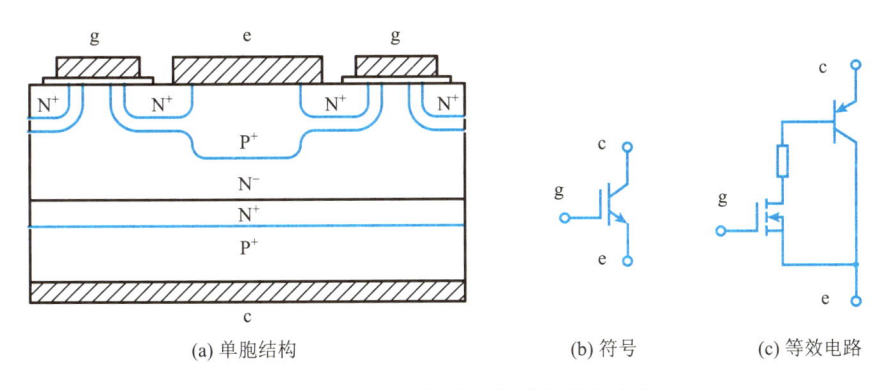

图 4-21　IGBT 的结构、符号和等效电路

如图 4-21（a）所示，IGBT 从衬底到发射极是一个 PNP 型电力 BJT；从基极到集电极有一个电力 MOSFET 控制的导电沟道；只要形成导电沟道，电力 MOSFET 就会向 PNP 型电力 BJT 提供基极电流，PNP 型电力 BJT 的发射极成比例发射空穴，形成 IGBT 的集电极电流。若栅-射极电压越高，沟道越宽，基极电流就越大，输出电流也越大。因此，IGBT 等效为由电力 MOSFET 和 PNP 型电力 BJT 组成的达林顿管。

### 4.3.2　IGBT 基本特点

如图 4-21（a）所示，IGBT 的集-射极存在一个 $P^+$-$N^-$-$P^+$-$N^+$ 4 层结构，该结构与晶闸管结构相似。如果外延生长的 $N^-$ 太薄，相当于 PNP 型电力 BJT 的基区，使得 $\beta$ 增大，导致较大电流时形成晶闸管效应。因此，既希望 IGBT 内部具有较大的基区调制效应来降低导通电阻，又不能调制过头形成晶闸管效应。避免晶闸管效应是可控四层结构共有的问题。由于 IGBT 的基区较宽，故 PNP 结构构成的电力 BJT 的 $\beta<1$，这样的结构赋予 IGBT 特殊的特性：首先，PNP 型电力 BJT 的 $\beta$ 值较小，基极电流是输出电流的很大一部分。大量的载流子注入电力 BJT 基区，即电力 MOSFET 的导电沟道，因此导电沟道内也是两种载流子参与导电。在同等条件下，IGBT 的导通电阻只有电力 MOSFET 的 1/10 以下，电流密度提高 10～20 倍，但比电力 BJT 的导通电阻大；其次，内部存在寄生晶闸管，当流过 IGBT 的电流大于一定值时，触发晶闸管发生擎住效应，此时电流不再受栅-发射极电压控制；最后，由于两种载流子参与导电，少数载流子需要复合时间，导致 IGBT 的开关速度变慢，同时，在关断时不能用加反向电压强迫少数载流子加快复合来缩短关断时间，这样就出现 IGBT 特有的电流拖尾现象。

IGBT 的最高结温为 150℃。其通态压降由 PN 结导通压降和电力 MOSFET 导通压降两部分组成，前者具有负温度系数，而后者具有正温度系数。电流较小时，PN 结导通压降的负温度系数占主导地位；电流较大时，电力 MOSFET 导通电阻温度系数影响超过 PN 结导通压降的温度系数影响，总温度系数是正的。

### 4.3.3　IGBT 的特性

1. 静态特性

IGBT 的输出特性和转移特性如图 4-22 所示。此 IGBT 的额定电压 $U_{(BR)ce}$ 为 500V，集电极连续电流为 18A，脉冲电流 40A。为突出表述该器件的导通工作特性，图 4-22 中的输出特

性曲线仅选取其低 $U_{ce}$ 段。由图可见，IGBT 的特性和电力 MOSFET 十分相似，其导通电阻比电力 MOSFET 小，但比电力 BJT 大，1000V 的 IGBT 存在 2~3V 的正向压降。

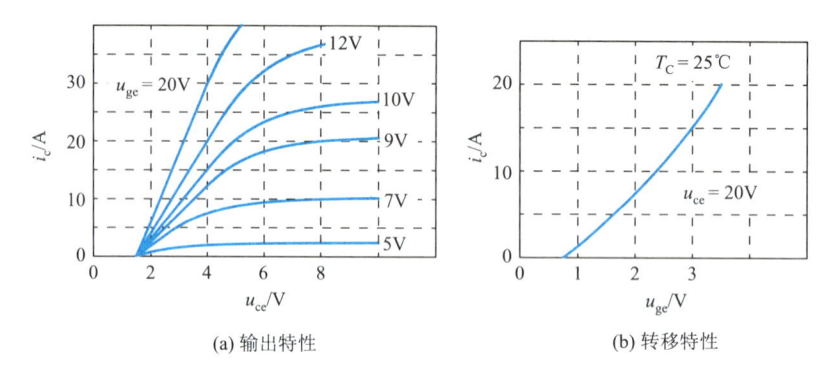

图 4-22　IGBT 典型的输出特性和转移特性

## 2. 动态特性

IGBT 的开关特性与电力 MOSFET 相似。电阻负载时的开关波形如图 4-23 所示。由于驱动电路存在阻抗，当驱动电压为高电平时，驱动电路对 IGBT 的输入电容充电。在 IGBT 开通时，从施加驱动信号时刻起到栅极电压上升到产生集电极电流，并达到稳态电流的10%的时间，称为开通延迟时间 $t_{d(on)}$；当集电极电流由稳态的10%上升到90%的时间，称为电流上升时间 $t_r$。该上升时间与电力 MOSFET 的电流上升时间有关，由于 MOSFET 密勒效应，如果驱动源内阻较大，上升时间会增加。

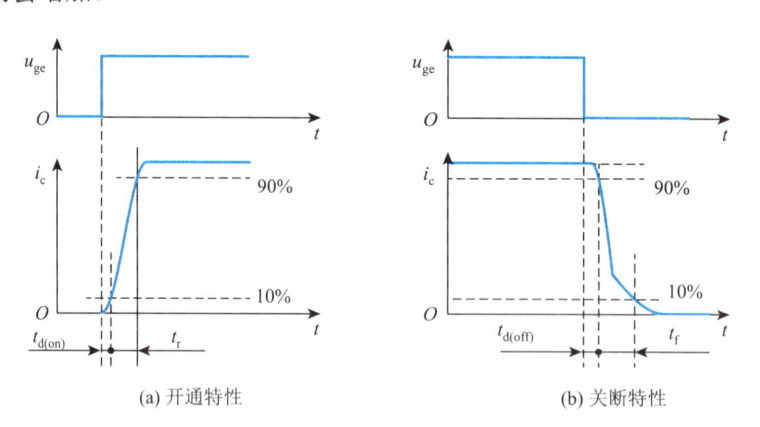

图 4-23　IGBT 的开关特性

在 IGBT 关断时，从撤除驱动信号时刻到集电极电流下降到稳态值的90%的时间，称为关断延迟时间 $t_{d(off)}$。集电极电流从稳态值的90%下降到10%的时间为下降时间 $t_f$。在这段时间内，尽管输入信号已经为零，甚至变为负，但是 IGBT 的栅极因集电极电压上升引起的密勒电容位移电流充电而正偏；即使栅极变负，输出 PNP 型电力 BJT 基区载流子高注入，导致存储电荷无法用外加反向抽流使其迅速消失，只能靠自然复合消失，这就使得下降时间加长，形成电流拖尾，造成很大的关断损耗。

IGBT 的集电极电流受其栅极电压和跨导控制，在回路没有阻抗（即短路）的情况下，电流能达到允许连续工作电流的十倍。不同的栅极电压和跨导，其允许短路的电流值是不同的。设计时需要参考器件数据手册。

### 3. 擎住效应

图 4-21 结构中的电力 MOSFET 电路中存在一个 NPN 型电力 BJT 与其并联。这样 IGBT 的等效电路如图 4-24 所示的示意图。$R_b$ 是本体电阻，图中 PNP 型电力 BJT 和 NPN 型电力 BJT 的连接是一个晶闸管结构。在 IGBT 正常集电极电流范围内，电流在 $R_b$ 上形成的压降小于 NPN 型电力 BJT 的发射结死区电压，不能使 NPN 型电力 BJT 开通。当集电极电流大到一定程度，$R_b$ 上的压降可使 NPN 型电力 BJT 开通，从而进入正反馈状态而失去控制作用，成为晶闸管状态，这就是擎住（latching）效应。擎住效应发生后，IGBT 会出现不能被栅极控制关断的现象，引发电路其他故障导致电流过大。因此，集电极有一个临界电流 $I_{cM}$ 限制，超过这个电流限制将发生擎住效应。在关断过程中，通常电力 MOSFET 关断很快，若 NPN 型电力 BJT 阻断恢复很快，则 IGBT 的集电极电压上升很快，即 $du/dt$ 很大，NPN 型电力 BJT 的集电结结电容充电电流在 $R_b$ 上的压降就可能触发寄生晶闸管开通。因此在比引起擎住效应的连续电流小得多的情况下，也可能产生擎住效应，因此厂家规定 $I_{cM}$ 是集电极最大允许峰值电流，按关断临界峰值脉冲电流确定的，此电流还受温度的影响。

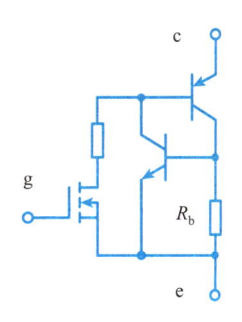

图 4-24 IGBT 寄生晶闸管示意图

### 4. 安全工作区

IGBT 的正偏安全工作区与电力 MOSFET 相似，是由 $I_{cM}$、$U_{(BR)ce}$ 和等功耗线构成（图 4-25）。当脉冲工作时，随占空系数减小，安全工作区加大。

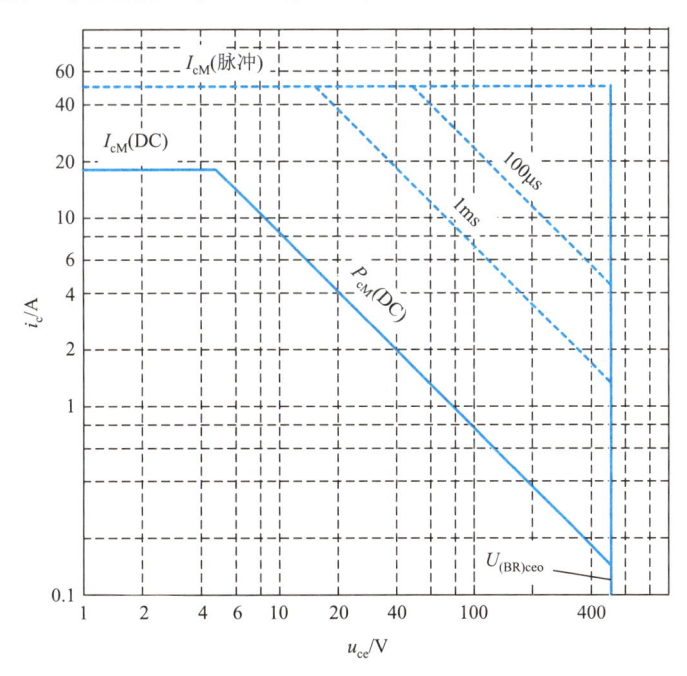

图 4-25 IGBT 的正偏安全工作区

在关断时，IGBT 由导通转为截止，受到重加集电极电压上升率的限制。过大的集电极电压上升率会引起擎住效应。因此，重新加上的 $du/dt$ 越大，安全工作区越小。为了避免由导通到截止状态转换时进入擎住状态，电路设计时应尽量缩短驱动源到栅-发射极的引线；或选择恰当的栅-发射极驱动电压和栅极电阻，使其不容易进入擎住状态。同时在应用电路中加入缓冲电路，使外电路产生较小的 $du/dt$。

如果在导通期间负载发生短路，则 IGBT 的集电极电流急剧增大。若不加以限制，就可能进入擎住状态。为了避免这种情况产生，根据最大峰值集电极电流（不发生擎住效应的最大电流）对应的栅-发射极电压 $U_{geM}$ 设计栅极驱动电压 $U_{ge}$，使 $U_{ge} < U_{geM}$。这样一旦发生短路，IGBT 进入放大状态，即进入恒流区，集电极电压升高。控制电路检测集电极电压升高，控制栅极电压，使其减小或撤除，避免进入擎住状态。

**5. IGBT 对驱动的特殊要求**

根据 IGBT 的等效电路，当集电极电流增大到一定值时，即 $i_c$ 大于产生擎住效应的临界电流 $I_{cM}$，或者在关断时 $du_{ce}/dt$ 过大，产生擎住效应。为避免擎住效应，除了在设计时使 $I_c < I_{cM}$、应用电路加入缓冲以外，驱动电路设计也应采取一定措施：采用适当阻值的栅极放电电阻和适当的负向驱动电压；驱动电路必须设置保护措施，当负载短路时若不加限制就可能进入擎住状态，选取保护电路动作对应的集电极电流值小于引起擎住效应的电流值。这样一旦短路，可使 IGBT 集电极电压 $u_{ce}$ 升高，检测 $u_{ce}$ 去控制是否撤除 $u_{ge}$。为降低导通损耗，应尽量增加 $u_{ge}$ 使饱和压降 $U_{ces}$ 降低，但饱和压降越低，允许短路时间越短，需更快的保护。$u_{ge}$ 的选取应综合考虑，一般选取 15V 左右。

图 4-26 为 IGBT 短路保护示意图。假设 IGBT 正常导通时集-射极饱和压降为 $U_{ces}$。施加于比较器同相端的 $U_{ces}$ 小于参考电压 $U_r$，则比较器输出低电平，$Q_1$ 和 $Q_2$ 截止，IGBT 的栅极驱动电压不受保护电路影响。IGBT 过流时，集-射极电压上升，当 IGBT 集-射极电压大于 $U_r$ 时，比较器输出高电平，$Q_2$ 导通，IGBT 栅极驱动电压被稳压管箝位在 $U_z$ 电平。若故障在定时器周期内消失，$Q_2$ 关断、IGBT 又恢复正常驱动。若定时周期后故障仍存在，则定时器输出高电平，$Q_1$ 导通，IGBT 的栅极被接"地"，IGBT 被关断。

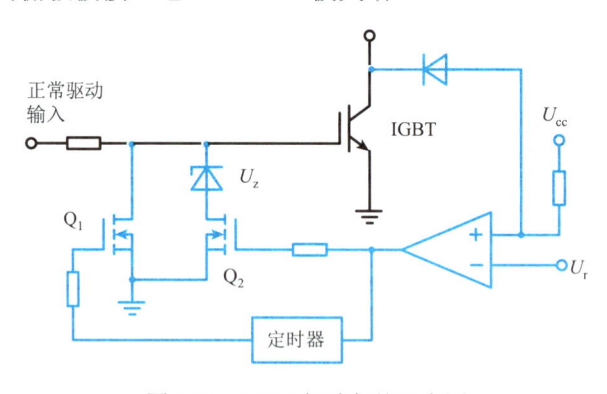

图 4-26　IGBT 短路保护示意图

## 4.4　宽禁带半导体器件

近年来，宽禁带半导体材料发展迅速[2-6]。在固体中，电子的能量具有不连续的量值。电子分布在一些不连续的能量带（energy band）。价电子所在能量带与自由电子所在能量带之间的间隙称为禁带（energy gap）或带隙（band gap）。禁带的宽度反映被束缚的价电子要成为自由电子所必须额外获得的能量。硅的禁带宽度为 1.12eV，宽禁带半导体材料是指禁带宽度在 3.0eV 及以上的半导体材料，典型的有碳化硅（SiC）、氮化镓（GaN）、金刚石（C）等。

由于禁带较宽，宽禁带半导体材料具有比硅材料高得多的临界雪崩击穿电场强度、载流子饱和漂移速度，以及较高的热导率、更高的工作温度和熔点。因此，基于宽禁带半导体材料的电力电子器件具有比硅材料高得多的耐电压能力，低得多的通态电阻，更快的动态响应速度，更好的导热性能、热稳定性，以及更强的耐高温和射线辐射的能力。具体如表 4-1 所示。

表 4-1 典型半导体材料特性数据比较

| 特性 | 硅 | 碳化硅 | 氮化镓 | 金刚石 |
| --- | --- | --- | --- | --- |
| 禁带宽度/eV | 1.1 | 3.3 | 3.39 | 5.5 |
| 击穿电场/($10^8$V·m$^{-1}$) | 0.3 | 2.5 | 3.3 | 10 |
| 载流子饱和漂移速度/($10^7$cm·s$^{-1}$) | 1 | 2 | 2 | 3 |
| 热导率/[W·(cm·K)$^{-1}$] | 1.5 | 2.7 | 2.1 | 22 |
| 熔点/℃ | 1410 | >2700 | 1700 | 2800 |

长期以来，宽禁带半导体器件的发展受制于材料的提炼和制作工艺。从 20 世纪末，碳化硅和氮化镓材料得到快速发展。目前，宽禁带半导体材料肖特基二极管可以达到 300V、600V、1200V 及更高电压等级，性能全面优于硅材料肖特基二极管。SiC MOSFET 具有导通电阻低、工作频率高、更适合高温环境等特性。从表 4-1 看出，GaN 的性能高于 SiC，但是基于材料的提取和生产工艺，目前电压等级一般在 600V 以下。金刚石是目前宽禁带半导体材料中性能最好，但是其提炼和制作工艺也是最困难的，目前尚未提出有效的思路。

# 习　题

4-1　图 4-2 中某型号 BJT 的 $\beta = 8 \sim 40$。$R_c = 11\Omega$，电源电压 $E_c = 200$V，基极输入电压 $U_b = 10$V，若 $U_{ces} = 1.0$V 和 $U_{bes} = 1.5$V，求：(1) 过驱动系数 ODF = 5 时 $R_b$ 值；(2) 强制 $\beta$ 值；(3) BJT 功率损耗 $P_c$。

4-2　BJT 的安全工作区由哪几条线组成？BJT 组成达林顿连接复合管后，为什么饱和压降比单管较大？BJT 对驱动有什么要求？

4-3　为什么 MOSFET 比较容易直接并联使用？MOSFET 对驱动有什么要求？

4-4　密勒效应对 MOSFET 开通会产生什么影响？

4-5　IGBT 导通时正向压降与温度之间有什么关系？为什么 IGBT 关断时会存在电流拖尾？

4-6　什么叫禁带宽度？一般所说的宽禁带材料有哪几种？宽禁带材料有哪些优点？

4-7　思考题：目前宽禁带半导体器件应用中需要注意的主要问题有哪些？宽禁带半导体器件对电力电子技术的发展产生哪些影响？

# 第 5 章

# 直流-直流变换器

随着电力半导体器件的发展，开关晶体管的工作频率越来越高，促使功率变换器向高效率、高功率密度、高可靠性方向发展。开关晶体管功率电路应用广泛，常用于直流-直流变换、直流-交流逆变以及直流和交流调速。

从技术发展的角度考虑，早期出现的开关晶体管功率电路大多都是采用电力双极晶体管（bipolar junction transistor, BJT），因此，本书除第 9 章以外的电路原理图大多是以 BJT 作为电力半导体开关（也称为开关晶体管或开关管）绘制的，但这并不代表电路仅可使用电力 BJT，有些电路可能更适合使用其他电力半导体器件，比如电力 MOSFET、IGBT 等。

最简单的开关晶体管功率电路是仅用一只晶体管作为开关的直流-直流变换电路。单开关晶体管直流-直流变换器有 6 种基本电路：降压（buck）变换器、升压（boost）变换器、升降压（buck/boost）变换器、丘克（Cuk）变换器、Zeta 变换器以及 Sepic 变换器，如图 5-1 所示。

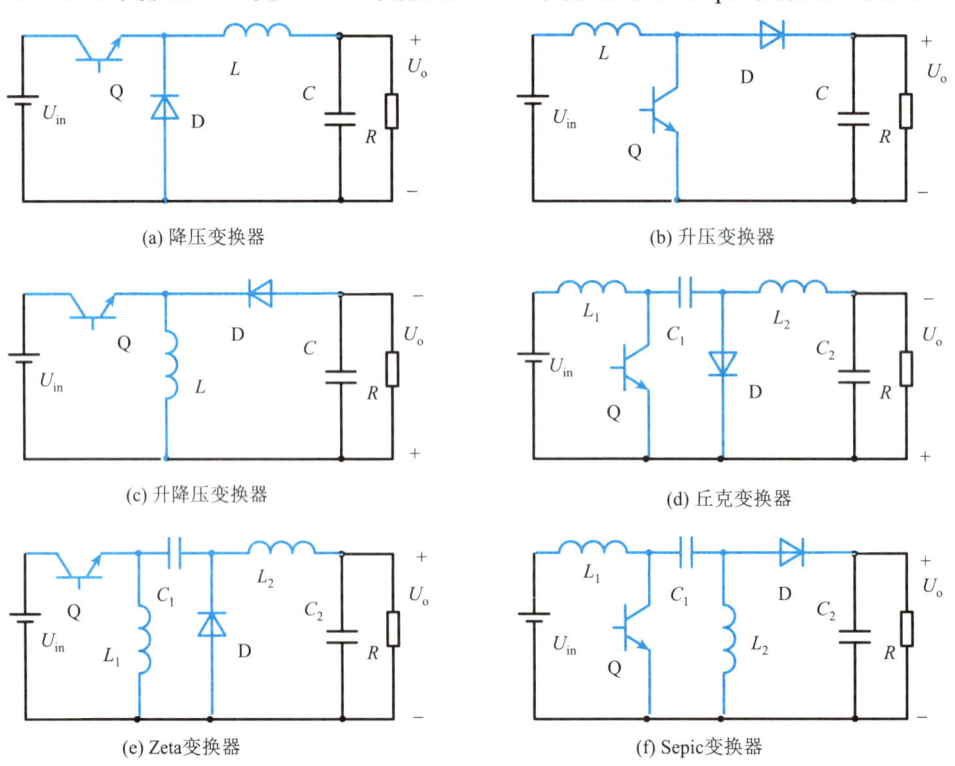

(a) 降压变换器

(b) 升压变换器

(c) 升降压变换器

(d) 丘克变换器

(e) Zeta变换器

(f) Sepic变换器

图 5-1　单开关晶体管直流-直流变换器 6 种基本电路

若应用对偶原理，可在上述 6 种基本直流-直流变换器的基础上，衍生出多种单开关晶体管电路拓扑和变压器隔离的单端变换器、双端变换器。其中，单端变换器中最常见的是单端正激、单端反激直流-直流变换器，双端变换器中常见的有推挽、半桥、全桥直流-直流变换器[1-6]。

## 5.1 基本直流-直流变换器

### 5.1.1 降压变换器

**1. 工作原理**

将图 5-1（a）所示的降压变换器绘于图 5-2（a），输入电压为 $U_{in}$，输出电压为 $U_o$。降压变换器由两部分组成：虚线左边为斩波器（chopper），由开关晶体管 Q 和续流二极管 D 组成；为了降低输出纹波，虚线右边是低通滤波器，由滤波电感 L 和滤波电容 C 组成，低通滤波器后接负载电阻 R。

**1）CCM 模式**

若降压变换器进入稳态，电感电流连续（电流值一直大于零），降压变换器在这种状态下的工作模式称为电感电流连续模式（continuous current mode，CCM）。

为了便于分析，假设输入电压恒定、降压变换器工作频率较高、电感和电容足够大并为理想元件，在一个开关周期内输出电压恒定。同时假设工作电路已进入稳态（特征是每个元器件的电压、电流等物理量在每个开关周期的起始和结束时刻大小均相等）。如图 5-2（b）所示，当开关晶体管 Q 导通时，续流二极管 D 截止。忽略饱和压降，电感的电压 $u_L$、电流 $i_L$ 关系为

$$u_L = U_{in} - U_o = L\frac{di_L}{dt} \quad (5-1)$$

由于假设输入、输出电压恒定，因此电感电流线性上升：

$$U_{in} - U_o = L\frac{i_{L\max} - i_{L\min}}{t_1 - t_0} = L\frac{\Delta i_{on}}{T_{on}} \quad (5-2)$$

式中，$i_{L\max}$、$i_{L\min}$ 分别为电感电流的最大值、最小值；$T_{on}$ 为开关晶体管的导通时间；$\Delta i_{on}$ 为电感电流在 $T_{on}$ 时间内的上升量。如图 5-2（b）所示，当开关晶体管 Q 截止时，电感中电流不能突变，感应电势反向，续流二极管 D 导通：

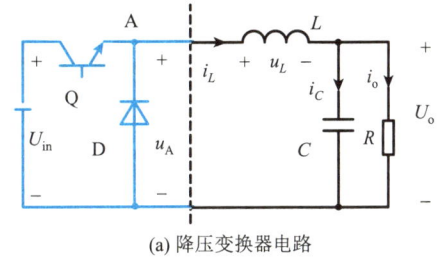

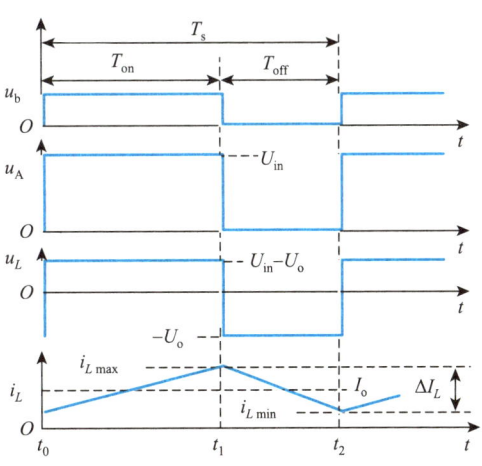

$$u_L = -U_o = L\frac{di_L}{dt} \quad (5-3)$$

由于假设输出电压恒定，所以电感电流线性下降：

图 5-2 降压变换器电路以及在 CCM 时的电压、电流波形

(a) 降压变换器电路

(b) 降压变换器电路在CCM时的主要波形

$$U_{\text{o}} = -L\frac{i_{L\min} - i_{L\max}}{T_{\text{off}}} = -L\frac{\Delta i_{\text{off}}}{T_{\text{off}}} \tag{5-4}$$

式中，$T_{\text{off}}$ 为开关晶体管的截止时间；$\Delta i_{\text{off}}$ 为电感电流在 $T_{\text{off}}$ 时间内的下降量。在稳态时 $|\Delta i_{\text{off}}| = \Delta i_{\text{on}} = \Delta i$，由式（5-2）和式（5-4）得到：

$$U_{\text{o}} = DU_{\text{in}} \tag{5-5}$$

式中，$D = T_{\text{on}}/T_{\text{s}}$，为占空比；$T_{\text{s}} = T_{\text{on}} + T_{\text{off}}$，为开关周期。输出电流平均值：

$$I_{\text{o}} = \frac{1}{2}(i_{L\min} + i_{L\max}) = \frac{U_{\text{o}}}{R} \tag{5-6}$$

2）降压变换器理想条件下的外特性和 DCM 模式

占空比恒定时，降压变换器的输出电压与输出电流的关系 $U_{\text{o}} = f(i_{\text{o}})|_D$，称为降压变换器的外特性。式（5-5）表示 CCM 时降压变换器的外特性，输出电压与输入电压和占空比有关，而与负载电流无关。

当负载电流减少到一定时，降压变换器出现电感电流断续模式（discontinuous current mode，DCM）。

由式（5-2）和式（5-4）可知，当输入电压和输出电压一定时，$\Delta i$ 是常数。由式（5-6）可知，当电感电流减少到 $i_{L\min} = 0$ 时，$i_{L\max} = \Delta i$，降压变换器工作在电感电流临界连续模式（critical continuous current mode，CRM），此时负载电流 $I_{\text{omin}}$ 则为临界连续电流 $I_{\text{G}}$（CRM 时的负载电流）：

$$I_{\text{G}} = I_{\text{omin}} = \frac{1}{2}i_{L\max} = \frac{\Delta i}{2} = I_{L\min} \tag{5-7}$$

联立式（5-7）、式（5-2）和式（5-5）可得：

$$I_{\text{G}} = \frac{U_{\text{in}}T_{\text{s}}}{2L}D(1-D) \tag{5-8}$$

$I_{\text{G}}$ 与 $D$ 的关系曲线为开口向下的抛物线。当 $D = 0.5$ 时，$I_{\text{G}}$ 达到最大值：

$$I_{\text{Gmax}} = \frac{U_{\text{in}}T_{\text{s}}}{8L} \tag{5-9}$$

由式（5-8）、式（5-9）可得：

$$I_{\text{G}}/U_{\text{Gmax}} = 4D(1-D) \tag{5-10}$$

由上式绘制的曲线如图 5-3 所示。图 5-3 也反映 $U_{\text{o}}/U_{\text{in}}$ 与 $I_{\text{G}}/I_{\text{Gmax}}$ 的关系。当给定占空比 $D$ 时，若负载电流大于临界连续电流，则电感电流连续，$U_{\text{o}}/U_{\text{in}}$ 与负载电流无关（式（5-5））。若负载电流小于临界连续电流，则电感电流断续，电压、电流波形如图 5-4 所示，在开关晶体管关断时间 $T_{\text{off}}$ 结束前，续流二极管电流下降到零，此时输出平均电流：

$$I_{\text{o}} = \frac{1}{T_{\text{s}}} \cdot \frac{1}{2}(\Delta i_{\text{on}}T_{\text{on}} + |\Delta i'_{\text{off}}|T'_{\text{off}}) \tag{5-11}$$

式中，$T'_{\text{off}}$ 是开关晶体管关断后电流持续时间；$\Delta i'_{\text{off}}$ 是 $T'_{\text{off}}$ 期间电感电流的下降量，其绝对值等于 $\Delta i_{\text{on}}$。由于

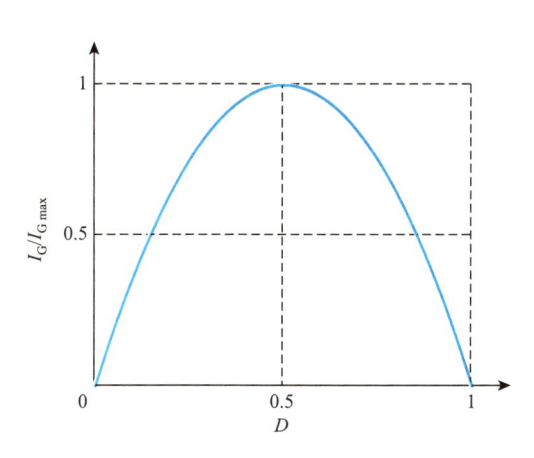

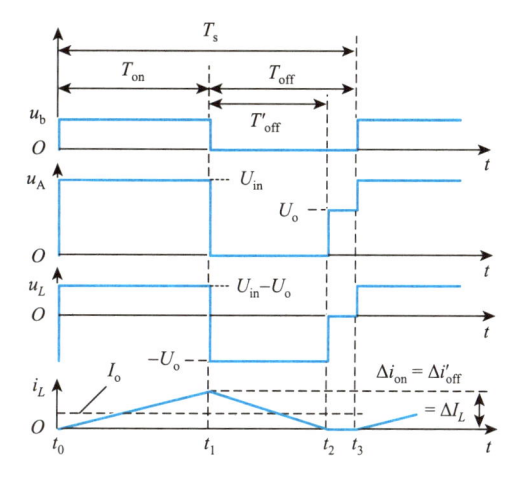

图 5-3  降压变换器在 CRM 时负载电流与占空比的关系　图 5-4  降压变换器在 DCM 时的电压、电流波形

$$\Delta i_{\text{on}} = \frac{1}{L}(U_{\text{in}} - U_{\text{o}})T_{\text{on}} \tag{5-12}$$

$$\Delta i'_{\text{off}} = \frac{1}{L}(-U_{\text{o}})T'_{\text{off}} \tag{5-13}$$

稳态时，有 $\Delta i_{\text{on}} = |\Delta i'_{\text{off}}|$，因此

$$T'_{\text{off}} = \frac{U_{\text{in}} - U_{\text{o}}}{U_{\text{o}}}T_{\text{on}} \tag{5-14}$$

将式（5-12）、式（5-14）代入式（5-11），并考虑式（5-9），经整理得到：

$$I_{\text{o}}/I_{\text{Gmax}} = 4D^2 \frac{U_{\text{in}} - U_{\text{o}}}{U_{\text{o}}} \tag{5-15}$$

即

$$\frac{U_{\text{o}}}{U_{\text{in}}} = \frac{1}{1 + I_{\text{o}}/(4I_{\text{Gmax}}D^2)} \tag{5-16}$$

将式（5-5）、式（5-10）和式（5-16）绘制于图 5-5，就是降压变换器的标幺外特性。曲线 A 为临界连续曲线，取决于式（5-10）；曲线 A 右边为电感电流连续区，取决于式（5-5）；曲线 A 左边为电感电流断续区，取决于式（5-16）。在电感电流断续区，输出电压与输入电压之比不仅与占空比有关，而且与负载电流有关。若降压变换器工作在这一区域，为维持一定的输出与输入电压比，占空比随负载变化较大。在电感电流连续区，虚线表示考虑电感杂散电阻等因素后的降压变换器外特性。

**2. 元器件选择与参数设计**

设计降压变换器时，需要知道输入直流电压变化范围、输出电压、输出电流最大值和最小值，以及输出电压的纹波要求等。

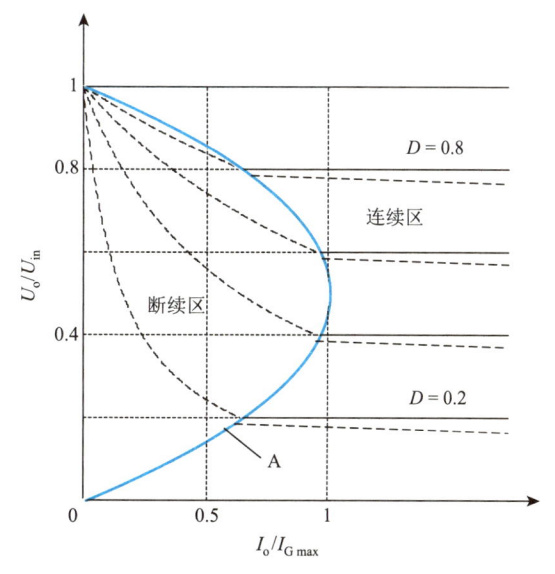

图 5-5  降压变换器的标幺外特性

降压变换器工作频率一般在数十到数百千赫兹，高开关频率大大减少电感、电容元件的体

积和质量；但开关损耗会迅速增加。对于电力 BJT，工作频率在 20kHz 以上时，认为导通损耗等于开关损耗，效率近似为

$$\eta \approx \frac{U_\text{o}}{U_\text{o} + 2U_\text{ces}} \tag{5-17}$$

对于电力 MOSFET，开关频率较低时，不考虑开关损耗，则效率近似为

$$\eta \approx \frac{U_\text{o}}{U_\text{o} + U_\text{DS}} \tag{5-18}$$

1）开关晶体管

设计功率变换器时，首先应根据其工作电压、功率、效率及功率密度、性价比等因素，进行综合考虑，选择开关晶体管及其工作频率。对于工作电压较高（如 600V 及以上）、功率较大（如 10kW 及以上）的应用场合可选用 IGBT，工作频率可在数十千赫兹及以下；500V 及以下、千瓦及以下的应用场合多选用电力 MOSFET，工作频率可在 50kHz 至数百千赫兹。通常功率越大、工作电压越高，则开关频率越低，反之，功率越小、工作电压越低，则开关频率越高。

流经开关晶体管的电流波形如图 5-2（b）中 $T_\text{on}$ 部分，其平均值：

$$I_\text{Q} = I_\text{in} = \frac{P_\text{in}}{U_\text{in}} = \frac{P_\text{o}}{\eta U_\text{in}} = \frac{I_\text{o} U_\text{o}}{\eta U_\text{in}} = \frac{DI_\text{o}}{\eta} \tag{5-19}$$

其电流峰值：

$$I_\text{QP} = I_\text{o} + \frac{\Delta i}{2} = I_\text{omax} + I_\text{Gmax}$$

式中，$I_\text{omax}$ 为最大输出电流；$I_\text{Gmax}$ 为最大临界电流。若选用电力 MOSFET，一般取额定电流 $I_\text{dM}$

$$I_\text{dM} > 2I_\text{QP} \tag{5-20}$$

当开关晶体管关断后，续流二极管导通，开关晶体管承受的端电压为输入电压。开关晶体管的额定电压是根据最大输入电压乘以安全余量系数选取的。结合实际情况，安全余量系数在 1.2～2 之间选取。

$$U_\text{(BR)ds} \geqslant (1.2 \sim 2)U_\text{inmax} \tag{5-21}$$

2）二极管

由于开关频率较高，降压变换器一般选用快恢复二极管或超快恢复二极管。在电压低于 100V 的电路中，优先选用肖特基二极管。当工作频率超过 100kHz，尤其是工作电压较低时，采用电力 MOSFET 代替整流二极管，利用低压、大电流电力 MOSFET 的低导通电阻特性，减小整流压降，称为同步整流。二极管在功率开关晶体管截止时导通，其电流平均值：

$$I_\text{D} \approx I_\text{o} \frac{T_\text{off}}{T_\text{s}} = I_\text{o}(1-D) \tag{5-22}$$

其电流有效值约为

$$I_\text{Drms} \approx \sqrt{\frac{1}{T_\text{s}} \int_0^{T_\text{off}} I_\text{o}^2 \mathrm{d}t}$$

$$= I_\text{o}\sqrt{1-D} \tag{5-23}$$

降压变换器的续流二极管承受的反向电压同样为输入电压，因此其额定电压应选取：

$$U_\text{DR} > (1.2 \sim 2)U_\text{inmax} \tag{5-24}$$

3）电感

在电感量、输入电压、输出电压不变，输出大电流时，降压变换器在 CCM 下工作；输出小电流时，降压变换器在 DCM 下工作。

在输入电压、输出电压、输出电流不变，电感量增大时，降压变换器在 CCM 下工作；电感量变小时，降压变换器在 DCM 下工作。

若希望降压变换器完全工作在 DCM，以最大输出电流 $I_{omax}$ 作为电感临界连续电流 $I_G$ 设计电感，即 $I_{omax} = I_G$，由式（5-8）可得：

$$L \leqslant \frac{U_{in}T_s}{2I_{omax}}D(1-D) \tag{5-25}$$

或

$$L \leqslant \frac{U_o T_s}{2I_{omax}}(1-D) \tag{5-26}$$

同样，若希望降压变换器完全工作在 CCM，以最小输出电流 $I_{omin}$ 作为电感临界连续电流 $I_G$ 设计电感，即 $I_{omin} = I_G$，由式（5-8）可得：

$$L \geqslant \frac{U_{in}T_s}{2I_{omin}}D(1-D) \tag{5-27}$$

或

$$L \geqslant \frac{U_o T_s}{2I_{omin}}(1-D) \tag{5-28}$$

若最小输出电流太小，电感量太大，则有两种改进方法：一是在降压变换器输出端接假负载，最小输出电流增大，但这样就降低效率；二是负载电流小于额定电流的一定比例，如负载电流为额定电流的 1/5 或 1/3 以下时，降压变换器工作在 DCM。

4）滤波电容

*（1）电容杂散参数

在工频整流电路中，电压脉动频率小，要获得较低的脉动电压，通常采用大容量的电解电容滤波。在选取电解电容时，主要指标是电容器的电容量和耐压值，而损耗角的正切值和漏电流是衡量滤波电容质量的标志。

在开关变换器中，作为能量传输和滤波的电容器，其端电压的纹波频率达数至数百千赫兹，这时电容量仍是一个重要指标，并且是选择电容量的依据，但在电容量达到一定值后，电容量只是影响电压纹波的一个次要因素，更重要的是其实际电容器的阻抗频率特性。高频下电容器的等效电路如图 5-6（a）所示。图中 C 为电容器的标称电容量，$R_s$ 为等效串联电阻（ESR），该等效串联电阻包括引线、焊接接触电阻和介质损耗折算电阻；$L_s$ 为等效串联电感（ESL）；G 为漏电导，通常很小。因此等效电路可简化为图 5-6（b）。这时电容器的实际阻抗为

$$Z_C = R_s + j\left(\omega L_s - \frac{1}{\omega C}\right) \tag{5-29}$$

低频时，$1/\omega C \gg R_s$ 和 $\omega L_s$，呈容性，因此，$R_s$ 和 $L_s$ 对滤波器无影响。随着工作频率的增大，电容器的 $R_s$ 和 $L_s$ 对滤波器产生明显影响，当工作频率大于电容器的谐振频率（$f_o = 1/2\pi\sqrt{L_s C}$）时，呈电感性，失去滤波性能。某高频电容器的阻抗频率特性如图 5-6（c）所示。

(a) 等效电路之一　　(b) 等效电路之二　　(c) 阻抗频率特性

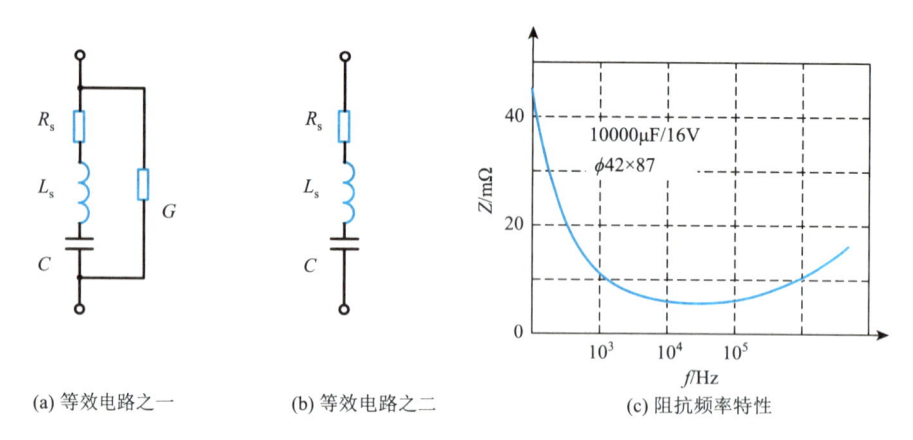

图 5-6　电容器的等效电路及阻抗频率特性

在高频开关电路中，若开关频率比电容器的谐振频率 $f_o$ 低得多，这时无须考虑 ESL 的影响，仅考虑 ESR 和标称电容的影响，此时电压纹波应是 $i_C R_s$ 与 $\dfrac{1}{C}\int i_C \mathrm{d}t$ 之和。电容量足够大时，电压纹波主要由 ESR 决定。对于开关瞬间，由于电流和电压瞬时变化，产生电流、电压尖峰，使输出电压波形中包含比开关频率高得多的谐波，远远超过谐振频率 $f_o$，这时电容器呈感抗，主要是 ESL 的作用，对尖峰已无抑制作用，因此对高频开关电路，应采用 ESR 和 ESL 尽可能小的滤波电容——高频电容。同时为了提高滤波效果，应尽量缩短滤波点到电容器端的引线，以减少分布电感；采用多个较小容量的电容器并联，减少 ESR。

（2）理想电容值设计

一般开关频率比电容器的谐振频率 $f_o$ 低得多。为了便于分析，基于前述假设，忽略 ESR 和 ESL，滤波电容为理想器件。对于图 5-2（a）电路，由式（5-8）得到电感电流的变化量：

$$\Delta i_L = \dfrac{U_{\mathrm{in}} T_s}{L} D(1-D) \tag{5-30}$$

式中，$\Delta i_L$ 是电容电流变化量 $\Delta i_C$ 和负载电流变化量 $\Delta i_o$ 之和。假设 $\Delta i_o = 0$，则 $\Delta i_L = \Delta i_C$，电容器 $C$ 在时间间隔 $(T_{\mathrm{on}} + T_{\mathrm{off}})/2 = T_s/2$ 内充电，电容器充电的平均电流为

$$\Delta I_C = \dfrac{\Delta i_C}{4} = \dfrac{\Delta i_L}{4} = \dfrac{U_{\mathrm{in}} T_s}{4L} D(1-D) \tag{5-31}$$

电容器峰值纹波电压：

$$\Delta U_C = \dfrac{1}{C}\int_0^{T_s/2} \Delta I_C \mathrm{d}t = \dfrac{1}{C} \cdot \dfrac{U_{\mathrm{in}} T_s}{4L} D(1-D) \cdot \dfrac{T_s}{2} = \dfrac{U_{\mathrm{in}}}{8LCf_s^2} D(1-D) \tag{5-32}$$

式中，$f_s = 1/T_s$，为开关频率。

因此

$$C = \dfrac{U_{\mathrm{in}} D(1-D)}{8Lf_s^2 \Delta U_C} \tag{5-33}$$

式中，$\Delta U_C = \Delta U_{\mathrm{pp}}$，为输出纹波的要求。如前所述，在高频时该电容量大于式（5-33）计算值或适当增大，同时采用多个较小容量的电容并联，以减少 ESR。为了抑制尖峰，常采用高质量无极性、无感电容与电解电容并联。

**例 5-1** 降压变换器的输入电压 $U_{in} = (110 \pm 15)\text{V}$，输出电压 $U_o = 48\text{V}$，电阻负载，开关晶体管的开关频率 $f_s = 25\text{kHz}$，要求在负载电流 $I_o = 2\text{A}$ 以上时，降压变换器工作于电感电流连续状态，计算占空比变化范围以及电感大小。

**解**：根据题意，负载电流 $I_o = 2\text{A}$ 以上，降压变换器工作于电感电流连续状态。其输入电压最大值 $U_{in\,max} = 125\text{V}$，输入电压最小值 $U_{in\,min} = 95\text{V}$，输出电压 $U_o = 48\text{V}$，根据 $U_o = DU_{in}$ 可得：

$$D_{min} = \frac{U_o}{U_{in\,max}} = \frac{48}{125} = 0.384$$

$$D_{max} = \frac{U_o}{U_{in\,min}} = \frac{48}{95} \approx 0.505$$

根据式（5-28）可得：

$$L \geq \frac{U_o T_s (1 - D_{min})}{2 I_{o\,min}} = \frac{48 \times 40 \times 10^{-6} \times (1 - 0.384)}{2 \times 2} \approx 296 \mu\text{H}$$

## 5.1.2 升压变换器

将图 5-1（b）所示的升压变换器重绘于图 5-7（a）。该升压变换器由开关晶体管 Q、电感 L、二极管 D 和滤波电容 C 组成。开关晶体管基极信号 $u_b$ 周期控制升压变换器的导通和截止。若升压变换器工作在 CCM，当开关晶体管导通时，电源向电感储能，电感电流增加，电感的感应电势方向为由右向左，其两端电压左正右负，负载由滤波电容 C 供电；当开关晶体管 Q 截止时，电感电流减小，感应电势左负右正，电感电势与输入电压叠加，迫使二极管 D 导通，向负载供电，并向滤波电容 C 充电。

**1. CCM 时输入输出电压关系**

假设所有元器件都是理想器件，负载电流足够大，电感电流连续。当 Q 导通时，相当于 A 点接地，D 截止，则电感 L 两端的电压为左正右负：

$$u_L = U_{in} \tag{5-34}$$

$$U_{in} = L\frac{di_L}{dt} \tag{5-35}$$

Q 导通的时间为 $T_{on}$；电感施加左正右负的电压 $u_L = U_{in}$，时间也是 $T_{on}$。根据电磁感应定律有：

$$u_L = U_{in} = -E = N\frac{d\Phi}{dt} \tag{5-36}$$

式中，$N$ 为电感的绕组匝数；$E$ 为反电势；$\Phi$ 为磁通。

假设 $U_{in}$ 恒定，磁通线性上升，在 $T_{on}$ 时间内的上升量为 $\Delta\Phi_{on}$：

$$N\Delta\Phi_{on} = U_{in}T_{on} \tag{5-37}$$

电感电流同样线性上升：

$$U_{in} = L\frac{i_{L\,max} - i_{L\,min}}{t_1 - t_0} = L\frac{\Delta i_{on}}{T_{on}} \tag{5-38}$$

当 Q 由导通变为截止时，电感电流不能突变，产生感应电势迫使二极管 D 导通，此时电感两端的电压为左负右正：

$$u_L = -(U_o - U_{in}) \tag{5-39}$$

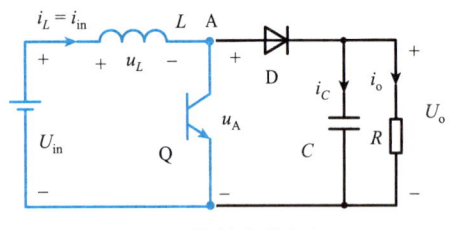

(a) 升压变换器电路

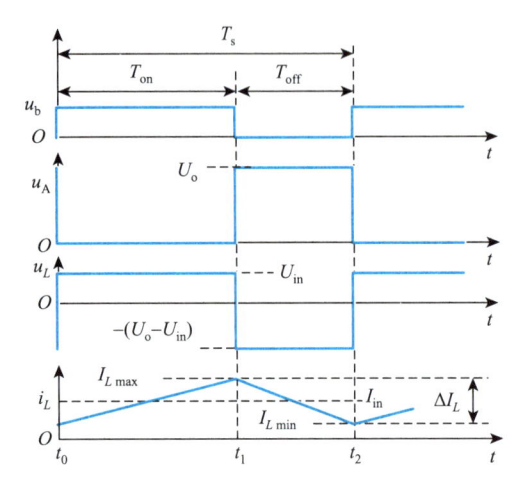

(b) 升压变换器在CCM时的主要波形

图 5-7　升压变换器电路以及在 CCM 时的电压、电流波形

$$-(U_o - U_{in}) = L\frac{di_L}{dt} \quad (5-40)$$

假设滤波电容足够大，输出电压恒定，磁通线性下降，在 $T_{off}$ 时间内的磁通下降量为 $\Delta\Phi_{off}$：

$$u_L = -(U_o - U_{in}) = -E = N\frac{d\Phi}{dt} \quad (5-41)$$

$$N\Delta\Phi_{off} = -(U_o - U_{in})T_{off} \quad (5-42)$$

电感电流同样线性下降：

$$-(U_o - U_{in}) = L\frac{i_{Lmin} - i_{Lmax}}{t_2 - t_1} = L\frac{\Delta i_{off}}{T_{off}} \quad (5-43)$$

由于假设升压变换器工作在稳态，各物理量在开关周期的起始和终止时大小相等，因此 $|\Delta\Phi_{on}| = |\Delta\Phi_{off}|$，联立式（5-37）和式（5-42）可得：

$$U_{in}T_{on} = (U_o - U_{in})T_{off} \quad (5-44)$$

式（5-44）两侧均为电压与时间的乘积，该乘积称为"伏秒积"，一般的表达式为电压对时间的积分。电感工作在稳态时，在开关周期内电感承受的电压对时间的积分为零。该积分为零的根本原因是：电感工作在稳态时在开关周期的起始和终止时刻其磁链相等。该方法也称为"伏秒积平衡原则"。由式（5-44）可解得：

$$U_o = \frac{U_{in}}{1 - D} \quad (5-45)$$

式中，$D = T_{on}/T_s$，为占空比；$T_s$ 为开关周期。

有关电压、电流波形如图 5-7（b）所示。因 $0 \le D \le 1$，由式（5-45）可见，输出电压大于输入电压，升压变换器可将电压升高。

**2. 升压变换器的外特性和 DCM**

当升压变换器工作在 CRM 时，如图 5-7(a) 和图 5-8 所示，由于在开关周期内，滤波电容电流的平均值为零，因此二极管 D 的平均电流等于负载电阻的电流。电感电流的下降对应二极管流过的电流。

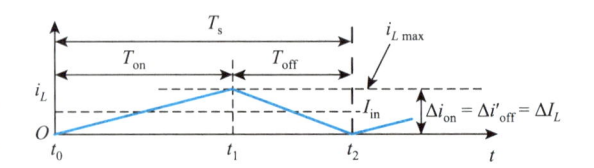

图 5-8　升压变换器在 CRM 时的电流波形

升压变换器在 CRM 时输出电流的大小为临界连续电流，其平均值就是此时流过二极管的电流平均值：

$$I_G = I_{omin} = \frac{1}{T_s} \cdot \frac{1}{2}\Delta i T_{off} \quad (5-46)$$

升压变换器稳态时，因 $i_{max} - i_{min} = \Delta i$，联立式（5-46）与式（5-38）可解得：

$$I_{G} = \frac{1}{2T_{s}} \cdot \frac{U_{in}}{L} \cdot T_{on} \cdot T_{off} = \frac{U_{in}T_{s}}{2L}D(1-D) \tag{5-47}$$

当 $D = 0.5$ 时，最大临界连续电流为

$$I_{Gmax} = \frac{U_{in}T_{s}}{8L} \tag{5-48}$$

由式（5-47）、式（5-48）可得：

$$I_{G}/I_{Gmax} = 4D(1-D) \tag{5-49}$$

比较式（5-49）与式（5-10），比较式（5-47）与式（5-8），都是相同的，这就是 CRM 时临界连续电流的一般表达式。

如图 5-9 所示，当升压变换器工作在 DCM 时，可推导出：

$$I_{o} = \frac{U_{in}T_{on}}{2LT_{s}} \cdot \frac{U_{in}}{U_{o}-U_{in}} \cdot T_{on} = 4I_{Gmax}D^{2} \cdot \frac{U_{in}}{U_{o}-U_{in}} \tag{5-50}$$

经整理：

$$\frac{U_{in}}{U_{o}} = \frac{1}{1+4I_{Gmax}D^{2}/I_{o}} \tag{5-51}$$

将式（5-45）、式（5-49）和式（5-51）以 $U_{in}/U_{o} = f(I_{o}/I_{Gmax})$ 方式绘制于图 5-10。其中曲线 A 为临界连续曲线，其右边为电感电流连续区，左边为电感电流断续区。应注意，当 $I_{o} = 0$ 时，输出开路，$U_{in}/U_{o} = 0$，即 $U_{o} = \infty$，这时将损坏电路的元器件，是不允许的。因此，升压变换器禁止开环空载。

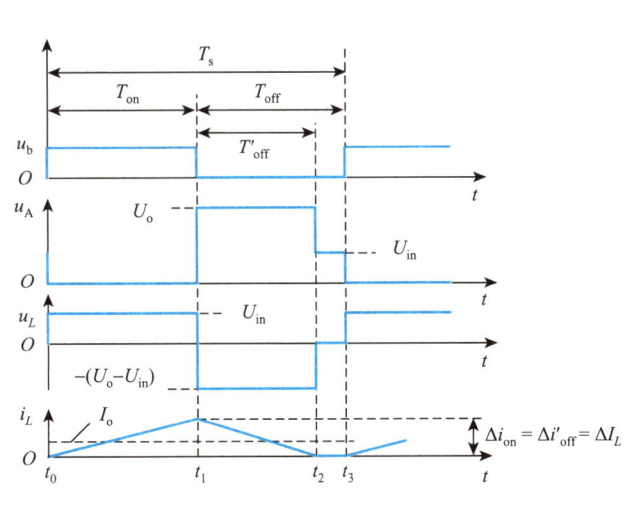

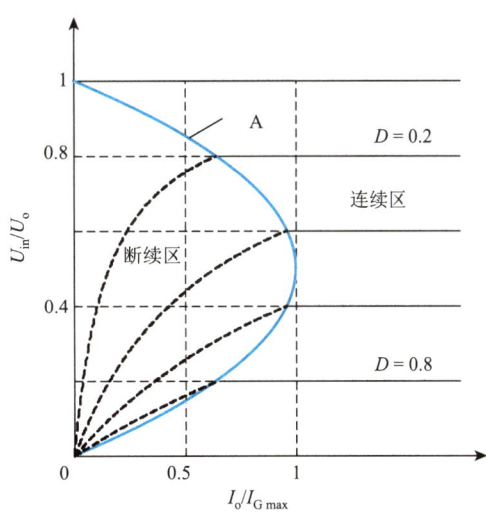

图 5-9 升压变换器在 DCM 时的电压、电流波形

图 5-10 升压变换器的标幺外特性

### 3. 元器件选择

降压变换器电感在输出端，输出电流纹波小，输入电流纹波大；而升压变换器电感在输入端，输入电流纹波小，输出电流纹波大。两者的开关器件都流过较大的脉冲电流。假定升压变换器的效率：

$$\eta = \frac{U_{in}}{U_{in}+U_{DS}} \tag{5-52}$$

因此，输入平均电流：

$$I_{\text{in}} = \frac{P_{\text{o}}}{\eta U_{\text{in}}} \tag{5-53}$$

1）电力半导体器件

开关晶体管导通时，流过的峰值电流：

$$I_{\text{QP}} = I_{\text{in}} + \frac{\Delta i}{2} \approx I_{\text{in max}} + I_{\text{in min}} \tag{5-54}$$

式中，$I_{\text{in min}}$ 为 CRM 时最小输入平均电流。$I_{\text{in max}}$ 由下式决定：

$$I_{\text{in max}} = \frac{P_{\text{o}}}{\eta U_{\text{in min}}} \tag{5-55}$$

开关晶体管若选用电力 MOSFET，一般取额定电流：

$$I_{\text{dM}} > 2I_{\text{QP}} \tag{5-56}$$

开关晶体管额定电压：

$$U_{\text{(BR)ds}} \geqslant (1.2 \sim 2)U_{\text{o}} \tag{5-57}$$

二极管 D 电流平均值：

$$I_{\text{D}} \approx I_{\text{in}}(1-D) \tag{5-58}$$

其有效值约：

$$I_{\text{Drms}} \approx \sqrt{1-D}\, I_{\text{in}} \tag{5-59}$$

二极管 D 额定电压：

$$U_{\text{BR}} \geqslant 2U_{\text{o}} \tag{5-60}$$

2）电感

升压变换器按照完全工作在 DCM、完全或部分工作在 CCM 进行设计。完全工作在 DCM 时，电感量取值较小，有利于减小磁性器件尺寸，二极管没有反向恢复问题，开关晶体管导通时其电流从零增加，功率器件的开关损耗较小。在同样的输出功率下，电感电流的脉动量大，电感、开关晶体管及二极管的工作电流有效值大，因此，电路的通态损耗更大。升压变换器工作在 CCM 时，电感量取值较大，电路的通态损耗小，但功率器件的开关损耗大。通常，较大功率的升压变换器设计工作在 CCM（同降压变换器一样，负载电流小于一定值时，进入 DCM，以减小电感量设计值），较小功率的升压变换器可设计在完全工作在 DCM。

设计升压变换器在某一最小负载电流（$I_{\text{o min}}$）以上时在 CCM 工作，根据式（5-47）：

$$L \geqslant \frac{U_{\text{in}}T_{\text{s}}}{2I_{\text{o min}}}D(1-D) \tag{5-61}$$

或

$$L \geqslant \frac{U_{\text{o}}T_{\text{s}}}{2I_{\text{o min}}}D(1-D)^2 \tag{5-62}$$

若设计升压变换器完全工作在 DCM，则在最大负载 $I_{\text{o max}}$ 下电感电流应断续，电感量的设计值应满足：

$$L \leqslant \frac{U_{\text{in}}T_{\text{s}}}{2I_{\text{o max}}}D(1-D) \tag{5-63}$$

或

$$L \leqslant \frac{U_o T_s}{2I_{o\max}} D(1-D)^2 \qquad (5\text{-}64)$$

3)电容

升压变换器的电容不同于降压变换器,电容的输出纹波由电感电流对电容器充电和电容器对负载放电来决定。当 $I_o \gg \Delta i$,一般电路时间常数($\tau = RC$)远远大于开关周期。当开关晶体管导通时

$$\Delta U_o = U_o \frac{T_{on}}{\tau} \qquad (5\text{-}65)$$

开关晶体管导通时,输出电压变化量等于关断时的变化量。若允许输出电压纹波为 $\Delta U_o / U_o = \gamma$,则

$$C > \frac{DP_o}{f_s U_o^2 \gamma} \qquad (5\text{-}66)$$

式中,$f_s = 1/T_s$,为开关频率;$P_o$ 为输出功率。

### 5.1.3 升降压变换器

图 5-1(c)为升降压变换器。当开关晶体管 Q 在基极信号 $u_b$ 下导通时,电能存储于电感中,二极管 D 截止,输出由滤波电容器 C 供电。当开关晶体管 Q 截止时,电感产生感应电势维持原电流方向不变,迫使二极管 D 导通,电感电流向负载供电,同时也向电容器充电,输出负电压。

在电感电流连续时,在理想条件下可以得到:

$$U_o = \frac{D}{1-D} U_{in} \qquad (5\text{-}67)$$

因此,当 $D<0.5$ 时,$U_o<U_{in}$,实现降压变换;当 $D>0.5$ 时,$U_o>U_{in}$,实现升压变换。

升降压变换器的电压变换关系推导过程与降压变换器、升压变换器推导过程类似。

### *5.1.4 丘克变换器

降压变换器输入电流纹波大,输出纹波小;而升压变换器输入电流纹波小,输出纹波大。升降压变换器输出和输入电流纹波都很大。丘克变换器如图 5-11(a)所示,其具有输入和输出电流纹波小的特点。图中 $L_1$ 为输入储能电感,$C_1$ 为储能电容,$L_2$、$C_2$ 为输出平滑滤波器。D 为升压二极管,并兼续流二极管。

当丘克变换器进入稳态 CCM 时,$U_o$ 和 $C_1$ 上的电压在一个开关周期内认为恒定。图 5-11(a)可用图 5-11(b)和图 5-11(c)等效。实质上,丘克变换器是由升压变换器和降压变换器组合而成。如图 5-11(b)所示,按升压变换器,$C_1$ 上的电压为输出电压:

$$U_{C_1} = \frac{U_{in}}{1-D} \qquad (5\text{-}68)$$

如图 5-11(c)所示,按降压变换器,$C_1$ 电压为输出电压:

$$U_o = D U_{C_1} \qquad (5\text{-}69)$$

将式(5-68)代入式(5-69)得到:

$$U_\text{o} = \frac{D}{1-D} U_\text{in} \tag{5-70}$$

由式（5-70）可见，丘克变换器也是升、降压变换器，负输出电压大于或小于输入电压。其电路电流波形如图 5-11（d）所示。丘克变换器综合降压变换器和升压变换器输出或输入电流纹波都很小的优点。

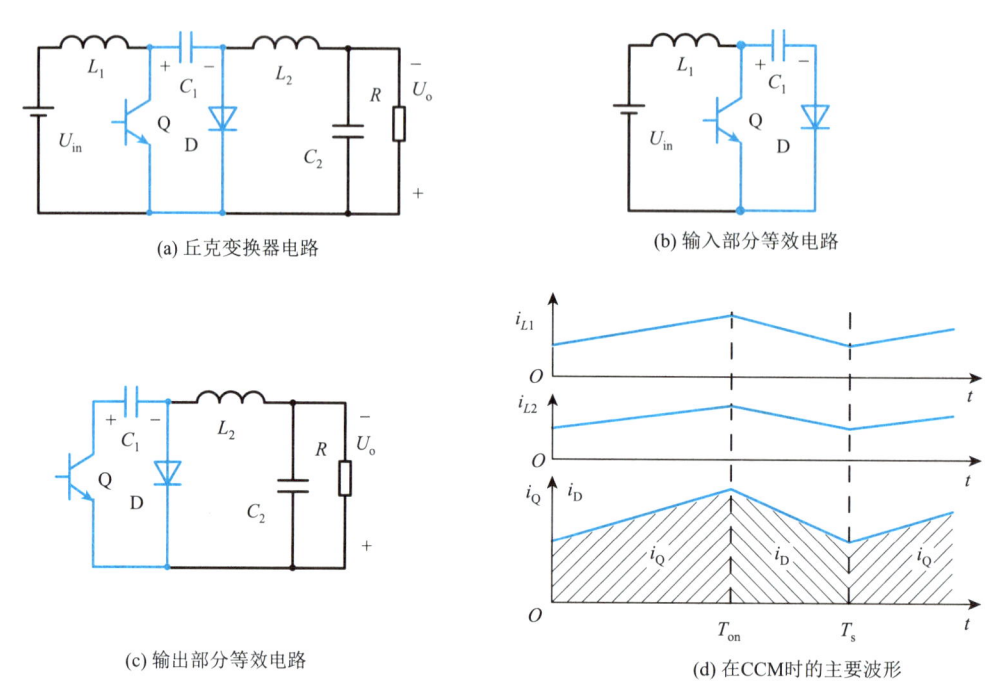

(a) 丘克变换器电路

(b) 输入部分等效电路

(c) 输出部分等效电路

(d) 在CCM时的主要波形

图 5-11　丘克变换器及在 CCM 时的电流波形

由图 5-11（d）可看出，开关晶体管流过的峰值电流：

$$I_\text{QP} = I_\text{in} + I_\text{o} + I_\text{inmin} + I_\text{omin} \tag{5-71}$$

式中，$I_\text{in}$ 和 $I_\text{o}$ 分别为平均输入和输出电流，而 $I_\text{inmin}$ 和 $I_\text{omin}$ 分别为 $L_1$ 和 $L_2$ 的最小连续电流。则流过开关晶体管 Q 的平均电流：

$$I_\text{Q} = D(I_\text{in} + I_\text{o}) \tag{5-72}$$

流过二极管 D 的电流峰值与开关晶体管相似：

$$I_\text{DP} = I_\text{in} + I_\text{o} + I_\text{inmin} + I_\text{omin} \tag{5-73}$$

二极管 D 电流平均值和有效值分别为

$$\begin{cases} I_\text{D} = (I_\text{in} + I_\text{o})(1 - D) \\ I_\text{Drms} \approx (I_\text{in} + I_\text{o})\sqrt{1 - D} \end{cases} \tag{5-74}$$

丘克变换器利用电容器 $C_1$ 传输能量，电容器 $C_1$ 以 $i_{L1}$ 充电（$T_\text{off}$），以 $i_{L2}$ 放电（$T_\text{on}$），充、放电电流很大，因此采用低损耗的高频电解电容。

以上介绍了 4 种基本变换器，而 Zeta 变换器可看成升降压变换器和降压变换器的组合，

Sepic变换器可看成升压变换器和升降压变换器的组合。

## 5.2 单端直流-直流变换器

在基本直流-直流变换器基础上，加入变压器实现隔离，得到隔离型的直流-直流变换器。在隔离型的降压变换器（正激变换器）、升降压变换器（反激变换器）中变压器磁芯或耦合电感磁芯都工作在单向磁化状态，即从零或某一个较小的磁感应强度磁化工作到最大磁感应强度，然后再去磁或磁复位到初始状态，因此，结合变压器磁芯工作状态，这两种变换器又分别常称为单端正激变换器、单端反激变换器。

### 5.2.1 单端正激变换器

单端正激（forward）变换器实质上是隔离型的降压变换器，如图5-12（a）所示。图中T为变压器，有3个绕组，分别为$N_1$、$N_2$、$N_3$。$L_m$为变压器T等效电路激磁电感。

1. 工作原理

假设T为理想变压器，不考虑$L_m$、$N_3$；假设所有电力半导体器件、电感、电容器均为理想器件。

当开关晶体管Q导通时，变压器初级、次级绕组电压分别为$u_1$、$u_2$，则

$$u_1 = U_{in} \quad (5\text{-}75)$$
$$u_2 = nU_{in} \quad (5\text{-}76)$$

式中，$n = N_2/N_1$，为变压器变比。

二极管$D_1$同时导通，若不考虑二极管$D_1$的压降，则$u_A = u_2$。

当开关晶体管截止时，

$$u_1 = u_2 = 0 \quad (5\text{-}77)$$

$D_1$截止，$D_2$导通，滤波器输入电压为零。因此单端正激变换器与降压变换器工作方式相同。单端正激变换器在CCM时输出电压为

$$U_o = Du_2 = DnU_{in} \quad (5\text{-}78)$$

与降压变换器一样，当负载电流小于一定值时，单端正激变换器工作在DCM，输出电压不仅与占空比有关，而且与负载电流

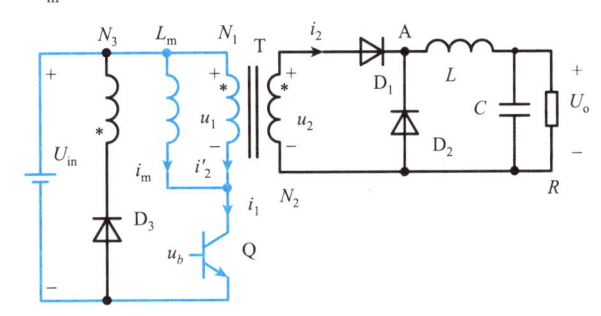

(a) 单端正激变换器电路

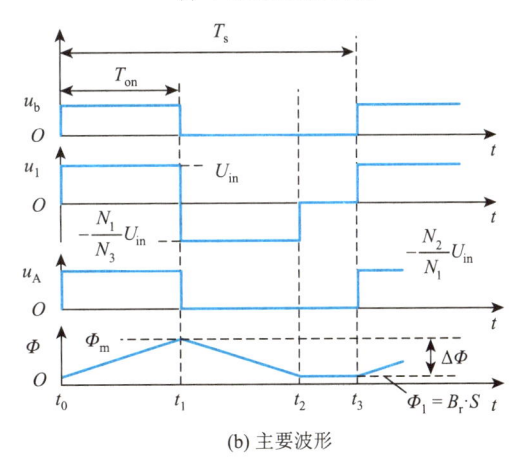

(b) 主要波形

图5-12 单端正激变换器电路及主要波形

有关。也就是说，除了输入电压经过变压器变比折算到副边外，单端正激变换器的外特性与降压变换器完全相同。因此，单端正激变换器的设计与降压变换器基本相同，区别仅在于需要变压器设计，以及根据变压器的折算关系确定开关晶体管、二极管等的额定电压、电流参数。

2. 磁复位

实际的变压器是利用电磁感应定律产生次级绕组反电势$e_2$和电压$u_2$，不考虑绕组$N_2$的杂散参数。

$$u_2 = \frac{d\Psi_2}{dt} = N_2 \frac{d\Phi}{dt} = N_2 S \frac{dB}{dt} = \mu N_2 S \frac{dH}{dt} \tag{5-79}$$

式中，$\Psi_2$ 为绕组 $N_2$ 的磁链；$\Phi$ 为磁芯的磁通；$S$ 为磁芯截面积；$B$ 为磁芯磁感应强度；$H$ 为磁芯磁场强度；$\mu$ 磁芯磁导率。式（5-79）说明，必须有 $dH/dt$，才能产生 $u_2$。

在 $N_1$ 绕组，产生反电势 $e_1$，不考虑绕组 $N_1$ 的杂散参数，有

$$|e_1| = u_1 = \mu N_1 S \frac{dH}{dt} \tag{5-80}$$

根据全电流定律：

$$\Sigma IN = Hl \tag{5-81}$$

式中，$\Sigma IN$ 为所有绕组的磁动势之和；$N$ 为某绕组匝数；$I$ 为该绕组电流；$l$ 为磁芯等效长度。因此，若要产生 $H$，需要提供 $\Sigma IN$、磁化电流。一般把磁芯的磁化等效在初级绕组 $N_1$ 中，用激磁电感 $L_m$ 来描述，磁化电流为 $i_m$，如图 5-12（a）所示。

$$\Sigma INi_m N_1 = Hl \tag{5-82}$$

$$N_1 \frac{di_m}{dt} = l \frac{dH}{dt} \tag{5-83}$$

由式（5-80）、式（5-83）可得：

$$u_1 = \mu N_1 S \frac{dH}{dt} = \frac{\mu N_1^2 S}{l} \frac{di_m}{dt} \tag{5-84}$$

式（5-84）符合电感的电压、电流关系表达式。令

$$L_m = \frac{\mu N_1^2 S}{l} \tag{5-85}$$

因此，$L_m$ 为激磁电感；$N_1$ 为绕组匝数。从式（5-85）看，由于磁芯磁导率 $\mu$ 随 $H$ 变化而变化，因此 $L_m$ 不是恒定的数值。但为了分析方便，常设 $L_m$ 为恒定值。

如图 5-12（a）所示电路，在 Q 导通时，初级绕组电流 $i_1$ 包含反射负载电流分量 $i_2'$ 和磁化电流分量 $i_m$：

$$i_1 = i_2' + i_m \tag{5-86}$$

磁化电流将能量存储于变压器的磁场中。当 Q 截止时，若要 $i_1$ 下降到零，必须提供磁场能量释放回路，否则由于 $di/dt$ 过大，产生很高的感应电压，会将开关晶体管、二极管击穿损坏。解决这个问题的方法有很多，最基本的方法是在变压器上再增加一个绕组，并使得在开关晶体管截止时，激磁电感中流过的电流（即磁化电流）可以通过该绕组继续流通而避免突变。这就是图 5-12（a）中采用的变压器第三绕组和附加的二极管。因此，$N_3$ 称为变压器的磁复位绕组，$D_3$ 称为复位二极管。

Q 导通时，$D_3$ 截止，$N_3$ 不参与能量传输，$L_m$ 流过磁化电流 $i_m$。

当开关晶体管 Q 截止时，$i_1 = 0$，从图 5-12（a）看，$i_m$ 只能流入初级绕组 $N_1$ 的非同名端，引起 $N_1$ 的电压为下正上负。在 $N_2$ 上产生下正上负的电压，由于 $D_1$ 反向偏置，不能在 $N_2$ 上产生电流；在 $N_3$ 上产生上正下负的电压，$D_3$ 正向偏置导通，将存储在磁芯中的能量回馈电源，使磁芯复位，并将 $N_1$ 上的感应电势箝位于：

$$U_1' = -\frac{N_1}{N_3} U_{in} \tag{5-87}$$

单端正激变换器的变压器磁芯工作于第一象限，Q 导通时，磁芯磁通增量：

$$\Phi_{\mathrm{m}} - \Phi_{1} = \Delta\Phi_{\mathrm{on}} = \frac{U_{\mathrm{in}}T_{\mathrm{on}}}{N_{1}} \tag{5-88}$$

式中，$T_{\mathrm{on}}$ 为 Q 导通时间；$\Phi_{\mathrm{m}}$ 为磁芯最大工作磁通；$\Phi_{1}$ 磁芯剩磁磁通；$\Delta\Phi_{\mathrm{on}}$ 为 $T_{\mathrm{on}}$ 时间内的磁通增量。

Q 截止时，磁芯去磁，磁通变化量：

$$\Phi_{1}' - \Phi_{\mathrm{m}} = \Delta\Phi_{\mathrm{off}}' = -\frac{U_{\mathrm{in}}T_{\mathrm{R}}}{N_{3}} \tag{5-89}$$

式中，$T_{\mathrm{R}}$ 为磁通下降时间；$\Delta\Phi_{\mathrm{off}}'$ 为 $T_{\mathrm{R}}$ 时间内的磁通下降量；$\Phi_{1}'$ 为下降后的磁通值。

在 Q 截止时间 $T_{\mathrm{off}}$ 内，磁芯内磁通必须回到 $\Phi_{1}$，即 $\Phi_{1} = \Phi_{1}'$，或 $|\Delta\Phi_{\mathrm{off}}'| = \Delta\Phi_{\mathrm{on}}$，称为磁复位。复位时间 $T_{\mathrm{R}}$ 应小于 $T_{\mathrm{off}}$，否则磁芯将饱和。由式（5-88）和式（5-89）得到：

$$T_{\mathrm{R}} = \frac{N_{3}}{N_{1}}T_{\mathrm{on}} \tag{5-90}$$

因 $T_{\mathrm{s}} - T_{\mathrm{on}} = T_{\mathrm{off}} \geqslant T_{\mathrm{R}}$，代入上式，并整理：

$$\frac{T_{\mathrm{on}}}{T_{\mathrm{s}}} = D < \frac{N_{1}}{N_{1} + N_{3}} \tag{5-91}$$

当 Q 截止时，$D_{2}$ 导通，则 Q 承受的电压：

$$U_{\mathrm{ds}} = U_{\mathrm{in}} - U_{1}' = U_{\mathrm{in}} + \frac{N_{1}}{N_{3}}U_{\mathrm{in}} = \frac{N_{3} + N_{1}}{N_{3}}U_{\mathrm{in}} \tag{5-92}$$

由式（5-91）和式（5-92）可见，当 $N_{3} < N_{1}$ 时，占空比 $D > 0.5$，但开关晶体管截止时需承受更高的电压。通常 $N_{3} = N_{1}$，占空比 $D < 0.5$，避免因开关晶体管的存储时间，磁芯不能复位。为了使 $N_{3}$ 在 Q 导通期间存储于磁场中的能量全部回馈电源，$N_{3}$ 必须与 $N_{1}$ 紧耦合，通常采用并绕。

采用第三绕组实现磁复位原理简单，但增加绕组数且需要 $N_{1}$ 和 $N_{3}$ 紧耦合，使得变压器结构复杂。因此，提出多种改进磁复位方法，基本原理都是在变压器原边并联电路，为磁化电流提供续流通路。感兴趣的读者可参照这一基本原理，查找相关资料，思考新的磁复位方法。可借鉴的参考电路包括有源箝位、双管箝位等改进的单端正激变换器。

### 5.2.2 单端反激变换器

单端反激（flyback）变换器实质上是图 5-1（c）升降压变换器的隔离型电路，将升降压变换器中的储能电感替换为"耦合电感"，如图 5-13（a）所示，由耦合电感 $L_{\mathrm{c}}$、开关晶体管 Q、二极管 D 和滤波电容器 C 组成。通常，耦合电感又称为"电感变压器"。

1. 耦合电感的工作原理

耦合电感是单端反激变换器的重要组成器件，其工作情况与变压器有区别。

假设单端反激变换器各元器件均为理想器件，初级绕组 $N_{1}$ 的电感量为 $L_{1}$。开关晶体管 Q 在 $t_{0}$ 时刻开通，输入电压 $U_{\mathrm{in}}$ 施加在耦合电感初级绕组 $N_{1}$ 上，同名端"*"为正。次级绕组 $N_{2}$ 感应电压同名端"*"为正，使得二极管 D 反向偏置，耦合电感次级绕组电流 $i_{2} = 0$。根据式（5-81），耦合电感初级绕组电流 $i_{1}$ 产生磁场：

$$i_{1}N_{1} = Hl \tag{5-93}$$

$$U_{\mathrm{in}} = L_{1}\frac{\mathrm{d}i_{1}}{\mathrm{d}t} \tag{5-94}$$

经过时间 $T_{on}$ 后,到达 $t_1$ 时刻,$i_1$ 上升 $\Delta i_1$,达到最大值 $i_{1max}$,$H$ 达到最大值 $H_{max}$:

$$i_{1max} N_1 = H_{max} l \tag{5-95}$$

$$\Delta i_1 = \frac{U_{in} T_{on}}{L_1} \tag{5-96}$$

在 $t_1$ 时刻,开关晶体管 Q 关断。Q 关断后耦合电感 $N_1$ 绕组电流 $i_1$ 失去通路,只能下降为 $i_1 = 0$。由于 $i_1$ 下降,$N_1$ 上产生下正上负的电压,感应到次级绕组 $N_2$,$N_2$ 上产生上正下负的电压,二极管 D 正向偏置导通,产生次级绕组电流 $i_2$。根据式(5-81),在开关晶体管 Q 关断的瞬间满足:

$$i_{1max} N_1 = H_{max} l = i_{2max} N_2 \tag{5-97}$$

由于在 Q 关断的瞬间耦合电感磁芯中磁场方向不会改变,因此,在 Q 关断的瞬间电流 $i_1$、$i_2$ 必须保持为同样的方向——流入同名端"*"的方向。

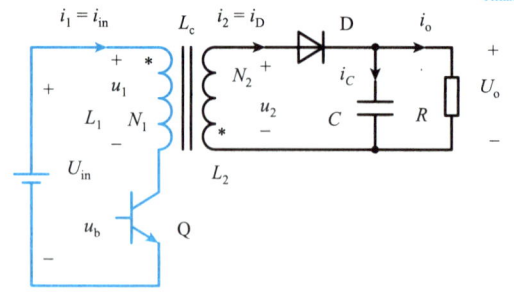

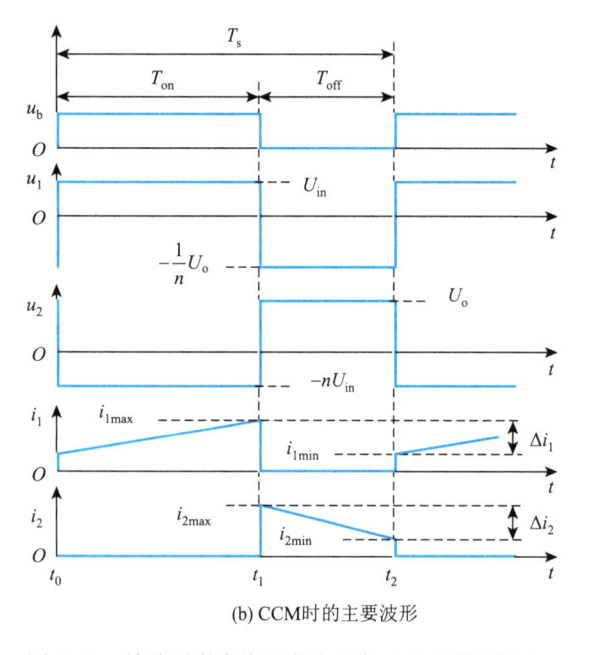

### 2. 工作特性

#### 1) CCM

假设单端反激变换器工作在 CCM 时:耦合电感 $L_c$ 中的磁场能量不会出现在一段时间内全部为零的现象。假设单端反激变换器已进入稳态。开关晶体管 Q 受其基极驱动信号 $u_b$ 驱动,周期地开通与关断。当开关晶体管 Q 导通时,如图 5-13(b)所示。初级绕组电流变化量:

$$\Delta i_1 = (i_{1max} - i_{1min}) = \frac{U_{in}}{L_1} T_{on} \tag{5-98}$$

$N_1$ 流过的电流线性增加,电感储能,负载 $R$ 由输出电容器 $C$ 供电。当 Q 截止时,电感能量通过次级绕组电流向负载 $R$ 放电、向电容器 $C$ 充电。假设电容器 $C$ 的容量足够大,电压变化很小,假设其基本不变。因此次级绕组电流变化量:

$$-\Delta i_2 = i_{2max} - i_{2min} = \frac{U_o}{L_2} T_{off} \tag{5-99}$$

Q 开通、关断的瞬间,电感变压器满足:

$$\begin{cases} i_{1max} N_1 = i_{2max} N_2 \\ i_{1min} N_1 = i_{2min} N_2 \end{cases} \tag{5-100}$$

因此,

$$\Delta i_1 N_1 = |\Delta i_2| N_2 \tag{5-101}$$

图 5-13 单端反激变换器电路及在 CCM 时的电压、电流波形

式中，$N_1$、$N_2$ 分别为变压器的初级、次级绕组匝数；$L_1$ 和 $L_2$ 分别为初级、次级绕组的电感量。假设电感变压器没有漏感，由式（5-85）可推导得到：

$$\frac{L_1}{L_2} = \left(\frac{N_1}{N_2}\right)^2 \tag{5-102}$$

由式（5-98）～式（5-102）联立求解，得到：

$$U_o = \frac{T_{on}}{T_{off}} \cdot \frac{N_2}{N_1} \cdot U_{in} = \frac{D}{1-D} n U_{in} \tag{5-103}$$

式中，$n = N_2/N_1$，为变压器变比；$D = T_{on}/T_s$，为占空比。

由式（5-103）可见，单端反激变换器是隔离型升降压变换器。

2）外特性和 DCM

单端反激变换器在负载电流减小时，耦合电感存储的能量相应减小。若继续减小负载电流，耦合电感次级绕组的电流总会达到在一个开关周期结束时恰好减小到零的状态，这种状态称为临界连续模式（CRM）。继续减小负载电流，单端反激变换器进入 DCM，如图 5-14 所示。

如前所述，单端反激变换器在 CCM、CRM、DCM 时并不是指哪一个固定的绕组电流，实质上是耦合电感存储的磁场能量。对外表现为：次级绕组电流在 $T_{off}$ 内未降到零、正好降到零和已提前降到零，波形如图 5-13（b）、图 5-14 所示。

图 5-13（b）是单端反激变换器在 CCM 时的波形。输出电压与输入电压的关系如式（5-103），且输出电压与负载无关。

单端反激变换器在 DCM 时，输出平均电流：

$$I_o = \frac{1}{T_s} \cdot \frac{|\Delta i_2|}{2} T'_{off} \tag{5-104}$$

式中，$T'_{off}(<T_{off})$ 为次级绕组电流流通时间。当开关晶体管 Q 截止、二极管 D 导通时：

$$T'_{off} = \frac{L_2}{U_o} |\Delta i_2| \tag{5-105}$$

将式（5-98）、式（5-101）、式（5-102）、式（5-104）和式（5-105）联立求解，得到：

$$I_o = \frac{U_{in}^2 T_s D^2}{2 L_1 U_o} \tag{5-106}$$

$$U_o = \frac{U_{in}^2 T_s D^2}{2 L_1 I_o} = \frac{U_{in}^2 D^2}{2 L_1 f_s I_o} \tag{5-107}$$

当 $I_o$ 减小时，即负载电阻增大，输出电压升高。当输出开路时，输出电压无穷大，这样会导致电路器件损坏，因此，单端反激变换器同样禁止开环空载。

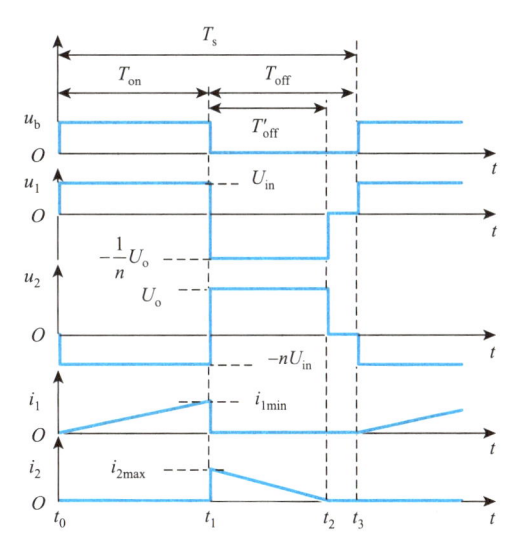

图 5-14 单端反激变换器工作在 DCM 时的电压、电流波形

由于 CRM 是 DCM 和 CCM 的特例，故在式（5-106）中，由式（5-103）可得 $U_{in}/U_o$ 表达式，得到临界连续电流：

$$I_G = I_o = \frac{U_{in} T_s D^2}{2 L_1 n} \cdot \frac{1-D}{D} = \frac{U_{in} T_s}{2 L_1 n} D(1-D) \tag{5-108}$$

当 $D = 0.5$ 时，临界连续电流最大值：

$$I_{G\max} = \frac{U_{in}T_s}{8L_1 n} \tag{5-109}$$

则式（5-108）可写为

$$I_G / I_{G\max} = 4D(1-D) \tag{5-110}$$

将式（5-109）代入式（5-106）得到：

$$I_o / I_{G\max} = 4D^2 \frac{nU_{in}}{U_o} \tag{5-111}$$

由式（5-103）、式（5-110）及式（5-111）绘制电感电流在不同工作状态下，单端反激变换器标幺外特性，如图 5-15 所示。

### 3. 元器件参数设计

设计电路时，已知输入电压 $U_{in}$ 和输出电压 $U_o$，输出功率 $P_o$ 及效率 $\eta$，则输入电流平均值：

$$I_{in} = \frac{P_o}{\eta U_{in}} \tag{5-112}$$

如图 5-13（b）所示，单端反激变换器工作在 CCM 时，开关晶体管流过电流的峰值：

$$I_{QP} = I_{1P} = \frac{P_o}{\eta D U_{in}} + \frac{U_{in}T_s}{2L_1}D \tag{5-113}$$

次级峰值电流，即二极管峰值电流：

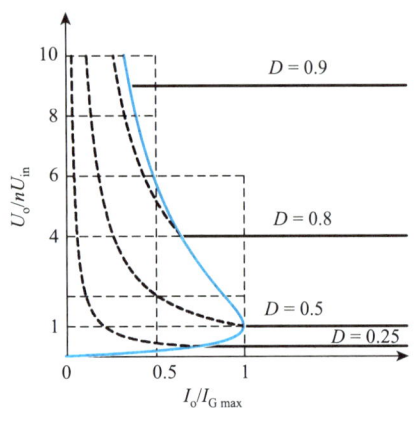

$$I_{DP} = I_{2P} = \frac{I_o}{1-D} + \frac{U_o T_s}{2L_2}(1-D) \tag{5-114}$$

图 5-15 单端反激变换器的标幺外特性

如图 5-14 所示，单端反激变换器工作在 DCM 时，输入电流峰值：

$$I_{1P} = I_{QP} = \frac{2P_o}{\eta D U_{in}} \tag{5-115}$$

次级峰值电流：

$$I_{2P} = \frac{2P_o}{n\eta D U_{in}} \tag{5-116}$$

单端反激变换器工作在 CRM 时，由式（5-108）可得：

$$I_G = \frac{U_{in}}{2nf_s L_1} \cdot D(1-D) = \frac{U_o}{2n^2 f_s L_1} \cdot (1-D)^2 = \frac{1}{2n^2 f_s L_1} \cdot \frac{U_o(nU_{in})^2}{(U_o + nU_{in})^2} \tag{5-117}$$

若希望单端反激变换器完全工作在 CCM 时，设置最小输出电流 $I_{o\min}$ 为临界连续电流，电感量应满足：

$$L_1 \geq \frac{U_{in}}{2nf_s I_{o\min}} \cdot D(1-D) \tag{5-118}$$

或

$$L_1 \geq \frac{U_o}{2n^2 f_s I_{o\min}} \cdot (1-D)^2 \tag{5-119}$$

或

$$L_1 \geq \frac{1}{2n^2 f_s I_{\text{omin}}} \cdot \frac{U_o (nU_{\text{in}})^2}{(U_o + nU_{\text{in}})^2} \qquad (5\text{-}120)$$

若希望单端反激变换器完全工作在 DCM，设置最大输出电流 $I_{\text{omax}}$ 为临界连续电流，电感量应满足：

$$L_1 \leq \frac{U_{\text{in}}}{2nf_s I_{\text{omax}}} \cdot D(1-D) \qquad (5\text{-}121)$$

或

$$L_1 \leq \frac{U_o}{2n^2 f_s I_{\text{omax}}} \cdot (1-D)^2 \qquad (5\text{-}122)$$

或

$$L_1 \leq \frac{1}{2n^2 f_s I_{\text{omax}}} \cdot \frac{U_o (nU_{\text{in}})^2}{(U_o + nU_{\text{in}})^2} \qquad (5\text{-}123)$$

输出功率相同时，单端反激变换器工作在电感电流断续状态比工作在电感电流连续状态所需的电感量要小。由于单端反激变换器工作在电感电流断续状态时，次级电流在开关晶体管再次导通前已下降到零，因此没有因二极管反向恢复引起的高频振铃现象和由此引起的电磁干扰等问题。如果单端反激变换器完全工作在断续区，由图 5-15 可见，由负载变化引起的占空比变化范围很大。

需要注意的是：负载的静态工作点范围变化很大，并不意味着静态工作点的变化速度一定就快。比如，使用单端反激变换器设计铅酸蓄电池充电器，开关频率 50kHz，电池 48V 20A·h，充电电流 1~5A，假设电池电压在 43~55V 变化过程中 5A 充电约需 3.8h，到达 55V 后充电电流从 5A 降到 1A 约需 20min。从负载的静态工作点看：输出电压变化 43~55V，负载电流变化 1~5A；但从静态工作点的变化速度来看，输出电压在 3.8h 内变化 12V，平均每个开关周期仅变化 $17.5 \times 10^{-9}$V，负载电流在 20min 内变化 4A，平均每个开关周期仅变化 $66.7 \times 10^{-9}$A。这种情况下，负载变化很小，占空比变化速度很慢。因此，在设计蓄电池充电器时，尽管负载变化范围很大，仍需设计单端反激变换器工作在 DCM。

若最小输出电流与最大输出电流相差很大，按式（5-118），CCM 时计算电感很大，为减小体积，单端反激变换器在小电流时工作于 DCM，在较大电流时工作于 CCM。

由式（5-113）和式（5-114）可见，当占空比 $D > 0.5$ 时，输入电流峰值小，而输出电流峰值大。由式（5-103）可见，在输出电压一定时，则要求较小的变比，而施加于开关晶体管上的电压：

$$U_{\text{ds}} = U_{\text{in}} + \frac{U_o}{n} = U_{\text{in}} + \frac{D}{1-D} U_{\text{in}} = \frac{U_{\text{in}}}{1-D} \qquad (5\text{-}124)$$

该电压随占空比的增加而增加。

二极管耐压：

$$U_{\text{DR}} = nU_{\text{in}} + U_o = \frac{U_o}{D} \qquad (5\text{-}125)$$

由上式可得，二极管耐压随占空比的增加而降低。

单端反激变换器中使用一个耦合电感。在制作该耦合电感时必然存在漏感。开关晶体管导通时，耦合电感的原边电流产生磁场，同时耦合电感的原边漏感也存储能量，这个能量不能直接耦合到次级绕组。因此，优化反激变换器中耦合电感的结构设计，减小漏感，是提高单端反激变换器的效率和可靠性、改善其工作特性的关键。

反激变换器主要用于功率小于数百瓦，对效率要求不高且对性价比有较高要求的小功率变换场合。小功率（百瓦及以下）时多选择断续模式（能量完全传输模式），而在功率数百瓦的应用中，为了减少磁性元件，在部分负载时，反激变换器工作在连续模式（能量不完全传输模式）。

**例 5-2**  使用单端反激变换器设计 48V 铅酸蓄电池充电器。该变换器输入电压 $U_{in} = 360\text{V}$，输出电压范围 $U_o = 43 \sim 55\text{V}$，负载电流范围 $I_o = 1 \sim 5\text{A}$，开关频率 $f_s = 50\text{kHz}$，最大占空比 $D_{max} = 0.44$。分别计算该变换器完全工作在电感电流连续状态和电感电流断续状态情况下所需的电感量。根据上述计算的完全工作在连续状态的电感量，绘制最大输出功率时开关晶体管、二极管的电流波形；根据上述计算的完全工作在断续状态电感量，绘制电感电流临界连续状态时开关晶体管、二极管的电流波形。

**解**：根据式（5-103），$U_{in}$ 不变时，$U_o$ 为占空比 $D$ 的单调递增函数。由 $U_{in} = 360\text{V}$、$U_o = 55\text{V}$、$D_{max} = 0.44$，可得：

$$n = \frac{U_o}{U_{in}} \cdot \frac{1 - D_{max}}{D_{max}} = \frac{55}{360} \cdot \frac{1 - 0.44}{0.44} \approx 0.194$$

当 $U_o = 43\text{V}$ 时，最小占空比 $D_{min}$ 为

$$D_{min} = \frac{U_o}{U_o + nU_{in}} = \frac{43}{43 + 0.194 \times 360} = 0.381$$

（1）完全工作在 CCM 时：

根据式（5-118），代入占空比 $D_{max} = 0.44$：

$$L_1 \geq \frac{U_{in}}{2nf_s I_{o\min}} \cdot D_{max}(1 - D_{max}) = \frac{360}{2 \times 0.194 \times 50 \times 10^3 \times 1} \times 0.44 \times (1 - 0.44) = 4.56\text{mH}$$

如例图 5-2（a）所示。

（2）完全工作在 CRM 时：

根据式（5-121），代入最小占空比 $D_{min} = 0.381$：

$$L_1 \leq \frac{U_{in}}{2nf_s I_{o\max}} \cdot D_{min}(1 - D_{min}) = \frac{360}{2 \times 0.194 \times 50 \times 10^3 \times 5} \times 0.381 \times (1 - 0.381) = 0.873\text{mH}$$

如例图 5-2（b）所示。

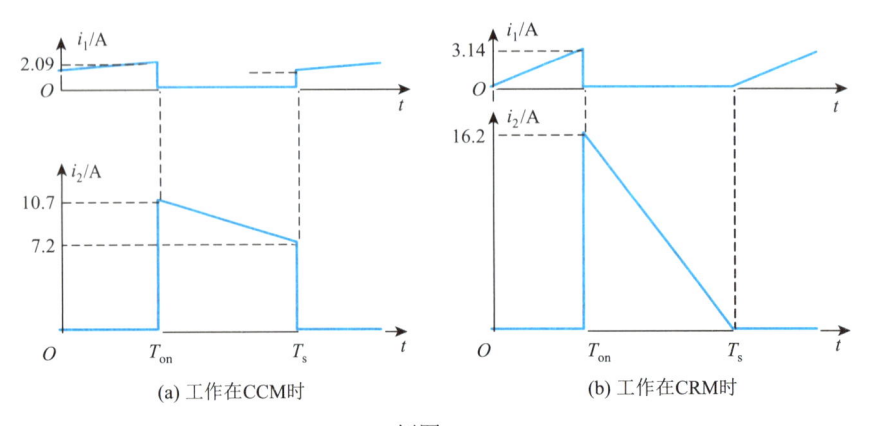

(a) 工作在CCM时　　　(b) 工作在CRM时

例图 5-2

**例 5-3**  单端反激变换器的输入电压 $U_{in}=48V$，输出电压 $U_o=360V$，负载电流 $I_o=1A$，开关频率 $f_s=50kHz$，占空比 $D=0.4$。计算该变换器工作在电感电流临界连续状态下所需的电感量；按照临界连续电流为输出电流的 1/5，计算工作在电感电流连续状态时所需的电感量；分别绘制在这两种状态下开关晶体管、二极管的电流波形。

**解**：根据式（5-103），代入相关参数可得：

$$n = \frac{U_o}{U_{in}} \cdot \frac{1-D}{D} = \frac{360}{48} \times \frac{1-0.4}{0.4} = 11.25$$

（1）工作在电感电流临界连续状态：

$$L_1 = \frac{U_{in}}{2nf_s I_o} \cdot D(1-D) = \frac{48}{2 \times 11.25 \times 50 \times 10^3 \times 1} \times 0.4 \times (1-0.4) = 0.01024 mH$$

（2）临界连续电流为输出电流的 1/5，工作在电感电流连续状态：

$$L_1 = \frac{U_{in}}{2nf_s(I_o/5)} \cdot D(1-D) = \frac{48}{2 \times 11.25 \times 50 \times 10^3 \times 0.2} \times 0.4 \times (1-0.4) = 0.0512 mH$$

如例图 5-3 所示。因此，具体设计电路时需要根据实际情况进行优化。

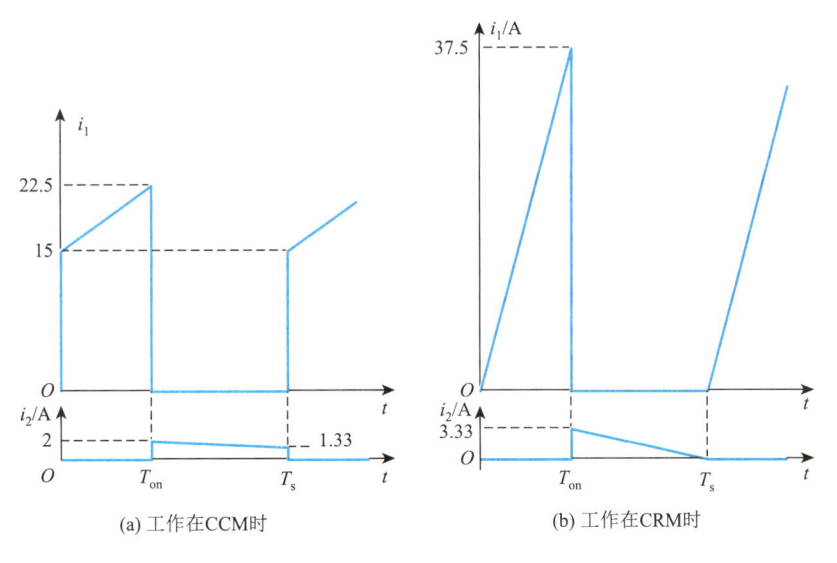

例图 5-3

## 5.3 双端直流-直流变换器

采用适当的电路结构，隔离型变换器的变压器磁芯工作在正负最大磁化状态，即双向磁化，这类变换器称为"双端变换器"。相比于单端变换器，双端变换器的变压器磁芯利用率提高了一倍，可实现更大的功率密度。基本的双端变换器有推挽、半桥和全桥三种电路结构，并且都可视为单端正激变换器的组合结构。

推挽、半桥、全桥直流-直流变换器分别如图 5-16～图 5-18 所示，整流电路采用全波整流，输出滤波电感前可连接一个附加的续流二极管，如图中虚线所示[2,4]。

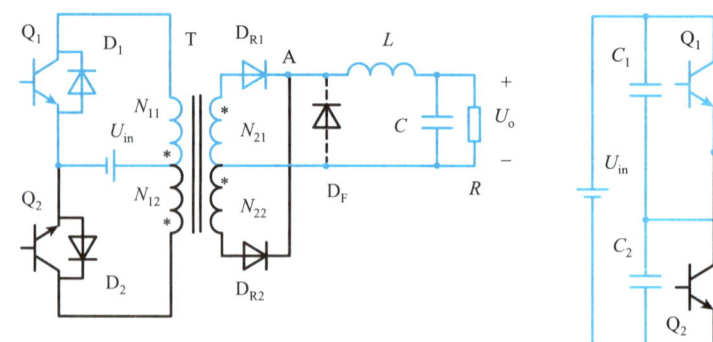

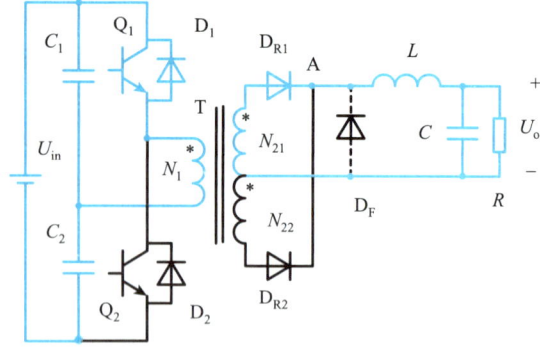

图 5-16 推挽直流-直流变换器

图 5-17 半桥直流-直流变换器

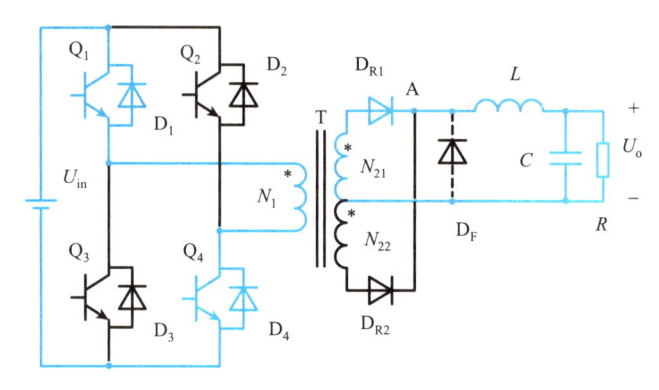

图 5-18 全桥直流-直流变换器

## 5.3.1 推挽直流-直流变换器

1. 工作原理

以连接续流二极管为例，假设变压器为理想变压器，分析推挽直流-直流变换器电路。将图 5-16 所示的变换器标注物理量及其参考方向后重绘于图 5-19。理想变压器 T 的原边两个绕组匝数 $N_{11} = N_{12} = N_1$，副边两个绕组匝数 $N_{21} = N_{22} = N_2$，副边对原边匝数比 $n = N_2/N_1$。

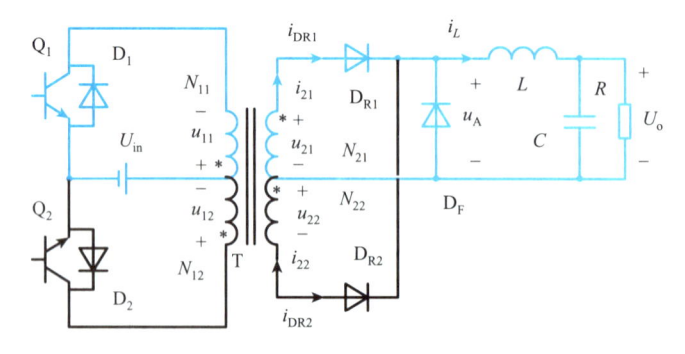

图 5-19 推挽直流-直流变换器电路图

当滤波电感电流连续时，该电路有 3 种工作模态，3 种工作模态下的等效电路如图 5-20 所示，其中标注的各物理量方向为实际方向，波形如图 5-21 所示。

（1）工作模态 1

如图 5-20（a）所示，对应图 5-20（d）$[t_0, t_1]$ 时段。在 $t = t_0$ 时，开关晶体管 $Q_1$ 开通，输入

电压 $U_{in}$ 施加在变压器初级绕组 $N_{11}$ 上,则次级绕组的电压:

$$u_{21} = \frac{N_{21}}{N_{11}} U_{in} = nU_{in} \tag{5-126}$$

整流二极管 $D_{R1}$ 导通,$D_{R2}$ 截止。施加在滤波电感 $L$ 上的电压为 $nU_{in} - U_o$,滤波电感电流线性增加。

此时,理想变压器的初级绕组 $N_{11}$ 电流 $i_{11}$ 为次级绕组电流折算到初级绕组的值:

$$i_{11} = ni_L \tag{5-127}$$

(2) 工作模态 2

如图 5-20(b)所示,对应图 5-20(d)中 $[t_1, t_2]$ 时段。在 $t = t_1$ 时,开关晶体管 $Q_1$ 关断,变压器原边功率管全部截止不能向副边传递能量,但必须有电流通路维持连续的滤波电感电流,

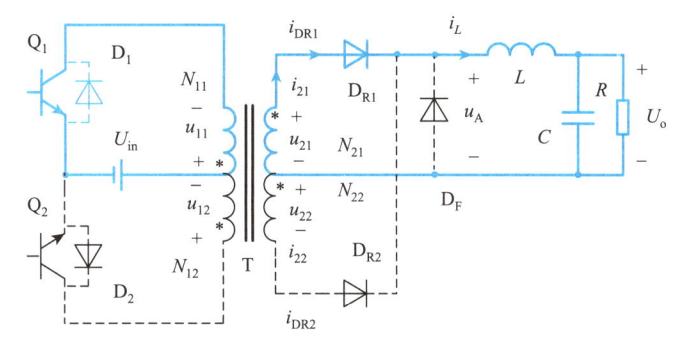

(a) 工作模态1等效电路

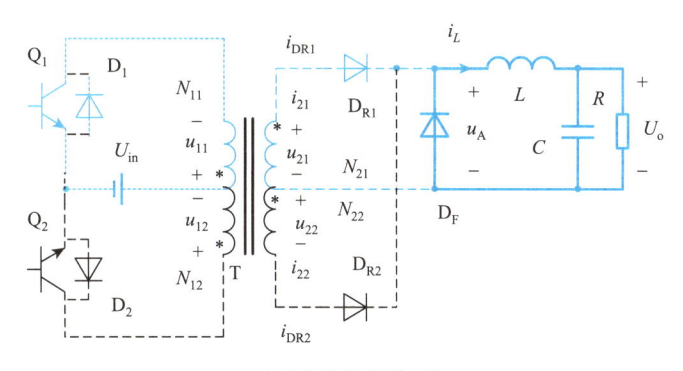

(b) 工作模态2等效电路

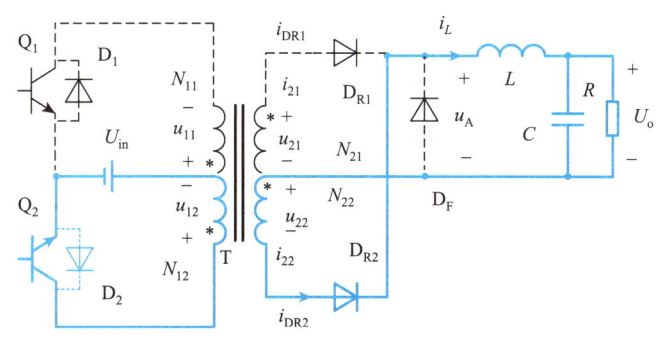

(c) 工作模态3等效电路

图 5-20 推挽直流-直流变换器连接理想变压器时的工作模态等效电路

因此续流二极管 $D_F$ 导通，流过续流二极管 $D_F$ 的电流等于滤波电感电流，变压器副边绕组电压为零，原边绕组感应的电压也为零。

$$i_{DR1} = 0 \tag{5-128}$$

$$i_{DR2} = 0 \tag{5-129}$$

滤波电感两端的电压为 $-U_o$，滤波电感电流线性下降。

（3）工作模态3

如图5-20（c）所示，对应图5-21中 $[t_2, t_3]$ 时段。在 $t = t_2$ 时，开关晶体管 $Q_2$ 开通，工作过程与工作模态1类似。当到达 $[t_3, t_4]$ 时段，该变换器再次进入工作模态2。

若电路中不采用续流二极管，电路的工作情况仅工作模态2有所不同。若没有续流二极管 $D_F$，在工作模态2中两个整流二极管 $D_{R1}$ 和 $D_{R2}$ 同时导通，变压器副边绕组短路，为 $i_L$ 提供通路。

2. 基本关系

（1）输出电压：

$$U_o = 2\frac{T_{on}}{T_s}nU_{in} = DnU_{in} \tag{5-130}$$

式中，$D = T_{on}/(T_s/2)$，为每一个开关晶体管导通时间与半个开关周期的比值，为滤波网络输入占空比。

（2）开关晶体管承受的最高电压：

$$U_{Qmax} = 2U_{in} \tag{5-131}$$

（3）开关晶体管流过的电流：

$$I_{Qmax} = nI_{Lmax} \tag{5-132}$$

（4）整流二极管承受的最高电压：

$$U_{DRmax} = 2nU_{in} \tag{5-133}$$

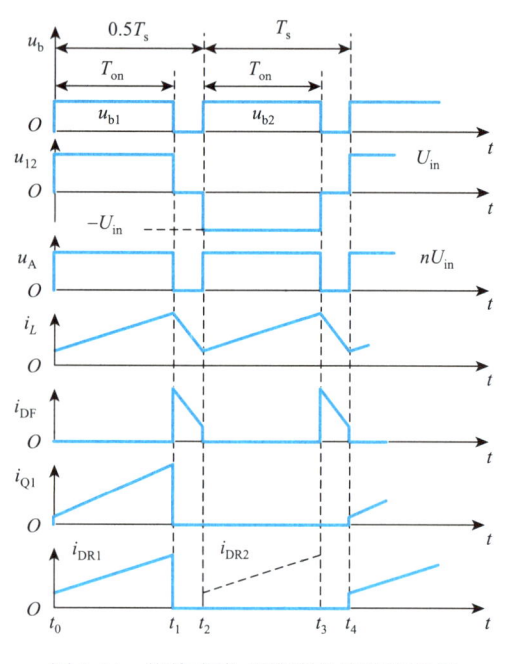

图5-21 推挽直流-直流变换器连接理想变压器时的主要波形

（5）整流二极管流过的电流。

整流二极管的最大电流为滤波电感电流最大值：

$$I_{DRmax} = I_{Lmax} \tag{5-134}$$

整流二极管的电流有效值估算为

$$I_{DR\_rms} \approx \sqrt{\frac{1}{T_s}I_o^2 T_{on}} = \sqrt{\frac{D}{2}}I_o \tag{5-135}$$

式中，$I_o$ 为负载电流平均值。

（6）续流二极管承受的最大电压：

$$U_{DFmax} = nU_{in} \tag{5-136}$$

（7）续流二极管流过的电流。

续流二极管流过的最大电流为滤波电感电流最大值：

$$I_{\mathrm{DFmax}} = I_{L\max} \tag{5-137}$$

续流二极管流过的电流有效值估算为

$$I_{\mathrm{DF\_rms}} \approx \sqrt{\frac{2}{T_s} I_o^2 T_{\mathrm{off}}} = \sqrt{(1-D)} I_o \tag{5-138}$$

### 5.3.2 半桥直流-直流变换器

#### 1. 工作原理

以连接续流二极管为例，考虑变压器励磁绕组，分析半桥直流-直流变换器电路。将图 5-17 所示的变换器重绘于图 5-22。将变压器绘制成等效电路：原边绕组 $N_1$，副边两个绕组匝数相等，$N_{21} = N_{22} = N_2$，副边对原边匝数比为 $n = N_2/N_1$，励磁电感 $L_m$ 并联绕组 $N_1$ 上。

当滤波电感电流连续时，该电路有 4 种工作模态，4 种工作模态下的等效电路如图 5-23 所示，

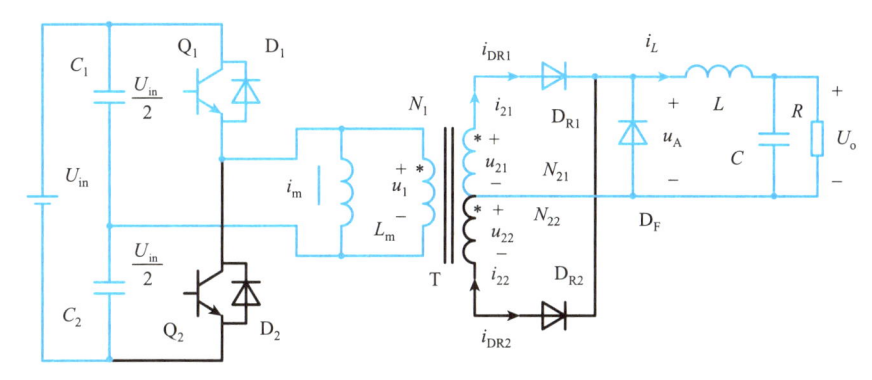

图 5-22 半桥直流-直流变换器电路

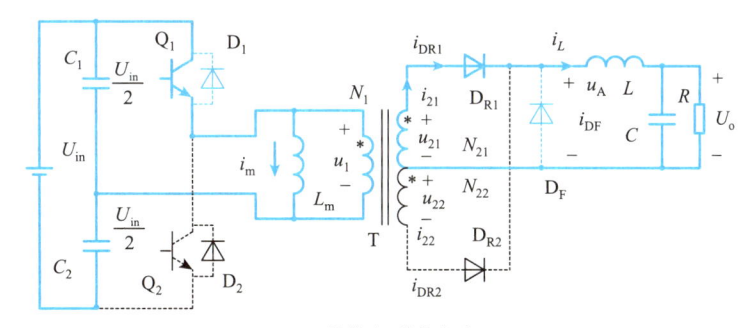

(a) 工作模态1等效电路

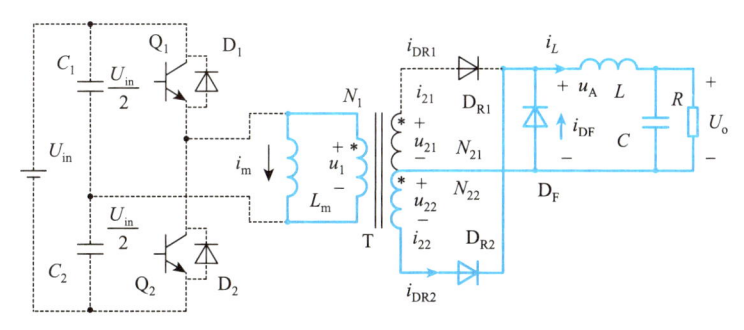

(b) 工作模态2等效电路

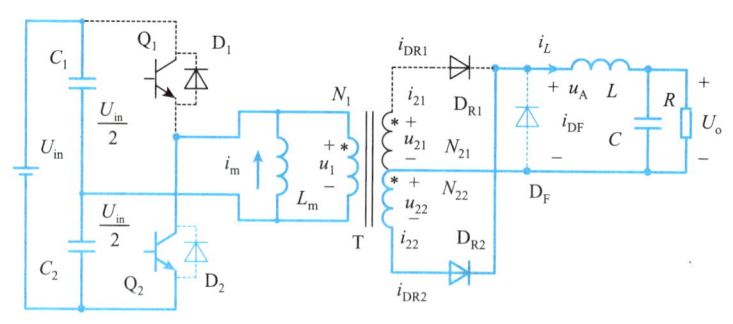

(c) 工作模态3等效电路

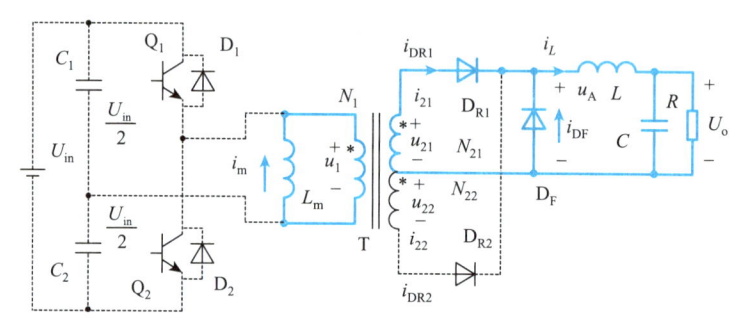

(d) 工作模态4等效电路

图 5-23 半桥直流-直流变换器工作模态等效电路

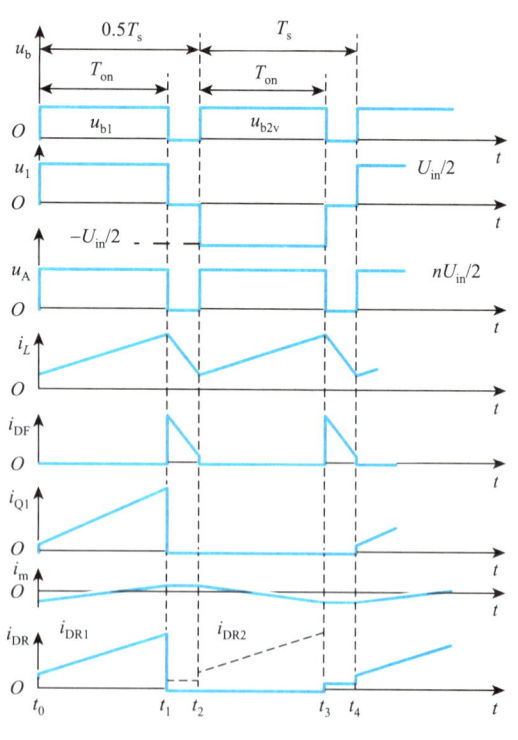

图 5-24 半桥直流-直流变换器主要波形

其中标注的各物理量方向为实际方向。波形如图 5-24 所示。假设滤波电感电流的最小值大于变压器原边激磁电流折算到副边的值。

（1）工作模态 1

如图 5-23（a）所示，对应图 5-24 中 $[t_0,t_1]$ 时段。在 $t=t_0$ 时，开关晶体管 $Q_1$ 开通，输入电压 $U_{in}/2$ 施加在变压器初级绕组 $N_1$ 上，变压器磁芯正向磁化。假设激磁电感恒定，初级绕组激磁电感为 $L_m$，则激磁电流从负的最大值 $-I_{mmax}$ 开始线性增加：

$$i_m = -I_{mmax} + \frac{U_{in}/2}{L_m}t \quad (5\text{-}139)$$

次级绕组的电压：

$$u_{21} = \frac{N_{21}}{N_1}\frac{U_{in}}{2} = \frac{nU_{in}}{2} \quad (5\text{-}140)$$

整流二极管 $D_{R1}$ 导通，$D_{R2}$ 截止。施加滤波电感 $L$ 上的电压为 $\frac{nU_{in}}{2}-U_o$，滤波电感电流线性增加。

此时，理想变压器初级绕组 $N_1$ 的电流 $i_1$ 为次级绕组电流折算到初级绕组的值：

$$i_1 = ni_L \tag{5-141}$$

实际变压器初级绕组 $N_1$ 的电流 $i_1$ 为次级绕组电流折算到初级绕组的值与激磁电流之和：

$$i_1 = ni_L + i_m \tag{5-142}$$

（2）工作模态 2

如图 5-23（b）所示，对应图 5-24 中 $[t_1, t_2]$ 时段。在 $t = t_1$ 时，开关晶体管 $Q_1$ 关断，变压器原边功率管截止，不能向副边传递能量，必须有电流通路维持连续的滤波电感电流，同时变压器激磁电流必须有维持的通路且要保持磁通连续，因此整流二极管 $D_{R2}$ 导通，续流二极管 $D_F$ 也导通，流过整流二极管 $D_{R2}$ 的电流与流过续流二极管 $D_F$ 的电流之和等于滤波电感电流，变压器的副边绕组电压为零，原边绕组感应的电压也为零。由于变压器磁势的平衡，激磁电流不能改变，因此

$$i_{DR1} = 0 \tag{5-143}$$

$$i_{DR2} = \frac{1}{n}|i_m| \tag{5-144}$$

由于工作模态 2 中变压器各绕组电压为零，因此变压器磁势不变，激磁电流保持最大值 $I_{mmax}$ 不变，但是激磁电流在该工作模态中流过的绕组是次级绕组 $N_{22}$，其值为 $|i_{mmax}|/n$，方向为流入 $N_{22}$ 的同名端"*"。

滤波电感两端的电压为 $-U_o$，滤波电感电流线性下降。

（3）工作模态 3

如图 5-23（c）所示，对应图 5-24 中 $[t_2, t_3]$ 时段。在 $t = t_2$ 时，开关晶体管 $Q_2$ 开通，其过程与工作模态 1 类似。

（4）工作模态 4

当到达 $[0.5T_s + T_{on}, T_s]$ 时段，变换器进入工作模态 4。此时激磁电流流过的绕组是次级绕组 $N_{21}$，其值为 $|i_{mmax}|/n$，方向为流出 $N_{21}$ 的同名端"*"。此时

$$i_{DR1} = \frac{1}{n}|i_m| \tag{5-145}$$

$$i_{DR2} = 0 \tag{5-146}$$

2. 基本关系

（1）输出电压。

$$U_o = 2\frac{T_{on}}{T_s}\frac{nU_{in}}{2} = \frac{1}{2}DnU_{in} \tag{5-147}$$

式中，$D = T_{on}/(T_s/2)$，为每一只开关管导通时间与半个开关周期的比值，为滤波网络输入占空比。

（2）开关管承受的最高电压。

$$U_{Qmax} = U_{in} \tag{5-148}$$

（3）开关管流过的最大电流。

$$I_{Qmax} = nI_{Lmax} + I_m \tag{5-149}$$

（4）整流二极管承受的最高电压。

$$U_{DRmax} = nU_{in} \tag{5-150}$$

（5）整流二极管流过的电流。

整流二极管流过的最大电流为滤波电感电流最大值：

$$I_{\text{DR max}} = I_{L\max} \tag{5-151}$$

整流二极管流过的电流有效值根据图 5-24 中的波形计算得到。不计激磁电流后流过整流二极管的电流有效值估算为

$$I_{\text{DR\_rms}} \approx \sqrt{\frac{1}{T_\text{s}} I_\text{o}^2 T_\text{on}} = \sqrt{\frac{D}{2}} I_\text{o} \tag{5-152}$$

式中，$I_\text{o}$ 为负载电流平均值。

（6）续流二极管承受的最高电压。

$$U_{\text{DF max}} = \frac{nU_{\text{in}}}{2} \tag{5-153}$$

（7）续流二极管流过的电流。

续流二极管流过的最大电流为滤波电感电流最大值：

$$I_{\text{DF max}} = I_{L\max} \tag{5-154}$$

续流二极管流过的电流有效值估算为

$$I_{\text{DF\_rms}} \approx \sqrt{\frac{2}{T_\text{s}} I_\text{o}^2 T_{\text{off}}} = \sqrt{(1-D)} I_\text{o} \tag{5-155}$$

### 5.3.3 全桥直流-直流变换器

以不连接续流二极管为例，考虑变压器励磁绕组，分析全桥直流-直流变换器电路。将图 5-18 所示的变换器标注物理量、参考方向后重绘于图 5-25。将变压器绘制成等效电路，原边绕组 $N_1$，副边两个绕组匝数相等 ($N_{21} = N_{22} = N_2$)，副边对原边匝数比为 $n = N_2 / N_1$，励磁电感 $L_\text{m}$ 并联在原边绕组 $N_1$。

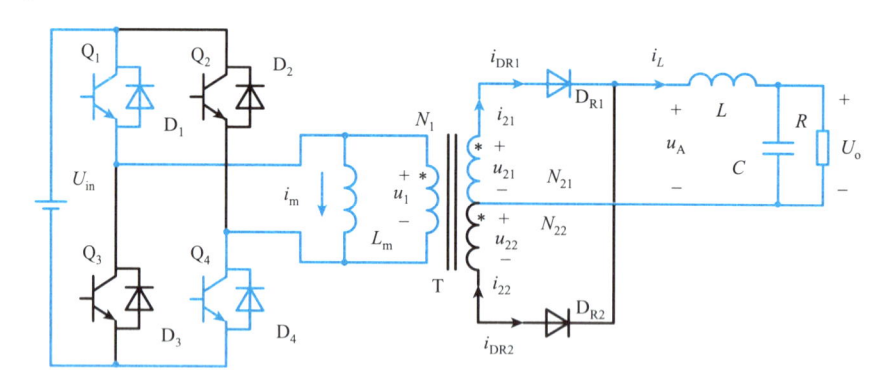

图 5-25 全桥直流-直流变换器电路

当滤波电感电流连续时该电路有 3 种工作模式，3 种工作模式下的等效电路如图 5-26 所示，其中标注的各物理量方向为实际方向，波形如图 5-24（d）所示。假设滤波电感电流的最小值大于变压器原边激磁电流折算到副边的值。

（1）工作模式 1。

如图 5-26（a）所示，对应图 5-27 中 $[t_0, t_1]$ 时段。在 $t = t_0$ 时，开关晶体管 $Q_1$ 和 $Q_4$ 开通，输入电压 $U_{\text{in}}$ 施加在变压器初级绕组 $N_1$ 上，变压器磁芯正向磁化，假设激磁电感恒定，初级绕组激磁电感为 $L_\text{m}$，则激磁电流从负的最大值 $-I_{m\max}$ 开始线性增加：

$$i_\mathrm{m} = -I_\mathrm{mmax} + \frac{U_\mathrm{in}}{L_\mathrm{m}}t \tag{5-156}$$

次级绕组的电压：

$$u_{21} = \frac{N_{21}}{N_1}U_\mathrm{in} = nU_\mathrm{in} \tag{5-157}$$

整流二极管 $D_{R1}$ 导通，$D_{R2}$ 截止。施加在滤波电感 $L$ 上的电压为 $nU_\mathrm{in} - U_\mathrm{o}$，滤波电感电流线性增加。

此时，理想变压器初级绕组 $N_1$ 的电流 $i_1$ 为次级绕组电流折算到初级绕组的值：

$$i_1 = ni_L \tag{5-158}$$

实际变压器初级绕组 $N_1$ 的电流 $i_1$ 为次级绕组电流折算到初级绕组的值和激磁电流之和：

$$i_1 = ni_L + i_\mathrm{m} \tag{5-159}$$

（2）工作模态 2。

如图 5-26（b）所示，对应图 5-27 中 $[t_1, t_2]$ 时段。在 $t = t_1$ 时，开关晶体管 $Q_1$ 和 $Q_4$ 关断，变压器原边开关晶体管全部截止不能向副边传递能量，必须有电流通路维持连续的滤波电感电流，同时变压器激磁电流也必须有维持的通路且要保持磁通连续，因此整流二极管 $D_{R1}$、$D_{R2}$ 同时导通，变压器副边绕组电压为零，原边绕组感应的电压也为零。由于变压器磁势的平衡，激磁电流不能改变，因此，$i_{DR1}$ 与 $i_{DR2}$ 之和为滤波电感的电流值；$i_{DR2}$ 与 $i_{DR1}$ 之差为初级绕组激磁电流折算到次级绕组的值。

$$i_{DR2} + i_{DR1} = i_L \tag{5-160}$$

$$i_{DR2} - i_{DR1} = \frac{1}{n}i_\mathrm{m} \tag{5-161}$$

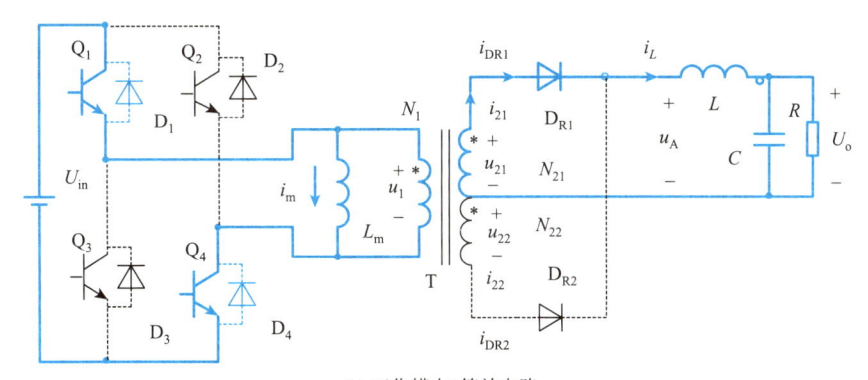

(a) 工作模态1等效电路

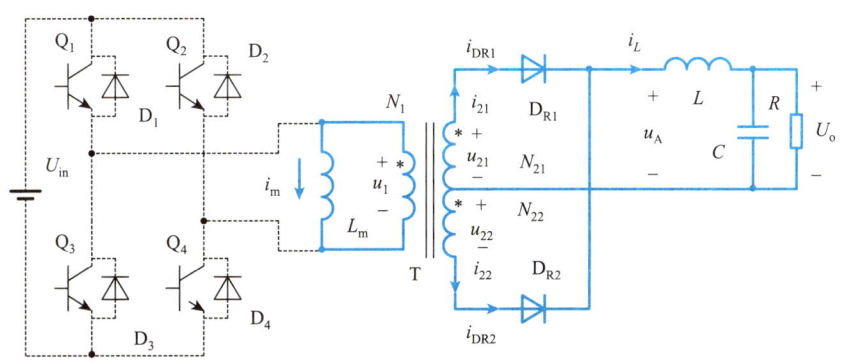

(b) 工作模态2等效电路

(c) 工作模式3等效电路

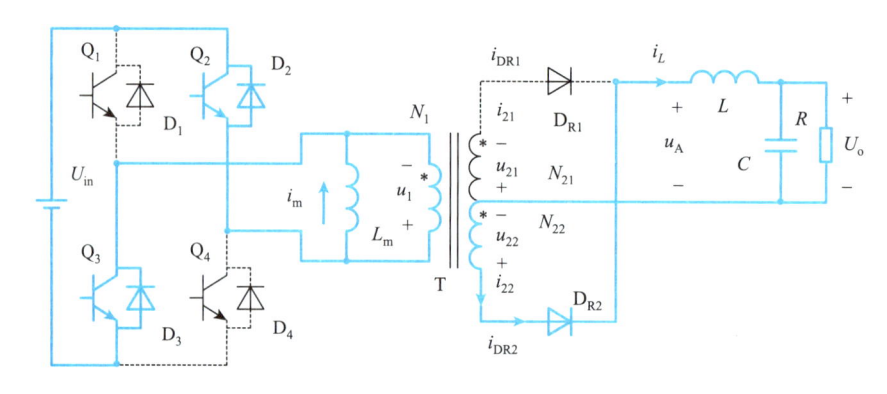

图 5-26 全桥直流-直流变换器工作模式等效电路

由此可得：

$$i_{DR1} = \frac{1}{2}\left(i_L - \frac{1}{n}i_m\right) \quad (5\text{-}162)$$

$$i_{DR2} = \frac{1}{2}\left(i_L + \frac{1}{n}i_m\right) \quad (5\text{-}163)$$

由于工作模式 2 中变压器各绕组电压为零，因此变压器磁势不变，激磁电流保持最大值 $I_{mmax}$ 不变，但是激磁电流在该工作模式中流过的绕组是次级绕组 $N_{22}$，其值为 $|i_{mmax}|/n$，方向为流入 $N_{22}$ 的同名端"*"。

实际变压器中，此时激磁电流为流过次级绕组 $N_{22}$。

滤波电感两端的电压为 $-U_o$，滤波电感电流线性下降。

（3）工作模式 3。

如图 5-26（c）所示，对应图 5-27 中 $[t_2, t_3]$ 时段。在 $t = t_2$ 时，开关晶体管 $Q_2$ 和 $Q_3$ 开通，其过程与工作模式 1 类似。

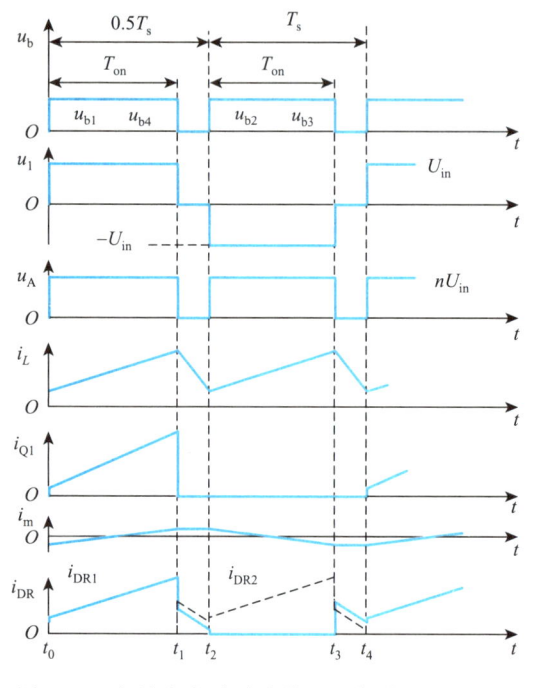

图 5-27 全桥直流-直流变换器工作模式主要波形

当时间到达 $[t_3, t_4]$ 时段，变换器再次进入工作模式 2。但此时激磁电流流过的绕组是次级绕组 $N_{21}$，其值为 $|i_{mmax}|/n$，方向为流出 $N_{21}$ 的同名端"*"。

# 习　　题

5-1　降压变换器电路如图 5-1（a）所示，输入电源为 48V 蓄电池，电压变化范围为 $48\times(1\pm10\%)$V，输出电压为 36V，最大输出功率为 300W，最小输出功率为 15W。工作频率为 50kHz。设所有器件为理想器件，求：（1）在电感电流连续状态时占空比变化范围；（2）完全工作在电感电流连续状态的最小电感量；（3）当输出纹波电压 $\Delta U_o = 100$mV 时滤波电容值；（4）电感临界连续电流为 4A 时的电感量，及在该电感量下最小输出功率时的占空比。

5-2　如题图 5-2（a）、（b）的两种升压变换器，$N_1$、$N_2$ 为耦合系数为 1 的耦合电感匝数，占空比为 $D$，分别从磁势平衡、伏秒积平衡推导两种电路工作在电感电流连续状态时 $U_o/U_{in}$。

5-3　升压变换器如图 5-7（a）所示，输入电压为 $48×(1±20\%)V$，输出电压为 110V，输出功率为 150～1500W，工作频率为 50kHz。设所有器件为理想器件，工作于电感电流连续状态。求：（1）占空比变化范围；（2）变换器工作于电感电流连续状态的最小电感量。

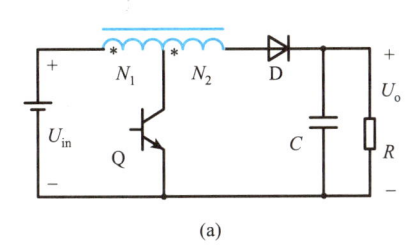

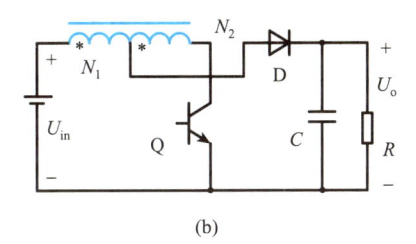

题图 5-2

5-4　为什么升压变换器不能开环空载运行？降压变换器能开环空载运行吗？

5-5　单端反激变换器可以开环空载运行吗？

5-6　使用单端反激变换器设计 36V 铅酸电池充电器。变换器输入电压 $U_{in}=360V$，输出电压变化范围 $U_o=32～41V$，负载电流变化范围 $I_o=1～5A$，开关频率 $f_s=50kHz$，最大占空比 $D=0.45$。计算该变换器完全工作在电感电流断续状态的最大电感量；根据计算的电感量绘制电感电流临界连续状态时开关晶体管、二极管的电流波形。

5-7　如题图 5-7 所示的变换器，$L_c$ 为耦合系数为 1 的耦合电感。两个开关晶体管同时开关。该电路与图 5-13（a）有何异同？比较这两个电路的特点。如果将题图 5-7 所示的耦合电感连同右边的电路改成图 5-12（a）所示的正激变换器中变压器及右边的电路，并与图 5-12（a）所示的电路比较，这两个电路各有何特点？

5-8　如果单端正激变换器开关晶体管关断时间小于变压器磁复位时间，会出现什么问题？

5-9　分析图 5-16 所示的电路工作原理，假设变压器为理想变压器，连接续流二极管 $D_F$。绘制变换器工作模态及其主要波形。

5-10　分析图 5-17 所示的电路工作原理，假设变压器励磁绕组，不连接续流二极管 $D_F$。绘制变换器工作模态及其主要波形。

5-11　分析图 5-18 电路工作原理，假设变压器励磁绕组，不连接续流二极管 $D_F$。绘制变换器工作模态及其主要波形。

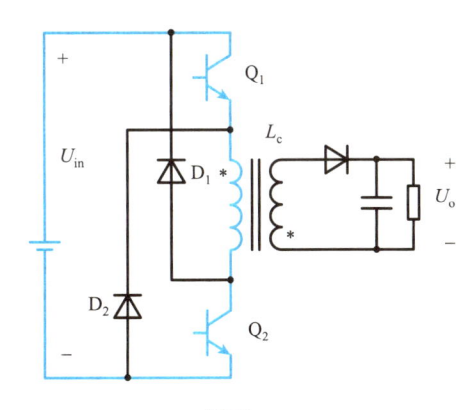

题图 5-7

# 第6章

## 电力电子变换器辅助电路及元件

变换器电路中仅有一个主电路是无法工作的，还需有辅助电路才能使电力电子变换器稳定工作。这些辅助电路包括闭环控制电路、开关晶体管缓冲电路、开关晶体管驱动电路等。另外，在设计变换器时，除选用适当的开关晶体管、电力二极管和电容器外，还需根据电路工作特点选用适当的磁芯和导线设计磁性元件[1]。

### 6.1 电力电子变换器闭环控制电路

#### 6.1.1 电力电子变换器闭环控制系统组成

典型的电力电子变换器闭环控制系统框图如图 6-1 所示，该系统包含 3 个组成部分：一是主功率电路部分，包括功率开关电路和低通滤波器（输出滤波）；二是控制电路部分，包括给定参考输入、比较器、控制器（或称调节器、补偿器、误差放大器）、脉宽调制（PWM）电路、分相电路等；三是包括反馈电路（一般为比例环节）、开关晶体管驱动电路（简称驱动电路）、保护电路等。闭环控制的电力电子变换器系统与常见的调节系统一样，要求控制电路应具有足够的回路增益；能在规定的输入电网电压、负载及温度变化范围内达到规定的静态性能指标；满足系统稳定性和响应速度等动态性能指标；应具有软起动、过流、过压等保护功能；必要时能实现输出与反馈之间的隔离。

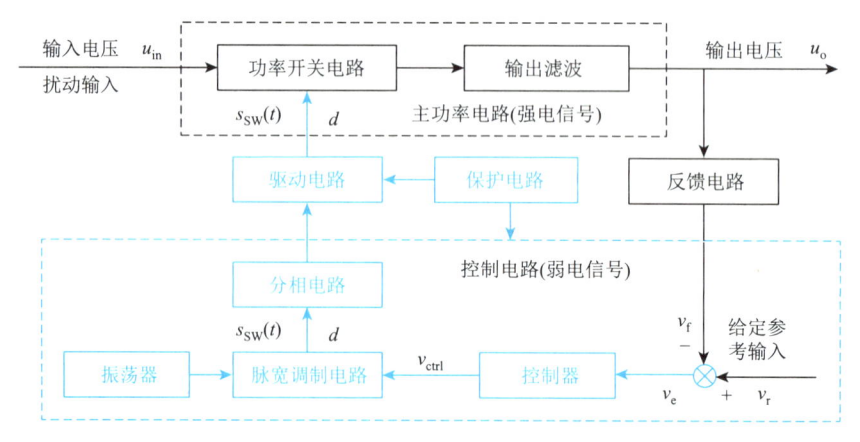

图 6-1 电力电子变换器闭环控制系统框图

图 6-1 所示的电力电子变换器闭环控制系统包括检测、比较、误差放大等环节电路。首先，

检测电路对输出电压 $u_o$ 采样得到反馈电压 $v_f$，$v_f$ 与给定参考输入电压 $v_r$ 比较后得到误差电压 $v_e$，$v_e$ 经过控制器调节后输出控制电压 $v_{ctrl}$；脉宽调制电路将 $v_{ctrl}$ 转换为开关晶体管的驱动脉冲信号 $s_{sw}(t)$，其中，$s_{sw}(t)$ 中导通时间与驱动脉冲周期的比值为占空比 $d$；脉冲信号 $s_{sw}(t)$ 驱动开关晶体管的导通与截止，控制输出电压。闭环控制系统不仅能够控制变换器的输出电压与参考信号大小，而且在输入电压变化、负载变化、参考信号改变及其他扰动影响的过程中，能够实现良好的动态特性，包括小的超调量和快速的调节过程。

### 6.1.2 脉宽调制基本原理

改变占空比 $d$ 主要是由脉宽调制实现，其又分为脉冲宽度调制（PWM）和脉冲频率调制（PFM）。其中，PWM 是指开关频率不变（开关周期不变），通过改变开关晶体管导通时间或截止时间来改变占空比（定频调宽）；PFM 是采用导通时间或截止时间恒定、可变开关频率来改变占空比（定宽调频）。

脉宽调制常采用载波调制。载波的频率通常对应开关晶体管的开关频率，可达到几十到几百千赫兹，甚至更高。调制波变化的频率较低，通常远低于载波频率。因此，在一个载波周期内可以把调制波看成是恒定不变的常量。载波通常采用三角波或者锯齿波。本节是以锯齿波为例，为突出时变性，用 $v_{carrier}(t)$ 表示锯齿波载波，$v_{mod}(t)$ 表示调制波，调制波来自于控制器输出 $v_{ctrl}(t)$，$v_{mod}(nT)$ 表示调制波一个载波周期内的零阶采样保持值，载波周期为 $T_s$，载波峰值为 $V_m$，如图 6-2 所示。当调制波信号高于载波信号时，脉宽调制器输出高电平；当调制波信号低于载波信号时，脉宽调制器输出低电平。根据比例关系可以得到：

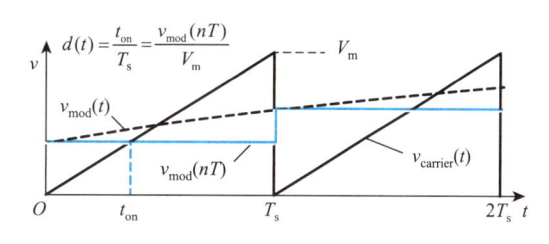

图 6-2 脉宽调制

$$d(nT) = \frac{v_{mod}(nT)}{V_m} \approx \frac{v_{mod}(t)}{V_m} = \frac{t_{on}}{T_s} = d(t) \quad (6-1)$$

即

$$d(t) \approx \frac{1}{V_m} v_{mod}(t) \quad (6-2)$$

占空比与调制波的关系近似为比例函数，脉宽调制器可以将调制波 $v_{mod}(t)$ 等比例 $(1/V_m)$ 转换为占空比 $d(t)$。

控制电路中各单元电路早期大多采用分立元件及单片集成电路来实现，后来出现了包含控制电路全部功能的各种集成脉宽调制控制器，应用这种控制器在设计时只需外加少量元件。

为进一步提高系统的性能指标，单环反馈（即输出电压反馈）已不能完全满足性能指标的要求，常采用多环反馈：其中一种方法是在引入电压外环反馈的同时，引入电流内环反馈。

### 6.1.3 集成脉宽调制芯片（控制器）

1. 集成脉宽调制芯片的基本功能

集成脉宽调制芯片的优点是简单、可靠、使用方便，可以大大简化电力电子变换器控制电路设计及调试。一般来说，集成脉宽调制芯片包含的电路及功能主要有：

（1）脉宽调制信号产生电路

产生脉宽调制信号是集成脉宽调制芯片的基本功能。

（2）电力电子变换器故障保护

电力电子变换器在工作过程中，由于某些原因可能出现过流、过压及其他一些故障。这时需切除开关晶体管的控制信号，关断开关晶体管，保护主电路的元器件不受损坏以及用电设备的安全。

（3）软起动

为避免在变换器起动时出现输入电流过大、输出电压过冲及变压器饱和等问题，在大多数电力电子变换器闭环设计中常引入软起动电路。软起动电路的功能是变换器开始起动时，输出很窄的脉冲宽度，然后慢慢增加脉冲宽度，直到达到静态工作点所需的脉冲宽度。

（4）干扰抑制

控制器的输出 $v_{ctrl}$ 可能存在尖峰或振荡。存在尖峰或振荡的信号与锯齿波信号比较时，可能出现多个交点，从而造成在一个锯齿波周期中比较器输出多个脉冲。为避免这一现象发生，比较器输出的 PWM 脉冲需经一个锁存器来抑制干扰，保证锁存器在一个锯齿波周期内仅输出一个脉冲信号。

（5）死区时间控制

由于开关晶体管存储时间的影响，推挽电路的两个开关晶体管或桥式电路同一桥臂的两个开关晶体管可能同时导通，会造成电源瞬时短路、损坏功率管。为此，需设置死区时间以限制驱动脉冲的宽度。即在此区间内，两个开关晶体管的驱动脉冲都为低电平。由于不同电力电子变换器及半导体开关器件对死区时间要求不同，所以死区时间应是可调节的。不同集成脉宽调制芯片实现死区时间控制的电路也不同。

2. 集成脉宽调制器实例

在变换器控制电路设计中，比较常用的集成脉宽调制器有 MC3420、TL494、MC34060、UC3840、SG3525/SG3527、UC3842/3843/3844/3845 等，其主要构成和功能基本相同。下面以 SG3525/SG3527 型集成脉宽调制器为例进行介绍。

1）基本功能

SG3525 与 SG3527 的内部电路结构仅是输出级不同，其他部分均相同。SG3525 输出正脉冲，适用于驱动 NPN 型电力 BJT 或 N 沟道电力 MOSFET；SG3527 输出负脉冲，适用于驱动 PNP 型电力 BJT 或 P 沟道电力 MOSFET。

SG3525/SG3527 内部电路结构（图 6-3）是由基准电压源、振荡器、误差放大器、PWM 比较器、PWM 锁存器、分相器、欠压锁定、输出级、软起动及关断电路组成。

（1）基准电压源

基准电压源为精密稳压器，输出电压范围为 $5.1 \times (1 \pm 1\%)$ V，具有高精度和温度稳定性；作为内部电路的供电电源，并可向外输出 400mA 电流；同时设有过流保护电路。

（2）振荡器

振荡器由双门限比较器、恒流源及电容充放电电路组成，其外部连接电路如图 6-4 所示。振荡器可在 $C_T$ 上产生锯齿波电压。锯齿波的峰值、谷值电平分别为 $U_H = 3.3V$ 和 $U_L = 0.9V$，如图 6-5 所示。内部一恒流源可对电容 $C_T$ 充电产生锯齿波的上升沿，充电时间 $t_1$ 取决于 $R_T C_T$。$C_T$ 放电产生锯齿波下降沿，放电时间 $t_2$ 取决于 $R_D C_T$。锯齿波频率：

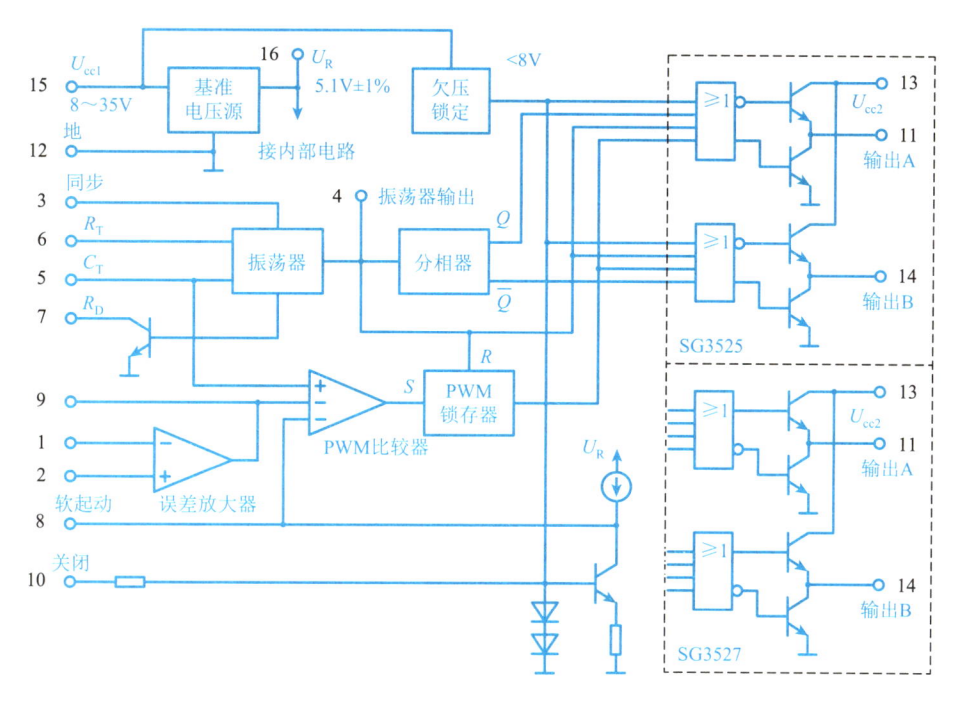

图 6-3  SG3525/SG3527 内部电路结构

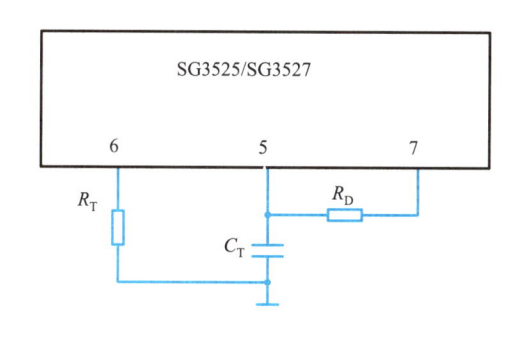

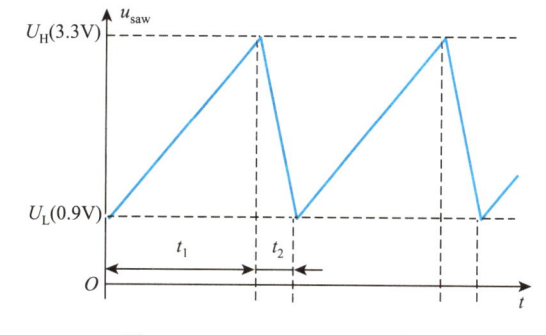

图 6-4  SG3525/SG3527 振荡器外部电路图

图 6-5  SG3525/SG3527 锯齿波

$$f = \frac{1}{t_1 + t_2} = \frac{1}{C_T(0.67R_T + 1.3R_D)} \quad (6-3)$$

由于比较器的门限电平（$U_H$, $U_L$）由基准电压分压获得，同时 $C_T$ 的充电恒流源对电压和温度变化具有较好的稳定性，所以，当电源电压 $U_{cc1}$ 在 8～35V 范围内变化时，锯齿波的频率稳定度达1%；当温度在 -55～125℃ 范围变化时，其频率稳定度为3%。

振荡器（引脚4）输出一对应锯齿波下降沿的时钟信号，时钟信号宽度为 $t_2$，通过 $R_D$ 调节时钟信号宽度。SG3525/SG3527 通过 $R_D$ 调节死区大小，$R_D$ 越大死区越宽。振荡器还有外同步输入端（引脚3），对其施加直流或高于振荡器频率的脉冲信号，实现对振荡器的外同步。

（3）误差放大器

误差放大器是一个两级差分放大器，直流开环增益约为 70dB。根据逻辑要求，反馈电压 $v_f$ 接至反相输入端（引脚1），同相输入端（引脚2）接给定参考输入电压。根据系统的动态特性、静态特性要求，在误差放大器输出引脚9和引脚1间外接适当的电阻和电容组成放大器反馈网络，与误差放大器组成控制器，用于闭环调节。

**（4）PWM 比较器、PWM 锁存器**

误差放大器的输出信号接至 PWM 比较器的反相端，振荡器输出的锯齿波接至 PWM 比较器同相端，PWM 比较器输出一负的 PWM 脉冲信号，该脉冲信号首先经过锁存器，确保锯齿波在一个周期内只输出一个 PWM 脉冲信号。

PWM 比较器的输入端还具有软起动和关闭 PWM 信号的功能。在引脚 8 至地接一只电容（一般为几微法）就能实现软起动。过压、过流及其他故障的信号可接至引脚 10。当出现过压、过流及其他故障时关闭 PWM 信号。

**（5）分相器**

分相器由一个 T 触发器组成。T 触发器的触发信号为振荡器输出的时钟信号。锯齿波每个下降沿触发触发器翻转一次。分相器输出频率为锯齿波频率 1/2 的方波信号，该方波信号送至输出级的两组门电路输入端，以实现 PWM 脉冲的分相。

**（6）欠压锁定**

当 SG3525/SG3527 的电源电压 $U_{cc1}$ 降到正常工作的最低电压（8V）以下时，电路各部分工作异常。若输出级输出异常的 PWM 控制信号将损坏电路的开关晶体管，因此需要 SG3525/SG3527 自动切断控制信号。在 SG3525/SG3527 中，当 $U_{cc1} \leq 7V$ 时，欠压锁定环节输出一高电平信号加至输出级"或非"门（"或"门）输入端以封锁 PWM 脉冲信号。

**（7）输出级**

输出级结构采用图腾柱。SG3525/SG3527 各有两组相同结构的输出级。图 6-6 为 SG3525 的一组输出级，其中，左部上侧为"或非"门，下侧"或"门。"或非"（"或"）门有 4 个输入端，分别为输入 PWM 脉冲信号、分相器输出的 $Q$（或 $\overline{Q}$）信号、时钟信号和欠压锁定信号。设输出信号为 $P$ 和 $\overline{P}$，根据"或非"（"或"）逻辑，有 $P = \overline{A+B+C+D}$、

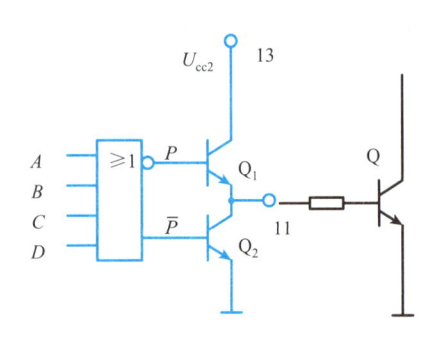

图 6-6　SG3525 的一组输出级

$\overline{P} = A+B+C+D$。$P$ 和 $\overline{P}$ 两信号分别驱动输出级的上下两个开关晶体管 $Q_1$、$Q_2$。这两个开关晶体管组成图腾柱，使输出既可向负载提供电流，又可吸收负载电流。图腾柱有利于开关晶体管 Q 关断，比如当 $\overline{P}$ 为高电平（$P$ 为低电平）时，$Q_1$ 截止，$Q_2$ 导通，为开关晶体管 Q 关断提供低阻抗的反向基极抽流回路，加速其关断。

2）电路原理及各点波形

SG3525 各点波形如图 6-7 所示。由误差放大器与外部阻容器件组成的控制器的输出电压 $u_c$，其与锯齿波 $u_{saw}$ 的交点可得一负的 PWM 信号。PWM 信号、时钟信号及分相器输出的 $Q$（或 $\overline{Q}$）信号根据"或非"门的逻辑可得两个"或非"门的输出信号 $u_A$ 和 $u_B$。为说明死区的调节作用，接入较大阻值的 $R_D$，使锯齿波下降沿变宽，在实际应用中，$R_D$ 根据所要求死区的大小而定。从波形图（图 6-7）可见：

①PWM 比较器的反相输入端电平越高，则输出脉冲 $u_A$ 和 $u_B$ 的占空比越大，反之就越小；

②死区调节作用。

SG3525/SG3527 是通过控制 $R_D$ 阻值改变时钟脉冲宽度，进一步实现死区的调节。例如，若在"或非"门的输入端不施加时钟信号，则其输出脉宽等于 PWM 的负脉冲宽度；而在门电路的输入端施加时钟信号后，输出脉冲就滞后。从波形图可见，$u_A$（$u_B$）的上升沿取决于时

钟脉冲的下降沿，$u_A$（$u_B$）的下降沿取决于 PWM 脉冲的上升沿。在时钟脉宽区间，$u_A = u_B = 0$，即为死区，改变 $R_D$ 阻值就可控制死区的大小。

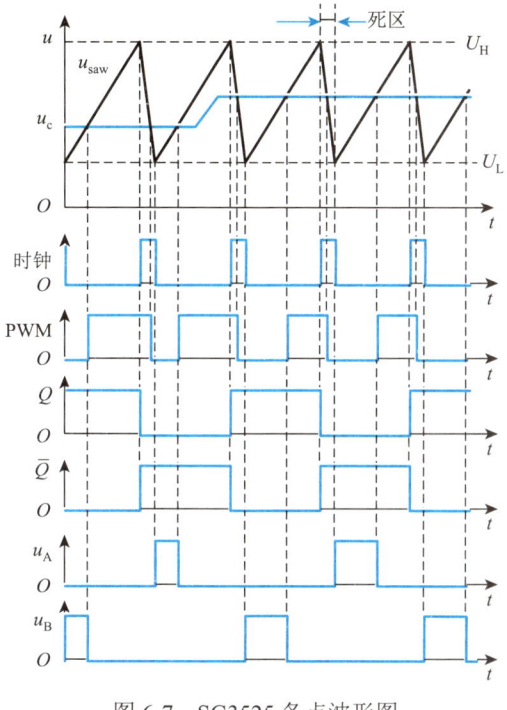

图 6-7　SG3525 各点波形图

## 6.2　开关晶体管的缓冲电路

开关晶体管导通时流过电流，截止时承受电压。在开关转换瞬间，电路中电感元件能量释放导致电力半导体器件经受很大的热和电冲击。这些热和电冲击可能超过开关晶体管的安全工作区，导致器件损坏。因此在开关转换期间需要将施加于开关晶体管的各种应力限制在安全范围内，为此需要设计缓冲电路[1]。

在几种典型的电力半导体器件中，电力 MOSFET 开关速度较快；电力 BJT 由于退饱和需要时间（退饱和时间大于寄生电容的充放电时间）导致其开关速度略慢；IGBT 导通电流的主体部分是电力 BJT，同时 IGBT 还存在电流拖尾，所以 IGBT 开关速度略慢。晶体管的开关特性不一样，对缓冲电路的要求也有所不同，但缓冲电路的原理和特性是相同的。本章以开关速度略慢的电力 BJT 为例，分析缓冲电路的原理与设计。

### 6.2.1　开关过程及负载线

以降压变换器为例，第 5 章中，降压变换器的开关管连接至输入电源的正极。如在汽车电子等设备中，电源与负载采用共正极连接，将开关管连接至输入电源的负极，如图 6-8（a）所示。

设降压变换器工作在 CCM 时，一个开关周期内的波形如图 6-8（b）所示。在 $t_0$ 时刻前，Q 处于截止状态，$i_c = 0$，$i_D = i_L$。二极管 D 续流，此时 $u_{ce} = U_{in} + U_D$，$U_D$ 为二极管的正向压降。

降压变换器滤波电路时间常数远大于开关转换时间。在开关换流瞬间，电感电流基本不变。因此在开关换流瞬间将电感电流近似为恒流源。$t_0$ 时刻驱动信号阶跃为高电平，经开通延迟，

(a) 开关管连接在输入电源负端的降压变换器

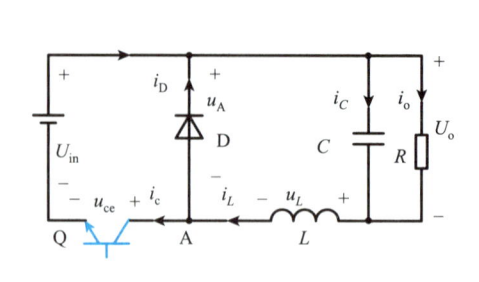

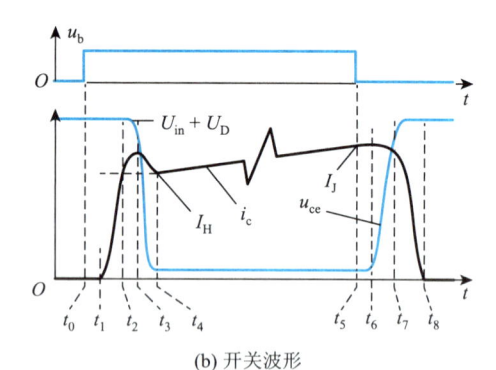

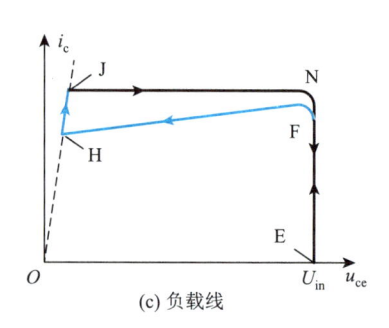

(b) 开关波形

(c) 负载线

图 6-8  降压变换器开关波形及负载线

$t_1$ 时刻，Q 开始流过集电极电流 $i_c$，图 6-8（a）中 A 点满足：

$$i_c = i_L - i_D \tag{6-4}$$

在 Q 的集电极电流上升时间内 $i_c < i_L$，二极管 D 一直维持导通，$u_{ce} = U_{in} + U_D$，直至 $t_2$ 时刻。$t_2$ 时刻，$i_c = i_L$，$i_D = 0$。由于 D 需要反向恢复，在 $t_2$ 时刻后，D 流过反向恢复电流 $i_{DR}$，$i_D = i_{DR} < 0$，$i_c = i_L + |i_D|$，直至 $t_4$ 时刻。

$t_3$ 时刻，反向恢复电流 $i_{DR}$ 达到最大，此后 D 逐渐恢复阻断状态，$u_A$ 逐渐上升，$u_{ce} = U_{in} - u_A$ 逐渐下降。$t_4$ 时刻，D 完全阻断，Q 进入稳态导通过程（$t_4 \sim t_5$）。在导通过程中 $u_{ce} = U_{ces}$，$i_c = i_L$。

若 $t_5$ 时刻，Q 驱动信号为低电平，由于 Q 存在存储时间，$t_5 \sim t_6$，此时 Q 仍处于饱和状态，$u_{ce} = U_{ces}$。$t_6$ 时刻，Q 退出饱和，$i_c$ 上升变慢直至停止上升。此期间 $u_{ce} = U_{in} - L\dfrac{di_L}{dt} - U_o$，因 $L\dfrac{di_L}{dt}$ 减小，$u_{ce}$ 而增加。此时仍维持 $i_c = i_L$。$t_7$ 时刻，$i_c$ 下降，Q 不能维持 $i_c = i_L$，电感电流下降，电感的感应电势由左"−"右"+"变到零，现在变为左"+"右"−"，迫使 D 导通，Q 集-射电压 $u_{ce} = U_{in} + U_D$。此后 A 点满足 $i_c = i_L - i_D$。$i_c$ 继续下降，$i_D$ 增加，直至 $t_8$ 时刻 Q 关断。

根据 Q 每一瞬时电流 $i_c$ 与对应的 $u_{ce}$，可以绘制出开关晶体管的负载线——集-射电压 $u_{ce}$ 与集电极电流 $i_c$ 的关系曲线，如图 6-8（c）所示。图中 E—F—H 对应图 6-8（b）中的 $t_1 \sim t_4$；H—J 对应图 6-8（b）中的 $t_4 \sim t_5$；J—N—E 对应图 6-8（b）中的 $t_5 \sim t_8$。可见，CCM 时，Q 开通和关断过程中，负载线都经过高损耗区。

## 6.2.2 基本缓冲电路

### 1. 关断缓冲电路

关断缓冲电路也称为关断负载线整形电路，如图 6-9 所示。以图 6-9（a）为例，图中 $D_1$、$R_1$、$C_1$ 组成缓冲电路。

(a) 连接至晶体开关管两端  (b) 连接至二极管两端

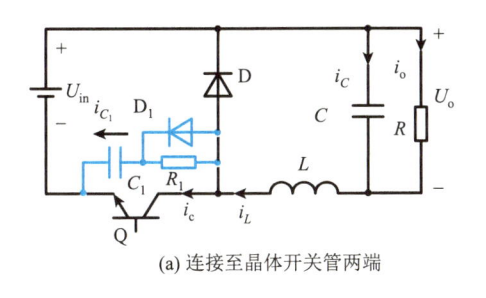

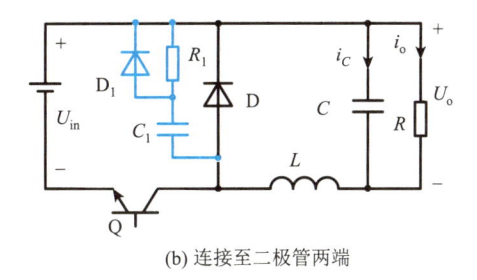

图 6-9 关断缓冲电路

Q 在开关转换期间,将电感电流看成恒流源 $I_L$。当集电极电流 $i_c$ 经过存储时间下降时,由于 D 尚未导通,必然有电流 $i_{C_1}$($i_{C_1} = I_L - i_c$)流经 $D_1$、$C_1$。该电流对电容 $C_1$ 充电,因 $C_1$ 与开关晶体管的集-射极(c-e)并联,从而限制 $u_{ce}$ 的增加速度。

若电容 $C_1$ 选取较大值,则 Q 集电极电流 $i_c$ 下降到零时,集-射电压 $u_{ce}$ 尚未达到最大值 $U_{in}$;若电容 $C_1$ 选取较小值,$i_c$ 尚未下降到零时,$u_{ce}$ 就已达到最大值。

为分析方便,假设 Q 集电极电流 $i_c$ 在其下降时间 $t_f$ 内线性下降。下降时间 $t_f$ 是由 Q 的驱动电路特性和 Q 本身确定。假设 $u_{ce}$ 上升时间由缓冲电路确定。

1)"正常电容"缓冲电路

当集-射电压 $u_{ce}$ 的上升时间 $t_M$ 等于集电极电流下降时间 $t_f$(图 6-10)时,此时电路称为"正常电容"缓冲电路。电容电压:

$$u_{C_1}(t) = \frac{1}{C_1}\int_0^{t_f}(I_L - i_c)\mathrm{d}t = \frac{I_L}{C_1}\cdot\frac{t^2}{2t_f} \quad (6-5)$$

式中,$I_L$ 为关断前电感电流,其等于 Q 集电极电流。

当 $t = t_f$ 时,

$$u_{C_1}(t_f) = \frac{I_L}{2C_1}t_f = U_{in} \quad (6-6)$$

或

$$C_1 = \frac{I_L}{2U_{in}}t_f \quad (6-7)$$

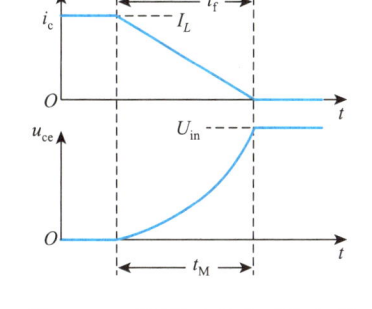

图 6-10 "正常电容"时集电极电流、电压波形

Q 在关断过程中损耗的能量:

$$W_g = \int_0^{t_f} u_{ce}(t)i_c(t)\mathrm{d}t = \int_0^{t_f}\frac{I_L^2}{C_1}\cdot\frac{t^2}{2t_f}\left(1-\frac{t}{t_f}\right)\mathrm{d}t = \frac{t_f^2}{12}\cdot\frac{I_L^2}{2C_1} \quad (6-8)$$

将式(6-7)代入式(6-8),得到

$$W_g = \frac{I_L U_{in}}{12}t_f \quad (6-9)$$

当 Q 再次导通时,在关断过程中电容 $C_1$ 上充电的电荷将通过 $R_1$ 和 Q 释放。设电容 $C_1$ 存储能量全部消耗在电阻上,考虑到式(6-7),则电阻能量损耗为

$$W_r = \frac{1}{2}C_1 U_{in}^2 = \frac{1}{2}\cdot\frac{I_L t_f}{2U_{in}}U_{in}^2 = \frac{U_{in}I_L}{4}t_f \quad (6-10)$$

把 $t_M = t_f$ 时的电容值 $C_1$ 用 $C_n$ 表示:

$$C_n = C_1 = \frac{I_L}{2U_{in}}t_f \tag{6-11}$$

并设

$$W_G = \frac{I_L U_{in}}{2}t_f \tag{6-12}$$

式（6-9）和式（6-10）分别为

$$W_g = W_G / 6 \tag{6-13}$$

$$W_r = W_G / 2 \tag{6-14}$$

2）"大电容"缓冲电路

当集-射电压 $u_{ce}$ 的上升时间 $t_M$ 大于集电极电流下降时间 $t_f$ 时（图 6-11），此时整形电路称为"大电容"缓冲电路，可得到：

$$C_1 = \frac{I_L t_f}{2U_{in}}\left(2\frac{t_M}{t_f} - 1\right) \tag{6-15}$$

令 $\alpha = t_M / t_f$ （$\alpha > 1$），则

$$C_1 = C_n(2\alpha - 1) \tag{6-16}$$

$$W_g = \frac{U_{in}I_L}{2}t_f \cdot \frac{1}{6(2\alpha-1)} = \frac{W_G}{6} \cdot \frac{1}{2\alpha-1} \tag{6-17}$$

$$W_r = U_{in}I_L t_f \cdot \frac{(2\alpha-1)}{4} = W_G \cdot \frac{2\alpha-1}{2} \tag{6-18}$$

3）"小电容"缓冲电路

当集-射电压上升时间 $t_M$ 小于集电极电流下降时间 $t_f$（图 6-12）时，此时整形电路称为"小电容"缓冲电路，可得到：

$$C_1 = C_n \alpha^2 \tag{6-19}$$

$$W_g = W_G\left(\frac{\alpha^2}{2} - \frac{4\alpha}{3} + 1\right) \tag{6-20}$$

$$W_r = \frac{W_G}{2}\alpha^2 \tag{6-21}$$

式中，$\alpha = t_M / t_f$，$\alpha < 1$。

根据图 6-10～图 6-12 给出的三种情况下的负载线如图 6-13 所示。设开关过程中电路总损耗：

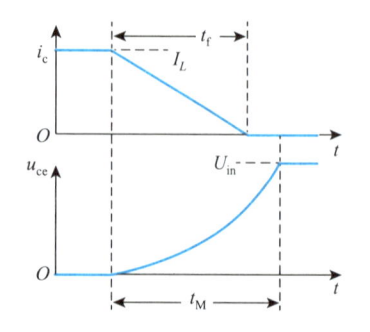

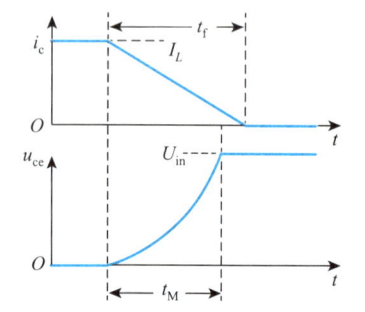

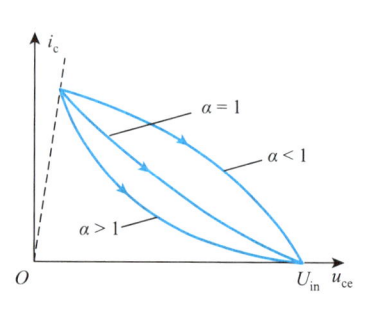

图 6-11　"大电容"时集电极电流、电压波形　　图 6-12　"小电容"时集电极电流、电压波形　　图 6-13　不同电容时的负载线

$$W_s = W_g + W_r \tag{6-22}$$

根据式（6-17）、式（6-20）、式（6-18）、式（6-21）和式（6-22）绘制曲线如图 6-14 所示。当 $\alpha < 1$ 时，$W_s = W_G(\alpha^2 - 4\alpha/3 + 1)$，是抛物线。当 $\alpha > 1$ 时，$W_s$ 随 $\alpha$ 单调递增，且总损耗在 $\alpha < 1$ 时为最小值：

$$\mathrm{d}W_s / \mathrm{d}\alpha = W_G(2\alpha - 4/3) = 0 \tag{6-23}$$

得到

$$\alpha = 2/3 \tag{6-24}$$

此时，

$$W_s = 5W_G/9 \tag{6-25}$$

$$C_1 = 4C_n/9 \tag{6-26}$$

由式（6-25）可知，缓冲电路不仅改变负载线的形状，而且提升总的电路效率。事实上，若考虑关断时网络中的二极管损耗，以及开通时因整形电路引起的附加电流增加的开通损耗，总的电路效率变化不明显，但开关晶体管承受的应力降低。

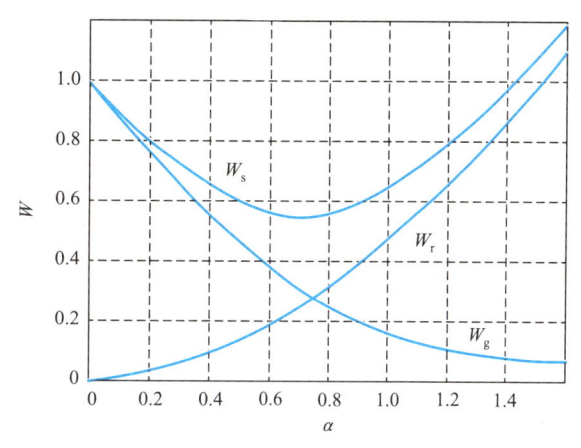

图 6-14 能耗与 $\alpha$ 的关系

在 $\alpha$ 介于 0.35 和 1 范围内，$W_s$ 接近最小值，根据式（6-19）选取电容：

$$C_1 = (0.12 \sim 1)C_n \tag{6-27}$$

在开关晶体管导通时间内，根据电容 $C_1$ 的电荷全部释放的原则，选择电阻 $R_1$。能量损耗与电阻阻值无关。由图 6-8（a）可知，若开关晶体管最小导通时间 $T_{\text{on min}} \geqslant (3 \sim 5)C_1R_1$，有

$$R_1 \leqslant T_{\text{on min}} / [(3 \sim 5)C_1] \tag{6-28}$$

根据 $t_f$ 期间承受浪涌能力选择具体型号的 $D_1$。

由式（6-27）确定 $C_1$ 后，当电路工作频率较高或变换器调节范围很宽及最小导通时间很短时，由式（6-28）确定的电阻阻值很小。这样开通 Q 就需附加很大的电流，不仅增加开通损耗，还给驱动电路设计带来困难，也限制缓冲电路的使用范围。

**2. 开通缓冲电路**

当电感电流连续时，Q 开通负载线掠过高损耗区。为了把开通负载线整形到低损耗区，由 $D_2$、$L_2$、$R_2$ 组成开通缓冲电路——开通负载线整形电路，如图 6-15 所示。

在开通 Q 过程中，Q 的集电极电流 $i_c$ 上升时间 $t_r$ 内，Q 由截止逐渐导通，集-射电压 $u_{ce}$ 由输入电压 $U_{in}$ 逐渐下降到零，同时 D 两端电压 $u_D = U_{in} - u_{ce}$ 逐渐上升到 $U_{in}$，流过电感的电流上升。如果串联电感 $L_2$ 较大，Q 开通后，$(L_2 I_C / t_r) > U_{in}$，即 $t_r$ 不再是 Q 的集电极电流 $i_c$ 的上升时间，而是 Q 的集-射电压 $u_{ce}$ 的下降时间。

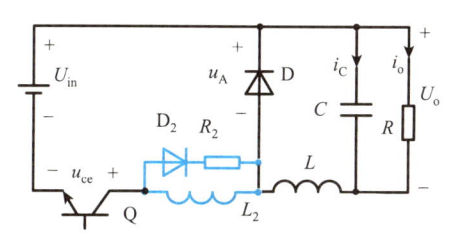

图 6-15 开通缓冲电路

设 Q 的集-射电压 $u_{ce}$ 线性下降，其下降时间等于 Q 的集电极电流 $i_c$ 上升时间 $t_r$。而 $i_c$ 上升时间由电感 $L_2$ 确定。集电极电流 $i_c$ 为

$$i_c = i_{L_2} = \frac{1}{L_2} \int_0^t u_{L_2}(t) \mathrm{d}t = \frac{1}{L_2} \int_0^t [U_{in} - u_{ce}(t)] \mathrm{d}t$$

$$=\frac{1}{L_2}\int_0^t\left[U_{\text{in}}-\left(U_{\text{in}}-\frac{t}{t_r}U_{\text{in}}\right)\right]\mathrm{d}t=\frac{U_{\text{in}}}{L_2}\cdot\frac{t^2}{2t_r} \tag{6-29}$$

若 $t_n = t_r$（$t_n$ 为集电极电流 $i_c$ 上升到最大值 $I_L$ 的时间），则电流上升时间等于电压下降时间。当 $i_c = I_c$ 时，式（6-29）可写为

$$I_L=\frac{U_{\text{in}}}{L_2}\cdot\frac{t_r}{2} \tag{6-30}$$

令 $t_n = t_r$ 时，$L_2 = L_n$，

$$L_2=\frac{U_{\text{in}}}{2I_L}\cdot t_r=L_n \tag{6-31}$$

在开通网络中，当 $\alpha = 2/3$ 时，总能量损耗最小，此时：

$$L_2 = 4L_n/9 \tag{6-32}$$

同样

$$L_2 = (0.12 \sim 1)L_n \tag{6-33}$$

能量释放电阻 $R_2$ 的取值取决于开关晶体管截止时附加电压的大小，以及电感电流下降到零的时间。即下一次开通前电感 $L_2$ 中电流必须为零。因此

$$R_2 \geqslant (3 \sim 5)L_2/T_{\text{off min}} \tag{6-34}$$

式中，$T_{\text{off min}}$ 是开关晶体管最小截止时间。当截止时间较短即开关频率提高时，若 $R_2$ 阻值较大，开关晶体管附加电压较高，则导致开关晶体管的应力增加。

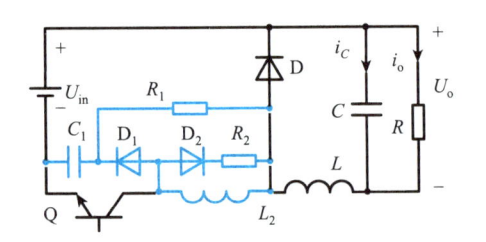

图 6-16 开通与关断复合缓冲电路

**3. 开通与关断复合缓冲**

开通和关断复合缓冲电路如图 6-16 所示。关断网络电容 $C_1$ 上电压应包含电感 $L_2$ 附加电压；开通网络中电感 $L_2$ 也应考虑 $C_1$ 附加的开通电流。

该电路一般取电容小于 $C_n$，电感大于 $L_n$。

在关断和开通网络中损耗的功率分别为

$$P_{\text{off}}=\frac{1}{2}CU_{\text{in}}^2\cdot f \tag{6-35}$$

$$P_{\text{on}}=\frac{1}{2}LI_L^2\cdot f \tag{6-36}$$

## *6.2.3 无损缓冲电路

如果把缓冲过程中的能量返回电源或提供给负载，这种缓冲电路就是无损缓冲电路。

**1. 无损关断缓冲电路**

如图 6-17 所示，$D_1$、$D_2$、$D_3$、$C_1$、$C_2$ 和 $L_1$ 组成无损关断缓冲电路。以图 6-17（a）为例，设 Q 处于饱和导通状态，$C_1$、$C_2$ 充电至 $U_{\text{in}}$，此时 $D_1 \sim D_3$ 截止，Q 的集电极电流 $i_c = i_L$，$i_L$ 为电感电流，主要波形如图 6-17（c）所示。

当 Q 关断，进入下降时间 $t_f$ 时，$i_c$ 下降，A 点电位下降，$D_1$、$D_2$ 导通，$C_1$、$C_2$ 并联放电，电流分别为 $i_{C1}$、$i_{C2}$，$i_c + i_{C1} + i_{C2} = i_L$。Q 的集-射电压 $u_{ce} = U_{\text{in}} - u_{C_1}(u_{C_2})$ 缓慢上升。$C_1$ 与 $C_2$ 分别为式（6-27）计算值的一半。

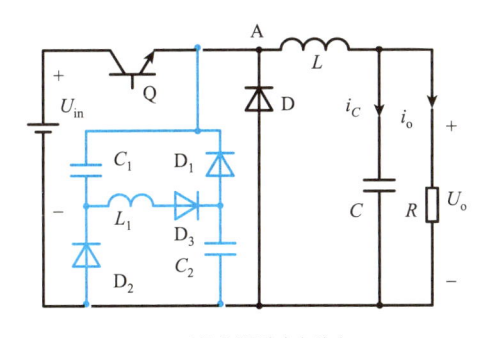

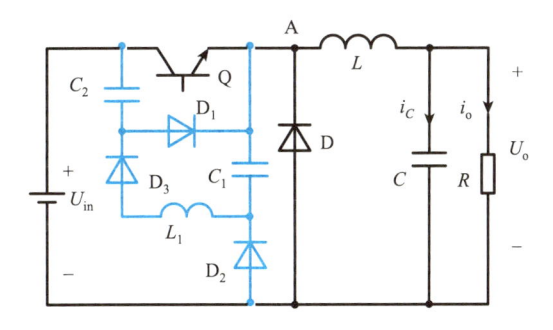

(a) 无损关断缓冲电路之一

(b) 无损关断缓冲电路之二

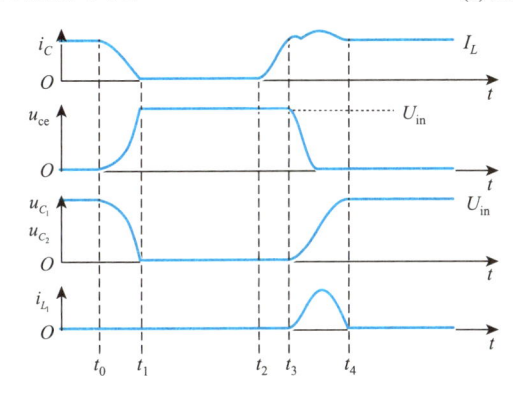

(c) 图(a)所示电路的主要波形

图 6-17 无损关断缓冲电路图及其主要波形

当 Q 由截止转换为导通时，$D_1$、$D_2$ 截止，$U_{in}$ 经 Q，$D_3$、$L_1$ 对 $C_1$ 和 $C_2$ 串联谐振充电，直到 $C_1$ 和 $C_2$ 的电压均为 $U_{in}$ 为止。在最小导通时间 $T_{onmin}$ 内，$C_1$ 和 $C_2$ 充满电应满足：

$$T_{onmin} \geqslant 2\pi\sqrt{L_1C_1/2} = \pi\sqrt{2L_1C_1} \tag{6-37}$$

由此可得所需电感为

$$L_1 \leqslant \frac{T_{onmin}^2}{2\pi^2 C_1} \tag{6-38}$$

Q 导通时，最大附加峰值电流为

$$I_{rm} = U_{in}\omega_0 C_1 = \sqrt{2}U_{in}\sqrt{\frac{C_1}{L_1}} \tag{6-39}$$

式中，$\omega_0 = \sqrt{2/L_1C_1}$，为谐振角频率。

## 2. 无损开通缓冲电路

图 6-18 所示是具有无损开通缓冲电路的降压变换器。图中缓冲电感 $L_1$ 带有一个反激式次级。Q 开通时，电感 $L_1$ 阻止 Q 电流上升；而在 Q 截止时，由次级将能量返回电源或负载。电感量根据式（6-33）选择。为了保证磁芯复位，若次级接到 $U_{in}$ 端时，最小截止时间为

$$T_{offmin} \geqslant \frac{L_2 I_1 N_1}{U_{in} N_2} \tag{6-40}$$

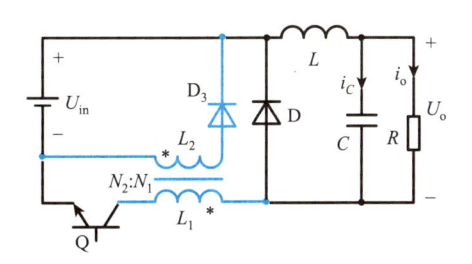

图 6-18 具有无损开通缓冲电路的降压变换器

则

$$N_2 \geq \frac{L_2 I_1 N_1}{U_{in} T_{off\,min}} \tag{6-41}$$

Q 截止时,给 Q 附加电压为

$$U_{L_2} = \frac{N_1}{N_2} U_{in} \tag{6-42}$$

缓冲电路元件必须是高频特性良好的元件,即二极管必须是快恢复二极管,电容是高频损耗低或专用缓冲电路(snubber)电容,电感磁芯是高频损耗低且分布电容小。在安装时,无损开通缓冲电路必须尽可能接近被缓冲的功率管,这样才能真正起作用。

## 6.3 开关晶体管的驱动电路

### 6.3.1 驱动电路的隔离技术

开关晶体管的驱动电路具备在控制电路与主电路之间电气隔离的能力。一般采用光电耦合器(光耦)、隔离变压器(磁耦)以及基于半导体的隔离技术实现电气隔离[1,11]。

**1. 光耦**

光耦一般由发光二极管和光敏晶体管组成。典型的光耦内部结构图和基本电路如图 6-19 和图 6-20 所示。

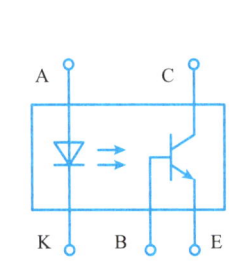

图 6-19 典型的光耦内部结构图    图 6-20 光耦的基本电路

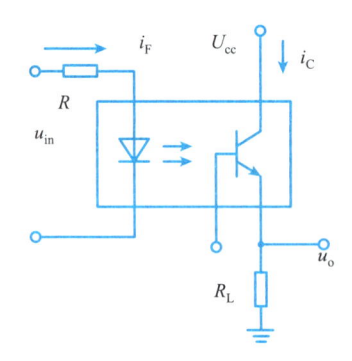

工作时,发光二极管有电流流过并产生光源,光强度正比于流过发光二极管电流 $i_F$。在该光源照射下,光敏晶体管产生集电极电流 $i_C$。$i_C$ 与光照强度成正比。所以 $i_C$ 正比于 $i_F$。光耦的输入特性、输出特性与普通晶体管相似。只是电流传输比 ($i_C/i_F$) 比晶体管的电流放大倍数 ($i_C/i_b$) 要小很多,一般 $i_C/i_F<1$。根据光耦的特性参数可以很容易计算电路的参数,比如限流电阻 $R$、负载电阻 $R_L$。

光耦与晶体管一样,既可以工作在线性状态,也可工作于开关状态。在开关晶体管驱动电路中,光耦常工作于开关状态,传递脉冲信号。在设计高频电路时需要考虑光耦的响应时间:延迟时间 $t_0$、上升时间 $t_r$ 和下降时间 $t_f$,如图 6-21 所示。发光二极管-光敏晶体管型光耦(图 6-19)的响应时间($t_r$ 或 $t_f$)一般为 5~10μs,而

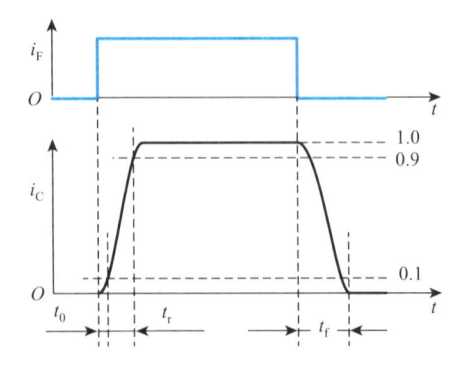

图 6-21 光耦的输入和输出脉冲波形

发光二极管-光敏二极管型光耦的响应时间小于 2μs。为得到快速响应，常选用 $t_r$ 和 $t_f$ 均小于 1.5μs 的高速光耦，如图 6-22（a）所示。在光耦电路中，负载电阻 $R_L$ 的大小影响光耦的响应时间。$R_L$ 越小，光耦的响应时间越短。在实际应用中，在光耦允许的集电极电流范围内尽量减小负载电阻以提高光耦的响应速度。图 6-22（a）中 $R_b$ 用于提供光耦存储电荷的释放回路以减小其关断时间，但 $R_b$ 会减小光耦的传输比，因此，$R_b$ 一般取较大数值。为提高光耦的传输比，输出采用达林顿连接，但会导致响应时间加长，如图 6-22（b）所示。

(a) 高速光耦电路    (b) 高电流传输比光耦电路

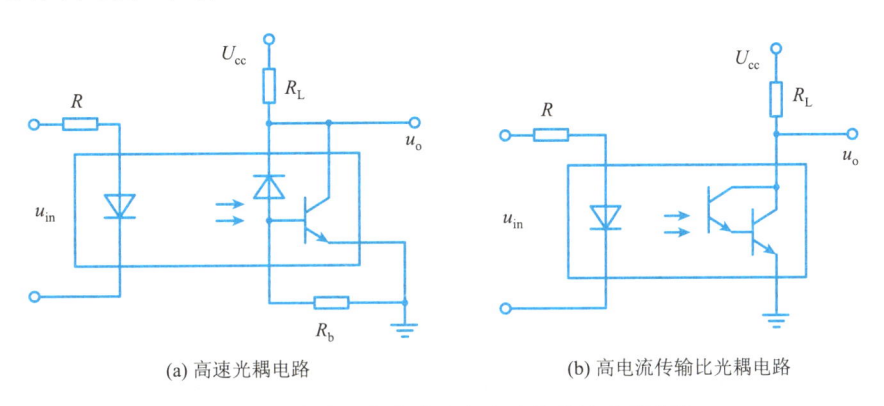

图 6-22　高速光耦电路和高电流传输比光耦电路

2. 磁耦

用于实现信号间电气隔离的变压器又称磁耦。脉冲变压器可用来传递交变的或单向的矩形脉冲，既能进行电流或电压变换，也能实现电气隔离。在实际应用中，当脉冲较宽时，脉冲变压器的体积、质量较大，激磁电流也较大。为克服该问题，可采用高频调制和解调的方法。

图 6-23 为高频调制的单向脉冲变压器的隔离电路。图中 $v_{sw}$ 为控制信号，与 555 振荡器产生的高频信号一起施加至"与"门。"与"门把控制信号 $v_{sw}$ 变成为脉冲信号宽度的高频脉冲列输出，因此设计变压器 T 时就可以减小其体积、质量。为减小信号传递的延时，$v_{sw}$ 经由 $R_1C_1$ 组成的微分网络，再通过 $Q_1$ 控制 555 振荡器实现同步起振。脉冲变压器 T 设计为反激输出，变压器 T 副边电路参数设计必须保证 $Q_2$ 在截止期间变压器磁芯复位。若调制频率较高，Q 的 b-e 结结电容足以起到对被调制信号的滤波。若调制频率不是很高，需与电阻 $R_3$ 并联一电容对被调制信号进行滤波。由于并联电容会引起信号延时，因此该电容值应尽可能小。该电路的调制频率受振荡器（由 555 振荡器及外围元件构成）的最高振荡频率限制，一般不超过 100kHz。

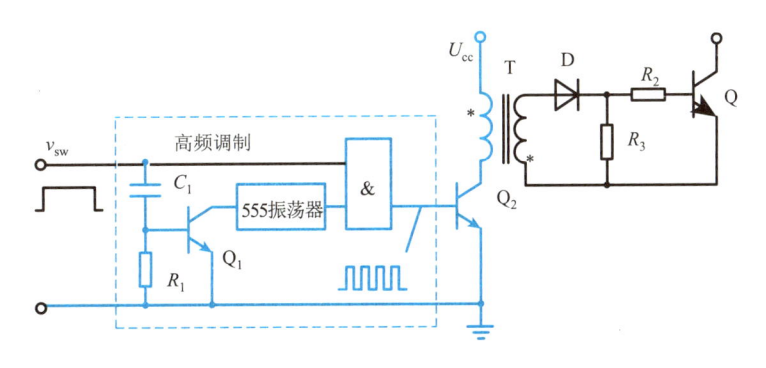

图 6-23　高频调制的单向脉冲变压器的隔离电路

### 3. 基于半导体的隔离技术

目前电气隔离信号传输已从基于光、磁技术，发展到基于半导体的技术，比如在数字隔离驱动器内部，有两块或更多的硅片，硅片之间通过绝缘材料隔离。控制信号以电容型或电磁型方式通过隔离层来传输，输入信号与输出信号处于不同硅片上。这种隔离方式能绕过硅工艺极限，可以满足高耐压需求，隔离驱动可以承受10kV以上的浪涌电压。

## 6.3.2 典型驱动电路

### 1. 电力场控器件（电压控制型器件）的驱动电路

4.2节给出电力MOSFET对驱动电路的要求：栅极电压（驱动电压）大于开启电压$U_T$，电力MOSFET导通；栅极电压小于$U_T$，电力MOSFET截止；为加速开通，驱动电源电压要高、内阻抗要小；在开通过程中，驱动电路必须能提供足够大的驱动电流为输入电容充电；导通时，减小导通电阻$R_{on}$以降低导通损耗，应尽量增加栅源驱动电压，一般为大于10V小于20V；若要加速关断，应为输入电容提供低阻抗放电通道；电力MOSFET常用于高频工作，$C_{iss}$很容易与电路分布参数产生高频振荡，因此，为了抑制振荡，电力MOSFET各端子的引线长度应尽量短，常在栅极串联一只约10Ω的电阻产生阻尼振荡；栅极不允许开路或悬空，否则会因静电感应使栅源间的电压上升到大于开启电平，造成误导通甚至损坏器件，应在栅极与源极之间并联一只约1kΩ的电阻，如图6-24（a）所示。

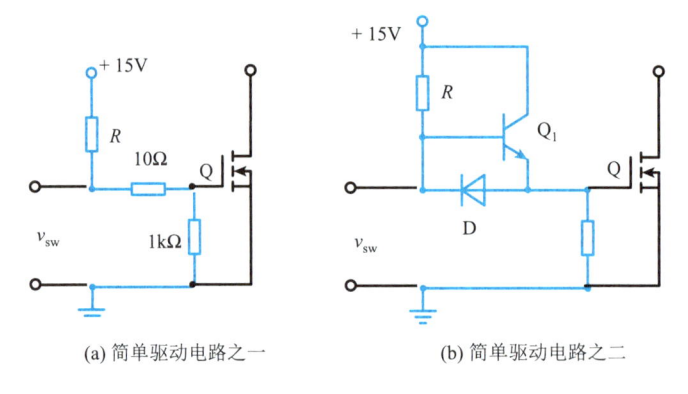

(a) 简单驱动电路之一　　(b) 简单驱动电路之二

图6-24　场控器件的简单驱动电路

当电力MOSFET开关速度不太高，输入电容所要求的充、放电电流不太大及无须电气隔离时，可采用TTL、CMOS的专用集成控制模块输出的PWM信号直接驱动电力MOSFET，如图6-24（a）所示。开通时，为Q输入电容充电，电流受电阻R限制，开通延迟时间和上升时间都较长。关断时，Q输入电容经驱动电路放电，放电回路时间常数小，有助于关断。但是，驱动回路除流过电容放电电流外，还有流过电阻R上的电流。由于R阻值较小，增加了驱动回路负担。图6-24（b）所示的电路改善Q的开通过程。开通时，Q输入电容的充电电流被晶体管$Q_1$放大$\beta$倍，改善Q的开通过程。二极管D为输入电容提供放电通路。R阻值较大，功耗小，也减少驱动电源的功率。

如图6-25（a）所示是互补式驱动电路，该电路中场控器件输入电容充、放电电路的电阻都很小，加速Q的开通和关断过程。图6-25（b）所示电路增加反偏截止，能进一步加速关断及防止误开通，但需要正负电源。

(a) 场控器件的互补式驱动电路之一　　(b) 场控器件的互补式驱动电路之二

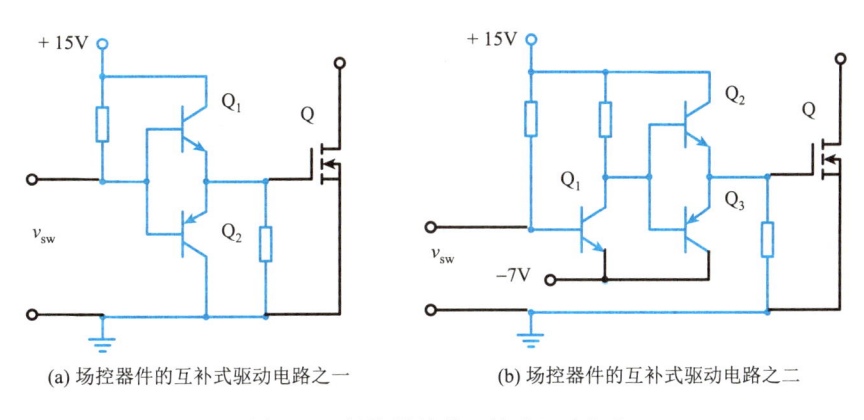

图 6-25　场控器件的互补式驱动电路

实际使用时常需要增加隔离措施，可采用前面介绍的隔离技术。当要求驱动电流大，特别是多个电力 MOSFET 并联时，需要将信号开关功率放大。为减小信号传递延时，可采用加速开关管开关过程的一些措施。

图 6-26 所示电路为采用光耦隔离的驱动电路。当 $v_{sw}$ 为高电平时，$Q_1$、$Q_2$ 导通，$Q_3$ 截止，电源 $U_{cc}$ 经 $R_1$ 驱动 Q，$R_1$ 一般较小。$v_{sw}$ 为低电平时，$Q_1$、$Q_2$ 截止，$Q_3$ 导通，Q 的输入电容经 $Q_3$ 放电。此电路中 $Q_2$ 采用抗饱和电路，$Q_3$ 的驱动增加加速电容等措施，减小信号传递延时。

对于 IGBT，除了这些要求以外，还有些特殊要求，详见 4.3 节。

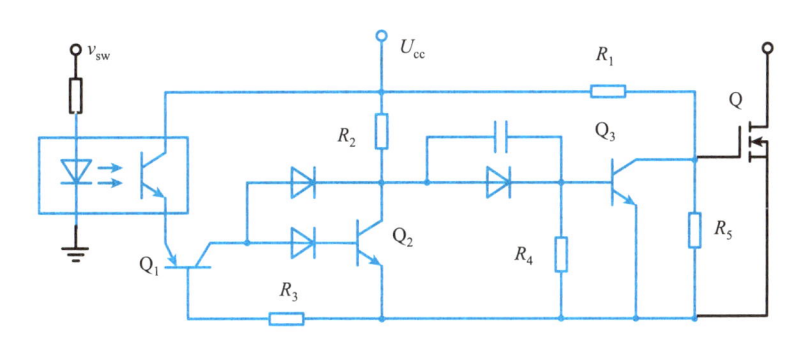

图 6-26　采用光耦隔离的场控器件驱动电路

**2. 电流控制型器件对驱动电路的要求**

对于电流控制型器件，4.1 节给出基极驱动电流波形的要求：在开通电力 BJT 前，基射极间的反偏电压应为零或很小；开通电力 BJT 时，驱动电路提供的基极电流应有快速的上升沿，并在开始时有一定的过冲，在集电极电流开启电流尖峰时具有足够的基极驱动；电力 BJT 导通期间饱和压降 $U_{ces}$ 较低；在电力 BJT 被关断前，处于临界饱和状态；在关断电力 BJT 瞬间，驱动电路应提供足够的反向基极驱动，并施加反偏截止电压。

一般采取的方法有：加速电容、抗饱和电路、截止反偏、互补驱动、恒流驱动、比例驱动等。鉴于目前电流控制型器件已经很少使用，这里不再赘述。

**3. 基于半导体的隔离驱动电路**

基于基于半导体的隔离技术已出现实现桥臂直接驱动的多种型号集成驱动器件。典型的驱动器件有 Infineon 公司的 IR2110 系列器件[11]。应用 IR2110 设计的半桥电路驱动如图 6-27 所示，一个桥臂的上、下管的驱动信号 HIN、LIN 可以直接接入驱动器件的引脚，上管无须隔离的驱动电源，直接通过由隔离二极管 $D_{up}$ 和自举电容 $C_{up}$ 组成的自举电路产生驱动电源 $U_B$，上管的驱动能量由 $C_{up}$ 提供，驱动上管时 $C_{up}$ 消耗的能量是在桥臂的下管导通时由下管的驱动电源 $U_{CC}$ 补充。

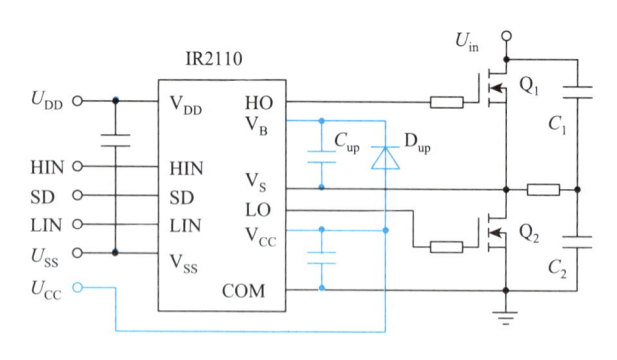

图 6-27 应用 IR2110 器件的半桥电路驱动

## 6.4 电力电子变换器中的磁性元件

在电力电子变换器中，磁性元件主要有变压器和电感两大类。其中，变压器包括功率变压器、驱动或隔离变压器以及电压、电流检测互感器等；电感有储能电感、直流滤波电感、交流滤波电感、谐振电感及抑制电磁干扰（EMI）的电感等。

由于磁性元件在变换器中占有相当大的比重，因此磁性元件设计优劣对整个装置性能指标（特别是变换器效率、体积、质量）有重要影响[1, 2, 12]。

### 6.4.1 磁芯的磁特性及基本的磁物理量

1. 磁滞回线

磁滞回线是磁性材料的基本特性曲线之一，该曲线表示磁芯在反复磁化中磁感应强度 $B$ 与磁场强度 $H$ 之间的关系曲线。其形状主要取决于材料的成分、处理状态及工作频率。如图 6-28 所示，磁滞回线有三种典型形状：

（1）S 形回线，一般高导磁率软磁材料的磁滞回线；
（2）矩形回线，坡莫合金（permalloy）软磁材料的磁滞回线；
（3）扁平形回线，宽恒导磁合金材料的磁滞回线。

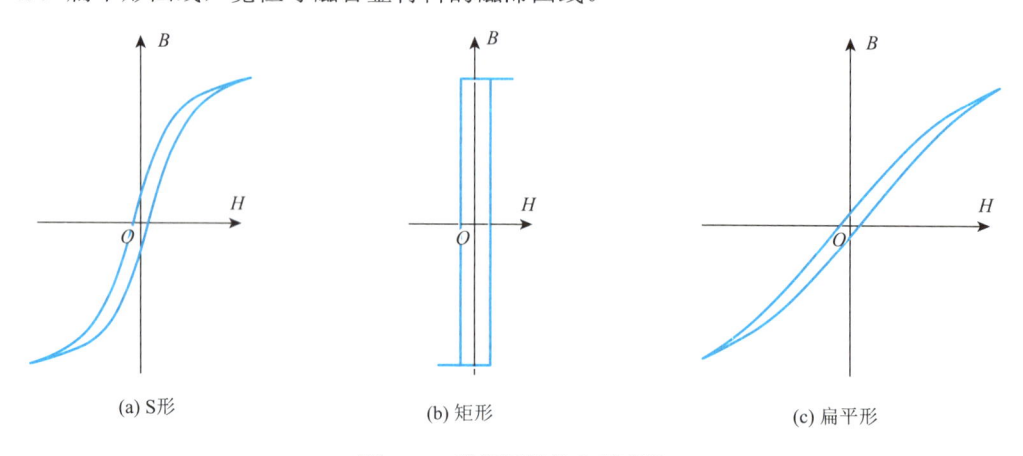

(a) S形　　(b) 矩形　　(c) 扁平形

图 6-28 磁滞回线的典型形状

软磁材料的磁滞回线与硬磁材料的不同，前者较窄，后者较宽。电力电子变换器中的磁性元件基本都是基于软磁材料制作的。

软磁材料最初是没有磁性的。从 $B=0$ 开始进行单向磁化，得到的 $B$-$H$ 曲线称为初始（起始）磁化曲线。用不同大小的最大激磁可得一簇磁滞回线，其顶点的轨迹就是基本磁化曲线。基本磁化曲线与初始磁化曲线相差很小，它代表铁磁材料的磁性能。

某种磁性材料的磁化曲线和磁滞回线如图 6-29 所示，其中磁化至饱和的磁滞回线（饱和磁滞回线，最外的一条回线）可得表示材料磁性能的三个物理量：

（1）剩余磁感应强度（剩磁）$B_r$，磁场强度 $H=0$ 时的磁感应强度值，且随激磁大小的不同而不同。材料手册上的 $B_r$ 值是指磁化达到饱和后再去磁得到的剩磁值。

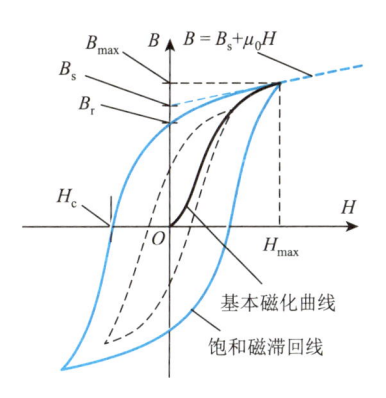

图 6-29 基本磁化曲线和磁滞回线

（2）矫顽磁场强度（矫顽力）$H_c$，指将磁感应强度由剩磁减小为零所需的反向磁场强度。其大小取决于激磁程度，通常是指磁化达到饱和后去磁所得的值。

（3）饱和磁感应强度（饱和磁密）$B_s$，将磁芯正向磁化至饱和状态并继续磁化，饱和后的磁化曲线是一条斜率为 $\mu_0$ 的直线，该直线的反向延长线与 $B$ 轴的交点为饱和磁感应强度 $B_s$。

饱和磁滞回线中，最大磁感应强度和最大磁场强度分别用 $B_{max}$ 和 $H_{max}$ 表示。磁场强度 $H$ 达到 $H_{max}$ 后再增大时，磁感应强度 $B$ 以 $\mu_0$ 斜率线性增加，磁芯进入饱和状态。

2. 磁导率

磁感应强度 $B$ 与磁场强度 $H$ 之比称为磁导率 $\mu$，是一个表征材料导磁性能的重要物理量。

$$\mu = \frac{B}{H} \tag{6-43}$$

（1）磁导率 $\mu$

常用磁介质的相对磁导率为 $\mu_r$，即 $\mu = \mu_0 \mu_r$，其中 $\mu_0$ 为真空磁导率，$\mu_0 = 4\pi \times 10^{-7}$ H/m。铁磁材料的 $\mu \gg \mu_0$，$\mu$ 不是常数，如图 6-30 所示，图中 $\mu_i$ 为初始磁导率，$\mu_m$ 为最大磁导率。

（2）等效磁导率 $\mu_e$

在具有空气隙的磁芯或非均匀横截面的磁芯中，各段磁路和气隙中的 $\mu$ 不同，常使用一等效均匀的环形磁芯的磁导率 $\mu_e$ 表示 $\mu$。

（3）增量磁导率 $\mu_\Delta$

当在某一直流激磁下，叠加一交变激磁时，交变激磁分量沿局部磁滞回线变化，如图 6-31 所示，增量磁导率为

$$\mu_\Delta = \frac{1}{\mu_0} \cdot \frac{\Delta B}{\Delta H} \tag{6-44}$$

3. 加气隙后等效磁滞回线的变化

设一闭合磁路，比如一个环形磁芯，经切割后形成一气隙，逐步增大气隙，则等效磁滞回线越来越倾斜，如图 6-32 所示。

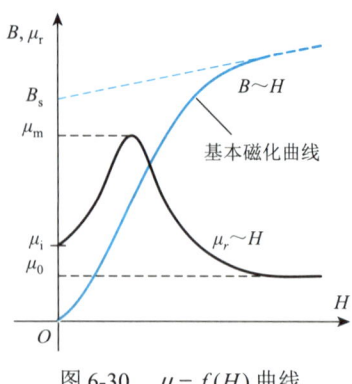

图 6-30　$\mu = f(H)$ 曲线

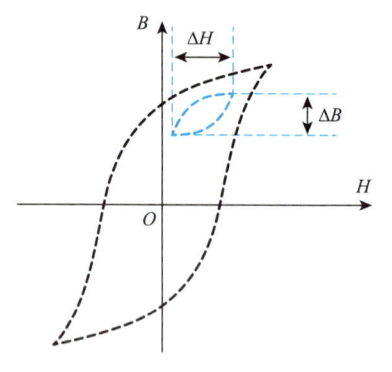

图 6-31　局部磁滞回线

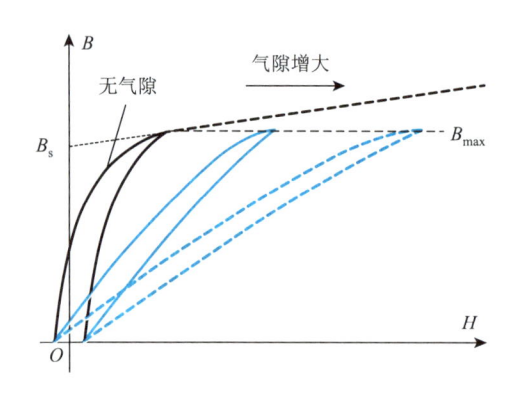

图 6-32　气隙的影响

在加有气隙情况下，矫顽力和饱和磁密保持不变，但等效磁导率 $\mu_e$ 和等效剩磁 $B_r^*$ 明显下降；等效磁场强度 $H_e$ 明显增大。

对上述结论进行推导。设一环形磁芯，磁芯本身的磁路等效长度为 $l_c$，磁路开有一个气隙，气隙长度为 $\delta$，磁芯上绕有一个绕组线圈，匝数为 $N$，绕组通过电流为 $I$。对该磁路，根据全电流定律，有：

$$IN = Hl_c + H_\delta \delta \tag{6-45}$$

式中，$I$ 为流过磁芯线圈的电流；$N$ 为线圈匝数；$H$ 为磁芯中磁场强度；$l_c$ 为磁芯磁路长度；$H_\delta$ 为气隙中磁场强度；$\delta$ 为气隙长度。

在磁芯中，$H = B/(\mu_0 \mu_r)$；在气隙中，$H_\delta = B_\delta / \mu_0$。$B$ 和 $B_\delta$ 分别为磁芯和气隙中的磁感应强度，$\mu_r$ 为磁性材料相对磁导率。由于气隙很小，气隙主磁通以外的散磁通一般相对比较小，忽略散磁通，则 $B = B_\delta$。式（6-45）可写为

$$IN = \frac{B}{\mu_0 \mu_r} l_c + \frac{B_\delta}{\mu_0} \delta = \frac{B}{\mu_0 \mu_r}(l_c + \mu_r \delta) = H(l_c + \mu_r \delta) = Hl_e \tag{6-46}$$

加气隙后的等效磁路长度为

$$l_e = l_c + \mu_r \delta = l_c \left(1 + \frac{\mu_r \delta}{l_c}\right) \tag{6-47}$$

若增大磁动势 $IN$ 使得磁芯中的磁场强度达到原来未加有气隙时的大小，则相当于等效磁路长度增加到 $(1 + \mu_r \delta / l_c)$ 倍。

但是，实际的磁路长度仍然是 $(l_c + \delta)$，由于 $\delta \ll l_c$，忽略 $\delta$，实际的磁路长度仍约为 $l_c$。因此经常把磁路长度看作为 $l_c$，分析等效磁场强度 $H_e$ 发生的变化。由式（6-46）还得到：

$$B = \mu_0 \mu_r \frac{IN}{l_c + \mu_r \delta} = \frac{l_c}{l_c + \mu_r \delta} \mu_0 \mu_r \frac{IN}{l_c} \tag{6-48}$$

若线圈施加与未加有气隙时相同的电流时，磁芯中的磁感应强度 $B$ 为未加气隙时的 $\dfrac{1}{1 + \mu_r \delta / l_c}$ 倍。

若要在磁芯中产生相同的磁感应强度 $B$，需要把电流加大到未加气隙时的 $(1 + \mu_r \delta / l_c)$ 倍。对于磁芯来说，磁滞回线的形状是不会发生改变的，因此，电流加大到未加气隙时的 $(1 + \mu_r \delta / l_c)$ 倍后，磁芯中产生相同的磁感应强度 $B$，磁芯中也产生同样的磁场强度 $H$。式（6-46）可

表示为

$$IN = H(l_c + \mu_r\delta) = H\left(1 + \frac{\mu_r\delta}{l_c}\right)l_c = H_e l_c \tag{6-49}$$

$$\mu_e = \frac{B}{H_e} = \frac{B}{H\left(1 + \frac{\mu_r\delta}{l_c}\right)} = \mu \cdot \frac{l_c}{l_c + \mu_r\delta} = \mu_0\mu_r \cdot \frac{l_c}{l_c + \mu_r\delta} = \mu_0\mu_r^* \tag{6-50}$$

式中，$H_e = H(1+\mu_r\delta/l_c)$，为"磁芯-气隙系统"的等效磁场强度；$\mu_e$ 为"磁芯-气隙系统"的等效磁导率。

当电流加大到未加气隙时的 $(1+\mu_r\delta/l_c)$ 倍产生同样磁芯磁感应强度 $B$ 后，"磁芯-气隙系统"等效磁场强度 $H_e$ 为磁芯中实际磁场强度 $H$ 的 $(1+\mu_r\delta/l_c)$ 倍。"磁芯-气隙系统"的等效磁导率 $\mu_e$ 为磁芯实际磁导率 $\mu$ 的 $\dfrac{1}{\mu_r\delta/l_c+1}$ 倍，如图6-33所示。所以，加气隙后等效的相对磁导率 $\mu_r^*$ 为

$$\mu_r^* = \frac{\mu_r}{1+\dfrac{\mu_r\delta}{l_c}} = \frac{1}{\dfrac{1}{\mu_r}+\dfrac{\delta}{l_c}} \tag{6-51}$$

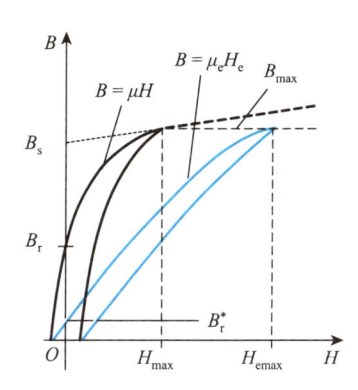

图 6-33　加气隙后 $\mu$ 及 $B_r$ 的变化

当 $\mu_r \gg 1$ 时

$$\mu_r^* \approx \frac{l_c}{\delta} \tag{6-52}$$

加气隙后的等效剩磁 $B_r^*$，当 $H_c$ 较小时，可得

$$B_r^* \approx \mu_r^*\mu_0 H_c = \frac{l_c}{\delta}\mu_0 H_c \tag{6-53}$$

### 4. 损耗

在每一磁化循环的过程中都消耗一定能量，称为铁损。铁损包括磁滞损耗和涡流损耗。磁滞损耗正比于磁滞回线的面积，主要取决于矫顽磁场强度（回线宽度）和激磁 $B_m$（回线高度），如图6-34所示阴影线面积。而涡流损耗主要取决于材料的电阻率、钢带厚度和工作频率。

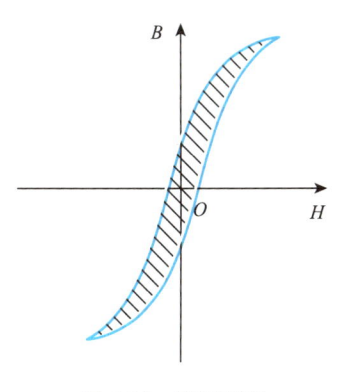

图 6-34　磁滞损耗

### *5. 国际单位制与电磁学单位制

在磁性元件设计中，常常使用电磁学单位制，而电磁学单位制采用的是"厘米、克、秒"制。电磁学单位制中的长度单位是厘米，因此在计算气隙长度时更简便，但电磁学单位制公式中因加入系数而变得复杂。表6-1为磁参量的国际单位制与电磁学单位制换算表。

**表 6-1　国际单位制与电磁学单位制换算表**

| 磁参量 | 国际单位制 | 电磁学单位制 | 换算比 |
| --- | --- | --- | --- |
| 磁通量 $\Phi$ | 韦伯（Wb） | 麦克斯韦（Mx） | $10^8$ |
| 磁感应强度 $B$ | 特斯拉（T） | 高斯（Gs，G） | $10^4$ |
| 磁场强度 $H$ | 安/米（A/m） | 奥斯特（Oe） | $4\pi \times 10^{-3}$ |

文献中有些数据采用电磁单位制的单位；本书中的参量大都采用国际单位制，其中个别参量使用电磁学单位制，阅读时请多加留意。

### 6.4.2 磁芯的工作状态

要正确选取磁性材料，需先了解磁芯内磁通的变化规律。各种磁性元件中，因磁芯的励磁方式不同，磁芯的工作状态也不同，其大致可分为三类。

1. 第Ⅰ类工作状态

磁芯双向对称磁化，称为第Ⅰ类工作状态。若磁芯线圈的外加激励电压（或电流）是一个纯交变量，正负半周的波形、幅值及导通脉宽都相同（如推挽或桥式变换器中的主变压器原边所加的电压波形），该磁芯工作于第Ⅰ类工作状态。

实际上，只要外加激励电压正负半周的伏秒面积相同，磁芯也同样交替磁化，磁芯同样工作于第Ⅰ类工作状态。正负半波的波形不相同，只会造成磁滞回线上升和下降阶段的 d$\Phi$/d$t$ 不同。磁芯线圈两端施加不同激磁电压 $u$ 及相应磁通 $\Phi$ 的波形如图 6-35 所示。

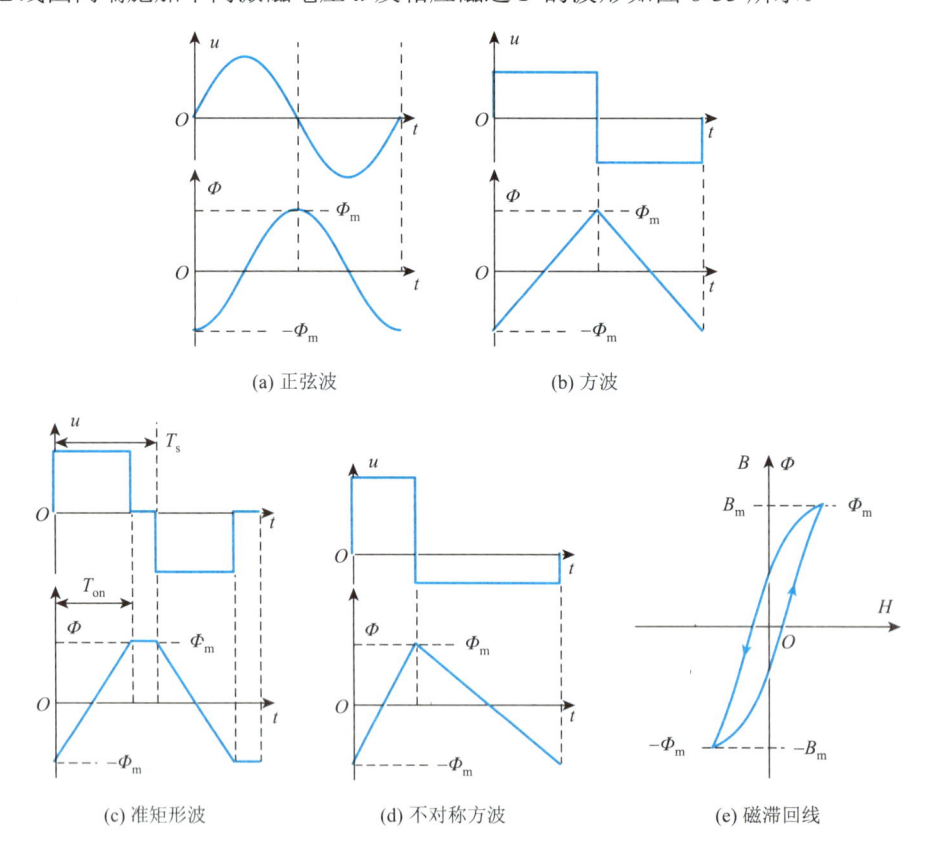

(a) 正弦波　　(b) 方波

(c) 准矩形波　　(d) 不对称方波　　(e) 磁滞回线

图 6-35 磁芯处于交变磁化时磁通 $\Phi$ 的波形

根据电磁感应定律

$$u = -e = N\frac{\mathrm{d}\Phi}{\mathrm{d}t} \tag{6-54}$$

即

$$u\mathrm{d}t = N\mathrm{d}\Phi = NS\mathrm{d}B \tag{6-55}$$

在半周内积分得

$$\int_0^{T/2} u \mathrm{d}t = NS \int_{B(0)}^{B(T/2)} \mathrm{d}B \tag{6-56}$$

即

$$S_+(\mathrm{V \cdot s}) = NS\Delta B_+ \tag{6-57}$$

式中，$S_+$、$\Delta B_+$ 分别为正半周的伏秒积和磁感应强度变化量。对于负半周同理可得

$$S_-(\mathrm{V \cdot s}) = NS\Delta B_- \tag{6-58}$$

同样，$S_-$、$\Delta B_-$ 表示负半周的伏秒积和磁感应强度变化量。由于磁芯工作进入稳态后

$$S_+(\mathrm{V \cdot s}) = |S_-|(\mathrm{V \cdot s}) \tag{6-59}$$

所以

$$\Delta B_+ = |\Delta B_-| \tag{6-60}$$

在交变激磁电压作用下，激磁电压正半周时，磁芯的磁通 $\Phi$（或磁感应强度 $B$）从 $-\Phi_m$（$-B_m$）磁化到 $+\Phi_m$（$+B_m$）；激磁电压负半周时，$\Phi$（或 $B$）从 $+\Phi_m$（$+B_m$）反向磁化至 $-\Phi_m$（$-B_m$）。周而复始地沿着整个磁滞回线（四象限）交替磁化，无直流磁化分量，如图 6-35（e）所示。磁感应强度变化量 $\Delta B = 2B_m$。其中，$B_m$ 为最大工作磁感应强度，$\Phi_m$ 为最大工作磁通。

第 I 类工作状态的特点及其对磁性材料的要求：

（1）磁感应强度在 $\pm B_m$ 之间变化，其变化量 $\Delta B = 2B_m$，因此磁芯利用率高。一般取 $B_m < B_s$，$B_s$ 越大，$B_m$ 可取的值越大，设计得到的磁性元件体积质量就越小，因此，应选取高饱和磁感应强度 $B_s$ 的磁性材料。从磁芯利用率来说，对剩磁 $B_r$ 无一定要求。有的应用场合要求信号波形传递的失真小；从波形传递要求来说，期望 $B_r$ 增大，即矩形比（$B_r / B_m$）则接近于 1。

（2）因磁芯沿整个磁滞回线交替磁化，磁芯损耗较大，这种情况在频率高时尤为突出，因此应选择磁滞回线窄、电阻率高的材料，或选择较小的 $B_m$。

（3）为减小激磁电流，变压器的磁芯应选择磁导率 $\mu$ 大的材料。

总之，应选择 $B_s$ 大、磁导率大和损耗小的磁性材料。

由式（6-56）可推导出不同电压波形时的关系式。若为正弦波激励时，

$$U = \sqrt{2}\pi f NS_c B_m \approx 4.44 f NS_c B_m (\mathrm{V}) \tag{6-61}$$

式中，$U$ 为正弦波电压的有效值；$S_c$ 为磁芯截面积，$\mathrm{m}^2$；$B_m$ 为最大工作磁密，T。

对于幅值为 $U$、脉宽为 $T_{on}$ 的准矩形波，如图 6-35（c）所示，则有：

$$\int_0^{T_{on}} U \mathrm{d}t = U T_{on} = 2 NS_c B_m$$

$$U = \frac{2 NS_c B_m}{T_{on}} \tag{6-62}$$

若为方波，$T_{on} = T_s / 2 = 1/(2 f_s)$，则由式（6-62）可得

$$U = 4 f_s NS_c B_m \tag{6-63}$$

**2. 第 II 类工作状态**

第 II 类工作状态的典型特征：磁芯的激磁磁场在 $0 \sim H_m$ 之间变化；磁芯工作在第一象限局部磁滞回线；每个磁滞回线周期都要回到（$H = 0$，$B = B_r$）剩磁点；在一个开关周期内磁场能量完全传递，开关周期结束时磁场能量为零。因此，单端正激变换器的主变压器和一般的脉冲变压器或驱动变压器都工作于第 II 类工作状态。第 II 类工作状态下，施加于磁芯线圈的激磁电压为单向脉冲，一般是矩形脉冲。除此以外，若设计时单端反激变换器时，仅允许耦合电

感工作在电感电流断续状态（包括临界连续状态），该单端反激变换器的磁芯也工作在第Ⅱ类工作状态。

单向脉冲变压器电路如图 6-36 所示。在开关晶体管 Q 导通期间（$T_{on}$），脉冲变压器 T 的初级绕组 $N_1$ 施加电压 $U_1$，次级绕组 $N_2$ 产生感应电势使 $D_2$ 导通。此期间脉冲变压器 T 与一般变压器工作相同。在 Q 截止期间（$T_{off}$），变压器磁芯存储的激磁磁能由稳压管 $D_w$ 和二极管 $D_1$ 的回路释放。变压器 T 的作用是电源与输出负载隔离以及电压匹配。

忽略 Q 导通时的管压降和线圈内阻压降，则有

$$N_1 S_c \frac{dB}{dt} = U_1, \quad [0, t_{on}] \tag{6-64}$$

$$N_1 S_c \frac{dB}{dt} = -(U_{Dw} + U_{D1}), \quad [t_{on}, t_s] \tag{6-65}$$

式中，$U_{Dw}$ 为稳压管 $D_w$ 的稳压值；$U_{D1}$ 为二极管 $D_1$ 的正向压降。流过 $N_1$ 的激磁电流只能单向流通。Q 导通前，流过 $N_1$ 的电流 $i_1$ 下降至零，即 $H$ 下降至零。磁芯中磁场强度 $H$ 从 $0 \to H_m$ 变化，磁感应强度 $B$ 从 $B_r \to B_m$ 变化。在 $T_{on}$ 期间，磁芯内磁感应强度 $B$ 根据式（6-64）从 $B_r$ 磁化到 $B_m$。在 $T_{off}$ 期间，$B$ 根据式（6-65）从 $B_m$ 去磁至 $B_r$。绕组 $N_1$ 上电压波形 $U_{N1}$ 和磁感应强度 $B$ 的波形如图 6-37（a）所示。磁芯工作于局部磁滞回线，如图 6-37（b）所示。

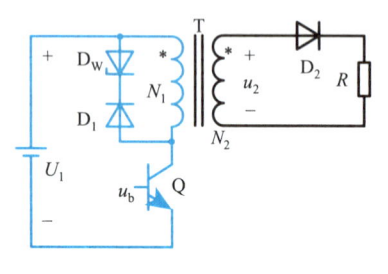

图 6-36 单向脉冲变压器电路

由式（6-64）可得在 $T_{on}$ 期间磁芯磁感应强度的变化量 $\Delta B$：

$$\Delta B = B_m - B_r = \frac{U_1 T_{on}}{N_1 S_c} \tag{6-66}$$

需特别指出的是，在 $T_{off}$ 期间，必须将磁感应强度复位至 $B_r$，即使磁芯的磁场强度 $H = 0$。对于图 6-36 的电路，也就是在 $T_{off}$ 期间使流过绕组 $N_1$ 的电流 $i_1$ 降至零，所以必须设置磁复位电路。显然，应使磁恢复时间 $T_{set} \leqslant T_{off}$。从式（6-65）并考虑到 $\Delta B_+ = |\Delta B_-| = \Delta B$，可求得 $T_{set\,max}$：

$$T_{set\,max} = T_{off} = \frac{N_1 S_c \Delta B}{U_{Dw} + U_{D1}} \tag{6-67}$$

稳压管的稳压值 $U_{Dw}$ 越高，$T_{set}$ 越小。

第Ⅱ类工作状态的特点及对磁性材料的要求：

（1）第Ⅱ类工作状态的磁感应强度变化量 $\Delta B = B_m - B_r$。为使磁芯不饱和，应取 $B_m < B_s$，即 $\Delta B < B_s - B_r$，所以磁芯利用率较低。为增大 $\Delta B$，应选择 $B_s$ 高、$B_r$ 低的磁性材料；或将磁芯开一小气隙以降低 $B_r$，但这样会增大激磁电流从而增加损耗。

（2）磁芯工作于局部磁滞回线。局部磁滞回线包围的面积小，故损耗要比第Ⅰ类工作状态小，而局部磁滞回线的磁导率较低。

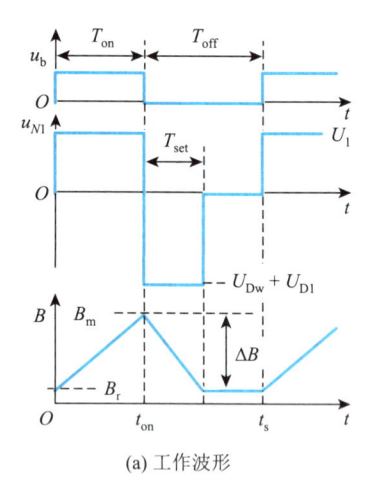

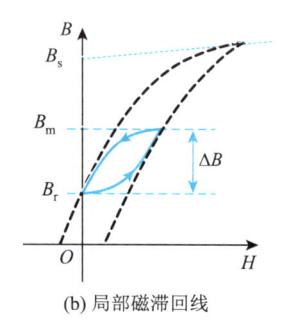

(a) 工作波形

(b) 局部磁滞回线

图 6-37 工作波形及磁芯局部磁滞回线

(3) 若设计仅工作在电感电流断续状态的单端反激变换器的电感变压器时，参阅第Ⅲ类工作状态对磁性材料的要求。

总之，若设计变压器，应选择 $B_s$ 大、等效磁导率 $\mu_e$ 大、$B_r$ 低及损耗小的磁性材料。若设计电感，应选择 $B_s$ 大、等效磁导率 $\mu_e$ 低、$B_r$ 低及损耗小的磁性材料。

### 3. 第Ⅲ类工作状态

第Ⅲ类工作状态的典型特征：具有较大的直流激磁分量，并叠加一较小的交变磁化分量；形成较小的局部磁滞回线；每个磁滞回线周期有可能回到，但较少恰好回到（$H=0$，$B=B_r$）剩磁点；同时，在一个开关周期内，磁场能量不完全传递，开关周期结束时磁场能量不为零。直流滤波电感、储能电感或平波电抗器等磁性元件具有以下特征：流过线圈的电流具有较大的直流分量，并叠加一交变分量。这些磁性元件的磁芯都工作在第Ⅲ类工作状态。一般情况下，交变分量的平均值要比直流分量小得多。在电流不连续时，交变分量的平均值与直流分量相等。线圈电流的直流分量在磁芯中产生较大的直流磁偏量。为避免进入饱和状态，磁芯需要加气隙；或者采用宽恒导磁材料磁芯。磁芯的磁化状态将沿局部磁滞回线变化，如图 6-38 所示。

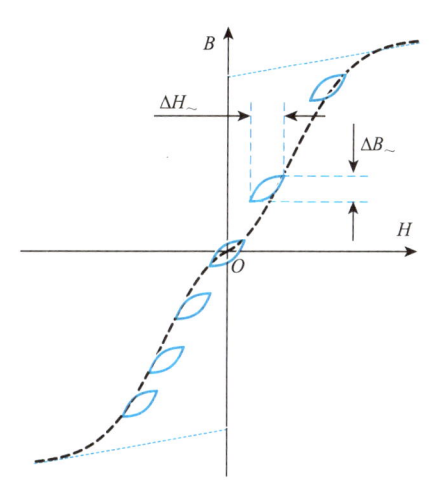

图 6-38 在直流预磁化情况下的磁滞回线

若设计一单端反激变换器既可工作在电感电流连续状态，也可工作在电感电流断续状态，则该变换器磁芯工作在第Ⅲ类工作状态。这类工作状态与第Ⅱ类工作状态的共同点是工作于局部磁滞回线；不同点是第Ⅱ类工作状态在一个象限单向磁化，每个开关周期结束时回到剩磁点。第Ⅲ类工作状态每个开关周期不一定回到剩磁点。

第Ⅲ类工作状态在设计过程中应注意：

（1）交变磁化分量较小，$\Delta B \ll B_m - B_r$，局部磁滞回线所包围的面积较小，故损耗较小。

（2）由于含有较大的直流分量，线圈电流最大值 $I_m$ 较大，相应产生激磁磁场 $H_m = I_m N / l_c$ 较大。若期望在 $H_m$ 作用下磁芯不进入饱和状态，必须在磁芯中增加适当气隙或采用宽恒导磁合金磁芯设计，使在很宽的磁场强度 $H$ 范围内有恒定的磁导率。

（3）期望磁芯储能大，即最大储能 $\dfrac{1}{2}LI_m^2$。在 $I_m$ 较大的情况下，期望 $L$ 仍较大，即增加气隙后，等效磁导率 $\mu_e$ 较大。"磁芯-气隙系统"存储的能量：

$$\frac{1}{2}LI_m^2 = \frac{1}{2} \cdot \frac{\mu_e N^2 S_c}{l_c} \cdot \left(\frac{H_{em} l_c}{N}\right)^2 = \frac{1}{2} B_m H_{em} V_c \qquad (6\text{-}68)$$

式中，$V_c = S_c l_c$，为磁芯体积；$B_m = \mu_e H_{em}$，为最大磁感应强度；$H_{em}$ 为最大等效磁场强度。可见，若期望磁芯储能大，就需要 $B_m$ 较大，也就是说，期望磁性材料的 $B_s$ 大。对于一定的磁性材料，只有增加磁芯体积 $V_c$ 来增大磁芯储能。

所以，第Ⅲ类工作状态的磁性元件应选择饱和磁感应强度 $B_s$ 大，恒导磁范围宽、低损耗的磁性材料。

### 6.4.3 常用磁性材料的性能及选用

1. 磁性材料种类

1）冷轧硅钢带

冷轧硅钢带分为有晶粒取向和无晶粒取向两类。常用作变压器、电感等磁性材料的是沿轧压方向具有有晶粒取向的带料，其特点是：饱和磁感应强度 $B_s$ 大，价廉；损耗取决于含硅量的高低及钢带的厚度；广泛用于工作频率较低的场合。

一般可根据工作频率选择不同型号和不同厚度的硅钢带。若工作频率较高，可选择含硅量高、带薄的硅钢片。工作频率为 50Hz 时，选用 0.35mm 厚度的材料；工作频率为 400Hz 时，选用 0.2mm 厚度的材料；工作频率为 1kHz 时，选用 0.1mm 厚度的材料。

2）软磁铁氧体

软磁铁氧体是一种采用陶瓷工艺制作的磁性材料，其优点是电阻率 $\rho$ 高，一般在 $10^2 \sim 10^8 \Omega \cdot cm$ 范围内；适用于几千赫兹到几兆赫兹的工作频率；制造工艺简单，价格较便宜。

铁氧体材料由于电阻率 $\rho$ 高，铁损小，特别适用于高频工作，尤其适用于频率高于 100kHz 的场合。铁氧体材料缺点是：饱和磁感应强 $B_s$ 较低；温度稳定性差。某典型铁氧体材料温度特性如图 6-39 所示，$B_s$ 随温度升高而下降，居里点低，机械强度较差。

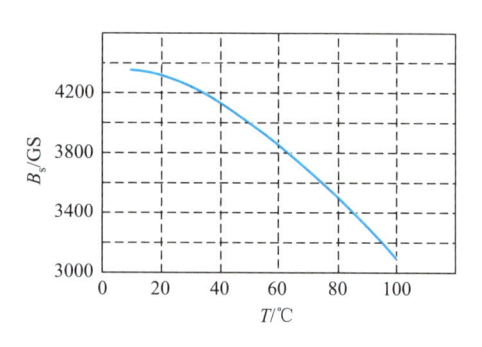

图 6-39 某典型铁氧体材料温度特性

3）铁镍软磁合金（坡莫合金）

铁镍合金是具有高磁导率、极低的矫顽力、高矩形比的软磁材料。用 0.02mm 厚的带料制成的磁芯，工作频率为几千赫兹。由于坡莫合金价格较贵，因此，该合金材料一般只用于那些工作频率低、磁导率高或矩形比大的小功率脉冲变压器。

4）非晶合金及微晶合金材料

非晶合金材料是类似玻璃结构的非晶态材料，又称为"金属玻璃"。其制造工艺简单，无须冶炼和轧制工艺过程，磁性能优良：$B_s$ 高、矫顽力小、电阻率高、损耗小。

非晶合金有钴（Co）基、铁镍（Fe-Ni）基和铁（Fe）基三类。这三类的磁性能具有不同特点，应用于不同场合。

（1）Co 基非晶合金磁导率高，矫顽力极低；饱和磁致伸缩系数 $\lambda_s \to 0$，对机械应力的敏感性小；在三类非晶合金中电阻率最高，高频下磁芯损耗很低，工作频率为几十千赫兹至几百千赫；$B_s$ 较低；价格较贵；适用于小功率高频变压器。

（2）Fe 基非晶合金 $B_s$ 高，铁损较低；价格低廉；适用于功率较大的高频变压器。

（3）Fe-Ni 基非晶合金的磁参数介于 Co 基与 Fe 基之间。

铁基微晶合金（又称铁基超微晶合金或铁基纳米晶合金）综合上述晶态和非晶合金的优点，铁基微晶合金是在 FeSiB 非晶合金中加入元素铌（Nb），在其晶化温度上进行退火，得到结晶颗粒尺度为纳米级的合金。铁基微晶合金具有优异的软磁性能：初始磁导率 $\mu_i$ 高达 $10^5 Gs/Oe$，矫顽力 $H_c$ 低达 0.16A/m，饱和磁感应强度 $B_s$ 高于 1.3T，高频低损耗 $P_{0.3T/100K} \leqslant 100W/kg$，温度稳定性好。铁基微晶合金的损耗接近钴基非晶合金，而明显小于铁基非晶合金；铁基微晶合

金的 $B_s$ 比钴基非晶合金要高很多；铁基微晶合金的温度稳定性与坡莫合金相同。

5）宽恒导磁合金

宽恒导磁合金的特点是在很宽的磁场强度范围内有恒定的磁导率，且损耗小，适用于高频电感。宽恒导磁合金具有高饱和磁感应强度和线性扁平的磁滞回线；具有较高的磁导率和磁导率恒定性；电阻率高，磁芯损耗小。使用该材料设计的磁芯，无须加入气隙就能在较宽的磁场强度范围内具有恒定的磁导率。宽恒导磁合金主要有：

（1）铁镍合金恒导磁钢带；

（2）恒导磁磁粉芯，通常将磁性材料极细的粉末和黏结剂混合，通过模压、固化，形成环状的粉末金属磁芯，称为磁粉芯。磁粉芯中存在大量非磁性物质，相当于在磁芯中存在许多气隙。

根据含磁性材料粉末的不同，宽恒导磁磁粉芯分为：①铁粉芯，使用极细的铁粉和有机材料黏合，特点是成本低、机械硬度软、磁芯损耗高；②铁硅铝粉芯，特点是磁芯损耗较低、材质硬；③高磁通密度铁镍磁粉芯，特点是饱和磁通密度高，价格高，磁芯损耗高于铁硅铝，但低于铁粉芯；④钼坡莫合金粉芯，特点是磁芯损耗最低、饱和磁通密度最低、价格高、温度稳定性好。

**2. 磁性材料的选取**

磁性材料的选取应根据磁芯的工作状态、功率、工作频率，铁损、体积质量、价格、使用性能（如环境温度、工作稳定性）等方面要求综合考虑。一般难以做到各项指标要求都达到最佳，通常是在满足基本要求的基础上采取折中的办法选择较为合适的磁性材料。

若期望功率变换装置小型化，就需要提高工作频率。提高工作频率导致铁损增大。因此磁性材料铁损 $P_c$ 和工作频率 $f$ 的关系曲线（图 6-40）是选取磁性材料的主要依据。在功率较大而工作频率不高（50Hz 或 400Hz）的应用场合，选用硅钢。因为硅钢 $B_s$ 大、价格低。比如采用含硅量高的硅钢（DG4）薄带（厚度为 0.02~0.05mm）并适当减小最大磁感应强度 $B_m$ 值，工作频率为几千赫兹。在工作频率高（几十千赫兹，几百千赫兹以上）、功率不大、工作温度不高、要求成本低的场合，可选取铁氧体磁芯。目前，以上两类磁性材料使用广泛。铁镍合金的磁性能优良且稳定，但价格较高，可用于特殊需求或军工产品。铁基非晶合金的 $B_s$ 大，可应用于较大功率、工作频率为几百赫兹至 20kHz 的磁芯。钴基非晶合金及铁基微晶合金应用于更高的工作频率（几十~几百千赫兹），$B_s$ 明显比铁氧体磁芯大，代替铁氧体磁芯可显著减小体积和质量，但价格比铁氧体磁芯高。由于铁基微晶合金在 $B_s$ 及价格上都优于钴基非晶合金，因此，在高频应用中占有优势。

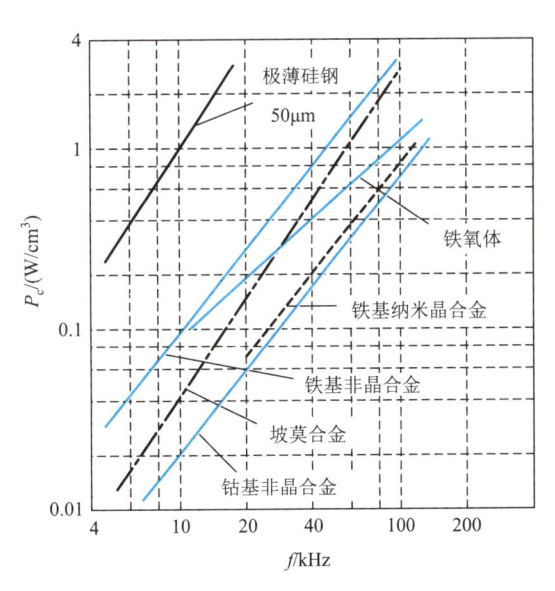

图 6-40 高频磁性材料的 $P_c$-$f$ 关系曲线

## *6.4.4 脉冲功率变压器及电感设计

与普通电力变压器的主要功能相似，应用于功率变换器中的变压器的主要功能也是电压变换、功率传递和电气隔离。一般传递双向或单向矩形脉冲，称为"脉冲功率变压器"或"脉冲变压器"；工作频率达几十千赫兹、几百千赫兹或更高的工作频率，又称"高频变压器"。

1. 脉冲功率变压器及电感设计中一些问题

脉冲功率变压器的设计方法与电力变压器相似，由于其高频工作的特点，设计时需对一些诸如瞬态饱和、漏感及趋肤效应等问题加以特殊考虑。

1）脉冲变压器的瞬态饱和及其防止措施

传递交替矩形脉冲的高频变压器在稳态工作时，磁感应强度 $B$ 沿磁滞回线在 $+B_m \sim -B_m$ 之间交替磁化（图6-35（e））。选择 $B_m < B_s$，使磁芯不饱和，但在稳态工作时，不饱和并不能确保变压器在瞬态时不饱和。变压器接通电源电压后，要经过一个合闸过程后才能进入稳态。在合闸后第一个周期的磁感应强度幅值取决于合闸瞬间的电压相位和初始磁感应强度值。最坏的情况是合闸瞬间第一个周期的磁感应强度幅值达到最大值 $B_M$：

$$B_M = 2B_m + B_r \tag{6-69}$$

式中，$B_m$ 为稳态工作时最大磁感应强度。

为减小磁芯，一般设计电力变压器的最大工作磁感应强度 $B_m$ 在 $B$-$H$ 曲线接近拐点处，即接近饱和值。显然，在合闸瞬间变压器将出现饱和，饱和引起浪涌电流。对于一般的电力变压器，浪涌电流衰减很快，只持续几个周期，造成的危害不大。但对于功率变换装置中的变压器，即使是极短的几个周期也会导致与变压器相连的开关器件损坏。

为防止变压器合闸瞬间饱和，$B_m$ 可选为

$$B_m \leqslant \frac{1}{3} B_s \tag{6-70}$$

使合闸瞬间的 $B_m < B_s$，但这种方法会增大变压器磁芯的体积和质量。常用的方法是采用软起动，软起动使 PWM 控制器的输出脉宽由零逐渐增大到额定值。由式（6-62）可知，磁感应强度幅值与 $T_{on}$ 成正比，所以合闸后磁感应强度幅值逐渐增大到稳态值 $B_m$，既避免合闸瞬间的饱和，又不会以增大磁芯的体积为代价。

2）趋肤效应

导线通过交变电流会产生趋肤效应（或集肤效应）。导线横截面上的电流分布不均匀。内部电流密度小，边缘部分电流密度大。这会使导线有效截面积减少，电阻增大。在工频情况下，趋肤效应影响很小；在高频工作时，必须考虑趋肤效应的影响。

导线通过高频交变电流时，有效截面积的减少可以用穿透深度 $\Delta$ 来表征。穿透深度的定义：由于趋肤效应，电流密度下降到导线表面电流密度的 0.368 倍（即 1/e）时的径向深度。穿透深度 $\Delta$ 与交变频率 $f$、导线的磁导率 $\mu$、电导率 $\gamma$ 的关系：

$$\Delta = \sqrt{\frac{2}{\omega \mu \gamma}} \tag{6-71}$$

式中，$\omega = 2\pi f$，为角频率。

当采用铜导线时，$\gamma = 58 \times 10^6 \Omega \cdot m$，铜的相对磁导率 $\mu_r = 1$，因此，式（6-71）中 $\mu$ 为真空磁导率 $\mu_0$。表6-2列出从 1～50kHz 时铜导线的穿透深度。

表 6-2  铜导线的穿透深度

| $f$ /kHz | 1 | 3 | 5 | 7 | 10 | 13 | 15 | 18 |
|---|---|---|---|---|---|---|---|---|
| $\Delta$ /mm | 2.089 | 1.206 | 0.9346 | 0.7899 | 0.6608 | 0.5796 | 0.5396 | 0.4926 |
| $f$ /kHz | 20 | 23 | 25 | 30 | 35 | 40 | 45 | 50 |
| $\Delta$ /mm | 0.4673 | 0.4358 | 0.4180 | 0.3815 | 0.3532 | 0.3304 | 0.3115 | 0.2955 |

在设计绕组导线时，一般选择线径小于 2 倍穿透深度的导线。当计算要求导线的线径大于由穿透深度决定的最大线径时，可选择直径小的多股导线（或宽而扁的铜带），并选择每股导线的直径（或铜带厚度）小于 2 倍穿透深度。

3）绕组的漏感

电路中绕组与电力半导体器件相连。当电力半导体器件关断时，绕组漏感的磁能释放，释放的能量造成电力半导体器件关断时出现电压尖峰，影响电力半导体器件工作的可靠性。虽然采用吸收电路加以抑制，但首要的方法是在设计制作磁性元件时尽可能地减小漏感。

以图 6-41 所示的变压器绕组结构图为例，说明漏感与绕组结构尺寸之间的关系。图中所示变压器原边绕组的漏感 $L_{s1}$ 可表示[1]：

$$L_{s1} = \mu_0 N_1^2 \frac{L_{cp} K_n}{h_N} \left( \Delta_2 + \frac{\Delta_1 + \Delta_2}{3} \right) \tag{6-72}$$

式中，$N_1$ 为原边绕组匝数；$L_{cp}$ 为整个绕组（包括原、副边）的平均匝长；$h_N$ 为绕组高度；$\Delta_1$ 为原边绕组厚度；$\Delta_2$ 为副边绕组厚度；$\Delta_{12}$ 为原、副边绕组的间距。系数 $K_n$ [1] 为

$$K_n = 1 - \frac{\Delta_1 + \Delta_2 + \Delta_{12}}{\pi h_N} + 0.35 \left( \frac{\Delta_1 + \Delta_2 + \Delta_{12}}{\pi h_N} \right)^2 \tag{6-73}$$

从式（6-72）可见，漏感与原边绕组匝数平方成正比。为了减小漏感，尽可能减少原边绕组匝数。根据绕组结构，增加绕组高度、减小绕组厚度、减小两绕组间绝缘厚度，均可减小漏感。也可在绕组绕制上采取措施来减小漏感，即绕制绕组时尽可能紧密耦合，常采用原副边分层交叉绕法。采用交叉绕法的漏感为不采用交叉绕法（图 6-41）的 1/4。此外，漏感还与磁芯形状有关，罐形、环形磁芯的漏感较小。

变压器绕组存在分布电容，会引起电流尖峰，增加开关管的开通损耗，引起振铃振荡增加射频干扰。当工作频率范围为几千赫兹到几十千赫兹时，分布电容影响不大。当工作频率更高时，分布电容影响明显。分布电容主要存在于层间和绕组间。为减小分布电容，可采用介电系数小的层间（绕组间）绝缘材料，适当增加绝缘材料厚度，减小绕组层数或采用分段绕制等方法[1]。

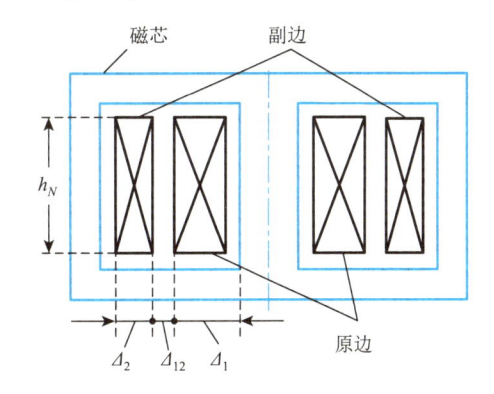

图 6-41  变压器绕组结构示意图

**2. 脉冲功率变压器设计**

根据变换功率选择磁芯型号、选择最大工作磁感应强度 $B_m$，根据输入、输出电压，计算原副边绕组匝数；根据电流有效值，计算导线线径和校核窗口等。

对于传递方波的变压器（图 6-42（a）），其基本关系式为

$$U_1 = 4f_s B_m S_c N_1 \tag{6-74}$$

式中，$U_1$ 为原边绕组外加电压幅值；$B_m$ 为最大工作磁感应强度；$S_c$ 为磁芯有效截面积；$N_1$ 为变压器绕组匝数；$f_s$ 为工作频率。

当导通脉宽小于 $T_s/2$ 时，常用导通脉冲宽度 $T_{on}$ 表示：

$$U_1 T_{on} = \Delta B N_1 S_c \tag{6-75}$$

若传递双向矩形脉冲的变压器（图 6-42（b）），$T_{on}$ 为半周期内的导通脉宽，$\Delta B = 2B_m$，则式（6-75）为

$$U_1 = \frac{2B_m N_1 S_c}{T_{on}} \tag{6-76}$$

若传递单向矩形脉冲的变压器（图 6-42（c）），$T_{on}$ 为一个周期内的导通脉宽，$\Delta B = B_m - B_r$，则式（6-75）为

$$U_1 = \frac{(B_m - B_r) N_1 S_c}{T_{on}} \tag{6-77}$$

脉冲功率变压器基本设计步骤如下：

1）确定磁芯型号或尺寸

磁芯尺寸决定磁芯的功率。根据输出功率 $P_o$ 确定磁芯的型号或尺寸。磁芯的几何尺寸（即磁芯的几何截面积 $S$ 和磁芯窗口面积 $Q$）与输出功率 $P_o$ 存在一定的函数关系。若能确定 $SQ$ 乘积与 $P_o$ 的关系，就可由 $P_o$ 计算并选取适当的磁芯型号。

若使用硅钢，磁芯的有效截面积 $S_c$ 为

$$S_c = K_c S \tag{6-78}$$

式中，$K_c$ 为磁芯的填充系数，其与磁芯叠片或材料带厚度有关，可参考表 6-3。

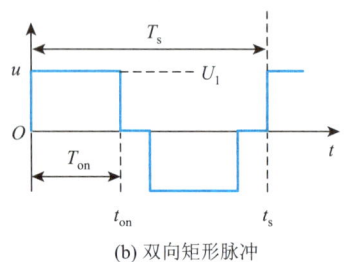

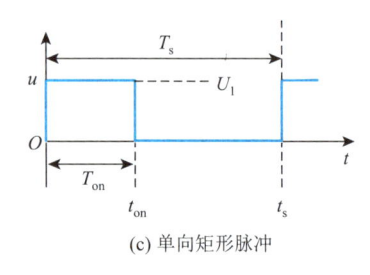

图 6-42 变压器原边电压波形
(a) 方波
(b) 双向矩形脉冲
(c) 单向矩形脉冲

表 6-3 磁芯填充系数 $K_c$ 与材料带厚的关系

| 材料带厚/mm | 0.25~0.35 | 0.08~0.1 | 0.05 | 0.025 | 0.01 |
| --- | --- | --- | --- | --- | --- |
| $K_c$ | 0.25~0.35 | 0.85 | 0.8 | 0.75 | 0.5 |

由式（6-75）、式（6-78）可得磁芯几何截面积 $S$：

$$S = \frac{U_1 T_{on}}{\Delta B N_1 K_c} \tag{6-79}$$

即在恒定的 $U_1 T_{on}$ 下，选定 $\Delta B$（或 $B_m$）后，$SN_1$ 恒定。

再考虑磁芯窗口能否绕得下全部绕组，即

$$K_{cu} = \frac{\sum S_{cu} \cdot N}{Q} \tag{6-80}$$

式中，$K_{cu}$ 为铜的填充系数（又称磁芯窗口利用系数）；$S_{cu}$ 为单匝导线铜截面积；$N$ 为绕组匝数；$Q$ 为磁芯窗口面积。

由于

$$S_{cu} = \frac{I}{j} \tag{6-81}$$

式中，$I$ 为流过某个线圈的电流有效值；$j$ 为导线允许的电流密度。

式（6-80）可写为

$$Q = \frac{\sum IN}{K_{cu}j} \tag{6-82}$$

由式（6-79）、式（6-82）可得：

$$SQ = \frac{U_1 T_{on} \sum IN}{\Delta B N_1 K_c K_{cu} j} \tag{6-83}$$

将式（6-83）转换为 $SQ$ 与 $P_o$ 的关系式

$$SQ = \frac{K P_o T_{on}}{\Delta B \eta K_c K_{cu} j} \tag{6-84}$$

式中，$K$ 为系数。对于多数情况，原边绕组 $N_1$ 占 1/2 磁芯窗口面积，此时

$$\frac{1}{2}Q = \frac{I_1 N_1}{K_u j} \tag{6-85}$$

而输出功率

$$P_o = \eta I_1 U_1 \tag{6-86}$$

式中，$\eta$ 为效率。

则式（6-84）可写为

$$SQ = \frac{2 T_{on} P_o}{\Delta B \eta K_c K_{cu} j} \tag{6-87}$$

当变压器传递如图 6-42（a）所示的方波时，$\Delta B = 2 B_m$，$T_{on} = \frac{T_s}{2} = \frac{1}{2 f_s}$。则式（6-87）为

$$SQ = \frac{P_o}{2 f_s B_m \eta K_c K_{cu} j} \tag{6-88}$$

选取 $B_m$ 时，除考虑其值小于 $B_s$ 和合闸瞬间变压器进入饱和外，还应考虑损耗。高频工作时，应适当减小 $B_m$ 以减小损耗。这样将增大磁芯体积和质量。电流密度 $j$ 与允许温升有关。自然冷却情况下，$j$ 一般取 $3\sim 5\text{A}/\text{mm}^2$。$K_{cu}$ 与导线线径、结构及绕制工艺有关，$K_{cu}$ 一般为 0.1～0.5。设计时可根据给定的输出功率 $P_o$ 计算 $SQ$，通过查阅相关产品手册选取合适的磁芯型号。

2）绕组计算

绕组计算主要是根据输入、输出电压计算绕组匝数，根据流过绕组电流的有效值计算导线线径。在高频工作时还需考虑趋肤效应的影响。

（1）绕组匝数计算

对于不同电压波形的原边绕组匝数 $N_1$，可根据式（6-74）、式（6-76）和式（6-77）计算。

方波：

$$N_1 = \frac{U_1}{4 f_s B_m S_c} \tag{6-89}$$

双向矩形脉冲：

$$N_1 = \frac{U_1 T_{on}}{2 B_m S_c} \tag{6-90}$$

单向矩形脉冲：

$$N_1 = \frac{U_1 T_{on}}{(B_m - B_r)S_c} \tag{6-91}$$

计算副边绕组匝数时，首先根据输出电压 $U_o$ 计算变压器副边矩形脉冲电压的幅值 $U_{2m}$。若变压器副边全波整流输出，整流二极管的正向导通压降为 $U_D$，整流后经过电感滤波，变压器原副边绕组内阻及电感等效杂散电阻为 $r$，与电感串联，如图 6-43 所示，则副边回路电压：

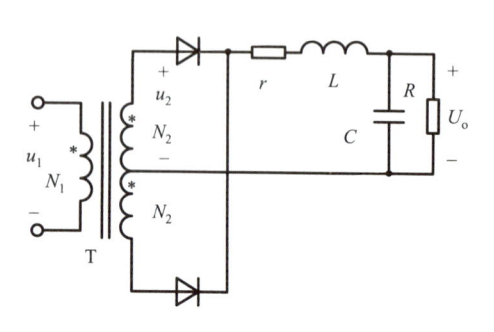

$$U_{2m} = (U_o + U_D + I_o r)/D \tag{6-92}$$

图 6-43 变压器输出滤波电路

式中，$D$ 为占空比。因变压器的原边是双向矩形脉冲，所以 $D = T_{on}/(T_s/2)$。

由于

$$\frac{U_1}{U_2} = \frac{N_1}{N_2} \tag{6-93}$$

则副边绕组匝数：

$$N_2 = \frac{U_o + U_D + I_o r}{DU_1} \cdot N_1 \tag{6-94}$$

（2）导线线径计算

根据电流波形计算流过绕组电流的有效值。根据式（6-81）计算导线截面积 $S_{cu}$。根据漆包线标称直径和考虑趋肤效应的影响，选取导线直径。

3）校核磁芯窗口

根据式（6-80）校核磁芯窗口。

3. 电感设计

以直流滤波电感为例，该电感的磁芯工作于第Ⅲ类工作状态。由于电感电流存在较大的直流分量，导致磁芯也相应存在较大的直流磁偏量。为避免磁芯饱和，必须在磁芯中加气隙，或采用宽恒导磁合金磁芯。

实际上，电感磁芯尺寸取决于电感储能的大小。直流滤波电感及各功率电路内储能电感的最小电感值是根据某一给定的最小输出功率时保持电流临界连续确定的。同时，电感线圈需要设计流过的最大电流 $I_{Lmax}$（对应于额定输出功率时），即要求电感内所存储的最大磁能 $W$ 为

$$W = \frac{1}{2}LI_{Lmax}^2 \tag{6-95}$$

电感设计的基本要求：满足所需求的电感 $L$ 值；最大电感电流 $I_{Lmax}$ 时磁芯不饱和；线圈要绕得下。

1）高磁导率材料磁芯加气隙的电感设计

（1）匝数和气隙长度 $\delta$ 计算。

根据电感量的物理定义：电感量为单位电流产生的磁链。

$$L = \frac{\Psi}{I} = \frac{NBS_c}{I} = \frac{N^2\mu_e H_e S_c}{IN} = \frac{N^2\mu_e H_e S_c}{H_e l_c} = \frac{\mu_e N^2 S_c}{l_c} = \frac{\mu_0 \mu_r^* N^2 S_c}{l_c} \quad (6\text{-}96)$$

由式（6-52），"磁芯-气隙系统"的等效相对磁导率 $\mu_r^* \approx l_c / \delta$，所以加气隙后的电感值：

$$L = \frac{\mu_0 \mu_r^* N^2 S_c}{l_c} \approx \frac{\mu_0 N^2 S_c}{\delta} \quad (6\text{-}97)$$

设需要设计的电感量为 $L$，流过的最大电流为 $I_m$，流过电流 $I_m$ 时磁通密度为 $B_m$，由式（6-96）可得：

$$N = \frac{LI_m}{B_m S_c} \quad (6\text{-}98)$$

$$I_m N = \frac{LI_m^2}{B_m S_c} \quad (6\text{-}99)$$

再根据电感流过的电流波形，计算电流的有效值 $I_{rms}$，令 $K_i = I_{rms} / I_m$，选择电感绕组导线允许的电流密度为 $j$，磁芯窗口面积为 $A_w$，磁芯窗口利用系数为 $K_w$，则

$$\frac{I_{rms} N}{j} = K_w A_w \quad (6\text{-}100)$$

$$\frac{K_i I_m N}{j} = K_w A_w \quad (6\text{-}101)$$

整理得到

$$I_m N = \frac{jK_w A_w}{K_i} \quad (6\text{-}102)$$

将式（6-99）代入式（6-102），整理得到：

$$S_c A_w = \frac{K_i L I_m^2}{K_w B_m j} \quad (6\text{-}103)$$

在磁芯手册中，常使用 $A_e = S_c$ 表示磁芯截面积，因此

$$A_e A_w = \frac{K_i L I_m^2}{K_w B_m j} \quad (6\text{-}104)$$

根据式（6-104）计算 $A_e A_w$，根据磁芯手册确定具体磁芯型号和尺寸，确定 $A_e$ 和 $A_w$，$A_e$ 即为 $S_c$。磁芯中最大磁感应强度 $B_m$ 应小于 $B_s$，一般取

$$B_m = (0.6 \sim 0.8) B_s \quad (6\text{-}105)$$

根据式（6-98）计算所需匝数 $N$，再根据式（6-97）得到：

$$\delta \approx \frac{\mu_0 N^2 S_c}{L} \quad (6\text{-}106)$$

计算所需气隙长度。

（2）导线线径计算。

计算方法与变压器设计方法相同。

（3）校核磁芯窗口。

计算方法与变压器设计方法相同。

2）采用宽恒导磁合金磁芯的电感设计

宽恒导磁合金磁芯的等效磁导率 $\mu_e$ 是给定的，其设计过程与采用高磁导率材料磁芯加气隙的电感设计基本一致，仅仅是计算匝数时使用公式：

$$N = \sqrt{\frac{Ll_c}{\mu_e S_c}} \tag{6-107}$$

进行计算，并且无须再设计外加气隙。

## 习　题

6-1　在 SG3525 的 5、6、7 引脚接入相应的元器件，设计器件参数，实现锯齿波频率为 50kHz，死区时间为开关周期的 1/20。

6-2　如图 5-2（a）所示的降压变换器，其静态工作点为：输入电压 48V，输出电压 24V。使用 SG3525 设计控制电路，反馈采样电路设计为比例环节，不计死区时间。（1）反馈采样电路比例系数应设计多大比较合适？（2）给定参考输入电压应设置为多大比较合适？（3）在 SG3525 的 1、2、9 引脚接入相应的元器件，实现图 7-19 所示的控制器。

6-3　图 6-9（a）所示电路输入电压 $U_{in} = 300V \pm 10\%$，输出电压 $U_o = 100V$，平均电流 $I_o = 10A$，滤波电感 $L = 2.5mH$，开关管上升时间 $t_r = 0.2\mu s$，下降时间 $t_f = 1\mu s$。（1）当开关频率为 20kHz 时，根据"正常电容"缓冲电路设计 $C_1$、$R_1$、$D_1$，计算开关管导通时需增加的附加电流。（2）当开关频率为 50kHz 时，重复上述计算。若保证与 20kHz 相同的附加电流，电容应取多大？

6-4　比较图 6-8（a）与图 5-2（a）所示电路，各自的优缺点？

6-5　阐述图 6-9（b）所示电路中缓冲电路的工作原理。

6-6　阐述图 6-16 中缓冲电路的工作原理。

6-7　电路条件同题 6-3，缓冲电路采用图 6-17（a）无损电路。根据"正常电容"选取电容值，选择电路其他元件参数，并计算施加于开关晶体管开通时的最大附加电流。

6-8　电路条件同题 6-3，根据无损开通缓冲电路（图 6-18）设计电路参数，附加电压不超过 20V。

6-9　阐述图 6-17（b）所示电路的工作原理。

6-10　电力 BJT 对驱动波形有什么要求？

6-11　电力 MOSFET 对驱动波形有什么要求？

6-12　为什么有些驱动电路需要电气隔离？驱动电路的电气隔离一般有哪几种？

6-13　磁芯加气隙后，与未加气隙的磁芯相比，导磁材料中的饱和磁滞回线形状发生变化吗？

6-14　为什么双向对称磁化的磁芯利用率高，而单向磁化的磁芯利用率低？

6-15　单端正激、单端反激变换器的变压器，升压变换器的储能电感，降压变换器的滤波电感，PWM 逆变器滤波电感等磁芯的工作状态各属于哪一类？

6-16　如图 6-36 所示的单向脉冲变压器，若选取 $B_m = 0.6B_s$，而磁芯未磁复位，即 $|\Delta B_-| < \Delta B_+$，将产生什么后果？为什么？

6-17　磁性材料的选取主要考虑哪些因素？

6-18　与冷轧硅钢带相比，软磁铁氧体磁芯具有哪些优点和缺点？这两种磁性材料各适用于哪些应用场合？

6-19　宽恒导磁合金与软磁铁氧体在设计电感时有什么不同？

6-20　设计一高频脉冲变压器（图 6-36）。开关晶体管 Q 的基极信号 $u_b$ 的工作频率为 50kHz，其占空比从 0.3～0.7 变化。$U_1=15V$，$R=10\Omega$。要求 $u_2$ 的幅值为 3V，设绕组内阻压降和二极管 $D_2$ 的管压降为 1V，忽略不计 Q 的饱和压降。选用合适铁氧体磁芯。（1）计算绕组匝数 $N_1$、$N_2$；（2）计算导线线径并校核磁芯窗口面积；（3）选取稳压管 $D_W$ 和开关管 Q。

6-21　设计降压变换器的滤波电感。已知：变换器的输入电压 $U_{in}=(30\pm5)V$，工作频率 40kHz，输出电压 $U_o=15V$，额定负载电流 $I_o=6A$，$P_{omin}=P_o/4$，采用 PC40 型铁氧体制成的 EI 型磁芯加气隙。

# 第 7 章

# 直流变换器建模及控制

为了使系统稳定运行，达到期望的性能指标，需要设计恰当的控制器。控制器一般基于经典自动控制理论的频域分析方法，在建立直流变换器小信号模型的基础上，应用伯德图分析和奈奎斯特稳定判据等工具和方法，进行分析设计[13-20]。

## 7.1 建立直流变换器小信号模型的基本方法

### 7.1.1 思路及步骤

若使用频域分析的方法对直流-直流变换器进行闭环控制系统设计，首先需要建立被控对象的数学模型。被控对象的小信号模型一般采用传递函数描述。

#### 1. 传递函数的定义

为实现规定功能以达到某一目标而构成的相互关联的一个集合体或装置（部件），称为系统。系统一般由控制装置（控制器）和被控对象组成。

在经典自动控制理论中采用系统的输入-输出关系描述系统的数学模型，其目的在于通过该数学模型确定被控制量与给定量或扰动量之间的关系，为分析或设计系统创造条件。给定量和扰动量称为系统的输入量，被控制量称为系统的输出量。在输入信号的作用下，系统相应的输出亦称为系统的响应。通常的做法是用传递函数描述系统输入与输出之间的关系。传递函数可以定义为初始条件为零的线性定常系统输出的拉普拉斯变换与输入的拉普拉斯变换之比。

一般情况下，描述线性定常系统输入与输出关系的微分方程如下：

$$\frac{d^n c(t)}{dt^n} + a_1 \frac{d^{n-1} c(t)}{dt^{n-1}} + \cdots + a_{n-1} \frac{dc(t)}{dt} + a_n c(t)$$
$$= b_0 \frac{d^m r(t)}{dt^m} + b_1 \frac{d^{m-1} r(t)}{dt^{m-1}} + \cdots + b_{m-1} \frac{dr(t)}{dt} + b_m r(t) \tag{7-1}$$

式中，$r(t)$ 为系统的输入量；$c(t)$ 为系统的输出量；$a_i$ 为常量，$i = 1, 2, \cdots, n$；$b_j$ 为常量，$j = 0, 1, \cdots, m$；$n$ 为输出量导数的最高阶数；$m$ 为输入量导数的最高阶数。

式（7-1）的拉普拉斯变换式为

$$(s^n + a_1 s^{n-1} + \cdots + a_{n-1} s + a_n) C(s) = (b_0 s^m + b_1 s^{m-1} + \cdots + b_{m-1} s + b_m) R(s) \tag{7-2}$$

根据传递函数的定义，该系统的传递函数为

$$G(s) = \frac{C(s)}{R(s)} = \frac{b_0 s^m + b_1 s^{m-1} + \cdots + b_{m-1} s + b_m}{s^n + a_1 s^{n-1} + \cdots + a_{n-1} s + a_n} \tag{7-3}$$

## 2. 开关变换器的工作特征

在建立数学模型过程中,常使用"开关变换器"指代脉宽调制型或正弦脉宽调制型电力电子变换器、"谐振型开关变换器"指代谐振直流-直流变换器。

开关变换器使用电力半导体器件作为开关,典型的控制方式是周期固定的脉宽调制,采用以"占空比"描述的脉冲开关驱动信号控制开关晶体管的导通和截止。开关晶体管的周期性导通与截止产生周期性不连续的脉冲电压或电流波形,从数学角度讲,脉冲电压或电流波形中周期性存在第一类函数间断点,这种波形对于需要恒定输出电压或电流是不利的,所以开关变换器电路还需采用低通滤波器衰减高频脉动分量,得到期望的输出电压或电流。低通滤波器一般使用适当时间常数的储能元件——滤波电感、滤波电容进行设计。

电力电子变换器闭环控制系统如图 7-1 所示,其中主功率电路由功率开关电路和低通滤波器(输出滤波)组成;控制电路包含给定参考输入、比较器、控制器(或称调节器、补偿器、误差放大器)、脉宽调制电路(PWM)、分相电路等;还有反馈电路、半导体开关元件驱动电路、保护电路等。

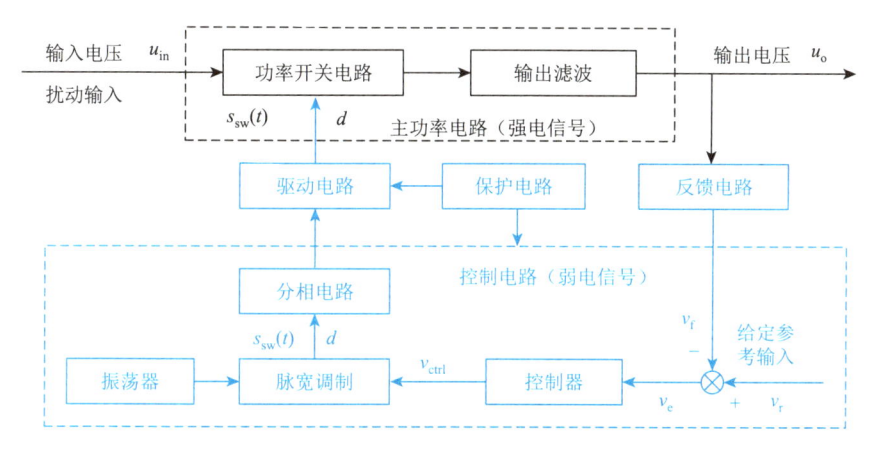

图 7-1 电力电子变换器闭环控制系统框图

电力电子变换器闭环控制系统中,对建立使用 $s$ 的 $n$ 次代数多项式表示的被控对象传递函数不利的工作特征主要有:

(1)系统是时变系统。主电路开关晶体管控制端接收高低电平驱动信号,驱动信号为高电平时开关晶体管导通,为低电平时开关晶体管截止。该信号在幅值上不连续,是脉冲信号;在时间上,如果采用恒频调制,该驱动信号的周期是固定的。产生该时变信号的电路是脉宽调制器。脉宽调制器把控制器产生的连续信号按照特定的比例关系转换为开关晶体管导通时间,再通过驱动电路驱动开关晶体管导通与截止。开关晶体管在驱动信号下导通与截止对应于主电路两种不同的工作模态,这两种不同的工作模态,变换器的电路是不同的。因此,主电路工作时的电路也是时变的。

(2)系统是非线性系统。以升压变换器工作在电感电流连续状态为例,输入与输出之间的表达式为:$u_o = u_{in}/(1-d)$。假设 $u_{in}$ 恒定,从占空比 $d$ 到输出电压 $u_o$ 的函数关系为双曲线,是非线性的。假设 $u_{in}$ 和 $d$ 同为变量,输出电压 $u_o$ 与这两个变量($u_{in}$、$d$)之间的关系显然不满足齐次性和叠加性。

综上所述,开关变换器是时变、不满足齐次性和叠加性的非线性系统,若欲使用拉普拉斯变换求取得到使用 $s$ 的 $n$ 次代数多项式表示的开关变换器的传递函数,需要考虑如何去除这两个因素的影响，把开关变换器等效为一个连续、平滑可微、初始条件为零的线性定常系统。

3. 建立开关变换器小信号模型的基本条件和假设

1）消除时变因素影响的基本条件

将开关变换器等效为连续系统的基本方法是变量平均法。从电路的角度看，变量平均法实际对应于"开关元件平均法"。

如前所述，为了让开关变换器的输出为期望的直流或特定的波形，需要消除与开关频率相关的高频脉冲成分，因此开关变换器电路中均加入低通滤波器。为获得好的滤波效果，在设计滤波器时，滤波器的截止频率需远大于开关频率，这样开关变换器输出主要是直流分量和低频分量，那些频率与开关频率相差不大的纹波或谐波分量忽略不计。因此可以认为：直流-直流变换器中，一个开关周期中经低通滤波器后输出的直流分量约等于低通滤波器输入脉宽调制波的平均值。低通滤波器输出的电压波形是连续、平滑可微的。

因此，消除时变因素影响的基本条件：对滤波器的低通设计要求，变换器中低通滤波器转折频率 $f_o$ 远小于开关频率 $f_s$。

$$f_o \ll f_s \tag{7-4}$$

在满足低通要求的基本条件下，求取平均变量。在开关变换器中，通常定义变量 $x(t)$ 在开关周期 $T_s$ 内的平均值 $\langle x(t) \rangle_{T_s}$ 为

$$\langle x(t) \rangle_{T_s} = \frac{1}{T_s} \int_t^{t+T_s} x(\tau) d\tau \tag{7-5}$$

由于在每个开关周期，由 $\langle x(t) \rangle_{T_s}$ 组成的曲线上的点都约等于该开关周期的平均值，所以这曲线保留能量传递的基本信息。把每个开关周期的平均值看成一个新的变量，称之为平均值变量，也称为平均变量。

2）低频假设

通常把需要分析的输入信号（开关变换器系统输入的正弦波扰动信号）称为交流小信号（小扰动）。

关于交流小信号的第 1 个假设条件：低频假设，交流小信号的频率 $f_g$ 远小于开关频率 $f_s$。

$$f_g \ll f_s \tag{7-6}$$

如果从低频的角度看高频波形，每个开关周期的平均值变量 $\langle x(t) \rangle_{T_s}$ 都可以近似为一个点。并且相邻的这些点差别很小，在低频假设下，可以近似将 $\langle x(t) \rangle_{T_s}$ 看成是连续、平滑可微的。

在这个假设条件下，把瞬时值变量等效为平均值变量，相当于把一个时变的变量等效为一个连续、平滑可微的变量，相当于把一个时变的系统等效为一个连续、平滑可微的系统。

在进行一个开关周期之内的计算时，可以近似认为其平均值与瞬时值相等，即

$$\langle x(t) \rangle_{T_s} \approx x(t) \tag{7-7}$$

因此，用平均值变量代替瞬时值变量对系统分析，就可以把开关变换器这个时变系统在低频范围内等效为一个连续、平滑可微的系统。

3）小信号假设

根据经典自动控制理论，在正弦输入信号的作用下，系统输出的稳态分量称为频率响应。系统频率响应与输入正弦信号之间的关系称为频率特性。

应用上述低频假设可以在低频范围内将开关变换器等效为一个连续、平滑可微的系统。若

求取使用 $s$ 的 $n$ 次代数多项式描述的该系统的传递函数,需要的条件为该系统是初始条件为零的线性定常系统,具有齐次性和叠加性的特征。

以升压变换器工作在 CCM 时为例,输出电压表达式为:$u_o = u_{in}/(1-d)$,假设 $U_{in} = 12\text{V}$ 恒定,输入占空比 $d$ 与输出电压 $u_o$ 之间的函数关系为双曲线,如图 7-2 所示,显然为非线性;同时由于该曲线没有通过坐标原点,因此在任意一个静态工作点上都不满足齐次性和叠加性。

假设该系统工作在稳态,$U_{in} = 12\text{V}$ 恒定,输出电压 $U_o = 20\text{V}$,占空比 $d = 0.4$,负载不变,在图 7-2 中找到该静态工作点 S,在 S 点求其切线方程:

$$u_o = \frac{100}{3}d + \frac{20}{3} \tag{7-8}$$

以 S 为原点重新绘制一个新坐标系,坐标轴分别为 $\Delta u_o$ 和 $\Delta d$,在新坐标系下该切线方程:

$$\Delta u_o = \frac{100}{3}\Delta d \tag{7-9}$$

显然该方程相对于新坐标系满足齐次性和叠加性,为线性方程。

比较图 7-2 中的原函数曲线和其切线:在 S 点附近这两条曲线非常接近,在距离 S 比较远的位置上两条曲线有较大偏离。因此,在 S 点附近如果用这条切线代替原函数,误差是很小的,距离 S 点越近误差越小。为了使误差尽可能小,输入的小信号幅值需要尽可能小,才能距离 S 点尽可能近。

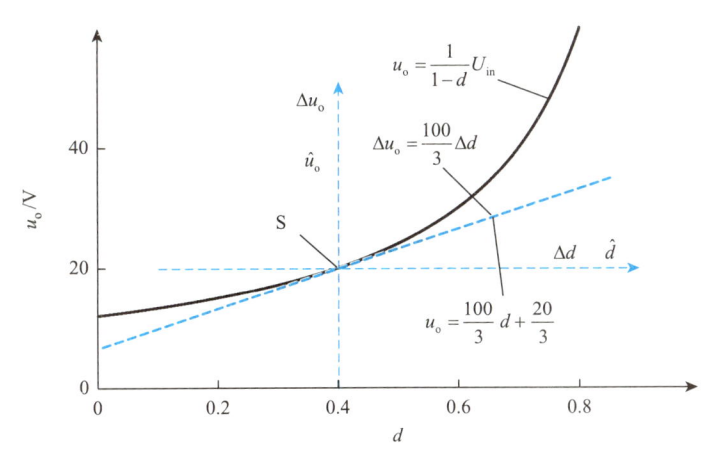

图 7-2 升压变换器占空比到输出电压关系曲线

用 $\hat{x}(t)$ 表示变量 $x(t)$ 的交流小信号分量,$X$ 表示变量 $x(t)$ 的直流分量。

关于交流小信号的第 2 个假设条件:**小信号假设,变换器中各变量 $x(t)$ 的交流小信号分量的幅值 $|\hat{x}(t)|$ 远小于其直流分量的幅值 $|X|$。**

$$|\hat{x}(t)| \ll |X| \tag{7-10}$$

这样就建立对交流小信号的限制条件:其频率远低于开关频率,其幅值远小于直流分量。所以,若使用切线代替原函数曲线研究开关变换器的频率特性,就需要输入这样限制条件的交流小信号。即把系统中的每个变量的平均值变量全部转换为直流工作点 $X$ 加交流小信号 $\hat{x}(t)$ 输入的形式。

$$\langle x(t) \rangle_{T_s} = X + \hat{x}(t) \tag{7-11}$$

$$\hat{x}(t) = x_m \cos(\omega_m t) \tag{7-12}$$

式中，$x_m$为交流小信号的幅值；$\omega_m$为交流小信号的角频率。直流分量与余弦分量在数学意义上相互正交。

**4. 建立开关变换器小信号数学模型的方法和步骤**

1）求取基于平均值变量的时域数学模型

基于低频和小信号假设，按照一定的步骤建立开关变换器的小信号数学模型。

在建立数学模型时，首先应基于状态变量平均或开关元件平均建立开关变换器的状态方程和输出方程，获得输入与输出信号间的时域数学关系式，即时域数学模型。

2）局部线性化

在建立的数学关系基础上，将输入信号和输出信号分别等效为在静态工作点基础上叠加一定的扰动，进而求取静态工作点、分离出扰动信号间的关系，并基于小信号假设获得扰动信号间的线性定常关系式。这种在静态工作点的基础上进行小信号分析的方法，数学上称为"局部线性化"或"小偏差线性化"。

假设开关变换器描述为下式表示的单输入单输出系统：

$$y(t) = f(x(t)) \tag{7-13}$$

或表示为函数形式：

$$y = f(x) \tag{7-14}$$

其直流静态工作点为$(X, Y)$，或者用$(x_0, y_0)$表示，在该点附近的泰勒级数展开式为

$$y = f(x) = f(x_0) + \left.\frac{df(x)}{dx}\right|_{x=x_0}(x-x_0) + \frac{1}{2!} \cdot \left.\frac{d^2 f(x)}{dx^2}\right|_{x=x_0}(x-x_0)^2$$

$$+ \frac{1}{3!} \cdot \left.\frac{d^3 f(x)}{dx^3}\right|_{x=x_0}(x-x_0)^3 + \cdots + \frac{1}{n!} \cdot \left.\frac{d^n f(x)}{dx^n}\right|_{x=x_0} \cdot (x-x_0)^n \tag{7-15}$$

令$\Delta x = x - x_0$，删除所有幂次高于1的增量$\Delta x$，有

$$y = f(x_0) + \left.\frac{df(x)}{dx}\right|_{x=x_0} \Delta x = y_0 + \left.\frac{df(x)}{dx}\right|_{x=x_0} \Delta x \tag{7-16}$$

整理得到：

$$\Delta y = y - y_0 = \left.\frac{df(x)}{dx}\right|_{x=x_0} \Delta x \tag{7-17}$$

使用交流小信号的形式表示为

$$\hat{y}(t) = \left.\frac{df(x)}{dx}\right|_{x=X} \hat{x}(t) \tag{7-18}$$

该方程显然是满足齐次性和叠加性的线性方程。

对于多变量系统，假设系统有两个变量$x_1(t)$、$x_2(t)$，直流分量分别为$X_1$和$X_2$，或者使用$x_{10}$和$x_{20}$表示，交流小信号分量分别为$\hat{x}_1(t)$、$\hat{x}_2(t)$；假设系统输出为

$$y(t) = f(x_1(t), x_2(t)) \tag{7-19}$$

同样采用泰勒级数展开获得局部线性化的增量方程和小信号方程：

$$\Delta y = y - y_0 = \left.\frac{\partial f}{\partial x_1}\right|_{\substack{x_1=x_{10}\\x_2=x_{20}}} \Delta x_1 + \left.\frac{\partial f}{\partial x_2}\right|_{\substack{x_1=x_{10}\\x_2=x_{20}}} \Delta x_2 \tag{7-20}$$

$$\hat{y}(t) = \frac{\partial f}{\partial x_1}\bigg|_{\substack{x_1=x_{10}\\x_2=x_{20}}} \hat{x}_1(t) + \frac{\partial f}{\partial x_2}\bigg|_{\substack{x_1=x_{10}\\x_2=x_{20}}} \hat{x}_2(t) \tag{7-21}$$

该方程显然也是满足齐次性和叠加性的线性方程。

更直观地，可以把平均值变量直接写成直流静态工作点和交流小信号的形式。比如，假设系统有两个变量 $x_1(t)$、$x_2(t)$，其平均值变量分别为 $\langle x_1(t)\rangle_{T_s}$、$\langle x_2(t)\rangle_{T_s}$，直流分量分别为 $X_1$ 和 $X_2$，交流小信号分量分别为 $\hat{x}_1(t)$、$\hat{x}_2(t)$；假设系统输出为

$$y(t) = x_1(t) \cdot x_2(t) \tag{7-22}$$

其平均值变量为 $\langle y(t)\rangle_{T_s}$，直流分量为 $Y$，交流小信号分量为 $\hat{y}(t)$。把平均值变量全部写成直流分量与交流小信号分量之和：

$$\langle x_1(t)\rangle_{T_s} = X_1 + \hat{x}_1(t) \tag{7-23}$$

$$\langle x_2(t)\rangle_{T_s} = X_2 + \hat{x}_2(t) \tag{7-24}$$

$$\langle y(t)\rangle_{T_s} = Y + \hat{y}(t) \tag{7-25}$$

则

$$\begin{aligned}\langle y(t)\rangle_{T_s} &= Y + \hat{y}(t) = \langle x_1(t)\rangle_{T_s} \cdot \langle x_2(t)\rangle_{T_s} = (X_1 + \hat{x}_1(t)) \cdot (X_2 + \hat{x}_2(t))\\ &= X_1 X_2 + X_1 \hat{x}_2(t) + X_2 \hat{x}_1(t) + \hat{x}_1(t)\hat{x}_2(t)\end{aligned} \tag{7-26}$$

由于直流分量和交流小信号余弦分量在数学意义上相互正交，因此，在等式中可以直接分解：

$$Y = X_1 X_2 \tag{7-27}$$

$$\hat{y}(t) = X_1 \hat{x}_2(t) + X_2 \hat{x}_1(t) + \hat{x}_1(t)\hat{x}_2(t) \tag{7-28}$$

其中，直流分量就是静态工作点，交流分量出现两个小信号的乘积项。在满足小信号假设的前提下，两个小信号的乘积是二阶微小量，相对于两个小信号的代数和，可忽略不计：

$$\hat{y}(t) \approx X_1 \hat{x}_2(t) + X_2 \hat{x}_1(t) \tag{7-29}$$

求取静态工作点，相当于寻找一个坐标原点，准备绘制一个新的坐标系。忽略二阶微小量，相当于在新坐标系原点上求取原函数曲线的切线。用切线代替原函数曲线进行分析设计。

3）交流小信号复频域传递函数

在建立线性化时域数学模型的基础上，通过拉普拉斯变换即可获得复频域传递函数模型。

## 7.1.2 降压变换器工作在 CCM 时的模型

图 7-3 为降压变换器及波形，其中，输入电压为 $u_{in}$、占空比为 $d$、输出电压为 $u_o$。如图 7-3（a）所示，该电路虚线左部分是开关电路，输入电压 $u_{in}$、占空比 $d$ 到图中 A 点电压 $u_A$ 的电路，虚线右部分是图中 A 点电压 $u_A$ 到输出电压 $u_o$ 的低通滤波器电路。显然，虚线右第二部分是线性电路。需要局部线性化近似处理的仅仅是虚线左第一部分。

图 7-3（b）中开关管驱动波形采用开关函数 $s_{sw}(t)$ 表示。当 $u_b$ 为高电平时，$s_{sw}(t)=1$；当 $u_b$ 为低电平时，$s_{sw}(t)=0$。

### 1. 开关电路的传递函数

1）开关电路的平均变量

分析图 7-3（a）虚线左边开关电路。首先消除因开关管开关引起的时变因素影响。为了强调变量的动态变化，用 $u_{in}(t)$ 表示输入电压变量；$u_A(t)$ 表示 A 点电压变量；$d(t)$ 表示占空比变量。分别求取各变量的平均变量。

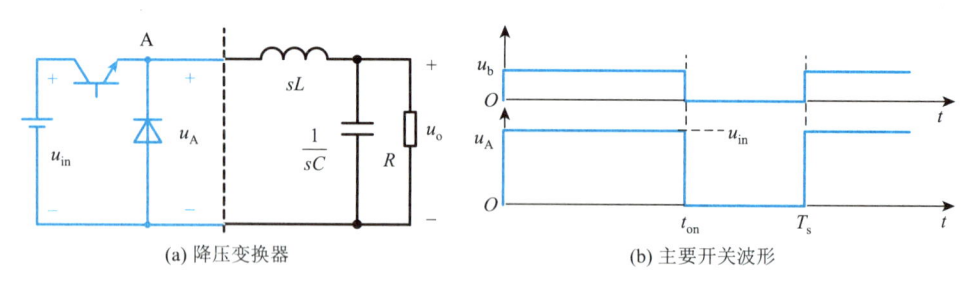

图 7-3 降压变换器及主要开关波形

开关函数 $s_{sw}(t)$ 的频率为开关频率，其波形中有第一类函数间断点，波形不连续。求取一个开关周期的平均值：

$$\langle s_{sw}(t)\rangle_{T_s} = \frac{1}{T_s}\int_t^{t+T_s} s_{sw}(\tau)d\tau = \frac{1}{T_s}\left(\int_t^{t+t_{on}} s_{sw}(\tau)d\tau + \int_{t+t_{on}}^{t+T_s} s_{sw}(\tau)d\tau\right)$$

$$= \frac{1}{T_s}\left(\int_t^{t+t_{on}} 1d\tau + \int_{t+t_{on}}^{t+T_s} 0d\tau\right) = \frac{1}{T_s}(t_{on} + 0) = \frac{t_{on}}{T_s} = d(t) \tag{7-30}$$

开关函数 $s_{sw}(t)$ 的平均值 $\langle s_{sw}(t)\rangle_{T_s}$ 等于占空比变量 $d(t)$，因此在满足前述的假设条件下，把占空比变量看成是一个连续、平滑可微的变量。

输入电压平均变量：

$$\langle u_{in}(t)\rangle_{T_s} = \frac{1}{T_s}\int_t^{t+T_s} u_{in}(\tau)d\tau \tag{7-31}$$

一般来说，输入电压本来就是连续、平滑可微的信号，满足低频假设时，可以近似认为其平均变量与其瞬时值约等：

$$\langle u_{in}(t)\rangle_{T_s} \approx u_{in}(t) \tag{7-32}$$

当变换器工作于 CCM 时，变量 $u_A(t)$ 的平均变量 $\langle u_A(t)\rangle_{T_s}$：

$$\langle u_A(t)\rangle_{T_s} = \frac{1}{T_s}\int_t^{t+t_{on}} u_{in}(\tau)d\tau \approx \frac{1}{T_s}\int_t^{t+d(t)T_s} \langle u_{in}(\tau)\rangle_{T_s} d\tau$$

$$= \frac{1}{T_s}\langle u_{in}(t)\rangle_{T_s} \int_t^{t+d(t)T_s} d\tau = d(t)\langle u_{in}(t)\rangle_{T_s} \tag{7-33}$$

2）开关电路变量扰动分析

将变量 $x(t)$ 的平均变量 $\langle x(t)\rangle_{T_s}$ 写成直流分量 $X$ 与交流小信号分量 $\hat{x}(t)$ 两项之和：

$$\langle u_A(t)\rangle_{T_s} = U_A + \hat{u}_A(t) \tag{7-34}$$

$$\langle u_{in}(t)\rangle_{T_s} = U_{in} + \hat{u}_{in}(t) \tag{7-35}$$

$$d(t) = \langle s_{sw}(t)\rangle_{T_s} = D + \hat{d}(t) \tag{7-36}$$

式中，$U_A$ 表示 $u_A(t)$ 的直流分量（静态工作点）；$\hat{u}_A(t)$ 表示 $u_A(t)$ 的交流小信号分量；$U_{in}$ 表示 $u_{in}(t)$ 的直流分量（静态工作点），$\hat{u}_{in}(t)$ 表示 $u_{in}(t)$ 的交流小信号分量；$D$ 表示 $d(t)$ 的直流分量（静态工作点）；$\hat{d}(t)$ 表示 $d(t)$ 的交流小信号分量。

将式（7-34）~式（7-36）代入式（7-33）中，得到：

$$U_A + \hat{u}_A(t) = (D + \hat{d}(t))(U_{in} + \hat{u}_{in}(t)) = DU_{in} + D\hat{u}_{in}(t) + U_{in}\hat{d}(t) + \hat{d}(t)\hat{u}_{in}(t) \tag{7-37}$$

上式分别令直流分量、交流小信号分量分别相等，得到：

$$U_A = DU_{in} \tag{7-38}$$

$$\hat{u}_A(t) = D\hat{u}_{in}(t) + U_{in}\hat{d}(t) + \hat{d}(t)\hat{u}_{in}(t) \tag{7-39}$$

**3）开关电路局部线性化**

在满足小信号假设的前提下，式（7-39）中两个小信号的乘积项是二阶微小量，对该乘积项忽略不计，误差不会太大，因此得到：

$$\hat{u}_A(t) = D\hat{u}_{in}(t) + U_{in}\hat{d}(t) \tag{7-40}$$

**4）开关电路传递函数**

对式（7-40）进行拉普拉斯变换，得到：

$$\hat{u}_A(s) = D\hat{u}_{in}(s) + U_{in}\hat{d}(s) \tag{7-41}$$

从占空比 $\hat{d}(s)$ 到 $\hat{u}_A(s)$ 的传递函数：

$$\left.\frac{\hat{u}_A(s)}{\hat{d}(s)}\right|_{\hat{u}_{in}(s)=0} = U_{in} \tag{7-42}$$

从输入电压 $\hat{u}_{in}(s)$ 到 $\hat{u}_A(s)$ 的传递函数：

$$\left.\frac{\hat{u}_A(s)}{\hat{u}_{in}(s)}\right|_{\hat{d}(s)=0} = D \tag{7-43}$$

**2. 低通滤波器传递函数**

如图 7-3（a）虚线右部分所示，线性电路是由电感、电容和电阻组成。电感和电容组成低通滤波器。不考虑电感、电容的寄生杂散参数，可得：

$$\begin{aligned}\frac{\hat{u}_o(s)}{\hat{u}_A(s)} &= \frac{R \parallel \frac{1}{sC}}{sL + R \parallel \frac{1}{sC}} = \frac{1}{LCs^2 + \frac{L}{R}s + 1} = \frac{\omega_n^2}{s^2 + 2\zeta\omega_n s + \omega_n^2} \\ &= \frac{1}{(\tau_n s)^2 + 2\zeta\tau_n s + 1} = \frac{1}{\left(\dfrac{s}{\omega_n}\right)^2 + \dfrac{1}{Q}\dfrac{s}{\omega_n} + 1}\end{aligned} \tag{7-44}$$

式中，$\omega_n = \dfrac{1}{\sqrt{LC}}$，为自然振荡角频率，$\omega_n = \dfrac{1}{\tau_n} = 2\pi f_n$，$\tau_n = \sqrt{LC}$；$\zeta = \dfrac{1}{2R}\sqrt{\dfrac{L}{C}}$，为阻尼比；$Q = \dfrac{1}{2\zeta} = R\sqrt{\dfrac{C}{L}}$，为滤波器的品质因数。

当 $Q < 0.5$ 时，$\zeta > 1$，传递函数有 2 个不同的实极点；当 $Q = 0.5$ 时，$\zeta = 1$，传递函数有二重实极点；当 $Q > 0.5$ 时，$\zeta < 1$，传递函数有 2 个共轭复极点，称为二阶振荡环节。

**3. 工作在 CCM 时降压变换器的传递函数**

综上所述，得到两个传递函数，分别为：从占空比 $\hat{d}(s)$ 到输出电压 $\hat{u}_o(s)$ 的传递函数：

$$\begin{aligned}G_{ud}(s) &= \left.\frac{\hat{u}_o(s)}{\hat{d}(s)}\right|_{\hat{u}_{in}(s)=0} = \left.\frac{\hat{u}_o(s)}{\hat{u}_A(s)} \cdot \frac{\hat{u}_A(s)}{\hat{d}(s)}\right|_{\hat{u}_{in}(s)=0} \approx \frac{1}{LCs^2 + \dfrac{L}{R}s + 1}U_{in} \\ &= \frac{U_{in}}{\left(\dfrac{s}{\omega_n}\right)^2 + \dfrac{1}{Q}\dfrac{s}{\omega_n} + 1}\end{aligned} \tag{7-45}$$

从输入电压 $\hat{u}_{in}(s)$ 到输出电压 $\hat{u}_o(s)$ 的传递函数：

$$G_{ug}(s) = \frac{\hat{u}_o(s)}{\hat{u}_{in}(s)}\bigg|_{\hat{d}(s)=0} = \frac{\hat{u}_o(s)}{\hat{u}_A(s)} \cdot \frac{\hat{u}_A(s)}{\hat{u}_{in}(s)}\bigg|_{\hat{d}(s)=0} \approx \frac{1}{LCs^2 + \frac{L}{R}s + 1}D$$

$$= \frac{D}{\left(\frac{s}{\omega_n}\right)^2 + \frac{1}{Q}\frac{s}{\omega_n} + 1} \tag{7-46}$$

**例 7-1** 降压变换器，$U_{in} = 100 \sim 125\text{V}$，$U_o = 48\text{V}$，电阻负载，输出电流 $I_o = 25 \sim 50\text{A}$，开关频率 $f_s = 50\text{kHz}$，设置临界连续电流为 5A，选取滤波器参数，计算最高输入电压；最小输出电流时，占空比到输出电压的传递函数和输入电压到输出电压的传递函数。

**解**：静态工作点：输入电压最大值 $U_{in\_max} = 125\text{V}$ 时，$D_{min} = \frac{U_o}{U_{in\_max}} = \frac{48}{125} = 0.384$；输入电压最小值 $U_{in\_min} = 100\text{V}$ 时，$D_{max} = \frac{U_o}{U_{in\_min}} = \frac{48}{100} = 0.48$。

根据式（5-28），$L \geqslant \frac{U_o T_s}{2I_G}(1-D) = \frac{U_o}{2f_s I_G}(1-D) = \frac{48}{2 \times 50 \times 10^3 \times 5} \times (1-0.384) = 59\mu\text{H}$

取 $L = 60\mu\text{H}$。再根据式（5-33），

$$C = \frac{U_{in}D(1-D)}{8Lf_s^2 \Delta U_C} = \frac{U_o(1-D)}{8Lf_s^2 \gamma\% U_o} = \frac{1-D}{8Lf_s^2 \gamma\%} = \frac{1-0.384}{8 \times 60 \times 10^{-6} \times (50 \times 10^3)^2 \times 1\%} = 51.3\mu\text{F}$$

其中，$\gamma\%$ 为电容电压波动量占输出电压的百分比，选择 $\gamma\% = 1\%$。考虑到电容的 ESR 和 ESL，以及电容值随时间下降取 $C = 470\mu\text{F}$。

滤波器转折频率：

$$\omega_n = \frac{1}{\sqrt{LC}} = \frac{1}{\sqrt{60 \times 10^{-6} \times 470 \times 10^{-6}}} = 5.96\text{k rad/s}$$

$$f_n = \frac{1}{2\pi\sqrt{LC}} = \frac{1}{2\pi\sqrt{60 \times 10^{-6} \times 470 \times 10^{-6}}} = 948\text{Hz}$$

最小输出电流为 $I_o = 25\text{A}$，等效为输出电阻 $R = \frac{U_o}{I_o} = \frac{48}{25} = 1.92\Omega$，可计算得到：

$$Q = \frac{1}{2\zeta} = R\sqrt{\frac{C}{L}} = 1.92\sqrt{\frac{470 \times 10^{-6}}{60 \times 10^{-6}}} = 5.37$$

$$\zeta = \frac{1}{2Q} = \frac{1}{2 \times 5.37} = 0.0931$$

从占空比 $\hat{d}(s)$ 到输出电压 $\hat{u}_o(s)$ 的传递函数：

$$G_{ud}(s) = \frac{\hat{u}_o(s)}{\hat{d}(s)}\bigg|_{\hat{u}_{in}(s)=0} = \frac{U_{in}}{\left(\frac{s}{\omega_n}\right)^2 + \frac{1}{Q}\frac{s}{\omega_n} + 1} = \frac{125}{\left(\frac{s}{5960}\right)^2 + \frac{1}{5.37} \cdot \frac{s}{5960} + 1}$$

从输入电压 $\hat{u}_{in}(s)$ 到输出电压 $\hat{u}_o(s)$ 的传递函数：

$$G_{ug}(s) = \frac{\hat{u}_o(s)}{\hat{u}_{in}(s)}\bigg|_{\hat{d}(s)=0} = \frac{D}{\left(\frac{s}{\omega_n}\right)^2 + \frac{1}{Q}\frac{s}{\omega_n} + 1} = \frac{0.384}{\left(\frac{s}{5960}\right)^2 + \frac{1}{5.37} \cdot \frac{s}{5960} + 1}$$

从例 7-1 看出，降压变换器工作在 CCM 时，其滤波器的传递函数具有两个显著特征：特征一，该传递函数没有积分和微分环节，开环伯德图对数幅频特性曲线低频段斜率为 0；特征二，该传递函数包含一个二阶振荡环节，该环节的参数中阻尼比 $\zeta$ 较小，品质因数 $Q$ 较高。这两个特征也是其他变换器工作在 CCM 时其滤波器传递函数所共有的。

特征一导致：如果需要闭环系统对阶跃输入的稳态误差为零，就需要在控制器中至少增加一个积分环节，但增加一个积分环节会使得伯德图对数相频特性每点的数值都减小 90°。

特征二导致：在开环传递函数伯德图对数相频特性曲线中，在滤波器二阶振荡环节自然振荡角频率附近很窄的频率范围内，对数相频特性曲线急剧下降 180°；同时在对数幅频特性中存在很高的谐振峰值。

受这两个特征的影响，在设计电压单环控制器时要求稳态误差为零，如果采用剪切频率远小于滤波器谐振频率的校正方法设计电压单环时，需要特别注意谐振峰值，略有差异就会导致系统不稳定，需要留取一定的谐振峰值裕量，因此，校正系统难以具有良好的动态性能。

## 7.2 控制性能指标及降压变换器的闭环设计

### 7.2.1 控制系统特性及性能指标

**1. 开环传递函数的理想对数幅频特性**

在设计控制器时，一般需要绘制由被控对象、控制器构成的控制系统开环传递函数的伯德图。系统开环传递函数的伯德图能够大致确切给出系统的稳定性、稳定裕度，而且还能衡量闭环系统动态和稳态特性。在定性分析闭环系统性能时，通常将伯德图分成低、中、高三个频段，图 7-4 给出开环传递函数的理想对数幅频特性曲线[13]。

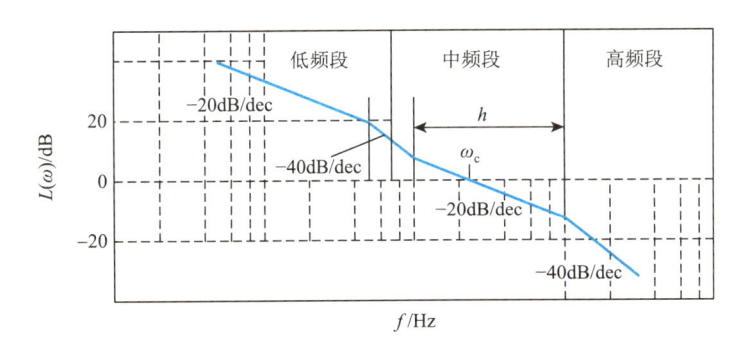

图 7-4 开环传递函数的理想对数幅频特性曲线

**1）低频段**

开环传递函数对数幅频特性曲线的低频段直接反映系统包含积分环节的个数和直流增益，因此低频段主要影响系统的稳态性能。当给定输入为阶跃信号时，开环系统只要包含一个积分环节，就能保证输出的稳态误差为 0，所以理想的开环传递函数的低频特性是直流增益无限大、以低于 −20dB/dec 的斜率下降。

**2）中频段**

中频段大致是指对数幅频特性曲线穿越 0dB 线的附近的频段。开环传递函数对数幅频特性曲线穿越 0dB 线的频率点称为系统的剪切频率。剪切频率 $\omega_c$、对数相频特性下对应的相角与

系统的上升时间 $t_r$、调节时间 $t_s$ 和超调量 $\sigma$ 等动态性能指标密切相关。剪切频率 $\omega_c$ 越大,系统的响应速度越快,相角越大,超调量 $\sigma$ 也越大。另外,对于电力电子变换器闭环控制系统,过高的剪切频率 $\omega_c$ 可能导致开关频率及其谐波和寄生振荡引起的高频分量得不到有效抑制。因此,需要附加一个以 –40dB/dec 斜率下降的频段,达到降低中频增益,限制过高剪切频率 $\omega_c$ 的目的。同时,为了减小超调,剪切频率 $\omega_c$ 应位于 –20dB/dec 的频段。

3) 高频段

一般来说,对数幅频特性曲线高频段对系统的动态性能影响不大,但它反映系统对高频干扰信号的抑制能力。高频段对数幅频特性曲线衰减越快,系统的抗干扰能力越强。对于电力电子变换器闭环控制系统,理想的对数幅频特性曲线的高频段一般以 –40dB/dec 或更低的斜率下降。

2. 闭环系统频域指标和时域指标之间的关系

在电力电子变换器闭环控制系统设计中,多采用频域法。若性能指标以单位阶跃响应的峰值时间、调节时间、超调量、阻尼比、稳态误差等时域特征量给出时,通常需要表示为相角裕度、幅值裕度、谐振峰值、闭环带宽、稳态误差系数等频域特征量。

1) 欠阻尼二阶系统（$\zeta<1$）频域指标与时域指标之间的关系[18, 20]

谐振峰值:

$$M_r = \frac{1}{2\zeta\sqrt{1-\zeta^2}}, \quad 0<\zeta<\frac{\sqrt{2}}{2} \tag{7-47}$$

谐振频率:

$$\omega_r = \omega_n\sqrt{1-2\zeta^2}, \quad 0<\zeta<\frac{\sqrt{2}}{2} \tag{7-48}$$

带宽频率:

$$\omega_b = \omega_n\sqrt{1-2\zeta^2+\sqrt{2-4\zeta^2+4\zeta^4}} \tag{7-49}$$

剪切频率:

$$\omega_c = \omega_n\sqrt{\sqrt{1+4\zeta^4}-2\zeta^2} \tag{7-50}$$

相角裕度:

$$\varphi_m = \arctan\frac{2\zeta}{\sqrt{\sqrt{1+4\zeta^4}-2\zeta^2}} \tag{7-51}$$

超调量:

$$\sigma\% = e^{-\frac{\pi\zeta}{\sqrt{1-\zeta^2}}} \times 100\% \tag{7-52}$$

5%误差带调节时间:

$$t_s = \frac{3.5}{\zeta\omega_n} \tag{7-53}$$

2) 过阻尼、临界阻尼二阶系统（$\zeta \geqslant 1$）频域指标与时域指标之间的关系

系统特征方程分解为

$$s^2 + 2\zeta\omega_n s + \omega_n^2 = (s+1/T_1)(s+1/T_2) \tag{7-54}$$

若 $T_1 > 4T_2$,系统等效为具有 $-1/T_1$ 闭环极点的一阶系统,5% 误差带调节时间:

$$t_s \approx 3T_1 \tag{7-55}$$

误差不超过 10%。

若 $T_1 = T_2$，5%误差带调节时间：

$$t_s = 4.75T_1 \tag{7-56}$$

3）高阶系统频域指标与时域指标之间的关系

谐振峰值：

$$M_r = \frac{1}{|\sin\varphi_m|} \tag{7-57}$$

超调量估算：

$$\sigma\% \approx 0.16 + 0.4(M_r - 1), \quad 1 \leq M_r \leq 1.8 \tag{7-58}$$

5%误差带调节时间估算：

$$t_s \approx \frac{K\pi}{\omega_c}, \quad K = 2 + 1.5(M_r - 1) + 2.5(M_r - 1)^2, \quad 1 \leq M_r \leq 1.8 \tag{7-59}$$

**3. 开关变换器的时域性能指标**

在开关变换器闭环控制系统设计中，需要根据具体的应用背景确定系统性能指标。对闭环系统单位阶跃响应的时域性能指标一般要求如下。

1）单位阶跃响应的稳态误差

对于单位阶跃输入，只要开环系统中存在一个或一个以上积分环节，也就是系统开环为典型Ⅰ型或高于Ⅰ型系统，闭环系统单位阶跃响应的稳态误差为零。根据工作在CCM时变换器传递函数共有的两个显著特征，被控对象为0型系统。因此，若使该闭环系统对单位阶跃响应的稳态误差为零，需要在控制器中增加一个积分环节。

2）超调量

对单位阶跃输入的响应超调量尽量小。如果设计计算的超调量较大，可以通过软起动降低超调量。

3）调节时间

关于电力电子变换器对单位阶跃响应的调节时间，不同的应用背景有不同的要求，需要根据具体情况进行设计。比如，CPU的供电电源、电瓶车电池充电器这两个不同的应用背景，对调节时间的要求相差较大。一般的设备的调节时间通常要求在毫秒级。

## 7.2.2 降压变换器工作在 CCM 时的闭环设计

以工作在CCM时的降压变换器单电压闭环控制设计为例。

**1. 脉宽调制环节的传递函数**

如图7-1所示，通过建模得到从占空比 $\hat{d}(s)$ 到输出电压 $\hat{u}_o(s)$ 的传递函数 $G_{ud}(s)$ 以及从输入电压 $\hat{u}_{in}(s)$ 到输出电压 $\hat{u}_o(s)$ 的传递函数 $G_{ug}(s)$。反馈一般设计为比例环节，用 $H(s) = K_1$ 表示；驱动电路等效为系数为1的比例环节。

脉宽调制电路把控制器的输出电压转换为占空比的大小。控制器的输出电压转换为占空比与锯齿波的幅值相关，假设载波 $v_{carrier}(t)$ 为锯齿波，在40μs 的时间内从0V上升到 $V_m = 4V$ 为止，如图7-5所示。

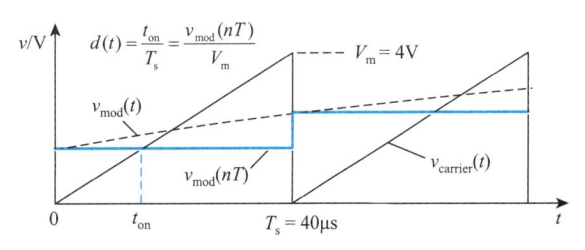

图 7-5 锯齿波信号与占空比产生

图中 $v_{\text{mod}}(t)$ 为调制波，就是控制器的输出信号 $v_{\text{ctrl}}(t)$，该信号是变化的。但由于小信号的第 1 个假设条件，变化频率远小于开关频率，因此，在一个开关周期之内该信号基本不变。假设采用零阶采样保持器，在一个开关周期内的采样保持值为 $v_{\text{mod}}(nT)$，则 $v_{\text{mod}}(nT) \approx v_{\text{mod}}(t)$。

产生的占空比 $d(t)$ 与 $v_{\text{mod}}(t)$ 之间的关系：

$$d(t) = \frac{t_{\text{on}}}{T_s} = \frac{1}{V_m} v_{\text{mod}}(nT) \approx \frac{1}{V_m} v_{\text{mod}}(t) \tag{7-60}$$

该关系为线性，其小信号拉普拉斯变换为

$$\hat{d}(s) \approx \frac{1}{V_m} \hat{v}_{\text{mod}}(s) \tag{7-61}$$

则转换比例 $G_{\text{PWM}}(s)$ 为

$$G_{\text{PWM}}(s) = K_{\text{PWM}} = \frac{\hat{d}(s)}{\hat{v}_{\text{mod}}(s)} \approx \frac{1}{V_m} = \frac{1}{4} \tag{7-62}$$

式中，小信号变量 $\hat{v}_{\text{mod}}(s)$ 是控制器输出小信号变量 $\hat{u}_{\text{ctrl}}(s)$，也是脉宽调制环节的输入。

因此，仅仅控制器的传递函数 $G_c(s)$ 待设计。根据图 7-1，由式（7-45）、式（7-46）、式（7-60）~式（7-62）绘制出控制框图，如图 7-6 所示。

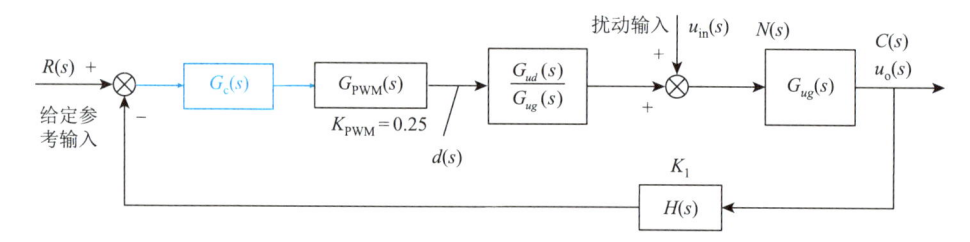

图 7-6　降压变换器闭环系统控制框图

**2. 被控对象传递函数的特征**

系统的开环传递函数为

$$G(s) = G_c(s) G_{\text{PWM}}(s) \frac{G_{ud}(s)}{G_{ug}(s)} G_{ug}(s) H(s) = G_c(s) G_{\text{PWM}}(s) G_{ud}(s) H(s) \tag{7-63}$$

根据该传递函数，参考图 7-4 所示的开环传递函数的理想对数幅频特性设计控制器 $G_c(s)$。

系统给定参考输入到输出的闭环传递函数为

$$G_{CR}(s) = \frac{C(s)}{R(s)} = \frac{G_c(s) G_{\text{PWM}}(s) G_{ud}(s)}{1 + G_c(s) G_{\text{PWM}}(s) G_{ud}(s) H(s)} \tag{7-64}$$

系统扰动输入到输出的闭环传递函数为

$$G_{CN}(s) = \frac{C(s)}{N(s)} = \frac{u_o(s)}{u_{\text{in}}(s)} = \frac{G_{ug}(s)}{1 + G_c(s) G_{\text{PWM}}(s) G_{ud}(s) H(s)} \tag{7-65}$$

式中，脉宽调制环节的传递函数 $G_{\text{PWM}}(s)$ 为比例环节；反馈环节 $H(s)$ 设计为比例环节。因此，除比例系数外，$G_{ud}(s)$ 具有的特征也同样是 $G_{\text{PWM}}(s) G_{ud}(s) H(s)$ 具有的特征。

被控对象传递函数 $G_{ud}(s)$ 的两个特征：对数幅频特性曲线低频段斜率为零；二阶振荡环节的阻尼比 $\zeta$ 较小。

如果需要闭环系统对阶跃输入的稳态误差为零，就需要在控制器中至少增加一个积分环节。开环传递函数对数相频特性中，在滤波器二阶振荡环节自然振荡角频率附近很窄的频率范围内，对数相频特性曲线急剧下降180°；同时在对数幅频特性曲线中存在很高的谐振峰值。对数相频特性曲线减小180°的频率范围为：$10^{-5}f_n < f < 10^5 f_n$。由于$\zeta$较小，尤其是在负载电流与满载电流值相比的比值较小时，阻尼比$\zeta$往往小于0.05，在$\zeta = 0.05$时对数相频特性曲线减小180°的频率范围为$0.891f_n < f < 1.12f_n$。

假设"在频率$f = f_n$处，对数相频特性曲线阶跃减小180°"。该假设对控制器的设计影响很小，但易于理解控制器的设计原则。图7-7中被控对象对数相频特性曲线绘制时阻尼比$\zeta = 0.05$。$Q = \dfrac{1}{2\zeta} = \dfrac{1}{2 \times 0.05} = 10$，$20\lg Q = 20\lg 10 = 20$，系统具有很高的谐振峰值。当$\zeta = 0$时，在频率$f = f_n$处，对数相频特性曲线阶跃下降180°。

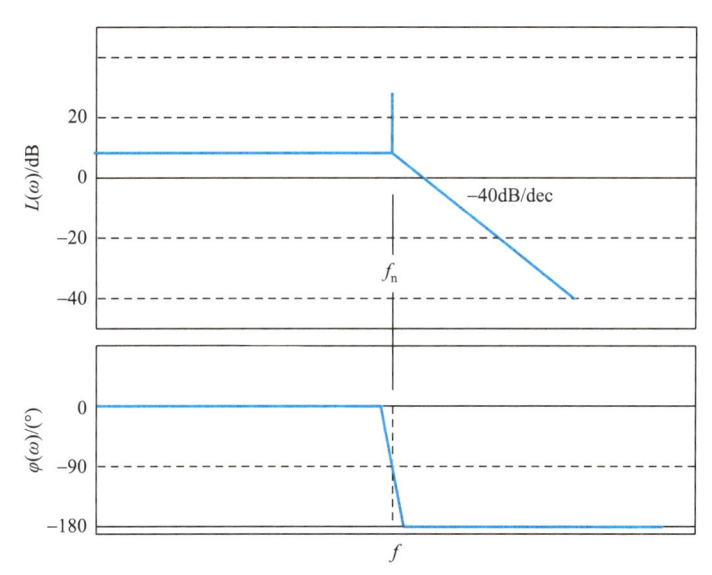

图7-7 开环系统$G_{PWM}(s)G_{ud}(s)H(s)$典型频率特性渐近线（$\zeta = 0.05$）

### 3. 控制器设计——剪切频率小于自然振荡角频率的校正方式

分析采用剪切频率$f_c$小于滤波器自然振荡角频率$f_n$的校正方式存在的问题。根据图7-7，在$f < f_n$的低频段，图中相角裕度为180°，若开环系统中增加一个积分环节，仍然存在90°的相角裕度，因此，如果采用积分环节设计控制器，设计剪切频率$f_c < f_n$，闭环系统是稳定的。但是，由于谐振峰值较高，若谐振峰值处幅频特性高于0dB，再穿越0dB线时，相角裕度为负值，系统不稳定。若采用剪切频率小于滤波器自然振荡角频率的校正方式，必须考虑谐振峰值处低于0dB并且要留取一定的安全裕量。

综合考虑图7-7频率特性，为了使阶跃输入的稳态误差为零，最简单的方法是控制器采用积分环节：

$$G_c(s) = \frac{K_i}{s} \tag{7-66}$$

为了尽可能提高动态性能，选择剪切频率越高越好，但是为了闭环系统的稳定性，谐振峰值处留取20%~50%的裕量，如图7-8所示。

包含控制器的开环系统传递函数：

$$G(s) = G_c(s)G_{PWM}(s)G_{ud}(s)H(s) = \frac{K_i}{s}G_{PWM}(s)G_{ud}(s)H(s) \tag{7-67}$$

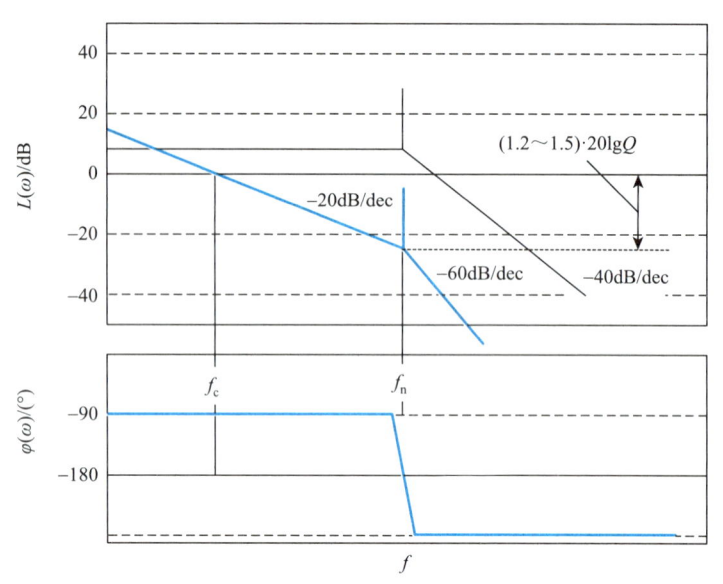

图 7-8 $G_{PWM}(s)G_{ud}(s)H(s)$、$K_iG_{PWM}(s)G_{ud}(s)H(s)/s$ 对数频率特性渐近线（$\zeta = 0.05$）

由于谐振峰值为 $20\lg Q$，留取裕量后，在 $f = f_n$ 处对数幅频特性曲线渐近线的交点距离 0dB 线的高度应为 $(1.2\sim1.5) \cdot 20\lg Q$，加入积分环节后，$f < f_n$ 时校正后的开环传递函数对数幅频特性曲线斜率为 $-20\text{dB/dec}$，因此剪切频率为

$$\lg f_n - \lg f_c = \frac{(1.2\sim1.5) \cdot 20\lg Q}{20\text{dB/dec}} \tag{7-68}$$

解得：

$$f_c = \frac{f_n}{Q^{1.2\sim1.5}} \tag{7-69}$$

再根据校正系统的开环传递函数对数幅频特性曲线在剪切频率处幅值为零，可得：

$$\begin{aligned} |G(j\omega)|_{f=f_c} &= |G_c(j\omega)G_{PWM}(j\omega)G_{ud}(j\omega)H(j\omega)|_{f=f_c} \\ &= \left|\frac{K_i}{j\omega}G_{PWM}(j\omega)G_{ud}(j\omega)H(j\omega)\right|_{f=f_c} = 1 \end{aligned} \tag{7-70}$$

解得：

$$K_i = \left|\frac{j\omega}{G_{PWM}(j\omega)G_{ud}(j\omega)H(j\omega)}\right|_{f=f_c} \tag{7-71}$$

由于采用剪切频率小于滤波器自然振荡角频率的校正方式，剪切频率较低，闭环系统难以具有良好的动态性能。

**4. 控制器设计——剪切频率大于自然振荡角频率的校正方式**

对于变换器的设计，开关频率远高于滤波器自然振荡角频率。一般来说，至少 10 倍以上。选择剪切频率 $f_c \approx \frac{1}{10}f_s$。通常此时 $f_c > f_n$。若选择相位超前校正网络：

$$G_c(s) = G_{c0}\frac{1+\dfrac{s}{\omega_z}}{1+\dfrac{s}{\omega_p}} \qquad \omega_z < \omega_c < \omega_p \tag{7-72}$$

选择剪切频率 $f_c \approx \frac{1}{10}f_s$ 处相位裕度为 $\varphi_m$，则

$$f_z = f_c \sqrt{\frac{1-\sin\varphi_m}{1+\sin\varphi_m}} \tag{7-73}$$

$$f_p = f_c \sqrt{\frac{1+\sin\varphi_m}{1-\sin\varphi_m}} \tag{7-74}$$

系统的开环传递函数为

$$G(s) = G_c(s)G_{\text{PWM}}(s)G_{ud}(s)H(s) = G_{c0} \frac{1+\dfrac{s}{\omega_z}}{1+\dfrac{s}{\omega_p}} G_{\text{PWM}}(s)G_{ud}(s)H(s) \tag{7-75}$$

由

$$|G(j\omega)|_{f_c} = \left| G_{c0} \frac{1+\dfrac{j\omega}{\omega_z}}{1+\dfrac{j\omega}{\omega_p}} G_{\text{PWM}}(j\omega)G_{ud}(j\omega)H(j\omega) \right|_{f=f_c} = 1 \tag{7-76}$$

可得：

$$G_{c0} = \left| \frac{1+\dfrac{j\omega}{\omega_p}}{1+\dfrac{j\omega}{\omega_z}} \cdot \frac{1}{G_{\text{PWM}}(j\omega)G_{ud}(j\omega)H(j\omega)} \right|_{f=f_c} \tag{7-77}$$

如图 7-9 所示。曲线 1、4 分别为不包含控制器的系统开环传递函数对数幅频特性曲线和对数相频特性曲线，曲线 2、5 分别为控制器的对数幅频特性曲线和对数相频特性曲线，曲线 3、6 分别为校正后的系统开环传递函数对数幅频特性曲线和对数相频特性曲线，此时谐振峰值完全在 0dB 线之上，不影响系统稳定性。

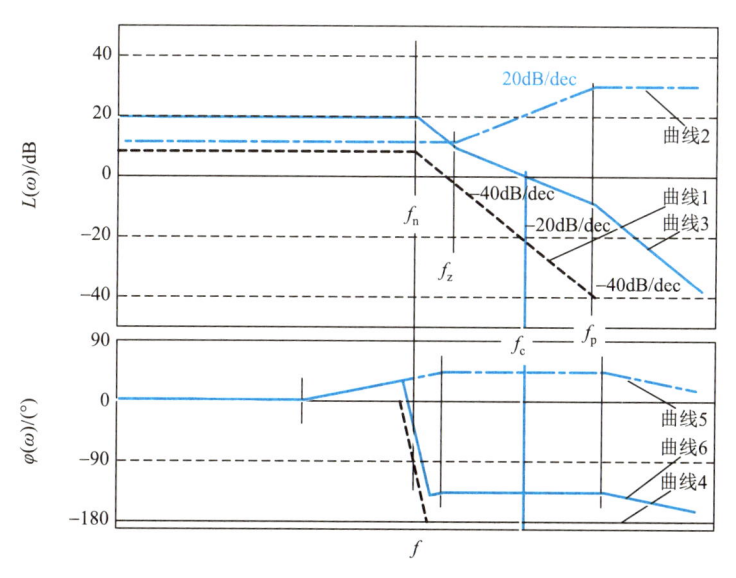

图 7-9 相位超前校正系统对数频率特性渐近线

将稳态误差降为零，需要在控制器中增加一个积分环节。但积分环节会带来 –90° 的相位

差，因此需要再在低频段增加一个零点，只要其转折频率小于剪切频率的1/10，就不会对剪切频率造成太大影响。增加的积分环节和零点为

$$\omega_L \cdot \frac{1+\dfrac{s}{\omega_L}}{s} = 1 + \frac{\omega_L}{s} = 1 + \frac{2\pi f_L}{s} = K_p + \frac{K_i}{s} \tag{7-78}$$

其中，取 $f_L = f_c/10$。增加的该环节常被称为 PI 调节器。因此，控制器设计为

$$G_c(s) = G_{c0} \cdot \left(1 + \frac{\omega_L}{s}\right) \cdot \frac{1+\dfrac{s}{\omega_z}}{1+\dfrac{s}{\omega_p}}, \quad \omega_z < \omega_c < \omega_p \tag{7-79}$$

如图 7-10 所示，曲线 1、4 分别为不包含控制器的系统开环传递函数对数幅频特性曲线和对数相频特性曲线，曲线 2、5 分别为控制器的对数幅频特性曲线和对数相频特性曲线，曲线 3、6 分别为校正后的系统开环传递函数对数幅频特性曲线和对数相频特性曲线。

下面用一个实例来阐述控制器的设计过程。

**例 7-2** 降压变换器的静态工作点：$U_{in}=125V$，$U_o=48V$，电阻负载，输出电流 $I_o=25A$，开关频率 $f_s=50kHz$，$L=60\mu H$，$C=470\mu F$，$R=1.92\Omega$，$D=0.384$，给定参考信号为 4V，反馈采样将强电信号 48V 转变为弱电信号 4V，设计为比例环节，比例系数为 1/12，锯齿波幅值为 4V。选择合适的控制器对系统进行校正设计，最大限度地提高系统性能指标。

**解**：（1）控制框图化简。

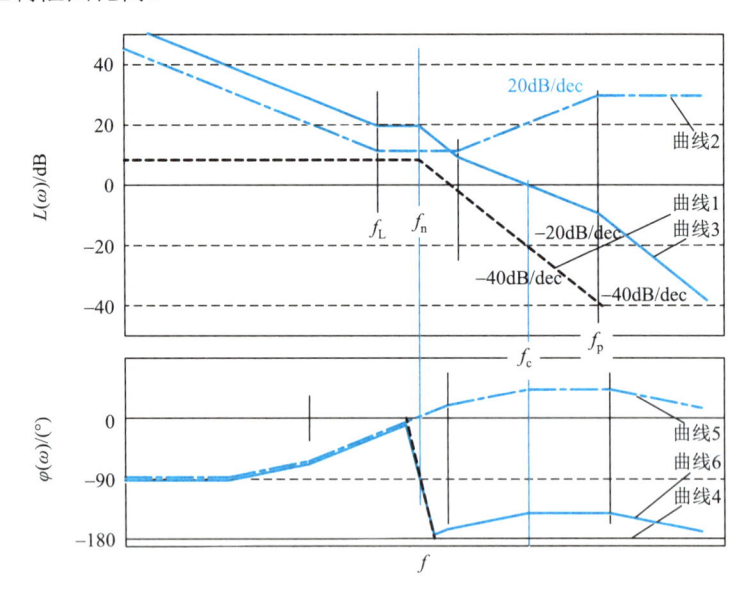

图 7-10 带 PI 调节器的相位超前校正系统对数频率特性渐近线

将上述参数代入图 7-6 中，得到图 7-11。

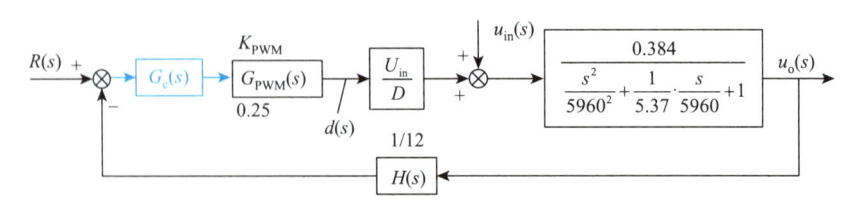

图 7-11 降压变换器闭环系统控制简化框图之一

不计扰动，将图 7-6 中 $G_{PWM}(s)$、$\dfrac{G_{ud}(s)}{G_{ug}(s)}$、$G_{ug}$ 等环节等效为一个被控对象传递函数，用 $G_{o1}(s)$ 表示，如图 7-12 所示。

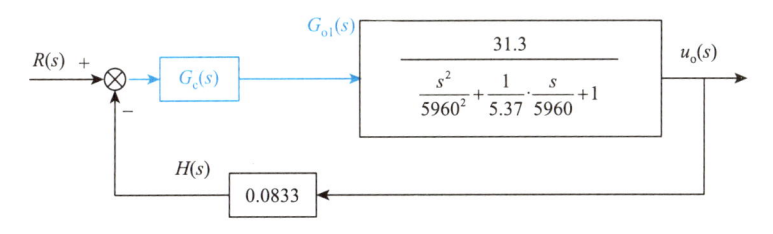

图 7-12 降压变换器闭环系统控制简化框图之二

其被控对象及反馈采样环节传递函数：

$$G(s) = G_{o1}(s)H(s) = \dfrac{2.6}{\left(\dfrac{s}{5960}\right)^2 + \dfrac{1}{5.37}\cdot\dfrac{s}{5960} + 1}$$

（2）无控制器时系统闭环性能分析。

若不加控制器，该传递函数组成的闭环系统对输入为阶跃信号的给定稳态误差为

$$e_{sr} = \lim_{t\to\infty} e_{sr}(t) = \lim_{s\to 0} sE_r(s) = \lim_{s\to 0} sR(s)\dfrac{1}{1+G(s)}$$

$$= \lim_{s\to 0} s\dfrac{1}{s}\dfrac{1}{1+\dfrac{2.6}{\left(\dfrac{s}{5960}\right)^2 + \dfrac{1}{5.37}\cdot\dfrac{s}{5960} + 1}} = 27.8\%$$

稳态误差太大，无法满足应用要求。

（3）从满足闭环系统稳定及快速动态响应的角度设计控制器。

图 7-12 所示系统的开环传递函数为

$$G(s) = G_c(s)G_{o1}(s)H(s) = G_c(s)\cdot\dfrac{2.6}{\left(\dfrac{s}{5960}\right)^2 + \dfrac{1}{5.37}\cdot\dfrac{s}{5960} + 1}$$

根据该传递函数设计控制器 $G_c(s)$。绘制 $G_{ud}(s)$ 对数幅频特性曲线的渐近线如图 7-13 中曲线 1 所示，对数相频特性曲线的渐近线如曲线 5 所示；绘制图 7-12 中除控制器以外的被控对象及反馈采样环节传递函数 $G_{o1}(s)H(s)$ 对数幅频特性曲线的渐近线如图 7-13 中曲线 2 所示，对数相频特性曲线的渐近线如曲线 5 所示。

被控对象及反馈采样环节 $G_{o1}(s)H(s)$ 为典型的二阶振荡环节，其所具有的特征：$Q = 5.37 \gg 0.5$，在很小的频率范围内，该环节的对数相频特性曲线从 0°变化到 −180°；对数幅频特性曲线低频段为有限增益，斜率为 0；转折频率为 $f_n = 948\text{Hz}$；高频段下降斜率为 −40dB/dec。

为了尽可能提高动态响应速度，选择剪切频率 $f_c = 5\text{kHz}$，为开关频率的 1/10。从图 7-13 曲线 5 可以看出，此处对数相频特性曲线角度基本是 −180°，处于临界稳定。

以相位超前校正网络为例对该系统进行校正。

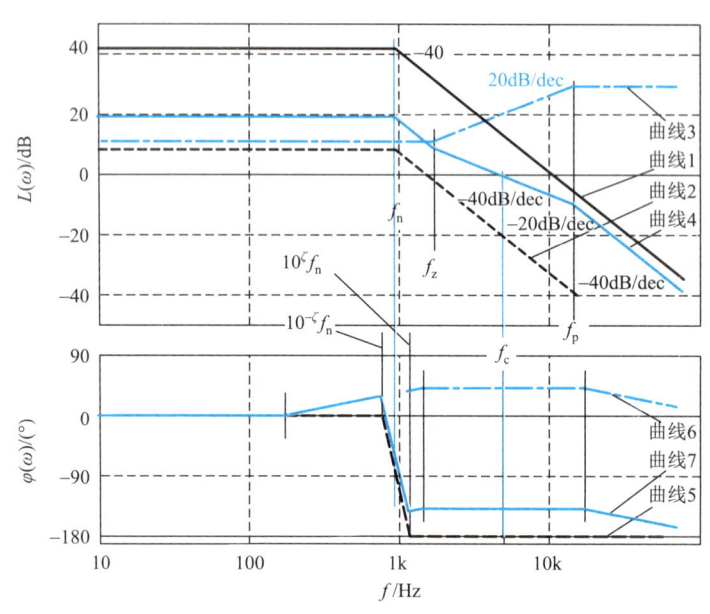

$$G_c(s) = G_{c0} \frac{1 + \dfrac{s}{\omega_z}}{1 + \dfrac{s}{\omega_p}}, \ \omega_z < \omega_c < \omega_p$$

图 7-13 开环补偿系统对数频率特性曲线的渐近线

设剪切频率 $f_c = 5\text{kHz}$ 处相位裕度 $\varphi_m = 52°$。

$$f_z = f_c \sqrt{\frac{1 - \sin \varphi_m}{1 + \sin \varphi_m}} = 5 \times \sqrt{\frac{1 - \sin 52°}{1 + \sin 52°}} = 1.72\text{kHz}$$

$$f_p = f_c \sqrt{\frac{1 + \sin \varphi_m}{1 - \sin \varphi_m}} = 5 \times \sqrt{\frac{1 + \sin 52°}{1 - \sin 52°}} = 14.5\text{kHz}$$

系统的开环传递函数为

$$G(s) = G_c(s) G_{o1}(s) H(s) = G_{c0} \frac{1 + \dfrac{s}{\omega_z}}{1 + \dfrac{s}{\omega_p}} \cdot \frac{2.6}{\left(\dfrac{s}{5960}\right)^2 + \dfrac{1}{5.37} \cdot \dfrac{s}{5960} + 1}$$

$$\left| G(j\omega) \right|_{f_c = 5\text{kHz}} = \left| G_{c0} \cdot \frac{1 + \dfrac{j\omega}{2\pi f_z}}{1 + \dfrac{j\omega}{2\pi f_p}} \cdot \frac{2.6}{\left(\dfrac{j\omega}{5960}\right)^2 + \dfrac{1}{5.37} \cdot \dfrac{j\omega}{5960} + 1} \right|_{f_c = 5\text{kHz}} = 1$$

计算得：$G_{c0} = 3.55$。则可得控制器为

$$G_c(s) = 3.55 \cdot \frac{1 + \dfrac{s}{10.8 \times 10^3}}{1 + \dfrac{s}{91.2 \times 10^3}}$$

绘制出控制器的对数幅频特性曲线如图 7-13 中曲线 3 所示，对数相频特性曲线如曲线 6 所示。系统的开环传递函数为

$$G(s)=G_c(s)G_{o1}(s)H(s)=\frac{1+\dfrac{s}{10.8\times 10^3}}{1+\dfrac{s}{91.2\times 10^3}}\cdot\frac{9.25}{\left(\dfrac{s}{5960}\right)^2+\dfrac{1}{5.37}\cdot\dfrac{s}{5960}+1}$$

由此绘制出补偿后的开环传递函数对数幅频特性曲线的渐近线如图 7-13 中曲线 4 所示，对数相频特性曲线的渐近线如曲线 7 所示。

开环补偿系统对数频率特性仿真曲线如图 7-14 所示。其中曲线 1 为 $G_{ud}(s)$ 对数幅频特性曲线，曲线 2 为 $G_{o1}(s)H(s)$ 对数幅频特性曲线，曲线 5 同时为 $G_{ud}(s)$、$G_{o1}(s)H(s)$ 对数相频特性曲线；曲线 3 为控制器 $G_c(s)$ 对数幅频特性曲线，曲线 6 为控制器 $G_c(s)$ 对数相频特性曲线；曲线 4 为开环系统补偿后的对数幅频特性曲线，曲线 7 为开环系统补偿后的对数相频特性曲线。

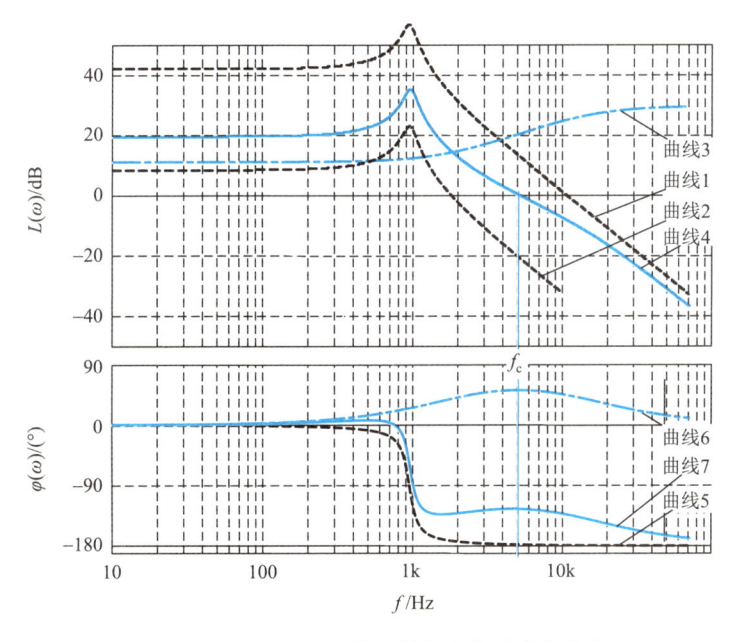

图 7-14 开环补偿系统对数频率特性仿真曲线

（4）使用相位超前校正网络设计控制器后系统闭环性能指标。

补偿后系统剪切频率 $f_c=5\text{kHz}$，$\omega_c=2\pi f_c=31.4\text{krad/s}$，相角裕度 $\varphi_m=52°$。估算超调量：

$$\sigma\%=\left(0.16+0.4\times\left(\frac{1}{\sin\varphi_m}-1\right)\right)\times 100\%$$

$$=\left(0.16+0.4\times\left(\frac{1}{\sin 52°}-1\right)\right)\times 100\%\approx 26.8\%$$

估算调节时间：

$$t_s = \frac{K\pi}{\omega_c} = \frac{K\pi}{2\pi f_c} = K \cdot \frac{1}{2f_c} = \left(2 + 1.5 \times \left(\frac{1}{\sin\varphi_m} - 1\right) + 2.5 \times \left(\frac{1}{\sin\varphi_m} - 1\right)^2\right) \cdot \frac{1}{2f_c}$$

$$= \left(2 + 1.5 \times \left(\frac{1}{\sin 52°} - 1\right) + 2.5 \times \left(\frac{1}{\sin 52°} - 1\right)^2\right) \frac{1}{2 \times 5 \times 10^3} \approx 0.258\text{ms}$$

对输入为阶跃信号的给定稳态误差：

$$e_{sr} = \lim_{t\to\infty} e_{sr}(t) = \lim_{s\to 0} sE_r(s) = \lim_{s\to 0} sR(s)\frac{1}{1+G(s)}$$

$$= \lim_{s\to 0} s\frac{1}{s} \frac{1}{1 + \frac{1 + \frac{s}{10.8 \times 10^3}}{1 + \frac{s}{91.2 \times 10^3}} \cdot \frac{9.245}{\left(\frac{s}{5960}\right)^2 + \frac{1}{5.37} \cdot \frac{s}{5960} + 1}} \approx 9.76\%$$

稳态误差虽然相对于校正前减小了近 2/3，但仍然接近 10%。

（5）相位超前校正网络电路实现。

该控制器通过如图 7-15 所示的电路实现。其传递函数为

$$G_c(s) = \frac{\hat{v}_c}{\hat{v}_e} = G_{c0} \frac{1 + \frac{s}{\omega_z}}{1 + \frac{s}{\omega_p}}, \quad \omega_z < \omega_c < \omega_p$$

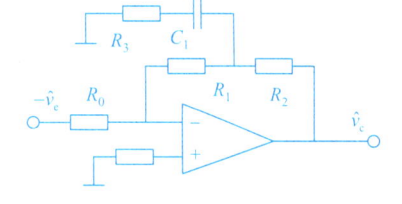

图 7-15 相位超前补偿网络

式中，$G_{c0} = \frac{R_1 + R_2}{R_0}$；$\omega_p = \frac{1}{R_3 C_1}$；$\omega_z = \frac{1}{(R_1 \| R_2 + R_3)C_1}$。代入上述计算参数：$G_{c0} = \frac{R_1 + R_2}{R_0} = 3.55$；$\omega_z = \frac{1}{(R_1 \| R_2 + R_3)C_1} = 10.8\text{krad/s}$；$\omega_p = \frac{1}{R_3 C_1} = 91.2\text{krad/s}$。取 $R_0 = 9.1\text{k}\Omega$，$R_1 = R_2 = 16\text{k}\Omega$，$R_3 = 1.1\text{k}\Omega$，$C_1 \approx 0.01\mu\text{F}$。

（6）PSIM 仿真验证。

根据上述参数使用 PSIM（一款电力系统仿真软件）仿真，其波形如图 7-16 所示。其中曲线 1 为实际变换器开环仿真波形，给定占空比静态工作点 $D = 0.384$，稳态终值 48V。其他曲线都是使用图 7-15 所示的相位超前补偿网络的闭环仿真波形，给定参考信号从 0V 阶跃到 4V，其中曲线 2 为传递函数表达式理论仿真波形，没有任何饱和环节的限制，仿真时间 0.5ms；曲线 3 为传递函数表达式理论仿真波形，加入占空比 $0 \leq D \leq 0.95$ 饱和环节的限制，仿真时间 1ms；曲线 4 为实际变换器仿真波形，同样限制 $0 \leq D \leq 0.95$，仿真时间 2ms。以上仿真均不设置运算放大器饱和环节，可以看出：①理论表达式仿真与计算结果很接近，稳态响应终值为 43.3V，稳态误差 9.72%，与计算值基本相同；②超调量、调节时间略有误差，原因是高阶系统超调量、调节时间的计算公式本身就是估算公式，校正环节的电阻、电容选择本身有误差，因此结果有误差属正常；③加入占空比饱和环节限制后，调节时间加长，这是因为建模时没有考虑占空比饱和环节的影响，出现误差亦属正常；④实际变换器电路闭环仿真的调节时间和超调量比理论仿真略大，这是因为小信号与静态工作点偏差引起，亦属正常。其中超调量较大的问题可采用 6.1 节所述的软起动来解决。

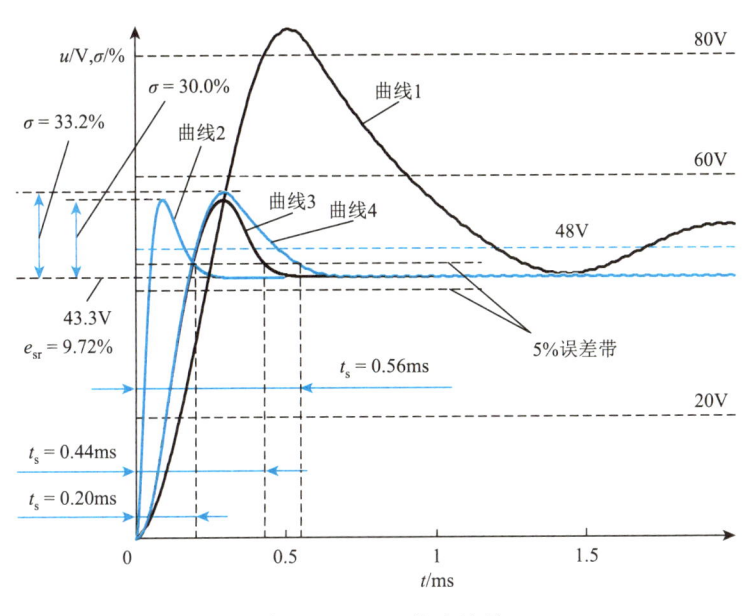

图 7-16　PSIM 仿真结果

（7）满足稳定性、动态性能的同时使系统稳态误差为零。

为了将稳态误差降为零，需要在控制器中增加一个积分环节。但积分环节会带来 –90° 的相位差，因此需在低频段增加一个零点，只要其转折频率小于剪切频率的 1/10，就不会对剪切频率造成太大影响。增加的积分环节和零点为

$$\omega_L \cdot \frac{1+s/\omega_L}{s} = 1 + \frac{\omega_L}{s} = 1 + \frac{2\pi f_L}{s} = K_p + \frac{K_i}{s}$$

其中，取 $f_L = f_c/10 = 500\text{Hz}$。增加的该环节也常被称为 PI 调节器。此处 $K_p = 1$，$K_i = 2\pi f_L$。

因此，取控制器为

$$G_c(s) = 3.55 \times \left(1 + \frac{3140}{s}\right) \cdot \frac{1 + \dfrac{s}{10.8 \times 10^3}}{1 + \dfrac{s}{91.2 \times 10^3}}$$

控制器的对数幅频特性曲线如图 7-17 中曲线 3 所示，对数相频特性曲线如曲线 6 所示。系统的开环传递函数为

$$G(s) = G_c(s)G_{o1}(s)H(s) = \left(1 + \frac{3140}{s}\right) \cdot \frac{1 + \dfrac{s}{10.8 \times 10^3}}{1 + \dfrac{s}{91.2 \times 10^3}} \cdot \frac{9.25}{\left(\dfrac{s}{5960}\right)^2 + \dfrac{1}{5.37} \cdot \dfrac{s}{5960} + 1}$$

由此绘制出补偿后的开环传递函数对数幅频特性曲线的渐近线如图 7-17 中曲线 4 所示，对数相频特性曲线的渐近线如曲线 7 所示。

开环补偿系统频率特性仿真曲线如图 7-18 所示。其中曲线 1 为 $G_{ud}(s)$ 对数幅频特性曲线，曲线 2 为 $G_{o1}(s)H(s)$ 对数幅频特性曲线，曲线 5 同时为 $G_{ud}(s)$、$G_{o1}(s)H(s)$ 对数相频特性曲线；曲线 3 为控制器 $G_c(s)$ 对数幅频特性曲线，曲线 6 为控制器 $G_c(s)$ 对数相频特性曲线；曲线 4 为开环系统补偿后的对数幅频特性曲线，曲线 7 为开环系统补偿后的对数相频特性曲线。

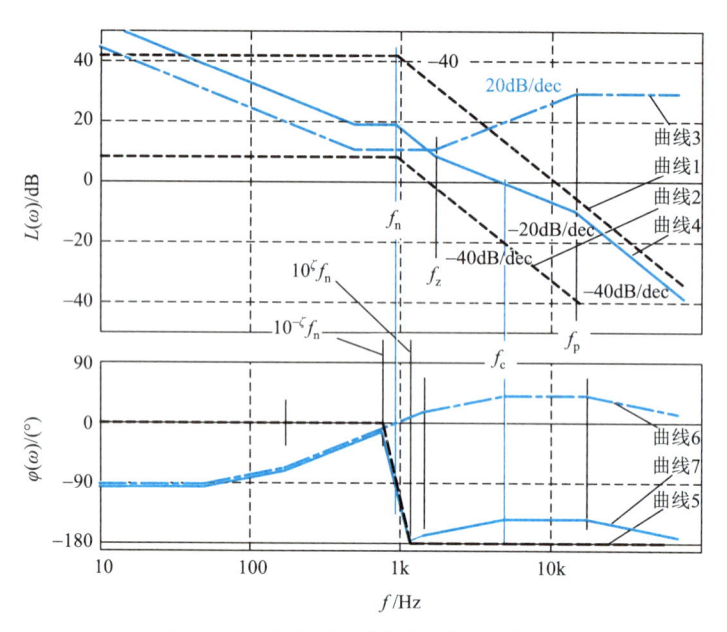

图 7-17 开环补偿系统频率特性渐近线

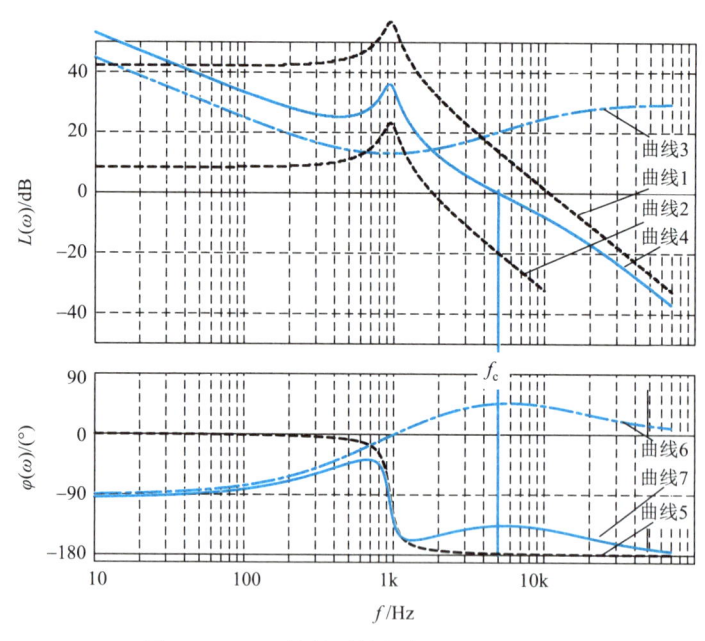

图 7-18 开环补偿系统频率特性仿真曲线

（8）使用带有比例积分环节的相位超前校正网络设计控制器后的系统闭环性能指标。

补偿后系统的剪切频率 $f_c = 5\text{kHz}$，相角裕度 $\varphi_m = 52°$。对输入为阶跃信号的给定稳态误差：

$$e_{sr} = \lim_{t \to \infty} e_{sr}(t) = \lim_{s \to 0} sE_r(s) = \lim_{s \to 0} sR(s)\frac{1}{1+G(s)}$$

$$= \lim_{s \to 0} s \frac{1}{s} \frac{1}{1+3.55 \cdot \left(1+\dfrac{3140}{s}\right) \cdot \dfrac{1+\dfrac{s}{10.8 \times 10^3}}{1+\dfrac{s}{91.2 \times 10^3}} \cdot G_{o1}(s)H(s)} = 0$$

上文已估算超调量：$\sigma\% \approx 26.8\%$，调节时间：$t_s \approx 0.258\text{ms}$。

（9）带有比例积分环节的相位超前校正网络控制器电路实现。

该控制器通过图 7-19 所示的电路实现。其传递函数为

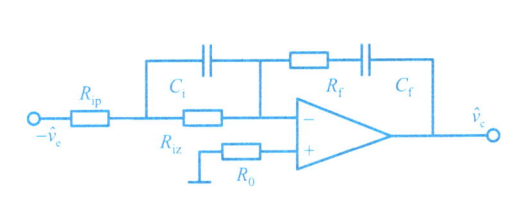

$$G_c(s) = \frac{\hat{v}_c}{\hat{v}_e} = G_{c0}(1 + \frac{\omega_L}{s})\frac{1+s/\omega_z}{1+s/\omega_p}, \quad \omega_L < \omega_z < \omega_c < \omega_p$$

其中，$G_{c0} = \dfrac{R_f}{R_{iz}+R_{ip}}$；$\omega_L = \dfrac{1}{R_f C_f}$；$\omega_z = \dfrac{1}{R_{iz} C_i}$；

$\omega_p = \dfrac{R_{iz}+R_{ip}}{R_{iz} R_{ip} C_i}$。

图 7-19 带有 PI 调节器的相位超前补偿网络

工作在电感电流连续状态的 Buck 变换器，采用电压单环控制，只需将控制器设置为一个 PI 调节器与一个相位超前校正网络的乘积，合理选择控制器增益和零极点的参数，校正后的单电压闭环系统就可以拥有较为理想的动态性能指标和零稳态误差。

（10）PSIM 仿真验证。

取 $R_{ip} = 0.5\text{k}\Omega$，$R_{iz} = 3.7\text{k}\Omega$，$R_f = 15\text{k}\Omega$，$C_f = 0.021\mu\text{F}$，$C_i = 0.025\mu\text{F}$，使用 PSIM 进行仿真，其波形如图 7-20 所示。其中曲线 1 为实际变换器开环仿真波形，占空比 $D = 0.384$。其他曲线都是使用图 7-19 所示补偿网络的闭环仿真波形，给定参考从 0V 阶跃到 4V，其中曲线 2 为无饱和限制的传递函数理论仿真波形；曲线 3 为限制 $0 \leq D \leq 0.95$ 的传递函数理论仿真波形；曲线 4 为限制 $0 \leq D \leq 0.95$ 的实际变换器电路仿真波形。以上仿真均不设置运算放大器饱和环节。可以看出：①稳态误差为 0；②理论仿真与计算结果很接近；③加入占空比饱和环节限制后，调节时间和超调量增加；实际变换器闭环仿真的调节时间和超调量比理论仿真大，原因同图 7-16。

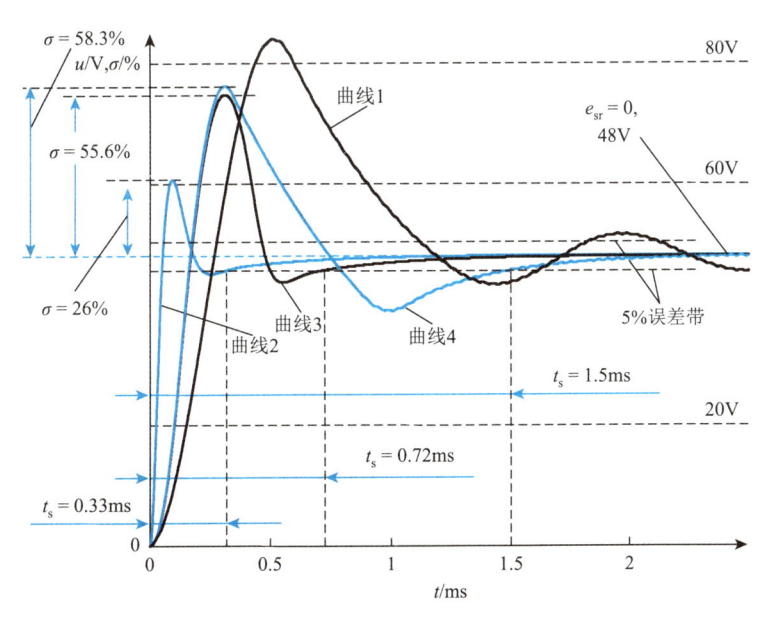

图 7-20 PSIM 仿真结果

## 7.3 开关元件平均法及 Boost 变换器的闭环设计

### 7.3.1 开关元件平均法

1. 基本思路

直流-直流变换器存在开关元件，开关元件使直流-直流变换器存在时变和非线性因素。为解决这一问题，7.1 节介绍基本的交流小信号建模方法。基本建模法是针对变换器的解析表达式进行处理，通过求平均、分离扰动和线性化等，得到变换器的交流小信号传递函数。

求平均、分离扰动与线性化的过程也可以直接在变换器的相关变量上完成。从前面的分析可知，开关变换器的时变与非线性因素是由开关元件导致的。为了使变换器的等效电路成为线性电路，可以对开关元件进行分析。

首先，对开关元件的电压或电流变量在一个开关周期内求平均，并用以该平均变量为参数的受控源代替原开关元件，从而得到平均参数等效电路，平均参数等效电路消除变量波形中因开关动作引起的脉动，也就是消除时变因素，但仍然是一个非线性电路，这样的电路由于同时包含直流分量与交流分量的作用，称为大信号等效电路。

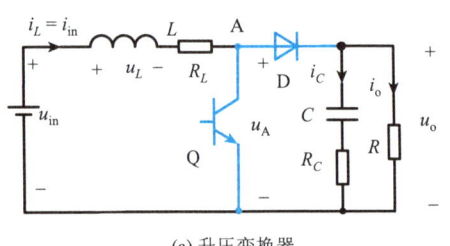

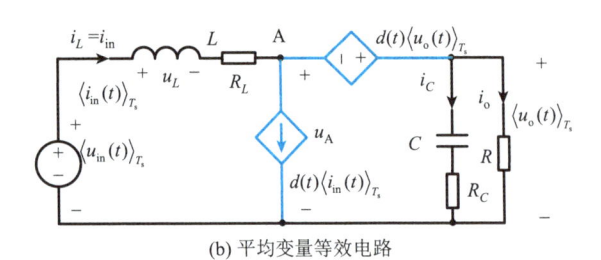

其次，若使大信号等效电路中的各平均变量均等于其对应的直流分量，同时考虑到直流电路中稳态时电感相当于短路、电容相当于开路，可以得到变换器的直流等效电路，直流等效电路为线性电路；若使大信号等效电路中的各平均变量分解为相应的直流分量与交流小信号分量，即分离扰动，并忽略小信号分量的乘积项（即二阶微小量）使其线性化，再剔除各变量中的直流量，可以得到变换器的小信号等效电路，小信号等效电路也是线性电路。开关元件平均模型法的指导思想仍然是求平均、分离扰动与线性化，因此这种方法与基本建模法是等效的。

2. 升压变换器工作在 CCM 时的数学模型

以图 7-21（a）所示的升压变换器为例，用开关元件平均模型法建立其工作在电感电流连续状态下的数学模型。变换器中包含开关管 Q 与二极管 D 两个开关元件，图中 $R_L$ 为电感 $L$、开关管 Q、二极管 D 等 3 个元件的等效杂散电阻，$R_C$ 为滤波电容 $C$ 的等效电阻。

图 7-21 开关元件平均模型法升压变换器等效电路及电压、电流波形
(a) 升压变换器
(b) 平均变量等效电路
(c) 主要波形

### 步骤 1. 求取平均变量

首先求开关元件的平均变量。有源开关元件 Q 导通时，接通电感电流，截止时开路。由于电感电流是一个状态变量，用电感电流的平均值表征有源开关元件的平均电流是合理的，因此用一个电流控制电流源代替有源开关元件 Q；无源开关元件 D 的电压：Q 导通时 D 的电压是电容两端电压，Q 截止时 D 短路，用状态变量电容电压的平均值表征无源开关元件的端电压也是合理的，因此用一个电压控制的电压源代替无源开关元件 D，如图 7-21（b）所示。

为了确定这两个受控源的参数，需求解 Q 的电流 $i_Q(t)$ 的平均变量与 D 的端电压 $u_D(t)$ 的平均变量。为此，分析图 7-21（a）所示升压变换器在电感电流连续状态下一个开关周期内的工作情况。

在每个周期的 $(0, dT_s)$ 时间内，Q 导通，D 截止，此时 $i_Q(t)$ 与 $u_D(t)$ 分别为

$$i_Q(t) = i_L(t) \tag{7-80}$$

$$u_D(t) = u_o(t) \tag{7-81}$$

在每个周期的 $(dT_s, T_s)$ 时间内，Q 截止、D 导通，$i_Q(t)$ 与 $u_D(t)$ 分别为

$$i_Q(t) = 0 \tag{7-82}$$

$$u_D(t) = 0 \tag{7-83}$$

$i_Q(t)$ 与 $u_D(t)$ 的波形如图 7-21（c）所示。

当变换器满足低频假设与小纹波假设时，可近似认为在一个开关周期内状态变量的瞬时值与平均值相等，即 $i_L(t) \approx \langle i_L(t) \rangle_{T_s}$，$u_o(t) \approx \langle u_o(t) \rangle_{T_s}$，且平均值变量 $\langle i_L(t) \rangle_{T_s}$ 与 $\langle u_o(t) \rangle_{T_s}$ 在一个开关周期内不变，则 $i_Q(t)$ 与 $u_D(t)$ 在一个开关周期内的平均变量分别为

$$\langle i_Q(t) \rangle_{T_s} = \frac{1}{T_s} \int_t^{t+T_s} i_Q(\tau) d\tau = \frac{1}{T_s} \int_t^{t+dT_s} i_L(\tau) d\tau \approx \frac{1}{T_s} \int_t^{t+dT_s} \langle i_L(\tau) \rangle_{T_s} d\tau \tag{7-84}$$

$$= d(t) \langle i_L(t) \rangle_{T_s} = d(t) \langle i_{in}(t) \rangle_{T_s}$$

$$\langle u_D(t) \rangle_{T_s} = \frac{1}{T_s} \int_t^{t+T_s} u_D(\tau) d\tau = \frac{1}{T_s} \int_t^{t+dT_s} u_o(\tau) d\tau \approx \frac{1}{T_s} \int_t^{t+dT_s} \langle u_o(\tau) \rangle_{T_s} d\tau \tag{7-85}$$

$$= d(t) \langle u_o(t) \rangle_{T_s}$$

如图 7-21（b）所示，等效电路中用平均电流为 $d(t)\langle i_{in}(t)\rangle_{T_s}$ 的受控电流源代替 Q，用平均电压为 $d(t)\langle u_o(t)\rangle_{T_s}$ 的受控电压源代替 D，受控电流源 $d(t)\langle i_{in}(t)\rangle_{T_s}$ 与受控电压源 $d(t)\langle u_o(t)\rangle_{T_s}$ 分别视为开关元件 Q 和 D 的平均变量模型。

为了建立一个完整的平均变量等效电路，仅为开关元件建立平均变量模型还不够，还需为电路中的其他元件——电阻 $R$、电感 $L$、电容 $C$ 和电压源 $u_{in}(t)$ 建立平均变量模型，这些元件的平均变量模型可以用元件的平均变量伏安关系来表征。

电阻 $R$。已知线性电阻伏安关系的瞬时值形式为 $u = Ri$，等号两边同时取平均值有：

$$\frac{1}{T_s} \int_t^{t+T_s} u(\tau) d\tau = \frac{1}{T_s} \int_t^{t+T_s} Ri(\tau) d\tau = R \frac{1}{T_s} \int_t^{t+T_s} i(\tau) d\tau \tag{7-86}$$

即

$$\langle u(t) \rangle_{T_s} = R \langle i(t) \rangle_{T_s} \tag{7-87}$$

为线性电阻伏安关系的平均值形式。

电感 $L$，已知线性电感伏安关系的瞬时值形式为 $u = L\dfrac{\mathrm{d}i}{\mathrm{d}t}$，等号两边同时取平均值有：

$$\frac{1}{T_s}\int_{t}^{t+T_s} u(\tau)\mathrm{d}\tau = \frac{1}{T_s}\int_{t}^{t+T_s} L\frac{\mathrm{d}i(\tau)}{\mathrm{d}\tau}\mathrm{d}\tau = \frac{L}{T_s}[i(t+T_s) - i(t)] \tag{7-88}$$

且

$$L\frac{\mathrm{d}}{\mathrm{d}t}\langle i(t)\rangle_{T_s} = L\frac{\mathrm{d}}{\mathrm{d}t}\left(\frac{1}{T_s}\int_{t}^{t+T_s} i(\tau)\mathrm{d}\tau\right) = \frac{L}{T_s}[i(t+T_s) - i(t)] \tag{7-89}$$

即

$$\langle u(t)\rangle_{T_s} = L\frac{\mathrm{d}}{\mathrm{d}t}\langle i(t)\rangle_{T_s} \tag{7-90}$$

为线性电感元件在平均变量等效电路中应遵循的伏安关系。

电容 $C$。已知线性电容伏安关系的瞬时值形式为 $i = C\dfrac{\mathrm{d}u}{\mathrm{d}t}$，采用与线性电感相同的分析方法，得到线性电容的平均变量伏安关系为

$$\langle i(t)\rangle_{T_s} = C\frac{\mathrm{d}}{\mathrm{d}t}\langle u(t)\rangle_{T_s} \tag{7-91}$$

电压源 $u_{\mathrm{in}}(t)$。电压源 $u_{\mathrm{in}}(t)$ 的平均变量为

$$\frac{1}{T_s}\int_{t}^{t+T_s} u_{\mathrm{in}}(\tau)\mathrm{d}\tau = \langle u_{\mathrm{in}}(t)\rangle_{T_s} \tag{7-92}$$

可见，电阻 $R$、电感 $L$ 和电容 $C$ 等元件的伏安关系的平均值形式均与瞬时值形式相同，因此在平均变量等效电路中，电阻、电感与电容的参数值应保持不变，其平均变量的伏安关系应分别满足式（7-87）、式（7-90）和式（7-91）。对于电压源，在平均变量等效电路中用平均参数为 $\langle u_{\mathrm{in}}(t)\rangle_{T_s}$ 的电压源代替即可。

此外，平均变量等效电路还具有与瞬时值电路相同的拓扑结构，这可以由基尔霍夫定律的平均值形式与瞬时值形式完全相同来确保。

基尔霍夫电流定律的瞬时值为 $\sum i(t) = 0$，等号两边取平均：

$$\frac{1}{T_s}\int_{t}^{t+T_s}\sum i(\tau)\mathrm{d}\tau = \sum\frac{1}{T_s}\int_{t}^{t+T_s} i(\tau)\mathrm{d}\tau = \sum\langle i(t)\rangle_{T_s} = 0 \tag{7-93}$$

式中，$\sum\langle i(t)\rangle_{T_s} = 0$，为基尔霍夫电流定律的平均值形式。同理可得到基尔霍夫电压定律的平均值为

$$\sum\langle u(t)\rangle_{T_s} = 0 \tag{7-94}$$

由于基尔霍夫定律是对电路的拓扑结构施加的唯一约束，当原电路满足基尔霍夫电流与电压方程的瞬时值形式时，相同拓扑结构的平均值变量等效电路必然满足对应的基尔霍夫电流与电压方程的平均值形式。

### 步骤2. 建立平均变量等效电路

通过上述分析，得到图7-21（b）所示的平均变量等效电路。该电路采用与图7-21（a）完全相同的电路结构，仅用受控源代替原电路中的开关元件，电阻 $R$、电感 $L$ 和电容 $C$ 参数不变，电压源的参数用其平均变量表示。可见，用受控源代替开关元件后，电路具有定常的拓扑结构，但受控源均为非线性受控源，等效电路亦为非线性电路。

#### 步骤 3. 建立直流等效电路求取静态工作点

在图 7-21（b）所示的升压变换器平均变量等效电路的基础上，建立直流等效电路和交流小信号等效电路。欲建立直流等效电路，只需令图 7-21（b）中的各平均变量等于其对应的直流分量，并使电感短路，电容开路，即可得到如图 7-22（a）所示的升压变换器直流等效电路。根据该等效电路求得稳态时升压变换器的电压变比 $M$ 和输入电流 $I_{in}$。

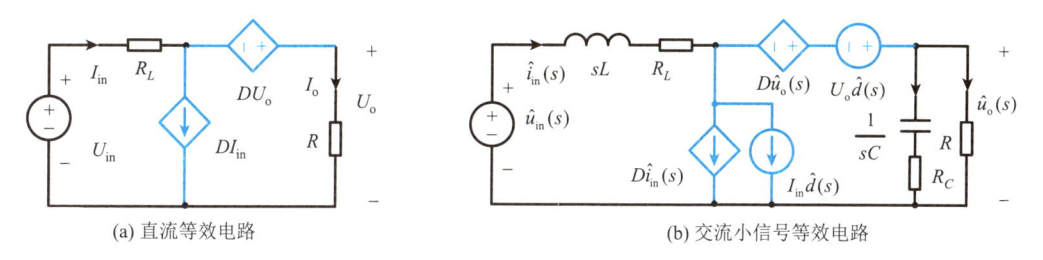

(a) 直流等效电路

(b) 交流小信号等效电路

图 7-22　根据开关元件平均模型法得到的实际升压变换器等效电路

根据图 7-22（a）所示电路，列写电路方程，有：

$$U_{in} = I_{in}R_L - DU_o + U_o \tag{7-95}$$

$$I_{in} = DI_{in} + \frac{U_o}{R} \tag{7-96}$$

则

$$M = \frac{U_o}{U_{in}} = \frac{1}{(1-D) + \frac{R_L}{R} \cdot \frac{1}{1-D}} \tag{7-97}$$

$$I_{in} = \frac{U_o}{R} \cdot \frac{1}{1-D} \tag{7-98}$$

当 $R_L = 0$ 时，$M$ 与 $I_{in}$ 的结果与 5.2 节分析结果相同。

#### 步骤 4. 建立交流小信号等效电路求取传递函数

根据图 7-21（b）所示的实际升压变换器平均变量等效电路，可得到交流小信号等效电路，并据此分析变换器的低频动态特性。

首先对图 7-21（b）中各支路的电压、电流平均变量和输入电压源参数分离扰动，使其等于对应的直流分量与交流小信号分量之和，并消去直流分量，保留交流分量。

但对于两个非线性受控源的参数需作特殊处理。对受控电流源的参数分离扰动，则有

$$d(t)\langle i_{in}(t) \rangle_{T_s} = (D + \hat{d}(t))(I_{in} + \hat{i}_{in}(t)) = DI_{in} + D\hat{i}_{in}(t) + I_{in}\hat{d}(t) + \hat{d}(t)\hat{i}_{in}(t) \tag{7-99}$$

式中，小信号分量的乘积项 $\hat{d}(t)\hat{i}_{in}(t)$ 为非线性项，同时也是二阶微小量，当变换器满足小信号假设时可以忽略；再消去直流项 $DI_{in}$，剩余两项之和 $D\hat{i}_{in}(t) + I_{in}\hat{d}(t)$ 为线性项，代表交流小信号的作用。作为原受控电流源在小信号等效电路中的参数，可用受控电流源 $D\hat{i}_{in}(t)$ 与独立电流源 $I_{in}\hat{d}(t)$ 并联表示，如图 7-22（b）所示，图中各元件的参数为 $s$ 域参数。

同理，图 7-21（b）中受控电压源的参数 $d(t)\langle u_o(t) \rangle_{T_s}$ 经分离扰动，剔除直流量并使其线性化后得到交流参数 $D\hat{u}_o(t) + U_o\hat{d}(t)$，可用受控电压源 $D\hat{u}_o(t)$ 与独立电压源 $U_o\hat{d}(t)$ 串联表示。

经过以上处理，得到图 7-22（b）所示的交流小信号等效电路，该等效电路为线性电路。基于该线性电路可以求得实际升压变换器的各种动态小信号特性。

输出 $\hat{u}_o(s)$ 对于输入 $\hat{u}_{in}(s)$ 的传递函数 $G_{ug}(s)$ 为

$$G_{ug}(s) = \frac{\hat{u}_o(s)}{\hat{u}_{in}(s)}\bigg|_{\hat{d}(s)=0}$$

$$= \frac{1}{D'} \cdot \frac{1 + R_C C s}{1 + \frac{R_L}{R} \cdot \frac{1}{D'^2} + \left[ R_C C + \left(1 + \frac{R_C}{R}\right) R_L C \cdot \frac{1}{D'^2} + \frac{L_e}{R} \right] s + \left(1 + \frac{R_C}{R}\right) L_e C s^2} \quad (7\text{-}100)$$

式中，$D$ 为占空比，$D' = 1 - D$；$L_e = \dfrac{L}{D'^2}$。

输出 $\hat{u}_o(s)$ 对于控制变量 $\hat{d}(s)$ 的传递函数 $G_{ud}(s)$ 为

$$G_{ud}(s) = \frac{\hat{u}_o(s)}{\hat{d}(s)}\bigg|_{\hat{u}_{in}(s)=0}$$

$$= \frac{U_o}{D'} \cdot \frac{(1 + R_C C s)\left(1 - \frac{R_L}{R} \cdot \frac{1}{D'^2} - \frac{L_e}{R} s\right)}{1 + \frac{R_L}{R} \cdot \frac{1}{D'^2} + \left[ R_C C + \left(1 + \frac{R_C}{R}\right) R_L C \cdot \frac{1}{D'^2} + \frac{L_e}{R} \right] s + \left(1 + \frac{R_C}{R}\right) L_e C s^2} \quad (7\text{-}101)$$

若忽略 $R_C$，仅考虑 $R_L$，

$$G_{ug}(s) = \frac{\hat{u}_o(s)}{\hat{u}_{in}(s)}\bigg|_{\hat{d}(s)=0} = \frac{1}{D'} \cdot \frac{1}{1 + \frac{R_L}{R} \cdot \frac{1}{D'^2} + \left( R_L C \cdot \frac{1}{D'^2} + \frac{L_e}{R} \right) s + L_e C s^2} \quad (7\text{-}102)$$

$$G_{ud}(s) = \frac{\hat{u}_o(s)}{\hat{d}(s)}\bigg|_{\hat{u}_{in}(s)=0} = \frac{U_o}{D'} \cdot \frac{\left[1 - \frac{R_L}{R} \cdot \frac{1}{D'^2} - \frac{L_e}{R} s\right]}{1 + \frac{R_L}{R} \cdot \frac{1}{D'^2} + \left( R_L C \cdot \frac{1}{D'^2} + \frac{L_e}{R} \right) s + L_e C s^2} \quad (7\text{-}103)$$

若忽略 $R_L$，仅考虑 $R_C$，

$$G_{ug}(s) = \frac{\hat{u}_o(s)}{\hat{u}_{in}(s)}\bigg|_{\hat{d}(s)=0} = \frac{1}{D'} \cdot \frac{1 + R_C C s}{1 + \left( R_C C + \frac{L_e}{R} \right) s + \left(1 + \frac{R_C}{R}\right) L_e C s^2} \quad (7\text{-}104)$$

$$G_{ud}(s) = \frac{\hat{u}_o(s)}{\hat{d}(s)}\bigg|_{\hat{u}_{in}(s)=0} = \frac{U_o}{D'} \cdot \frac{(1 + R_C C s)\left(1 - \frac{L_e}{R} s\right)}{1 + \left( R_C C + \frac{L_e}{R} \right) s + \left(1 + \frac{R_C}{R}\right) L_e C s^2} \quad (7\text{-}105)$$

若考虑理想 Boost 变换器，$R_L = 0$，$R_C = 0$，

$$G_{ug}(s) = \frac{\hat{u}_o(s)}{\hat{u}_{in}(s)}\bigg|_{\hat{d}(s)=0} = \frac{1}{D'} \cdot \frac{1}{1 + \frac{L_e}{R} s + L_e C s^2} \quad (7\text{-}106)$$

$$G_{ud}(s) = \frac{\hat{u}_o(s)}{\hat{d}(s)}\bigg|_{\hat{u}_{in}(s)=0} = \frac{U_o}{D'} \cdot \frac{1 - \frac{L_e}{R} s}{1 + \frac{L_e}{R} s + L_e C s^2} \quad (7\text{-}107)$$

比较上述 8 个表达式：$R_L$ 改变二阶振荡环节的自然振荡角频率和阻尼比。一般情况下，$R_L$ 对系统稳定性影响较小，可以忽略；$R_C$ 不仅会改变二阶振荡环节的自然振荡角频率和阻尼比，而且增加一个零点，该零点对系统稳定性产生不利影响。若开关频率较低，并且设计剪切频率

远低于该零点的频率时，可以忽略该零点。

**3. 升降压变换器及单端反激变换器工作在 CCM 时的数学模型**

应用该方法可以得到很多变换器的数学模型。比如，工作在 CCM 时的理想升降压变换器交流小信号传递函数，输出 $\hat{u}_o(s)$ 对于输入 $\hat{u}_{in}(s)$ 的传递函数 $G_{ug}(s)$：

$$G_{ug}(s) = \left.\frac{\hat{u}_o(s)}{\hat{u}_{in}(s)}\right|_{\hat{d}(s)=0} = -\frac{D}{D'} \cdot \frac{1}{1+\frac{L_e}{R}s+L_e C s^2} \quad (7\text{-}108)$$

输出 $\hat{u}_o(s)$ 对于控制变量 $\hat{d}(s)$ 的传递函数 $G_{ud}(s)$：

$$G_{ud}(s) = \left.\frac{\hat{u}_o(s)}{\hat{d}(s)}\right|_{\hat{u}_{in}(s)=0} = -\frac{U_{in}}{D'^2} \cdot \frac{1-\frac{L_e D}{R}s}{1+\frac{L_e}{R}s+L_e C s^2} \quad (7\text{-}109)$$

式中，$D$ 为占空比，$D' = 1-D$；$L_e = \dfrac{L}{D'^2}$。

工作在 CCM 时的理想单端反激变换器交流小信号传递函数，输出 $\hat{u}_o(s)$ 对于输入 $\hat{u}_{in}(s)$ 的传递函数 $G_{ug}(s)$：

$$G_{ug}(s) = \left.\frac{\hat{u}_o(s)}{\hat{u}_{in}(s)}\right|_{\hat{d}(s)=0} = \frac{nD}{D'} \cdot \frac{1}{L_e C s^2 + \frac{L_e}{R}s+1} \quad (7\text{-}110)$$

输出 $\hat{u}_o(s)$ 对于控制变量 $\hat{d}(s)$ 的传递函数 $G_{ud}(s)$：

$$G_{ud}(s) = \left.\frac{\hat{u}_o(s)}{\hat{d}(s)}\right|_{\hat{u}_{in}(s)=0} = \frac{nU_{in}}{D'^2} \cdot \frac{1-\frac{L_e D}{R}s}{L_e C s^2 + \frac{L_e}{R}s+1} \quad (7\text{-}111)$$

式中，$n = N_2/N_1$，为电感变压器副边对原边绕组匝比；$D$ 为占空比，$D' = 1-D$；$L_e = \dfrac{n^2 L_1}{D'^2}$。

若不考虑滤波电容等效电阻引起的高频零点，从传递函数表达式可以看出，Boost 变换器和 Buck-Boost 变换器工作在 CCM 时，其传递函数同样存在 Buck 变换器工作在 CCM 时其传递函数的两个显著特征。除此以外，Boost 变换器和 Buck-Boost 变换器工作在 CCM 时，其传递函数还具有第三个特征：存在一个右半平面的零点，为非最小相位系统。

这三个特征叠加在一起，若增加一个积分环节使阶跃输入稳态误差为零，Boost 变换器开环传递函数的对数相频特性最大减小到 $-360°$。

### 7.3.2 Boost 变换器工作在 CCM 时的闭环设计

以工作在 CCM 时的理想升压变换器为例，论述 Boost 变换器的闭环设计。

**例 7-3** 光伏发电系统的前级采用升压变换器实现 MPPT 跟踪，$U_{in} = 100 \sim 380\text{V}$，输出电压 $U_o = 400\text{V}$，假设光伏板输出电流恒定，即升压变换器输入电流恒定，$I_{in} = 5\text{A}$，开关管的开关频率 $f_s = 100\text{kHz}$，选取 $I_{in} = 0.5\text{A}$ 为临界连续电流，选取滤波电容电压波动 $\Delta U_o < 1\% U_o$，变换器全程工作在电感电流连续状态，选择滤波器的参数，计算静态工作点为 $U_{in} = 100\text{V}$、$U_{in} = 380\text{V}$ 时，占空比到输出电压、输入电压到输出电压的传递函数，绘制对数幅频曲线、对数相频特性渐近线，并设计闭环控制器。

**解：1. 传递函数**

静态工作点：根据 $U_\text{o} = U_\text{in}/(1-D)$，可得：

$$D_\text{min} = 1 - \frac{U_\text{in\_max}}{U_\text{o}} = 1 - \frac{380}{400} = 0.05$$

$$D_\text{max} = 1 - \frac{U_\text{in\_min}}{U_\text{o}} = 1 - \frac{100}{400} = 0.75$$

根据题设，升压变换器输入电流恒定、输出电压恒定。假设变换效率为1，输入电流与输出电流的关系：

$$U_\text{in}I_\text{in} = U_\text{o}I_\text{o}$$

将上式代入式（5-82），可得维持电感电流连续的最小电感量表达式，设 $I_\text{in} = 0.5\text{A}$ 时为电感电流临界连续：

$$L \geqslant \frac{U_\text{in}T_\text{s}D(1-D)}{2I_\text{o}} = \frac{U_\text{o}D(1-D)}{2f_\text{s}I_\text{in}} = \frac{400 \times 0.5 \times (1-0.5)}{2 \times 100 \times 10^3 \times 0.5} = 1\text{mH}$$

取 $L = 1\text{mH}$。

将 $U_\text{in}I_\text{in} = U_\text{o}I_\text{o} = P_\text{o}$，将式（5-65）代入式（5-87），得到：

$$C > \frac{DP_\text{o}}{f_\text{s}U_\text{o}^2\gamma\%} = \frac{I_\text{in}D(1-D)}{f_\text{s}U_\text{o}\gamma\%} = \frac{0.5 \times 0.5 \times (1-0.5)}{100 \times 10^3 \times 400 \times 1\%} = 0.3125\text{μF}$$

考虑电容 ESR、ESL，取 $C = 1\text{μF}$。

（1）$U_\text{in} = 100\text{V}$，$D_\text{max} = 0.75$。

等效电感为

$$L_\text{e} = \frac{L}{D'^2} = \frac{1}{(1-0.75)^2} = 16\text{mH}$$

输出电流 $I_\text{o} = \frac{U_\text{in}}{U_\text{o}}I_\text{in} = \frac{100}{400} \times 5 = 1.25\text{A}$，等效输出电阻 $R = \frac{U_\text{o}}{I_\text{o}} = \frac{400}{1.25} = 320\Omega$，可得：

$$\omega_\text{n} = \frac{1}{\sqrt{L_\text{e}C}} = \frac{1}{\sqrt{16 \times 10^{-3} \times 1 \times 10^{-6}}} = 7.91\text{krad/s}$$

$$f_\text{n} = \frac{1}{2\pi\sqrt{L_\text{e}C}} = \frac{1}{2\pi\sqrt{16 \times 10^{-3} \times 1 \times 10^{-6}}} = 1.26\text{kHz}$$

$$Q = \frac{1}{2\zeta} = R\sqrt{\frac{C}{L_\text{e}}} = 320 \times \sqrt{\frac{1 \times 10^{-6}}{16 \times 10^{-3}}} = 2.53$$

$$20\lg Q = 8.06$$

$$\omega_\text{z} = \frac{R}{L_\text{e}} = \frac{320}{16 \times 10^{-3}} = 20\text{krad/s}$$

$$f_\text{z} = \frac{R}{2\pi L_\text{e}} = \frac{320}{2\pi \cdot 16 \times 10^{-3}} = 3180\text{Hz}$$

因此，可得从占空比 $\hat{d}(s)$ 到输出电压 $\hat{u}_\text{o}(s)$ 的传递函数：

$$G_{ud}(s) = \frac{\hat{u}_o(s)}{\hat{d}(s)}\bigg|_{\hat{u}_{in}(s)=0} = \frac{U_{in}}{D'^2} \cdot \frac{1-\dfrac{s}{\omega_z}}{\left(\dfrac{s}{\omega_n}\right)^2 + \dfrac{1}{Q}\dfrac{s}{\omega_n} + 1} = 1600 \cdot \frac{1-\dfrac{s}{20000}}{\dfrac{s^2}{7910^2} + \dfrac{1}{2.53} \cdot \dfrac{s}{7910} + 1}$$

从输入电压 $\hat{u}_{in}(s)$ 到输出电压 $\hat{u}_o(s)$ 的传递函数：

$$G_{ug}(s) = \frac{\hat{u}_o(s)}{\hat{u}_{in}(s)}\bigg|_{\hat{d}(s)=0} = \frac{1}{D'} \cdot \frac{1}{\left(\dfrac{s}{\omega_n}\right)^2 + \dfrac{1}{Q}\dfrac{s}{\omega_n} + 1} = 4 \cdot \frac{1}{\dfrac{s^2}{7910^2} + \dfrac{1}{2.53} \cdot \dfrac{s}{7910} + 1}$$

（2）$U_{in\_max} = 380\text{V}$，$D_{min} = 0.05$。

等效电感为

$$L_e = \frac{L}{D'^2} = \frac{1}{(1-0.05)^2} = 1.11\text{mH}$$

输出电流 $I_o = \dfrac{U_{in}}{U_o} I_{in} = \dfrac{380}{400} \times 5 = 4.75\text{A}$，等效输出电阻 $R = \dfrac{U_o}{I_o} = \dfrac{400}{4.75} = 84.2\Omega$，可得：

$$\omega_n = \frac{1}{\sqrt{L_e C}} = \frac{1}{\sqrt{1.11 \times 10^{-3} \times 1 \times 10^{-6}}} = 30\text{krad/s}$$

$$f_n = \frac{1}{2\pi\sqrt{L_e C}} = \frac{1}{2\pi\sqrt{1.11 \times 10^{-3} \times 1 \times 10^{-6}}} = 4.78\text{kHz}$$

$$Q = \frac{1}{2\zeta} = R\sqrt{\frac{C}{L_e}} = 84.2\sqrt{\frac{1 \times 10^{-6}}{1.11 \times 10^{-3}}} = 2.53$$

$$20\lg Q = 8.06$$

$$\omega_z = \frac{R}{L_e} = \frac{84.2}{1.11 \times 10^{-3}} = 76\text{krad/s}$$

$$f_z = \frac{R}{2\pi L_e} = \frac{84.2}{2\pi \times 1.11 \times 10^{-3}} = 12.1\text{kHz}$$

因此，可得从占空比 $\hat{d}(s)$ 到输出电压 $\hat{u}_o(s)$ 的传递函数：

$$G_{ud}(s) = \frac{\hat{u}_o(s)}{\hat{d}(s)}\bigg|_{\hat{u}_{in}(s)=0} = \frac{U_{in}}{D'^2} \cdot \frac{1-\dfrac{s}{\omega_z}}{\left(\dfrac{s}{\omega_n}\right)^2 + \dfrac{1}{Q}\dfrac{s}{\omega_n} + 1} = 421 \cdot \frac{1-\dfrac{s}{76000}}{\dfrac{s^2}{30000^2} + \dfrac{1}{2.53} \cdot \dfrac{s}{30000} + 1}$$

从输入电压 $\hat{u}_{in}(s)$ 到输出电压 $\hat{u}_o(s)$ 的传递函数：

$$G_{ug}(s) = \frac{\hat{u}_o(s)}{\hat{u}_{in}(s)}\bigg|_{\hat{d}(s)=0} = \frac{1}{D'} \cdot \frac{1}{\left(\dfrac{s}{\omega_n}\right)^2 + \dfrac{1}{Q}\dfrac{s}{\omega_n} + 1} = 1.05 \cdot \frac{1}{\dfrac{s^2}{30000^2} + \dfrac{1}{2.53} \cdot \dfrac{s}{30000} + 1}$$

根据上述参数绘制频率特性渐近线，如图 7-23 所示。其中，$U_{in} = 380\text{V}$ 时，占空比 $\hat{d}(s)$ 到输出电压 $\hat{u}_o(s)$ 的传递函数对数幅频特性曲线的渐近线如曲线 1 所示、对数相频特性曲线的渐近线如曲线 5 所示；输入电压 $\hat{u}_{in}(s)$ 到输出电压 $\hat{u}_o(s)$ 的传递函数对数幅频特性曲线的渐近线如曲线 3 所示；$U_{in}=100V$ 时，占空比 $\hat{d}(s)$ 到输出电压 $\hat{u}_o(s)$ 的传递函数对数幅频特性曲线的渐近线如曲线 2 所示、对数相频特性曲线的渐近线如曲线 6 所示；输入电压 $\hat{u}_{in}(s)$ 到输出电压 $\hat{u}_o(s)$ 的传递函数对数幅频特性曲线的渐近线如曲线 4 所示。

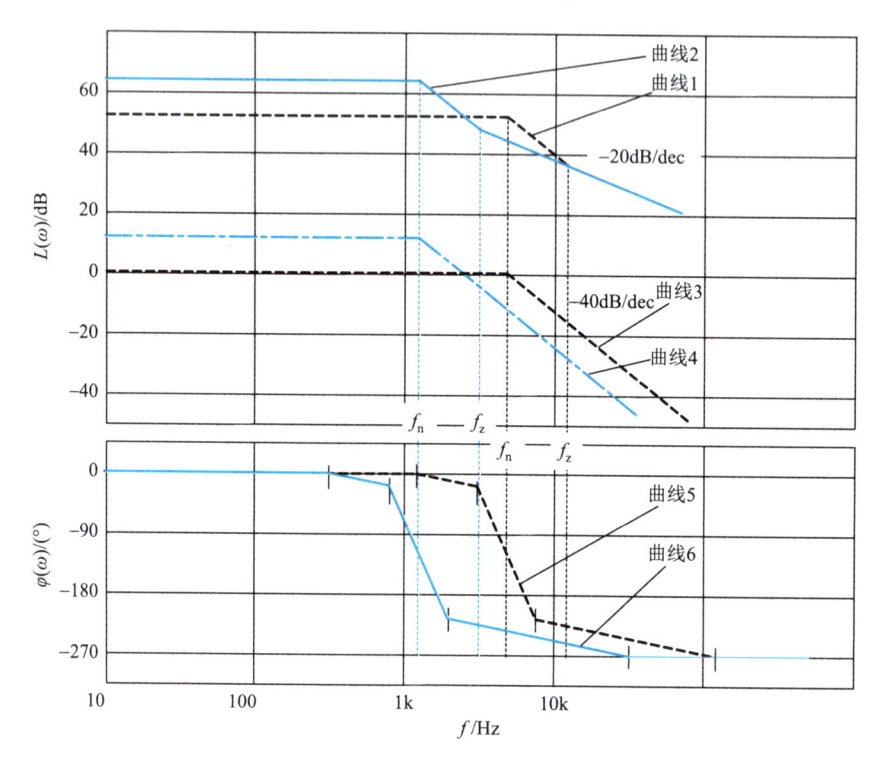

图 7-23 升压变换器传递函数频率特性渐近线

从占空比 $\hat{d}(s)$ 到输出电压 $\hat{u}_o(s)$ 的传递函数频率特性渐近线可以看出，剪切频率时的相角接近 $-270°$。对比 $U_{in}=380V$ 和 $U_{in}=100V$ 两种情况，当 $U_{in}=100V$ 时开环系统的稳定性情况更差。因此，在设计补偿环节的时候，以 $U_{in}=100V$ 的情况进行设计。

该系统对数相频特性中滤波器转折频率后相角很快接近 $-270°$；低频段斜率为 0。若欲使阶跃输入的稳态误差为零，则需要增加一个积分环节，同时带来 $-90°$ 的相角，总相角接近 $-360°$。若在高于转折频率之后把相角提高到 $-180°$ 以上并有一定的相角裕度，则校正网络的相角需要提高 $180°\sim220°$。

该系统在低于滤波器转折频率时的低频段，对数相频特性相角接近于零。若选择剪切频率 $f_c$ 低于滤波器转折频率，可以把系统校正稳定，同时也可以把系统校正到对输入为阶跃信号的稳态误差为零。但是，此时剪切频率 $f_c$ 低，系统动态响应速度慢。

下面通过这个例子说明这种校正方法难以得到优良的动态性能指标。

2. 闭环控制设计

如图 7-1 所示，前面已经得到 $G_{ud}(s)$ 为输入占空比 $\hat{d}(s)$ 到输出电压 $\hat{u}_o(s)$ 的传递函数，$G_{ug}(s)$ 为输入电压 $\hat{u}_{in}(s)$ 到输出电压 $\hat{u}_o(s)$ 的传递函数。反馈采样为比例环节，用 $H(s)=K_1$ 表示；驱动电路等效为一个系数为 1 的比例环节。假设脉冲宽度调制电路锯齿波电压峰值为 4V，由 7.2 节得到的传递函数为

$$G_{\text{PWM}}(s) = K_{\text{PWM}} = \frac{\hat{d}(s)}{\hat{u}_{\text{mod}}(s)} = \frac{1}{V_{\text{m}}} = \frac{1}{4}$$

式中，$\hat{u}_{\text{mod}}(s)$ 为控制器的输出 $\hat{u}_{\text{ctrl}}(s)$。

因此仅需设计控制器的传递函数 $G_{\text{c}}(s)$。根据图 7-1 绘制出控制框图，如图 7-24 所示。

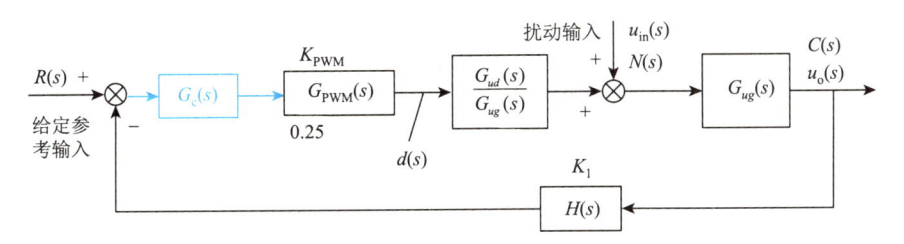

图 7-24 升压变换器闭环系统控制框图

（1）控制框图化简。

设计控制器时，不计输入扰动，将 $U_{\text{in}} = 100\text{V}$ 静态工作点的参数代入，将 $G_{\text{PWM}}(s)$、$\dfrac{G_{ud}(s)}{G_{ug}(s)}$、$G_{ug}(s)$ 等效为一个环节，用 $G_{\text{o1}}(s)$ 表示，得到图 7-25。

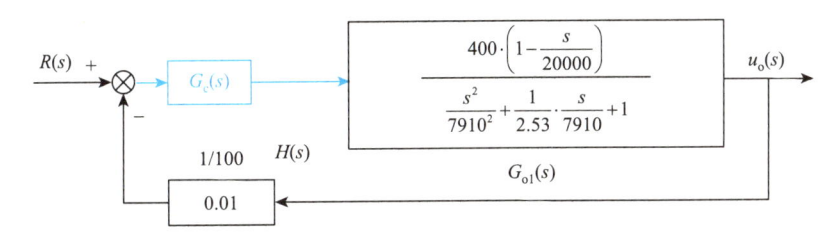

图 7-25 升压变换器闭环系统控制简化框图之一

（2）使用积分环节校正分析。

图 7-25 中 $G_{\text{o1}}(s)H(s) = \dfrac{4 \cdot \left(1 - \dfrac{s}{20000}\right)}{\dfrac{s^2}{7910^2} + \dfrac{1}{2.53} \cdot \dfrac{s}{7910} + 1}$，参考 7.2 节开环传递函数的理想对数幅频特性，对照图 7-23，采用积分环节作为调节器进行校正：

$$G_{\text{c}}(s) = \frac{K_{\text{i}}}{s}$$

校正后的系统开环传递函数为

$$G(s) = G_{\text{c}}(s)G_{\text{o1}}(s)H(s) = \frac{K_{\text{i}}}{s} \cdot \frac{4 \cdot \left(1 - \dfrac{s}{20000}\right)}{\dfrac{s^2}{7910^2} + \dfrac{1}{2.53} \cdot \dfrac{s}{7910} + 1}$$

绘制该系统频率特性渐近线，如图 7-26 所示。其中曲线 1 为被控对象 $G_{\text{o1}}(s)H(s)$ 对数幅频特性曲线的渐近线，曲线 4 为其对数相频特性曲线的渐近线。为了使该系统稳定，剪切频率 $f_{\text{c}}$ 需要低于滤波器转折频率。为了尽可能提高动态调节速度，剪切频率 $f_{\text{c}}$ 要尽可能大。由于谐振峰值对该系统影响显著，因此，根据被控对象 $G_{\text{o1}}(s)H(s)$ 对数幅频特性曲线的谐振峰值进行设计。

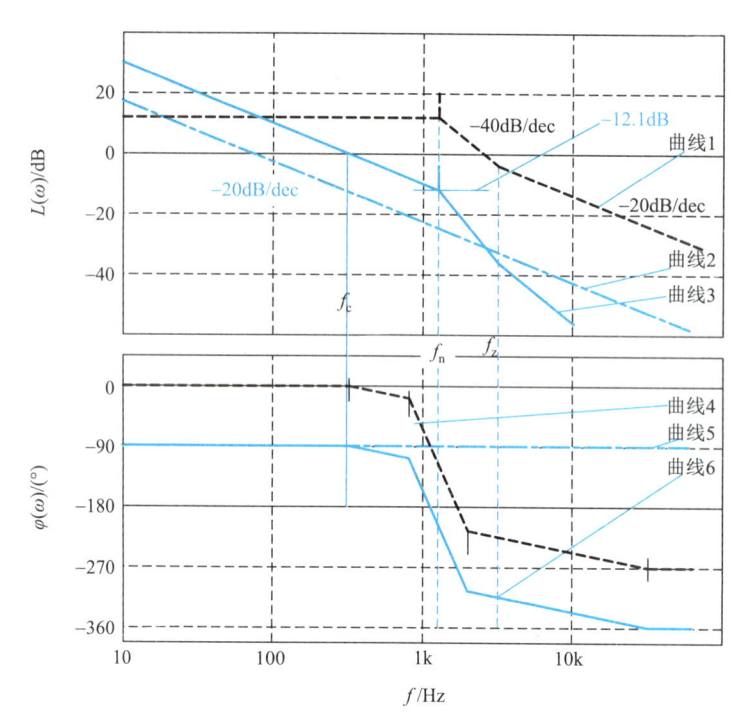

图 7-26 升压变换器传递函数频率特性校正渐近线

被控对象 $G_{o1}(s)H(s)$ 对数幅频特性曲线的谐振峰值 $20\lg Q = 8.06$,选取 1.5 倍余量,校正后的系统滤波器转折频率处的对数幅频特性曲线的渐近线交点位于 $-12.1\text{dB}$,如图 7-26 中曲线 3 所示。依此求取控制器 $G_c(s)$。

首先求取剪切频率 $f_c$。校正后系统对数幅频特性曲线的渐近线在谐振频率处为 $-12.1\text{dB}$,谐振频率前的斜率为 $-20\text{dB/dec}$,因此 $f_c$ 与 $f_n$ 之间的距离关系为

$$\lg f_n - \lg f_c = \frac{12.1}{20} = 0.605$$

求得:$f_c = 313\text{Hz}$。

再根据校正后的系统开环传递函数在剪切频率处对数幅频特性为零:

$$\left|G_c(s)G_{o1}(s)H(s)\right|_{f_c=313\text{Hz}} = \left|\frac{K_i}{s} \cdot \frac{4 \cdot \left(1 - \dfrac{s}{20000}\right)}{\dfrac{s^2}{7910^2} + \dfrac{1}{2.53} \cdot \dfrac{s}{7910} + 1}\right|_{f_c=313\text{Hz}} = 1$$

$$K_i = 462$$

因此,控制器为

$$G_c(s) = \frac{462}{s}$$

校正后的系统开环传递函数为

$$G(s) = G_c(s)G_{o1}(s)H(s) = \frac{1850 \cdot \left(1 - \dfrac{s}{20000}\right)}{s\left(\dfrac{s^2}{7910^2} + \dfrac{1}{2.53} \cdot \dfrac{s}{7910} + 1\right)}$$

绘制控制器对数幅频特性曲线的渐近线如图 7-26 中曲线 2 所示,对数相频特性曲线的渐

近线如图 7-26 中曲线 5 所示。校正后的开环传递函数对数幅频特性曲线的渐近线如图 7-26 中曲线 3 所示，对数相频特性曲线的渐近线如图 7-26 中曲线 6 所示。

校正后的开环系统频率特性仿真曲线如图 7-27 所示。其中曲线 1 为 $G_{o1}(s)H(s)$ 对数幅频特性曲线，曲线 4 为其对数相频特性曲线；曲线 2 为控制器 $G_c(s)$ 对数幅频特性曲线，曲线 5 为其对数相频特性曲线；曲线 3 为校正后的开环系统对数幅频特性曲线，曲线 6 为其对数相频特性曲线。

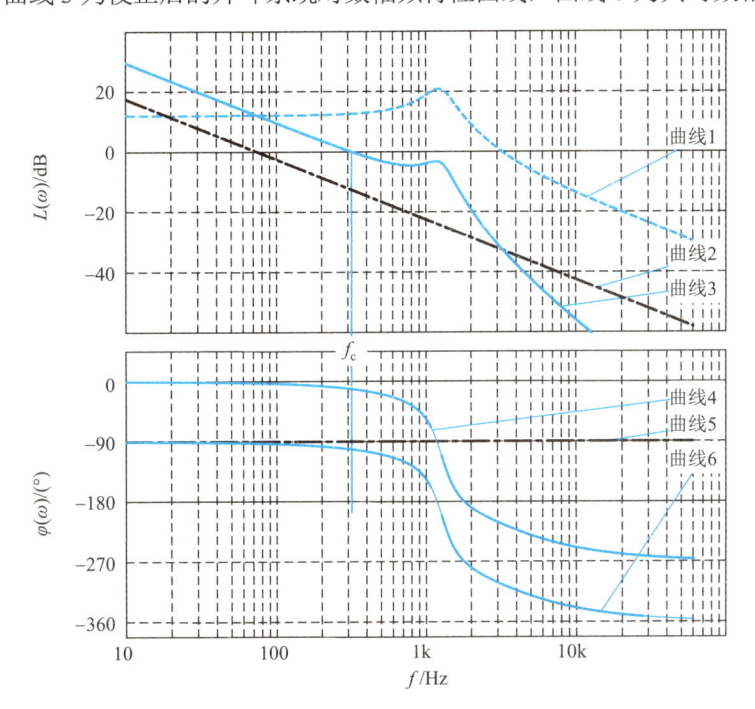

图 7-27 升压变换器传递函数对数频率特性仿真曲线

（3）使用积分环节校正后系统闭环性能。

补偿后系统剪切频率 $f_c = 313\text{Hz}$，$\omega_c = 2\pi f_c = 1970\text{Hz}$，相角裕度 $\varphi_m \approx 90°$。估算超调量：

$$\sigma\% = \left(0.16 + 0.4 \times \left(\frac{1}{\sin\varphi_m} - 1\right)\right) \times 100\% \approx 16\%$$

调节时间：

$$t_s = \frac{K\pi}{\omega_c} = \frac{K\pi}{2\pi f_c} = K \cdot \frac{1}{2f_c} = \left(2 + 1.5 \times \left(\frac{1}{\sin\varphi_m} - 1\right) + 2.5 \times \left(\frac{1}{\sin\varphi_m} - 1\right)^2\right) \cdot \frac{1}{2f_c} \approx 3.2\text{ms}$$

由于开环系统存在一个积分环节，因此对输入为阶跃信号的给定稳态误差为零：

$$e_{sr} = \lim_{t \to \infty} e_{sr}(t) = \lim_{s \to 0} sE_r(s) = \lim_{s \to 0} sR(s)\frac{1}{1+G(s)} = \lim_{s \to 0} s\frac{1}{s}\frac{1}{1+G(s)} = 0$$

（4）积分环节控制器电路实现。

该控制器可以通过如图 7-28 所示的电路实现。其传递函数为

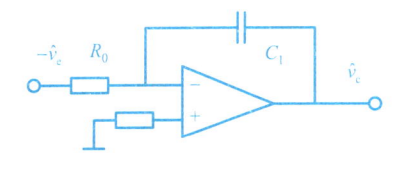

$$G_c(s) = \frac{\hat{v}_c}{\hat{v}_e} = \frac{K_i}{s}$$

图 7-28 积分补偿网络

式中，$K_\mathrm{i} = \dfrac{1}{R_0 C_1}$。

（5）PSIM仿真。

根据上述参数使用PSIM仿真，波形如图7-29所示。图7-29（a）为开环仿真波形，输入电压$U_\mathrm{in}=100\mathrm{V}$，给定占空比静态工作点$D=0.75$，稳态终值400V。其中曲线1为传递函数理论表达式开环仿真波形，曲线2为实际Boost变换器开环仿真波形，与计算值基本一致。曲线1开始时，输出电压从0向负方向变化，原因是右半平面零点引起。曲线2没有向负方向变化，原因是实际的电容电压不可能变为负值。

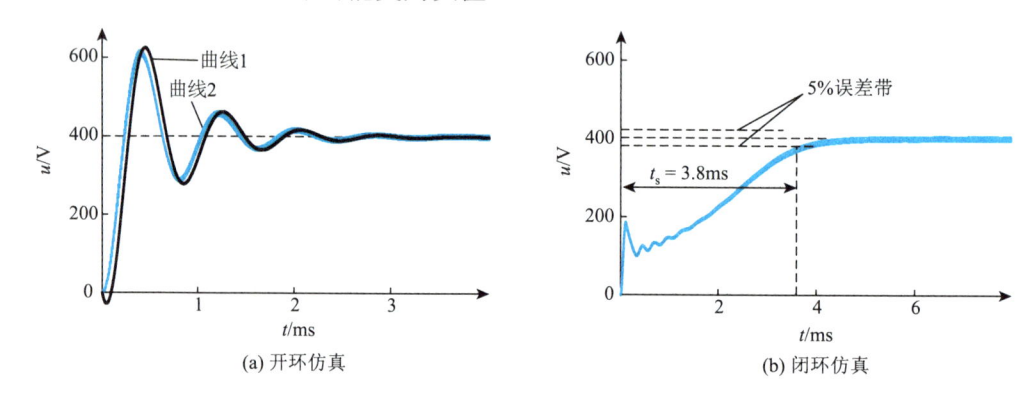

(a) 开环仿真

(b) 闭环仿真

图7-29　PSIM仿真时域波形

图7-29（b）是实际变换器采用图7-28所示积分补偿网络的闭环仿真波形，$R_0=1\mathrm{k}\Omega$，$C_1=2.2\mathrm{\mu F}$，阶跃给定参考信号从0V到4V，限制$0 \leqslant D \leqslant 0.95$。不设置运算放大器饱和环节。可以看出：①仿真结果的调节时间与计算值基本吻合；②波形中输出电压最初上升较快，原因是电容初始电压为0V，输出负载电流为0，电感电流向电容充电，因此，电容电压上升较快，上升到接近200V时，电感电流给负载提供的电流占比较大，所以电容电压上升变慢，受右半平面零点影响，电容电压反而略有降低后再升高，属于正常；③校正后的系统稳态误差为零，系统稳定，但调节时间不理想，这是因为校正时采用剪切频率小于滤波器自然振荡角频率，导致剪切频率太低。若希望拥有较为理想的调节时间，则需要足够高的剪切频率，一般剪切频率要大于滤波器自然振荡角频率。

（6）使用积分环节控制器校验另一个极端静态工作点传递函数。

应用该控制器，绘制$U_\mathrm{in}=380\mathrm{V}$时系统频率特性渐近线，如图7-30所示。

从图7-30可以看出，校正后的系统对输入为阶跃信号的稳态误差为零，系统稳定，剪切频率$f_\mathrm{c} \approx 80\mathrm{Hz}$，相角裕度$\varphi_\mathrm{m} \approx 90°$。估算超调量：

$$\sigma\% = \left[0.16 + 0.4 \times \left(\frac{1}{\sin\varphi_\mathrm{m}} - 1\right)\right] \times 100\% \approx 16\%$$

调节时间：

$$t_\mathrm{s} = \frac{K\pi}{\omega_\mathrm{c}} = \left[2 + 1.5 \times \left(\frac{1}{\sin\varphi_\mathrm{m}} - 1\right) + 2.5 \times \left(\frac{1}{\sin\varphi_\mathrm{m}} - 1\right)^2\right] \times \frac{1}{2f_\mathrm{c}} \approx 12.5\mathrm{ms}$$

动态响应速度较慢。

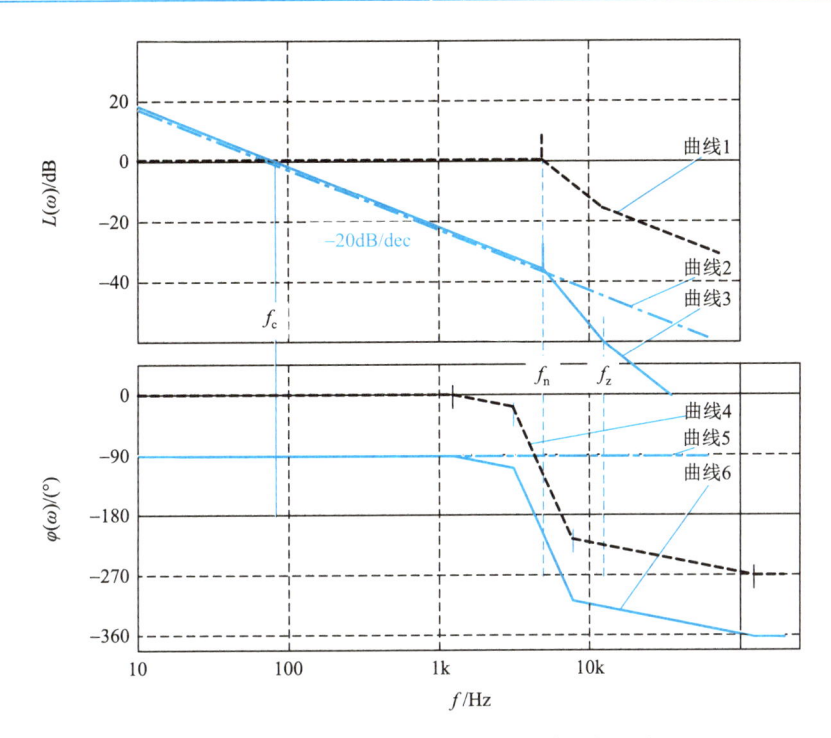

图 7-30 升压变换器传递函数频率特性渐近线

（7）零度根轨迹分析。

对于上述的校正过程，利用根轨迹方法进行分析。

用积分环节校正后的系统开环传递函数：

$$G(s) = G_c(s)G_{o1}(s)H(s) = \frac{K_i}{s} \cdot \frac{4 \cdot \left(1 - \dfrac{s}{20000}\right)}{\dfrac{s^2}{7910^2} + \dfrac{1}{2.53} \cdot \dfrac{s}{7910} + 1}$$

把被控对象右半平面零点的负号提出，等效为单位正反馈系统，该系统开环传递函数：

$$G_{o2}(s) = \frac{K_i}{s} \cdot \frac{4 \cdot \left(\dfrac{s}{20000} - 1\right)}{\dfrac{s^2}{7910^2} + \dfrac{1}{2.53} \cdot \dfrac{s}{7910} + 1} = \frac{12500K_i \cdot (s - 20000)}{s(s^2 + 3130s + 7910^2)}$$

$$= \frac{12500K_i \cdot (s - 20000)}{s(s + (1560 - j7750))(s + (1560 + j7750))} = \frac{12500K_i \cdot (s - s_z)}{(s + s_{p1})(s + s_{p2})(s + s_{p3})}$$

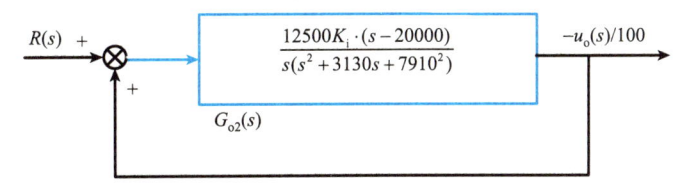

式中，$s_z = 20000$；$s_{p1} = 0$；$s_{p2} = -1560 + j7750$；$s_{p3} = -1560 - j7750$。如图 7-31 所示。

图 7-31 升压变换器闭环系统控制简化框图之二

绘制正反馈系统零度根轨迹如图 7-32 所示。图 7-32（a）右半平面零点以及根轨迹分离点尺度太大，而闭环控制的设计更多关注左半平面。因此把左半平面的部分按照一定比例放大，如图 7-32（b）所示。

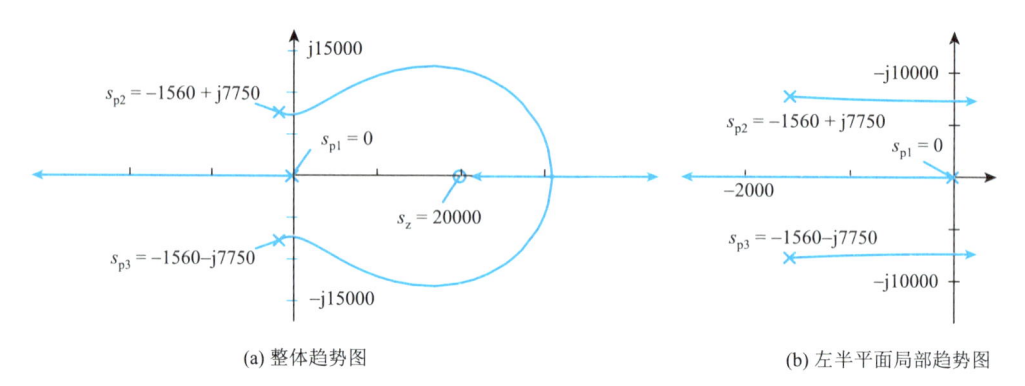

(a) 整体趋势图　　　(b) 左半平面局部趋势图

图 7-32　升压变换器工作在 CCM 时闭环积分校正的正反馈系统零度根轨迹图

由图 7-32（b）中可以看出，位于原点的起始点的根轨迹方向是向左的，有一个左半平面的实特征根；位于共轭根起始点的根轨迹方向向右，很快到达并穿过虚轴，只有在到达虚轴之前，系统闭环特征根位于左半平面。当 $K_i$ 增加到一定值时，根轨迹到达虚轴，闭环系统有两个虚根。计算此时的 $K_i$ 值。

当闭环系统出现一个负实根 $(s+a)$ 和两个虚根 $(s-j\sqrt{b})$、$(s+j\sqrt{b})$（其中 $a$、$b$ 均为正实数）时：

$$(s+a)(s+j\sqrt{b})(s-j\sqrt{b}) = (s+a)(s^2+b) = s^3 + as^2 + bs + ab = 0$$

上述的正反馈系统特征方程：

$$1 - G_{o2}(s) = 1 - \frac{12500K_i \cdot (s-20000)}{s(s^2+3130s+7910^2)} = 0$$

即

$$s^3 + 3130s^2 + (7910^2 - 12500K_i)s + 12500 \times 20000K_i = 0$$

比较上述两个方程的系数，可得：

$$3130 \times (7910^2 - 12500K_i) = 12500 \times 20000K_i$$

解得：$K_i = 676$，$a = 3130$，$b = 5.41 \times 10^7$，$\sqrt{b} = 7350$。

此时闭环特征方程的 3 个根分别为：$s_1 = -3130$；$s_2 = j7350$；$s_3 = -j7350$。

从根轨迹来看，$K_i$ 从 0 增加到 676 之前，闭环系统的特征根均在左半平面，闭环系统是稳定的。$K_i = 676$ 时，系统等幅振荡；$K_i > 676$ 时，系统发散。

当 $K_i = 462$ 时，特征方程为

$$s^3 + 3130s^2 + (7910^2 - 12500K_i)s + 12500 \times 20000K_i = 0$$

$$s^3 + 3130s^2 + 5.67 \times 10^7 s + 1.15 \times 10^{11} = 0$$

求解该方程，得到：$s_1 = -2110$；$s_2 = -506 + j7370$；$s_3 = -506 - j7370$，分别位于图 7-33 中局部根轨迹上所标位置。

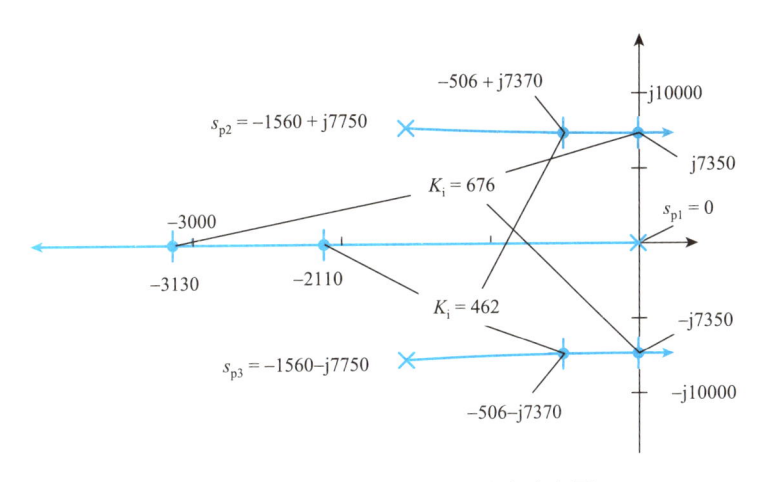

图 7-33　正反馈系统局部根轨迹点分布图

由上述校正过程可以看出，在采用剪切频率小于滤波器自然振荡角频率的校正方法设计单电压环时，校正后的系统难以拥有良好的动态性能，实际应用中一般不采用这种方法设计。

根据前面的分析：Boost、Buck/Boost 变换器工作在 CCM 时，其滤波器传递函数具有的三个特征相叠加，采用剪切频率大于滤波器自然振荡角频率的校正方法也可以设计单电压环控制。比如，采用带有一个积分环节和多个零极点的高阶控制器来实现校正网络，但在搭建运算放大器外部电路时略复杂；也可以采用由 2 个运算放大器搭建 2 个调节环节单元串联组成一个控制器来实现，其中，第 1 个运算放大器搭建一个相位超前滞后校正网络，在剪切频率处把相角抬高 135°或更高，第 2 个运算放大器搭建一个带 PI 调节器的相位超前校正网络，参见 7.2 节。这样可以将 Boost、Buck/Boost 型变换器采用单电压环控制方式校正到比较理想的动态性能指标。该方法请读者自行设计。

除此以外，还可以采用更复杂的设计方法，引入电流环控制，将系统设计为电流内环、电压外环的双闭环系统。设计单电压环时，被控对象是一个欠阻尼的二阶振荡环节和一个右半平面零点。加入电流内环后，在电压外环设计中，被控对象是一个过阻尼二阶环节和一个右半平面零点，过阻尼二阶系统分解其中一个极点在一半的开关频率附近。前面描述的滤波器传递函数三个特征中的第二个特征就不存在，这就容易设计实现。关于电压电流双闭环控制系统的建模与分析、控制器设计仍可采用与前述相类似的方法，有兴趣的读者请参阅文献[13～16]。

## 7.4　状态空间平均法和变换器工作在 DCM 时的闭环设计

若用状态方程的形式对基本建模法的建模过程加以整理，即可得到状态空间平均模型法。该方法是一种比较常用的直流-直流变换器建模方法。状态空间平均模型法与基本建模法遵循相同的建模思想，但完全基于数学的分析方法，且更具有一般性。

### *7.4.1　CCM 时状态空间平均模型法

1. 求平均变量

为了滤除变换器各变量中的高频开关纹波，使各变量中的直流分量与交流小信号分量间的关系突显，仍采用在一个开关周期内求变量平均值的方法，并以状态方程的形式建立各平均变量间的关系，称为平均变量的状态方程。

对于 CCM 下的理想直流-直流变换器，在一个开关周期内，对应开关元件的不同工作状态，通常可以将变换器的工作过程分为两个阶段（图 7-3）。针对每个工作阶段，都可以为变换器建立线性状态方程。

**工作状态 1**，在每个开关周期的 $[0, dT_s]$ 时间段内，针对变换器的具体工作状态为变换器建立状态方程：

$$\dot{x}(t) = A_1 x(t) + B_1 u(t) \tag{7-112}$$

输出方程：

$$y(t) = C_1 x(t) + E_1 u(t) \tag{7-113}$$

式中，$x(t)$ 为状态向量；$u(t)$ 为输入向量；$A_1$ 和 $B_1$ 分别为状态矩阵与输入矩阵；$y(t)$ 为输出向量；$C_1$ 和 $E_1$ 分别为输出矩阵和传递矩阵。

**工作状态 2**，在每个开关周期的 $[dT_s, T_s]$ 时间段的工作状态建立状态方程与输出方程：

$$\dot{x}(t) = A_2 x(t) + B_2 u(t) \tag{7-114}$$

$$y(t) = C_2 x(t) + E_2 u(t) \tag{7-115}$$

式（7-114）和式（7-115）中的状态向量 $x(t)$、输入向量 $u(t)$ 和输出向量 $y(t)$ 与式（7-112）和式（7-113）中相同。由于开关元件的工作状态发生变化，使电路结构也相应变化，所以状态矩阵、输入矩阵、输出矩阵、传递矩阵具有不同的参数 $A_2$、$B_2$、$C_2$、$E_2$。

为了消除开关纹波的影响，需要对状态变量在一个开关周期内求平均，并为平均状态变量建立状态方程。根据式（7-5），可定义平均状态向量为

$$\langle x(t) \rangle_{T_s} = \frac{1}{T_s} \int_t^{t+T_s} x(\tau) d\tau \tag{7-116}$$

同理，也可定义平均输入向量 $\langle u(t) \rangle_{T_s}$ 与平均输出向量 $\langle y(t) \rangle_{T_s}$。

进一步得到平均状态向量对时间的导数为

$$\frac{d}{dt} \langle x(t) \rangle_{T_s} = \frac{d}{dt} \left( \frac{1}{T_s} \int_t^{t+T_s} x(\tau) d\tau \right) = \frac{1}{T_s} \int_t^{t+T_s} \frac{dx(\tau)}{d\tau} d\tau = \frac{1}{T_s} \int_t^{t+T_s} \dot{x}(\tau) d\tau \tag{7-117}$$

对式（7-117）右端作分段积分，并将式（7-112）和式（7-114）代入式（7-117）：

$$\begin{aligned}\frac{d}{dt} \langle x(t) \rangle_{T_s} &= \frac{1}{T_s} \left\{ \int_t^{t+dT_s} \dot{x}(\tau) d\tau + \int_{t+dT_s}^{t+T_s} \dot{x}(\tau) d\tau \right\} \\ &= \frac{1}{T_s} \left\{ \int_t^{t+dT_s} [A_1 x(\tau) + B_1 u(\tau)] d\tau + \int_{t+dT_s}^{t+T_s} [A_2 x(\tau) + B_2 u(\tau)] d\tau \right\}\end{aligned} \tag{7-118}$$

根据 7.1 节的分析，当变换器满足低频假设与小纹波假设时，对于状态变量与输入变量，可以用其在一个开关周期内的平均值代替瞬时值，并近似认为平均值在一个开关周期内维持恒值，不会给分析引入较大的误差，即

$$\begin{cases} \langle x(t) \rangle_{T_s} \approx x(t) \\ \langle u(t) \rangle_{T_s} \approx u(t) \end{cases} \tag{7-119}$$

且 $\langle \boldsymbol{x}(t) \rangle_{T_s}$ 与 $\langle \boldsymbol{u}(t) \rangle_{T_s}$ 在一个开关周期内可视为常量。则式（7-118）可近似化简为

$$\frac{\mathrm{d}}{\mathrm{d}t}\langle \boldsymbol{x}(t) \rangle_{T_s} \approx \frac{1}{T_s}\left\{\int_{t}^{t+dT_s}\left[\boldsymbol{A}_1\langle \boldsymbol{x}(\tau) \rangle_{T_s} + \boldsymbol{B}_1\langle \boldsymbol{u}(\tau) \rangle_{T_s}\right]\mathrm{d}\tau + \int_{t+dT_s}^{t+T_s}\left[\boldsymbol{A}_2\langle \boldsymbol{x}(\tau) \rangle_{T_s} + \boldsymbol{B}_2\langle \boldsymbol{u}(\tau) \rangle_{T_s}\right]\mathrm{d}\tau\right\}$$

$$= \frac{1}{T_s}\left\{\left[\boldsymbol{A}_1\langle \boldsymbol{x}(\tau) \rangle_{T_s} + \boldsymbol{B}_1\langle \boldsymbol{u}(\tau) \rangle_{T_s}\right]dT_s + \left[\boldsymbol{A}_2\langle \boldsymbol{x}(\tau) \rangle_{T_s} + \boldsymbol{B}_2\langle \boldsymbol{u}(\tau) \rangle_{T_s}\right]d'T_s\right\} \quad (7\text{-}120)$$

$$= \left[d(t)\boldsymbol{A}_1 + d'(t)\boldsymbol{A}_2\right]\langle \boldsymbol{x}(t) \rangle_{T_s} + \left[d(t)\boldsymbol{B}_1 + d'(t)\boldsymbol{B}_2\right]\langle \boldsymbol{u}(t) \rangle_{T_s}$$

式（7-120）为电感电流连续状态下直流-直流变换器平均变量状态方程的一般形式。

采用相同的分析方法对输出向量求平均，利用式（7-113）和式（7-115），可得输出方程：

$$\langle \boldsymbol{y}(t) \rangle_{T_s} = \left[d(t)\boldsymbol{C}_1 + d'(t)\boldsymbol{C}_2\right]\langle \boldsymbol{x}(t) \rangle_{T_s} + \left[d(t)\boldsymbol{E}_1 + d'(t)\boldsymbol{E}_2\right]\langle \boldsymbol{u}(t) \rangle_{T_s} \quad (7\text{-}121)$$

式（7-120）和式（7-121）共同组成用平均向量表达的状态方程形式的变换器解析模型。

2. 分离扰动

得到平均变量状态方程后，为进一步确定变换器的静态工作点，并分析交流小信号在静态工作点处的工作状况，把平均变量分解为直流分量与交流小信号分量之和：

$$\begin{cases} \langle \boldsymbol{x}(t) \rangle_{T_s} = \boldsymbol{X} + \hat{\boldsymbol{x}}(t) \\ \langle \boldsymbol{u}(t) \rangle_{T_s} = \boldsymbol{U} + \hat{\boldsymbol{u}}(t) \\ \langle \boldsymbol{y}(t) \rangle_{T_s} = \boldsymbol{Y} + \hat{\boldsymbol{y}}(t) \end{cases} \quad (7\text{-}122)$$

式中，$\boldsymbol{X}$、$\boldsymbol{U}$、$\boldsymbol{Y}$ 分别是与状态向量、输入向量和输出向量对应的直流分量向量；$\hat{\boldsymbol{x}}(t)$、$\hat{\boldsymbol{u}}(t)$、$\hat{\boldsymbol{y}}(t)$ 则分别是对应的交流小信号分量向量。

同时对 $d(t)$ 进行分解：

$$d(t) = D + \hat{d}(t), \quad d'(t) = 1 - d(t) = D' - \hat{d}(t) \quad (7\text{-}123)$$

且满足小信号假设，即各变量的交流小信号分量的幅值均远小于对应的直流分量。

将式（7-122）和式（7-123）代入式（7-120）和式（7-121），得

$$\dot{\boldsymbol{X}} + \dot{\hat{\boldsymbol{x}}}(t) = \left[(D+\hat{d}(t))\boldsymbol{A}_1 + (D'-\hat{d}(t))\boldsymbol{A}_2\right](\boldsymbol{X}+\hat{\boldsymbol{x}}(t)) + \left[(D+\hat{d}(t))\boldsymbol{B}_1 + (D'-\hat{d}(t))\boldsymbol{B}_2\right](\boldsymbol{U}+\hat{\boldsymbol{u}}(t))$$

$$= (D\boldsymbol{A}_1 + D'\boldsymbol{A}_2)\boldsymbol{X} + (D\boldsymbol{B}_1 + D'\boldsymbol{B}_2)\boldsymbol{U} + (D\boldsymbol{A}_1 + D'\boldsymbol{A}_2)\hat{\boldsymbol{x}}(t) + (D\boldsymbol{B}_1 + D'\boldsymbol{B}_2)\hat{\boldsymbol{u}}(t)$$

$$+ \left[(\boldsymbol{A}_1 - \boldsymbol{A}_2)\boldsymbol{X} + (\boldsymbol{B}_1 - \boldsymbol{B}_2)\boldsymbol{U}\right]\hat{d}(t) + (\boldsymbol{A}_1 - \boldsymbol{A}_2)\hat{\boldsymbol{x}}(t)\hat{d}(t) + (\boldsymbol{B}_1 - \boldsymbol{B}_2)\hat{\boldsymbol{u}}(t)\hat{d}(t)$$

$$(7\text{-}124)$$

$$\boldsymbol{Y} + \hat{\boldsymbol{y}}(t) = \left[(D+\hat{d}(t))\boldsymbol{C}_1 + (D'-\hat{d}(t))\boldsymbol{C}_2\right](\boldsymbol{X}+\hat{\boldsymbol{x}}(t)) + \left[(D+\hat{d}(t))\boldsymbol{E}_1 + (D'-\hat{d}(t))\boldsymbol{E}_2\right](\boldsymbol{U}+\hat{\boldsymbol{u}}(t))$$

$$= (D\boldsymbol{C}_1 + D'\boldsymbol{C}_2)\boldsymbol{X} + (D\boldsymbol{E}_1 + D'\boldsymbol{E}_2)\boldsymbol{U} + (D\boldsymbol{C}_1 + D'\boldsymbol{C}_2)\hat{\boldsymbol{x}}(t) + (D\boldsymbol{E}_1 + D'\boldsymbol{E}_2)\hat{\boldsymbol{u}}(t)$$

$$+ \left[(\boldsymbol{C}_1 - \boldsymbol{C}_2)\boldsymbol{X} + (\boldsymbol{E}_1 - \boldsymbol{E}_2)\boldsymbol{U}\right]\hat{d}(t) + (\boldsymbol{C}_1 - \boldsymbol{C}_2)\hat{\boldsymbol{x}}(t)\hat{d}(t) + (\boldsymbol{E}_1 - \boldsymbol{E}_2)\hat{\boldsymbol{u}}(t)\hat{d}(t)$$

$$(7\text{-}125)$$

令

$$\begin{cases} \boldsymbol{A} = D\boldsymbol{A}_1 + D'\boldsymbol{A}_2 \\ \boldsymbol{B} = D\boldsymbol{B}_1 + D'\boldsymbol{B}_2 \\ \boldsymbol{C} = D\boldsymbol{C}_1 + D'\boldsymbol{C}_2 \\ \boldsymbol{E} = D\boldsymbol{E}_1 + D'\boldsymbol{E}_2 \end{cases} \quad (7\text{-}126)$$

则

$$\dot{\boldsymbol{X}} + \dot{\hat{\boldsymbol{x}}}(t) = \boldsymbol{A}\boldsymbol{X} + \boldsymbol{B}\boldsymbol{U} + \boldsymbol{A}\hat{\boldsymbol{x}}(t) + \boldsymbol{B}\hat{\boldsymbol{u}}(t) + \left[(\boldsymbol{A}_1 - \boldsymbol{A}_2)\boldsymbol{X} + (\boldsymbol{B}_1 - \boldsymbol{B}_2)\boldsymbol{U}\right]\hat{d}(t)$$

$$+(A_1 - A_2)\hat{x}(t)\hat{d}(t) + (B_1 - B_2)\hat{u}(t)\hat{d}(t) \tag{7-127}$$

$$Y + \hat{y}(t) = CX + EU + C\hat{x}(t) + E\hat{u}(t) + [(C_1 - C_2)X + (E_1 - E_2)U]\hat{d}(t)$$

$$+(C_1 - C_2)\hat{x}(t)\hat{d}(t) + (E_1 - E_2)\hat{u}(t)\hat{d}(t) \tag{7-128}$$

在式（7-127）和式（7-128）中，等号两边的直流量与交流量必然对应相等，使直流量对应相等可得：

$$\dot{X} = AX + BU \tag{7-129}$$

$$Y = CX + EU \tag{7-130}$$

且稳态时状态向量的直流分量 $X$ 为常数，$\dot{X} = 0$。由式（7-129）和式（7-130）解得变换器的静态工作点为

$$X = -A^{-1}BU \tag{7-131}$$

$$Y = (E - CA^{-1}B)U \tag{7-132}$$

再使式（7-127）和式（7-128）中对应的交流项相等：

$$\dot{\hat{x}}(t) = A\hat{x}(t) + B\hat{u}(t) + [(A_1 - A_2)X + (B_1 - B_2)U]\hat{d}(t) + (A_1 - A_2)\hat{x}(t)\hat{d}(t) + (B_1 - B_2)\hat{u}(t)\hat{d}(t) \tag{7-133}$$

$$\hat{y}(t) = C\hat{x}(t) + E\hat{u}(t) + [(C_1 - C_2)X + (E_1 - E_2)U]\hat{d}(t) + (C_1 - C_2)\hat{x}(t)\hat{d}(t) + (E_1 - E_2)\hat{u}(t)\hat{d}(t) \tag{7-134}$$

式（7-133）和式（7-134）分别为变换器的交流小信号状态方程与输出方程，方程中状态向量的稳态值 $X$ 由式（7-131）确定。但式（7-133）和式（7-134）为非线性方程，还需在静态工作点附近将其线性化。

3. 线性化

式（7-133）和式（7-134）等号右侧的非线性项均为小信号的乘积项。根据 7.1.1 节，当变换器满足小信号假设时，小信号乘积项的幅值必远小于等号右侧其他各项的幅值，因此，将这些乘积项从方程中删除，而不会给分析引入较大的误差，从而达到将非线性的小信号方程线性化的目的。采用这一方法对式（7-133）和式（7-134）作线性化处理，得到线性化的小信号状态方程与输出方程为

$$\dot{\hat{x}}(t) = A\hat{x}(t) + B\hat{u}(t) + [(A_1 - A_2)X + (B_1 - B_2)U]\hat{d}(t) \tag{7-135}$$

$$\hat{y}(t) = C\hat{x}(t) + E\hat{u}(t) + [(C_1 - C_2)X + (E_1 - E_2)U]\hat{d}(t) \tag{7-136}$$

式（7-135）和式（7-136）即是用状态空间平均建模法为 CCM 时直流-直流变换器建立的交流小信号解析模型。可见，状态空间平均建模法的建模思路与基本建模方法完全相同，仍然采用求平均、分离扰动与线性化的方法，只是其最终结果是以状态方程的形式表达。这种统一的表达形式使得状态空间平均建模法更具普遍适用性，对于不同类型的变换器，只需求出其各项矩阵 $A_1$、$A_2$、$A$、$B_1$、$B_2$、$B$、$C_1$、$C_2$、$C$、$E_1$、$E_2$、$E$ 代入结果方程即可，从而省略许多复杂的中间计算过程。

4. 小信号状态方程的分析

对式（7-135）、式（7-136）进行拉普拉斯变换，设各状态变量的初始值均为零，得：

$$s\hat{x}(s) = A\hat{x}(s) + B\hat{u}(s) + [(A_1 - A_2)X + (B_1 - B_2)U]\hat{d}(s) \tag{7-137}$$

$$\hat{y}(s) = C\hat{x}(s) + E\hat{u}(s) + [(C_1 - C_2)X + (E_1 - E_2)U]\hat{d}(s) \tag{7-138}$$

由式（7-137）可解得：

$$\hat{x}(s) = (sI - A)^{-1}B\hat{u}(s) + (sI - A)^{-1}\left[(A_1 - A_2)X + (B_1 - B_2)U\right]\hat{d}(s) \quad (7\text{-}139)$$

式中，$I$ 为单位矩阵。

将式（7-139）代入式（7-138）可得：

$$\hat{y}(s) = [C(sI - A)^{-1}B + E]\hat{u}(s) + \left\{C(sI - A)^{-1}\left[(A_1 - A_2)X + (B_1 - B_2)U\right] + \left[(C_1 - C_2)X + (E_1 - E_2)U\right]\right\}\hat{d}(s)$$

$$(7\text{-}140)$$

对式（7-139）与式（7-140）进行拉普拉斯反变换，即可求得变换器的时域状态变量与输出变量。

根据式（7-139）与式（7-140）得到变换器的各项传递函数，通常变换器的输入变量为输入电压 $u_{in}(t)$，则 $\hat{u}(s) = [\hat{u}_{in}(s)]$，代入式（7-139）与式（7-140）可以得到以下各项传递函数向量：

（1）状态变量 $\hat{x}(s)$ 对输入 $\hat{u}_{in}(s)$ 的传递函数 $G_{xg}(s)$

$$G_{xg}(s) = \left.\frac{\hat{x}(s)}{\hat{u}_{in}(s)}\right|_{\hat{d}(s)=0} = (sI - A)^{-1}B \quad (7\text{-}141)$$

（2）状态变量 $\hat{x}(s)$ 对控制变量 $\hat{d}(s)$ 的传递函数 $G_{xd}(s)$

$$G_{xd}(s) = \left.\frac{\hat{x}(s)}{\hat{d}(s)}\right|_{\hat{u}_{in}(s)=0} = (sI - A)^{-1}\left[(A_1 - A_2)X + (B_1 - B_2)U_{in}\right] \quad (7\text{-}142)$$

（3）输出变量 $\hat{y}(s)$ 对输入 $\hat{u}_{in}(s)$ 的传递函数 $G_{yg}(s)$

$$G_{yg}(s) = \left.\frac{\hat{y}(s)}{\hat{u}_{in}(s)}\right|_{\hat{d}(s)=0} = C(sI - A)^{-1}B + E \quad (7\text{-}143)$$

（4）输出变量 $\hat{y}(s)$ 对控制变量 $\hat{d}(s)$ 的传递函数 $G_{yd}(s)$

$$G_{yd}(s) = \left.\frac{\hat{y}(s)}{\hat{d}(s)}\right|_{\hat{u}_{in}(s)=0} = C(sI - A)^{-1}\left[(A_1 - A_2)X + (B_1 - B_2)U_{in}\right] + (C_1 - C_2)X + (E_1 - E_2)U_{in}$$

$$(7\text{-}144)$$

## *7.4.2 DCM 时状态空间平均建模方法

**1. 基本步骤**

直流-直流变换器工作在断续导电模式（DCM），如图 7-34 所示。图中以电感电流 $i_L(t)$ 为例，在每一个开关周期的起始时刻，$i_L(0) = 0$；在一个开关周期结束之前的 $t_2$ 时刻，电感电流又重新回到零，并在这一周期剩余的时间里维持零值不变，直到下一周期开始。

应用状态空间平均建模方法分析电感电流断续状态变换器的过程与分析电感电流连续状态变换器基本相同，但电感电流断续状态变换器与电感电流连续状态变换器有两点不同之处：

（1）已知电感电流连续状态变换器在一个开关

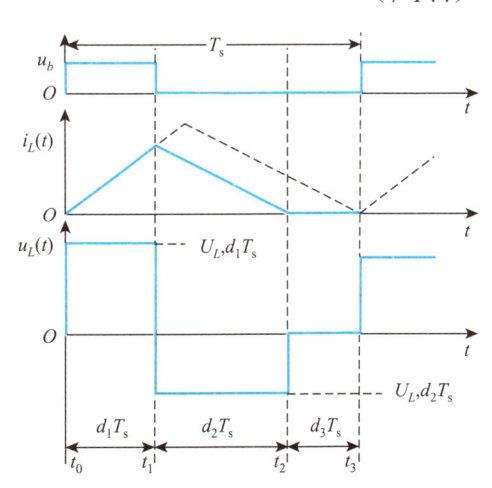

图 7-34 断续导电模式下驱动信号、电感电流、电压波形示意图

周期内有两种工作状态：状态 1，开关晶体管导通，二极管截止；状态 2，开关晶体管截止，二极管导通。而对于 DCM，变换器还存在第三种工作状态（图 7-34），在 $[t_2, t_3]$ 期间，出现开关晶体管与二极管同时截止。因此，在 DCM 时求平均变量应同时考虑变换器的三种工作状态。

（2）对工作在 DCM 时的变换器，开关晶体管的导通时间 $d_1 T_s$ 是由控制电路决定的，$d_1(t)$ 为控制变量，但二极管的导通时间 $d_2 T_s$ 则是由变换器中的参数与 $d_1(t)$ 共同决定，不受控制电路控制，因此增加一个未知变量 $d_2(t)$。然而 DCM 也同时提供新的已知条件：根据变换器的具体工作状况写出电感电流平均值 $\langle i_L(t) \rangle_{T_s}$ 的近似表达式，为分析变换器增加一个新方程。$\langle i_L(t) \rangle_{T_s}$ 的一般形式为

$$\langle i_L(t) \rangle_{T_s} = g(d_1(t), \langle u_{in}(t) \rangle_{T_s}, \langle u_o(t) \rangle_{T_s}) \tag{7-145}$$

式中，$d_1(t)$ 为控制变量；$\langle u_{in}(t) \rangle_{T_s}$ 与 $\langle u_o(t) \rangle_{T_s}$ 分别为一个开关周期内输入电压与输出电压的平均值。需要指出的是，在用状态空间平均建模方法分析 DCM 时变换器的过程中，断续量（一般为电感电流）的平均值是指其在瞬时值不为零的时间内，即在 $[t_0, t_2]$ 区间内的平均值。

根据变换器始终工作在 DCM 下的假设，电感电流在每个周期的起始时刻和终止时刻都等于零，即 $i_L(0) = i_L(T_s) = 0$，根据伏秒平衡原理，必然有：

$$\langle u_L(t) \rangle_{T_s} T_s = 0 \tag{7-146}$$

$$\langle u_L(t) \rangle_{T_s} = 0 \tag{7-147}$$

式中，$\langle u_L(t) \rangle_{T_s}$ 为一个开关周期内电感电压的平均值。

又由于

$$\begin{aligned}\langle u_L(t) \rangle_{T_s} &= \frac{1}{T_s} \int_t^{t+T_s} u_L(\tau) \mathrm{d}\tau = \frac{1}{T_s} \int_t^{t+(d_1+d_2)T_s} u_L(\tau) \mathrm{d}\tau = \frac{1}{T_s} \int_t^{t+(d_1+d_2)T_s} L \frac{\mathrm{d}i_L(\tau)}{\mathrm{d}\tau} \mathrm{d}\tau \\ &= (d_1+d_2) L \frac{\mathrm{d}}{\mathrm{d}t}\left[ \frac{1}{(d_1+d_2)T_s} \int_t^{t+(d_1+d_2)T_s} i_L(\tau) \mathrm{d}\tau \right] \\ &= (d_1+d_2) L \frac{\mathrm{d}\langle i_L(t) \rangle_{T_s}}{\mathrm{d}t}\end{aligned} \tag{7-148}$$

式（7-148）利用 DCM 下电感电压 $u_L(t)$ 在 $[t_2, t_3]$ 期间等于零的条件。将式（7-148）代入式（7-147）可得：

$$\frac{\mathrm{d}\langle i_L(t) \rangle_{T_s}}{\mathrm{d}t} = 0 \tag{7-149}$$

式（7-145）与式（7-149）将共同作为状态方程以外的辅助分析条件。

### 步骤 1. 求平均变量

对于电感电流断续状态变换器，首先分析变换器在一个开关周期内的三种工作状态，并列出三种工作状态下的状态方程与输出方程：

（1）**工作状态 1**，$[t_0, t_1]$ 区间，开关晶体管导通，二极管截止：

$$\begin{cases} \dot{\boldsymbol{x}}(t) = \boldsymbol{A}_1 \boldsymbol{x}(t) + \boldsymbol{B}_1 \boldsymbol{u}(t) \\ \boldsymbol{y}(t) = \boldsymbol{C}_1 \boldsymbol{x}(t) + \boldsymbol{E}_1 \boldsymbol{u}(t) \end{cases} \tag{7-150}$$

（2）**工作状态 2**，$[t_1, t_2]$ 区间，开关晶体管截止，二极管导通：

$$\begin{cases} \dot{\boldsymbol{x}}(t) = \boldsymbol{A}_2 \boldsymbol{x}(t) + \boldsymbol{B}_2 \boldsymbol{u}(t) \\ \boldsymbol{y}(t) = \boldsymbol{C}_2 \boldsymbol{x}(t) + \boldsymbol{E}_2 \boldsymbol{u}(t) \end{cases} \tag{7-151}$$

## 第7章 直流变换器建模及控制

（3）**工作状态3**，$[t_2, t_3]$区间，开关晶体管与二极管同时截止：

$$\begin{cases} \dot{x}(t) = A_3 x(t) + B_3 u(t) \\ y(t) = C_3 x(t) + E_3 u(t) \end{cases} \quad (7\text{-}152)$$

当变换器满足低频与小纹波假设时，可近似认为状态变量与输入变量在一个开关周期内基本维持恒定，可用它们的平均值近似代替瞬时值，则式（7-150）～式（7-152）可表达为

$$\begin{cases} \dot{x}(t) \approx A_1 \langle x(t) \rangle_{T_s} + B_1 \langle u(t) \rangle_{T_s} \\ y(t) \approx C_1 \langle x(t) \rangle_{T_s} + E_1 \langle u(t) \rangle_{T_s} \end{cases}, \; [t_0, t_1]\text{区间} \quad (7\text{-}153)$$

$$\begin{cases} \dot{x}(t) \approx A_2 \langle x(t) \rangle_{T_s} + B_2 \langle u(t) \rangle_{T_s} \\ y(t) \approx C_2 \langle x(t) \rangle_{T_s} + E_2 \langle u(t) \rangle_{T_s} \end{cases}, \; [t_1, t_2]\text{区间} \quad (7\text{-}154)$$

$$\begin{cases} \dot{x}(t) \approx A_3 \langle x(t) \rangle_{T_s} + B_3 \langle u(t) \rangle_{T_s} \\ y(t) \approx C_3 \langle x(t) \rangle_{T_s} + E_3 \langle u(t) \rangle_{T_s} \end{cases}, \; [t_2, t_3]\text{区间} \quad (7\text{-}155)$$

求取$\dfrac{\mathrm{d}\langle x(t) \rangle_{T_s}}{\mathrm{d}t}$与$\langle y(t) \rangle_{T_s}$。

$$\begin{aligned}
\frac{\mathrm{d}\langle x(t) \rangle_{T_s}}{\mathrm{d}t} &= \frac{1}{T_s} \int_t^{t+T_s} \dot{x}(\tau) \mathrm{d}\tau \\
&\approx \frac{1}{T_s} \Big\{ \int_t^{t+d_1 T_s} \big[ A_1 \langle x(\tau) \rangle_{T_s} + B_1 \langle u(\tau) \rangle_{T_s} \big] \mathrm{d}\tau + \int_{t+d_1 T_s}^{t+(d_1+d_2)T_s} \big[ A_2 \langle x(\tau) \rangle_{T_s} + B_2 \langle u(\tau) \rangle_{T_s} \big] \mathrm{d}\tau \\
&\quad + \int_{t+(d_1+d_2)T_s}^{t+T_s} \big[ A_3 \langle x(\tau) \rangle_{T_s} + B_3 \langle u(\tau) \rangle_{T_s} \big] \mathrm{d}\tau \Big\} \\
&= \frac{1}{T_s} \Big\{ \big[ A_1 \langle x(t) \rangle_{T_s} + B_1 \langle u(t) \rangle_{T_s} \big] d_1 T_s + \big[ A_2 \langle x(t) \rangle_{T_s} + B_2 \langle u(t) \rangle_{T_s} \big] d_2 T_s \\
&\quad + \big[ A_3 \langle x(t) \rangle_{T_s} + B_3 \langle u(t) \rangle_{T_s} \big] (1 - d_1 - d_2) T_s \Big\} \\
&= \big[ d_1 A_1 + d_2 A_2 + (1 - d_1 - d_2) A_3 \big] \langle x(t) \rangle_{T_s} + \big[ d_1 B_1 + d_2 B_2 + (1 - d_1 - d_2) B_3 \big] \langle u(t) \rangle_{T_s}
\end{aligned}$$

$$(7\text{-}156)$$

$$\begin{aligned}
\langle y(t) \rangle_{T_s} &= \frac{1}{T_s} \int_t^{t+T_s} y(\tau) \mathrm{d}\tau \\
&\approx \frac{1}{T_s} \Big\{ \int_t^{t+d_1 T_s} \big[ C_1 \langle x(\tau) \rangle_{T_s} + E_1 \langle u(\tau) \rangle_{T_s} \big] \mathrm{d}\tau + \int_{t+d_1 T_s}^{t+(d_1+d_2)T_s} \big[ C_2 \langle x(\tau) \rangle_{T_s} + E_2 \langle u(\tau) \rangle_{T_s} \big] \mathrm{d}\tau \\
&\quad + \int_{t+(d_1+d_2)T_s}^{t+T_s} \big[ C_3 \langle x(\tau) \rangle_{T_s} + E_3 \langle u(\tau) \rangle_{T_s} \big] \mathrm{d}\tau \Big\} \\
&= \frac{1}{T_s} \Big\{ \big[ C_1 \langle x(t) \rangle_{T_s} + E_1 \langle u(t) \rangle_{T_s} \big] d_1 T_s + \big[ C_2 \langle x(t) \rangle_{T_s} + E_2 \langle u(t) \rangle_{T_s} \big] d_2 T_s \\
&\quad + \big[ C_3 \langle x(t) \rangle_{T_s} + E_3 \langle u(t) \rangle_{T_s} \big] (1 - d_1 - d_2) T_s \Big\} \\
&= \big[ d_1 C_1 + d_2 C_2 + (1 - d_1 - d_2) C_3 \big] \langle x(t) \rangle_{T_s} + \big[ d_1 E_1 + d_2 E_2 + (1 - d_1 - d_2) E_3 \big] \langle u(t) \rangle_{T_s}
\end{aligned}$$

$$(7\text{-}157)$$

为了便于表达，定义：

$$d_3 = 1 - d_1 - d_2 \quad (7\text{-}158)$$

则
$$\frac{d\langle \boldsymbol{x}(t)\rangle_{T_s}}{dt} = (d_1\boldsymbol{A}_1 + d_2\boldsymbol{A}_2 + d_3\boldsymbol{A}_3)\langle \boldsymbol{x}(t)\rangle_{T_s} + (d_1\boldsymbol{B}_1 + d_2\boldsymbol{B}_2 + d_3\boldsymbol{B}_3)\langle \boldsymbol{u}(t)\rangle_{T_s} \quad (7\text{-}159)$$

$$\langle \boldsymbol{y}(t)\rangle_{T_s} = (d_1\boldsymbol{C}_1 + d_2\boldsymbol{C}_2 + d_3\boldsymbol{C}_3)\langle \boldsymbol{x}(t)\rangle_{T_s} + (d_1\boldsymbol{E}_1 + d_2\boldsymbol{E}_2 + d_3\boldsymbol{E}_3)\langle \boldsymbol{u}(t)\rangle_{T_s} \quad (7\text{-}160)$$

式（7-159）、式（7-160）为 DCM 下变换器的平均变量状态方程与输出方程，但两式中 $d_2(t)$ 与 $d_3(t)$ 为未知量，若已知 $d_2(t)$，根据式（7-158）可得到 $d_3(t)$。为了确定 $d_2(t)$，需要补充有关断续量电感电流的辅助条件。

求解电感电流的平均变量。在用状态空间平均建模方法分析 DCM 模式变换器的过程中，断续量电感电流的平均值是指其在瞬时值不为零的时间内，即 $[t_0, t_2]$ 区间内的平均值。参考图 7-34，根据低频与小纹波假设，可近似认为电感电压在 $[t_0, t_1]$ 与 $[t_1, t_2]$ 区间分别维持恒定，用 $U_{L,d_1T_s}$ 与 $U_{L,d_2T_s}$ 表示，则电感电流在 $[t_0, t_1]$ 与 $[t_1, t_2]$ 区间内分别按斜率为 $\dfrac{U_{L,d_1T_s}}{L}$ 与 $\dfrac{U_{L,d_2T_s}}{L}$ 的线性规律变化，可将电感电流的平均值表达为

$$\langle i_L(t)\rangle_{T_s} = \frac{1}{(d_1+d_2)T_s}\int_t^{t+(d_1+d_2)T_s} i_L(\tau)d\tau = \frac{1}{(d_1+d_2)T_s}\left[\frac{1}{2}(d_1+d_2)T_s \frac{U_{L,d_1T_s}}{L}d_1T_s\right] = \frac{1}{2L}U_{L,d_1T_s}d_1T_s$$
$$(7\text{-}161)$$

通过分析变换器在工作状态 1，总可以将 $U_{L,d_1T_s}$ 表达为输入电压平均值 $\langle u_{in}(t)\rangle_{T_s}$ 与输出电压平均值 $\langle u_o(t)\rangle_{T_s}$ 的函数，即

$$U_{L,d_1T_s} = f(\langle u_{in}(t)\rangle_{T_s}, \langle u_o(t)\rangle_{T_s}) \quad (7\text{-}162)$$

对于直流-直流变换器，$f$ 为 $\langle u_{in}(t)\rangle_{T_s}$ 与 $\langle u_o(t)\rangle_{T_s}$ 的线性函数。将式（7-162）代入式（7-161），得到电感电流的平均变量为

$$\langle i_L(t)\rangle_{T_s} = \frac{d_1 T_s}{2L}f(\langle u_{in}(t)\rangle_{T_s}, \langle u_o(t)\rangle_{T_s}) = g(d_1, \langle u_{in}(t)\rangle_{T_s}, \langle u_o(t)\rangle_{T_s}) \quad (7\text{-}163)$$

式（7-163）与式（7-149）是在状态空间平均建模方法中为确定 $d_2(t)$ 而增加的辅助分析条件。

状态方程式（7-159）、式（7-160）与式（7-163）、式（7-149）共同组成分析 DCM 时变换器的平均变量方程组。

**步骤 2. 分离扰动**

将式（7-159）、式（7-160）与式（7-163）、式（7-149）中的平均变量分解为相应的直流分量与交流小信号分量之和，对于平均变量向量 $\langle \boldsymbol{x}(t)\rangle_{T_s}$、$\langle \boldsymbol{u}(t)\rangle_{T_s}$ 与 $\langle \boldsymbol{y}(t)\rangle_{T_s}$，分解方法同 7.5.1 节，参见式（7-122）；对于控制变量 $d_1(t)$ 与未知量 $d_2(t)$、$d_3(t)$，分解为

$$\begin{cases} d_1(t) = D_1 + \hat{d}_1(t) \\ d_2(t) = D_2 + \hat{d}_2(t) \\ d_3(t) = D_3 + \hat{d}_3(t) = 1 - d_1(t) - d_2(t) = (1 - D_1 - D_2) - [\hat{d}_1(t) + \hat{d}_2(t)] \end{cases} \quad (7\text{-}164)$$

$$D_3 = 1 - D_1 - D_2 \quad (7\text{-}165)$$

$$\hat{d}_3(t) = -[\hat{d}_1(t) + \hat{d}_2(t)] \quad (7\text{-}166)$$

对平均变量方程组中的每个方程进行分离扰动，并对分离扰动后的结果进行整理，分别得到直流方程与交流小信号方程。首先处理平均变量状态方程与输出方程：

$$\frac{\mathrm{d}\langle \boldsymbol{x}(t)\rangle_{T_s}}{\mathrm{d}t} = \frac{\mathrm{d}\boldsymbol{X}}{\mathrm{d}t} + \frac{\mathrm{d}\hat{\boldsymbol{x}}(t)}{\mathrm{d}t}$$
$$= [(D_1+\hat{d}_1)\boldsymbol{A}_1 + (D_2+\hat{d}_2)\boldsymbol{A}_2 + (D_3+\hat{d}_3)\boldsymbol{A}_3][\boldsymbol{X}+\hat{\boldsymbol{x}}(t)]$$
$$+ [(D_1+\hat{d}_1)\boldsymbol{B}_1 + (D_2+\hat{d}_2)\boldsymbol{B}_2 + (D_3+\hat{d}_3)\boldsymbol{B}_3][\boldsymbol{U}+\hat{\boldsymbol{u}}(t)] \quad (7\text{-}167)$$

$$\langle \boldsymbol{y}(t)\rangle_{T_s} = \boldsymbol{Y}+\hat{\boldsymbol{y}}(t)$$
$$= [(D_1+\hat{d}_1)\boldsymbol{C}_1 + (D_2+\hat{d}_2)\boldsymbol{C}_2 + (D_3+\hat{d}_3)\boldsymbol{C}_3][\boldsymbol{X}+\hat{\boldsymbol{x}}(t)]$$
$$+ [(D_1+\hat{d}_1)\boldsymbol{E}_1 + (D_2+\hat{d}_2)\boldsymbol{E}_2 + (D_3+\hat{d}_3)\boldsymbol{E}_3][\boldsymbol{U}+\hat{\boldsymbol{u}}(t)] \quad (7\text{-}168)$$

式（7-167）和式（7-168）中等号两边对应的直流分量相等，并考虑到$\frac{\mathrm{d}\boldsymbol{X}}{\mathrm{d}t}=0$，分别得到：

$$\frac{\mathrm{d}\boldsymbol{X}}{\mathrm{d}t} = (D_1\boldsymbol{A}_1+D_2\boldsymbol{A}_2+D_3\boldsymbol{A}_3)\boldsymbol{X} + (D_1\boldsymbol{B}_1+D_2\boldsymbol{B}_2+D_3\boldsymbol{B}_3)\boldsymbol{U} = 0 \quad (7\text{-}169)$$

$$\boldsymbol{Y} = (D_1\boldsymbol{C}_1+D_2\boldsymbol{C}_2+D_3\boldsymbol{C}_3)\boldsymbol{X} + (D_1\boldsymbol{E}_1+D_2\boldsymbol{E}_2+D_3\boldsymbol{E}_3)\boldsymbol{U} \quad (7\text{-}170)$$

若令矩阵：

$$\begin{cases} \boldsymbol{A} = D_1\boldsymbol{A}_1 + D_2\boldsymbol{A}_2 + D_3\boldsymbol{A}_3 \\ \boldsymbol{B} = D_1\boldsymbol{B}_1 + D_2\boldsymbol{B}_2 + D_3\boldsymbol{B}_3 \\ \boldsymbol{C} = D_1\boldsymbol{C}_1 + D_2\boldsymbol{C}_2 + D_3\boldsymbol{C}_3 \\ \boldsymbol{E} = D_1\boldsymbol{E}_1 + D_2\boldsymbol{E}_2 + D_3\boldsymbol{E}_3 \end{cases} \quad (7\text{-}171)$$

则式（7-169）和式（7-170）为

$$\boldsymbol{AX} + \boldsymbol{BU} = 0 \quad (7\text{-}172)$$
$$\boldsymbol{Y} = \boldsymbol{CX} + \boldsymbol{EU} \quad (7\text{-}173)$$

式（7-167）和式（7-168）中等号两边对应的交流分量也必然相等，并将式（7-166）代入式（7-167）中，消去$\hat{d}_3(t)$，可得：

$$\frac{\mathrm{d}\hat{\boldsymbol{x}}(t)}{\mathrm{d}t} = (D_1\boldsymbol{A}_1+D_2\boldsymbol{A}_2+D_3\boldsymbol{A}_3)\hat{\boldsymbol{x}}(t) + (D_1\boldsymbol{B}_1+D_2\boldsymbol{B}_2+D_3\boldsymbol{B}_3)\hat{\boldsymbol{u}}(t) + [(\boldsymbol{A}_1-\boldsymbol{A}_3)\boldsymbol{X}+(\boldsymbol{B}_1-\boldsymbol{B}_3)\boldsymbol{U}]\hat{d}_1$$
$$+ [(\boldsymbol{A}_2-\boldsymbol{A}_3)\boldsymbol{X}+(\boldsymbol{B}_2-\boldsymbol{B}_3)\boldsymbol{U}]\hat{d}_2 + (\boldsymbol{A}_1-\boldsymbol{A}_3)\hat{d}_1\hat{\boldsymbol{x}}(t) + (\boldsymbol{A}_2-\boldsymbol{A}_3)\hat{d}_2\hat{\boldsymbol{x}}(t)$$
$$+ (\boldsymbol{B}_1-\boldsymbol{B}_3)\hat{d}_1\hat{\boldsymbol{u}}(t) + (\boldsymbol{B}_2-\boldsymbol{B}_3)\hat{d}_2\hat{\boldsymbol{u}}(t) \quad (7\text{-}174)$$

$$\hat{\boldsymbol{y}}(t) = (D_1\boldsymbol{C}_1+D_2\boldsymbol{C}_2+D_3\boldsymbol{C}_3)\hat{\boldsymbol{x}}(t) + (D_1\boldsymbol{E}_1+D_2\boldsymbol{E}_2+D_3\boldsymbol{E}_3)\hat{\boldsymbol{u}}(t) + [(\boldsymbol{C}_1-\boldsymbol{C}_3)\boldsymbol{X}+(\boldsymbol{E}_1-\boldsymbol{E}_3)\boldsymbol{U}]\hat{d}_1$$
$$+ [(\boldsymbol{C}_2-\boldsymbol{C}_3)\boldsymbol{X}+(\boldsymbol{E}_2-\boldsymbol{E}_3)\boldsymbol{U}]\hat{d}_2 + (\boldsymbol{C}_1-\boldsymbol{C}_3)\hat{d}_1\hat{\boldsymbol{x}}(t) + (\boldsymbol{C}_2-\boldsymbol{C}_3)\hat{d}_2\hat{\boldsymbol{x}}(t)$$
$$+ (\boldsymbol{E}_1-\boldsymbol{E}_3)\hat{d}_1\hat{\boldsymbol{u}}(t) + (\boldsymbol{E}_2-\boldsymbol{E}_3)\hat{d}_2\hat{\boldsymbol{u}}(t) \quad (7\text{-}175)$$

式（7-174）和式（7-175）分别为非线性的交流小信号状态方程与输出方程。

接下来，处理式（7-163）的辅助分析条件。为了便于将结果中的直流项、一阶交流项与高阶交流项分离开，采用对$\langle i_L(t)\rangle_{T_s}$作泰勒级数展开的方法分离变量，可得：

$$\langle i_L(t)\rangle_{T_s} = I_L + \hat{i}_L(t) = g(d_1,\langle u_{in}(t)\rangle_{T_s},\langle u_o(t)\rangle_{T_s}) = g[D_1+\hat{d}_1(t),U_{in}+\hat{u}_{in}(t),U_o+\hat{u}_o(t)]$$

$$= g(D_1,U_{in},U_o) + \hat{d}_1\frac{\partial g(d_1,U_{in},U_o)}{\partial d_1} + \hat{u}_{in}(t)\frac{\partial g[D_1,\langle u_{in}(t)\rangle_{T_s},U_o]}{\partial \langle u_{in}(t)\rangle_{T_s}} + \hat{u}_o(t)\frac{\partial g[D_1,U_{in},\langle u_o(t)\rangle_{T_s}]}{\partial \langle u_o(t)\rangle_{T_s}}$$

$$+ \text{高阶非线性交流项} \tag{7-176}$$

式（7-176）中直流分量对应相等时，可得：

$$I_L = g(D_1,U_{in},U_o) = \frac{D_1 T_s}{2L}f(U_{in},U_o) \tag{7-177}$$

式中，函数 $g(D_1,U_{in},U_o)$ 和 $f(U_{in},U_o)$ 是令原函数中所有自变量的交流小信号分量都等于零后得到的。

式（7-176）中交流分量对应相等时，可得：

$$\hat{i}_L(t) = \hat{d}_1\frac{\partial g(d_1,U_{in},U_o)}{\partial d_1} + \hat{u}_{in}(t)\frac{\partial g[D_1,\langle u_{in}(t)\rangle_{T_s},U_o]}{\partial \langle u_{in}(t)\rangle_{T_s}} + \hat{u}_o(t)\frac{\partial g[D_1,U_{in},\langle u_o(t)\rangle_{T_s}]}{\partial \langle u_o(t)\rangle_{T_s}}$$

$$+ \text{高阶非线性交流项} \tag{7-178}$$

最后对式（7-149）的辅助分析条件进行分离扰动，可得：

$$\frac{d\langle i_L(t)\rangle_{T_s}}{dt} = \frac{dI_L}{dt} + \frac{d\hat{i}_L(t)}{dt} = 0 \tag{7-179}$$

式（7-179）中的直流项 $\frac{dI_L}{dt}$ 必然为零，由于电感电流一般都作为状态变量，因此，$\frac{dI_L}{dt}=0$ 的辅助条件：

$$\frac{d\hat{i}_L(t)}{dt} = 0 \tag{7-180}$$

以上分析所得到的式（7-172）、式（7-173）和式（7-177）组成变换器在电感电流断续状态下的直流分量方程组，求解方程组得到变换器的直流工作点和稳态时的 $D_2$ 值。

以上分析所得的式（7-174）、式（7-175）和式（7-178）、式（7-180）组成变换器在 DCM 下的交流分量方程组，但方程组中除式（7-180）之外均为非线性方程，还需将各非线性方程线性化。

### 步骤 3. 线性化

当变换器满足小信号假设时，只需将式（7-174）与式（7-175）中的小信号乘积项略去，即可得到变换器在 DCM 下的线性交流小信号状态方程与输出方程：

$$\dot{\hat{x}}(t) = A\hat{x}(t) + B\hat{u}(t) + [(A_1-A_3)X+(B_1-B_3)U]\hat{d}_1(t) + [(A_2-A_3)X+(B_2-B_3)U]\hat{d}_2(t) \tag{7-181}$$

$$\hat{y}(t) = C\hat{x}(t) + E\hat{u}(t) + [(C_1-C_3)X+(E_1-E_3)U]\hat{d}_1(t) + [(C_2-C_3)X+(E_2-E_3)U]\hat{d}_2(t) \tag{7-182}$$

对于式（7-178），其中的一阶交流项为线性项，当变换器满足小信号假设时，可以忽略式中的高阶非线性交流项：

$$\hat{i}_L(t) = \hat{d}_1 \frac{\partial g(d_1, U_{in}, U_o)}{\partial d_1} + \hat{u}_{in}(t) \frac{\partial g[D_1, \langle u_{in}(t) \rangle_{T_s}, U_o]}{\partial \langle u_{in}(t) \rangle_{T_s}} + \hat{u}_o(t) \frac{\partial g[D_1, U_{in}, \langle u_o(t) \rangle_{T_s}]}{\partial \langle u_o(t) \rangle_{T_s}} \quad (7\text{-}183)$$

式（7-180）～式（7-183）组成变换器在 DCM 下的线性交流分量方程组，根据式（7-180）～式（7-183）建立变换器的 DCM 小信号等效电路，并分析变换器的电感电流断续状态低频动态特性。

#### 步骤 4. DCM 时变换器的等效电路

在利用状态空间平均建模方法为 DCM 时变换器建立解析模型的基础上，建立等效电路模型。统一结构的 DCM 直流等效电路如图 7-35（a）所示，图中的理想变压器可以变换直流，变压器的电压比 $M$ 为理想变换器的电压比，即

$$M = \frac{U_o}{U_{in}} \quad (7\text{-}184)$$

在 DCM 下，$M$ 不仅是控制变量 $D_1$ 的函数，而且与负载 $R$、电感 $L$、开关周期 $T_s$ 有关。

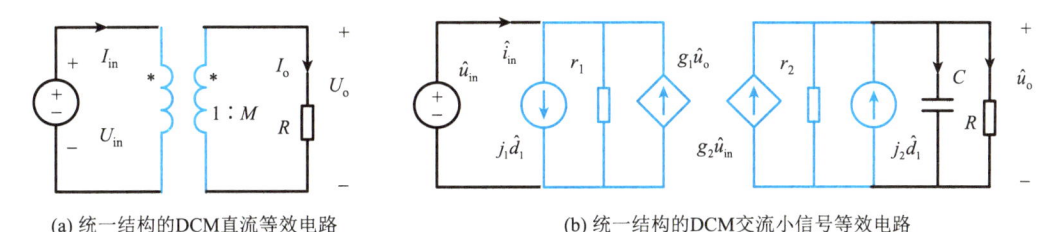

图 7-35  DCM 下理想变换器直流与交流小信号等效电路

(a) 统一结构的DCM直流等效电路    (b) 统一结构的DCM交流小信号等效电路

统一结构的 DCM 交流小信号等效电路如图 7-35（b）所示，线性化后表达为

$$\hat{i}_{in}(t) = -g_1 \hat{u}_o(t) + \frac{1}{r_1} \hat{u}_{in}(t) + j_1 \hat{d}_1(t) \quad (7\text{-}185)$$

对于输出电压 $\hat{u}_o(t)$，将其一阶导数 $\dot{\hat{u}}_o(t)$ 可表达为 $\hat{u}_o(t)$、$\hat{u}_{in}(t)$ 与 $\hat{d}_1(t)$ 的函数，用电容 $C$ 乘以 $\dot{\hat{u}}_o(t)$ 使其具有物理意义，并对函数作线性化处理后可整理为

$$C \frac{d\hat{u}_o(t)}{dt} = -\left(\frac{1}{r_2} + \frac{1}{R}\right) \hat{u}_o(t) + g_2 \hat{u}_{in}(t) + j_2 \hat{d}_1(t) \quad (7\text{-}186)$$

根据式（7-186）即可建立输出侧的等效电路。

#### 步骤 5. DCM 变换器交流小信号特性

根据图 7-35（b）分析 DCM 变换器的交流小信号动态特性。

（1）输出 $\hat{u}_o(s)$ 对输入 $\hat{u}_{in}(s)$ 的传递函数 $G_{ug}(s)$。

当 $\hat{d}_1(s) = 0$ 时，根据输出侧电路可得：

$$\hat{u}_o(s) = g_2 \hat{u}_{in}(s) \cdot \left( r_2 \| \frac{1}{sC} \| R \right) \quad (7\text{-}187)$$

则有

$$G_{ug}(s) = \frac{\hat{u}_o(s)}{\hat{u}_{in}(s)}\bigg|_{\hat{d}_1(s)=0} = g_2 \cdot \left(r_2 \| \frac{1}{sC} \| R\right) = \frac{g_2}{\frac{1}{r_2} + sC + \frac{1}{R}} \qquad (7\text{-}188)$$

（2）输出 $\hat{u}_o(s)$ 对控制变量 $\hat{d}_1(s)$ 的传递函数 $G_{ud}(s)$。

当 $\hat{u}_{in}(s) = 0$ 时，根据输出侧电路可得：

$$\hat{u}_o(s) = j_2 \hat{d}_1(s) \cdot \left(r_2 \| \frac{1}{sC} \| R\right) \qquad (7\text{-}189)$$

则有

$$G_{ud}(s) = \frac{\hat{u}_o(s)}{\hat{d}_1(s)}\bigg|_{\hat{u}_{in}(s)=0} = j_2 \cdot \left(r_2 \| \frac{1}{sC} \| R\right) = \frac{j_2}{\frac{1}{r_2} + sC + \frac{1}{R}} \qquad (7\text{-}190)$$

**2. DCM 理想降压变换器的状态空间模型**

理想降压变换器重绘于图 7-36（a）。

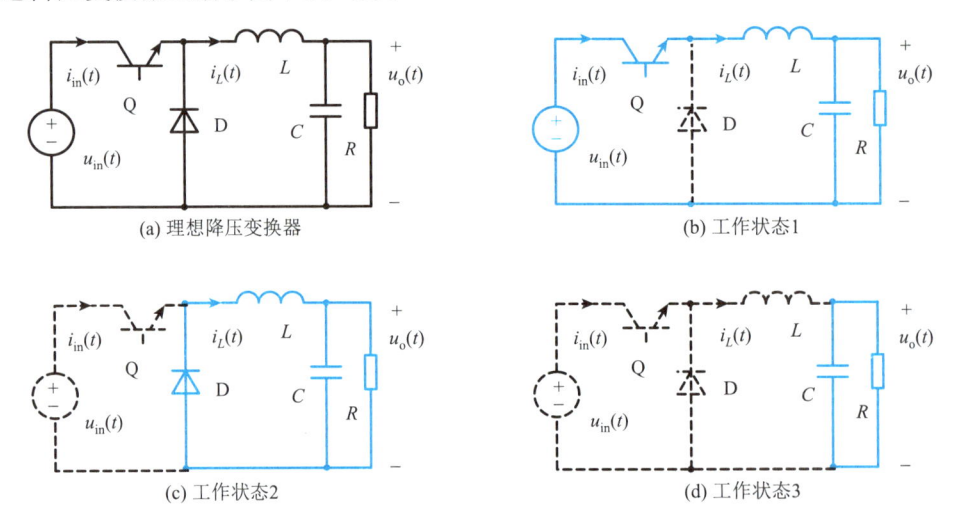

(a) 理想降压变换器  (b) 工作状态1

(c) 工作状态2  (d) 工作状态3

图 7-36　电感电流断续状态下理想降压变换器及其三种工作状态

**步骤 1. 列写三阶段状态方程和电感电流平均变量方程**

选取电感电流 $i_L(t)$ 和输出电压 $u_o(t)$ 作为状态变量，选取输入电流 $i_{in}(t)$ 作为输出变量。DCM 理想降压变换器的三种工作状态分别如图 7-36（b）、（c）、（d）所示。

（1）**工作状态 1**，开关晶体管 Q 导通，二极管 D 截止，电路如图 7-36（b）所示，变换器的状态方程与输出方程为

$$\begin{cases} \begin{bmatrix} \dot{i}_L(t) \\ \dot{u}_o(t) \end{bmatrix} = \begin{bmatrix} 0 & -\frac{1}{L} \\ \frac{1}{C} & -\frac{1}{RC} \end{bmatrix} \begin{bmatrix} i_L(t) \\ u_o(t) \end{bmatrix} + \begin{bmatrix} \frac{1}{L} \\ 0 \end{bmatrix} u_{in}(t) \\ i_{in}(t) = \begin{bmatrix} 1 & 0 \end{bmatrix} \begin{bmatrix} i_L(t) \\ u_o(t) \end{bmatrix} + 0 \times u_{in}(t) \end{cases} \qquad (7\text{-}191)$$

式中，$\boldsymbol{A}_1 = \begin{bmatrix} 0 & -\dfrac{1}{L} \\ \dfrac{1}{C} & -\dfrac{1}{RC} \end{bmatrix}$；$\boldsymbol{B}_1 = \begin{bmatrix} \dfrac{1}{L} \\ 0 \end{bmatrix}$；$\boldsymbol{C}_1 = [1 \quad 0]$；$\boldsymbol{E}_1 = [0]$。

（2）**工作状态 2**，开关晶体管 Q 截止，二极管 D 导通，电路如图 7-36（c）所示，变换器的状态方程与输出方程为

$$\begin{cases} \begin{bmatrix} \dot{i}_L(t) \\ \dot{u}_o(t) \end{bmatrix} = \begin{bmatrix} 0 & -\dfrac{1}{L} \\ \dfrac{1}{C} & -\dfrac{1}{RC} \end{bmatrix} \begin{bmatrix} i_L(t) \\ u_o(t) \end{bmatrix} + \begin{bmatrix} 0 \\ 0 \end{bmatrix} u_{in}(t) \\ i_{in}(t) = [0 \quad 0] \begin{bmatrix} i_L(t) \\ u_o(t) \end{bmatrix} + 0 \times u_{in}(t) \end{cases} \tag{7-192}$$

式中，$\boldsymbol{A}_2 = \begin{bmatrix} 0 & -\dfrac{1}{L} \\ \dfrac{1}{C} & -\dfrac{1}{RC} \end{bmatrix}$；$\boldsymbol{B}_2 = \begin{bmatrix} 0 \\ 0 \end{bmatrix}$；$\boldsymbol{C}_2 = [0 \quad 0]$；$\boldsymbol{E}_2 = [0]$。

（3）**工作状态 3**，开关晶体管 Q 与二极管 D 都截止，电路如图 7-36（d）所示，变换器的状态方程与输出方程为

$$\begin{cases} \begin{bmatrix} \dot{i}_L(t) \\ \dot{u}_o(t) \end{bmatrix} = \begin{bmatrix} 0 & 0 \\ 0 & -\dfrac{1}{RC} \end{bmatrix} \begin{bmatrix} i_L(t) \\ u_o(t) \end{bmatrix} + \begin{bmatrix} 0 \\ 0 \end{bmatrix} u_{in}(t) \\ i_{in}(t) = [0 \quad 0] \begin{bmatrix} i_L(t) \\ u_o(t) \end{bmatrix} + 0 \times u_{in}(t) \end{cases} \tag{7-193}$$

式中，$\boldsymbol{A}_3 = \begin{bmatrix} 0 & 0 \\ 0 & -\dfrac{1}{RC} \end{bmatrix}$；$\boldsymbol{B}_3 = \begin{bmatrix} 0 \\ 0 \end{bmatrix}$；$\boldsymbol{C}_3 = [0 \quad 0]$；$\boldsymbol{E}_3 = [0]$。

列写形如式（7-163）的电感电流平均变量方程，根据图 7-36（b）用 $\langle u_{in}(t) \rangle_{T_s}$ 与 $\langle u_o(t) \rangle_{T_s}$ 表达的 $[t_0, t_1]$ 时间段内的电感电压为

$$U_{L, d_1 T_s} = f(\langle u_{in}(t) \rangle_{T_s}, \langle u_o(t) \rangle_{T_s}) = \langle u_{in}(t) \rangle_{T_s} - \langle u_o(t) \rangle_{T_s} \tag{7-194}$$

则

$$\begin{aligned} \langle i_L(t) \rangle_{T_s} &= \dfrac{d_1 T_s}{2L} f(\langle u_{in}(t) \rangle_{T_s}, \langle u_o(t) \rangle_{T_s}) \\ &= g(d_1, \langle u_{in}(t) \rangle_{T_s}, \langle u_o(t) \rangle_{T_s}) = \dfrac{d_1 T_s}{2L}(\langle u_{in}(t) \rangle_{T_s} - \langle u_o(t) \rangle_{T_s}) \end{aligned} \tag{7-195}$$

式（7-195）为电感电流在 $[t_0, t_2]$ 时间段内的平均值。

**步骤 2. 求静态工作点和 $D_2$**

根据分阶段列写的状态方程与输出方程可得：

$$\begin{cases} A = D_1 A_1 + D_2 A_2 + D_3 A_3 = \begin{bmatrix} 0 & -\dfrac{D_1 + D_2}{L} \\ \dfrac{D_1 + D_2}{C} & -\dfrac{1}{RC} \end{bmatrix} \\ B = D_1 B_1 + D_2 B_2 + D_3 B_3 = \begin{bmatrix} \dfrac{D_1}{L} \\ 0 \end{bmatrix} \\ C = D_1 C_1 + D_2 C_2 + D_3 C_3 = \begin{bmatrix} D_1 & 0 \end{bmatrix} \\ E = D_1 E_1 + D_2 E_2 + D_3 E_3 = \begin{bmatrix} 0 \end{bmatrix} \end{cases} \quad (7\text{-}196)$$

根据式（7-172）、式（7-173）可得变换器的稳态方程组为

$$\begin{bmatrix} 0 & -\dfrac{D_1 + D_2}{L} \\ \dfrac{D_1 + D_2}{C} & -\dfrac{1}{RC} \end{bmatrix} \begin{bmatrix} I_L \\ U_o \end{bmatrix} + \begin{bmatrix} \dfrac{D_1}{L} \\ 0 \end{bmatrix} U_{\text{in}} = 0 \quad (7\text{-}197)$$

$$I_{\text{in}} = \begin{bmatrix} D_1 & 0 \end{bmatrix} \begin{bmatrix} I_L \\ U_o \end{bmatrix} + 0 \times U_{\text{in}} \quad (7\text{-}198)$$

$$I_L = \dfrac{D_1 T_s}{2L}(U_{\text{in}} - U_o) \quad (7\text{-}199)$$

由式（7-197）可得：

$$-(D_1 + D_2)U_o + D_1 U_{\text{in}} = 0 \quad (7\text{-}200)$$

$$(D_1 + D_2)I_L - \dfrac{U_o}{R} = 0 \quad (7\text{-}201)$$

根据式（7-200）可得到由 $D_1$ 和 $D_2$ 表示的电压比 $M$：

$$M = \dfrac{U_o}{U_{\text{in}}} = \dfrac{D_1}{D_1 + D_2} \quad (7\text{-}202)$$

联立式（7-198）～式（7-201）可解得未知量 $D_2$、$I_{\text{in}}$、$I_L$ 和电压比 $M$。联立式（7-199）与式（7-201），并代入根据式（7-200）得到的 $U_o = \dfrac{D_1}{D_1 + D_2} U_{\text{in}}$，可解得：

$$D_2 = \dfrac{K}{D_1} \dfrac{2}{1 + \sqrt{1 + \dfrac{4K}{D_1^2}}} \quad (7\text{-}203)$$

$$K = \dfrac{2L}{RT_s} \quad (7\text{-}204)$$

将 $D_2$ 代入式（7-202）：

$$M = \dfrac{2}{1 + \sqrt{1 + \dfrac{4K}{D_1^2}}} \quad (7\text{-}205)$$

将 $D_2$ 代入式（7-201）：

$$I_L = \frac{U_o}{(D_1+D_2)R} = \frac{U_o}{D_1 R}\frac{2}{1+\sqrt{1+\frac{4K}{D_1^2}}} \tag{7-206}$$

将式（7-206）代入式（7-198）：

$$I_{in} = D_1 I_L = \frac{D_1 U_o}{(D_1+D_2)R} = \frac{U_o}{R}M = \frac{U_o}{R}\frac{2}{1+\sqrt{1+\frac{4K}{D_1^2}}} \tag{7-207}$$

也可将 $I_L$ 与 $I_{in}$ 表达为 $U_{in}$ 的函数，只需将 $U_o = MU_{in}$ 代入式（7-206）和式（7-207）即可。

当变换器运行在闭环时，对于一个给定的变换器，$M$、$K$ 和 $U_o$ 已知，因此将 $D_1$、$D_2$ 和 $I_L$ 表达为 $M$、$K$ 和 $U_o$ 的函数更便于确定系统的控制策略。

从式（7-205）解得：

$$D_1 = \sqrt{\frac{KM^2}{1-M}} \tag{7-208}$$

将式（7-208）代入式（7-203），得：

$$D_2 = \sqrt{K(1-M)} \tag{7-209}$$

将式（7-208）代入式（7-206），得：

$$I_L = \frac{U_o}{R}\sqrt{\frac{1-M}{K}} \tag{7-210}$$

注意式（7-199）、式（7-206）与式（7-210）所描述的是 $[0, (d_1+d_2)T_s]$ 时间段内电感电流的直流分量。

### 步骤 3. 列出交流小信号方程求取拉普拉斯变换传递函数

根据式（7-181）和式（7-182）列出理想降压变换器的小信号状态方程与输出方程为

$$\begin{bmatrix}\hat{\dot{i}}_L(t)\\ \hat{\dot{u}}_o(t)\end{bmatrix} = \begin{bmatrix}0 & -\frac{D_1+D_2}{L}\\ \frac{D_1+D_2}{C} & -\frac{1}{RC}\end{bmatrix}\begin{bmatrix}\hat{i}_L(t)\\ \hat{u}_o(t)\end{bmatrix} + \begin{bmatrix}\frac{D_1}{L}\\ 0\end{bmatrix}\hat{u}_{in}(t)$$

$$+ \left(\begin{bmatrix}0 & -\frac{1}{L}\\ \frac{1}{C} & 0\end{bmatrix}\begin{bmatrix}I_L\\ U_o\end{bmatrix} + \begin{bmatrix}\frac{1}{L}\\ 0\end{bmatrix}U_{in}\right)\hat{d}_1(t) + \begin{bmatrix}0 & -\frac{1}{L}\\ \frac{1}{C} & 0\end{bmatrix}\begin{bmatrix}I_L\\ U_o\end{bmatrix}\hat{d}_2(t) \tag{7-211}$$

$$\hat{i}_{in}(t) = [D_1 \quad 0]\begin{bmatrix}\hat{i}_L(t)\\ \hat{u}_o(t)\end{bmatrix} + [1 \quad 0]\begin{bmatrix}I_L\\ U_o\end{bmatrix}\hat{d}_1(t) \tag{7-212}$$

根据式（7-180）和式（7-183），式（7-183）中的函数 $g(\cdot)$ 由式（7-195）确定，得到由电感电流提供的辅助方程为

$$\frac{d\hat{i}_L(t)}{dt} = 0 \tag{7-213}$$

$$\hat{i}_L(t) = -\frac{D_1 T_s}{2L}\hat{u}_o(t) + \frac{D_1 T_s}{2L}\hat{u}_{in}(t) + \frac{T_s}{2L}(U_{in}-U_o)\hat{d}_1(t) \tag{7-214}$$

式（7-211）~式（7-214）为理想降压变换器的交流小信号方程组，$\hat{i}_L(t)$ 是 $[t_0, t_2]$ 时间段内电感电流的交流分量。联立式（7-211）~式（7-214）求得各小信号变量。通常将 $\hat{i}_{in}(t)$ 与

$C\dfrac{\mathrm{d}\hat{u}_\mathrm{o}(t)}{\mathrm{d}t}$ 表达为 $\hat{u}_\mathrm{o}(t)$、$\hat{u}_\mathrm{in}(t)$ 与 $\hat{d}_1(t)$ 的函数，以便建立变换器的 DCM 小信号等效电路并分析变换器的 DCM 低频动态特性。

首先将 $\hat{i}_\mathrm{in}(t)$ 与 $C\dfrac{\mathrm{d}\hat{u}_\mathrm{o}(t)}{\mathrm{d}t}$ 从式（7-212）与式（7-211）中整理出来，得：

$$\hat{i}_\mathrm{in}(t) = D_1 \hat{i}_L(t) + I_L \hat{d}_1(t) \tag{7-215}$$

$$C\frac{\mathrm{d}\hat{u}_\mathrm{o}(t)}{\mathrm{d}t} = (D_1 + D_2)\hat{i}_L(t) - \frac{1}{R}\hat{u}_\mathrm{o}(t) + I_L \hat{d}_1(t) + I_L \hat{d}_2(t) \tag{7-216}$$

在式（7-215）和式（7-216）中，$\hat{i}_L(t)$ 由式（7-214）给出，且具有由式（7-213）规定的特性，$\hat{d}_2(t)$ 则与变换器的运行工况和 $\hat{d}_1(t)$ 相关，因此从以上两式中消去 $\hat{i}_L(t)$ 与 $\hat{d}_2(t)$。

在式（7-214）中，$\hat{i}_L(t)$ 表达为 $\hat{u}_\mathrm{o}(t)$、$\hat{u}_\mathrm{in}(t)$ 与 $\hat{d}_1(t)$ 的函数，利用式（7-199），可将式（7-214）进一步整理为

$$\hat{i}_L(t) = -\frac{I_L}{U_\mathrm{in} - U_\mathrm{o}}\hat{u}_\mathrm{o}(t) + \frac{I_L}{U_\mathrm{in} - U_\mathrm{o}}\hat{u}_\mathrm{in}(t) + \frac{I_L}{D_1}\hat{d}_1(t) \tag{7-217}$$

还需将 $\hat{d}_2(t)$ 表达为 $\hat{u}_\mathrm{o}(t)$、$\hat{u}_\mathrm{in}(t)$ 与 $\hat{d}_1(t)$ 的函数，为此根据式（7-211）与式（7-213）可得：

$$\dot{\hat{i}}_L(t) = -\frac{D_1 + D_2}{L}\hat{u}_\mathrm{o}(t) + \frac{D_1}{L}\hat{u}_\mathrm{in}(t) + \left(-\frac{U_\mathrm{o}}{L} + \frac{U_\mathrm{in}}{L}\right)\hat{d}_1(t) - \frac{U_\mathrm{o}}{L}\hat{d}_2(t) = 0 \tag{7-218}$$

解得 $\hat{d}_2(t)$ 为

$$\hat{d}_2(t) = \frac{1}{U_\mathrm{o}}[-(D_1 + D_2)\hat{u}_\mathrm{o}(t) + D_1 \hat{u}_\mathrm{in}(t) + (U_\mathrm{in} - U_\mathrm{o})\hat{d}_1(t)] \tag{7-219}$$

将式（7-217）与式（7-219）分别代入式（7-215）与式（7-216），得：

$$\hat{i}_\mathrm{in}(t) = D_1\left[\frac{I_L}{U_\mathrm{in} - U_\mathrm{o}}(\hat{u}_\mathrm{in}(t) - \hat{u}_\mathrm{o}(t)) + \frac{I_L}{D_1}\hat{d}_1(t)\right] + I_L \hat{d}_1(t) = -\frac{D_1 I_L}{U_\mathrm{in} - U_\mathrm{o}}\hat{u}_\mathrm{o}(t) + \frac{D_1 I_L}{U_\mathrm{in} - U_\mathrm{o}}\hat{u}_\mathrm{in}(t) + 2I_L \hat{d}_1(t) \tag{7-220}$$

$$\begin{aligned}C\frac{\mathrm{d}\hat{u}_\mathrm{o}(t)}{\mathrm{d}t} &= (D_1 + D_2)\left[\frac{I_L}{U_\mathrm{in} - U_\mathrm{o}}(\hat{u}_\mathrm{in}(t) - \hat{u}_\mathrm{o}(t)) + \frac{I_L}{D_1}\hat{d}_1(t)\right] - \frac{1}{R}\hat{u}_\mathrm{o}(t) + I_L \hat{d}_1(t) \\ &\quad + \frac{I_L}{U_\mathrm{o}}[-(D_1 + D_2)\hat{u}_\mathrm{o}(t) + D_1 \hat{u}_\mathrm{in}(t) + (U_\mathrm{in} - U_\mathrm{o})\hat{d}_1(t)] \\ &= -\left[\frac{1}{R} + \frac{(D_1 + D_2)I_L U_\mathrm{in}}{U_\mathrm{o}(U_\mathrm{in} - U_\mathrm{o})}\right]\hat{u}_\mathrm{o}(t) + \left[\frac{D_1 + D_2}{U_\mathrm{in} - U_\mathrm{o}} + \frac{D_1}{U_\mathrm{o}}\right]I_L \hat{u}_\mathrm{in}(t) + \left[\frac{D_1 + D_2}{D_1} + \frac{U_\mathrm{in}}{U_\mathrm{o}}\right]I_L \hat{d}_1(t) \end{aligned} \tag{7-221}$$

根据式（7-220）和式（7-221）建立理想降压变换器的交流小信号等效电路，但通常将式中的各项系数表达为 $M$、$K$、$R$ 和 $U_\mathrm{o}$ 的函数，以方便闭环系统的控制。为此将 $\hat{i}_L(t)$、$\hat{d}_2(t)$、$\hat{i}_\mathrm{in}(t)$ 与 $C\dfrac{\mathrm{d}\hat{u}_\mathrm{o}(t)}{\mathrm{d}t}$ 中的 $D_1$、$D_2$ 和 $I_L$ 分别用式（7-208）～式（7-210）替换，将 $U_\mathrm{in}$ 用 $\dfrac{U_\mathrm{o}}{M}$ 替换，式（7-217）与式（7-219）～式（7-221）重新表达为

$$\hat{i}_L(t) = -\frac{M}{R}\sqrt{\frac{1}{K(1-M)}}\hat{u}_\mathrm{o}(t) + \frac{M}{R}\sqrt{\frac{1}{K(1-M)}}\hat{u}_\mathrm{in}(t) + \frac{U_\mathrm{o}(1-M)}{KRM}\hat{d}_1(t) \tag{7-222}$$

$$\hat{d}_2(t) = -\frac{1}{U_o}\sqrt{\frac{K}{1-M}}\hat{u}_o(t) + \frac{M}{U_o}\sqrt{\frac{K}{1-M}}\hat{u}_{in}(t) + \frac{1-M}{M}\hat{d}_1(t) \tag{7-223}$$

$$\hat{i}_{in}(t) = -\frac{M^2}{R(1-M)}\hat{u}_o(t) + \frac{M^2}{R(1-M)}\hat{u}_{in}(t) + \frac{2U_o}{R}\sqrt{\frac{1-M}{K}}\hat{d}_1(t) \tag{7-224}$$

$$C\frac{d\hat{u}_o(t)}{dt} = -\left[\frac{1}{R} + \frac{1}{R(1-M)}\right]\hat{u}_o(t) + \frac{M(2-M)}{R(1-M)}\hat{u}_{in}(t) + \frac{2U_o}{MR}\sqrt{\frac{1-M}{K}}\hat{d}_1(t) \tag{7-225}$$

至此，根据状态空间平均模型法分析的结果，理想降压变换器 DCM 直流等效电路的结构如图 7-35（a）所示。理想降压变换器 DCM 交流等效电路的结构如图 7-35（b）所示。输入侧各器件的系数为

$$g_1 = \frac{M^2}{R(1-M)} \tag{7-226}$$

$$r_1 = \frac{R(1-M)}{M^2} \tag{7-227}$$

$$j_1 = \frac{2U_o}{R}\sqrt{\frac{1-M}{K}} \tag{7-228}$$

输出侧各器件的系数为

$$r_2 = R(1-M) \tag{7-229}$$

$$g_2 = \frac{M(2-M)}{R(1-M)} \tag{7-230}$$

$$j_2 = \frac{2U_o}{MR}\sqrt{\frac{1-M}{K}} \tag{7-231}$$

根据降压变换器的 DCM 交流小信号等效电路可以继续分析降压变换器的 DCM 交流小信号动态特性。

（1）输出 $\hat{u}_o(s)$ 对输入 $\hat{u}_{in}(s)$ 的传递函数 $G_{ug}(s)$。

$$G_{ug}(s) = \frac{\hat{u}_o(s)}{\hat{u}_{in}(s)}\bigg|_{\hat{d}_1(s)=0} = \frac{g_2}{\frac{1}{r_2} + sC + \frac{1}{R}} = \frac{M}{1 + s\frac{(1-M)RC}{2-M}} \tag{7-232}$$

（2）输出 $\hat{u}_o(s)$ 对控制变量 $\hat{d}_1(s)$ 的传递函数 $G_{ud}(s)$。

$$G_{ud}(s) = \frac{\hat{u}_o(s)}{\hat{d}_1(s)}\bigg|_{\hat{u}_{in}(s)=0} = \frac{j_2}{\frac{1}{r_2} + sC + \frac{1}{R}} = \frac{\frac{2(1-M)}{M(2-M)}\sqrt{\frac{1-M}{K}}U_o}{1 + s\frac{(1-M)RC}{2-M}} \tag{7-233}$$

利用该分析方法还可以为电感电流断续状态理想升压、升降压、丘克等变换器建模并分析其特性。表 7-1～表 7-4 给出各项分析结果。

### 表7-1 直流参数

| 变换器类型 | $M$ | 电感电流 $I_L$ | 输入电流 $I_{in}$ |
|---|---|---|---|
| 降压 | $\dfrac{D_1}{D_1+D_2}$ | $\dfrac{D_1 T_s(U_{in}-U_o)}{2L}$ | $\dfrac{D_1 U_o}{(D_1+D_2)R}$ |
| 升压 | $\dfrac{D_1+D_2}{D_2}$ | $\dfrac{D_1 T_s U_{in}}{2L}$ | $\dfrac{(D_1+D_2)U_o}{D_2 R}$ |
| 升降压 | $-\dfrac{D_1}{D_2}$ | $\dfrac{D_1 T_s U_{in}}{2L}$ | $-\dfrac{D_1 U_o}{D_2 R}$ |

### 表7-2 开环与闭环直流参数

| 变换器类型 | 开环（用 $D_1$、$K$、$U_o$、$R$ 表示） $M(D_1,K)$ | $D_2(D_1,K)$ | 闭环（用 $M$、$K$、$U_o$、$R$ 表示） $D_1(M,K)$ | $D_2(M,K)$ |
|---|---|---|---|---|
| 降压 | $\dfrac{2}{1+\sqrt{1+\dfrac{4K}{D_1^2}}}$ | $\dfrac{K}{D_1}\cdot\dfrac{2}{1+\sqrt{1+\dfrac{4K}{D_1^2}}}$ | $\sqrt{\dfrac{KM^2}{1-M}}$ | $\sqrt{K(1-M)}$ |
| 升压 | $\dfrac{1+\sqrt{1+\dfrac{4D_1^2}{K}}}{2}$ | $\dfrac{K}{D_1}\cdot\dfrac{1+\sqrt{1+\dfrac{4D_1^2}{K}}}{2}$ | $\sqrt{KM(M-1)}$ | $\sqrt{\dfrac{KM}{M-1}}$ |
| 升降压 | $-\dfrac{D_1}{\sqrt{K}}$ | $\sqrt{K}$ | $-M\sqrt{K}$ | $\sqrt{K}$ |

### 表7-3 闭环交流小信号等效电路参数

| 变换器类型 | $j_1$ | $r_1$ | $g_1$ | $j_2$ | $r_2$ | $g_2$ |
|---|---|---|---|---|---|---|
| 降压 | $\dfrac{2U_o}{R}\sqrt{\dfrac{1-M}{K}}$ | $\dfrac{R(1-M)}{M^2}$ | $\dfrac{M^2}{R(1-M)}$ | $\dfrac{2U_o}{MR}\sqrt{\dfrac{1-M}{K}}$ | $(1-M)R$ | $\dfrac{M(2-M)}{R(1-M)}$ |
| 升压 | $\dfrac{2U_o}{R}\sqrt{\dfrac{M}{K(M-1)}}$ | $\dfrac{R(M-1)}{M^3}$ | $\dfrac{M}{R(M-1)}$ | $\dfrac{2U_o}{R}\sqrt{\dfrac{1}{KM(M-1)}}$ | $\dfrac{(M-1)R}{M}$ | $\dfrac{M(2M-1)}{R(M-1)}$ |
| 升降压 | $-\dfrac{2U_o}{R\sqrt{K}}$ | $\dfrac{R}{M^2}$ | $0$ | $-\dfrac{2U_o}{MR\sqrt{K}}$ | $R$ | $\dfrac{2M}{R}$ |

### 表7-4 交流小信号传递函数

| 变换器类型 | $G_{g0}$ | $G_{d0}$ | $\omega_p$ |
|---|---|---|---|
| 降压 | $M$ | $\dfrac{2U_o(1-M)}{M(2-M)}\sqrt{\dfrac{1-M}{K}}$ | $\dfrac{2-M}{(1-M)RC}$ |
| 升压 | $M$ | $\dfrac{2U_o}{2M-1}\sqrt{\dfrac{M-1}{KM}}$ | $\dfrac{2M-1}{(M-1)RC}$ |
| 升降压 | $M$ | $-\dfrac{U_o}{M\sqrt{K}}$ | $\dfrac{2}{RC}$ |

将传递函数 $G_{ug}(s)$ 与 $G_{ud}(s)$ 表示为

$$G_{ug}(s) = \left.\frac{\hat{u}_o(s)}{\hat{u}_{in}(s)}\right|_{\hat{d}_1(s)=0} = \frac{G_{g0}}{1+\dfrac{s}{\omega_p}}; \quad G_{ud}(s) = \left.\frac{\hat{u}_o(s)}{\hat{d}_1(s)}\right|_{\hat{u}_{in}(s)=0} = \frac{G_{d0}}{1+\dfrac{s}{\omega_p}}$$

### 7.4.3 变换器工作在 DCM 时的闭环设计

以单端反激变换器工作在 DCM 时为例。

**1. 单端反激变换器工作在 DCM 时的传递函数**

理想单端反激变换器电路拓扑如图 7-37（a）所示，其中 $n = N_2 : N_1$ 为电感变压器副边对原边绕组匝比，$L_1$ 为原边绕组电感量。将其等效为图 7-37（b）所示的电路拓扑，其中变压器为理想变压器，原、副边绕组匝比为 $1:n$。将图 7-37（b）所示等效电路的一次侧参数折算到二次侧，得到理想单端反激变换器的等效二次侧升/降压变换器模型，如图 7-37（c）所示。

根据表 7-1～表 7-4，容易得到：

单端反激变换器工作在 DCM 时，从占空比 $\hat{d}(s)$ 到输出电压 $\hat{u}_o(s)$ 的传递函数 $G_{ud}(s)$，从输入电压 $\hat{u}_{in}(s)$ 到输出电压 $\hat{u}_o(s)$ 的传递函数 $G_{ug}(s)$ 分别为

$$G_{ud}(s) = \left.\frac{\hat{u}_o(s)}{\hat{d}(s)}\right|_{\hat{u}_{in}(s)=0} \approx \frac{U_o}{D} \cdot \frac{1}{1+\dfrac{s}{\omega_p}} \quad (7\text{-}234)$$

$$G_{ug}(s) = \left.\frac{\hat{u}_o(s)}{\hat{u}_{in}(s)}\right|_{\hat{d}(s)=0} \approx \frac{M}{n} \cdot \frac{1}{1+\dfrac{s}{\omega_p}} \quad (7\text{-}235)$$

式中，$n = \dfrac{N_2}{N_1}$，为电感变压器副边对原边绕组匝比；$D$ 为占空比；$\omega_p = \dfrac{2}{RC}$；$R$ 为负载电阻；$C$ 为滤波电容；$M = \dfrac{U_o}{nU_{in}} = \sqrt{\dfrac{R}{R_e(D)}}$；$R_e(D) = \dfrac{2n^2L_1}{D^2T_s}$。

单端反激变换器工作在 DCM 时传递函数 $G_{ud}(s)$、$G_{ug}(s)$ 为一阶惯性环节。

**2. 单端反激变换器工作在 DCM 时的电压闭环控制**

用一个例子说明控制器的设计过程。简单起见，仅介绍控制器设计，而不进行抗扰分析，忽略输入电压小信号扰动。

**例 7-5** 采用单端反激变换器设计电池充电器。设电池电压最低 43V，最高 55V。变换器 $U_{in} = 240 \sim 360\text{V}$；$U_o$ 跟随电池电压变化，当 $43 \leqslant U_o < 55\text{V}$ 时，充电电流 $I_o = 3.6\text{A}$；当电池电压到达 $U_o = 55\text{V}$ 时，充电电流缓慢从 $I_o = 3.6\text{A}$ 下降到 $I_o = 0.36\text{A}$。开关频率 $f_s = 75\text{kHz}$，$D_{max} \leqslant 0.55$。电池的充电特性：为减小电

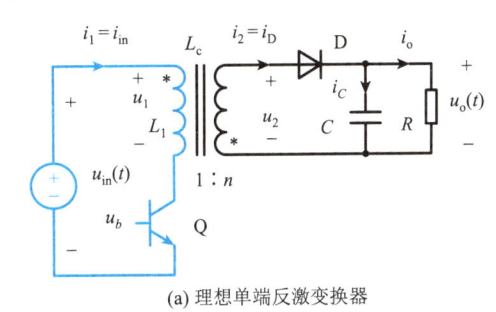

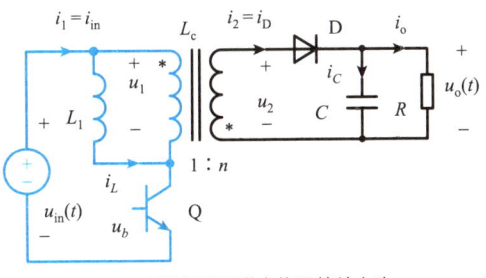

(a) 理想单端反激变换器

(b) 理想单端反激变换器等效电路

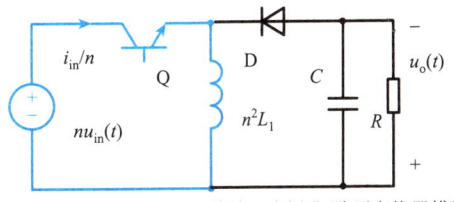

(c) 理想单端反激变换器等效二次侧升/降压变换器模型

图 7-37　理想单端反激变换器及其等效电路

感，设计全程工作模式为 DCM，设置滤波器最高等效转折频率小于开关频率的1/20，选择滤波器的参数，计算各极端静态工作点占空比到输出电压小信号传递函数。选择合适的控制器，选择静态工作点：$U_{\text{in}} = 360\text{V}$，$U_{\text{o}} = 55\text{V}$，$I_{\text{o}} = 0.36\text{A}$，对该系统进行闭环校正设计。

**解**：（1）计算电感变压器原边电感量。

若变换器工作在 CRM 时，求取静态工作点。根据

$$\frac{U_{\text{o}}}{U_{\text{in}}} = \frac{N_2}{N_1} \frac{D}{1-D} = n\frac{D}{1-D}$$

输入电压最小值 $U_{\text{in min}} = 240\text{V}$，输出电压最大值 $U_{\text{o max}} = 55\text{V}$，$D_{\max} = 0.55$，可得：

$$n = \frac{U_{\text{o max}}(1-D_{\max})}{U_{\text{in min}}D_{\max}} = \frac{55 \times (1-0.55)}{240 \times 0.55} = \frac{3}{16}$$

取 $n = 3/16$。

根据式（5-113）可得

$$L_1 \leqslant \frac{1}{2n^2 f_s I_{\text{o max}}} \frac{U_{\text{o}}(nU_{\text{in}})^2}{(U_{\text{o}} + nU_{\text{in}})^2}$$

若要全程工作在 DCM 时，所设计的电感量需小于等于上式的最小值。将输出电流最大值设计为临界连续电流。同时令 $x = U_{\text{o}}$，$y = nU_{\text{in}}$。

考察函数：

$$f(x,y) = \frac{xy^2}{(x+y)^2}$$

$f(x,y)$ 对变量 $x$ 的一阶偏导数：

$$\frac{\partial f}{\partial x} = \frac{(y-x)y^2}{(x+y)^3} = 0$$

当 $y = x$ 时，$f(x,y)$ 有极值，二阶偏导数：

$$\frac{\partial^2 f}{\partial x^2} = \frac{-2(2y-x)y^2}{(x+y)^4}\bigg|_{y=x, x>0, y>0} < 0$$

当 $y = x$ 时，$f(x,y)$ 有极大值。

$f(x,y)$ 对变量 $y$ 的一阶偏导数：

$$\frac{\partial f}{\partial y} = \frac{2x^2 y}{(x+y)^3}\bigg|_{x>0, y>0} > 0$$

因此，$f(x,y)$ 为单调递增函数，最小值出现在 $U_{\text{in}} = U_{\text{in min}}$ 时。

若 $U_{\text{in min}} = 240\text{V}$ 时，变换器工作在 CRM 时：

$$D = \frac{U_{\text{o min}}}{U_{\text{o min}} + nU_{\text{in min}}} = \frac{43}{43 + \frac{3}{16} \times 240} = 0.489$$

在 $U_{\text{in min}} = 240\text{V}$ 时，占空比变化范围为：$D \approx 0.489 \sim 0.55$，因此 $D = 0.55$ 对应 $f(x,y)$ 的最小值，此时 $U_{\text{o}} = U_{\text{o max}}$，代入式（5-113）：

$$L_1 \leqslant \frac{1}{2n^2 f_s I_{\text{o max}}} \frac{U_{\text{o max}}(nU_{\text{in min}})^2}{(U_{\text{o max}} + nU_{\text{in min}})^2} = 587\mu\text{H}$$

取 $L_1 = 560\mu\text{H}$。

（2）计算滤波电容。

由于 $U_o = 43 \sim 55\text{V}$，$I_o = 0.36 \sim 3.6\text{A}$，等效的输出电阻为：$U_o = 43\text{V}$、$I_o = 3.6\text{A}$ 时，$R_{min} = 11.9\Omega$；$U_o = 55\text{V}$、$I_o = 0.36\text{A}$ 时，$R_{max} = 153\Omega$。由于 $\omega_p = \dfrac{2}{RC}$，$\omega_p \leqslant \dfrac{1}{20}2\pi f_s$，因此，

$$C \geqslant \frac{20}{\pi f_s R_{min}} = \frac{20}{\pi \times 75000 \times 11.9} = 7.11\mu\text{F}$$

考虑 ESR 和 ESL，取 $C = 100\mu\text{F}$。

（3）计算静态工作点占空比到输出电压小信号传递函数。

$U_{in} = 360\text{V}$、$U_o = 55\text{V}$、$I_o = 0.36\text{A}$ 时，占空比到输出电压传递函数。

当 $U_o = 55\text{V}$、$I_o = 0.36\text{A}$，$R_e = 153\Omega$ 时：

$$\omega_p = \frac{2}{RC} = \frac{2}{153 \times 100 \times 10^{-6}} = 131\text{rad/s}$$

$$f_p = \frac{2}{2\pi RC} = \frac{2}{2\pi \times 153 \times 100 \times 10^{-6}} = 20.8\text{Hz}$$

临界电流最大值计算方法同"（1）计算电感变压器原边电感量"的方法。

根据式（5-137）、式（5-139）可得

$$D = \sqrt{\frac{U_o I_o}{4nU_{in}I_{G\max}}} = \sqrt{\frac{55 \times 0.36}{4 \times \dfrac{3}{16} \times 360 \times 5.71}} = 0.113$$

此时传递函数 $G_{ud}(s)$ 为

$$G_{ud}(s) = \left.\frac{\hat{u}_o(s)}{\hat{d}(s)}\right|_{\hat{u}_{in}(s)=0} \approx \frac{U_o}{D} \cdot \frac{1}{1+\dfrac{s}{\omega_p}} = 486 \cdot \frac{1}{1+\dfrac{s}{131}}$$

（4）绘制被控对象伯德图。

频率特性曲线如图 7-38 所示，曲线 1、曲线 2 分别为 $G_{ud}(s)$ 对数幅频、对数相频特性曲线的渐近线；对该系统控制器设计，尽可能提高动态响应速度，选择相位超前校正网络；为了使阶跃输入的稳态误差为零，选择一个积分环节；综合考虑，选择带有一个积分环节的相位超前补偿网络作为控制器。

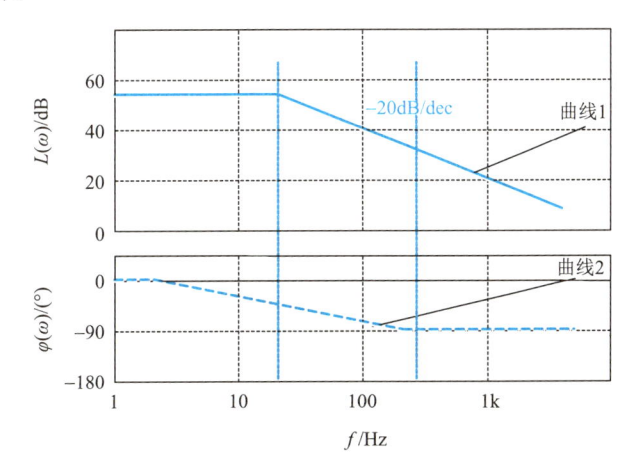

图 7-38 Flyback 变换器工作在 DCM 时的被控对象传递函数对数频率特性渐近线

(5) 选择被控对象，简化闭环控制框图。

如图 7-1 所示框图，$G_{ud}(s)$ 为输入占空比 $\hat{d}(s)$ 到输出电压 $\hat{u}_o(s)$ 的传递函数，$G_{ug}$ 为输入电压 $\hat{u}_{in}(s)$ 到输出电压 $\hat{u}_o(s)$ 的传递函数。设计控制器时忽略 $G_{ug}(s)$。反馈采样为比例环节，用 $H(s) = K_1$ 表示；驱动电路等效成一个系数为 1 的比例环节。假设脉冲宽度调制电路锯齿波电压峰值为 4V，7.2 节得到传递函数为

$$G_{PWM}(s) = K_{PWM} = \frac{\hat{d}(s)}{\hat{v}_{mod}(s)} = \frac{1}{V_m} = \frac{1}{4}$$

式中，$\hat{v}_{mod}(s)$ 是控制器的输出 $\hat{v}_{ctrl}(s)$。

因此，仅有控制器的传递函数 $G_c(s)$ 待设计。根据图 7-1，以及式（7-234）、式（7-235）绘制闭环系统控制框图，如图 7-39 所示。

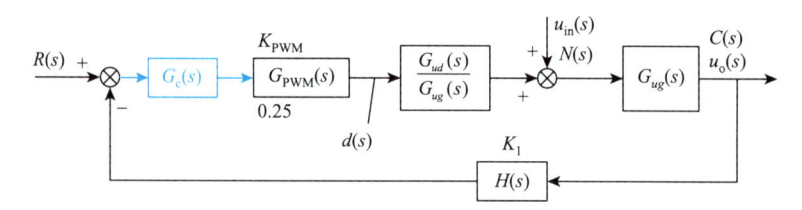

图 7-39 单端反激变换器工作在 DCM 时闭环系统控制框图

不计扰动输入，反馈采样网络采用比例环节，将 55V 转换为 4.4V，比例系数为 2/25。将 $G_{ud}(s)$ 的参数代入，得到图 7-40。将 $G_{PWM}(s)$、$G_{ud}(s)$ 等效为一个环节，用 $G_{o1}(s)$ 表示。

图 7-40 中 $G_{o1}(s)H(s) = 9.71 \cdot \dfrac{1}{1+\dfrac{s}{131}}$，根据该传递函数设计控制器 $G_c(s)$。

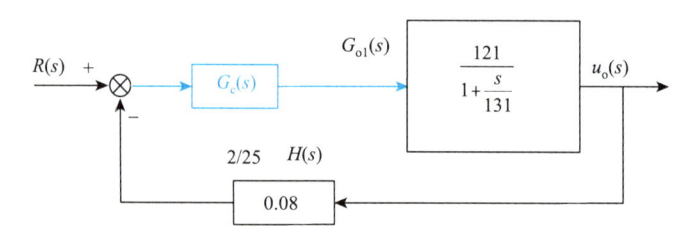

图 7-40 单端反激变换器 DCM 时闭环系统控制简化框图之一

(6) 设计控制器。

被控对象及反馈环节 $G_{o1}(s)H(s)$ 为典型的一阶惯性环节。在确定剪切频率 $f_c$（或 $\omega_c$）时，剪切频率越低，系统稳定性越好，但是快速随性能变差；剪切频率越高，快速性能越好，但系统稳定裕量下降。参考图 7-4 开环传递函数的理想对数幅频特性，控制器中需要一个积分环节才能使阶跃输入的稳态误差为零。由于实际系统存在占空比的限制，$0 < D < 1$，若控制器的增益很大，会在占空比中产生饱和，严重影响动态调节。因此，综合考虑所有情况，选择带有积分环节的相位超前校正网络，零点设置在被控对象的转折频率 $f_z = 20.8\text{Hz}$ 上，选择极点设置在 100 倍的零点频率 $f_p = 2.08\text{kHz}$ 上。

$$G_c(s) = \frac{K_i}{s} \cdot \frac{1+\dfrac{s}{131}}{1+\dfrac{s}{13100}}$$

系统可等效为图 7-41。

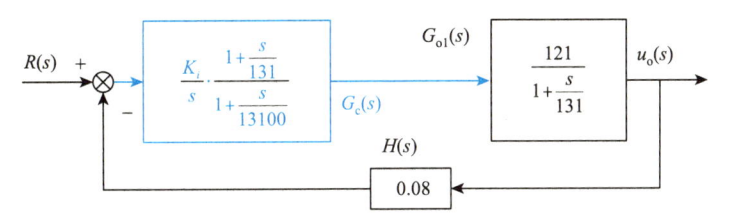

图 7-41 单端反激变换器 DCM 时闭环系统控制简化框图之二

绘制 $G_{ud}(s)$ 对数幅频特性曲线的渐近线如图 7-42 中曲线 1 所示，对数相频特性曲线的渐近线如曲线 5 所示；绘制图 7-42 中除控制器以外的被控对象及反馈环节传递函数 $G_{o1}(s)H(s)$ 对数幅频特性曲线的渐近线如图 7-42 中曲线 2 所示，对数相频特性曲线的渐近线如曲线 5 所示。

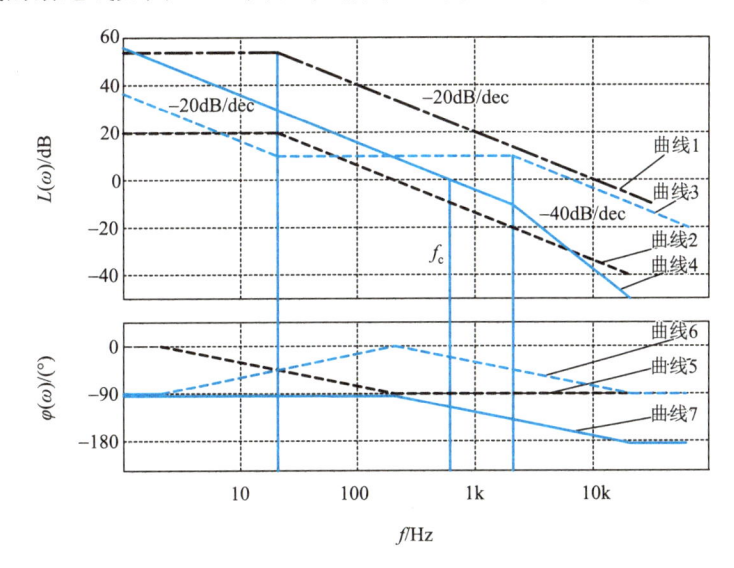

图 7-42 Flyback 变换器工作在 DCM 时开环补偿系统频率特性渐近线

中频段的增益若太大，则运算放大器容易饱和，起不到良好的调节作用；中频段的增益若太小，会导致剪切频率变小，不利于动态性能。因此，折中选择中频段增益为 10dB。

$$20\log|G_c(s)|_{131<\omega<13100} = 20\log\left|\frac{K_i}{s}\cdot\frac{1+\dfrac{s}{131}}{1+\dfrac{s}{13100}}\right|_{131<\omega<13100} = 10$$

计算得：

$$K_i \approx 414$$

所选控制器为

$$G_c(s) = \frac{414}{s}\cdot\frac{1+\dfrac{s}{131}}{1+\dfrac{s}{13100}}$$

绘制出控制器的对数幅频特性曲线的渐近线如图 7-42 中曲线 3 所示，对数相频特性曲线的渐近线如曲线 6 所示。补偿后系统的开环传递函数为

$$G(s) = G_c(s)G_{o1}(s)H(s) \approx \frac{414}{s} \cdot \frac{1+\dfrac{s}{131}}{1+\dfrac{s}{13100}} \cdot \frac{9.71}{1+\dfrac{s}{131}} \approx \frac{4020}{s \cdot (1+\dfrac{s}{13100})}$$

由此绘制出补偿后的开环传递函数对数幅频特性曲线的渐近线如图 7-42 中曲线 4 所示，对数相频特性曲线的渐近线如曲线 7 所示。

计算剪切频率：

$$\left|G_c(s)G_{o1}(s)H(s)\right|_{f_c} = \left|\frac{4020}{2\pi f_c (1+\mathrm{j}\dfrac{2\pi f_c}{13100})}\right|_{f_c} = 1$$

可解得：

$$f_c = 614\mathrm{Hz}$$

开环补偿系统频率特性仿真曲线如图 7-43 所示。其中曲线 1 为 $G_{ud}(s)$ 对数幅频特性曲线，曲线 2 为 $G_{o1}(s)H(s)$ 对数幅频特性曲线，曲线 5 同时为 $G_{ud}(s)$、$G_{o1}(s)H(s)$ 对数相频特性曲线；曲线 3 为控制器 $G_c(s)$ 对数幅频特性，曲线 6 为控制器 $G_c(s)$ 对数相频特性曲线；曲线 4 为开环系统补偿后的对数幅频特性曲线，曲线 7 为开环系统补偿后的对数相频特性曲线。

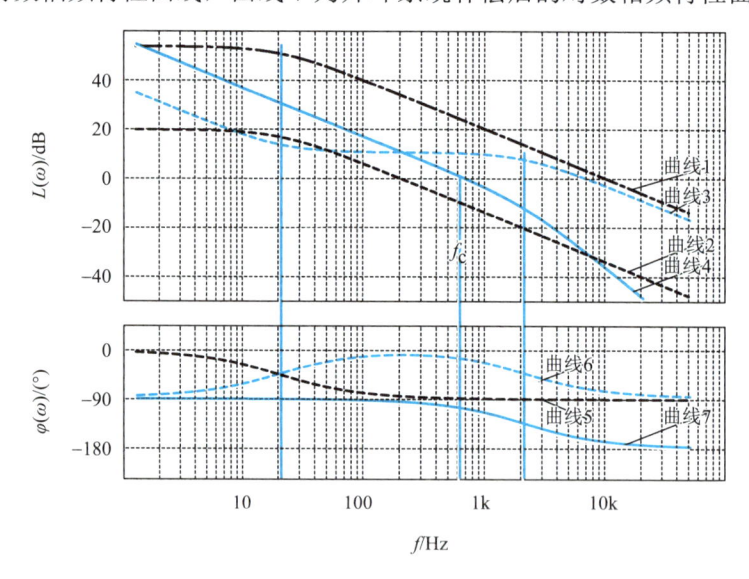

图 7-43　Flyback 变换器工作在 DCM 时开环补偿系统频率特性仿真曲线

（7）计算校正后闭环系统性能指标。

补偿后的系统闭环传递函数为

$$G(s) = \frac{G_c(s)G_{o1}(s)}{1+G_c(s)G_{o1}(s)H(s)} \approx \frac{\dfrac{4020/0.08}{s\left(1+\dfrac{s}{13100}\right)}}{1+\dfrac{4020}{s\left(1+\dfrac{s}{13100}\right)}}$$

$$\approx \frac{12.5 \times 7250^2}{s^2 + 2 \times 0.902 \times 7250s + 7250^2}$$

补偿后闭环系统为二阶振荡环节，$\zeta \approx 0.902$，$\omega_n \approx 7250\text{rad/s}$。

超调量：

$$\sigma\% = e^{-\frac{\pi\zeta}{\sqrt{1-\zeta^2}}} \times 100\% = 0.14\%$$

5%误差带调节时间：

$$t_s = \frac{3.5}{\zeta\omega_n} = 0.535\text{ms}$$

输入阶跃信号的给定稳态误差：

$$e_{sr} = \lim_{s \to 0} sR(s)\frac{1}{1+G(s)} = \lim_{s \to 0} s\frac{1}{s}\frac{1}{1+\frac{4020}{s \cdot \left(1+\frac{s}{13100}\right)}} = 0$$

（8）控制器电路实现。

该控制器可以通过如图 7-44 所示的电路实现，其传递函数：

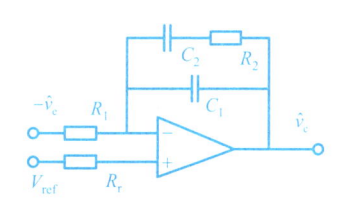

$$G_c(s) = \frac{\hat{v}_c}{\hat{v}_e} = \frac{K_i}{s}\frac{1+\frac{s}{\omega_z}}{1+\frac{s}{\omega_p}}, \quad \omega_z < \omega_p$$

图 7-44 带有积分环节的相位超前补偿网络

式中，$C_2 \gg C_1$；$K_i = \frac{1}{R_1(C_1+C_2)} \approx \frac{1}{R_1 C_2}$；$\omega_z = \frac{1}{R_2 C_2}$；$\omega_p = \frac{C_1+C_2}{R_2 C_1 C_2} \approx \frac{1}{R_2 C_1}$。

代入上述计算参数：

$$K_i = \frac{1}{R_1(C_1+C_2)} \approx \frac{1}{R_1 C_2} = 414$$

$$\omega_z = \frac{1}{R_2 C_2} = 131\text{rad/s}$$

$$\omega_p = \frac{C_1+C_2}{R_2 C_1 C_2} \approx \frac{1}{R_2 C_1} = 13100\text{rad/s}$$

取 $R_1 = 2.4\text{k}\Omega$，得：$C_2 \approx 1\mu\text{F}$，$R_2 \approx 7.5\text{k}\Omega$，$C_1 \approx 10\text{pF}$。

（9）PSIM 仿真。

根据上述参数使用 PSIM 仿真，其波形如图 7-45 所示。图 7-45（a）为开环仿真波形，给定占空比静态工作点：$D = 0.113$，稳态终值 55V。曲线 1 为传递函数理论表达式开环仿真波形，与计算值基本一致，曲线 2 为实际 Flyback 变换器开环仿真波形，波形在大约 0.14ms 处有拐点，原因是刚开始时滤波电容电压为 0，导致开关管关断时电感变压器电流下降速度很慢，工作模式进入 CCM，电感电流连续周期上升较快；并且由于输出电压低导致输出电流很小，电感电流主要用于给电容充电，电容电压上升速度较快。当到达约 0.14ms 以后，输出电压上升到约 17V，输出电流增加，电感电流对电容充电少，导致电容电压上升速度减缓，同时变换器进入 DCM 并一直维持。

(a) 开环仿真

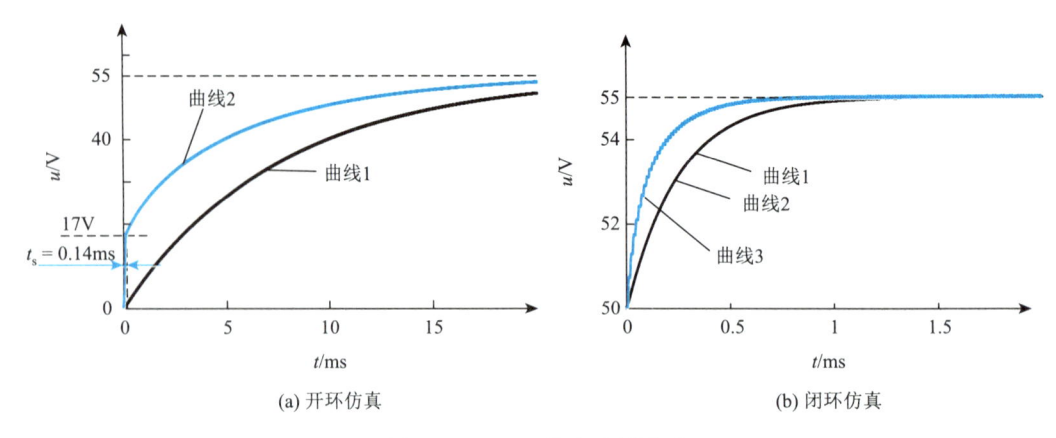

(b) 闭环仿真

图 7-45  PSIM 仿真时域波形

图 7-45（b）是采用图 7-44 所示的相位超前补偿网络的闭环仿真波形，小幅值阶跃给定参考信号从 3.64V 到 4V，曲线 1 为传递函数表达式理论仿真波形，没有任何饱和环节的限制；曲线 2 为传递函数表达式理论仿真波形，加入占空比 $0 \leqslant D \leqslant 0.95$ 饱和环节的限制；曲线 1 与曲线 2 完全重合；曲线 3 为实际变换器仿真波形，同样限制 $0 \leqslant D \leqslant 0.95$。均不设置运算放大器饱和环节。由图可以看出：①理论表达式仿真与计算结果很接近；②闭环采用小幅值阶跃信号。给定参考信号并不是从 0 初始状态开始。若从 0 初始状态开始仿真，刚开始时，由于输出为 0，占空比调节会达到饱和值，导致系统工作模式进入 CCM，这种情况下，系统的传递函数变成二阶振荡环节再加一个右半平面零点，所设计的控制器不能控制这个传递函数，会引起系统失控，且看不清楚设计的控制器产生的作用。解决这个失控问题采用在控制电路中设计 6.1 节所述软起动方法，使占空比从 0 开始缓慢变化，同时在控制电路设计中，加入饱和环节限制最大占空比，禁止变换器进入 CCM。这种情况与控制器传递函数设计无关，此处不再详细讨论。

从上述校正过程和结果来看，工作在 DCM 模式的 Buck、Boost、Buck/Boost 等类型变换器闭环控制系统采用单电压环设计控制器，其动态性能指标能实现稳态误差为零、调节时间在毫秒级，超调量也满足系统要求。原因是这些变换器工作模式在 DCM 时，从控制占空比到输出电压的小信号传递函数为一阶惯性环节，对于该环节采用单电压环设计控制器，易于使得闭环控制系统的动态性能指标达到较为满意的要求。

# 习　题

7-1　开关变换器的哪些工作特征影响其建立传递函数数学模型？

7-2　降压变换器工作模式为 CCM 时，其占空比到输出电压的小信号传递函数有什么显著特征？对控制器设计会产生哪些不利影响？

7-3　降压变换器，静态工作点为：$U_{in} = 48V$，$U_o = 24V$，电阻负载，输出电流 2~10A，开关频率 $f_s = 100kHz$，$L = 300\mu H$，$C = 470\mu F$，给定参考信号为 4V，反馈采样将强电信号 24V 转变为弱电信号 4V，设计为比例环节，比例系数为 1/6，锯齿波幅值为 4V。选择合适的控制器对系统进行校正设计，尽可能提高系统动态性能指标。

7-4　升压变换器工作模式为 CCM 时，其占空比到输出电压的小信号传递函数有什么显著特征？对控制器设计会产生哪些不利影响？

7-5 升压变换器工作参数如下：$U_{in} = 48V \pm 10\%$，$U_o = 110V$，输出电流1~5A，开关频率 $f_s = 75kHz$，变换器全程工作模式为CCM，输出电压波动 $\Delta U_o = 0.48V$，计算滤波器参数。给定参考信号为4V，反馈采样设计为比例环节，将强电信号110V转变为弱电信号4V，锯齿波幅值为4V。采用剪切频率小于滤波器谐振频率的方法，选择合适的控制器对系统进行校正设计，尽可能提高系统动态性能。

7-6 题7-5采用剪切频率大于滤波器谐振频率的方法，选择合适的控制器对系统进行校正设计，尽可能提高系统动态性能。

7-7 降压变换器、升压变换器、单端反激变换器工作模式为DCM时，其占空比到输出电压的小信号传递函数有哪些显著特征？

7-8 采用单端反激变换器设计电池充电器。设电池电压最低65V，最高82V。变换器的 $U_{in} = 240 \sim 360V$；$U_o$ 跟随电池电压变化，当 $65 \leq U_o < 82V$ 时，充电电流 $I_o = 3.6A$；当电池电压 $U_o = 82V$ 时，充电电流缓慢从 $I_o = 3.6A$ 下降到 $I_o = 0.36A$。开关频率 $f_s = 75kHz$，$D_{max} \leq 0.55$。设计全程工作模式为DCM，设置滤波器最高等效转折频率小于开关频率的1/20，选择滤波器的参数，计算各极端静态工作点占空比到输出电压小信号传递函数。选择合适的控制器，对该系统进行闭环校正设计。

# 第 8 章

# 逆变器及其控制

若将直流变换为交流，通常采用多开关管变换电路。结构比较简单的多开关管变换电路分为推挽（push-pull）、半桥（half-bridge）和桥式（full-bridge）（或全桥）电路；该电路可用于直流-交流逆变，逆变器应用广泛，如交流电机调速、不间断电源、感应加热、应急电源、变频器等[1-6, 10, 14, 21-24]。

## 8.1 逆变器工作原理

### 8.1.1 电压型逆变器

输入直流侧电源为电压源的逆变电路，称为电压型逆变电路（或电压源型逆变电路），逆变电路也称为逆变器。

1. 推挽逆变电路

推挽逆变电路如图 8-1（a）所示，两个开关管（$Q_1$、$Q_2$）接在带有中心抽头的变压器初级线圈两端，图中 $D_1$ 和 $D_2$ 为反向电流流通而并联在开关管两端的续流二极管，此电路可以看成是由完全对称的两个正激变换器组合而成。

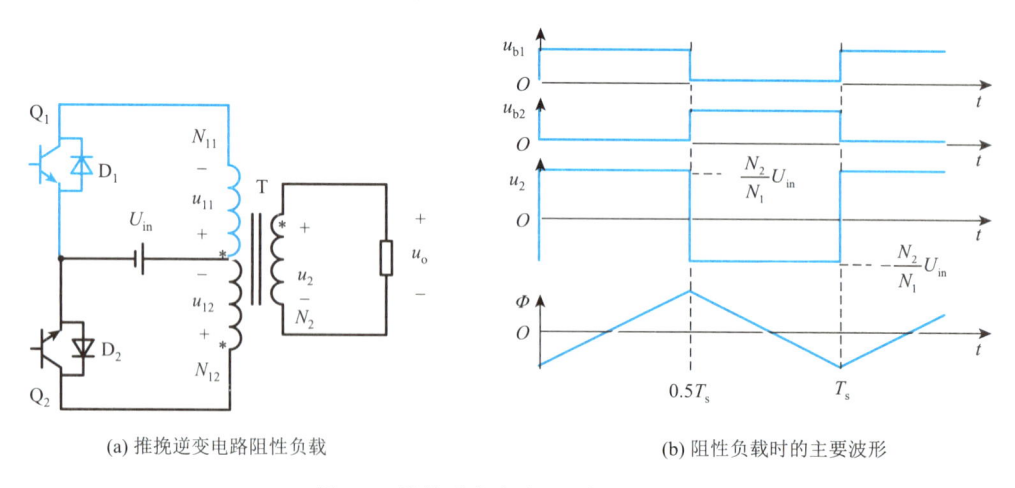

(a) 推挽逆变电路阻性负载　　　　　(b) 阻性负载时的主要波形

图 8-1　推挽逆变电路及阻性负载波形

输入相位差 180° 的控制脉冲信号 $u_{b1}$、$u_{b2}$，经过驱动电路控制开关管 $Q_1$、$Q_2$ 交替导通。当 $Q_1$ 导通，$Q_2$ 截止时，忽略开关管饱和压降，输入电压施加于初级绕组 $N_{11}$ 两端，变压器所有线圈上感应电势同名端"*"为正。输出正半周时，

$$u_{2+} = \frac{N_2}{N_{11}} U_{in} \tag{8-1}$$

当 $Q_1$ 控制信号为低电平、$Q_2$ 控制信号为高电平时，$Q_2$ 导通，$Q_1$ 截止。这时输入电压施加于 $N_{12}$ 上，变压器线圈同名端"*"为负，输出负半周时，

$$u_{2-} = -\frac{N_2}{N_{12}} U_{in} \tag{8-2}$$

因为 $N_{11} = N_{12} = N_1$，输出的交变方波电压对称，正反向电压幅值：

$$U_o = \frac{N_2}{N_1} U_{in} = n U_{in} \tag{8-3}$$

式中，$n = N_2/N_1$，为变压器副边对原边匝比。

推挽逆变电路接电阻负载时的主要波形如图 8-1（b）所示，图中 $\varPhi$ 为变压器磁芯中的磁通。输出电压的有效值：

$$U_{orms} = \sqrt{\frac{2}{T_s} \int_0^{T_s/2} (nU_{in})^2 dt} = nU_{in} \tag{8-4}$$

其瞬时值可表示为傅里叶级数：

$$u_o = \sum_{k=1}^{\infty} \frac{4nU_{in}}{k\pi} \sin(k\omega t) \tag{8-5}$$

式中，$k = 1, 3, 5, \cdots$；$\omega = 2\pi/T_s = 2\pi f_s$，$f_s$ 为开关频率。其基波分量的有效值：

$$U_{1rms} = \frac{4nU_{in}}{\sqrt{2}\pi} \approx 0.9 nU_{in} \tag{8-6}$$

输出波形正弦失真度（或总谐波畸变率）为

$$THD = \frac{\sqrt{\sum_{k=2}^{\infty} U_k^2}}{U_{1rms}} = \frac{\sqrt{(nU_{in})^2 - (0.9nU_{in})^2}}{0.9nU_{in}} \times 100\% \approx 48\% \tag{8-7}$$

该逆变电路输出波形是矩形波。要获得低失真度的正弦波输出，需要较大的输出滤波器对逆变电路的矩形波输出进行滤波。推挽逆变电路拓扑结构简单，常被用于小型逆变电源中。

变压器副边如果接整流电路，则可以输出直流电压，这就是第 5 章介绍的推挽直流-直流变换器。

推挽逆变电路虽然简单，但应用时还需注意以下问题：

（1）如果负载为纯电感负载，如图 8-2（a）中 $R=0$ 时，负载电流（或空载初级磁化电流）滞后于电压，电流波形为三角波。在图 8-2 中，开关管 $Q_1$ 在 $t = 0.5T_s$ 时截止，$Q_2$ 导通，为了维持磁芯磁通不变，在转换瞬间，电流 $i_1$ 由 $N_{11}$ 转换到 $N_{12}$ 流通，经 $D_2$ 返回电源。因此，$N_{11}$ 和 $N_{12}$ 与 $N_2$ 良好耦合外，$N_{11}$ 与 $N_{12}$ 之间也必须紧耦合，否则因存在漏感，在开关管转换瞬间，关断的开关管两端会产生尖峰电压，易使开关管损坏。若图 8-2（a）中 $R \neq 0$，则负载电流波形如图 8-2（b）中电感电阻负载电流所示。

(a) 推挽逆变电路电感电阻负载电路　　　　(b) 纯电感及电感电阻负载时的主要波形

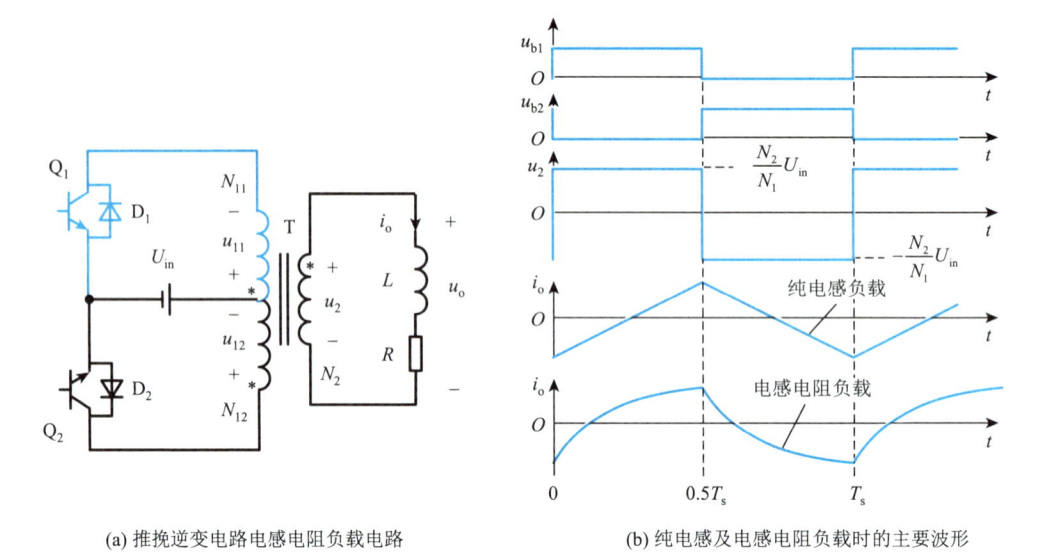

图 8-2　推挽逆变电路及其电感电阻负载时的波形

（2）推挽逆变电路必须对称良好。若正负脉冲宽度或幅值或初级线圈稍有不对称，就会产生直流磁化分量，并导致磁芯偏磁饱和。为了减少偏磁现象，除了在工艺上保证线圈对称外，还应确保开关管的饱和压降 $U_{ces}$（$U_{DS}$）等参数匹配良好。由于不能保证绝对对称，总有一些偏磁，因此在选取磁芯时，其工作磁密一般低于普通电源变压器，对于接近矩形磁滞回线的磁性，磁芯磁路需加适当气隙。

（3）通过改变脉冲宽度控制开关管的导通和截止时间，调节输出电压。如果用宽度小于 90° 的对称脉冲驱动推挽逆变电路的开关管，负载为电感电阻负载，则输出电压波形 $u_2$ 如图 8-3 所示，在电感储能回馈电源时，次级感应有阴影部分的电压。这部分阴影面积的宽度随负载电感分量加大而加宽。纯电感负载脉宽有效调节范围为 $0 \sim T_s/4$。

（4）推挽逆变电路开关管承受的电压。由图 8-1（a）可见，当 $Q_1$ 导通时，施加于 $Q_2$ 上的电压等于 $N_{11}$ 和 $N_{12}$ 上的感应电压之和，即

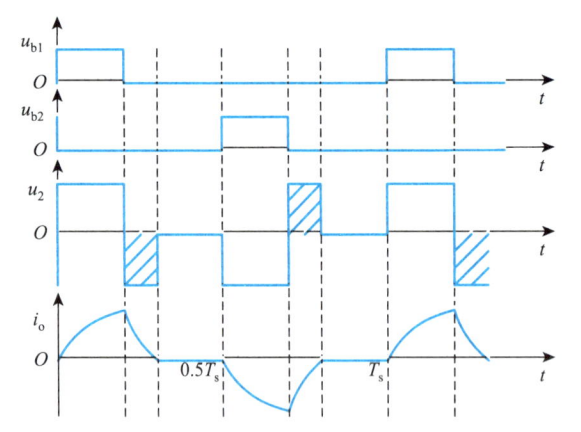

图 8-3　推挽逆变电路改变脉宽时电感电阻负载电压、电流波形

$$U_{ce}(U_{DS}) = 2U_{in} \tag{8-8}$$

$N_{11}$ 与 $N_{12}$ 不可能完全耦合，总有一些漏感，在转换时会引起电压尖峰，实际选取开关管的 $U_{(BR)ceo}$（$U_{DS}$）要比式（8-8）计算值大，因此，推挽逆变电路一般适用于低输入电压场合。

2. 半桥逆变电路

半桥逆变电路如图 8-4 所示，电路中用两只电容串联获得电压 $U_{in}/2$。与推挽逆变电路相同，$D_1$、$D_2$ 是反向电流流通且并联在开关管两端的续流二极管。

(a) 隔离型半桥逆变电路　　　　　　　　　　(b) 非隔离型半桥逆变电路

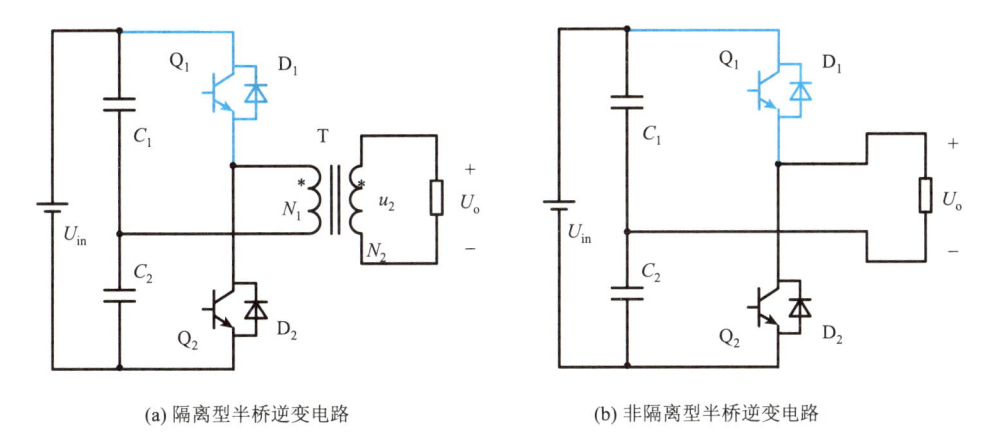

图 8-4　半桥逆变电路

两个开关管的控制信号不能同时为高电平，否则开关管将同时导通，导致电路短路，这种现象常称为"直通"。若变压器副边与原边匝比为 $n$，当 $Q_1$ 导通、$Q_2$ 截止时，变压器"*"端为正。输出电压 $u_{2+} = nU_{in}/2$。这时 $C_1$ 放电，$C_2$ 充电。当 $Q_2$ 导通、$Q_1$ 截止时，$C_1$ 充电，$C_2$ 放电，变压器"*"端为负，输出负电压 $u_{2-} = -nU_{in}/2$，交替驱动开关管 $Q_1$ 和 $Q_2$，变压器次级得到矩形波交流输出。

半桥逆变电路中开关管承受的电压为 $U_{in}$，是推挽逆变电路的一半。

如果已知输出电压直流纹波为输出平均电压的 $\gamma\%$，输出功率 $P_o$，可确定 $C_1$ 和 $C_2$ 值。变压器初级电流：

$$I_1 = \frac{P_o}{\eta U_{in}/2} \tag{8-9}$$

电容充、放电的电流为初级电流的 1/2，故半周期内电容上电压变化量：

$$\Delta U = \frac{I_1}{2} \cdot \frac{T_s/2}{C} = \frac{P_o}{2\eta C U_{in}/2} \cdot \frac{T_s}{2} = \frac{P_o}{2\eta f_s U_{in} C} = \gamma \cdot \frac{U_{in}/2}{100} \tag{8-10}$$

因此

$$C \geq \frac{100 P_o}{\eta f_s \gamma U_{in}^2} \tag{8-11}$$

式中，$f_s = 1/T_s$，为半桥逆变电路工作频率。

3. 全桥逆变电路

1）单相全桥逆变电路

单相全桥逆变电路如图 8-5 所示，其中图 8-5（a）加入隔离变压器，图 8-5（b）未加隔离变压器。$D_1 \sim D_4$ 是反向电流流通且并联在开关管两端的续流二极管。

与图 8-4 比较，图 8-5 用开关管代替图 8-4 中的电容。与半桥逆变电路一样，同一桥臂两个开关管不能同时导通。从电路中可以看到，只有对角两个开关管同时导通，电源才能施加在负载上。如果 $Q_1 \sim Q_4$ 截止，或 $Q_1$、$Q_2$ 截止，或 $Q_3$、$Q_4$ 截止，负载电压均为零。

电路中的负载一般都带有部分感性负载，为了在开关管截止期间提供电感电流通路，在桥臂每个开关管分别反并联一个二极管，为负载感性电流提供通路。不同的驱动波形得到不同的输出：

（1）若用互为反相、宽度为 180° 的脉冲分别驱动 $Q_1$（$Q_4$）和 $Q_2$（$Q_3$），这时全桥逆变电路输出波形与推挽逆变电路输出波形相同。这种控制方式的输出电压波形只有正、负两个电平，称为双极性输出。

(a) 变压器隔离型全桥逆变电路

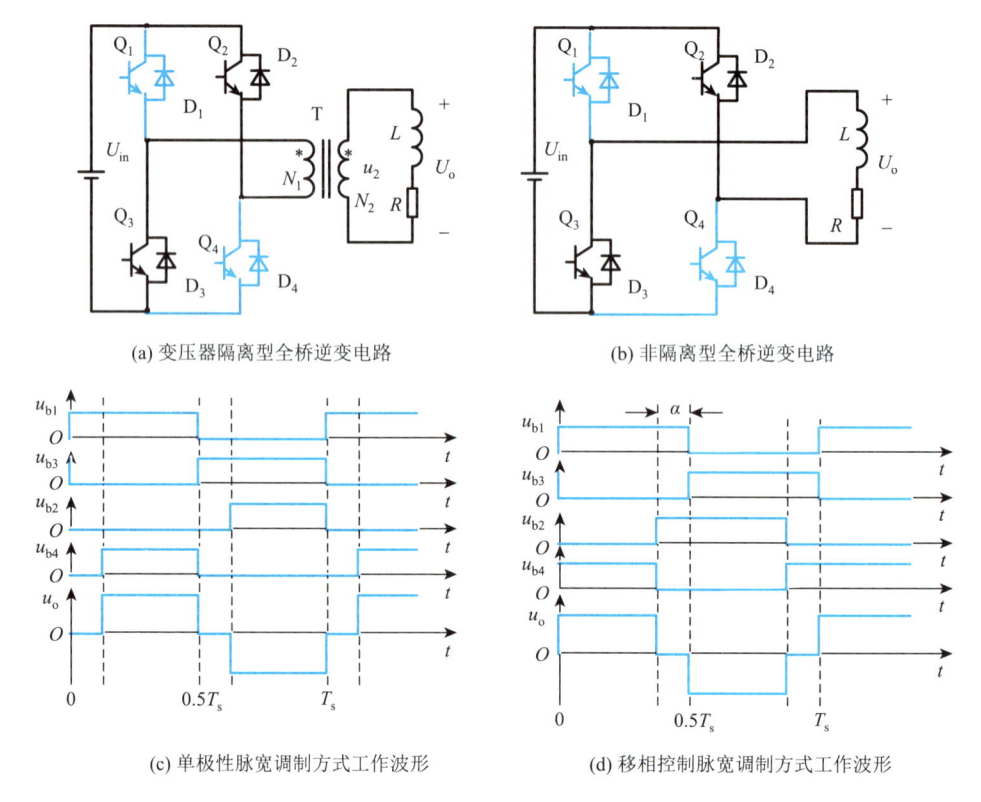

(b) 非隔离型全桥逆变电路

(c) 单极性脉宽调制方式工作波形

(d) 移相控制脉宽调制方式工作波形

图 8-5　单相全桥逆变电路和相关波形

（2）用互为反相的准矩形波分别驱动 $Q_1$（$Q_4$）和 $Q_2$（$Q_3$），当关断 $Q_1$、$Q_4$，$Q_2$、$Q_3$ 尚未导通时，负载电流不能突变；负载感应电势反向并增大，迫使 $D_2$、$D_3$ 导通，使电感存储的能量返回电源。此时负载获得相似于推挽逆变电路电感负载次级的输出波形。但如果 $Q_1$、$Q_3$ 两开关管由互为 180° 的矩形波驱动，$Q_2$、$Q_4$ 两开关管由互为 180° 的准矩形波驱动，可避免上述问题，输出为良好的准矩形波，如图 8-5（c）所示。

（3）因为 $Q_1$、$Q_3$ 以及 $Q_2$、$Q_4$ 不能同时导通，如果用相差 180° 的矩形脉冲分别驱动 $Q_1$、$Q_3$，用另一组相差 180° 的矩形脉冲分别驱动 $Q_4$、$Q_2$，驱动 $Q_4$、$Q_2$ 的脉冲相对驱动 $Q_1$、$Q_3$ 的脉冲有一个相移 $\alpha$（图 8-5（d）），这就是移相控制。该电路有 4 种工作模式：

①$Q_1$、$Q_4$ 导通，$Q_2$、$Q_3$ 截止。负载获得上正下负的输出电压，且等于 $+U_{in}$。

②关断 $Q_1$，开通 $Q_3$，$Q_4$、$Q_2$ 状态不变。由于 $Q_1$ 处于阻断，负载上施加的电压为零，为维持电感电流不变，感应电势反向，二极管 $D_3$ 导通，电流经 $D_3$、负载、$Q_4$ 形成回路，且维持不变，输出电压为零。

③关断 $Q_1$ 后经相移 $\alpha$，关断 $Q_4$，开通 $Q_2$，$Q_3$、$Q_1$ 状态不变。电源电压通过 $Q_2$、$Q_3$ 施加在负载上，负载获得上负下正的电压，且等于 $-U_{in}$。然后负载电流由能量返回电路反馈到电源，并向电感反充电，电流反向增大。

④关断 $Q_3$、开通 $Q_1$。$Q_2$、$Q_4$ 状态不变，负载感应电势反向，$D_1$ 导通，负载电流经 $D_1$、$Q_2$ 形成回路，负载被短路，电流维持不变，输出电压为零。

当再次开通 $Q_4$，关断 $Q_2$ 时，$Q_1$、$Q_3$ 状态不变。回到状态①。

（4）全桥逆变电路的两个桥臂采用不同的开关频率和脉冲宽度进行控制。比如 $Q_1$ 与 $Q_3$ 采用载波频率开关工作，且其占空比由脉宽调制电路确定，而 $Q_2$ 和 $Q_4$ 采用调制波频率互补工作。

图 8-5（c）是单极性脉宽调制，即载波频率与开关频率相同时，全桥逆变器输出波形，有正、负和零三种输出电平，与图 8-2 所示的输出波形不一样。

全桥逆变电路中开关管承受的电压为 $U_{in}$。在相同的输出功率和输入电压下，全桥逆变电路流过开关管的电流是半桥逆变电路流过的一半。全桥逆变电路开关管承受的电压为电源电压，而推挽逆变电路中开关管承受的电压为电源电压的 2 倍；全桥逆变电路既可有变压器，也可没有变压器，但推挽逆变电路必须有变压器。施加在变压器初级的电压，推挽逆变电路中只有一个开关管饱和电压，而全桥逆变电路中有两个，因此，推挽逆变电路适用于低输入电压场合，而全桥逆变电路适用于高输入电压场合。

若全桥逆变电路由变压器输出，开关管的压降或驱动脉冲的不对称会引起变压器铁芯偏磁，通常的解决办法是在变压器初级绕组中串联一只电容，用于隔离直流分量；或采用电流控制 PWM 模式，或采用直流分量控制等方法避免铁芯饱和。

2）三相全桥逆变电路

若在单相全桥逆变电路中增加一个桥臂，即构成三相全桥逆变电路，又称为三相全桥逆变电路，如图 8-6（a）所示，该电路常用于三相电机调速或大功率电源系统。三相全桥逆变电路与单相全桥逆变电路相似，为给感性负载提供能量返回通路，在每个开关管上反向并联一个二极管。当 $Q_1$、$Q_3$、$Q_5$ 导通时，三相负载 a、b、c 分别接到电源的正端，当 $Q_4$、$Q_6$、$Q_2$ 导通时，a、b、c 分别接到电源的负端。

为了获得三相输出，在一个周期中开关组合有 6 种模式，每种模式工作 $\pi/3$，每种模式都有 3 个开关管同时导通。开关管导通组合顺序是：$Q_1Q_2Q_3$、$Q_2Q_3Q_4$、$Q_3Q_4Q_5$、$Q_4Q_5Q_6$、$Q_5Q_6Q_1$、$Q_6Q_1Q_2$，每个开关管导通 $2\pi/3$（如果负载为感性负载，则每个桥臂导通 $\pi$）。每个开关管的驱动信号按顺序依次后移 $\pi/3$，驱动信号宽度为 $\pi$，在输出端得到对称的三相（基波）电压。图 8-6（b）为各功率管驱动及输出线电压波形；图 8-6（c）为输出相电压波形。

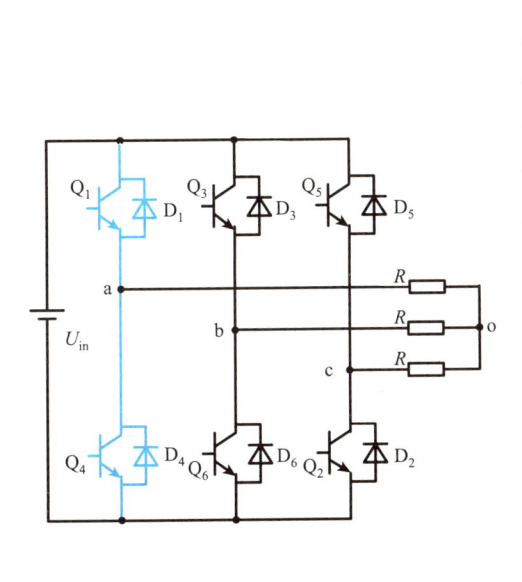

(a) 三相全桥逆变电路

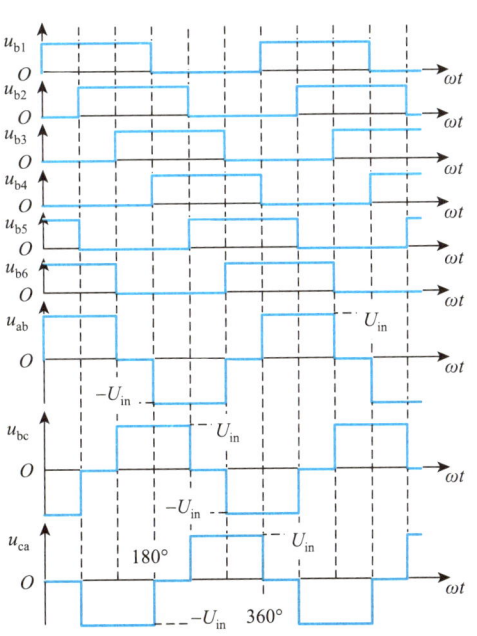

(b) 驱动及输出线电压波形

(c) 相电压波形

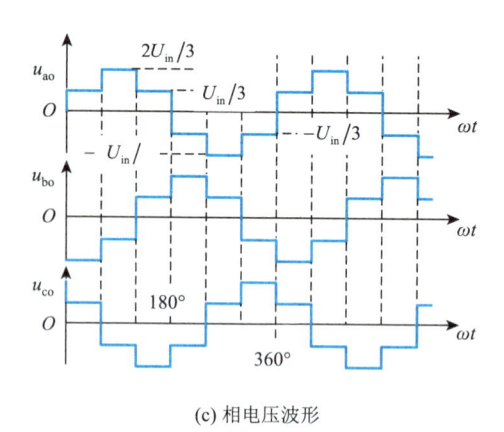

图 8-6 三相全桥逆变电路及相关波形

线电压的基波分量超前相电压 30°，线电压 $u_{ab}$ 的傅里叶级数展开式为

$$u_{ab} = \sum_{n=1}^{\infty} \frac{4U_{in}}{n\pi} \cos\left(\frac{n\pi}{6}\right) \sin\left(n\left(\omega t + \frac{\pi}{6}\right)\right)$$

$$= \frac{2\sqrt{3}U_{in}}{\pi} \left[ \sin\left(\omega t + \frac{\pi}{6}\right) - \frac{1}{5}\sin\left(5\left(\omega t + \frac{\pi}{6}\right)\right) - \frac{1}{7}\sin\left(7\left(\omega t + \frac{\pi}{6}\right)\right) + \frac{1}{11}\sin\left(11\left(\omega t + \frac{\pi}{6}\right)\right) + \cdots \right]$$

（8-12）

式中，$n = 1, 3, 5, \cdots$。

相电压 $u_{ao}$ 的傅里叶级数展开式为

$$u_{ao} = \frac{2}{\pi} U_{in} \left( \sin(\omega t) + \frac{1}{5}\sin(5\omega t) + \frac{1}{7}\sin(7\omega t) + \frac{1}{11}\sin(11\omega t) + \cdots \right) \quad (8\text{-}13)$$

从上式可见，线电压基波及各次谐波有效值是相电压的 $\sqrt{3}$ 倍。线电压的有效值为

$$U_l = \sqrt{\frac{2}{2\pi} \int_0^{2\pi/3} U_{in}^2 \mathrm{d}(\omega t)} \approx 0.817 U_{in} \quad (8\text{-}14)$$

线电压基波有效值为

$$U_{l1} = \frac{4U_{in}\cos 30°}{\sqrt{2}\pi} \approx 0.78 U_{in} \quad (8\text{-}15)$$

如果是感性负载，除开关管依次导通外，6 个二极管也依次导通。导通器件的组合顺序为：$Q_1Q_2Q_3$、$Q_2Q_3D_4$、$Q_2Q_3Q_4$、$Q_3Q_4D_5$、$Q_3Q_4Q_5$、$Q_4Q_5D_6$、$Q_4Q_5Q_6$、$Q_5Q_6D_1$、$Q_5Q_6Q_1$、$Q_6Q_1D_2$、$Q_6Q_1Q_2$、$Q_1Q_2D_3$，二极管将电感储能向电源回馈，其工作原理与单相电路相同。该电路的相电压、相电流的波形如图 8-7 所示，图中示出同一桥臂二极管和开关管换流情况。在 $\omega t = 0$ 时，$D_1$ 导通；在 $\omega t = \omega t_1$ 时，$i_a$ 下降到零，$D_1$ 截止，$Q_1$ 导通，负载电流反向；在 $\omega t = \pi$ 时，$Q_1$ 关断，$D_4$ 在负载电流的作用下导通，此时虽然已施加 $Q_4$ 驱动信号，但并不导通，直到 $\omega t_3$ 时，电流又降到零，$D_4$ 截止，$Q_4$ 导通。在 $0 \sim \omega t_1$ 和 $\pi \sim \omega t_3$ 时间内，负载电流与电压反向，是 a 相负载电感经二极管向电源回馈能量阶段，它们对应的相角近似是负载的功率因数相角 $\varphi$。

同单相全桥逆变电路一样，同一桥臂的两个开关管不能同时导通。按上述开关管导通顺序，同时以规定的载波频率驱动各开关管，可输出所需要的调制波形。

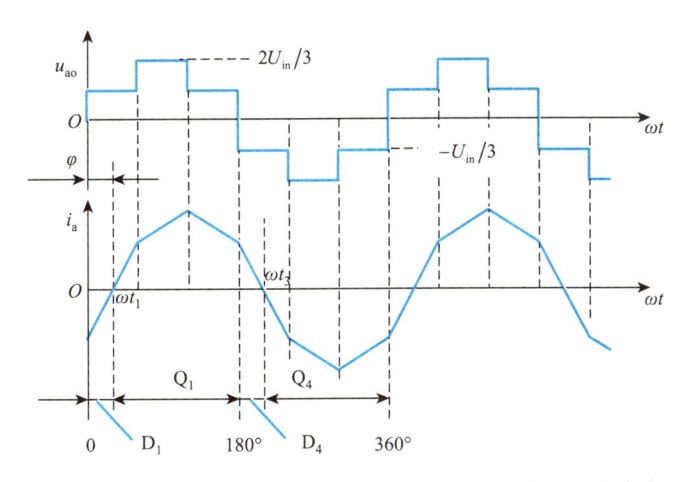

图 8-7 三相全桥逆变电路感性负载星形连接的相电压和电流波形

**4. 多电平逆变电路**

以三相全桥逆变电路为例，如图 8-6（a）所示电路，在 $Q_4$ 截止、$Q_1$ 导通时，a 点电位为 $U_{in}$；在 $Q_1$ 截止、$Q_4$ 导通时，a 点电位为 0。电路中只有 $U_{in}$、0 两种电平，这种电路称为二电平电路。

使用同样额定电压的开关器件，若采用三电平电路，可将输入电压提高 1 倍；若采用五电平电路，可将输入电压提高到原来的 4 倍；若采用更多电平电路，可将输入电压提高更多倍，这样可扩展输入电压的范围。

三相三电平飞跨电容型逆变电路如图 8-8 所示。在每个桥臂中间的两个开关管接有一只电容 $C$，该电容称作飞跨电容，工作时该电容两端电压维持为 $U_{in}/2$。该电路 u、v、w 三点，每一点的电压都可以为 $+U_{in}/2$、0、$-U_{in}/2$ 三种电平，因此称为三电平逆变电路。输出线电压产生 $\pm U_{in}$、$\pm U_{in}/2$、0 等五种电平，通过适当的控制，输出电压的谐波含量可大大低于二电平逆变电路。

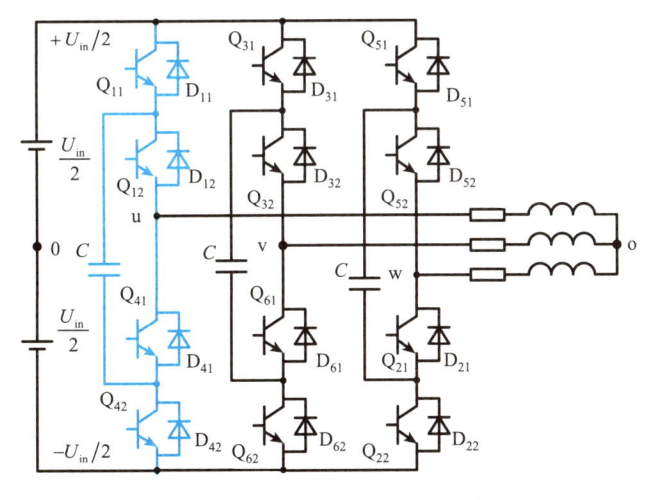

图 8-8 三相三电平飞跨电容型逆变电路

三相三电平中点箝位型逆变电路如图 8-9 所示。在上、下桥臂的功率管中间都接有一个二极管到直流电压的中点，内管（$Q_{12}$ 和 $Q_{41}$，$Q_{32}$ 和 $Q_{61}$，$Q_{52}$ 和 $Q_{21}$）导通时，续流二极管将外管两端的端电压箝位在 $U_{in}/2$，因此该二极管称为箝位二极管，由 4 个功率管构成的桥臂称为中点箝位桥臂。中点箝位型逆变电路的工作原理与飞跨电容型逆变电路类似。

通过采用与三电平类似的方法，构造五电平等更多电平的逆变电路。多电平技术同样也用于单相逆变电路。当然，随着电平数的增加，所需飞跨电容或箝位二极管的数量也随之增加。

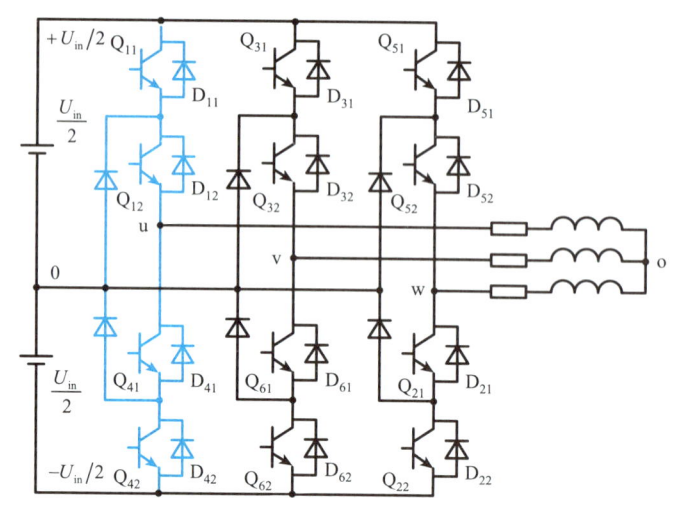

图 8-9　三相三电平中点箝位型逆变电路

**5. 多重化**

2.4 节介绍了多重化原理与技术，十二相整流电路由两个三相整流电路组成，也就是二重整流电路。同样多重化技术也适用于逆变电路。从电路输出的合成方式来看，多重逆变电路有串联多重和并联多重两种方式。串联多重是把逆变电路的输出串联，电压型逆变电路多采用串联多重方式；并联多重是把逆变电路的输出并联，电流型逆变电路多采用并联多重方式。

1）单相电压型二重逆变电路

单相电压型二重逆变电路如图 8-10（a）所示，由两个单相全桥逆变电路组成，两个全桥逆变电路的输出 $u_1$、$u_2$ 通过变压器 $T_{R1}$ 和 $T_{R2}$ 串联，得到输出电压 $u_o$。两个单相全桥逆变电路的输出电压 $u_1$ 和 $u_2$ 都是导通180°的矩形波，其中包含所有的奇次谐波。考察其中的 3 次谐波如图 8-10（b）所示，把两个单相全桥逆变电路导通的相位错开 $\varphi = 60°$，对于 $u_1$ 和 $u_2$ 中的 3 次

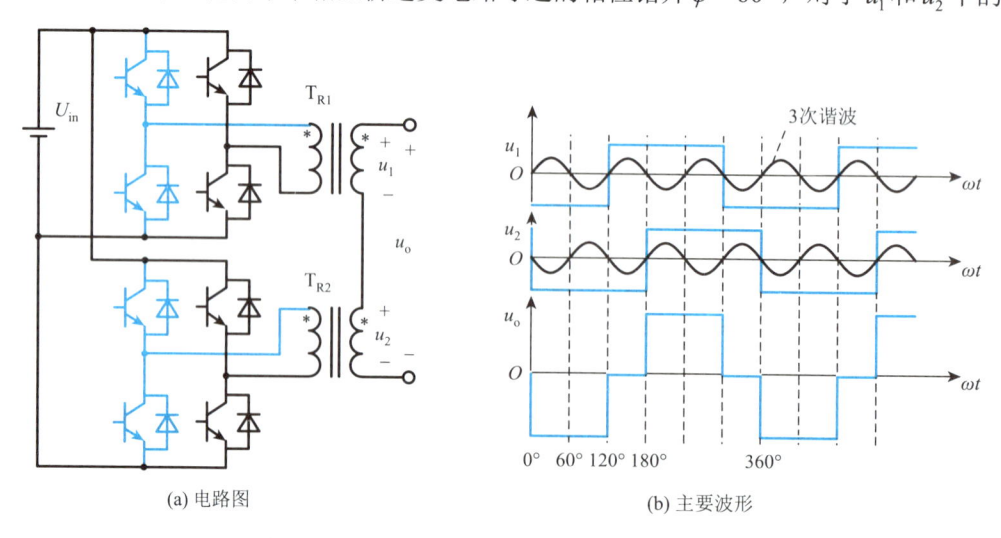

(a) 电路图　　　　　　　　　　(b) 主要波形

图 8-10　单相电压型二重逆变电路及其主要波形

谐波，它们就错开 60°×3=180°。通过变压器串联合成后，两者中所含 3 次谐波互相抵消，所得到的总输出电压中不含 3 次谐波。图 8-8（b）中，$u_o$ 的波形是导通120°的矩形波，与三相全桥逆变电路180°导通方式下的线电压输出波形相同，只含 $6k\pm1$ $(k=1,2,3,\cdots)$ 次谐波，$3k$ $(k=1,2,3,\cdots)$ 次谐波都被抵消。

若干个全桥逆变电路的输出按一定的相位差组合，使它们所含的某些主要谐波分量相互抵消，就得到较为接近正弦波的波形。

2）三相电压型二重逆变电路

三相电压型二重逆变电路如图 8-11（a）所示。该电路由两个三相全桥逆变电路构成，其输入直流电源共用，输出电压通过变压器 $T_{R1}$ 和 $T_{R2}$ 串联而成。两个三相全桥逆变电路均为180°导通，它们各自的输出线电压都是120°矩形波。工作时，三相逆变器 II 的相位比三相逆变器 I 滞后30°。变压器 $T_{R1}$ 和 $T_{R2}$ 在同一水平的绕组是绕在同一铁芯柱上。$T_{R1}$ 为三角形/星形联结，线电压与相电压比为1:$\sqrt{3}$（一次和二次绕组匝数相等）。变压器 $T_{R2}$ 一次侧也是三角形联结，但二次侧有两个绕组采用曲折星形联结，即一相的绕组和另一相的绕组串联而构成星形，同时使其二次电压相对于一次电压，比 $T_{R1}$ 的超前30°，以抵消三相逆变器 II 比三相逆变器 I 滞后的30°。这样，$u_u$ 和 $u_{x_1}-u_{y_1}$ 的基波相位相等。如果 $T_{R2}$ 和 $T_{R1}$ 一次绕组匝数相等，为了使 $u_u$ 和 $u_{x_1}-u_{y_1}$ 基波幅值相等，$T_{R2}$ 和 $T_{R1}$ 二次绕组间的匝比应为1:$\sqrt{3}$。$T_{R1}$、$T_{R2}$ 二次侧基波电压合成情况的相量图如图 8-11（b）所示，$u_{AO}$ 的波形比 $u_u$ 更接近正弦波。

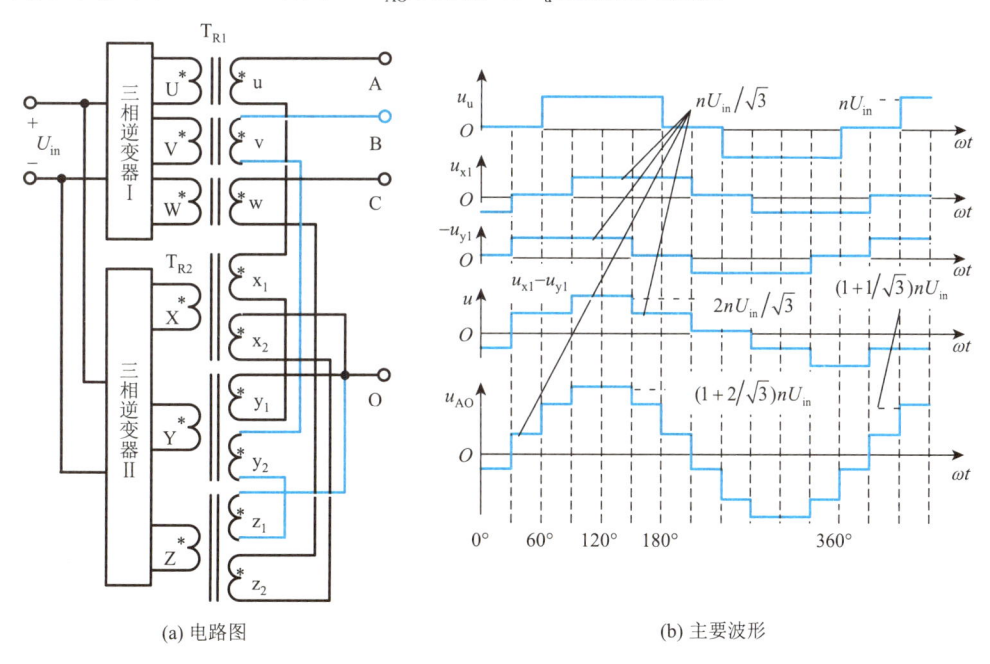

图 8-11 三相电压型二重逆变电路及其主要波形

$u_u$ 的傅里叶级数展开式：

$$u_u = \frac{2\sqrt{3}U_{in}}{\pi}\left[\sin(\omega t) + \frac{1}{n}\left[\sum(-1)^k \sin(n\omega t)\right]\right] \quad (8-16)$$

式中，$n=6k\pm1$，$k$ 为自然数。

$u_u$ 的基波分量有效值为

$$U_{u1} = \frac{\sqrt{6}U_{in}}{\pi} \approx 0.78 U_{in} \quad (8\text{-}17)$$

$n$ 次谐波有效值为

$$U_{un} = \frac{\sqrt{6}U_{in}}{n\pi} \quad (8\text{-}18)$$

变压器合成后的输出相电压 $u_{AO}$ 的傅里叶级数展开式，其基波电压有效值为

$$U_{AO1} = \frac{2\sqrt{6}U_{in}}{\pi} \approx 1.56 U_{in} \quad (8\text{-}19)$$

其 $n$ 次谐波有效值为

$$U_{AOn} = \frac{2\sqrt{6}U_{in}}{n\pi} = \frac{1}{n}U_{AO1} \quad (8\text{-}20)$$

式中，$n=12k\pm1$，$k=1,2,3,\cdots$。$u_{un}$ 中不含 5 次、7 次等谐波。

该三相电压型二重逆变电路的直流侧电流每周期脉动 12 次，称为十二脉波逆变电路。一般 $m$ 个三相全桥逆变电路的相位依次错开 $\pi/(3m)$ 运行，连同使它们输出电压合成并抵消上述相位差的变压器，就构成脉波数为 $6m$ 的逆变电路。

3）单元串联多重逆变电路

采用单元串联的方法，也可以构成多重逆变电路。三单元串联多重逆变电路如图 8-12 所示，这种逆变电路结构称为级联逆变器，实质是逆变模块组成的多重逆变电路。该电路相电压可以产生 $\pm3U_{in}$、$\pm2U_{in}$、$\pm U_{in}$、0 等 7 种电平。

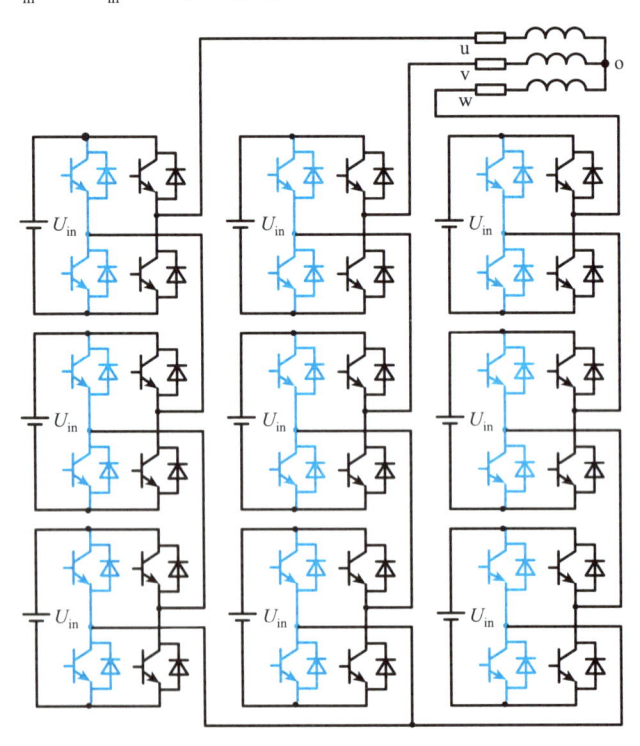

图 8-12 三单元串联多电平三相逆变电路

单元串联还有另一种形式，只需一个独立的直流电源，各个半桥或桥式电路通过支撑电容形成各自的直流侧供电，这种电路称为模块变换器（multi-module converter，MMC）。

## 8.1.2 电流型逆变器

输入直流侧电源为电流源的逆变电路，为电流型逆变电路，或称为电流源型逆变电路。实际上理想的电流源并不多见，一般是在逆变电路直流侧串联一个大电感，电感中的电流脉动很小，可近似看成电流源。

### 1. 单相全桥电流源逆变电路

典型的单相全桥电流源逆变电路如图 8-13（a）所示。每个开关管串联一个二极管，用于限制流过开关管的电流反向流动；$Q_1$、$Q_4$ 和 $Q_2$、$Q_3$ 轮流导通，负载上得到交流电。

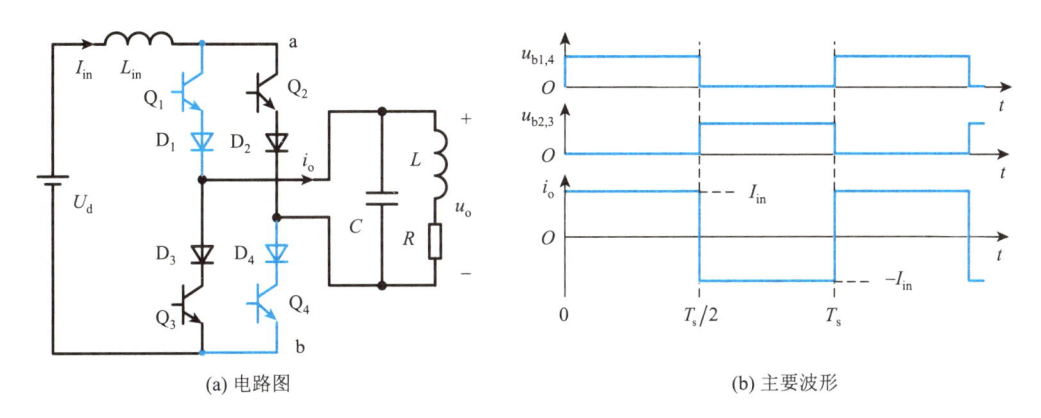

(a) 电路图　　(b) 主要波形

图 8-13　单相全桥电流源逆变电路及其主要波形

该电路实际上负载是电磁感应线圈，图中 $R$ 和 $L$ 即是感应线圈的等效电路。$L$、$C$、$R$ 构成并联谐振电路。交流输出电流波形接近矩形波。

如果忽略换流过程，$i_o$ 可近似看成矩形波，傅里叶级数展开式为

$$i_o = \frac{4I_d}{\pi}\left(\sin(\omega t) + \frac{1}{3}\sin(3\omega t) + \frac{1}{5}\sin(5\omega t) + \cdots\right) \quad (8-21)$$

其基波电流有效值 $I_{o1}$ 为

$$I_{o1} = \frac{4I_d}{\sqrt{2}\pi} \approx 0.9 I_d \quad (8-22)$$

### 2. 三相全桥电流源逆变电路

某典型的三相全桥电流源逆变电路如图 8-14 所示。该电路采用 120° 导电方式，每个开关管在一个正弦波周期内导通 120°。在任一时刻，共阳极组和共阴极组各有一只开关管导通，按 $Q_1 \sim Q_6$ 的顺序每隔 60° 依次换流。

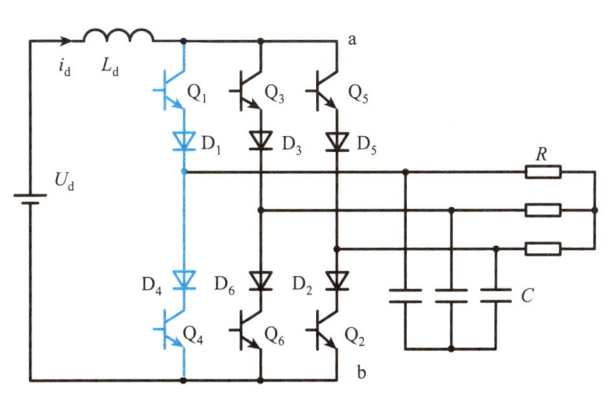

图 8-14　三相全桥电流源逆变电路

## 8.2 逆变器调制方式

### 8.2.1 单脉宽调制

在半周期内仅有一个脉冲,通过改变脉冲宽度来控制逆变器输出电压称为单脉冲宽度调制控制,也称为单脉宽调制。

图 8-15 示出的单相全桥逆变电路的开关管驱动信号产生方法、输出波形。驱动信号是由一个幅值为 $v_{\text{mod}}$ 的参考信号与幅值为 $V_{\text{m}}$ 的三角载波信号比较产生,输出基波频率是载波频率的 1/2。当 $v_{\text{mod}}$ 在 $0 \sim V_{\text{m}}$ 范围变化时,脉冲宽度 $\theta$ 则在 0°到180° 范围内变化,通过改变比值 $v_{\text{mod}}/V_{\text{m}}$ 改变输出电压。定义

$$M = v_{\text{mod}}/V_{\text{m}} \tag{8-23}$$

为调制度。输出电压有效值为

$$U_{\text{orms}} = \sqrt{\frac{1}{\pi}\int_{(\pi-\theta)/2}^{(\pi+\theta)/2} U_{\text{in}}^2 \text{d}(\omega t)} = U_{\text{in}}\sqrt{\frac{\theta}{\pi}} \tag{8-24}$$

输出电压的傅里叶级数展开式为

$$u_o(t) = \sum_{n=1}^{\infty} \frac{4U_{\text{in}}}{n\pi} \sin\frac{n\theta}{2} \sin(n\omega t) \tag{8-25}$$

式中,$n = 1, 3, 5, \cdots$,只有奇次谐波;$\theta$ 与调制度有关。由图 8-15 可见:

$$\theta = M\pi \tag{8-26}$$

将式 (8-26) 代入式 (8-25),再根据总谐波畸变率 THD(或失真度 $d$)

$$\text{THD} = \frac{\sqrt{\sum_{n=2}^{\infty} U_{\text{nrms}}^2}}{U_{\text{1rms}}} \tag{8-27}$$

绘制出谐波含量、畸变因数 THD 与调制度的关系,如图 8-16 所示,图中,1、3、5、7 为谐波。

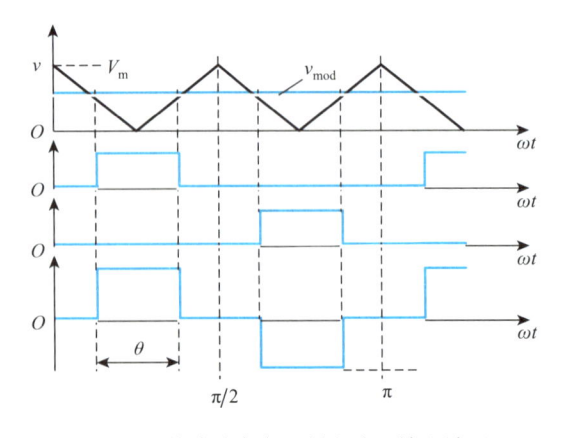

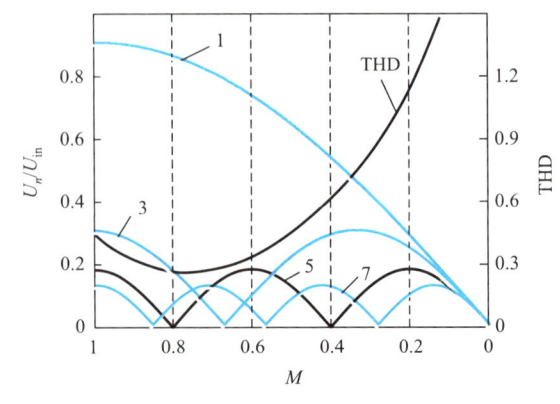

图 8-15 单脉冲宽度调制方法及输出波形　　图 8-16 谐波含量、总谐波畸变因数与调制度的关系

## 8.2.2 多脉宽调制

**1. 正弦脉宽调制原理**

方波逆变器的谐波畸变率较大，若要求波形失真度很小的正弦波，就需使用正弦脉宽调制（SPWM）技术。SPWM 通过对一系列脉冲宽度进行正弦调制，获得所需的波形。

7.1 节讲述的低通要求：变换器中低通滤波器转折频率远远小于开关频率。逆变器中滤波器的输入电压是时变脉冲电压，滤波器输出电压是连续电压。当满足这个低通要求时，滤波器输出电压的瞬时值基本等于滤波器输入电压对应的那一开关周期内的平均值。因此，只要滤波器输入电压在一个开关周期内的平均值等于这个开关周期对应的正弦波零阶采样保持后的瞬时值，就可以认为滤波器输出电压近似为正弦波。

正弦脉宽调制也可以使用"冲量等效原理"描述：冲量相等而形状不同的窄脉冲加在同一惯性环节上，其输出基本相同。"冲量"指窄脉冲面积，"惯性环节"指滤波器，"基本相同"是输出频谱中低频段基本相同，高频段略有差异。这与低通要求是一致的。

逆变器的输入电压用开关管的开关函数描述。产生逆变器的开关函数 $s_{sw}(t)$，如图 8-17 所示：将正弦波一个周期平均分成 $n$ 等份（图中 $n=14$），每一份都用一个等面积的脉冲代替，那么，逆变网络的输出电压（滤波器的输入电压）脉冲宽度与这个开关函数的脉冲宽度相同。

一般来说，产生开关函数 $s_{sw}(t)$ 的方式简单分为两种：载波调制和数值计算调制。

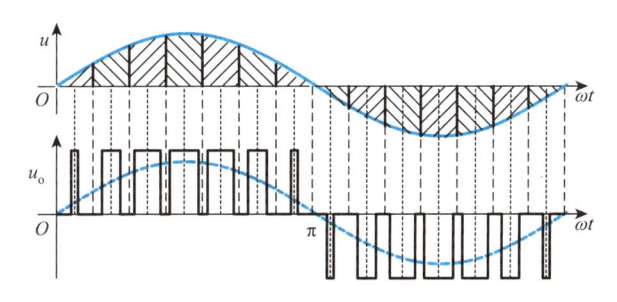

图 8-17 正弦脉宽调制

**2. 载波调制**

载波调制是用调制信号（来自信源的基带信号）控制载波（周期性振荡信号），使载波的某一个或几个参数按调制信号的规律变化。对于正弦输出的逆变电路，通常以参考正弦波作为"调制波"（modulating wave），以固定频率的三角波或锯齿波等作为"载波"（carrier wave），将载波与调制波交截，就得到开关函数 $s_{sw}(t)$。通常载波频率与正弦调制波频率之比值称为"载波比"。

1）双极性 SPWM

双极性 SPWM 是指以双极性载波与调制波交截。根据开关管的不同驱动方案，双极性 SPWM 的调制输出电压可以是双极性输出，也可以是单极性输出。由于双极性 SPWM 调制时，双极性输出的谐波成分小于单极性输出，通常双极性 SPWM 时采用双极性输出方式。以全桥逆变器为例。将图 8-5（b）所示的电路加入低通滤波器后重绘于图 8-18。

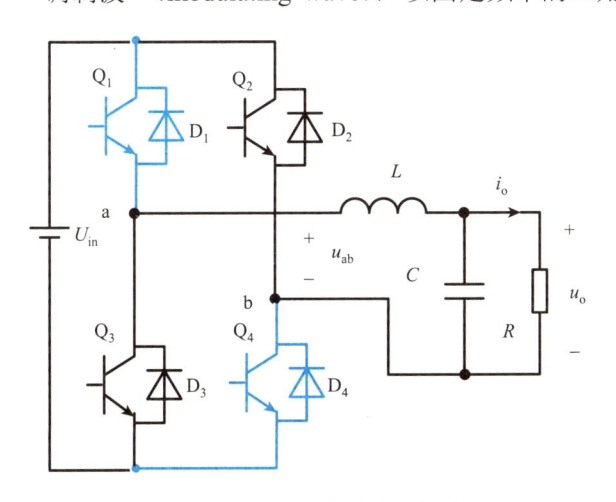

图 8-18 正弦波全桥逆变电路

图 8-19 为采用双极性载波调制的双极性输出电压及对应的开关管驱动信号。其中 $v_{mod}$ 为正弦调制波，$v_{carrier}$ 为三角载波，为正、负双极性。调制波和载波的交点确定各开关管的开通与关断。同一桥臂的上下两个开关管互补导通。

当 $v_{mod} > v_{carrier}$ 时，$Q_1$、$Q_4$ 同时导通，$Q_2$、$Q_3$ 同时截止；当 $v_{mod} < v_{carrier}$ 时，$Q_2$、$Q_3$ 同时导通，$Q_1$、$Q_4$ 同时截止。

该方式的 4 个开关管都工作在载波频率，开关损耗大。

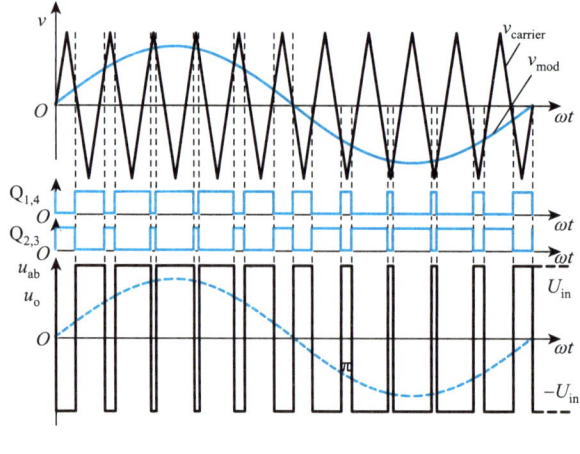

图 8-19 双极性 SPWM

2）单极性 SPWM

单极性 SPWM 是指在调制波的半个周期内载波电压的极性为单极性，在调制波的正半周，载波电压全部为正；在调制波的负半周，载波电压全部为负。根据开关管的不同驱动方案，采用单极性 SPWM 的逆变桥同样有单极性输出和双极性输出。图 8-20 为单极性载波单极性输出的 SPWM 工作波形。其中 $v_{mod}$ 为正弦调制波，$v_{carrier}$ 为三角载波，为单极性。调制波和载波的交点确定各开关管的开通与关断：正半周时，$Q_4$ 一直导通，$Q_2$、$Q_3$ 一直截止，仅调制 $Q_1$；负半周时，$Q_1$、$Q_4$ 一直截止，$Q_2$ 一直导通，仅调制 $Q_3$。

正半周时，$u_{mod} > v_{carrier}$，$Q_1$ 导通，同时 $Q_4$ 一直导通，$Q_2$、$Q_3$ 一直截止；$v_{mod} < v_{carrier}$，$Q_1$ 截止，$Q_4$ 依然一直导通，$Q_2$、$Q_3$ 一直截止。

负半周时类似。

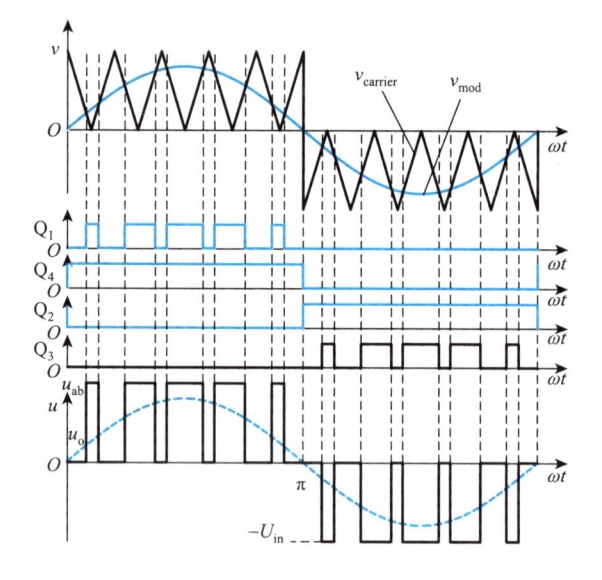

图 8-20 单极性载波单极性输出的 SPWM 工作波形

单极性 SPWM 单极性输出时有两只开关管的频率在一半时间内是开关频率，另两只开关管的频率是调制波频率，减小了开关损耗。

3）单极性倍频 SPWM

单极性倍频 SPWM 的载波是正负双极性，正弦波在正半周时仅调制 $Q_1$ 和 $Q_4$，$Q_2$、$Q_3$ 一直截止。

如图 8-21 所示，在正半周，调制波 $v_{mod}$ 与载波 $v_{carrier}$ 比较，产生开关管 $Q_1$ 的调制信号；调制波 $v_{mod}$ 反向为 $v'_{mod}$，$v'_{mod}$ 与载波 $v_{carrier}$ 比较，信号的"非"产生开关管 $Q_4$ 的调制信号。

负半周时类似。

在这种模式下，脉冲的频率为开关管开关频率的 2 倍。

### 4）滞环脉宽调制

滞环脉宽调制通常又称为滞环控制，可以认为是载波调制的一种特殊方式。滞环脉宽调制使用期望输出的波形作为给定信号（也可以是调制波，增加一个环宽，变成 2 条波形），使用实际输出波形作为载波信号（由于调制波中具有参考信号，所以该载波信号中就有调制波带来的给定信号），通过两者的比较决定功率开关器件的导通和截止，等效于对 PWM 脉冲的宽度调制。

滞环控制的逆变器电路中，电流滞环控制的应用最多。这种方式是根据滤波电感电流的上、下阈值决定开关器件的导通和截止。当滤波电感电流上升到给定上阈值时，开关管截止；下降到给定下阈值时，开关管导通，如图 8-22 所示。滞环的环宽对跟踪精度有很大影响：环宽过大时，开关动作频率低，但跟踪误差大；环宽过小时，跟踪精度高，但开关动作频率高，开关损耗大。

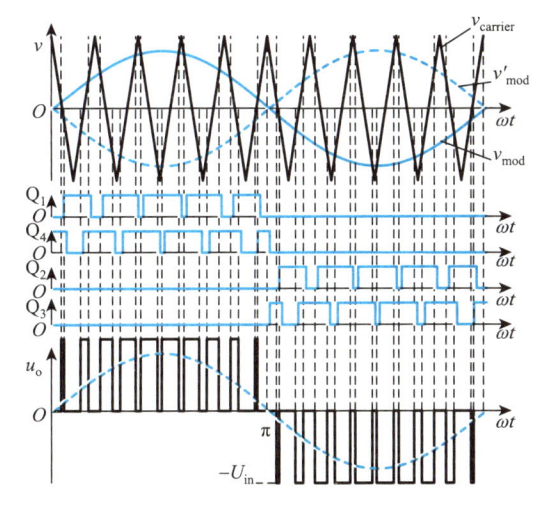

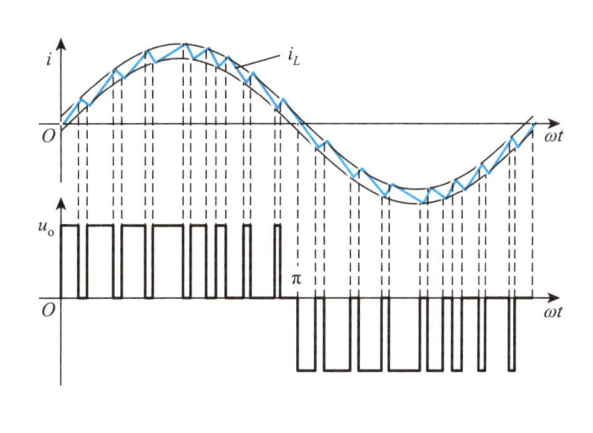

图 8-21　单极性倍频正弦脉宽调制　　图 8-22　电流滞环控制中给定电流和滤波电感电流

滞环脉宽调制的特点：硬件电路简单；实时控制，电流响应快；不用载波，输出电压中不含固定次谐波分量；与三角载波方式相比，相同开关频率时输出电流中高次谐波含量较多；属于闭环控制。

#### *3. 谐波含量

通过改变参考正弦波幅度 $V_{\text{mod}}$，通过由 0 变为 1 改变调制度，输出电压峰值将由 0 变化到 $U_{\text{in}}$，如第 $m$ 个脉冲的宽度为 $\theta_m$，可以得到输出电压的有效值：

$$U_{\text{orms}} = U_{\text{in}} \sqrt{\sum_{m=1}^{p} \frac{\theta_m}{\pi}} \tag{8-28}$$

输出电压的傅里叶级数展开式：

$$u_o(t) = \sum_{n=1}^{\infty} [A_n \cos(n\omega t) + B_n \sin(n\omega t)] \tag{8-29}$$

式中，$n = 1, 3, 5, \cdots$；系数 $A_n$ 和 $B_n$ 由每个脉宽 $\theta_m$、起始角 $\alpha_m$ 的正脉冲和对应的负脉冲 $\pi + \alpha_m$ 来确定。

对于起始角为 $\alpha_m$ 和 $\pi + \alpha_m$ 的一对脉冲的傅里叶级数系数：

$$a_n = \frac{2U_{\text{in}}}{\pi} \int_{\alpha_m}^{\alpha_m+\theta_m} \cos(n\omega t)\mathrm{d}(\omega t) = \frac{2U_{\text{in}}}{n\pi}[\sin(n(\alpha_m+\theta_m)) - \sin(n\alpha_m)] \quad (8\text{-}30)$$

$$b_n = \frac{2U_{\text{in}}}{\pi} \int_{\alpha_m}^{\alpha_m+\theta_m} \sin(n\omega t)\mathrm{d}(\omega t) = \frac{2U_{\text{in}}}{n\pi}[\cos(n\alpha_m) - \cos(n(\alpha_m+\theta_m))] \quad (8\text{-}31)$$

输出电压的傅里叶级数的系数：

$$A_n = \sum_{m=1}^{p} \frac{2U_{\text{in}}}{n\pi}[\sin(n(\alpha_m+\theta_m)) - \sin(n\alpha_m)] \quad (8\text{-}32)$$

$$B_n = \sum_{m=1}^{p} \frac{2U_{\text{in}}}{n\pi}[\cos(n\alpha_m) - \cos(n(\alpha_m+\theta_m))] \quad (8\text{-}33)$$

图 8-23 绘出以单极性调制为例的谐波分析图，图 8-23（a）为滤波器输入电压的谐波分析，图 8-23（b）为滤波器输出电压的谐波分析。其中三角载波频率为 1.5kHz，滤波器截止频率为 500Hz。

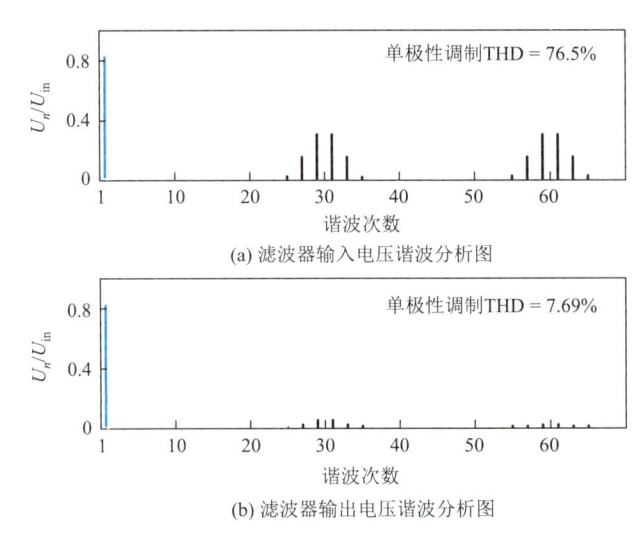

(a) 滤波器输入电压谐波分析图

(b) 滤波器输出电压谐波分析图

图 8-23　滤波器输入、输出电压谐波分析图

### *4. 数值计算调制

基于计算机、微控制单元和数字信号处理器（digital signal processing，DSP）等发展，很多调制方法都可以通过离线计算或在线计算来实现。因此，SPWM 数值计算方式得到迅速发展，应用广泛，内容丰富。最常见的有：同步调制、异步调制、自然采样、规则采样、SVPWM、谐波注入、不连续调制，等等。当开关频率提高到 50kHz 后，同步调制与异步调制，自然采样与规则采样，对输出波形的影响很小，因篇幅所限，不再逐一介绍。

最传统的数值计算方式为计算机离线计算固定次谐波消除方法。

1）单极性固定次谐波消除

在简单的 PWM 逆变器中，有时不希望控制电路太复杂，又希望尽可能减少低次谐波，常常采用谐波消除技术。

由式（8-25）可见，如果希望在输出电压中消除 $n$ 次谐波，即令

$$\sin\left(n\frac{\theta}{2}\right) = 0 \quad (8\text{-}34)$$

则

$$\theta = \frac{360°}{n} \tag{8-35}$$

若希望消除 3 次谐波，令 $\theta = 120°$，消除 5 次谐波，令 $\theta = 72°$，等等。如果希望消除多个低次谐波，则可采用图 8-24 所示的对称缺口半波。

图 8-24 所示是奇函数波形，对称于 $\pi/2$，波形中只含奇次谐波：

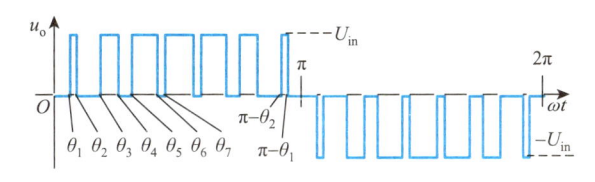

图 8-24 单极性谐波消除技术

$$u_o(t) = \sum_{n=1}^{\infty} B_n \sin(n\omega t) \tag{8-36}$$

式中，

$$B_n = -\frac{2U_{in}}{n\pi}[(\cos(n\theta_2) - \cos(n\theta_1) + \cos(n\theta_4) - \cos(n\theta_3) + \cdots + \cos(n(\pi - \theta_3)) \\ - \cos(n(\pi - \theta_4)) + \cos(n(\pi - \theta_1)) - \cos(n(\pi - \theta_2))] \tag{8-37}$$

当 $n$ 为偶数时，$B_n = 0$。
当 $n$ 为奇数时，式（8-37）可写为

$$B_n = \frac{4U_{in}}{n\pi}[\cos(n\theta_1) - \cos(n\theta_2) + \cos(n\theta_3) - \cos(n\theta_4) + \cdots] \tag{8-38}$$

由此可得到基波及各次谐波的幅值：

$$B_1 = \frac{4U_{in}}{\pi}(\cos\theta_1 - \cos\theta_2 + \cos\theta_3 - \cos\theta_4 + \cdots)$$

$$B_3 = \frac{4U_{in}}{3\pi}(\cos(3\theta_1) - \cos(3\theta_2) + \cos(3\theta_3) - \cos(3\theta_4)\cdots)$$

$$B_5 = \frac{4U_{in}}{5\pi}(\cos(5\theta_1) - \cos(5\theta_2) + \cos(5\theta_3) - \cos(5\theta_4)\cdots)$$

$$\cdots \tag{8-39}$$

以上各式表示各次谐波的幅值，如果已知各 $\theta$ 值，就可计算出各次谐波的幅值。反之，如果希望消除输出波形中某次谐波，就令某次谐波幅值为零（$B_n = 0$），即

$$\cos(n\theta_1) - \cos(n\theta_2) + \cos(n\theta_3) - \cos(n\theta_4) + \cdots = 0 \tag{8-40}$$

由于半周期对称于 $\pi/2$，如果半周期的脉冲数为 $p$ 个，未知数 $\theta$ 也有 $p$ 个，式（8-40）有 $p$ 个独立方程，即能够消除 $p$ 个奇次谐波。例如，半周期有 5 个脉冲，可消除 3、5、7、9、11 次谐波；3 个脉冲消除 3、5、7 次谐波，等等。例如，有 3 个脉冲，式（8-40）为

$$\begin{cases} \cos(3\theta_1) - \cos(3\theta_2) + \cos(3\theta_3) = 0 \\ \cos(5\theta_1) - \cos(5\theta_2) + \cos(5\theta_3) = 0 \\ \cos(7\theta_1) - \cos(7\theta_2) + \cos(7\theta_3) = 0 \end{cases} \tag{8-41}$$

由此解出 $\theta_1$，$\theta_2$ 和 $\theta_3$，此方程是超越方程，一般用计算机求解。

2）双极性固定次谐波消除

在低输入电压时，可采用推挽逆变器。由于推挽逆变器只能两态输出，因此采用双极性调制（图 8-25）。

图 8-25 双极性固定次谐波消除技术

例如，输出半周期有 2 个缺口，输出电压的傅里叶级数展开式为

$$u_o(t) = \sum_{n=1}^{\infty} A_n \sin(n\omega t) \tag{8-42}$$

式中，

$$A_n = \frac{4U_{in}}{\pi}\left[\int_{\alpha_0}^{\alpha_1}\sin(n\omega t)d(\omega t) - \int_{\alpha_1}^{\alpha_2}\sin(n\omega t)d(\omega t) + \int_{\alpha_2}^{\pi/2}\sin(n\omega t)d(\omega t)\right]$$

$$= \frac{4U_{in}}{\pi} \cdot \frac{1 - 2\cos(n\alpha_1) + 2\cos(n\alpha_2)}{n} \tag{8-43}$$

若消除 3、5 次谐波，即 $A_3 = A_5 = 0$，则式（8-43）可写为

$$1 - 2\cos(3\alpha_1) + 2\cos(3\alpha_2) = 0 \text{ 或 } \alpha_2 = \frac{1}{3}\arccos(\cos(3\alpha_1) - 0.5) \tag{8-44}$$

$$1 - 2\cos(5\alpha_1) + 2\cos(5\alpha_2) = 0 \text{ 或 } \alpha_1 = \frac{1}{5}\arccos(\cos(5\alpha_2) + 0.5) \tag{8-45}$$

式（8-44）和式（8-45）用迭代法求解，假设初始 $\alpha_1 = 0$，反复计算 $\alpha_1$、$\alpha_2$。本例计算结果 $\alpha_1 = 23.62°$ 和 $\alpha_2 = 33.3°$。也可设置多个缺口，消除更多低次谐波。

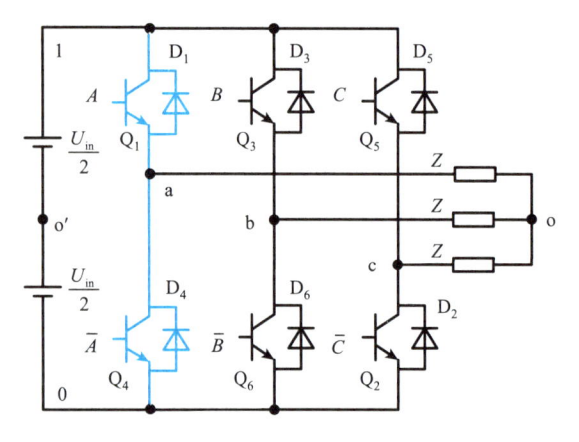

图 8-26 三相电压源 PWM 逆变器电路

3）空间矢量脉宽调制

空间矢量脉宽调制（space vector pulse width modulation，SVPWM）常用于交流电机调速的变频器、应急供电的逆变器等。由 SVPWM 算法控制开关管通断顺序、脉宽，可产生相差 120°电角度的旋转电动势。三相电压源 PWM 逆变器如图 8-26 所示。定义开关函数：

$$s_{swi} = \begin{cases} 1, & X = 1 \\ 0, & X = 0 \end{cases} \tag{8-46}$$

式中，$X = A, B, C$，为布尔变量，表示开关管开关状态，当 $A = 1$ 时，$Q_1$ 导通 $Q_4$ 截止；当 $A = 0$ 时，$Q_4$ 导通 $Q_1$ 截止。其余两个桥臂类似。$i = a, b, c$ 对应 $X = A, B, C$。"$X = 1$"表示逆变器的输出（$u_a, u_b, u_c$）对于直流母线中性点 o' 的电压为 $U_{in}/2$，"$X = 0$"表示逆变器的输出（$u_a, u_b, u_c$）对于直流母线中性点的电压为 $-U_{in}/2$。每一相上下桥臂开关管的开关状态是互补的，可以组成 8 种模式，这 8 种开关状态可表示为开关向量 $\mathbf{s}_{swk} = [s_{swc} \quad s_{swb} \quad s_{swa}]$，$k = 0, 1, 2, \cdots, 7$，为 $s_{swc}$、$s_{swb}$、$s_{swa}$ 3 个布尔变量组成的二进制数值，逆变器的输出电压状态由这 8 个开关向量表示。

定义 8 个电压矢量分别对应这 8 个开关向量：

$$\vec{U}_i = \frac{\sqrt{2}}{\sqrt{3}}U_{in}[s_{swc} \quad s_{swb} \quad s_{swa}][\alpha^2 \quad \alpha \quad 1]^T \tag{8-47}$$

式中，$i = 0, 1, 2, \cdots, 7$；$\alpha = e^{-j2\pi/3}$。

$$\vec{U}_0 = \frac{\sqrt{2}}{\sqrt{3}}U_{in}[0 \quad 0 \quad 0][\alpha^2 \quad \alpha \quad 1]^T = 0$$

$$\vec{U}_1 = \frac{\sqrt{2}}{\sqrt{3}}U_{in}[0 \quad 0 \quad 1][\alpha^2 \quad \alpha \quad 1]^T = \frac{\sqrt{2}}{\sqrt{3}}U_{in}$$

$$\vec{U}_7 = \frac{\sqrt{2}}{\sqrt{3}} U_{in}[1\ 1\ 1][\alpha^2 \quad \alpha \quad 1]^T = 0 \tag{8-48}$$

$\vec{U}_1, \cdots, \vec{U}_6$ 这 6 种开关模式产生幅值相同的输出电压（$|\vec{U}_1| = |\vec{U}_2| = \cdots = |\vec{U}_6| = \frac{\sqrt{6}}{3} U_{in}$），另两种开关模式 $\vec{U}_0$ 和 $\vec{U}_7$ 无输出电压，称为零矢量。这 8 个电压矢量如图 8-27 所示。6 个非零矢量将平面分成 6 等份，分别称为扇区Ⅰ、扇区Ⅱ、扇区Ⅲ、扇区Ⅳ、扇区Ⅴ、扇区Ⅵ。开关管开关状态与输出电压之间的关系如表 8-1 所示。

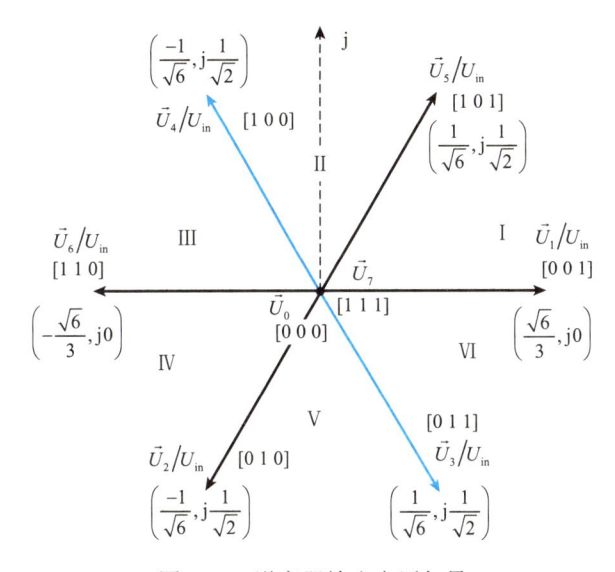

图 8-27　逆变器输出电压矢量

表 8-1　开关管开关状态与输出电压之间的关系

| 输出电压 | C | B | A | $u_{ao}$ | $u_{bo}$ | $u_{co}$ | $u_{ab}$ | $u_{bc}$ | $u_{ca}$ |
|---|---|---|---|---|---|---|---|---|---|
| $\vec{U}_0$ | 0 | 0 | 0 | 0 | 0 | 0 | 0 | 0 | 0 |
| $\vec{U}_1$ | 0 | 0 | 1 | $2u_{in}/3$ | $-u_{in}/3$ | $-u_{in}/3$ | $u_{in}$ | 0 | $-u_{in}$ |
| $\vec{U}_2$ | 0 | 1 | 0 | $-u_{in}/3$ | $2u_{in}/3$ | $-u_{in}/3$ | $-u_{in}$ | $u_{in}$ | 0 |
| $\vec{U}_3$ | 0 | 1 | 1 | $u_{in}/3$ | $u_{in}/3$ | $-2u_{in}/3$ | 0 | $u_{in}$ | $-u_{in}$ |
| $\vec{U}_4$ | 1 | 0 | 0 | $-u_{in}/3$ | $-u_{in}/3$ | $2u_{in}/3$ | 0 | $-u_{in}$ | $u_{in}$ |
| $\vec{U}_5$ | 1 | 0 | 1 | $u_{in}/3$ | $-2u_{in}/3$ | $u_{in}/3$ | $u_{in}$ | $-u_{in}$ | 0 |
| $\vec{U}_6$ | 1 | 1 | 0 | $-2u_{in}/3$ | $u_{in}/3$ | $u_{in}/3$ | $-u_{in}$ | 0 | $u_{in}$ |
| $\vec{U}_7$ | 1 | 1 | 1 | 0 | 0 | 0 | 0 | 0 | 0 |

空间矢量脉宽调制（SVPWM）技术就是通过式（8-48）中的这 8 种基本空间矢量的组合，使逆变器的输出电压在时间均值意义下（一个 PWM 开关周期内）与期望的任意空间电压矢量 $\vec{U}_{out}$ 相等。由于三相逆变器在任意时刻只能处在一种通断状态，若是利用 8 个基本空间矢量来逼近给定的空间电压矢量 $\vec{U}_{out}$，则 $\vec{U}_{out}$ 的分解有无穷多种组合。为了减少开关动作次数，

充分利用空间矢量的有效动作时间，用 $\vec{U}_{out}$ 所处空间扇区相邻的两个空间矢量与零矢量（$\vec{U}_0$ 和 $\vec{U}_7$）的线性组合来等效 $\vec{U}_{out}$，如图 8-28 所示，即

$$\int_{t}^{t+T_s} \vec{U}_{out}(\tau) d\tau = \left( T_x \vec{U}_x + T_y \vec{U}_y + T_0 \vec{U}_0 + T_7 \vec{U}_7 \right) \tag{8-49}$$

式中，$T_x$ 和 $T_y$ 分别是相邻的两个空间矢量 $U_x$ 和 $U_y$ 在一个开关周期内的作用时间，$y > x$，且有 $T_s - T_x - T_y = T_0 + T_7 = T_{zero} \geq 0$，$T_0 \geq 0$，$T_7 \geq 0$，$T_s$ 为 PWM 开关周期，当开关周期 $T_s$ 很小时，空间电压矢量 $\vec{U}_{out}$ 可写为

$$\vec{U}_{out} = \frac{1}{T_s} \left( T_x \vec{U}_x + T_y \vec{U}_y + T_0 \vec{U}_0 + T_7 \vec{U}_7 \right) \tag{8-50}$$

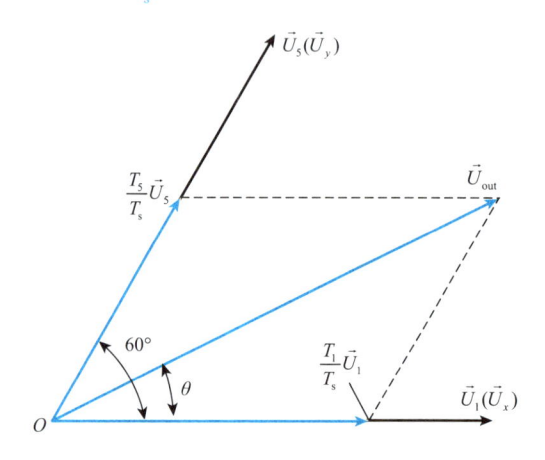

图 8-28 电压矢量合成图

以空间电压矢量 $\vec{U}_{out}$ 在扇区 I 为例，计算相关的各个基本空间矢量的作用时间。设 $\vec{U}_{out}$ 与 $\vec{U}_1$ 的夹角为 $\theta$，由式（8-50）可得：

$$\begin{cases} T_s \left| \vec{U}_{out} \right| \cos\theta = \frac{\sqrt{2}}{\sqrt{3}} U_{in} T_1 + \frac{\sqrt{2}}{\sqrt{3}} U_{in} T_5 \cos\frac{\pi}{3} \\ T_s \left| \vec{U}_{out} \right| \sin\theta = \frac{\sqrt{2}}{\sqrt{3}} U_{in} T_5 \sin\frac{\pi}{3} \end{cases} \tag{8-51}$$

从而可解得空间电压矢量 $\vec{U}_1$ 和 $\vec{U}_5$ 的作用时间 $T_1$ 和 $T_5$ 分别为

$$\begin{cases} T_1 = \frac{\sqrt{2} T_s \left| \vec{U}_{out} \right|}{U_{in}} \cos\left(\theta + \frac{\pi}{6}\right) \\ T_5 = \frac{\sqrt{2} T_s \left| \vec{U}_{out} \right|}{U_{in}} \sin\theta = \frac{\sqrt{2} T_s \left| \vec{U}_{out} \right|}{U_{in}} \cos\left(\theta + \frac{3\pi}{2}\right) \end{cases} \tag{8-52}$$

零矢量的作用时间

$$T_{zero} = T_0 + T_7 = T_s - T_1 - T_5 \tag{8-53}$$

同样，由式（8-50）还可以计算出空间矢量 $\vec{U}_{out}$ 在其他 5 个扇区内，对应的基本空间矢量的作用时间。

在确定 $\vec{U}_{out}$ 所处扇区内基本空间矢量的作用时间后，还需确定基本电压矢量作用的先后顺序。显然，在每一个扇区内，基本电压矢量的作用顺序有多种组合方式，但若要得到一种对称

的 SVPWM 信号，其空间矢量的作用顺序应满足如下的规律，即

$$\vec{U}_0(000) \to \vec{U}_x \to \vec{U}_y \to \vec{U}_7(111) \to \vec{U}_y \to \vec{U}_x \to \vec{U}_0(000), \quad y > x$$

其中，$\vec{U}_x \to \vec{U}_y$ 的切换方向是逆时针或顺时针，但只有一个方向可使在每一次的状态切换中有一个 PWM 通道被触发，这样一旦确定空间矢量 $\vec{U}_{out}$ 所处的扇区，SVPWM 算法相应的基本空间矢量的作用顺序也就唯一确定。若将零矢量插入时间均匀分配给两个零矢量 $\vec{U}_0$ 和 $\vec{U}_7$，即 $T_0 = T_7 = (T_s - T_x - T_y)/2 = T_{zero}/4$，则可以得到一种完全对称的 PWM 波形，如图 8-29 所示。正是由于这种对称性，才使得 SVPWM 在电压利用率和电流谐波等指标上优于 SPWM。

4）谐波注入法

数值计算调制应用方法中，谐波注入法应用广泛。从谐波分析可知，使用正弦信号对三角载波进行调制时，只要载波比足够

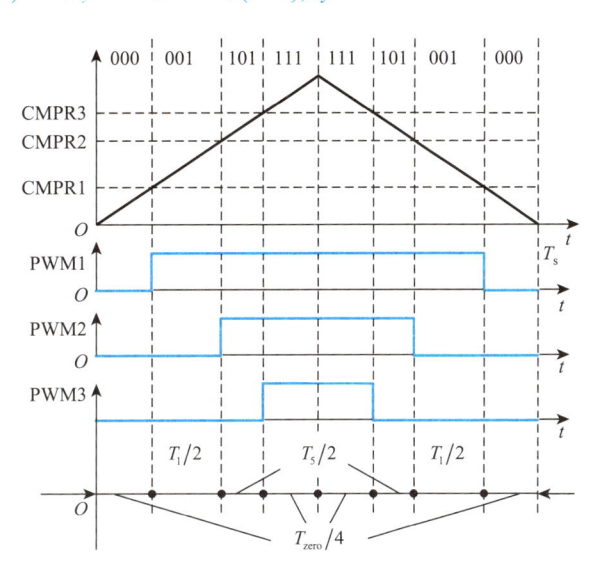

图 8-29 对称的 SVPWM

高，所得到的 PWM 波中不含低次谐波，只含跟载波频率有关的高次谐波。除了谐波含量以外，直流电压利用率也是一个重要指标，它反映逆变器的输出能力。直流电压利用率是指逆变电路所能输出的交流电压基波最大幅值与直流电压之比。

对于正弦波调制的三相 PWM 逆变电路，在调制度为最大值 1 时，输出相电压基波幅值为 $U_{in}/2$，输出线电压的基波幅值为 $\sqrt{3}U_{in}/2$，直流电压利用率为 86.6%。考虑到调制度小于 1，实际的直流电压利用率小于 86.6%。

如果在相电压正弦波调制信号中叠加适当大小的 3 次谐波，则输出相电压也必然包含 3 次谐波。合成线电压时，3 次谐波相互抵消，线电压为正弦波。如图 8-30 所示，在参考正弦波中叠加 3 次谐波，3 次谐波的幅值为正弦波幅值的 1/6（或 1/4），使调制波成为鞍形波，输出相电压也是鞍形波，输出线电压为正弦波，幅值更高，直流电压利用率的理论最高值达 116%。

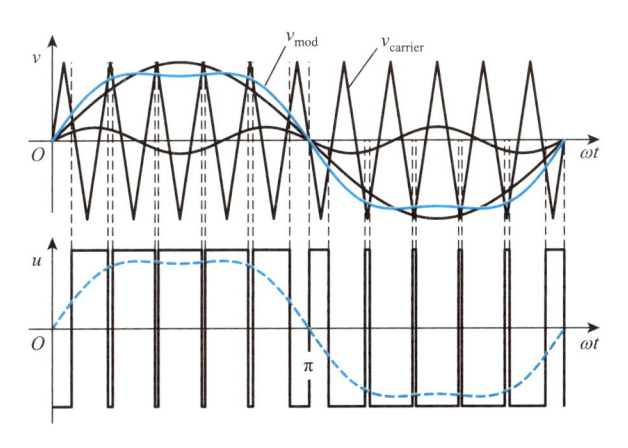

图 8-30 叠加 3 次谐波（正弦波幅值的 1/6）的调制信号

除叠加 3 次谐波外，还可以叠加 3 的倍数次频率的其他波形信号，甚至叠加直流分量，都不会影响线电压的波形。

5）其他数值计算调制方法

除了谐波注入法以外，其他的数值计算调制方法或者控制方法还有很多。

预测控制在电力电子变换领域有广泛的应用。电流预测控制包括多种控制算法。预测控制的基本原理是根据控制系统的数学模型来预测控制变量的变化，按照已经定义的优化规则，通过这些信息使系统的控制效果达到最优。电流预测控制算法的原理是根据电机和逆变器的离散数学模型来预测下一时刻的电机电流，在很短的时间内对电机电流进行精确控制，因此，电流环动态响应速度快和电机电流谐波小，使得电机转矩和伺服系统具有优良的控制效果和良好的响应速度。

重复控制可以克服整流型非线性负载引起的输出波形周期性的畸变。重复控制的原理是假定前一周期出现的基波波形畸变将在下一个周期的同一时间重复出现，控制器根据给定信号和反馈信号的误差确定所需的校正信号，然后在下一个基波周期的同一时间将此信号叠加到原控制信号上，以消除后面各个周期出现的重复性畸变。该控制方法具有良好的稳态输出特性和鲁棒性，但在控制上有一个周期的延迟，因而系统的动态响应较差。自适应重复控制方案已成功应用于逆变器的控制中[23]。

滑模变结构控制利用不连续的开关控制方法强迫系统的状态变量沿着相平面中某一滑动模态轨迹运动。该控制方法最大的优点是对参数变化和外部干扰的不敏感性，即强鲁棒性，加上其开关特性，特别适用于电力电子系统的闭环控制。但滑模变结构控制存在系统稳态效果不佳、理想滑模切换面难于选取、控制效果受采样率的影响等弱点。

无差拍控制是根据逆变电源系统的状态方程和输出反馈信号计算逆变器的下一采样周期的脉冲宽度。对于线性系统，该控制方法具有很好的稳态特性和快速的动态响应，其缺点是对系统参数的变化反应灵敏，鲁棒性较差。一旦系统参数出现较大的波动或系统模型建立不准确时，系统将出现很强的振荡。

智能控制技术主要包括模糊控制、神经网络和专家系统[24]。对于高性能的逆变电源系统，模糊控制器具有较强的鲁棒性和自适应性，且无须被控对象的精确数学模型；同时查找模糊控制表占用处理器的时间很少，采用较高采样率来补偿模糊规则的偏差。模糊控制的优势是能够根据不同精度需求靠近非线性函数，但其规则树和分档都受到一定程度的限制，同时人为因素在控制精度方面也有待改善。

## 8.3 逆变器数学模型与闭环控制分析

### 8.3.1 传递函数

以正弦脉宽调制单相全桥逆变器为例[14]，将图 8-18 重绘于图 8-31。$U_{in}$ 为输入电源电压；$Q_1 \sim Q_4$ 为半导体开关；$L$、$C$ 分别为 LC 滤波器的电感和电容，不考虑寄生杂散参数；$R$ 为负载电阻；$u_o$ 为输出正弦波电压，为突出其时变性，用 $u_o(t)$ 表示。使用正弦波调制信号 $v_{mod}(t) = V_{mod} \sin(\omega t)$ 与固定频率的三角载波 $v_{carrier}(t)$ 比较得到的脉冲控制 $Q_1 \sim Q_4$ 导通。控制器的输出信号 $v_{ctrl}(t)$ 直接作为调制信号，即 $v_{mod}(t)$。$v_{mod}(t)$ 正半周时，$Q_2$、$Q_3$ 一直截止，$Q_4$ 一直导通，控制 $Q_1$ 根据正弦脉宽调制规律导通或截止；$v_{mod}(t)$ 负半周时，$Q_1$、$Q_4$ 一直截止，$Q_2$

一直导通，控制 $Q_3$ 根据正弦脉宽调制规律导通或截止。如图 8-31 所示，首先在一个开关周期内求平均值来消除开关时变因素影响。

简单起见，忽略扰动输入，假设 $U_{in}$ 恒定。设 a、b 两点之间的电压为 $u_{ab}(t) = u_A(t)$，其正弦基波 $u_{A1}(t)$ 的复频域函数为 $u_{A1}(s)$。先看从 $v_{mod}(t)$ 到 $u_{A1}(s)$ 的传递函数。以单极性正弦脉宽调制为例。如图 8-31 所示。

以 $v_{mod}(t)$ 的正半周为例，$Q_4$ 一直导通，$Q_1$ 根据正弦脉宽调制规律导通或截止，可得：

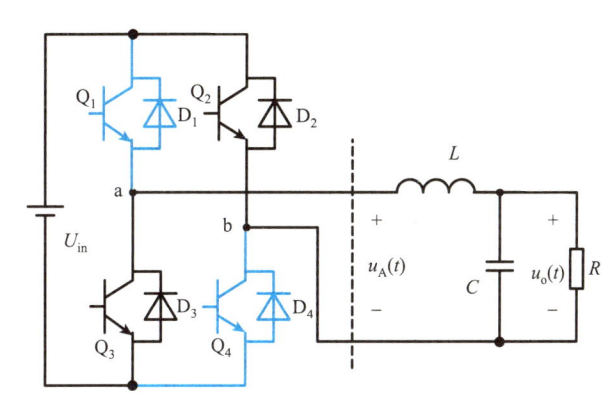

图 8-31 单相全桥逆变器

$$u_A(t) = U_{in} s_{sw}(t) \quad (8\text{-}54)$$

式中，$s_{sw}(t)$ 为开关变量，当 $Q_1$ 导通时，$Q_1$、$Q_4$ 同时流过电流，$s_{sw}(t)=1$；当 $Q_1$ 截止时，$D_3$、$Q_4$ 同时流过电流，$s_{sw}(t)=0$。$u_A(t)$ 为开关频率时变函数，除其基波 $u_{A1}(t)$ 外，最低次谐波频率在开关频率附近，并且幅值很小，可以忽略。由于开关周期相对于调制波周期很短，在一个开关周期之内 $u_{A1}(t)$ 基本不变，同时参考正弦脉宽调制理论，$u_A(t)$ 在一个开关周期内的平均值变量 $\langle u_A(t) \rangle_{T_s}$（也称为平均值）约等于其基波瞬时值 $u_{A1}(t)$：

$$\langle u_A(t) \rangle_{T_s} = U_{in} \langle s_{sw}(t) \rangle_{T_s} \approx u_{A1}(t) \quad (8\text{-}55)$$

式中，$\langle s_{sw}(t) \rangle_{T_s}$ 为开关变量 $s_{sw}(t)$ 在一个开关周期内的平均值：

$$\langle s_{sw}(t) \rangle_{T_s} = D(t) \quad (8\text{-}56)$$

$D(t)$ 为调制波 $v_{mod}(t)$ 与三角载波 $v_{carrier}(t)$ 比较得到的占空比。如图 8-32 所示，假设使用零阶采样保持器，$v_{mod}(t)$ 在每个开关周期的采样保持值为 $v_{mod}(nT)$，其与三角载波比较得到的占空比为 $D(nT)$。同样由于开关周期相对于调制波周期很短，可以认为在一个开关周期内 $v_{mod}(t)$ 基本不变，因此，$v_{mod}(t) \approx v_{mod}(nT)$，$D(t) \approx D(nT)$：

$$D(t) \approx D(nT) = \frac{v_{mod}(nT)}{V_m} \approx \frac{v_{mod}(t)}{V_m} \quad (8\text{-}57)$$

式中，$V_m$ 为三角载波 $v_{carrier}(t)$ 的峰值。

由式（8-55）～式（8-57）可得：

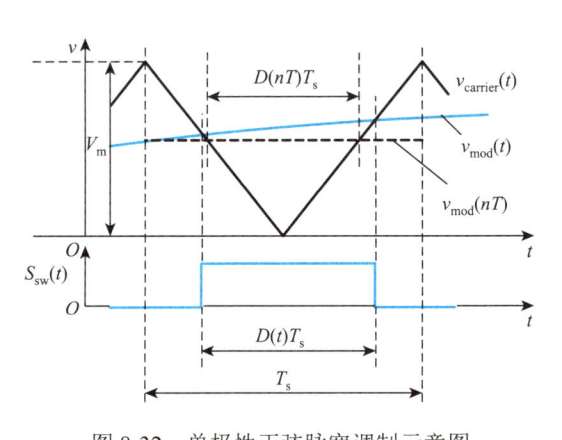

$$u_{A1}(t) \approx \frac{U_{in}}{V_m} v_{mod}(t) \quad (8\text{-}58)$$

图 8-32 单极性正弦脉宽调制示意图

忽略误差不计，拉普拉斯变换后得到传递函数为比例环节：

$$\frac{u_{A1}(s)}{v_{mod}(s)} = \frac{U_{in}}{V_m} = K_{SPWM} \quad (8\text{-}59)$$

式中，$K_{SPWM}$ 表示该逆变桥的增益。

$v_{mod}(t)$ 负半周情况请读者自行分析。

再看 $u_{A1}(s)$ 到 $u_o(s)$ 的传递函数。如图 8-31 所示的虚线右边电路，由式（7-45）给出：

$$\frac{\hat{u}_o(s)}{\hat{u}_{A1}(s)} = \frac{\frac{1}{sC} \| R}{sL + \frac{1}{sC} \| R} = \frac{1}{LCs^2 + \frac{L}{R}s + 1} = \frac{1}{\frac{s^2}{\omega_n^2} + \frac{1}{Q} \cdot \frac{1}{\omega_n}s + 1}$$

综上所述，可得 $v_{\text{mod}}(s)$ 到 $u_o(s)$ 的传递函数，其交流小信号传递函数与之相同：

$$\frac{\hat{u}_o(s)}{\hat{v}_{\text{mod}}(s)} = \frac{u_o(s)}{v_{\text{mod}}(s)} = \frac{U_{\text{in}}}{V_m} \cdot \frac{1}{LCs^2 + \frac{L}{R}s + 1} = \frac{U_{\text{in}}}{V_m} \cdot \frac{1}{\frac{s^2}{\omega_n^2} + \frac{1}{Q} \cdot \frac{1}{\omega_n}s + 1} \quad (8\text{-}60)$$

### 8.3.2 滤波器及其数学模型

由于逆变器以高频正弦脉宽调制方式工作，输出 LC 滤波器主要用来滤除开关频率及其邻近频带的谐波，如图 8-33 所示（为方便阅读，图中载波频率仅为调制波频率的 14 倍），使输出电压接近正弦波。因此期望：输出电压的谐波含量小，滤波器体积小。

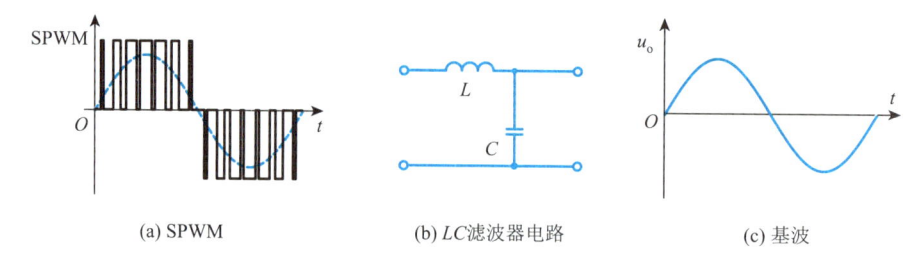

图 8-33　单相逆变器输出 LC 滤波器作用示意图

首先需要确定 LC 低通滤波器的转折频率。参照式（7-45），影响滤波效果的参数主要是自然振荡角频率（转折角频率）$\omega_n$ 和阻尼比 $\zeta$。选择正弦脉宽调制逆变器的输出 LC 滤波器的转折频率 $f_n = \omega_n/2\pi$ 远远低于开关频率 $f_s$，并对开关频率及其临近频带的谐波具有明显的抑制作用。若开关频率 $f_s = 20\text{kHz}$，选取 LC 滤波器的转折频率约为开关频率的 1/20：

$$f_n = \frac{1}{20}f_s = \frac{1}{20} \times 20\text{kHz} = 1\text{kHz} = \frac{1}{2\pi\sqrt{LC}} \quad (8\text{-}61)$$

绘制 LC 滤波器对数幅频曲线与渐近线如图 8-34 所示，当频率大于转折频率时幅频特性以 $-40\text{dB/dec}$ 的斜率下降，取 LC 滤波器的转折频率为开关频率的 1/20 后，开关频率处的谐波通过 LC 滤波器后有约 $-52.04\text{dB}$ 的衰减。

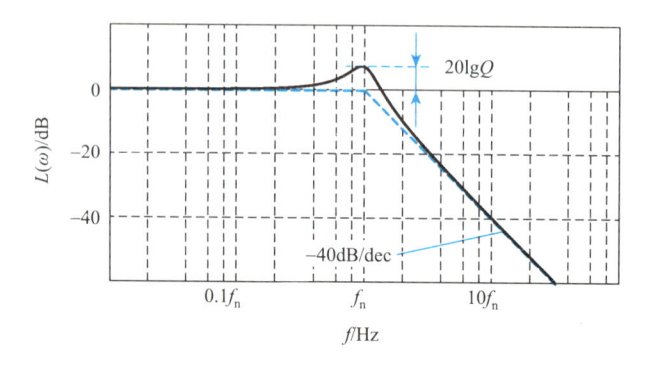

图 8-34　二阶振荡环节对数幅频特性曲线与渐近线

确定 LC 滤波器的转折频率，相当于确定 LC 的乘积，然后确定 L、C 的值。如图 8-35（a）所绘制的 LC 滤波器相量电路，忽略寄生杂散参数不计，逆变桥输出只考虑基波电压，从 $u_{A1}(t)$ 到 $u_o(t)$ 的相量图如图 8-35（b）所示，各相量分别用 $\dot{U}_{A1}(t)$、$\dot{I}_L(t)$、$\dot{U}_L(t)$、$\dot{I}_C(t)$、$\dot{I}_o(t)$、$\dot{U}_o(t)$、$\dot{P}_o(t)$ 表示，$U_o$ 表示 $\dot{U}_o(t)$ 的长度，$P_o$ 表示 $\dot{P}_o(t)$ 的长度。

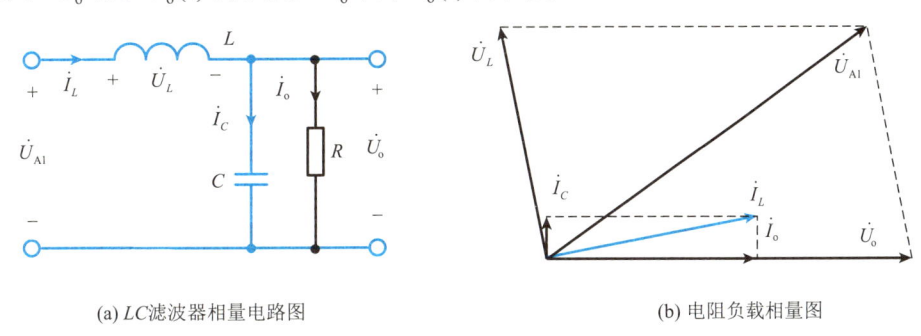

(a) LC滤波器相量电路图　　(b) 电阻负载相量图

图 8-35　LC 滤波器电路及相量图

流过滤波电容的基波电流不超过逆变桥输出基波电流的10%~30%。这是为了让流过开关管的电流尽可能多的是流过负载的有功电流，有利于尽可能选择额定电流小的开关管或减小导通损耗。如图 8-35（b）所示的 $|\dot{I}_C| \leq (10\% \sim 30\%)|\dot{I}_L|$，可以更简单地选择不超过额定负载电流的10%~30%，比如选择 $|\dot{I}_C| \leq 5\%|\dot{I}_o|$。

由于 $|\dot{I}_C| = \dfrac{U_o}{1/\omega C}$，$|\dot{I}_o| = \dfrac{P_o}{U_o}$，整理：

$$\frac{U_o}{1/\omega C} \leq 5\% \frac{P_o}{U_o} \tag{8-62}$$

可得：

$$C \leq \frac{5\% P_o}{2\pi f U_o^2} \tag{8-63}$$

式中，$f$ 为输出电压的基波频率。

综上所述，根据式（8-61）确定 LC 乘积，再根据式（8-63）估算 C 值，最后计算 L 值。

**例 8-1**　单极性正弦脉宽调制单相全桥逆变器，输出电压有效值为 220V 的正弦波、频率 50Hz、输出功率 1kV·A、功率管开关频率为 20kHz，设计滤波器参数。

**解**：根据式（8-61）选取：

$$f_n = \frac{1}{2\pi\sqrt{LC}} = 1\text{kHz}$$

计算得：

$$LC \approx \frac{1}{(2\pi \times 1000)^2}$$

根据式（8-63）计算得：

$$C \leq \frac{5\% P_o}{2\pi f U_o^2} \leq 3.29 \mu F$$

取 $C = 2\mu F$，再根据滤波器谐振频率，计算得：

$$L = \frac{1}{(2\pi \times 1000)^2 \times 2 \times 10^{-6}} = 12.66\text{mH}$$

取 $L = 12.9\text{mH}$，则

$$f_n = \frac{1}{2\pi\sqrt{LC}} = \frac{1}{2\pi\sqrt{12.9\times 10^{-3}\times 2\times 10^{-6}}} \approx 991\text{Hz}$$

将 $L = 12.9\text{mH}$、$C = 2\mu\text{F}$ 代入阻尼比计算公式：

$$\zeta = \frac{1}{2R}\sqrt{\frac{L}{C}} = \frac{1}{2R}\sqrt{\frac{12.9\times 10^{-3}}{2\times 10^{-6}}} \approx \frac{40.2}{R}$$

绘制出 $\zeta$ 与 $R$ 的关系为双曲线，如图 8-36 所示。由图中看出，负载越轻（即负载电阻越大），阻尼比 $\zeta$ 就越小；空载时，阻尼比 $\zeta$ 接近于 0。容量 1kV·A 输出电压 220V 的逆变器，额定功率下电阻为 $R = 48.4\Omega$，此时 $\zeta \approx 0.83$，所以从空载到满载，$0 < \zeta \leq 0.83$。在实际的应用设计中，最小负载时的状况更为恶劣，在校正时，应根据实际情况选择最小负载时的特性曲线进行校正。以最小负载为满载的 5% 为例，进行校正设计，此时 $R = 968\Omega$，$\zeta = \sqrt{L/C}/(2R) \approx 0.0415$。可以看出：逆变器的滤波器传递函数同样具有与 Buck 变换器滤波器传递函数相同的两个显著特征，并且在负载电流很小时，阻尼比 $\zeta$ 很小，谐振峰值很高，若采用相位滞后的校正方法设计电压环控制器时，难以取得良好的动态性能。

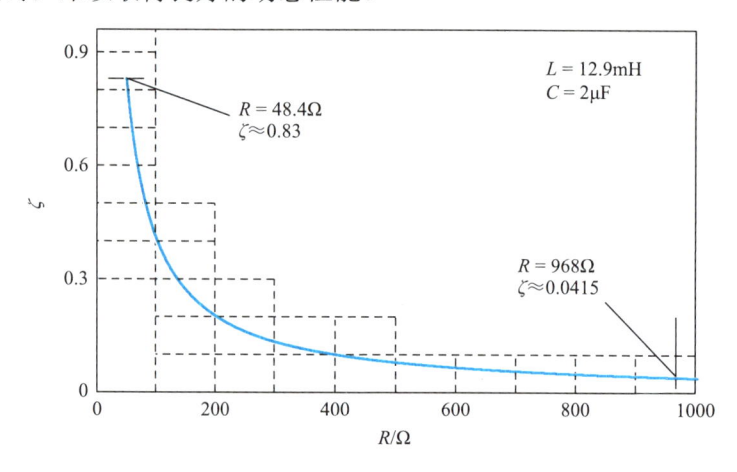

图 8-36 负载电阻与阻尼比关系曲线

### 8.3.3 电压双环控制

以一种典型的内外电压双闭环的逆变器控制系统为例，内环设计为输出电压瞬时值反馈控制来获得快速的动态性能，保证输出电压畸变率总谐波含量较低；外环设计为输出电压有效值反馈控制，保证较高的输出电压有效值精度。由于外环采样反馈的信号是输出电压有效值，因此与之比较的给定参考信号是正弦波有效值。

以例 8-1 分析设计。忽略电感、电容的寄生杂散参数，系统控制框图如图 8-37 所示。$G_{o1}(s)$ 为被控对象，$K_{\text{SPWM}} = \dfrac{U_{\text{in}}}{V_{\text{m}}}$ 为逆变桥增益，$V_{\text{m}} = 3.8\text{V}$，$U_{\text{in}} = 380\text{V}$，$G_o(s) = \dfrac{R}{LCRs^2 + Ls + R}$ 为 LC 滤波器和负载的传递函数。$G_{c1}(s)$、$G_{c2}(s)$ 分别为内环和外环控制器。$H_1(s)$、$H_2(s)$ 分别为内环和外环的比例采样反馈环节，比例系数分别为 $K_1$、$K_2$。假设把强电信号 310V 采样为弱电信号 3.1V，所以比例系数为 $K_1 = K_2 = 0.01$。

（1）内环设计。内环给定正弦波信号与输出电压瞬时值采样信号比较，得到误差信号经内环控制器后，再经过正弦脉宽调制环节将连续控制量转变为时变控制量去控制开关器件。

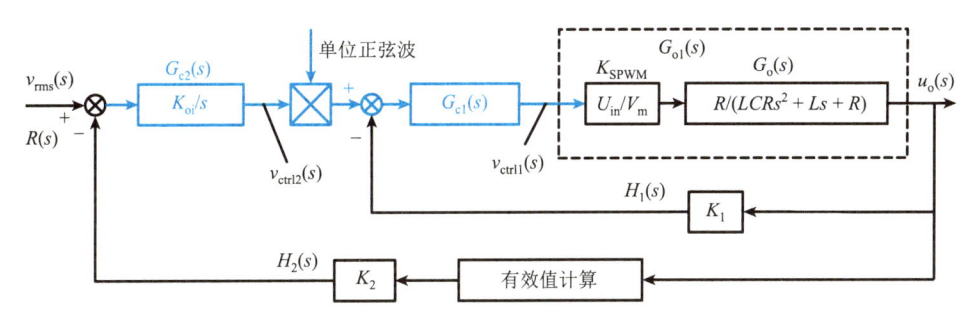

图 8-37 一种典型的内外电压双闭环逆变器系统控制框图

（2）外环设计。输出电压经整流滤波后得到的直流量（有效值）采样反馈信号与给定的正弦波有效值信号进行比较，得到的误差信号经外环控制器后的输出作为内环参考正弦波的幅值，这个幅值再乘以单位幅值的正弦波后作为内环给定正弦波信号。

1. 瞬时值控制内环参数设计

1）传递函数

如图 8-37 所示，内环被控对象传递函数如式（8-60）：

$$G_{o1}(s) = \frac{K_{SPWM}}{LCs^2 + \frac{L}{R}s + 1} = \frac{K_{SPWM}}{\frac{s^2}{\omega_n^2} + \frac{1}{Q} \cdot \frac{1}{\omega_n}s + 1}$$

代入上述参数：$K_{SPWM} = \frac{U_{in}}{V_m} = \frac{380}{3.8} = 100$、$L = 12.9\text{mH}$、$C = 2\mu\text{F}$、$R = 968\Omega$、$K_1 = 0.01$。

$$\omega_n = \frac{1}{\sqrt{LC}} = \frac{1}{\sqrt{12.9 \times 10^{-3} \times 2 \times 10^{-6}}} = 6.23\text{krad/s}$$

$$f_n = \frac{1}{2\pi\sqrt{LC}} = \frac{1}{2\pi\sqrt{12.9 \times 10^{-3} \times 2 \times 10^{-6}}} = 991\text{Hz}$$

$$\zeta = \frac{1}{2R}\sqrt{\frac{L}{C}} = \frac{1}{2 \times 968} \times \sqrt{\frac{12.9 \times 10^{-3}}{2 \times 10^{-6}}} = 0.0415$$

$$Q = \frac{1}{2\zeta} = R\sqrt{\frac{C}{L}} = 968 \times \sqrt{\frac{2 \times 10^{-6}}{12.9 \times 10^{-3}}} = 12.1$$

$$20\lg Q = 20\lg 12.1 = 21.7\text{dB}$$

$$G_{o1}(s) = \frac{K_{SPWM}}{LCs^2 + \frac{L}{R}s + 1} = \frac{100}{\left(\frac{s}{6230}\right)^2 + \frac{1}{12.1} \cdot \frac{1}{6230}s + 1}$$

$$G_{o1}(s)H_1(s) = \frac{1}{\left(\frac{s}{6230}\right)^2 + \frac{1}{12.1} \cdot \frac{1}{6230}s + 1}$$

绘制频率特性渐近线如图 8-38 所示。其中被控对象及内环反馈采样环节 $G_{o1}(s)H_1(s)$ 对数幅频特性曲线的渐近线如曲线 1 所示，同时绘制谐振峰值大小，其对数相频特性曲线的渐近线如曲线 4 所示。

2）控制器设计

该被控对象的特点：阻尼比 $\zeta = 0.0415$，很小；谐振峰值为 21.7dB，很高。

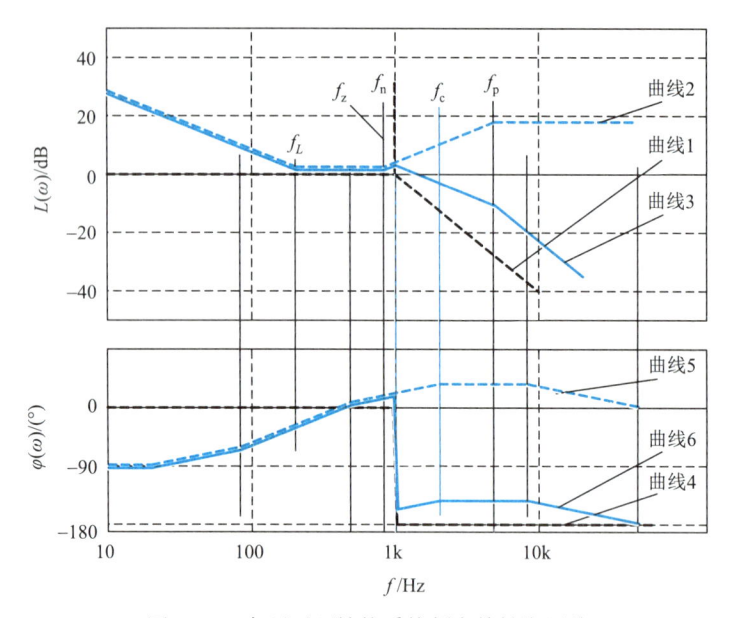

图 8-38 内环开环补偿系统频率特性渐近线

该被控对象采用剪切频率大于谐振频率的方法进行校正。由于需要阶跃输入的稳态误差为零，所以还需增加一个积分环节。为了使积分环节不影响开环系统相角裕度，再增加一个零点。使用 7.2 节所述的带有一个 PI 调节器的相位超前校正网络。为了确保闭环系统有较好的性能，同时兼顾满载时的性能，设置 $f_c = 2\text{kHz}$。

相位超前校正网络设计为

$$G_{c0}\frac{1+\dfrac{s}{\omega_z}}{1+\dfrac{s}{\omega_p}}, \quad \omega_z < \omega_c < \omega_p$$

设剪切频率 $f_c = 2\text{kHz}$ 处，相位裕度 $\varphi_m = 45°$。

$$f_z = f_c\sqrt{\frac{1-\sin\varphi_m}{1+\sin\varphi_m}} = 2\times\sqrt{\frac{1-\sin 45°}{1+\sin 45°}} = 828\text{Hz}$$

$$f_p = f_c\sqrt{\frac{1+\sin\varphi_m}{1-\sin\varphi_m}} = 2\times\sqrt{\frac{1+\sin 45°}{1-\sin 45°}} = 4.83\text{kHz}$$

PI 调节器设计为

$$\omega_L \cdot \frac{1+s/\omega_L}{s} = 1+\frac{\omega_L}{s} = 1+\frac{2\pi f_L}{s} = K_p + \frac{K_i}{s}$$

为了不影响剪切频率，取 $f_L = f_c/10 = 200\text{Hz}$。$K_p = 1$，$K_i = 2\pi f_L$，则有

$$\omega_L \cdot \frac{1+s/\omega_L}{s} = 1+\frac{2\pi f_L}{s} = 1+\frac{2\pi\times 200}{s} = 1+\frac{1260}{s}$$

因此，控制器为

$$G_{c1}(s) = G_{c0}\cdot\left(1+\frac{\omega_L}{s}\right)\cdot\frac{1+\dfrac{s}{\omega_z}}{1+\dfrac{s}{\omega_p}} = G_{c0}\cdot\left(1+\frac{1260}{s}\right)\cdot\frac{1+\dfrac{s}{5210}}{1+\dfrac{s}{30300}}$$

系统的开环传递函数为

$$G(s) = G_{c1}(s)G_{o1}(s)H(s) = G_{c0} \cdot \left(1 + \frac{1260}{s}\right) \cdot \frac{1 + \dfrac{s}{5210}}{1 + \dfrac{s}{30300}} \cdot \frac{1}{\left(\dfrac{s}{6230}\right)^2 + \dfrac{1}{12.1} \cdot \dfrac{1}{6230}s + 1}$$

$$|G(j\omega)|_{f_c = 2\text{kHz}} = \left| G_{c0} \cdot \left(1 + \frac{1260}{j\omega}\right) \cdot \frac{1 + \dfrac{j\omega}{5210}}{1 + \dfrac{j\omega}{30300}} \cdot \frac{1}{\left(\dfrac{j\omega}{6230}\right)^2 + \dfrac{1}{12.1} \cdot \dfrac{j\omega}{6230} + 1} \right|_{f_c = 2\text{kHz}} = 1$$

计算得：$G_{c0} = 1.27$。

因此，可得控制器为

$$G_{c1}(s) = 1.27 \cdot \left(1 + \frac{1260}{s}\right) \cdot \frac{1 + \dfrac{s}{5210}}{1 + \dfrac{s}{30300}}$$

绘制控制器 $G_{c1}(s)$ 的对数幅频特性曲线的渐近线如图 8-38 中曲线 2 所示，对数相频特性曲线的渐近线如曲线 5 所示。补偿后的开环传递函数对数幅频特性渐近线如图 8-38 中曲线 3 所示，对数相频特性渐近线如曲线 6 所示。

根据设计的控制器，绘制内环开环系统补偿伯德图仿真曲线如图 8-39 所示。其中曲线 1 为补偿前包括反馈环节的被控对象传递函数 $G_{o1}(s)H_1(s)$ 对数幅频特性曲线；曲线 2 为控制器传递函数 $G_{c1}(s)$ 对数幅频特性曲线；曲线 3 为补偿后内环开环传递函数 $G_{c1}(s)G_{o1}(s)H_1(s)$ 对数幅频特性曲线；曲线 4 为补偿前包括反馈环节的被控对象传递函数 $G_{o1}(s)H_1(s)$ 对数相频特性曲线；曲线 5 为控制器传递函数 $G_{c1}(s)$ 对数相频特性曲线；曲线 6 为补偿后内环开环传递函数 $G_{c1}(s)G_{o1}(s)H_1(s)$ 对数相频特性曲线。

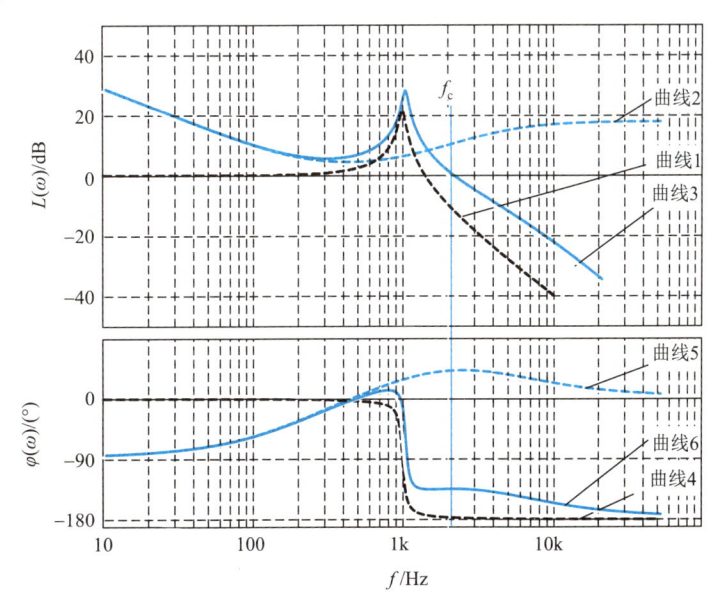

图 8-39　内环开环补偿系统伯德图

3）内环校正后闭环性能指标

使用带有 PI 调节器的相位超前校正网络设计控制器后系统内环闭环性能指标：补偿后系统剪切频率 $f_c = 2\text{kHz}$，相角裕度 $\varphi_m = 45°$。

估算超调量：

$$\sigma\% = \left[0.16 + 0.4 \times \left(\frac{1}{\sin\varphi_m} - 1\right)\right] \times 100\% = \left[0.16 + 0.4 \times \left(\frac{1}{\sin 45°} - 1\right)\right] \times 100\% \approx 32.6\%$$

估算调节时间：

$$t_s = \frac{K\pi}{\omega_c} = \frac{K\pi}{2\pi f_c} = K \cdot \frac{1}{2f_c} = \left[2 + 1.5 \times \left(\frac{1}{\sin\varphi_m} - 1\right) + 2.5 \times \left(\frac{1}{\sin\varphi_m} - 1\right)^2\right] \cdot \frac{1}{2f_c}$$

$$= \left[2 + 1.5 \times \left(\frac{1}{\sin 45°} - 1\right) + 2.5 \times \left(\frac{1}{\sin 45°} - 1\right)^2\right] \times \frac{1}{2 \times 2 \times 10^3} \approx 0.763\text{ms}$$

对输入为阶跃信号的给定稳态误差：

$$e_{sr} = \lim_{t \to \infty} e_{sr}(t) = \lim_{s \to 0} sE_r(s) = \lim_{s \to 0} sR(s)\frac{1}{1+G(s)}$$

$$= \lim_{s \to 0} s \frac{1}{s} \frac{1}{1 + 1.27 \cdot \left(1 + \frac{1260}{s}\right) \cdot \frac{1 + \frac{s}{5210}}{1 + \frac{s}{30300}} \cdot \frac{1}{\left(\frac{s}{6230}\right)^2 + \frac{1}{36.2} \cdot \frac{1}{6230}s + 1}} = 0$$

带有 PI 调节器的相位超前校正网络控制器电路实现参考图 7-19。

4）内环等效功率级传递函数

由于 $G_{o1}(s) = \dfrac{K_{SPWM}}{\dfrac{s^2}{\omega_n^2} + \dfrac{1}{Q} \cdot \dfrac{1}{\omega_n}s + 1}$，$H_1(s) = K_1$，$G_{c1}(s) = G_{c0} \cdot \left(1 + \dfrac{\omega_L}{s}\right) \cdot \dfrac{1 + \dfrac{s}{\omega_z}}{1 + \dfrac{s}{\omega_p}}$，因此，加入带

有 PI 调节器的相位超前校正网络控制器后系统内环闭环传递函数为

$$G_{o2}(s) = \frac{G_{c1}(s)G_{o1}(s)}{1 + G_{c1}(s)G_{o1}(s)H_1(s)} = \frac{G_{c0} \cdot \left(1 + \dfrac{\omega_L}{s}\right) \cdot \dfrac{1 + \dfrac{s}{\omega_z}}{1 + \dfrac{s}{\omega_p}} \cdot \dfrac{K_{SPWM}}{\dfrac{s^2}{\omega_n^2} + \dfrac{1}{Q} \cdot \dfrac{1}{\omega_n}s + 1}}{1 + G_{c0} \cdot \left(1 + \dfrac{\omega_L}{s}\right) \cdot \dfrac{1 + \dfrac{s}{\omega_z}}{1 + \dfrac{s}{\omega_p}} \cdot \dfrac{K_{SPWM}}{\dfrac{s^2}{\omega_n^2} + \dfrac{1}{Q} \cdot \dfrac{1}{\omega_n}s + 1} \cdot K_1}$$

代入参数 $R = 968\Omega$、$L = 12.9\text{mH}$、$C = 2\mu\text{F}$、$U_{in} = 380\text{V}$、$V_m = 3.8\text{V}$、$K_{SPWM} = 100$、$K_1 = 0.01$、$\omega_n = 6.23\text{krad/s}$、$Q = 12.1$、$\omega_L = 1.26\text{krad/s}$、$\omega_z = 5.21\text{krad/s}$、$\omega_p = 30.3\text{krad/s}$、$G_{c0} = 1.27$：

$$G_{o2}(s) = \frac{1.87 \times 10^{15} \times 100 \times \left(1+\frac{s}{1260}\right)\left(1+\frac{s}{5210}\right)}{s^4 + 30.8s^3 + 3.41 \times 10^8 s^2 + 3.03 \times 10^{12} s + 1.87 \times 10^{15}}$$

$$= \frac{100 \times \left(1+\frac{s}{1260}\right)\left(1+\frac{s}{5210}\right)}{\left(1+\frac{s}{664}\right)\left(1+\frac{s}{21300}\right)\left(1+\frac{1}{1.3 \times 11500}s+\frac{s^2}{11500^2}\right)}$$

$G_{o2}(s)$ 是补偿后的内环的闭环传递函数，即等效功率级传递函数（设计好的内环闭环系统也被称为等效功率级），从低频到高频，具有极点之一，$f_{o2p1} = \frac{\omega_{o2p1}}{2\pi} = \frac{664}{2\pi} = 106\text{Hz}$；零点之一，$f_{o2z1} = f_L = 200\text{Hz}$；零点之二，$f_{o2z2} = f_z = 828\text{Hz}$；二阶振荡环节，$f_{o2n} = \frac{\omega_{o2n}}{2\pi} = \frac{11500}{2\pi} = 1820\text{Hz}$；极点之二：$f_{o2p2} = \frac{\omega_{o2p2}}{2\pi} = \frac{21300}{2\pi} = 3390\text{Hz}$。

绘制其对数幅频特性渐近线如图 8-40 所示。

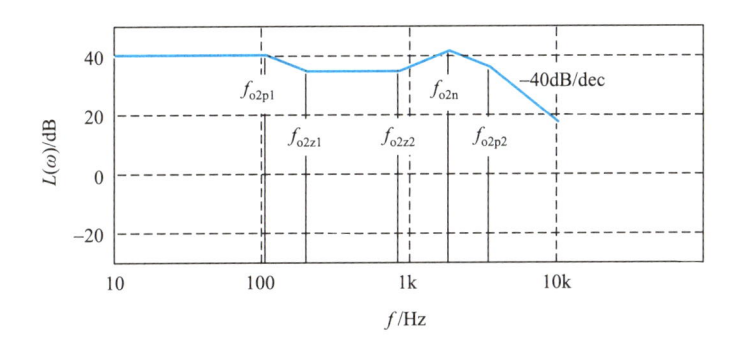

图 8-40 内环的闭环系统对数幅频特性渐近线

在外环设计中，考虑 50Hz 正弦波一个周期内的有效值，800Hz 以上的零极点对外环的设计影响很小，因此忽略不计零点之二 $f_{o2z2} = 828\text{Hz}$、二阶振荡环节 $f_{o2n} = 1.82\text{kHz}$、极点之二 $f_{o2p2} = 3.39\text{kHz}$，在低频段近似得到：

$$G_{o2}(s) \approx \frac{100 \times \left(1+\frac{s}{1260}\right)}{1+\frac{s}{664}}$$

**2. 有效值控制外环参数设计**

1）等效功率级传递函数

内环设计好后，再设计电压有效值控制外环。在设计外环时，把等效功率级作为被控对象。外环的控制框图如图 8-41 所示。

2）外环控制器设计

在外环设计中，对有效值的采样计算，采用实时采样。在半个正弦波周期内，数值计算的方法是每个采样周期实时更新，采样频率远大于输出频率 50Hz，因此，在外环低频段校正时，将反馈采样近似为一个比例环节 $K_2$。

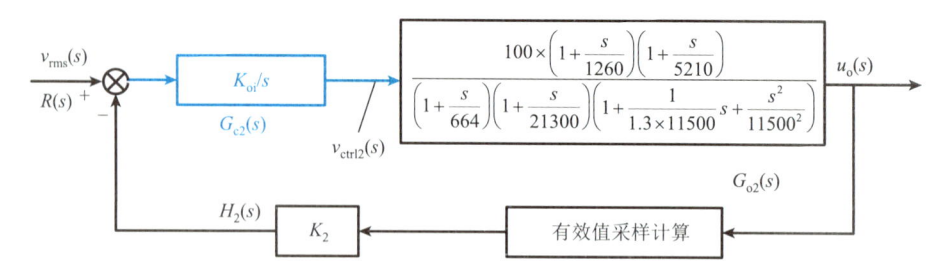

图 8-41 有效值外环控制框图

由于外环被控对象等效功率级近似为比例环节，设计外环调节器为积分环节即可。

$$G_{c2}(s) = \frac{K_{oi}}{s}$$

式中，$K_{oi}$ 为积分系数。等效后的外环控制框图如图 8-42 所示。

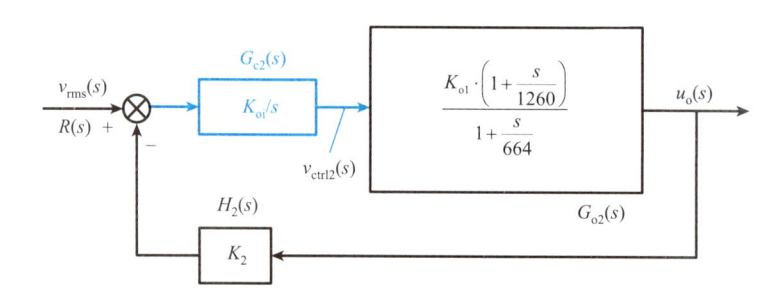

图 8-42 有效值外环控制简化框图

外环加入控制器的开环传递函数：

$$G_{o3}(s) = G_{c2}(s)G_{o2}(s)H_2(s) = \frac{K_{oi}}{s} \cdot \frac{K_{o1} \cdot \left(1 + \frac{s}{1260}\right)}{1 + \frac{s}{664}} \cdot K_2$$

逆变器的输出频率为 50Hz，剪切频率必须考虑抑制 50Hz 振荡。同时又为了尽可能提高动态性能，设剪切频率为 $f_{oc} = 25\text{Hz}$。

$$\left| \frac{K_{oi}}{s} \cdot \frac{K_{o1} \cdot \left(1 + \frac{s}{1260}\right)}{1 + \frac{s}{664}} \cdot K_2 \right|_{s = j2\pi f_{oc}} = 1$$

代入参数：$K_{o1} = 100$、$K_2 = 0.01$、$f_{oc} = 25\text{Hz}$，解得 $K_{oi} = 160$。
外环控制器传递函数：

$$G_{c2}(s) = \frac{K_{oi}}{s} = \frac{160}{s}$$

外环加入控制器的开环传递函数：

$$G_{o3}(s) = G_{c2}(s)G_{o2}(s)H_2(s) = \frac{K_{oi}}{s} \cdot \frac{K_{o1} \cdot \left(1 + \dfrac{s}{1260}\right)}{1 + \dfrac{s}{664}} \cdot K_2 = \frac{160}{s} \cdot \frac{1 + \dfrac{s}{1260}}{1 + \dfrac{s}{664}}$$

图 8-43 为绘制的外环被控对象传递函数、补偿前除控制器外的外环开环传递函数、控制器传递函数、补偿后外环开环传递函数的频率特性曲线的渐近线：曲线 1 为补偿前外环被控对象（等效功率级）传递函数的对数幅频特性曲线的渐近线；曲线 2 为补偿前包括反馈环节的外环被控对象传递函数的对数幅频特性渐近线；曲线 3 为外环控制器传递函数的对数幅频特性曲线的渐近线；曲线 4 为补偿后外环开环传递函数的对数幅频特性曲线的渐近线；曲线 5 为补偿前外环被控对象（等效功率级）传递函数的对数相频特性曲线的渐近线，也是补偿前包括反馈环节的外环被控对象传递函数的对数相频特性曲线的渐近线；曲线 6 为外环控制器传递函数的对数相频特性曲线的渐近线；曲线 7 为补偿后外环开环传递函数的对数相频特性曲线的渐近线。

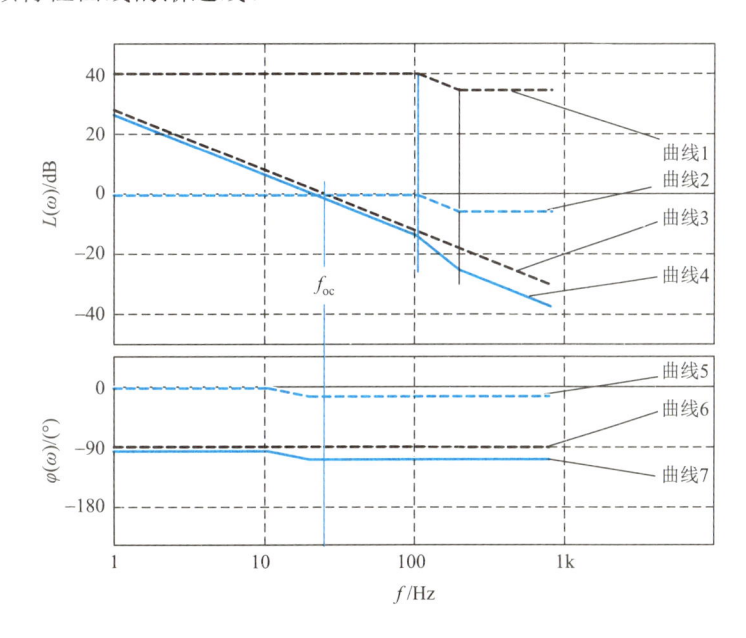

图 8-43　外环开环补偿系统对数频率特性渐近线

图 8-44 为绘制的补偿前后外环开环仿真伯德图。曲线 1 为补偿前外环被控对象（等效功率级）传递函数的对数幅频特性曲线；曲线 2 为补偿前包括反馈环节的外环被控对象传递函数的对数幅频特性曲线；曲线 3 为外环控制器传递函数的对数幅频特性曲线；曲线 4 为补偿后外环开环传递函数的对数幅频特性曲线；曲线 5 为补偿前外环被控对象（等效功率级）传递函数的对数相频特性曲线，也是补偿前包括反馈环节的外环被控对象传递函数的对数相频特性曲线；曲线 6 为外环控制器传递函数的对数相频特性曲线；曲线 7 为补偿后外环开环传递函数的对数相频特性曲线。可以看出，补偿后的外环开环系统相位裕度接近 90°。

3）校正后系统的时域性能指标估算

补偿后外环开环系统的剪切频率 $f_c = 25\text{Hz}$，相角裕度 $\varphi_m \approx 83°$。

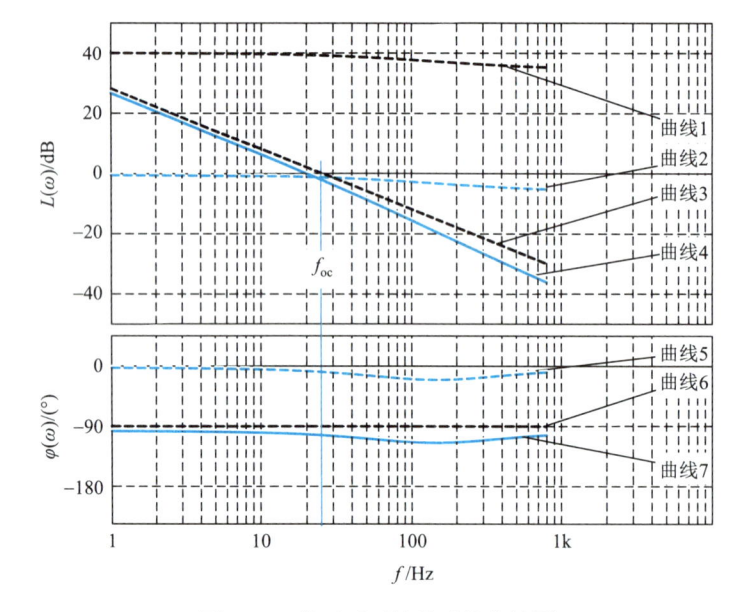

图 8-44 外环开环补偿系统伯德图

估算超调量：

$$\sigma\% = \left[0.16 + 0.4 \times \left(\frac{1}{\sin\varphi_m} - 1\right)\right] \times 100\%$$

$$\approx \left[0.16 + 0.4 \times \left(\frac{1}{\sin 83°} - 1\right)\right] \times 100\% \approx 16.3\%$$

估算调节时间：

$$t_s = \frac{K\pi}{\omega_c} = \frac{K\pi}{2\pi f_c} = K \cdot \frac{1}{2f_c} = \left[2 + 1.5 \times \left(\frac{1}{\sin\varphi_m} - 1\right) + 2.5 \times \left(\frac{1}{\sin\varphi_m} - 1\right)^2\right] \cdot \frac{1}{2f_c}$$

$$\approx \left[2 + 1.5 \times \left(\frac{1}{\sin 83°} - 1\right) + 2.5 \times \left(\frac{1}{\sin 83°} - 1\right)^2\right] \times \frac{1}{2 \times 25} \approx 40\text{ms}$$

对输入为阶跃信号的给定稳态误差：

$$e_{sr} = \lim_{t \to \infty} e_{sr}(t) = \lim_{s \to 0} sE_r(s) = \lim_{s \to 0} sR(s)\frac{1}{1+G(s)}$$

$$= \lim_{s \to 0} s\frac{1}{s}\frac{1}{1 + \frac{160}{s} \cdot \frac{1 + \frac{s}{1260}}{1 + \frac{s}{664}}} = 0$$

SPWM 逆变器电压双闭环控制设计采用外环电压有效值控制方法，通过采用带有积分环节的控制器使得输出电压有效值（或交流整流电压的平均值）保持不变，实现较高的稳态电压精度。但这种控制方法的动态性能差，如果计入得到平稳的有效值或平均值采样所需的滤波时间，这种闭环控制的输出电压动态性能将更差，因此，需要采样其他具有高精度和动态特性的闭环控制方法。例如,电压电流双闭环瞬时值控制,电流内环采样比例控制实现快速电流动态响应,外环采用比例-谐振控制实现基波电压的快速准确控制[10]。

### 8.3.4 电压电流双环控制

**1. 基于状态空间建模方法的逆变器数学模型**

以正弦脉宽调制单相全桥逆变器(图 8-31)为例[21],为了明确表达逆变网络输出增益,在图 8-31 中 $u_A(t)$ 使用符号 $u_{inv}(t)$ 表示,则虚线左边的传递函数由式(8-59)给出:

$$\frac{u_{inv1}(s)}{v_{mod}(s)} = \frac{U_{in}}{V_m} = K_{SPWM} \tag{8-64}$$

对虚线右边的滤波器,使用状态空间建模。将滤波器、负载重绘为图 8-45,其中,$r_L$ 为电感 $L$ 的等效串联寄生杂散电阻,$r_C$ 为电容 $C$ 的等效串联寄生杂散电阻。选取电感电流 $i_L(t)$ 和电容电压 $u_C(t)$ 作状态变量。首先列出电路方程:

$$\frac{di_L}{dt} = -\frac{r_L + r_C}{L}i_L - \frac{1}{L}u_C + \frac{1}{L}u_{inv} + \frac{r_C}{L}i_o \tag{8-65}$$

$$\frac{du_C}{dt} = \frac{1}{C}i_L - \frac{1}{C}i_o \tag{8-66}$$

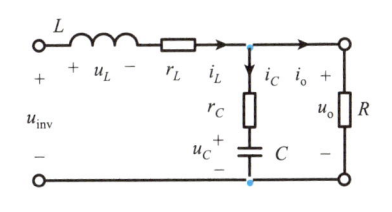

图 8-45 LC 滤波器及负载电路图

式(8-65)和式(8-66)为线性方程,直接进行拉普拉斯变换,绘制出滤波器传递函数方框图,如图 8-46 所示。其中图 8-46(a)为带有电感电容寄生电阻的方框图,图 8-46(b)为忽略寄生电阻的方框图,图 8-46(c)为不考虑寄生参数滤波器及纯阻性负载的方框图。

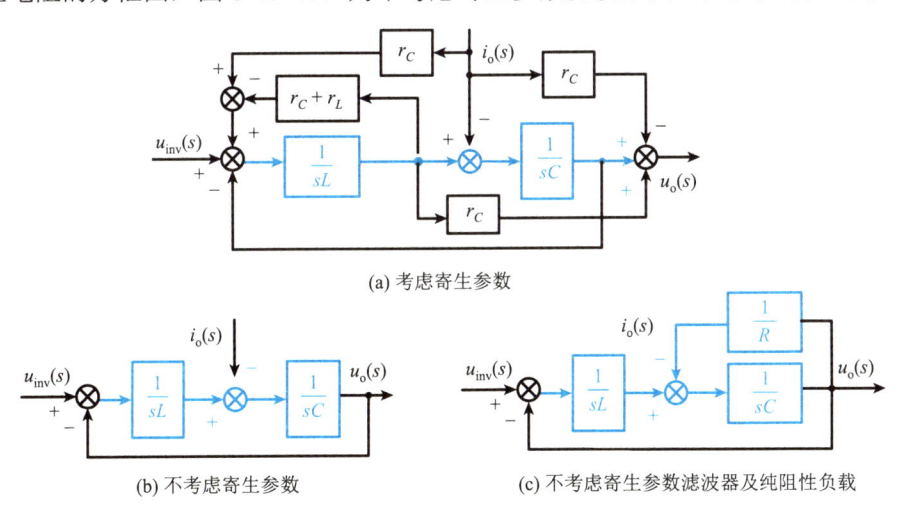

(a) 考虑寄生参数

(b) 不考虑寄生参数

(c) 不考虑寄生参数滤波器及纯阻性负载

图 8-46 LC 滤波器及负载传递函数方框图

选取电感电流 $i_L(t)$ 和输出电压 $u_o(t)$ 为输出变量:

$$i_L = i_L \tag{8-67}$$

$$u_o = r_C i_L + u_C - r_C i_o \tag{8-68}$$

选取逆变网络输出 $u_{inv}(t)$ 和输出电流 $i_o(t)$ 为输入信号。整理状态方程:

$$\begin{cases} \dot{x}(t) = Ax(t) + Bu(t) \\ y(t) = Cx(t) + Eu(t) \end{cases} \tag{8-69}$$

式中，$\boldsymbol{x}(t) = \begin{bmatrix} i_L(t) & u_C(t) \end{bmatrix}^{\mathrm{T}}$；$\boldsymbol{y}(t) = \begin{bmatrix} i_L(t) & u_o(t) \end{bmatrix}^{\mathrm{T}}$；$\boldsymbol{u}(t) = \begin{bmatrix} u_{\mathrm{inv}}(t) & i_o(t) \end{bmatrix}^{\mathrm{T}}$；$\boldsymbol{A} = \begin{bmatrix} -\dfrac{r_L + r_C}{L} & -\dfrac{1}{L} \\ \dfrac{1}{C} & 0 \end{bmatrix}$；

$\boldsymbol{B} = \begin{bmatrix} \dfrac{1}{L} & \dfrac{r_C}{L} \\ 0 & -\dfrac{1}{C} \end{bmatrix}$；$\boldsymbol{C} = \begin{bmatrix} 1 & 0 \\ r_C & 1 \end{bmatrix}$；$\boldsymbol{E} = \begin{bmatrix} 0 & 0 \\ 0 & -r_C \end{bmatrix}$。

进一步求解滤波器传递函数矩阵，由式（7-140）可得：

$$\frac{\boldsymbol{y}(s)}{\boldsymbol{u}(s)} = \boldsymbol{C}(s\boldsymbol{I} - \boldsymbol{A})^{-1}\boldsymbol{B} + \boldsymbol{E} = \begin{bmatrix} 1 & 0 \\ r_C & 1 \end{bmatrix} \cdot \begin{bmatrix} s + \dfrac{r_L + r_C}{L} & \dfrac{1}{L} \\ -\dfrac{1}{C} & s \end{bmatrix}^{-1} \cdot \begin{bmatrix} \dfrac{1}{L} & \dfrac{r_C}{L} \\ 0 & -\dfrac{1}{C} \end{bmatrix} + \begin{bmatrix} 0 & 0 \\ 0 & -r_C \end{bmatrix}$$

$$= \begin{bmatrix} \dfrac{s/L}{s^2 + \dfrac{r_L + r_C}{L}s + \omega_{\mathrm{n}}^2} & \dfrac{r_C s/L + \omega_{\mathrm{n}}^2}{s^2 + \dfrac{r_L + r_C}{L}s + \omega_{\mathrm{n}}^2} \\ \dfrac{r_C s/L + \omega_{\mathrm{n}}^2}{s^2 + \dfrac{r_L + r_C}{L}s + \omega_{\mathrm{n}}^2} & -\dfrac{r_L \omega_{\mathrm{n}}^2 + s/C + r_C s^2 + r_L r_C s/L}{s^2 + \dfrac{r_L + r_C}{L}s + \omega_{\mathrm{n}}^2} \end{bmatrix} \quad (8\text{-}70)$$

式中，$\omega_{\mathrm{n}} = 1/\sqrt{LC}$。

忽略 $r_L$、$r_C$，可得：

$$\begin{bmatrix} i_L(s) \\ u_o(s) \end{bmatrix} = \begin{bmatrix} \dfrac{s/L}{s^2 + \omega_{\mathrm{n}}^2} & \dfrac{\omega_{\mathrm{n}}^2}{s^2 + \omega_{\mathrm{n}}^2} \\ \dfrac{\omega_{\mathrm{n}}^2}{s^2 + \omega_{\mathrm{n}}^2} & -\dfrac{s/C}{s^2 + \omega_{\mathrm{n}}^2} \end{bmatrix} \cdot \begin{bmatrix} u_{\mathrm{inv}}(s) \\ i_o(s) \end{bmatrix} \quad (8\text{-}71)$$

$$\begin{bmatrix} i_L(s) \\ u_o(s) \end{bmatrix} = \begin{bmatrix} G_{11}(s) & G_{12}(s) \\ G_{21}(s) & G_{22}(s) \end{bmatrix} \cdot \begin{bmatrix} u_{\mathrm{inv}}(s) \\ i_o(s) \end{bmatrix} \quad (8\text{-}72)$$

$$u_o(s) = G_{21}(s) \cdot u_{\mathrm{inv}}(s) + G_{22}(s) \cdot i_o(s) \quad (8\text{-}73)$$

若负载 $R$ 为纯阻性负载：

$$u_o(s) = R i_o(s) \quad (8\text{-}74)$$

由式（8-71）～式（8-74）可得：

$$G_{u\mathrm{inv} \to uo} = \frac{u_o(s)}{u_{\mathrm{inv}}(s)} = \frac{\omega_{\mathrm{n}}^2}{s^2 + \dfrac{L}{R} \cdot \omega_{\mathrm{n}}^2 s + \omega_{\mathrm{n}}^2} \quad (8\text{-}75)$$

这与式（7-44）完全相同。从式（8-75）中看出，$R$ 越大，阻尼比 $\zeta$ 越小，谐振峰值越高。通常以空载工作状况（工况）进行参数设计。若空载时，则 $R = \infty$，$i_o(t) = 0$。

为了引入电流控制，需要采样电感电流，因此，滤波器控制模型需要分为两部分，如图 8-47 所示。第一部分是从逆变网络输出 $u_{\mathrm{inv}}(t)$ 到电感电流 $i_L(t)$ 的传递函

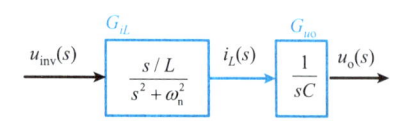

图 8-47 空载时滤波器传递函数等效图

数 $G_{iL}(s)$，第二部分是从电感电流 $i_L(t)$ 到输出电压 $u_o(t)$ 的传递函数 $G_{uo}(s)$。

$$G_{iL}(s) = \frac{i_L(s)}{u_{inv}(s)} = G_{11}(s) = \frac{s/L}{s^2 + \omega_n^2} \tag{8-76}$$

$$G_{uo}(s) = \frac{u_o(t)}{i_L(t)} = \frac{u_o(t)}{u_{inv}(s)} \bigg/ \frac{i_L(s)}{u_{inv}(s)} = \frac{G_{21}(s)}{G_{11}(s)} = \frac{\omega_n^2}{s/L} = \frac{1}{sC} \tag{8-77}$$

**2. 电压电流双闭环控制框图**

根据上述分析，可得到电压电流双闭环控制框图，如图 8-48 所示。其中 $G_{uc}(s)$ 为电压环控制器，$G_{ic}(s)$ 为电流环控制器，$H_{iL}(s)$ 为电感电流反馈采样网络传递函数，$H_{uo}(s)$ 为输出电压反馈采样网络传递函数。图 8-48（a）为电阻负载时电压电流双闭环控制框图，图 8-48（b）为空载时电压电流双闭环控制框图。

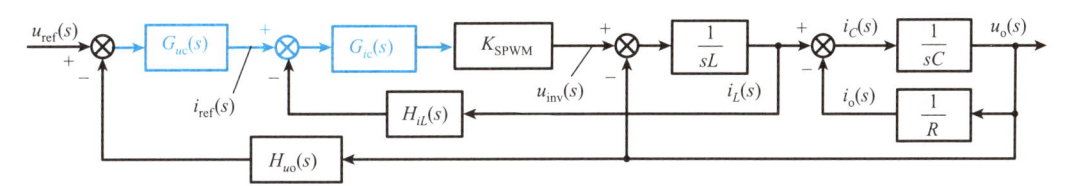

(a) 电阻负载时电压电流双闭环控制框图

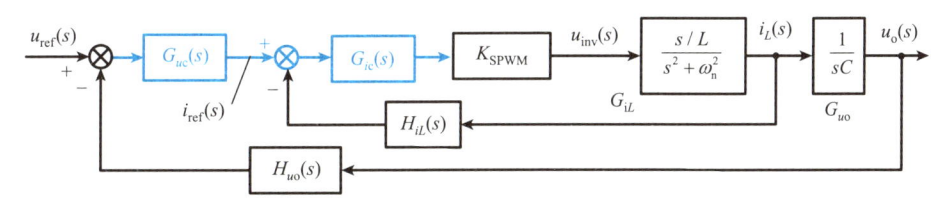

(b) 空载时电压电流双闭环控制框图

图 8-48 电压电流双闭环控制框图

**3. 控制器设计**

空载时，没有负载的阻尼作用，系统稳定性最差，因此以空载工况设计闭环参数。如图 8-48（b）所示，选择电流内环反馈采样环节为比例环节 $H_{iL}(s) = K_{iL}$，比例系数需要根据具体的电感电流的大小、运算电平进行选择，比如，电感电流最大值为 4A，电流反馈测量电压信号的最大值取为 4V，则反馈采样比例为 $K_{iL} = 1$。

如图 8-48（b）所示，在电流环中，开环传递函数为

$$G(s) = G_{ic}(s) \cdot K_{SPWM} \cdot K_{iL} \cdot \frac{s/L}{s^2 + \omega_n^2} = G_{ic}(s) \cdot \frac{K_{SPWM} \cdot K_{iL}}{L} \cdot \frac{s}{s^2 + \omega_n^2} \tag{8-78}$$

从上式可知，电流环开环稳定，为了尽可能提高电流环快速性，选择电流环控制器 $G_{ic}(s)$ 为比例环节 $G_{ic}(s) = K_{ic}$，则电流内环开环传递函数为

$$G_{c\_open}(s) = \frac{K_{ic} \cdot K_{SPWM} \cdot K_{iL}}{L} \cdot \frac{s}{s^2 + \omega_n^2} \tag{8-79}$$

选择 $K_{ic}$ 的大小，考虑使电流内环开环传递函数的对数幅频曲线剪切频率约为 3kHz，以实现电流内环快速动态响应。

根据式（8-79）可知，电流内环闭环传递函数为

$$G_{c\_close}(s) = \frac{\dfrac{K_{ic} \cdot K_{SPWM}}{L} \cdot \dfrac{s}{s^2 + \omega_n^2}}{1 + \dfrac{K_{ic} \cdot K_{SPWM} \cdot K_{iL}}{L} \cdot \dfrac{s}{s^2 + \omega_n^2}} = \frac{(K_{ic} \cdot K_{SPWM}/L) \cdot s}{s^2 + (K_{ic} \cdot K_{SPWM} \cdot K_{iL}/L) \cdot s + \omega_n^2} \quad (8\text{-}80)$$

因此，根据图 8-48（b）可知，电压外环开环传递函数为

$$\begin{aligned}
G_{u\_open}(s) &= G_{uc}(s) \cdot \frac{\dfrac{K_{ic} \cdot K_{SPWM}}{L} \cdot s}{s^2 + \dfrac{K_{ic} \cdot K_{SPWM} \cdot K_{iL}}{L} \cdot s + \omega_n^2} \cdot \frac{1}{sC} \cdot H_{uo}(s) \\
&= G_{uc}(s) \cdot \frac{H_{vo}(s) \cdot (K_{ic} \cdot K_{SPWM})/LC}{s^2 + (K_{ic} \cdot K_{SPWM} \cdot K_{iL}/L) \cdot s + \omega_n^2}
\end{aligned} \quad (8\text{-}81)$$

该二阶系统 $\zeta$ 不是很小，对数相频曲线不再具有 7.1 节所述的第二个特征，系统的对数相频曲线从 0° 到 –180° 是逐渐变化的，该开环系统是稳定的。

将 380V 电压采样为 3.8V，电压外环反馈采样环节 $H_{uo}(s)$ 为比例环节 $K_{uo} = 0.01$。

关于逆变器的性能指标，除稳定性外，关注的还有调节快速性和基波稳态误差。

首先，调节快速性，选择一个比例调节器作为控制器，设计剪切频率在合适的范围内，就可使得快速性满足要求。

其次，关于基波稳态误差的校正。在逆变器中，关注的是基波稳态误差，阶跃响应的直流稳态误差为零，不能代表基波稳态误差也为零。因此，需要重新考虑如何使基波稳态误差为零。

根据自动控制理论，若系统开环传递函数为 $G(s)$，输入为单位阶跃函数 $R(s) = 1/s$，给定稳态误差终值为

$$\begin{aligned}
e_{sr} &= \lim_{t \to \infty} e_{sr}(t) = \lim_{s \to 0} s E_r(s) = \lim_{s \to 0} s R(s) \frac{1}{1 + G(s)} \\
&= \lim_{s \to 0} s \frac{1}{s} \frac{1}{1 + G(s)} = \lim_{s \to 0} \frac{1}{1 + G(s)} = \frac{1}{1 + K_p}
\end{aligned} \quad (8\text{-}82)$$

式中，$K_p = \lim_{s \to 0} G(s)$。由此看出，$K_p$ 越大，稳态误差越小。

由此可以得到启发，在基波频率处，若系统有无限高的增益，那么基波稳态误差就为零。所以，设计思路是在基波频率处设计无限高的增益，其他频率处的增益基本保持不变。

如何能够仅仅提高基波频率处的增益，而保持其他频率处的增益不变呢？从图 7-7 获得启发。图 7-7 为绘制 $\zeta = 0.05$ 时的伯德图，并得知，$\zeta$ 越小，谐振峰值越高。若 $\zeta = 0$ 则谐振峰值为 ∞。由此得到一种构造基波频率处增益 ∞ 的方法：设计一个二阶振荡系统，该系统振荡角频率为基波角频率，$\zeta = 0$ 则基波频率处系统的增益为 ∞。但是，二阶振荡系统的对数幅频特性在频率大于谐振频率后，是以 –40dB/dec 的斜率衰减的。

若保证除基波频率以外的其他频率处对数幅频特性基本不变，需要增加一个二阶微分环节，二阶微分环节的对数幅频特性在频率大于谐振频率后，是以 +40dB/dec 的斜率增加的，设计该二阶微分环节 $\zeta > 0$，振荡角频率同样为基波角频率，这样设计一个 $\zeta = 0$ 的二阶振荡系统和一个 $\zeta > 0$ 的二阶微分环节，由于 $\zeta = 0$ 的谐振峰值为 ∞，$\zeta > 0$ 的谐振峰值为有限值，因此，在对数幅频特性相叠加，相当于仅在基波频率处增益变成 ∞，远离基波频率的其他频率处增益基本不变，基波频率附近的增益有所增加，但对稳定性没有影响，仅是降低对应频率的稳态误差。

再考虑需要增加一个比例环节，因此，控制器设计为

$$G_{vc}(s) = K_{pv} \frac{s^2 + 2\zeta\omega_1 s + \omega_1^2}{s^2 + \omega_1^2}$$

$$= K_{pv} + \frac{2\zeta\omega_1 K_{pv} s}{s^2 + \omega_1^2} \tag{8-83}$$

式中，$\omega_1$ 为基波角频率；$K_{pv}$ 为比例系数。该控制器称为比例谐振控制器。关于 $K_{pv}$ 和 $\zeta$ 的取值，需要根据具体的参数，绘制伯德图进行设计。

该控制器在实际应用中，若基波频率略有偏差，不能保证始终有良好的效果，因此，常采用比例-准谐振控制器：

$$G_{vc}(s) = K_{pv} + \frac{2\zeta_2 \omega_1 K_{pv} s}{s^2 + 2\zeta_1 \omega_1 s + \omega_1^2} \tag{8-84}$$

式中，$\omega_1$ 为基波角频率；$K_{pv}$ 为比例系数；阻尼比 $\zeta_1 \ll \zeta_2$ 确保基波频率处系统具有高增益。比例-准谐振控制器中，二阶振荡环节的 $\zeta_1$ 很小，虽然增益不能保证为 $\infty$，但可以保证基波频率有微小变化时，系统仍然能有很小的基波稳态误差。

校正后的系统开环传递函数为

$$G_{v\_open}(s) = \left(K_{pv} + \frac{2\zeta_2 \omega_1 K_{pv} s}{s^2 + 2\zeta_1 \omega_1 s + \omega_1^2}\right) \cdot \frac{(K_{vo} \cdot K_{ic} \cdot K_{SPWM})/LC}{s^2 + (K_{ic} \cdot K_{SPWM} \cdot K_{iL}/L) \cdot s + \omega_n^2} \tag{8-85}$$

关于 $K_{pv}$ 和 $\zeta_1$、$\zeta_2$ 的取值，需要根据具体的参数，绘制伯德图。

电压外环的剪切频率通常应小于电流内环剪切频率，这样设计的控制器同时兼顾稳定性、快速性、基波稳态误差，此时系统拥有优良的性能：

① 具有电流环反馈，电流跟踪快速性较好；
② 采用比例-准谐振设计电压内环，保证基波稳态误差很小，可以接近为0；
③ 电压外环不再是二阶振荡环节，稳定性好；
④ 电压外环的低频段增益可以设计为较大值，剪切频率可以取较高值，因此电压外环的快速性能较好。

## 8.3.5　逆变器控制设计问题的思考和探讨

前面讨论逆变器的电压双闭环控制、电压电流双闭环控制的设计，可以看出，随着控制技术的发展、逆变器建模的精细化发展，应用相关的控制理论，通过设计相应的控制系统和控制器结构，可实现逆变器的快速动态响应和高稳态电气性能。

单相逆变电源的电压电流双闭环控制也可以理解为用电流内环首先对控制对象（逆变功率电路、滤波器和负载等）进行有源的阻尼校正，为控制目标（输出电压的幅值、波形、超调量及调节时间等）的实现打下基础，然后外环的电压瞬时值闭环控制实现控制目标。实际上，逆变器中还存在其他的状态变量可以用于对象校正，读者可自行分析研究。

为了实现正弦参考电压的准确跟踪，前面的设计中外环控制器采用比例谐振控制器（PR）或比例-准谐振控制器（P+QR），实际上在控制中还可以集成积分控制器，即采用比例积分谐振控制器（PIR）以改善阶跃响应。

谐振或准谐振等二阶控制器或更高阶的控制器虽用传统的模拟电路也能够实现，但通常这些电路的结构比较复杂，元器件参数的离散性使得控制器很难准确实现。因此，这些高级的控制器通常采用基于数字信号处理器（DSP）等微处理器来实现，即通过数字算法而实现。如果需要基于模拟控制器实现零稳态误差的正弦电压跟踪目标，实践中通常采用三闭环控制，即基于 PI 调节的电压电流双闭环波形瞬时控制和调节电压幅值（或有效值、整流电压平均值等能表征电压大小的调节变量）的 PI 控制第三环（最外环）。

数字控制技术的发展极大促进逆变器控制技术的发展。在连续域建模和设计的基础上，逆变器的离散域建模和离散控制，是提高逆变器电气性能、简化控制器实现、提高控制系统可靠性和灵活性、实现高级控制的基础工作。但需特别指出的是，数字控制系统中的采样、PWM 信号计算与装载、保持等不可避免地引入控制延迟，这些延迟产生的信号延时对闭环控制的稳定性产生很大的负面影响。在数字控制系统设计中必须要对控制延迟的不利影响进行处理。首先，减少控制延迟是基础，因而需采用高的采样频率、恰当的 PWM 调制方式或基于观测器的系统参数辨识和状态变量估计等有效方法；其次是在控制器设计中采用带相位超前的控制器，比如 R-PC，即带相位补偿谐振控制器。

随着逆变器应用领域的不断拓展，逆变器的负载形式极大丰富。比如用于信息系统供电的不停电电源，其负载包含计算机开关电源等大量的整流型负载，为非线性的负载；再比如新能源发电中的并网逆变器，其将风力发电机或光伏电池等新发电设备的电能馈入交流电网，其负载可以理解为电网，且实际的电网通常存在电压畸变、电网阻抗等非理想因素，并不是理想的交流电压源。

实际的电源、负载特性对逆变器的控制也提出挑战，为实现理想的电气性能，比如离网逆变器非线性负载下的正弦电压输出、并网逆变器的单位功率因数进网和强的电网电压适应能力等，逆变器的控制器设计需进一步优化。

考虑非线性负载、实际逆变器的死区效应等引起的谐波畸变，为实现高正弦度的基波电压（离网逆变器）或电流（并网逆变器），需要对谐波成分进行控制。在数字控制器中集成谐波谐振控制器，即在式（8-84）基波谐振的基础上再加入如 3、5、7 等奇数次谐波谐振环节，通过控制器在这些频率点上的高放大系数而将它们的大小控制为 0。基于内模原理的重复控制器理论实现所有谐波输出为 0，相当于由无穷多个谐波谐振控制器组成，实现良好的稳态电气性能，但重复控制器宽频段内的高放大系数会对系统的稳定性带来不利的影响，采用闭环系统低截止频率设计保证稳定性，但这显然会降低动态响应能力。

电网电压前馈控制是并网逆变器中常用方法，通过将适当大小、适当成分的电网电压量前馈到闭环控制中，改变逆变器闭环系统的频率特性，提高逆变器对电网电压、电网阻抗变化的适应性。感兴趣的读者可以参考相关领域的研究成果和应用案例[21]，这里不再赘述。

随着控制理论与技术的发展、基于宽禁带电力半导体技术的逆变器电路发展，逆变器的控制理论和控制技术也将不断发展和完善。

# 习　　题

8-1　如图 8-4（a）半桥逆变电路，连接电感负载，绘制出当 $Q_1$、$Q_2$ 交替导通180°时变压器初级绕组电流波形、输出电压波形。

8-2　如图 8-5（a）全桥逆变电路，连接电阻、电感串联负载，绘制出当 $Q_1$、$Q_4$ 同时导通；

$Q_2$、$Q_3$ 同时导通；且 $Q_1$、$Q_4$ 与 $Q_2$、$Q_3$ 交替导通180°时变压器初级绕组电流波形、输出电压波形。

8-3  电压型逆变器主要分为哪两种调制方法？

8-4  SPWM 主要分为哪两种方法？

8-5  在 SPWM 中，若其他情况均相同，仅载波频率增加，总谐波畸变率的变化趋势如何？

8-6  单相全桥逆变器应用 SPWM 技术，每半周期内有 7 个脉冲，调制度为 0.8，求基波分量和最低次谐波分量电压与输入电压比。

8-7  参考图 8-12，能否搭建一个三相五电平中点箝位型逆变电路。

8-8  若采用谐波消除技术，主电路为推挽逆变电路，希望消除 3、5、7 及 9 次谐波，求各 $\alpha$ 值，并绘制出各开关管的驱动波形。

8-9  参考图 8-26，计算三次谐波幅值与基波幅值之比为多少时，直流电压利用率达到最高？

8-10  在逆变器滤波器设计中，为什么选择流经滤波电容的基波电流不超过额定负载电流的 10%～30%？

8-11  单相双极性正弦脉宽调制逆变器，输入电压380V、三角载波峰值3.8V、输出电压有效值220V正弦波、频率50Hz、额定输出功率2kV·A、开关频率25kHz、反馈采样网络设计为比例环节，比例系数为0.01。（1）计算选择滤波器参数；（2）按照输出功率5%对该系统进行校正，选择内外双电压闭环，选择合适的校正网络，将系统校正到合适的性能指标。

8-12  采用内外电压双闭环控制的缺点是什么？

8-13  采用电流内环控制、电压外环控制，外环采用比例谐振控制器在实际应用中有无不足之处。

8-14  逆变器如题 8-11，电压外环反馈采样网络设计为比例环节，比例系数为0.01，电流内环将 10A 转换为 4V，采用比例环节。电流内环采用比例控制，选择剪切频率为5kHz。外环采用比例准谐振控制，选择剪切频率为 2kHz。（1）计算选择滤波器参数；（2）选择合适的校正网络。

# 第9章

# 软开关技术与谐振变换器

为提高变换器的工作效率，常采用软开关与谐振变换技术[1-6, 25-27]。

## 9.1 软开关技术

前面章节分析电力电子变换器工作原理时，忽略了电力半导体器件的开关过程，即认为电力半导体器件的开通时间与关断时间均为零。而实际上，电力半导体器件开关过程需要时间。PWM 控制方式下电路工作状态转换时，开关管同时在流过较大电流和承受较高电压下转换开关状态，产生很大的开关损耗，这种开关方式常称为"硬开关"。典型的硬开关过程中电压和电流有较长的交叠时间，电流、电压和损耗波形如图 9-1（a）所示。

提高工作频率是减少变换器体积、质量的关键，但提高变换器的工作频率同时，硬开关导致开关损耗等比例增加。硬开关时开关管的"负载线"掠过高电压和大电流区，可能接近安全工作区（SOA）的边界，如图 9-1（b）所示。硬开关导致工作可靠性大大降低，甚至可能发生器件损坏（比如采用电力双极晶体管（BJT）时，负载线可能超出"二次击穿"限制）。

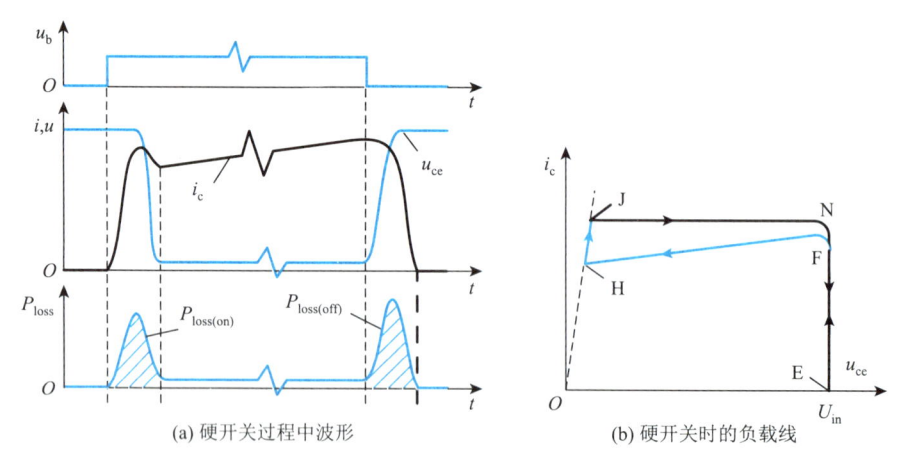

(a) 硬开关过程中波形　　(b) 硬开关时的负载线

图 9-1　电力电子变换器硬开关过程中波形及负载线

采用缓冲电路可以使电力半导体器件开关过程"软化"。有损缓冲电路将开关管在"硬开关"过程中因电压、电流交叠产生的能量损耗转移到缓冲电路的电阻上，开关管的热应力明显减小，可靠性得到提高，但在多数情况下，整机效率会降低。

无损缓冲电路利用电感电容转移开关管开关过程的能量，将该能量输出给负载或回馈至电源，既软化开关管开关过程，又不损耗开关管开关过程的能量。

从无损缓冲电路、谐振负载电流源逆变器得到启发：电感电容谐振可以减缓电压或电流的上升率。因此，若能通过谐振电路，将开关管在开通前的电压先下降，在关断前的电流先下降，那么电压、电流的交叠时间就会很短甚至不交叠，开关损耗也会大大降低甚至消除。同时，开关过程中 $di/dt$ 和 $du/dt$ 都会减小。

将谐振电路应用到高频开关中，使开关在零电压或零电流下开通或关断，这种方式称为"软开关（soft switching）"。通常，在开关管开通时，若电压先降为零，然后开通开关管，称为零电压开通（zero voltage switching，ZVS）；若采取措施，能延迟电流上升率，称为零电流开通（zero current switching，ZCS）。在开关管关断时，若电流先降为零，然后再关断开关管，称为零电流关断；若采取措施，能延缓电压上升率，称为零电压关断。

零电流开关波形如图 9-2（a）所示，其负载线如图 9-2（c）所示；零电压开关波形如图 9-2（b）所示，其负载线如图 9-2（d）所示。

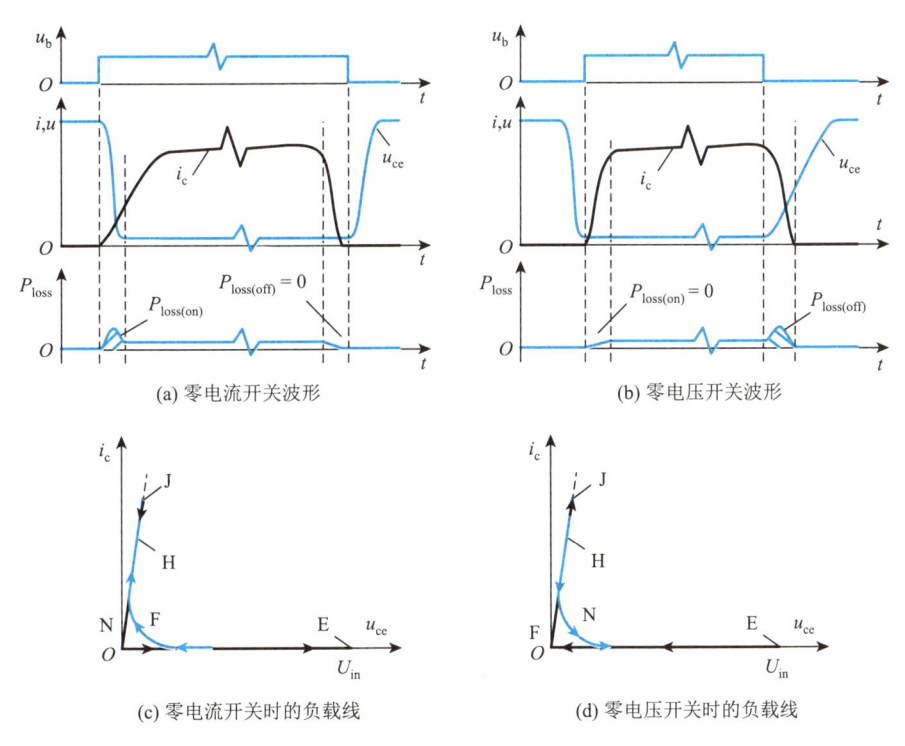

(a) 零电流开关波形

(b) 零电压开关波形

(c) 零电流开关时的负载线

(d) 零电压开关时的负载线

图 9-2 变换器软开关波形及负载线

软开关有效降低开关损耗，为提高开关频率创造条件，因此这一技术自 50 多年前提出以来得到了长足的发展。近年来，开关电源电路的实际工作频率大大提高，可高达数十兆赫兹。

高频功率变换一般采用电力 MOSFET 或 IGBT，而不采用电力 BJT，因此本章采用 N 沟道增强型电力 MOSFET 替代电力 BJT 绘制电路图，并且绘制背衬反并联二极管和并联电容，该并联电容可能只包含结电容，也可能包含结电容和外部并联电容。

## 9.2　谐振变换器

由于电感电容谐振能够减缓电压或电流的上升率，若在负载中加入电感电容谐振网络，构建软开关的条件，使得开关管在零电压或零电流时开通或关断。

但实际上负载不能任意改变特性,因此,在负载端加入谐振槽路(resonant tank circuit),形成谐振网络,就可达到既实现"软开关",又不影响负载特性的目的。加入谐振槽路后,该谐振槽路与开关网络、整流网络、输出滤波器共同组成的变换器,称为谐振变换器。谐振变换器分为串联谐振变换器、并联谐振变换器、串并联谐振变换器,而 LLC 谐振变换器属于串并联谐振变换器。

### 9.2.1 串联谐振变换器

串联谐振是谐振槽路与输出负载串联。若从负载端看谐振槽路,该谐振槽路在谐振频率附近工作时为低阻抗,为实现谐振工作,负载端也需具有低阻抗特性,因此,其滤波网络一般采用电容滤波。

典型的串联谐振变换器(series resonant converter,SRC)有采用变压器(图 9-3(a)),也有不采用变压器(图 9-3(b))。

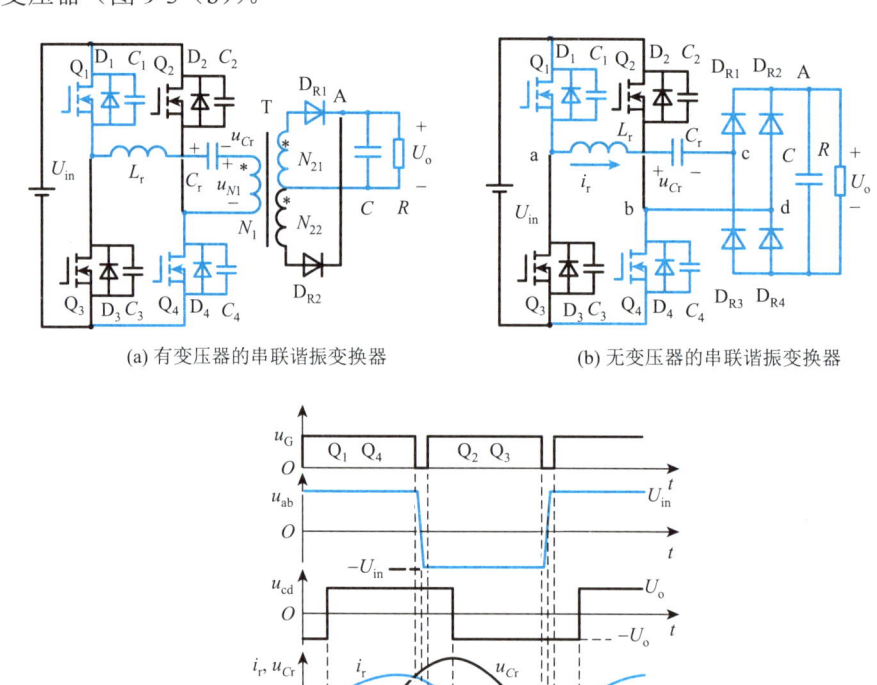

(a) 有变压器的串联谐振变换器

(b) 无变压器的串联谐振变换器

(c) "上谐振频率"调节方式时的主要波形

图 9-3 串联谐振变换器及主要波形

该变换器工作在开关频率大于谐振槽路谐振频率的方式,称为"上谐振频率"调节方式,大多采用电力 MOSFET 实现 ZVS,变换中小功率;也可以设计工作在开关频率小于谐振频率的方式,称为"下谐振频率"调节方式,大多采用 IGBT 实现 ZCS,变换较大功率。

1. "上谐振频率"调节方式时的工作模态

以图 9-3(b)为例,假设电力半导体器件、电感、电容等为理想器件,输出滤波电容容量足够大,输入电压不变,每个开关管上并联的电容(包括电力 MOSFET 寄生电容和外部并联的电容)$C_1 = C_2 = C_3 = C_4 = C_Q$。图 9-3(b)中,串联谐振电路的谐振电感、电容的谐振频率为

$$f_r = \frac{1}{2\pi\sqrt{L_r C_r}} \tag{9-1}$$

在"上谐振频率"调节方式下开关管开关频率：

$$f_s \geq f_r \tag{9-2}$$

此时谐振槽路的阻抗呈感性。

该串联谐振变换器工作主要波形如图9-3（c）所示。共有8个工作模态。

（1）工作模态1：$[t_0, t_1]$区间。

$t_0$时刻，开通$Q_1$、$Q_4$（为ZVS开通。参考工作模态4）。图9-3（b）中a、b两点电压$u_{ab} = U_{in}$。此时谐振槽路的阻抗呈感性，$i_r(t)$滞后于$u_{ab}(t)$，在$t_0$时刻，$i_r(t_0) < 0$，随着$t$增加，$i_r(t)$增大，到$t_1$时刻，$i_r(t_1) = 0$。在$t_1$时刻前，$D_{R2}$和$D_{R3}$导通，图中c、d两点电压$u_{cd} = -U_o$；$t_1$时刻后，$D_{R1}$和$D_{R4}$导通，$u_{cd} = U_o$。

（2）工作模态2：$[t_1, t_3]$区间。

$t_1$时刻，设谐振电容$C_r$的电压为$u_{Cr}(t_1) = -U_{Cr1} < 0$，$i_r(t)$从0开始增加，谐振槽路电压$u_{ac} = U_{in} - U_o$。

$$L_r \frac{di_r(t)}{dt} + u_{Cr}(t) = u_{ab} - u_{cd} = u_{ac} \tag{9-3}$$

$$C_r \frac{du_{Cr}(t)}{dt} = i_r(t) \tag{9-4}$$

以初始条件：$u_{ac} = U_{in} - U_o$，$u_{Cr}(t_1) = -U_{Cr1}$，$i_r(t_1) = 0$，一阶导数$u'_{Cr}(t_1) = 0$，$i'_r(t_1) = (U_{in} - U_o + U_{Cr1})/L_r$，求解方程（9-3）和（9-4），可得：

$$i_r(t) = \frac{U_{in} - U_o + U_{Cr1}}{Z_r} \sin(\omega_r(t - t_1)) \tag{9-5}$$

$$u_{Cr}(t) = (U_{in} - U_o + U_{Cr1})[1 - \cos(\omega_r(t - t_1))] - U_{Cr1} \tag{9-6}$$

式中，$\omega_r = 2\pi f_r = 1/\sqrt{L_r C_r}$，为串联谐振角频率；$Z_r = \sqrt{L_r/C_r}$，为串联谐振槽路特征阻抗。

$t_2$时刻，$u_{Cr}(t_2) = 0$；$t_2$时刻后$u_{Cr}(t)$过零变正；$t_3$时刻，关断$Q_1$、$Q_4$，该工作模态结束。

$$i_r(t_3) = \frac{U_{in} - U_o + U_{Cr1}}{Z_r} \sin(\omega_r(t_3 - t_1)) = I_{r3} \tag{9-7}$$

$$u_{Cr}(t_3) = (U_{in} - U_o + U_{Cr1})[1 - \cos(\omega_r(t_3 - t_1))] - U_{Cr1} = U_{Cr3} \tag{9-8}$$

（3）工作模态3：$[t_3, t_4]$区间。

$t_3$时刻，关断$Q_1$、$Q_4$，$i_r(t)$对$C_1$、$C_4$充电，对$C_2$、$C_3$放电。$C_1 \sim C_4$限制电压上升率，$Q_1$、$Q_4$为零电压关断。到$t_4$时刻，$C_1$、$C_4$电压均为$U_{in}$，$C_2$、$C_3$的电压降为零。

（4）工作模态4：$[t_4, t_5]$区间。

$t_4$时刻，$D_2$、$D_3$导通，一直到$i_r(t)$降为0，此期间内，$Q_2$、$Q_3$电压均为0，任一时刻都可以零电压开通$Q_2$、$Q_3$。

（5）工作模态5：$[t_5, t_6]$区间。

$t_5$时刻，零电压开通$Q_2$、$Q_3$。由于$[t_3, t_4]$时间很短，远小于其他区间，若忽略不计$[t_3, t_4]$时间，以初始条件：$u_{ac} = -U_{in} - U_o$，$i_r(t_3) = I_{r3}$，$u_{Cr}(t_3) = U_{Cr3}$，一阶导数$i'_r(t_3) = (-U_{in} - U_o - U_{Cr3})/L_r$，$u'_{Cr}(t_3) = I_{r3}/C_r$，求解方程（9-3）和（9-4），可得：

$$i_r(t) = \frac{-U_{in} - U_o - U_{Cr3}}{Z_r} \sin[\omega_r(t - t_3)) + I_{r3} \cos(\omega_r(t - t_3)] \tag{9-9}$$

$$u_{Cr}(t) = (-U_{in} - U_o - U_{Cr3})[1 - \cos(\omega_r(t - t_3))] + I_{r3}Z_r \sin(\omega_r(t - t_3)) + U_{Cr3} \tag{9-10}$$

$t_6$ 时刻，$i_r(t_6) = 0$，该工作模态结束。

$$i_r(t_6) = \frac{-U_{in} - U_o - U_{Cr3}}{Z_r} \sin(\omega_r(t_6 - t_3)) + I_{r3} \cos(\omega_r(t_6 - t_3)) = 0 \tag{9-11}$$

$$u_{Cr}(t_6) = (-U_{in} - U_o - U_{Cr3})[1 - \cos(\omega_r(t_6 - t_3))] + I_{r3}Z_r \sin(\omega_r(t_6 - t_3)) + U_{Cr3} = U_{Cr6} \tag{9-12}$$

此时，该变换器工作在稳态时，$U_{Cr6} = U_{Cr1}$。

工作模态 6 到工作模态 8，与工作模态 2 到工作模态 4 类似，不再赘述。

谐振工作方式同时改善电力 MOSFET 背衬反并联二极管的工作条件。比如图 9-3（c）中 $t_6$ 时刻，$i_r(t)$ 经 $D_2$、$D_3$ 续流结束后，流过 $Q_2$、$Q_3$ 的电流从 0 增大，故 $D_2$、$D_3$ 不会立即承受反压，且电流到零自然关断，没有反向恢复电流，并有足够的时间恢复到阻断状态。整流二极管 $D_{R1} \sim D_{R4}$ 的工作条件同样得到改善。

2. "上谐振频率"工作时变换器的外特性

将式（9-7）、式（9-8）代入式（9-11）、式（9-12），并令 $M_{UCr1} = U_{Cr1}/U_{in}$，$t_6 - t_1 = T_s/2 = 1/(2f_s)$，$f_n = f_s/f_r$，可得：

$$M = \frac{U_o}{U_{in}} = \sqrt{\frac{2 - (1 + M_{UCr1})^2(1 + \cos(\pi/f_n))}{1 - \cos(\pi/f_n)}} \tag{9-13}$$

对谐振电流 $i_r(t)$ 求取半个周期的平均值，即为输出电流：

$$I_o = \frac{2U_{Cr1}}{\pi Z_r} \cdot f_n \tag{9-14}$$

同时可得：

$$M_{UCr1} = \frac{\pi Z_r I_o}{2U_{in}} \cdot \frac{1}{f_n} \tag{9-15}$$

将式（9-15）代入式（9-13），得"上谐振频率"调节方式串联谐振变换器的外特性表达式：

$$M = \frac{U_o}{U_{in}} = \sqrt{\frac{2 - \left(1 + \frac{\pi Z_r I_o}{2U_{in}} \cdot \frac{1}{f_n}\right)^2(1 + \cos(\pi/f_n))}{1 - \cos(\pi/f_n)}} \tag{9-16}$$

绘制成曲线如图 9-4 中 $f_n = 1.2, 1.3, 1.4, 1.5, 1.6, 1.7$ 所示。

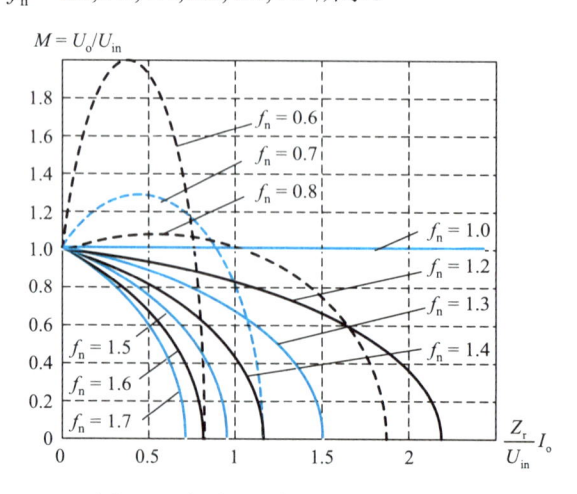

图 9-4 串联谐振变换器的外特性曲线

通常情况，串联谐振变换器具有电流源性质，空载性能差，当变换器其他参数固定时，负载参数对变换器的运行特性有较明显影响，因此串联谐振变换器适用于向单一负载或特定负载供电。另外，串联谐振变换器有较好的过载性能。

3. "下谐振频率"调节方式工作模态

串联谐振变换器工作在"下谐振频率"调节方式时，主要波形如图9-5所示，共有6种工作模态。

（1）工作模态1：$[t_0, t_1]$区间。

$t_0$时刻，开通$Q_1$、$Q_4$（硬开通，参考工作模态3），电压$u_{ab}$快速上升到$u_{ab} = U_{in}$，该工作模态相对短暂。

（2）工作模态2：$[t_1, t_3]$区间。

由于工作模态1短暂，忽略该时间，假设在$t_0$时刻开始，谐振槽路承受电压$u_{ac} = U_{in} - U_o$。谐振槽路的阻抗呈容性，$i_r(t)$超前于$u_{ab}(t)$，假设在$t_0$时刻，$i_r(t_0) = I_{r0} > 0$，$u_{Cr}(t_0) = -U_{Cr0} < 0$，随着$t$增加，$i_r(t)$、$u_{Cr}(t)$谐振，到$t_2$时刻，$u_{Cr}(t_2) = 0$，到$t_3$时刻，$i_r(t_3) = 0$。在$t_3$时刻前，$D_{R1}$和$D_{R4}$导通，$u_{cd} = U_o$；在$t_3$时刻后，$D_{R2}$和$D_{R3}$导通，$u_{cd} = -U_o$。

（3）工作模态3：$[t_3, t_5]$区间。

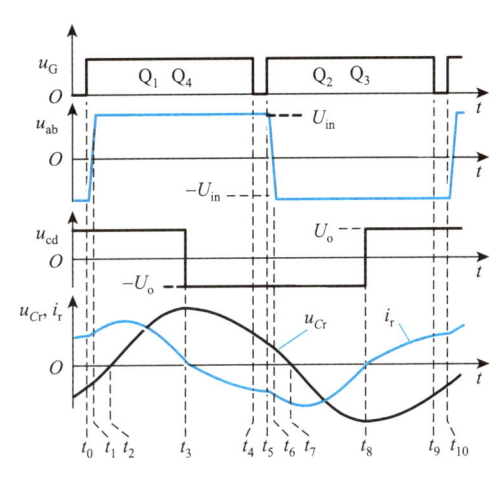

图9-5 串联谐振变换器工作在"下谐振频率"调节方式时主要波形

$t_3$时刻，谐振电容电压为$U_{Cr3}$，$i_r(t)$从0反向增加，谐振槽路电压为$u_{ac} = U_{in} + U_o$。初始条件为：$u_{ac} = U_{in} + U_o$，$i_r(t_3) = 0$，$u_{Cr}(t_3) = U_{Cr3}$，一阶导数$i'_r(t_3) = (U_{in} + U_o - U_{Cr3})/L_r$，$u'_{Cr}(t_3) = 0$，求解方程式（9-3）和（9-4），可得：

$$i_r(t) = \frac{U_{in} + U_o - U_{Cr3}}{Z_r} \sin(\omega_r(t - t_3)) \tag{9-17}$$

$$u_{Cr}(t) = (U_{in} + U_o - U_{Cr3})[1 - \cos(\omega_r(t - t_3))] + U_{Cr3} \tag{9-18}$$

$t_4$时刻，关断$Q_1$、$Q_4$。由于此时$i_r(t)$流过$D_1$、$D_4$，因此$Q_1$、$Q_4$为零电压关断。

$t_5$时刻，开通$Q_2$、$Q_3$，由于$i_r(t)$在$t_3$时刻就已经反方向流动，$Q_2$、$Q_3$失去ZVS的条件，在该变换器中也没有ZCS的条件，因此$Q_2$、$Q_3$为硬开通。当$Q_2$、$Q_3$开通后，该模态结束。

$$i_r(t_5) = \frac{U_{in} + U_o - U_{Cr3}}{Z_r} \sin(\omega_r(t_5 - t_3)) = -I_{r5} \tag{9-19}$$

$$u_{Cr}(t_5) = (U_{in} + U_o - U_{Cr3})[1 - \cos(\omega_r(t_5 - t_3))] + U_{Cr3} = U_{Cr5} \tag{9-20}$$

（4）工作模态4：$[t_5, t_6]$区间。

$t_5$时刻$Q_2$、$Q_3$开通后，电压$u_{ab}$反向快速上升到$u_{ab} = -U_{in}$，与工作模态1类似。

（5）工作模态5：$[t_6, t_8]$区间。

忽略工作模态4的时间，假设$t_5$时刻开始时，谐振槽路电压$u_{ac} = -U_{in} + U_o$。初始条件为：$u_{ac} = -U_{in} + U_o$，$i_r(t_5) = -I_{r5}$，$u_{Cr}(t_5) = U_{Cr5}$，一阶导数$i'_r(t_5) = (-U_{in} + U_o - U_{Cr5})/L_r$，$u'_{Cr}(t_5) = -I_{r5}/C_r$，求解方程式（9-3）和（9-4），可得：

$$i_r(t) = \frac{-U_{in} + U_o - U_{Cr5}}{Z_r} \sin(\omega_r(t - t_5)) - I_{r5} \cos(\omega_r(t - t_5)) \tag{9-21}$$

$$u_{Cr}(t)=(-U_{in}+U_o-U_{Cr5})[1-\cos(\omega_r(t-t_5))]-I_{r5}Z_r\sin(\omega_r(t-t_5))+U_{Cr5} \quad (9\text{-}22)$$

到 $t_8$ 时刻，$i_r(t)$ 谐振到零，与工作模态 2 类似。

$$i_r(t_8)=\frac{-U_{in}+U_o-U_{Cr5}}{Z_r}\sin(\omega_r(t_8-t_5))-I_{r5}\cos(\omega_r(t_8-t_5))=0 \quad (9\text{-}23)$$

$$u_{Cr}(t_8)=(-U_{in}+U_o-U_{Cr5})[1-\cos(\omega_r(t_8-t_5))]-I_{r5}Z_r\sin(\omega_r(t_8-t_5))+U_{Cr5}=-U_{Cr8} \quad (9\text{-}24)$$

因此，该串联谐振变换器工作在稳态时：$U_{Cr3}=U_{Cr8}$。

工作模态 6 与工作模态 3 类似，不再赘述。

4. "下谐振频率"工作时变换器的外特性

"下谐振频率"调节方式时串联谐振变换器外特性表达式：

$$M=\frac{U_o}{U_{in}}=\sqrt{\frac{2-\left(1-\frac{\pi Z_r I_o}{2U_{in}}\cdot\frac{1}{f_n}\right)^2(1+\cos(\pi/f_n))}{1-\cos(\pi/f_n)}} \quad (9\text{-}25)$$

当 $0.5<f_n<1$ 时，绘制曲线如图 9-4 中 $f_n=0.6,0.7,0.8$ 所示。

5. 基波近似分析

若开关频率接近谐振槽路的谐振频率，则谐振槽路从开关网络到整流滤波网络传递的主要是基波信号，谐波含量非常小，因此简化分析，忽略不计电压、电流中谐波成分，仅考虑其基波分量，即采用"基波近似"分析，将谐振变换器简化为线性电路。

将图 9-3（b）重绘于图 9-6（a），开关网络如图 9-6（b）所示，开关网络主要波形如图 9-6（c）所示，整流网络如图 9-6（d）所示，整流网络主要波形如图 9-6（e）所示。

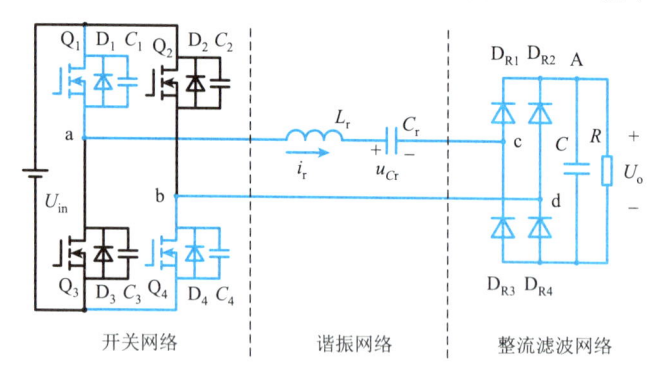

(a) 串联谐振变换器的三个网络

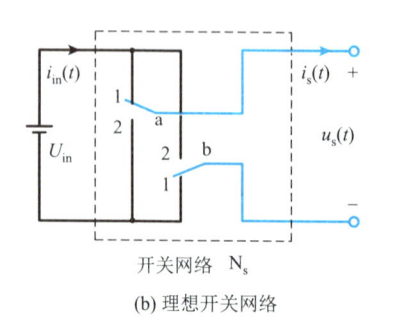

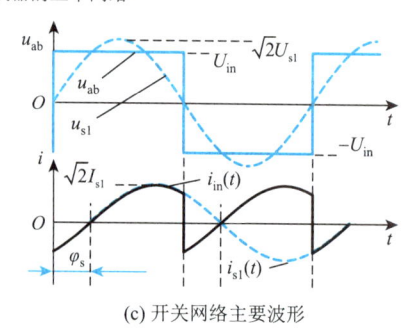

(b) 理想开关网络

(c) 开关网络主要波形

(d) 整流网络

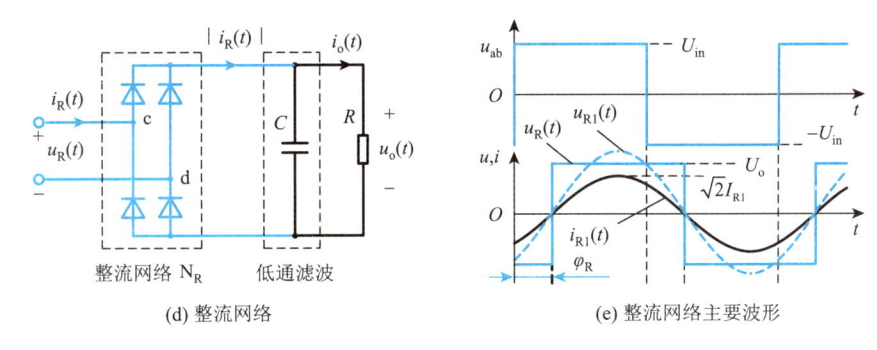

(e) 整流网络主要波形

图 9-6 组成串联谐振变换器的网络及波形

(1) 开关网络基波模型。

开关网络的输出 $u_s(t) = u_{ab}(t)$ 用基波代替：

$$u_{s1}(t) = \frac{4U_{in}}{\pi}\sin(\omega_s t) = \sqrt{2}U_{s1}\sin(\omega_s t) \tag{9-26}$$

$U_{s1}$ 为基波电压 $u_{s1}(t)$ 有效值。谐振槽路的谐振电流与 $u_{ab}(t)$ 有相位差，其电流基波：

$$i_{s1}(t) = \sqrt{2}I_{s1}\sin(\omega_s t - \varphi_s) \tag{9-27}$$

式中，$\varphi_s$ 为谐振网络电流基波 $i_{s1}(t)$ 与 $u_{ab}(t)$ 基波 $u_{s1}(t)$ 的相位差；$I_{s1}$ 为基波电流 $i_{s1}(t)$ 有效值。

由于 $U_{in}$ 为直流电源，对于输入电流 $i_{in}$，能产生有功功率的只有 $i_{in}$ 中的直流成分 $I_{in}$

$$I_{in} = \frac{2}{T_s}\int_0^{T_s/2} i_s(\tau)d\tau = \frac{2}{\pi}\sqrt{2}I_{s1}\cos\varphi_s \tag{9-28}$$

开关网络对输入直流电源的负载效应可以用 $(2\sqrt{2}I_{s1}\cos\varphi_s)/\pi$ 的直流电流源表示。

(2) 整流网络基波模型。

若整流网路输入电流的基波

$$i_{R1}(t) = \sqrt{2}I_{R1}\sin(\omega_s t - \varphi_R) \tag{9-29}$$

式中，$\varphi_R$ 为整流网路输入电流的基波与 $u_{ab}(t)$ 基波 $u_{s1}(t)$ 的相位差。

如图 9-3(c) 所示，谐振槽路谐振电流 $i_r(t)$ 与 $u_{cd}(t)$ 同相，整流网络的输入电压 $u_R(t) = u_{cd}(t)$，其基波

$$u_{R1}(t) = \frac{4U_o}{\pi}\sin(\omega_s t - \varphi_R) \tag{9-30}$$

因此，整流网络对谐振槽路的负载效应可以用电阻表示：

$$R_e = \frac{4U_o}{\pi\sqrt{2}I_{R1}} = \frac{2\sqrt{2}U_o}{\pi I_{R1}} \tag{9-31}$$

整流网络的输出电流为 $|i_{R1}(t)|$，其直流成分流过负载电阻。

$$I_o = \frac{2}{T_s}\int_0^{T_s/2}\sqrt{2}I_{R1}|\sin(\omega_s\tau - \varphi_R)|d\tau = \frac{2}{\pi}\sqrt{2}I_{R1} \tag{9-32}$$

将式 (9-32) 代入式 (9-31)，可得

$$R_e = \frac{8U_o}{\pi^2 I_o} = \frac{8}{\pi^2}R \tag{9-33}$$

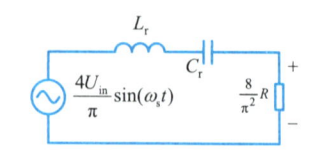

图 9-7 串联谐振变换器基波近似等效电路

最终得到串联谐振变换器的基波近似等效电路如图 9-7 所示。上述分析方法称为"基波分析法",是谐振变换器分析时常用的方法。

6. Mapham 式串联谐振变换器

由上述分析可知,SRC 工作在"下谐振频率"调节方式时,开关管关断时为 ZCS 关断,开通时为"硬"开通,没有完全达到谐振实现"软开关"的目的。究其原因,是在"下谐振频率"调节方式关断开关管时,谐振电流已反向,失去实现 ZVS 开通的条件。

虽然串联谐振变换器在"下谐振频率"调节方式时开关管失去 ZVS 开通的条件,但可以构造实现 ZCS 开通的条件。Mapham 式串联谐振变换器(MSRC)可以在"下谐振频率"调节方式时开关管实现 ZCS 开通。

无变压器的 MSRC 及主要波形如图 9-8 所示。为了实现每一个开关管的 ZCS 开通,需要延缓开关管开通时电流上升率,采取的方法是在开关管电路中串联一个大小为 $L_r/2$ 的电感,去掉原来的谐振电感,这样就既能保证在谐振工作时谐振特性不发生变化,又能实现开关管的 ZCS 开通。

以"下谐振频率"调节方式时分析无变压器的 MSRC。假设所有器件均为理想器件,负载电流恒定为 $I_o$,谐振槽路工作于电流连续模式,即谐振电容电压波形不会出现谐振过零点以外的等于零的时间。可分为 6 个工作模态,如图 9-8(b)所示。

(a) Mapham 式串联谐振变换器    (b) "下谐振频率"调节方式时的主要波形

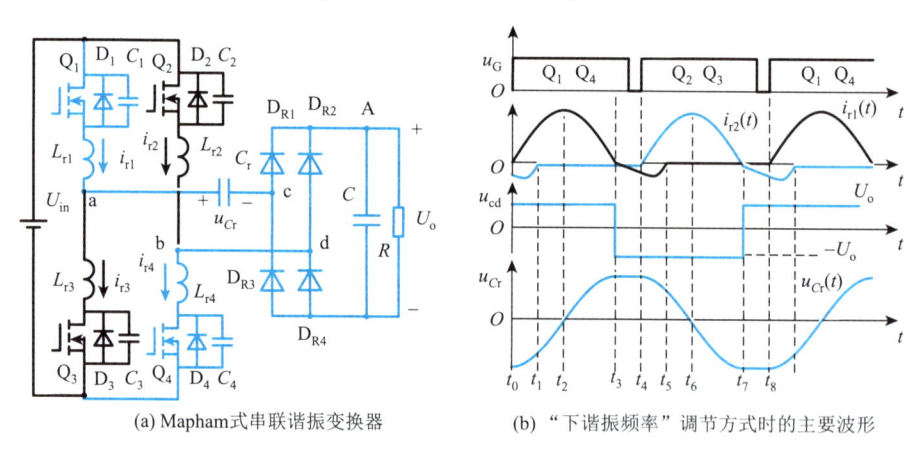

图 9-8 Mapham 式串联谐振变换器及主要波形

(1)工作模态 1:$[t_0,t_1]$ 区间。

假设 $t_0$ 时刻前,谐振电容 $C_r$ 的电压 $u_{Cr}(t)$ 为负,谐振电流 $i_{r2}(t)$ 为负,流过 $D_2$、$D_3$,$Q_2$、$Q_3$ 处于截止状态。

$t_0$ 时刻,开通 $Q_1$、$Q_4$,$i_{r1}(t)$、$i_{r4}(t)$ 从零开始谐振上升。$L_{r1}$、$L_{r4}$ 延缓 $Q_1$、$Q_4$ 的电流上升率,$Q_1$、$Q_4$ 为 ZCS 开通。$L_{r1} \sim L_{r4}$ 与 $C_r$ 同时谐振,$i_{r1}(t)$、$i_{r4}(t)$ 谐振上升,$i_{r2}(t)$、$i_{r3}(t)$ 谐振下降。

$t_1$ 时刻,流过 $D_2$、$D_3$ 的电流谐振到 $i_{r2}(t_1)=0$,此时工作模态 1 结束。

(2)工作模态 2:$[t_1,t_3]$ 区间。

$t_1$ 时刻后,$Q_2$、$Q_3$、$D_2$、$D_3$ 均截止,$L_{r2}$、$L_{r3}$ 不再参与谐振,只有 $L_{r1}$、$L_{r4}$ 与 $C_r$ 继续谐振。

$t_2$ 时刻，$u_{Cr}(t)$ 谐振到 $u_{Cr}(t_2)=0$。$t_2$ 时刻后，$u_{Cr}(t)$ 反向，$L_{r1}$、$L_{r4}$ 与 $C_r$ 继续谐振。

$t_3$ 时刻，$i_{r1}(t)$ 谐振到 $i_{r1}(t_3)=0$，$u_{Cr}(t)$ 谐振到正向峰值 $u_{Cr}(t_2)=U_{Cr2}$。此时工作模态 2 结束。

（3）工作模态 3：$[t_3,t_4]$ 区间。

$t_3$ 时刻后，$i_{r1}(t)$ 反向，整流输出反向，$i_{r1}(t)$ 反向谐振上升，电流流过 $D_1$、$D_4$。因此，在 $[t_3,t_4]$ 区间内，随时 ZCS 关断 $Q_1$、$Q_4$。$t_4$ 时刻，开通 $Q_2$、$Q_3$，此时工作模态 3 结束。

工作模态 4～6 与工作模态 1～3 类似，不再赘述。

由上述分析可知，该 MSRC 在"下谐振频率"调节方式时实现开关管 ZCS 开通和关断，并且 d$i$/d$t$ 较小；反并联二极管的导电时间与 SRC 相比有所增加。这为桥式变换器开关管的驱动电路设计带来方便，防止同一桥臂的两开关管因关断时的存储时间当另一开关管开通时造成上下两管的直通。

同样针对每个工作模态列出电路状态方程，求解 MSRC 在"下谐振频率"调节方式时的外特性曲线。

## 9.2.2 LLC 谐振变换器

图 9-3（a）是带变压器的串联谐振变换器，图中仅绘出变压器的原副边绕组。实际的变压器等效模型还包括漏感和励磁电感，其中，励磁电感与初级绕组并联，并联后再与漏感串联，这样漏感实际上就跟谐振电感串联，因此与谐振电感等效在一起。若分析变换器时考虑励磁绕组，并且在设计变压器时，有意减小励磁电感，让励磁电感也参与谐振工作，这样变换器工作时不仅包含前面分析中的二元件谐振工作状态，还包含三元件谐振工作状态，该变换器称为 LLC 谐振变换器[2, 26]。

**1. 电路及调节方式**

全桥 LLC 谐振变换器如图 9-9（a）所示。其中 $L_r$ 包含变压器的原边漏感；$L_m$ 为等效到原边的变压器励磁电感；变压器的副边对原边匝比 $n=N_2:N_1$，$N_{21}=N_{22}=N_2$。$L_r$、$L_m$ 与谐振电容 $C_r$ 构成 LLC 谐振网络。

$$f_r = \frac{1}{2\pi\sqrt{L_r C_r}} \tag{9-34}$$

式中，$f_r$ 为 $L_r$ 和 $C_r$ 的谐振频率，称为串联谐振频率（简称谐振频率）。

$$f_m = \frac{1}{2\pi\sqrt{(L_r+L_m)C_r}} \tag{9-35}$$

式中，$f_m$ 为 $L_m$、$L_r$ 与 $C_r$ 的谐振频率，称为串并联谐振频率。一般情况下，$L_r \ll L_m$，因此

$$f_m \ll f_r \tag{9-36}$$

该 LLC 谐振变换器既可工作"上谐振频率"调节方式，其主要波形如图 9-9（b）所示，也可工作在"下谐振频率"调节方式，其主要波形如图 9-9（c）所示。LLC 谐振变换器工作在"上谐振频率"调节方式时，更有利于提高变换器的功率密度。

由于"下谐振频率"调节方式时的工作模态包含"上谐振频率"调节方式时的工作模态，因此，以"下谐振频率"调节方式分析 LLC 谐振变换器的工作模态。

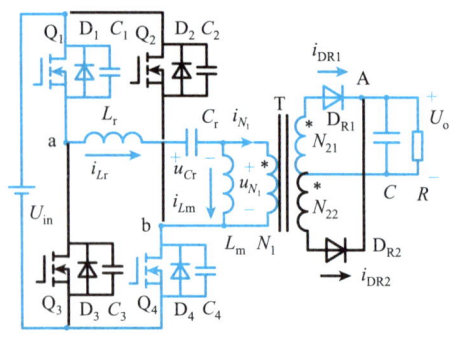

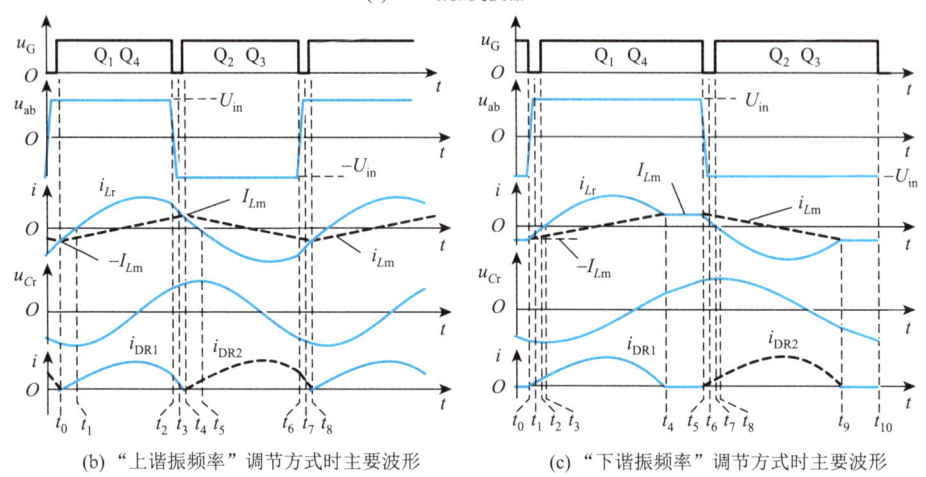

图 9-9 LLC 谐振变换器及主要波形

**2. "下谐振频率"调节方式时的工作模态**

LLC 变换器工作在"下谐振频率"调节方式时，一个开关周期有 8 个工作模态，各工作模态等效电路如图 9-10 所示。假设所有器件均为理想器件，$C_1 = C_2 = C_3 = C_4 = C_Q$，输出滤波电容足够大，其电压基本保持 $U_o$ 不变。

（1）工作模态 1：$[t_0, t_1]$ 区间。

$t_0$ 时刻前，$Q_1$、$Q_4$ 截止，$Q_2$、$Q_3$ 导通，$L_r$、$C_r$ 和 $L_m$ 共同谐振，谐振电感电流 $i_{Lr}$ 与励磁电感电流 $i_{Lm}$ 相等，并流过 $Q_2$、$Q_3$，变压器原副边电流均为零，负载由输出滤波电容 $C$ 供电。

$t_0$ 时刻，关断 $Q_2$、$Q_3$，此时 $i_{Lr}$ 对 $C_2$、$C_3$ 充电，同时给 $C_1$、$C_4$ 放电。由于 $C_1 \sim C_4$ 的缓冲作用，$Q_2$、$Q_3$ 为 ZVS 关断。由于 $f_m \ll f_r$，在开关管换流期间，可以认为 $i_{Lm}(t_0 \sim t_1) = -I_{Lm}$ 基本不变。$I_{Lm}$ 为励磁电感电流峰值。容易解得 $C_1 \sim C_4$ 的电压：

$$u_{C2}(t) = u_{C3}(t) = \frac{I_{Lm}}{2C_Q}(t - t_0) \qquad (9\text{-}37)$$

$$u_{C1}(t) = u_{C4}(t) = U_{in} - \frac{I_{Lm}}{2C_Q}(t - t_0) \qquad (9\text{-}38)$$

在此期间，a、b 两点的电压由 $-U_{in}$ 变化为 $U_{in}$。当 $u_{N1}$ 达到 $U_o/n$ 时，$i_{Lm}$ 增加缓慢，$i_{Lr}$ 增加迅速（因为 $L_r \ll L_m$），$i_{Lr} - i_{Lm} = i_{N1}$ 流入绕组 $N_1$，副边感应电流 $i_{N21} = i_{DR1}$ 对电容和负载供电，$u_{N1}$ 被箝位在 $U_o/n$，$i_{Lm}$ 线性增加。施加在 $L_r$ 和 $C_r$ 的电压由 $-(U_{in} - (U_o/n))$ 逐渐变化为 $U_{in} - (U_o/n)$，$L_r$、$C_r$ 谐振工作。

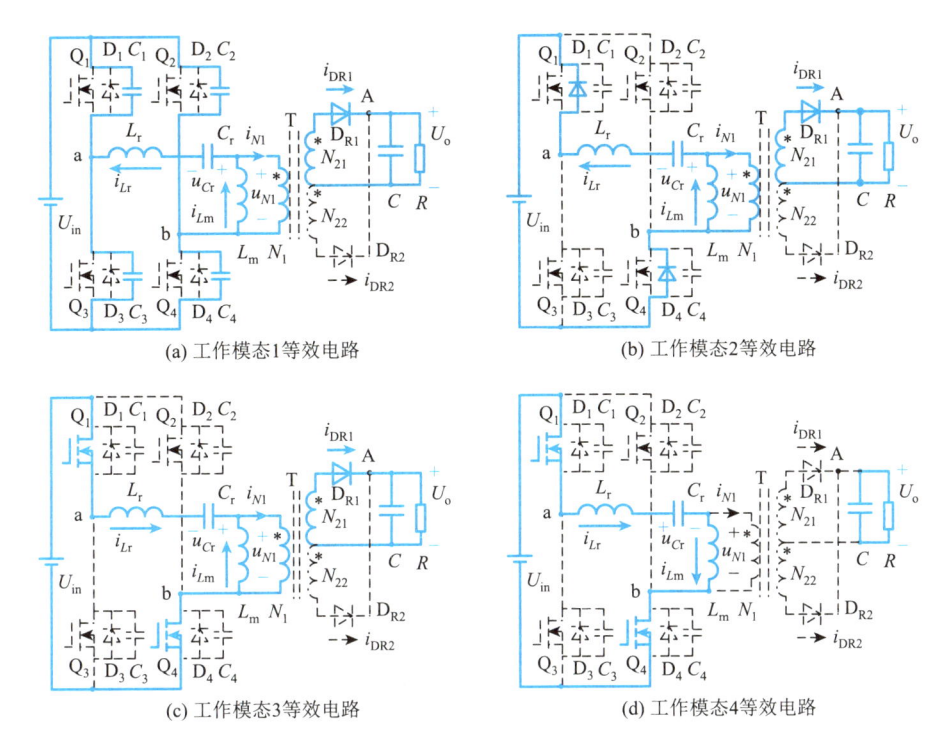

图 9-10 "下谐振频率"调节方式时工作模态等效电路

(a) 工作模态1等效电路
(b) 工作模态2等效电路
(c) 工作模态3等效电路
(d) 工作模态4等效电路

（2）工作模态 2：$[t_1,t_3]$ 区间。

$t_1$ 时刻，$C_2$、$C_3$ 的电压上升到 $U_{in}$，$C_1$、$C_4$ 的电压下降到 0，$D_1$、$D_4$ 导通，在 $t_2$ 时刻 ZVS 开通 $Q_1$、$Q_4$。此时，a、b 两点的电压为 $U_{in}$。施加在 $L_r$ 和 $C_r$ 的电压为 $U_{in}-(U_o/n)$，$L_r$、$C_r$ 继续谐振工作。

（3）工作模态 3：$[t_3,t_4]$ 区间。

$t_3$ 时刻，$i_{Lr}$ 从负过零，并开始流过 $Q_1$、$Q_4$。列出微分方程求解 $i_{Lr}$、$u_{Cr}$ 和 $i_{Lm}$。由于工作模态 1 时间很短，为了计算方便，忽略不计工作模态 1 中施加在 $L_r$ 和 $C_r$ 的电压变化，假设从 $t_0$ 时刻开始，施加在 $L_r$ 和 $C_r$ 的电压为 $U_{in}-(U_o/n)$。

$$i_{Lr}(t)=-I_{Lm}\cos(\omega_r(t-t_0))+\left[\left(U_{in}-\frac{U_o}{n}\right)-U_{Cr}(t_0)\right]\frac{1}{Z_r}\sin(\omega_r(t-t_0)) \quad (9\text{-}39)$$

$$u_{Cr}(t)=-I_{Lm}Z_r\sin(\omega_r(t-t_0))+\left(U_{in}-\frac{U_o}{n}\right)-\left[\left(U_{in}-\frac{U_o}{n}\right)-U_{Cr}(t_0)\right]\cos(\omega_r(t-t_0)) \quad (9\text{-}40)$$

$$i_{Lm}(t)=\frac{U_o}{nL_m}(t-t_0)-I_{Lm} \quad (9\text{-}41)$$

式中，$\omega_r=2\pi f_r$，为谐振角频率；$Z_r=\sqrt{L_r/C_r}$，为 $L_r$ 和 $C_r$ 的特征阻抗。

（4）工作模态 4：$[t_4,t_5]$ 区间。

$t_4$ 时刻，$i_{Lr}$ 谐振到与 $i_{Lm}$ 相等，变压器原边电流 $i_{N1}$ 减小到 0，整流二极管 $D_{R1}$ 的电流也相应减小到 0，因此它们为 ZCS 关断，不存在反向恢复问题。该时段内，$L_r$ 与 $L_m$ 串联和 $C_r$ 谐振工作，由于 $L_m$ 较大，$i_{Lr}$ 近似保持不变，$C_r$ 被恒流充电。$i_{Lr}$、$u_{Cr}$ 和 $i_{Lm}$ 的表达式为

$$i_{Lr}(t)=I_{Lm} \quad (9\text{-}42)$$

$$u_{Cr}(t) = U_{Cr}(t_4) + \frac{I_{Lm}}{C_r}(t-t_4) \tag{9-43}$$

$$i_{Lm}(t) = I_{Lm} \tag{9-44}$$

在 $t_5$ 时刻，关断 $Q_1$、$Q_4$，变换器开始另半个周期的工作。

工作模态 5~8 与工作模态 1~4 类似，不再赘述。

**3. 基波近似等效电路**

全桥 LLC 谐振变换器分为开关网络、谐振网络和整流滤波网络 3 部分，如图 9-11 所示。

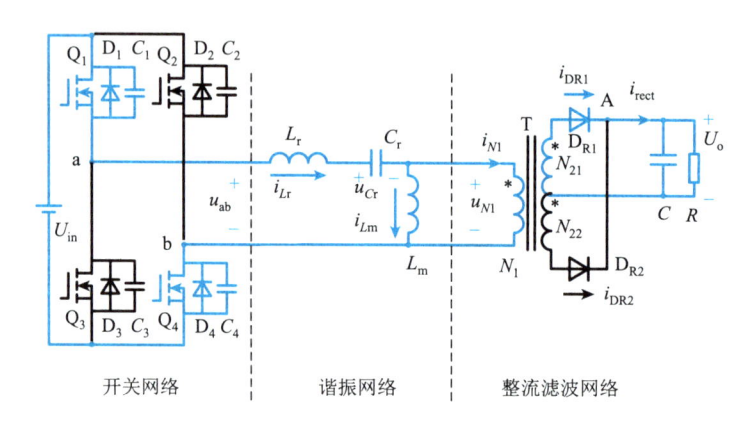

图 9-11 全桥 LLC 谐振变换器的网络

（1）开关网络基波模型。

开关网络的输入电压为 $U_{in}$。忽略开关管的开关过程，则两个桥臂中点之间的电压 $u_{ab}$ 为交流方波电压，幅值为 $U_{in}$，如图 9-12 所示。对 $u_{ab}$ 进行傅里叶级数展开，可得：

$$u_{ab}(t) = \frac{4U_{in}}{\pi} \sum_{n=1,3,5,\cdots}^{\infty} \frac{1}{n} \sin(n\omega_s t) \tag{9-45}$$

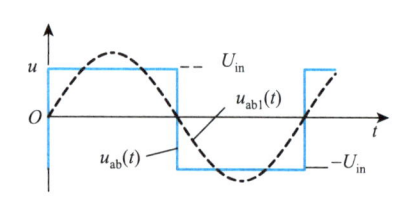

式中，$\omega_s$ 为开关角频率。

图 9-12 $u_{ab}$ 及其基波分量 $u_{ab1}$

其基波分量：

$$u_{ab1}(t) = \frac{4U_{in}}{\pi} \sin(\omega_s t) \triangleq \sqrt{2} U_{ab1} \sin(\omega_s t) \tag{9-46}$$

式中，$U_{ab1}$ 为基波电压有效值，其大小为

$$U_{ab1} = \frac{2\sqrt{2}}{\pi} U_{in} \tag{9-47}$$

可将开关网络等效为一个基波正弦电压源 $u_{ab1}$。

（2）整流网络基波模型。

当开关频率 $f_s$ 接近谐振频率 $f_r$ 时，变压器的原边电流 $i_{N1}$ 可近似为一正弦电流，表示为

$$i_{N1}(t) = \sqrt{2} I_{N1} \sin(\omega_s t - \varphi_R) \tag{9-48}$$

式中，$\varphi_R$ 为 $i_{N1}$ 滞后于 $u_{ab}$ 的相位；$I_{N1}$ 为 $i_{N1}$ 的有效值。

从图 9-11 看出，当 $i_{N1}$ 为正时，变压器副边整流二极管 $D_{R1}$ 导通，变压器原边电压 $u_{N1}=U_o/n$，副边整流后的电流 $i_{rect}=i_{N1}/n$；当 $i_{N1}$ 为负时，变压器副边整流二极管 $D_{R2}$ 导通，$u_{N1}=-U_o/n$，$i_{rect}=-i_{N1}/n$。原边电流 $i_{N1}$、原边电压 $u_{N1}$ 波形如图 9-13 所示。

$i_{rect}$ 经滤波电容滤波后，得到负载电流 $I_o$，则有：

$$I_o = \frac{1}{\pi}\int_{\varphi_R}^{\varphi_R+\pi} i_{rect}\,d(\omega_s t) = \frac{1}{\pi}\int_{\varphi_R}^{\varphi_R+\pi} \frac{i_{N1}}{n}\,d(\omega_s t)$$

$$= \frac{1}{\pi}\int_{\varphi_R}^{\varphi_R+\pi} \sqrt{2}\,\frac{I_{N1}}{n}\sin(\omega_s t - \varphi_R)\,d(\omega_s t)$$

$$= \frac{2\sqrt{2}}{n\pi} I_{N1} \qquad (9\text{-}49)$$

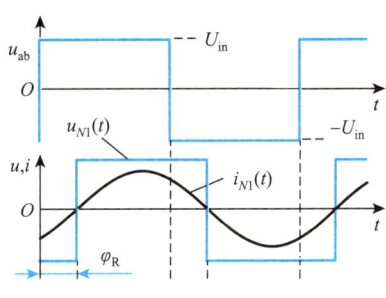

图 9-13 变压器原边电流、电压波形

由式（9-49）可求得 $I_{N1}$ 的表达式为

$$I_{N1} = \frac{n\pi}{2\sqrt{2}} I_o \qquad (9\text{-}50)$$

将式（9-50）代入式（9-48），可得 $i_{N1}$ 为

$$i_{N1}(t) = \frac{\pi}{2} n I_o \sin(\omega_s t - \varphi_R) \qquad (9\text{-}51)$$

根据图 9-13 中的变压器原边电压 $u_{N1}$ 波形，其基波分量 $u_{N11}$ 为

$$u_{N11}(t) = \frac{4U_o}{n\pi}\sin(\omega_s t - \varphi_R) \triangleq \sqrt{2} U_{N11}\sin(\omega_s t - \varphi_R) \qquad (9\text{-}52)$$

式中，$U_{N11}$ 为 $u_{N11}$ 的有效值，

$$U_{N11} = \frac{2\sqrt{2}}{n\pi} \cdot U_o \qquad (9\text{-}53)$$

从图 9-13 看出，$u_{N11}$ 与 $i_{N1}$ 同相位，且波形一致，因此整流滤波网络可等效为一个纯阻性负载 $R_e$。根据式（9-51）~式（9-53），可得 $R_e$ 为

$$R_e = \frac{u_{N11}(t)}{i_{N1}(t)} = \frac{8}{\pi^2 n^2}\frac{U_o}{I_o} = \frac{8}{\pi^2 n^2} R \qquad (9\text{-}54)$$

（3）全桥 LLC 谐振变换器基波等效电路。

由以上分析可以得到全桥 LLC 谐振变换器的简化电路，如图 9-14 所示。

4. 输入输出电压传输比

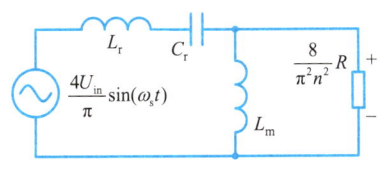

图 9-14 全桥 LLC 谐振变换器基波等效电路

输入输出电压传输比 $M$ 定义为：折算到变压器原边的输出电压与输入电压的比值。

$$M = \frac{U_o}{nU_{in}} \qquad (9\text{-}55)$$

可以写为

$$M = \frac{1}{n}\frac{U_o}{U_{N11}}\frac{U_{N11}}{U_{ab1}}\frac{U_{ab1}}{U_{in}} \qquad (9\text{-}56)$$

代入式（9-47）和式（9-53）可得：

$$M = \frac{U_{N11}}{U_{ab1}} \qquad (9\text{-}57)$$

由图 9-14 可以得到：

$$H(j\omega_s) = \frac{\dot{U}_{N11}}{\dot{U}_{ab1}} = \frac{j\omega_s L_m \| R_e}{j\omega_s L_m \| R_e + j\omega_s L_r + \dfrac{1}{j\omega_s C_r}} = \frac{\lambda f_n^2}{[(\lambda+1)f_n^2 - 1] + jf_n \lambda Q [f_n^2 - 1]} \quad (9\text{-}58)$$

式中，$f_n = \dfrac{f_s}{f_r} = \dfrac{\omega_s}{\omega_r}$；$Q = \dfrac{Z_r}{R_e} = \dfrac{\sqrt{L_r/C_r}}{R_e}$，为谐振电路的品质因数；$\lambda = L_m/L_r$，为励磁电感与谐振电感之比。

$$M = |H(j\omega_s)| = \frac{1}{\sqrt{\left[\left(1 - \dfrac{1}{f_n^2}\right) Q f_n\right]^2 + \left[\left(1 - \dfrac{1}{f_n^2}\right)\dfrac{1}{\lambda} + 1\right]^2}} \quad (9\text{-}59)$$

根据式（9-59）可知，全桥 LLC 谐振变换器的输入、输出电压传输比 $M$ 与 $\lambda$、$Q$ 有关。图 9-15 给出 $\lambda = 4$ 时不同 $Q$ 下的全桥 LLC 谐振变换器的输入、输出电压传输比曲线。

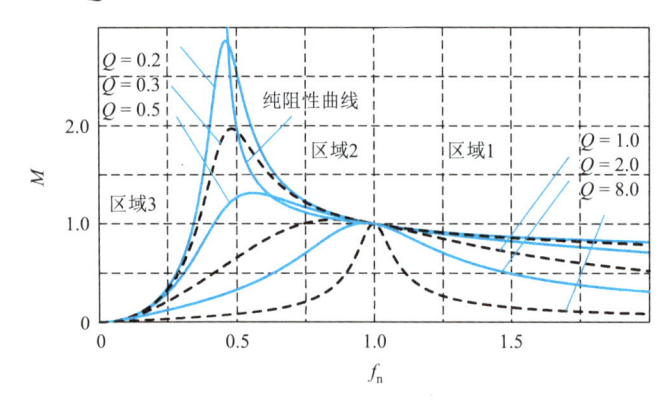

图 9-15　全桥 LLC 谐振变换器的电压传输比曲线

为了判断全桥 LLC 谐振变换器是工作在 ZVS，还是工作在 ZCS，推导该 LLC 谐振变换器的纯阻性曲线的表达式，它是谐振网络阻抗呈纯阻性时的输入、输出电压传输比曲线。

根据图 9-16，可得到谐振网络的等效输入阻抗 $Z$ 为

$$\begin{aligned} Z &= j\omega_s L_r + \frac{1}{j\omega_s C_r} + j\omega_s L_m \| R_e = j\omega_s L_r + \frac{1}{j\omega_s C_r} + \frac{j\omega_s L_m R_e}{R_e + j\omega_s L_m} \\ &= \frac{(\omega_s L_m)^2 R_e}{R_e^2 + (\omega_s L_m)^2} + j\left[\frac{\omega_s^2 L_r C_r - 1}{\omega_s C_r} + \frac{\omega_s L_m R_e^2}{R_e^2 + (\omega_s L_m)^2}\right] \end{aligned} \quad (9\text{-}60)$$

令 $Z$ 的虚部为 0，得到谐振网络阻抗呈纯阻性时，$Q$ 与 $f_n$ 的关系表达式为

$$Q_{res} = \frac{1}{\lambda f_n} \sqrt{\frac{(1+\lambda)f_n^2 - 1}{1 - f_n^2}} \quad (9\text{-}61)$$

将式（9-61）代入式（9-59），可求纯阻性曲线表达式：

$$M_{res} = \frac{1}{\sqrt{\left[\left(1 - \dfrac{1}{f_n^2}\right)\dfrac{1}{\lambda}\right]^2 \dfrac{\lambda f_n^2}{1 - f_n^2} + 2\left(1 - \dfrac{1}{f_n^2}\right)\dfrac{1}{\lambda} + 1}} \quad (9\text{-}62)$$

根据式（9-62），在图 9-15 中绘出该变换器的阻性曲线。纯阻性曲线将变换器的整个工作区域划分为 ZVS 区域和 ZCS 区域。当变换器工作在纯阻性曲线左侧时，变换器阻抗呈容性，变换器工作在 ZCS 状态；工作在其右侧时，变换器呈感性，工作在 ZVS 状态。

同时看出，当 $f_n=1$ 时，变换器的输入输出电压传输比 $M=1$，与负载无关。这是由于此时 $L_r$ 和 $C_r$ 支路的阻抗为零，输入电压相当于直接加在变压器原边，通过变压器传输到负载，与变换器各部分参数无关。因此，以纯阻性曲线和 $f_n=1$ 直线为界，可将图 9-15 划分为 3 个区域。

区域 1，在 $f_n=1$ 直线右侧，电压传输比 $M<1$，变换器处于降压模式，变换器呈感性，开关管可以实现 ZVS，但是输出整流二极管是硬关断的。

区域 2，在 $f_n=1$ 直线的左侧且在纯阻性曲线右侧，电压传输比 $M>1$，变换器处于升压模式，变换器呈感性，开关管实现 ZVS，输出整流二极管自然关断，实现 ZCS。

区域 3，在 $f_n=1$ 直线的左侧且在纯阻性曲线左侧，变换器呈容性，开关管实现 ZCS。

在参数设计时，尽量让 LLC 谐振变换器工作在 ZVS 状态，即图 9-15 中区域 1 和区域 2。

另外，由图 9-15 看出，在一定的开关频率下，品质因数 $Q$ 值越大，电压传输比 $M$ 越小。在其他参数一定的前提下，$Q$ 值与负载电流成正比。在参数设计时，应在输入电压最低且满载时设计变换器的电压传输比 $M$，确保在整个输入电压和负载范围内均可获得所需的输出电压。

## 9.2.3　并联谐振变换器、LCC 谐振变换器

### 1. 并联谐振变换器

并联谐振变换器（parallel resonant converter，PRC）如图 9-16 所示，其中图 9-16（a）所示为有变压器的并联谐振变换器，图 9-16（b）所示为无变压器的并联谐振变换器。谐振槽路由电感和电容组成，输出整流电路并联在谐振电容上，若从负载端看谐振槽路，该谐振槽路为高阻抗。为实现谐振工作，负载端也需具备高阻抗特性，因此负载端的滤波网络一般采用电感或电感电容滤波。

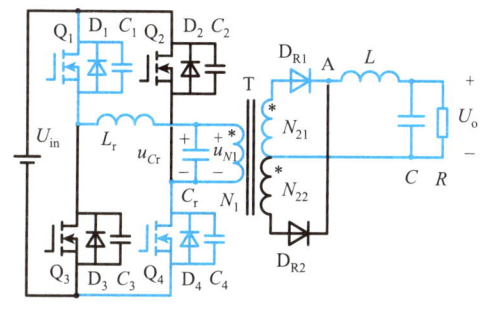

(a) 有变压器的并联谐振变换器 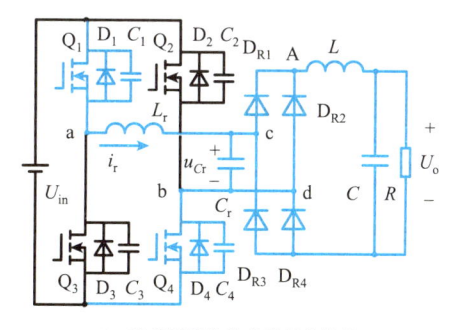　　(b) 无变压器的并联谐振变换器

图 9-16　并联谐振变换器

该变换器的工作模态请读者参考 9.2.1 节自行分析。

并联谐振变换器具有电压源性质，输出阻抗低，负载波形好，负载参数变动对电路运行影响不明显，该变换器适用于向通用性质负载供电。另外，并联谐振变换器对过载敏感，需要过载保护。

## 2. LCC 谐振变换器

图 9-17 为全桥串并联谐振变换器（SPRC），也称为 LCC 谐振变换器。它相当于在并联谐振变换器（PRC）基础上串联一只电容。与串联谐振变换器（SRC）和 PRC 相比，LCC 谐振变换器具有优点：①串联谐振电容使得回路等效电容量减小，从而使谐振网络的特征阻抗增加，可以减小回路电流，减小变换器的电流应力；②LCC 谐振变换器的电压转换特性允许变换器所接负载范围很宽，在重载时近似 SRC，轻载时近似 PRC，且轻载回路能量最小；③具有内在的短路保护功能。总之，LCC 谐振变换器集中了 SRC 和 PRC 的优点，与 SRC 和 PRC 相比，其应用较为广泛。

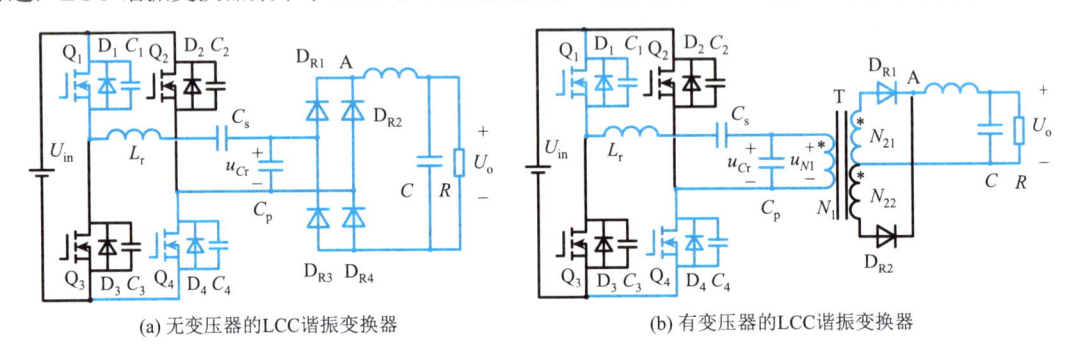

(a) 无变压器的LCC谐振变换器

(b) 有变压器的LCC谐振变换器

图 9-17 LCC 谐振变换器

读者可以参照前述 SRC 的分析方法自行分析 LCC 谐振变换器的工作情况。

## 9.3 准谐振变换器

9.2 节讲述谐振变换器。谐振变换器效率较高的关键是通过谐振网络的谐振实现开关管软开关。受此启发，若在开关网络中直接加入谐振元件，组成谐振开关，就可以直接实现开关管软开关，不必在一个开关周期内都处于谐振状态，因此产生准谐振变换器。

准谐振变换器采用谐振开关取代原来的电力半导体开关。谐振开关由开关管、二极管、电感和电容组成，其中在一个开关周期内有电感、电容谐振运行区间，也有非谐振运行区间。由于变换器在一个工作周期内不是全部处于谐振状态，因此称为准谐振变换器[1,2,25,26]。

### 9.3.1 零电流准谐振

1. 零电流谐振开关

零电流谐振开关是一个单元电路，可以实现开关管在零电流下开通和关断，其电路如图 9-18 所示。该电路有二端口和三端口两种接法，并有单向（半波）和双向（全波）之分。电感 $L_r$ 与开关管 Q 串联以限制开关的 $di/dt$，电容 $C_r$ 作为辅助能量存储和传输元件。$L_r$、$C_r$ 在开关导通时组成谐振电路。谐振开关代替 PWM 变换器电路中的半导体开关，即可组成各种电路拓扑。

2. 零电流开关准谐振变换器

以三端口双向开关为例，分析 Buck 零电流开关准谐振变换器（zero current switching quasi-resonant converter，ZCS-QRC），如图 9-19（a）所示。为了便于分析，设各元件均为理想器件，同时 $L \gg L_r$，若 $L$ 非常大，从 $L$ 输入端向输出端看，可近似用一个恒流源代替，并定义特征阻抗 $Z_r = \sqrt{L_r/C_r}$，谐振角频率 $\omega_r = 1/\sqrt{L_r C_r}$，谐振频率 $f_r = \omega_r/2\pi$。

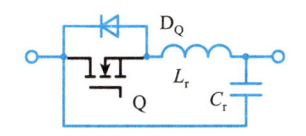

(a) 二端口双向零电流谐振开关  (b) 三端口双向零电流谐振开关

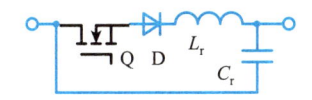

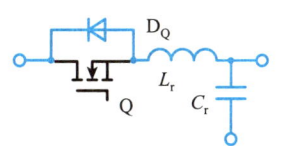

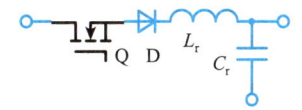

(c) 二端口单向零电流谐振开关  (d) 三端口单向零电流谐振开关

图 9-18 零电流谐振开关电路

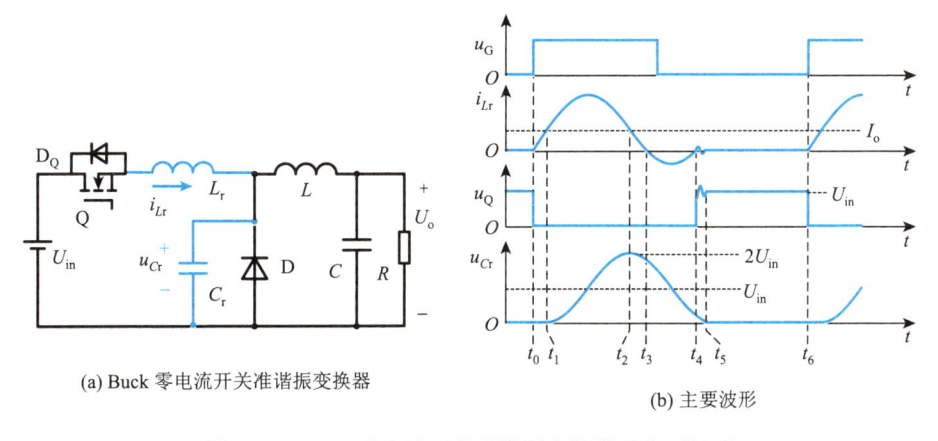

(a) Buck 零电流开关准谐振变换器

(b) 主要波形

图 9-19 Buck 零电流开关准谐振变换器及主要波形

一个开关周期可分为 4 个工作模态。设 Q 开通前，D 流过负载电流为 $I_o$，此时 $u_{Cr}=0$。

（1）工作模态 1：$[t_0,t_1]$，线性阶段。

$t_0$ 时刻，开通 Q，由于 $L_r$ 延缓流过 Q 电流的上升，因此 Q 为 ZCS 开通。此时 D 处于续流状态，流过电流为 $I_o$，因此 $u_D=u_{Cr}=0$，$L_r$ 电压为 $U_{in}$，输入电流 $i_{Lr}$ 线性上升：

$$L_r \frac{di_{Lr}(t)}{dt} = U_{in} \tag{9-63}$$

由于 $i_{Lr}(t_0)=0$，因此

$$i_{Lr}(t) = \frac{U_{in}}{L_r}(t-t_0) \tag{9-64}$$

$t_1$ 时刻，$i_{Lr}(t_1)=I_o$，工作模态 1 结束，持续时间为

$$T_1 = t_1 - t_0 = \frac{L_r I_o}{U_{in}} \tag{9-65}$$

（2）工作模态 2：$[t_1,t_4]$，谐振阶段。

$t_1$ 时刻，$i_{Lr}(t_1)=I_o$，二极管 D 电流下降到 0 并截止。$L_r$ 与 $C_r$ 谐振，$i_{Lr}(t)$ 继续增大，其除供给负载电流 $I_o$ 之外，还以 $i_{Lr}(t)-I_o$ 对电容 $C_r$ 谐振充电。

$$C_r \frac{du_{Cr}(t)}{dt} = i_{Lr}(t) - I_o \tag{9-66}$$

$$L_r \frac{di_{Lr}(t)}{dt} = U_{in} - u_{Cr}(t) \tag{9-67}$$

以初始条件 $U_{Cr}(t_1) = 0$ 和 $i_{Lr}(t_1) = I_o$ 解得：

$$i_{Lr}(t) = I_o + \frac{U_{in}}{Z_r}\sin(\omega_r(t - t_1)) \tag{9-68}$$

$$u_{Cr}(t) = U_{in}[1 - \cos(\omega_r(t - t_1))] \tag{9-69}$$

$t_2$ 时刻，$i_{Lr}(t)$ 谐振下降到 $I_o$；$u_{Cr}(t)$ 谐振上升到峰值。$t_3$ 时刻，$i_{Lr}(t)$ 谐振下降到 0，并开始反向。$t_4$ 时刻，$i_{Lr}(t)$ 反向电流再次谐振到 0。因此，在 $[t_3, t_4]$ 区间，ZCS 关断 Q。

由式（9-68）得到：

$$\sin(\omega_r(t_4 - t_1)) = \sin\alpha = -\frac{Z_r I_o}{U_{in}} \tag{9-70}$$

由于 $\pi < \alpha < 2\pi$，因此，

$$\omega_r(t_4 - t_1) = \alpha = 2\pi - \arcsin\left(\frac{Z_r I_o}{U_{in}}\right) \tag{9-71}$$

持续时间为

$$T_2 = t_4 - t_1 = \frac{\alpha}{\omega_r} \tag{9-72}$$

由式（9-71）可见，$\alpha$ 在 $3\pi/2 \sim 2\pi$ 之间变化。

若变换器为单向开关则仅谐振到 $t_3$ 时刻，$T_2 = t_3 - t_1 = \alpha/\omega_r$，$\alpha$ 在 $\pi \sim 3\pi/2$ 之间变化。

$t_4$ 时刻，由式（9-69）得：

$$U_{Cr}(t_4) = U_{in}[1 - \cos(\omega_r(t_4 - t_1))] = U_{in}(1 - \cos\alpha) \tag{9-73}$$

（3）工作模态 3：$[t_4, t_5]$ 区间，恢复阶段。

Q 关断后，$L_r$、$C_r$ 与 Q 的结电容会产生幅值很小的短时振荡，由于 $C_r$ 远大于 Q 的结电容，可以认为该振荡仅由 $L_r$ 与 Q 的结电容产生，振荡结束后，$i_{Lr}(t) = 0$。

开关管在 $[t_3, t_4]$ 区间关断。$t_4$ 时刻，$u_{Cr}(t_4)$ 由式（9-73）决定，并以 $I_o$ 恒流向输出回路放电。因此，$u_{Cr}(t)$ 线性下降，并在 $t_5$ 时刻下降到零。

$$C_r \frac{du_{Cr}(t)}{dt} = I_o \tag{9-74}$$

解得：

$$u_{Cr}(t) = U_{Cr}(t_4) - \frac{I_o}{C_r}(t - t_4) \tag{9-75}$$

$t_5$ 时刻，$U_{Cr}(t_5) = 0$，考虑到式（9-73）解得本阶段持续时间：

$$T_3 = t_5 - t_4 = \frac{C_r U_{Cr}(t_4)}{I_o} = \frac{C_r U_{in}(1 - \cos\alpha)}{I_o} \tag{9-76}$$

（4）工作模态 4：$[t_5, t_6]$ 区间，续流阶段。

当电容放电电流下降到 $I_o$，$u_{Cr}(t)$ 接近零时，二极管 D 开始导通，二极管流经电流为 $I_o$。此阶段持续时间为

$$T_4 = t_6 - t_5 = T_s - T_1 - T_2 - T_3 \tag{9-77}$$

式中，$T_s$ 为开关周期。

输出电压 $U_o$ 可以通过每个周期内输入的能量 $E_{in}$ 与输出的能量 $E_o$ 相等的原则求得，其中

$$E_{in} = U_{in}\left[\int_{t_0}^{t_1} i_{Lr}(t)dt + \int_{t_1}^{t_4} i_{Lr}(t)dt\right] \tag{9-78}$$

$$E_o = U_o I_o T_s \tag{9-79}$$

将式（9-64）和式（9-68）代入式（9-78），并积分，考虑到式（9-65）、式（9-72）、式（9-73）、式（9-76）和 $\omega_r = 1/\sqrt{L_r C_r}$，$Z_r = \sqrt{L_r/C_r}$，可得到：

$$U_o = U_{in}\left(\frac{T_1}{2} + T_2 + T_3\right)/T_s \tag{9-80}$$

在给定 $I_o$、$T_s$ 后，即由式（9-65）、式（9-71）、式（9-72）及式（9-76）解出 $T_1$、$T_2$ 和 $T_3$ 值，再利用式（9-80）求得 $U_o$。

进一步求取电压变换比 $M$、负载电阻 $R$ 和开关频率 $f_s$ 的关系式。因 $U_o = I_o R$，由式（9-80）得到：

$$U_o = RI_o = U_{in}\frac{\dfrac{L_r I_o}{2U_{in}} + \dfrac{\alpha}{\omega_r} + C_r U_{in}\dfrac{1-\cos\alpha}{I_o}}{T_s} \tag{9-81}$$

令 $M = U_o/U_{in}$，$r = R/Z_r$，$T_s = \dfrac{1}{f_s}$，则由式（9-81）可写为

$$M = \frac{f_s}{2\pi f_r}\left[\frac{M}{2r} + 2\pi - \arcsin\left(\frac{M}{r}\right) + \frac{r}{M}\left(1 \pm \sqrt{1 - \left(\frac{M}{r}\right)^2}\right)\right] \tag{9-82}$$

式中，$\alpha = 2\pi - \arcsin(M/r)$ 与式（9-71）相同，$\alpha$ 在 $3\pi/2 \sim 2\pi$ 范围内 $\cos\alpha$ 为正，故 $\sqrt{1-(M/r)^2}$ 前取负号。若变换器为单向开关，$\alpha$ 是在第三象限，为 $\pi \sim 3\pi/2$，式（9-81）中 $\cos\alpha$ 项为负值，又因 $\cos\alpha$ 前有一个负号，故在式（9-82）中对应项 $\sqrt{1-(M/r)^2}$ 前取正号。

通过 $u_{Cr}(t)$ 的波形近似求取 $M$ 值。对于双向电路，通常 $u_{Cr}(t)$ 波形很接近于 $U_{in}(1-\cos\omega_r t)$，导通角为 $2\pi$，近似为 $[t_3, t_5]$ 区间。此期间平均电压近似等于 $U_{in}$，而 $t_1$ 至 $t_5$ 的持续时间 $T_r = 1/f_r$（$f_r$ 是谐振频率），电压变换比 $M$ 近似由电感 $L$ 伏秒积相等的原则求得。

在 $T_r$ 期间电感 $L$ 伏秒积为 $(U_{in} - U_o)T_r$。续流期间 $(T_s - T_r)$ 的伏秒积为 $-U_o(T_s - T_r)$，这两伏秒积之和应为零，于是

$$(U_{in} - U_o)T_r - U_o(T_s - T_r) = 0 \tag{9-83}$$

整理得到

$$M = \frac{U_o}{U_{in}} = \frac{T_r}{T_s} = \frac{f_s}{f_r} \tag{9-84}$$

从这个近似结果看到，电压变换比 $M$ 只取决于开关频率与谐振频率之比，而与负载无关。

## 9.3.2 零电压准谐振

### 1. 零电压谐振开关

零电流谐振开关可将变换器工作频率提高到数兆赫，若再提高工作频率，则会受到开关晶体管极间电容引起的开通损耗的限制。虽然开关晶体管在零电流下开通，但在开通前该器件处于截止状态，且器件上输出电容充有电荷，当该器件开通时，电容电荷被损耗掉。同时输入电容的密勒效应和非零电压下开通引起的寄生振荡，都限制开关频率的进一步提高。零电压准谐振变换器（zero voltage switching quasi-resonant converter，ZVS-QRC）将开通时的电压调整为零，工作频率可提高到 10MHz 以上。

零电压谐振开关是由零电流开关应用对偶原理推导得到，其电路如图 9-20 所示。

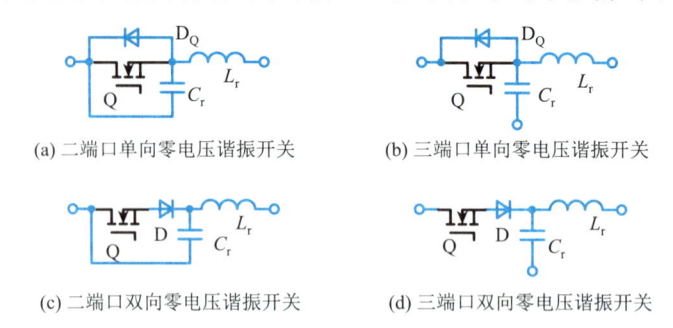

(a) 二端口单向零电压谐振开关
(b) 三端口单向零电压谐振开关
(c) 二端口双向零电压谐振开关
(d) 三端口双向零电压谐振开关

图 9-20　零电压谐振开关电路

## 2. 零电压开关准谐振变换器

零电压开关准谐振变换器与零电流开关准谐振变换器对偶，零电流开关准谐振变换器在导通时间内谐振，而零电压开关准谐振变换器在截止时间内谐振。以 Boost ZVS 准谐振变换器（图 9-21（a））与 Buck ZCS 准谐振变换器（图 9-19（a））相对偶为例，说明其工作原理。

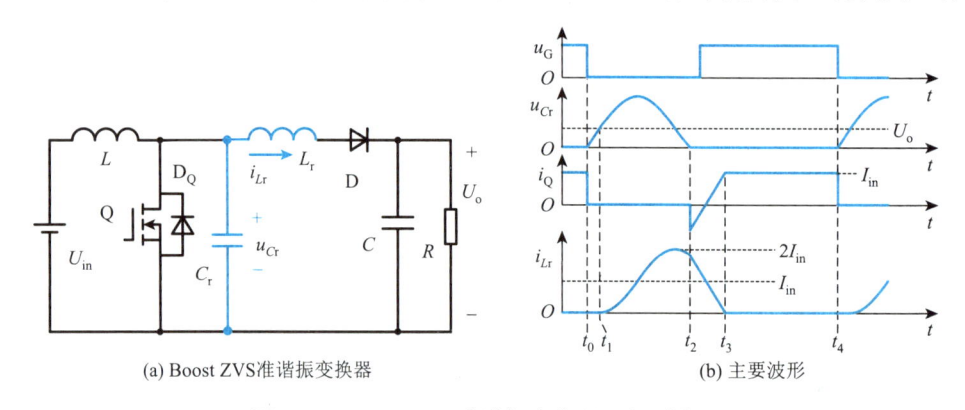

(a) Boost ZVS 准谐振变换器
(b) 主要波形

图 9-21　Boost ZVS 准谐振变换器及主要波形

零电压开关准谐振变换器工作分为 4 个工作模态，电路有关波形如图 9-21（b）所示。其电压变换比 $M$、开关频率 $f_s$ 及负载电阻的关系式：

$$M = \cfrac{1}{\cfrac{f_s}{2\pi f_r}\left[\alpha + \cfrac{r}{2M} + \cfrac{M}{r}(1-\cos\alpha)\right]} \quad （9-85）$$

式中，$r=R/Z_r$，$Z_r=\sqrt{L_r/C_r}$；$f_r=\omega_r/2\pi$，$\omega_r=1/\sqrt{L_r C_r}$；$\alpha=\arcsin(1-r/M)$。该变换器若为单向开关时，$\pi<\alpha<3\pi/2$；为双向开关时，$3\pi/2<\alpha<2\pi$；$f_s=1/T_s$。

如图 9-21 所示，零电压开关准谐振变换器在开关管截止期间承受很大的电应力，并随负载变化。因此，负载变化范围大时，难以实现零电压开关。另外，由于存在整流二极管的结电容，在其截止时与谐振电感谐振引起振荡，若通过阻尼将其衰减，在高频时会引起很大的功率损耗；不衰减振荡则影响电压增益，并引起闭环不稳定。为了消除这一影响，可以采用由多谐振开关组成的多谐振变换器。图 9-22 所示

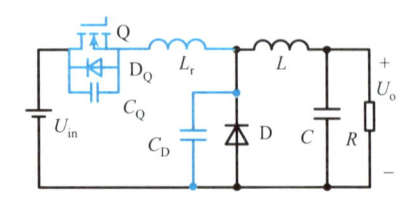

图 9-22　零电压开关多谐振变换器

电路为零电压开关多谐振变换器（ZVS-MRC）。

图 9-22 中，Q、$L_r$、$C_Q$ 组成零电压开关，二极管 D 的结电容 $C_D$ 也是谐振电路的一部分，该变换器有 3 个谐振状态，故称多谐振变换器。该电路中所有器件的结电容的影响都利用或得以消除，工作频率可进一步提高。

准谐振变换器利用准正弦波电压或电流过零时开关，理论上开关损耗为零，因而可实现高频工作。同时在准谐振变换器中，电流、电压波形是由谐振频率确定的准正弦波，因而谐波含量比 PWM 变换器低得多，且容易滤除。正是由于准谐振变换器开关损耗小，可实现比 PWM 变换更高的工作频率，频率提高，减少元器件的体积质量，从而实现高功率密度。

准谐振变换器也存在固有的缺点：首先是开关管必须承受谐振电路的电流和电压，其电流和电压往往是相同功率的 PWM 变换器中电力半导体器件的 2 倍以上，即所需器件的额定值高，提高电路的成本；同时，由于变换器存在很大的循环能量，导致导通损耗增大，效率降低，不利于工作在大功率场合；再者，变换器采用变频方式调节输出电压，电路中的电感和电容需按低频设计，元器件的体积和质量的减少受到限制。

## 9.4 准谐振开关 PWM 变换器

对比 PWM 变换器、谐振变换器、准谐振变换器：从传递能量的角度看，谐振变换器利用基波传递能量，PWM 变换器利用方波的平均值传递能量，平均值相同时正弦波有效值高于方波有效值，传递相同功率时，谐振变换器内部处理的功率更大，导通损耗更大；谐振变换器和准谐振变换器都采用变频控制输出电压，PWM 变换器采用改变占空比控制输出电压，改变占空比显然更容易；谐振变换器能够实现软开关，PWM 变换器只能实现硬开关，准谐振变换器能实现软开关，在开通和关断过程中是零电流或零电压，但在导通和截止时承受大电流或高电压。

如果综合上述变换器的优点，则产生准谐振开关 PWM 变换器或零转换变换器。在开关转换过程中，该变换器采用准谐振的方式达到软开关；在正常导通和截止期间，采用 PWM 工作方式，开关损耗降低，电力半导体器件避免承受大电流和高电压[1, 2, 25, 26]。

### 9.4.1 零电压和零电流开关 PWM 变换器

以 Buck ZCS-PWM 变换器为例，如图 9-23（a）所示，电路中除增加 $Q_1$、$L_r$ 和 $C_r$ 外，其余与 Buck PWM 变换器完全相同。与准谐振变换器相比，则是增加 $Q_1$，电路中与开关并联的二极管是 MOSFET 内衬反并联二极管。

假设 Buck ZCS-PWM 变换器已进入稳态，输出滤波电感 L 很大，在开关过程中流过电感电流不变，作恒流源处理；二极管也是理想的。在一个周期中，该变换器可分为 6 个工作模态，主要波形如图 9-23（b）所示。

（1）工作模态 1：$[t_0, t_1]$，线性阶段。

$t_0$ 时刻之前，Q、$Q_1$ 均处于截止状态；$t_0$ 时刻，开通 Q，由于二极管 D 续流导通，端电压为零。电感 $L_r$ 中电流 $i_{Lr}(t)$ 线性上升。

$$L_r \frac{di_{Lr}(t)}{dt} = U_{in} \tag{9-86}$$

$C_r$ 两端电压为零。由于滤波电感 L 中电流 $I_o$ 为常数，$i_{Lr}(t)$ 增大，即二极管 D 中电流降低。$t_1$ 时刻，$i_{Lr}(t)$ 等于输出电流 $I_o$，二极管 D 截止。

(a) Buck ZCS-PWM 变换器

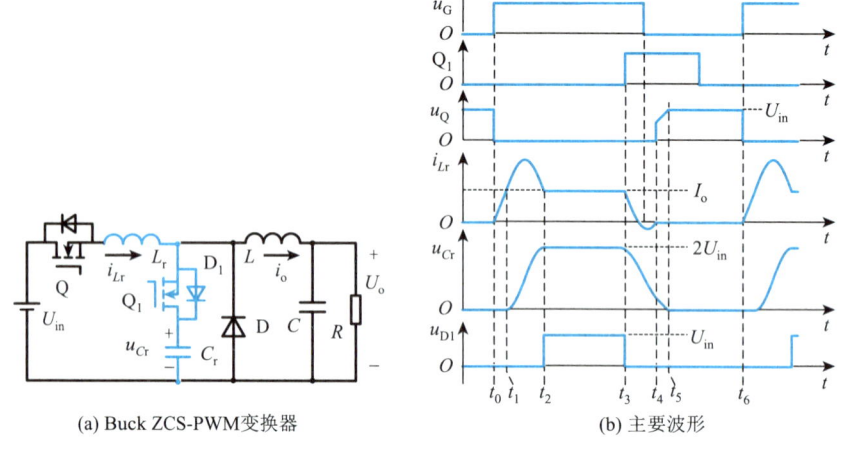

(b) 主要波形

图 9-23　Buck ZCS-PWM 变换器及主要波形

（2）工作模态 2：$[t_1,t_2]$ 区间，准谐振阶段。

在二极管 D 截止后，端电压上升，迫使与 $Q_1$ 并联的 $D_1$ 导通。$L_r$ 与 $C_r$ 谐振。

$$C_r \frac{du_{Cr}(t)}{dt} = i_{Lr}(t) - I_o \tag{9-87}$$

$$L_r \frac{di_{Lr}(t)}{dt} = U_{in} - u_{Cr}(t) \tag{9-88}$$

$i_{Lr}(t)$ 按准正弦波变化。$t_2$ 时刻，$i_{Lr}(t)$ 又下降到 $I_o$，$u_{Cr}(t)$ 充电至 $2U_{in}$，二极管 $D_1$ 截止。

（3）工作模态 3：$[t_2,t_3]$ 区间，PWM 控制阶段。

在这个阶段，工作模态与 PWM 开关管导通阶段相同。

$$(L_r + L)\frac{di_{in}(t)}{dt} = U_{in} - U_o \tag{9-89}$$

（4）工作模态 4：$[t_3,t_4]$ 区间，准谐振阶段。

在 Q 关断前，开通 $Q_1$，$L_r$ 与 $C_r$ 谐振，电容输出能量，电容电流准正弦谐振增大。由于输出电流基本不变，使得流过 $L_r$ 的电流逐渐降低，并可能通过与 Q 并联的二极管反向流通，为主开关 Q 的 ZCS 关断创造条件。在电流过零后，关断 Q，$i_{Lr}(t)$ 在 $t_4$ 时刻下降到零，但此时电容 $C_r$ 的电压尚未下降到零。因此，Q 施加一个电压 $(U_{in} - u_{Cr})$。

$$L_r \frac{di_{Lr}(t)}{dt} = U_{in} - u_{Cr}(t) \tag{9-90}$$

$$C_r \frac{du_{Cr}(t)}{dt} = i_{Lr}(t) - I_o \tag{9-91}$$

（5）工作模态 5：$[t_4,t_5]$ 区间，恒流放电阶段。

Q 关断后，$C_r$ 以输出电流放电，$u_{Cr}(t)$ 线性下降，Q 的电压线性上升，直至 $U_{in}$，电容 $C_r$ 电压下降到零。

$$C_r \frac{du_{Cr}(t)}{dt} = I_o \tag{9-92}$$

（6）工作模态 6：$[t_5,t_6]$ 区间，续流阶段。

当 $u_{Cr}(t)$ 下降到零并试图反向充电时，二极管 D 导通，进入 PWM 续流阶段，此时可关断 $Q_1$。

由上面分析可见，由于电路中较准谐振变换器增加一个辅助开关，通过控制辅助开关的开关时刻创造主开关 ZCS 条件，使得变换器在一个周期内交替运行于准谐振和 PWM 工作方式之间，实现主开关管零电流开关，主开关管电压应力低（$U_{in}$），并实现恒频控制。同时该电路也存在二极管电压额定值（$2U_{in}$）高，又因谐振电感串联在主电路内，ZCS 条件受负载、电网电压变化的影响。

同样也可运用对偶原理构造 ZVS-PWM 变换器，请读者自行分析。

### 9.4.2 零转换 PWM 变换器

ZCS-PWM 和 ZVS-PWM 电路中谐振电感与主开关管串联，轻载下可能失去零开关条件，限制电路性能的提高。如果将谐振开关与主开关并联，用准谐振实现主开关管零开关的变换器，称之为零转换（zero transition，ZT）或零过渡-PWM 变换器。其实质上与 ZCS-PWM 和 ZVS-PWM 工作情况相似。

以 Boost 零电压转换（zero voltage transition，ZVT）PWM 变换器为例，如图 9-24（a）所示。假设该变换器已进入稳态，电流和电压波形如图 9-24（b）所示。电感 $L$ 足够大，在开关转换期间认为流过的电流不变，可近似作为恒流源。该变换器在一个开关周期内共有 7 个工作模态。

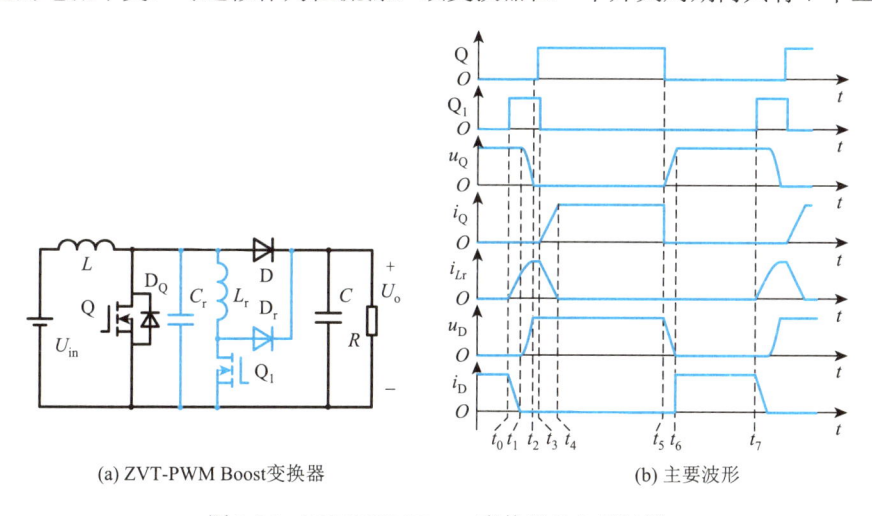

(a) ZVT-PWM Boost 变换器

(b) 主要波形

图 9-24 ZVT-PWM Boost 变换器及主要波形

（1）工作模态 0：$t_0$ 时刻之前。

主开关管 Q 和辅助开关管 $Q_1$ 都处于截止状态，

$$U_o = \frac{U_{in}}{1-D} \tag{9-93}$$

式中，$D$ 为主开关管的占空比。

$$i_D = I_o,\quad U_D = 0 \tag{9-94}$$

$$U_Q = U_o = \frac{U_{in}}{1-D} = u_{Cr}(t) \tag{9-95}$$

式中，$U_Q$ 为主开关管 Q 两端电压。

（2）工作模态 1：$[t_0, t_1]$ 区间。

$t_0$ 时刻，开通 $Q_1$，$L_r \dfrac{di_{Lr}(t)}{dt} = \dfrac{U_{in}}{1-D}$，流经 $L_r$ 中的电流 $i_{Lr}(t)$ 线性增长。在开关转换期间，流经 $L$ 中的电流 $I_{in}$ 作为恒流处理，$I_{in} = i_D(t) + i_{Lr}(t)$，则 $i_D(t)$ 随着 $i_{Lr}(t)$ 的增大而线性下降。

(3) 工作模态 2：$[t_1, t_2]$ 区间。

$t_1$ 时刻，$i_{Lr}(t) = I_{in}$，$i_D(t) = 0$，$t_1$ 时刻后，$L_r$、$C_r$ 谐振工作：

$$L_r \frac{di_{Lr}(t)}{dt} = u_{Cr}(t) \tag{9-96}$$

$$I_{in} + C_r \frac{du_{Cr}(t)}{dt} = i_{Lr}(t) \tag{9-97}$$

$$L_r C_r \frac{d^2 i_{Lr}(t)}{dt^2} - i_{Lr}(t) = -I_{in} \tag{9-98}$$

由此求得 $i_{Lr}(t)$ 的变化规律。

(4) 工作模态 3：$[t_2, t_3]$ 区间。

$t_2$ 时刻，$C_r$ 谐振放电电压为零，$U_Q = u_{Cr}(t) = 0$；从 $t_1$ 时刻，随着 $C_r$ 放电，整流二极管 D 开始承受反偏电压 $U_D$，直到 $t_2$ 时刻，$U_D = U_o$，流过 $L_r$ 的电流 $i_{Lr}(t)$ 由 $D_Q$ 续流。

$$L_r \frac{di_{Lr}(t)}{dt} = 0 \tag{9-99}$$

$$i_{DQ}(t) = i_{Lr}(t) - I_{in} \tag{9-100}$$

式中，$i_{DQ}(t)$ 为流经续流二极管 $D_Q$ 的电流。应注意 $t_1$ 时刻，$i_{Lr}(t) = I_{in}$，此后由于 $C_r$ 谐振放电，$i_{Lr}(t)$ 还将增大，直到 $t_2$ 时刻达到最大并维持恒定。

(5) 工作模态 4：$[t_3, t_4]$ 区间。

$t_3$ 时刻，零电压开通 Q，此时关断辅助开关管 $Q_1$，$i_{Lr}(t)$ 通过二极管 $D_r$ 注入负载。$Q_1$ 关断时是硬关断，$i_{Lr}(t)$ 逐渐衰减到零，而 $i_Q(t)$ 为 $I_{in}$。

$t_3$ 时刻，流经主开关管的电流 $i_Q(t)$ 就是流经升压电感 $L$ 的电流 $I_{in}$。

$$U_{in} = L \frac{di_{in}(t)}{dt} \tag{9-101}$$

$$i_{in}(t) = i_Q(t) = \int \frac{U_{in}}{L} dt + I_{in} \tag{9-102}$$

$i_Q(t)(i_{in}(t))$ 在起始值 $I_{in}$ 就线性增大。

另外，由 $L_r \frac{di_{Lr}(t)}{dt} + U_o = 0$，$i_{Lr}(t) = -\int \frac{U_o}{L_r} dt$ 可知，$i_{Lr}(t)$ 按此规律线性下降，$t_4$ 时刻，$i_{Lr}(t) = 0$。

(6) 工作模态 5：$[t_4, t_5]$ 区间。

Q 继续导通，流经电感 L 中的电流（即 Q 中的电流），在电源电压 $U_{in}$ 作用下继续增大。在输出端，由大电容 C 维持输出电压 $U_o$ 基本不变，因此负载电流也维持不变。

(7) 工作模态 6：$[t_5, t_6]$ 区间。

$t_5$ 时刻，关断 Q。由于此阶段 $C_r$ 两端电压为零，故 Q 为零电压关断。此后，$C_r$ 被迅速充电，其重新达到 $U_Q = U_o$。随着 $u_{Cr}(t)$ 的增大，$U_D$ 下降为零，重新产生 $i_D(t)$。

Q 为 ZVS 开通和 ZVS 关断，达到理论上的零开关损耗。$Q_1$ 为 ZCS 开通，开通损耗为零，但有电流关断，存在关断损耗。可见，$C_r$ 的作用是使 Q 达到 ZVS 关断，$L_r$ 的作用是在 Q 开通前利用谐振抽走 $C_r$ 上的电荷使之达到零电压，为 ZVS 开通创造条件，$Q_1$ 则控制此过程。一般 $Q_1$ 处理的功率不是很大，因此，$Q_1$ 的开关损耗不大，对整机效率不会有明显影响。二极管 D 也是软开关，没有反向恢复电流引起的损耗。

### 9.4.3 移相全桥软开关 PWM 变换器

PWM 变换器采用脉冲宽度调制控制输出，谐振变换器采用脉冲频率调制控制输出，后者实现软开关，而前者为硬开关。实际上，全桥变换器除了脉冲宽度和脉冲频率两个调节量外，还存在两个桥臂之间的脉冲相位控制变量。将脉冲相位调制应用于全桥谐振变换器，产生固定开关频率的软开关全桥变换器。甚至，全桥三电平变换器也采用移相技术，使开关管实现软开关[27]。

下面以移相全桥（phase-shift full-bridge，PSFB）零电压软开关（zero-voltage switching，ZVS）变换器为例，介绍定频全桥软开关技术[2, 25, 26]。

**1. 工作原理**

移相全桥 ZVS-PWM 变换器的电路结构和主要波形如图 9-25 所示，$L_r$ 为谐振电感，它包括变压器的原边漏感。每个桥臂的两个开关管 180°互补导通，两个桥臂的导通角相差一个相位，即移相角，通过调节移相角的大小调节输出电压。$Q_1$ 和 $Q_3$ 分别超前于 $Q_4$ 和 $Q_2$ 一个相位，称 $Q_1$ 和 $Q_3$ 组成的桥臂为超前桥臂，$Q_2$ 和 $Q_4$ 组成的桥臂为滞后桥臂。图 9-25（b）中，$[t_0, t_2]$ 区间对应的相位差即为移相角 $\delta$。移相角 $\delta$ 越小，输出电压越高；反之，移相角 $\delta$ 越大，输出电压越低。

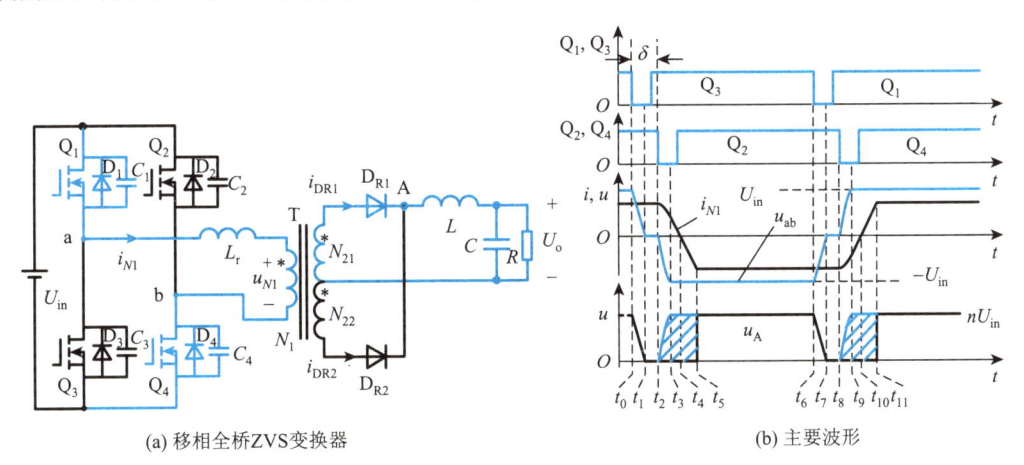

图 9-25 移相全桥 ZVS-PWM 变换器及主要波形

假设所有器件均为理想元件，$C_1 = C_3 = C_{\text{lead}}$，$C_2 = C_4 = C_{\text{lag}}$；$L \gg n^2 L_r$，$N_{21} = N_{22}$，$n = N_{21}/N_1$；$L$ 很大，在开关转换瞬间等效为电流 $I_o$ 的电流源。

在一个开关周期中，该变换器有 12 个工作模态。

（1）工作模态 1：$[t_0, t_1]$ 区间。

$t_0$ 时刻前，$Q_1$、$Q_4$ 导通，变压器的副边整流二极管 $D_{R1}$ 导通，原边电流 $i_{N1}(t)$ 等于折算到原边的负载电流，即 $i_{N1}(t) = nI_o$。

$t_0$ 时刻，$Q_1$ 关断，$i_{N1}(t)$ 从 $Q_1$ 转移到 $C_1$ 和 $C_3$ 中，向 $C_1$ 充电，同时 $C_3$ 放电。由于有 $C_1$、$C_3$，则 $Q_1$ 为 ZVS 关断。

在这个时段中，滤波电感 $L$ 折算原边与谐振电感 $L_r$ 串联，而且 $L$ 很大，因此认为 $i_{N1}(t)$ 近似于一个恒流源。$i_{N1}(t)$ 以及电容 $C_1$、$C_3$ 的电压分别为

$$i_{N1}(t) = nI_o \tag{9-103}$$

$$u_{C1}(t) = \frac{nI_o}{2C_{lead}}(t-t_0) \tag{9-104}$$

$$u_{C3}(t) = U_{in} - \frac{nI_o}{2C_{lead}}(t-t_0) \tag{9-105}$$

$t_1$ 时刻，$u_{C3}(t)$ 下降到零，$D_3$ 自然导通，工作模态 1 结束。该工作模态时间为

$$t_{01} = \frac{2C_{lead}U_{in}}{nI_o} \tag{9-106}$$

（2）工作模态 2：$[t_1,t_2]$ 区间。

$D_3$ 导通后，$Q_3$ 电压为零，ZVS 开通 $Q_3$。$Q_3$ 和 $Q_1$ 驱动信号之间的死区时间应有：

$$t_{d(lead)} > t_{01} \tag{9-107}$$

$[t_1,t_2]$ 内，$i_{N1}(t)$ 仍等于折算到变压器原边的滤波电感电流。

（3）工作模态 3：$[t_2,t_3]$ 区间。

$t_2$ 时刻，关断 $Q_4$，$i_{N1}(t)$ 对 $C_2$ 放电，同时给 $C_4$ 充电。由于 $C_2$、$C_4$ 放电和充电，$Q_4$ 为 ZVS 关断。此时 $u_{ab} = -u_{C4}$，$u_{ab}(t)$ 的极性自零变为负，导致谐振电感电压反向，谐振电感电流减小，不能提供变压器副边滤波电流，因此，整流二极管 $D_{R1}$ 和 $D_{R2}$ 同时导通，使得变压器副边绕组电压为零，原边绕组电压也相应为零，$u_{ab}(t)$ 直接加在谐振电感 $L_r$ 上。$[t_2,t_3]$ 区间，$L_r$ 与 $C_2$、$C_4$ 谐振工作，则 $i_{N1}(t)$ 以及电容 $C_2$、$C_4$ 的电压分别为

$$i_{N1}(t) = nI_o \cos(\omega_1(t-t_2)) \tag{9-108}$$

$$u_{C4}(t) = nI_o Z_1 \sin(\omega_1(t-t_2)) \tag{9-109}$$

$$u_{C2}(t) = U_{in} - nI_o Z_1 \sin(\omega_1(t-t_2)) \tag{9-110}$$

式中，$Z_1 = \sqrt{L_r/(2C_{lag})}$；$\omega_1 = 1/\sqrt{2L_r C_{lag}}$。

$t_3$ 时刻，$u_{C4}(t)$ 上升到 $U_{in}$，$C_2$ 的电压下降到零，二极管 $D_2$ 自然导通，工作模态 3 结束。其持续时间：

$$t_{23} = \frac{1}{\omega_1}\arcsin\frac{U_{in}}{nI_o Z_1} \tag{9-111}$$

$t_3$ 时刻，变压器原边电流为

$$i_{N1}(t_3) = nI_o\sqrt{1 - \left(\frac{U_{in}}{nI_o Z_1}\right)^2} \tag{9-112}$$

（4）工作模态 4：$[t_3,t_4]$ 区间。

$t_3$ 时刻，$D_2$ 自然导通，将 $Q_2$ 的电压箝位在零位，ZVS 开通 $Q_2$。$Q_2$ 和 $Q_4$ 驱动信号之间的死区时间：

$$t_{d(leg)} > t_{23} \tag{9-113}$$

此时，$i_{N1}(t)$ 由 $D_2$ 流通。谐振电感 $L_r$ 的储能回馈给输入电源。与工作模态 3 相同，副边两个整流二极管同时导通，因此变压器原副边绕组的电压均为零，输入电压 $U_{in}$ 全部施加在 $L_r$ 两端，$i_{N1}(t)$ 线性下降：

$$i_{N1}(t) = I_{N1}(t_3) - \frac{U_{in}}{L_r}(t-t_3) \tag{9-114}$$

$t_4$ 时刻，$i_{N1}$ 从 $I_{N1}(t_3)$ 下降到零，二极管 $D_2$ 和 $D_3$ 自然关断，流经 $Q_2$ 和 $Q_3$ 的电流。工作模态 4 的时间为

$$t_{34} = \frac{L_r I_{N1}(t_3)}{U_{in}} \tag{9-115}$$

（5）工作模态 5：$[t_4, t_5]$ 区间。

$t_4$ 时刻，$i_{N1}(t)$ 由正方向过零，并且向负方向增加，此时 $Q_2$ 和 $Q_3$ 为 $i_{N1}(t)$ 提供通路。由于 $i_{N1}(t)$ 仍不足以提供负载电流，负载电流仍由两个整流二极管提供回路，因此变压器原边绕组的电压仍为零，施加在谐振电感上的电压是 $U_{in}$，$i_{N1}(t)$ 反向增加，其大小为

$$i_{N1}(t) = -\frac{U_{in}}{L_r}(t - t_4) \tag{9-116}$$

$t_5$ 时刻，$i_{N1}(t)$ 反向增加并折算至原边的负载电流 $-nI_o$，该工作模态结束。此时，整流二极管 $D_{R1}$ 关断，$D_{R2}$ 中流过全部负载电流。工作模态 5 的持续时间为

$$t_{45} = \frac{nI_o L_r}{U_{in}} \tag{9-117}$$

（6）工作模态 6：$[t_5, t_6]$ 区间。

输入电源向负载供电，变压器原边电流为

$$i_{N1}(t) = -nI_o \tag{9-118}$$

$t_6$ 时刻，$Q_3$ 关断，变换器开始另半个周期的工作，这里不再赘述。

### 2. 两个桥臂实现 ZVS 的差异

1）开关管实现 ZVS 的条件

由上面的分析可知，并联电容可实现开关管的 ZVS 关断，但要实现 ZVS 开通，必须要在开关管开通之前，将其电荷释放至零，因此需要足够的能量：(1) 抽走即将开通的开关管并联电容上的电荷；(2) 给同一桥臂关断开关管的并联电容充电。

$$E > \frac{1}{2}C_i U_{in}^2 + \frac{1}{2}C_i U_{in}^2 = C_i U_{in}^2 \quad (i = \text{lead, lag}) \tag{9-119}$$

式中，$C_i$ 为超前（lead）或滞后（lag）桥臂的电容 $C_{lead}$ 或 $C_{lag}$。

2）超前桥臂实现 ZVS

超前桥臂容易实现 ZVS，这是因为在超前桥臂开关过程中，输出滤波电感 $L$ 折算到原边与谐振电感 $L_r$ 串联，此时实现 ZVS 的能量是 $L_r$ 和 $L$ 中的能量。一般来说，$L$ 很大，在超前桥臂开关过程中，其电流近似于一个恒流源。$L$ 中的能量很容易满足式（9-119）。

3）滞后桥臂实现 ZVS

滞后桥臂实现 ZVS 略有困难。在滞后桥臂开关过程中，变压器副边短路，可实现 ZVS 的能量只是谐振电感中的能量，为了实现滞后桥臂的 ZVS，谐振电感的能量必须满足：

$$\frac{1}{2}L_r(nI_o)^2 > C_{lag}U_{in}^2 \tag{9-120}$$

### 3. 副边占空比的丢失

副边占空比的丢失是移相全桥 ZVS-PWM 变换器的一个特有现象。副边占空比丢失是指副边的占空比 $D_{sec}$ 小于原边的占空比 $D_p$，即 $D_{sec} < D_p$，其差值就是副边占空比丢失 $D_{loss}$，即：

$$D_{loss} = D_p - D_{sec} \tag{9-121}$$

产生副边占空比丢失的原因是：存在原边电流 $i_{N1}(t)$ 从正向（或负向）变化到负向（或正向）负载电流的时间，即图 9-25（b）中的 $[t_2, t_5]$ 和 $[t_8, t_{11}]$ 区间。在该时间内，虽然变压器原边

桥臂电压 $u_{ab}(t)$ 有正电压方波（或负电压方波），但原边不足以提供负载电流，两只副边整流二极管同时导通，输出滤波电感电流处于续流状态，输出整流后的电压 $u_A$ 为零。这样副边就丢失 $[t_2,t_5]$ 和 $[t_8,t_{11}]$ 这两部分的电压方波，如图 9-25（b）中的阴影部分。丢失的电压方波的时间与 1/2 开关周期的比值就是副边占空比丢失 $D_{loss}$，即：

$$D_{loss} \approx \frac{t_{25}}{T_s/2} \approx \frac{\frac{L_r}{U_{in}}[nI_o-(-nI_o)]}{T_s/2} = \frac{4nI_o L_r f_s}{U_{in}} \tag{9-122}$$

移相全桥软开关 PWM 变换器是定频工作，通过调节占空比实现输出电压的控制，仅仅在开关管开关期间，谐振电感和开关管并联的电容产生谐振工作，营造 ZVS 开关的条件，兼具 PWM 变换器和谐振变换器的优点。从另一个角度来看，移相全桥软开关 PWM 变换器是并联谐振变换器的优化结果（从变频控制到定频控制，从谐振到开关期间的准谐振），因此，该变换器在较大功率的直流/直流变换场合具有很好的应用价值。

**4. 移相控制技术的拓展应用**

更进一步，移相全桥电路中的输出滤波电感可以去掉，将整流二极管换成开关管，去掉谐振电容，就成为双有源桥（dual active bridge，DAB）变换器，该变换器具有定频工作、软开关、高功率密度和双向功率传输的特点，具有广阔的应用前景。

是不是还有更好的软开关电路方案呢？读者可以借鉴本章的变频谐振技术、谐振与脉宽调制结合、谐振与移相控制结合等软开关变换技术拓展思路，结合实际应用场景特点，设计和研究更适用具体应用需求的新型软开关变换器及其控制技术。

# 习　题

9-1　串联谐振变换器工作在"下谐振频率"调节方式时为什么会失去 ZVS 开通条件？

9-2　推导式（9-13）。

9-3　图 9-16（a）所示的并联谐振变换器工作在"下谐振频率"调节方式时，能够实现 ZVS 开通吗？

9-4　绘制三端口单向开关 Buck ZCS 准谐振变换器的主要波形。

9-5　绘制三端口双向开关 Boost ZVS 准谐振变换器的主要波形。

9-6　谐振变换器、准谐振变换器、PWM 变换器各有何特点。

9-7　准谐振开关 PWM 变换器有何优点。

# *第10章

# 电力半导体器件的热设计概念

电力半导体器件工作时施加一定的电压、流过较大电流，在器件上会产生内部功率损耗，损耗会引起器件温度增加。器件温度与器件损耗、器件到环境的传热结构、器件材料、器件的冷却方式以及环境温度有关。当发热率和散热率相等时，器件达到稳定温升，处于热平衡状态即热稳态。器件的温度无论在稳态，还是在瞬态都不允许超过器件的最高允许结温，否则将引起器件电的或热的不稳定，而导致器件损坏。

电力半导体器件除最高结温限制外，还受到温度变化的限制。随着电力电子设备的开通与关断、负载的变化、环境温度变化等，半导体器件温度也相应变化。由于器件是用焊剂焊在基座上的，器件、焊剂、基座和过渡材料各不相同，其热膨胀系数也不同，所以就会产生结合面之间的机械应力。在小功率器件中，器件自身尺寸小，应力也小。在大功率器件中，器件自身尺寸大，应力也大。温度的反复变化，应力也反复变化，这将导致结合面材料的疲劳，两个表面分离，最终器件被损坏[1]。

## 10.1 电力半导体器件最高允许结温与结温减额

电力半导体器件最高允许结温是指器件正常工作时 PN 结最高温度，用 $T_{jM}$ 表示。实际上厂家规定的最高结温硅材料一般在200℃以下，锗材料一般在100℃以下。

通常结温是指器件自身的平均温度，实际上电力半导体器件结温较大，温度分布不均匀。当器件因经受过载、浪涌以及结构方面的问题，造成器件瞬态过热时，器件上某个局部，可能形成比最高允许结温高得多的热斑或热点，严重时会产生二次击穿。考虑上述因素，在可靠性要求不同的设备中，器件的最高允许结温也不同，这就是结温减额使用。可靠性要求越高，最高允许工作结温越低。高可靠性商业设备，硅器件最高工作结温取135℃；普通军用设备最高允许工作结温为125～135℃；而对宇航及超高可靠性设备最高允许工作结温则取105℃。

## 10.2 热路与温度计算

1. 热传输的一般概念

当两点之间有温度差时，热能就会从高温度点转向低温度点。热能传输的基本方式是传导、对流和辐射。

传导是热能从一个质点传到下一个质点，传热的质点保持其原来位置的传输过程。如固体内的热传输。

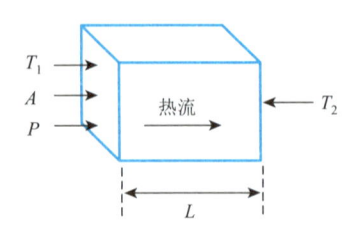

图 10-1 为传导热传输小单元。与热传输方向垂直的单元两端面的面积为 $A$，两端面上的温度分别为 $T_1$ 和 $T_2$，热流由第一个端面（左边）流入，并全部由第二个端面流出。通过此小单元的热流功率为

$$P = \frac{KA}{L}(T_1 - T_2) \tag{10-1}$$

图 10-1 传导热传输小单元

式中，$K$ 是材料的导热率，量纲为 W/(cm²·℃)；$P$ 是热流（功率），W；$A$ 为端面面积，cm²；$L$ 为传导长度，cm；$T_1 - T_2$ 为温差，℃。常用材料的导热率如表 10-1 所示。

表 10-1 常用材料的导热率

| | 空气 | 铝 | 氧化铝 | 氧化铍 | 铜 | 环氧树脂 | 铁 | 金 | 云母 | 硅橡胶 |
|---|---|---|---|---|---|---|---|---|---|---|
| $K$ /[W/(cm²·℃)] | 2.4×10⁻⁴ | 2.25 | 0.2 | 2.08 | 4.01 | 3×10⁻³ | 0.71 | 3.39 | 4.3×10⁻³ | 2.6×10⁻³ |

对流是用被加热的介质（如空气、油等）移动来传输热量的。强迫被加热的介质带走的热量称为强迫对流。被加热的介质变轻自然上升，带走的热量称为自然对流。载热表面与介质流动方向一致，面积越大，介质流动越快，带走的热量越多，散热越好。

辐射是借助于电磁波将热传输出去。辐射功率为

$$P = \frac{eA}{1793 \times 10^8}\left(T_s^4 - T_a^4\right) \tag{10-2}$$

式中，$A$ 为辐射表面面积，cm²；$e$ 为表面发射率，其与表面粗糙度和颜色有关；$T_s$ 为辐射表面温度，℃；$T_a$ 为环境温度，℃。

这三种传热方式往往同时存在，热传输是多维的，在具体条件下可忽略次要因素，简化计算。例如，半导体器件到外壳的热传输主要是传导，对流和辐射与传导相比可忽略不计；如在高空条件下，对流处于次要地位，传热方式主要是传导和辐射。

物体或介质在稳定传热前，必须流入一定的热量将物体或介质加热；当停止传热时，必须放出储存在物体或介质内的热量。对于具体物体，温度变化与流入的热量成正比，即

$$\theta = C\Delta T \tag{10-3}$$

式中，$\theta$ 为热量，J 或 cal；$\Delta T$ 为温差，℃；$C$ 为材料的热容，J/K。

$$C = C_T m \tag{10-4}$$

式中，$C_T$ 为材料的比热容，J/(kg·℃)，见表 10-2；$m$ 是 $\Delta T$ 时全部物质的质量，kg。

表 10-2 几种材料比热容

| | 铜 | 铁 | 铝 | 铅 | 镍 | 银 | 锡 |
|---|---|---|---|---|---|---|---|
| 比热容/[J/(kg·℃)] | 390 | 460 | 880 | 130 | 452 | 240 | 235 |

## 2. 热路

图 10-2 为电力半导体器件安装在散热器上的示意图，由图可见，芯片是焊接在外壳的底座（基板）上的。芯片上的功耗产生的热能通过传导由芯片传到外壳的底座，再由外壳将少量的热能以对流和辐射的形式传到外部环境，而大部分热量通过基板经绝缘垫片直接传到散热器，最后由散热器传到空气中。

由此可见，热传输复杂，实现精确计算非常困难。在工程上，允许误差在 5~10℃ 范围内就足够精确。为此，根据热电相似原理引入热路的概念。在热路中，热流 $P$（功率）相当于电路中的电流，热阻 $R_T$ 相当于电路中的电阻，温差 $\Delta T$ 相当于电路中的电位差。热路欧姆定律：

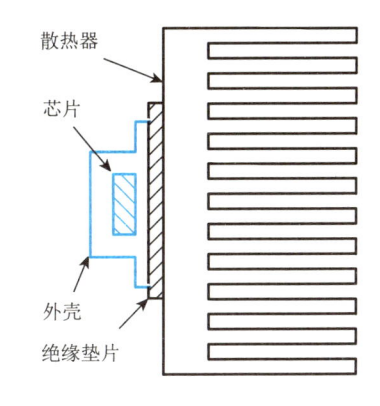

$$\Delta T = P R_T \tag{10-5}$$

图 10-2　半导体安装在散热器上示意图

因为热路中有热容存在，所以在瞬态时，热阻是时间的函数，一般称瞬态热阻为热抗。稳态时，热阻 $R_T$ 与时间无关。

对于图 10-2 所示的电力半导体器件散热系统，稳态时等效热路如图 10-3（a）所示。图中 $T_j$、$T_c$、$T_s$ 和 $T_a$ 分别表示芯片、外壳、散热器和环境的温度；$R_{jc}$、$R'_{ca}$、$R_{cs}$ 和 $R_{sa}$ 分别表示芯片结到外壳、外壳到环境、外壳到散热器和散热器到环境的热阻；$P$ 为损耗功率。通常外壳到环境的热阻 $R'_{ca}$ 比外壳到散热器再到环境的热阻 ($R_{cs} + R_{sa}$) 大得多，故可将 $R'_{ca}$ 忽略，或并入 $R_{cs} + R_{sa}$ 中，图 10-3（a）可简化为图 10-3（b）。

由图 10-3（b）可得到结温方程：

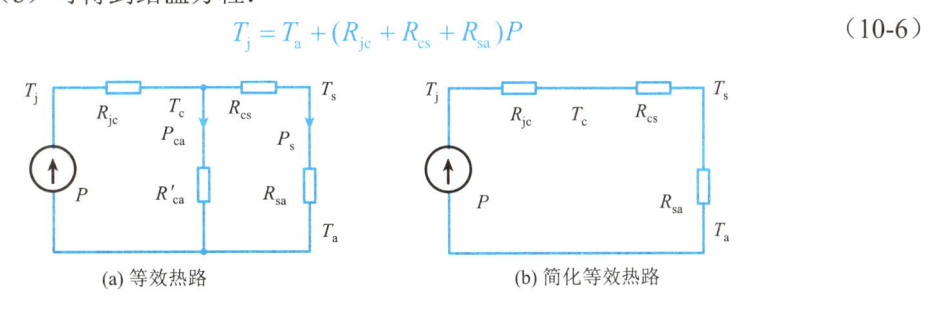

$$T_j = T_a + (R_{jc} + R_{cs} + R_{sa})P \tag{10-6}$$

(a) 等效热路　　　　　　　　(b) 简化等效热路

图 10-3　电力半导体器件安装于散热器上的等效热路

## 10.3　热阻确定方法和散热器设计

### 1. 芯片结到外壳热阻 $R_{jc}$

热阻 $R_{jc}$ 由厂商提供，在器件数据手册中通常直接给出，或可根据给出的最高允许结温 $T_{jM}$，环境 25℃ 时最高允许壳温 $T_c$ 时的最大允许功耗 $P_{cM}$ 计算得到 $R_{jc}$：

$$R_{jc} = \frac{T_{jM} - T_c}{P_{cM}} \tag{10-7}$$

但此计算结果不是很精确。

要得到比较精确的热阻数值，可用热阻测试仪测试获得，也可用其他方法测量。

## 2. 外壳到散热器热阻 $R_{cs}$

当器件直接安装在散热器上时，热阻 $R_{cs}$ 只包含接触热阻 $R'_{cs}$，且与两平面间的压力有关。由于两平面接触时总是点接触，随着压力的增加，接触面加大，接触热阻减小。当压力增加到一定数值以后，接触面不再增加，接触热阻 $R'_{cs}$ 变化很小。过大的压力会导致外壳变形，使芯片受损。

如上所述，接触热阻 $R'_{cs}$ 与接触面的大小、表面加工情况有关。两表面间是点接触，接触面间有一层薄薄的空气层。此空气层的导热率比自由状态下空气的导热率还要低，因此接触面应尽量光洁、平整、无划伤、坑或异物。为了驱赶空气，通常在接触面之间填充导热硅脂或其他导热填料；有时也可将器件与散热器胶接或焊接在一起。

在足够的压力下，接触热阻 $R'_{cs}$ 为

$$R'_{cs} = \beta / A \tag{10-8}$$

式中，$A$ 是计算接触面积，$cm^2$；$\beta$ 为接触系数，$cm^2 \cdot ℃/W$，如表 10-3 所示。

当散热器需要与半导体外壳绝缘时，在散热器与外壳之间需加绝缘垫片。绝缘垫片材料有云母、氧化铍、氧化铝、环氧树脂、硅橡胶以及其他既导热又能电绝缘的材料。热阻 $R_{cs}$ 包括接触热阻 $R'_{cs}$ 和垫片热阻 $R''_{cs}$。其中，垫片热阻为

$$R''_{cs} = LKA \tag{10-9}$$

式中，$L$ 为垫片厚度，cm；$A$ 为垫片截面面积，$cm^2$；$K$ 为导热率，参见表 10-1。若接触不好，或垫片平行于接触面有裂纹（如云母），实际热阻大于计算值。例如，某型号封装用 50μm 云母的垫片，$R''_{cs} = 0.23℃/W$，加上接触热阻后，实际热阻如表 10-4 所示。

表 10-3 接触热阻的接触系数

| 表面情况 | $\beta /(cm^2 \cdot ℃/W)$ 有硅脂 | 无硅脂 |
|---|---|---|
| 金属-金属 | 0.5 | 1 |
| 金属-阳极化 | 1.4 | 2 |

表 10-4 某型号封装用云母的垫片实际热阻

| $L$ | $R_{cs}/(℃/W)$ 有硅脂 | 无硅脂 |
|---|---|---|
| 50μm | 0.35 | 0.8～1.25 |
| 100μm | 0.4～0.5 | 1.4～1.5 |

## 3. 散热器到环境的热阻 $R_{sa}$

散热器采用对流和辐射将热能传到环境中。散热器有平板形散热器、型材散热器、叉指形散热器和热管散热器等。

对于型材散热器（铝），当翼片气流方向垂直于水平面、光滑表面、黑色阳极化时，经验关系式：

$$R_{sa} = 295 A^{-0.7} P^{-0.15} \tag{10-10}$$

式中，$A$ 是散热器的计算表面面积，$cm^2$；$P$ 为流入散热器的功率，W。

对于平板散热器，热阻可表示：

$$R_{sa} = R_1 + R_2 \tag{10-11}$$

式中，$R_1$ 由板的面积确定；$R_2$ 由材料、厚度及表面处理情况确定。

正方形平板，水平放置时：

$$R_1 = \frac{595}{A} \tag{10-12}$$

垂直放置时：

$$R_1 = \frac{505}{A} (\text{℃/W}) \qquad (10\text{-}13)$$

式中，$A$ 为平板面积，$\text{cm}^2$；如果不是正方形平板，如图 10-4 所示，$R_1$ 应乘以修正系数 $\gamma$。

$$\gamma = \frac{1+(a/b)^2}{2 \cdot a/b} \qquad (10\text{-}14)$$

根据板的厚度由图 10-5 求得 $R_2$。

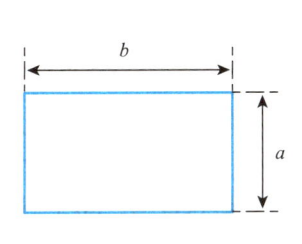

图 10-4　平板散热器

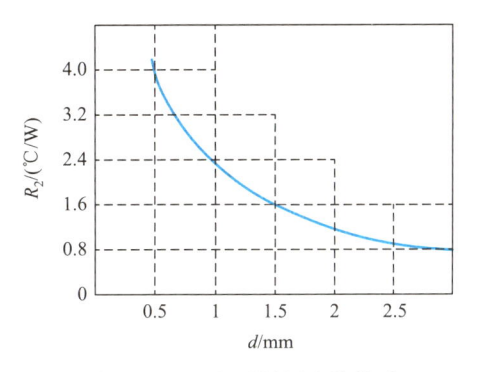

图 10-5　$R_2$ 与平板厚度的关系

若表面黑化，$R_1$ 和 $R_2$ 分别乘以系数 0.55 和 0.85。若散热器不是铝型材散热器，$R_2$ 还要乘以系数 $\sigma$，如 $\sigma_{铜}=0.743$；$\sigma_{镁}=1.38$；$\sigma_{钢}=2.1$ 等。

若采用强迫对流，根据空气的热容量、每分钟流过的空气体积和进出口温差设计散热器，强迫对流大大减少散热器的热阻，小型散热器尤其如此。

## 10.4　瞬态热路

以上只考虑器件在恒定平均功耗下稳态热特性，对应热路是稳态热路。若器件由一种工作状态变化到另一种工作状态，比如开机、加载、浪涌或短路等，则功耗可能会阶跃变化。

物体从一个温度变到另一个温度，它必须吸入或放出一定的热量，这就是热路中的热容。由于热容的存在，所以结温变化如图 10-6 所示，此时按瞬态热路计算结温。

考虑到热容，图 10-2 所示结构的瞬态等效热路如图 10-7 所示。图中 $C_1$、$C_2$、$C_3$、$C_4$ 分别表示芯片、焊剂层、壳和散热器的热容。$R_1$、$R_2$、$R_3$、$R_4$、$R_5$ 分别表示芯片结到焊剂、焊剂到外壳、外壳到散热器、外壳到环境及散热器到环境的热阻。热阻、热容都是分布参数，为了便于计算，这里近似处理为集中参数。

由图 10-7 可见，尽管可以近似算出已知散热器结构的所有局部热阻和热容值，但瞬态热路的求解依然比较复杂。

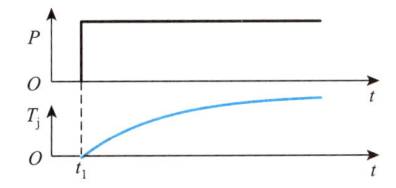

图 10-6　加阶跃功率时结温随时间的变换关系

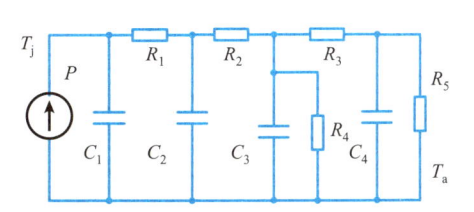

图 10-7　电力半导体器件瞬态等效热路

## 习 题

10-1  有一内损耗为 12W 的晶体管,外壳到散热器之间的绝缘垫片热阻 $R''_{cs}=0.5℃/W$,结到壳热阻 $R_{jc}=1.5℃/W$,环境温度为 60℃。若将其装在一个热阻 $R_{sa}=0.3℃/W$ 的公共散热器上,流入散热器的功率为 180W。此时晶体管结温为何值?若将其安装在单个散热器上,要使晶体管的结温不超过 125℃,要求散热器的热阻小于何值?如散热器是 3mm 厚的铝平板,垂直安装、表面黑化,需要多大截面面积?

10-2  铝散热器底部面积为 $(15×8)cm^2$,底部与机壳间有一 0.002mm 的气隙,求气隙传导热阻。

10-3  如果用铝型材散热器,翼片垂直于水平面,其计算面积为 $600cm^2$,流入它的功率分别为 40、80 和 160W 时,其热阻是多少?

10-4  如果散热面分别是题 10-3 的 2.5 倍和 1/2 倍,问功率分别为 40W、80W 时,散热器的热阻各是多少?

10-5  铝型材散热器面积为 $600cm^2$,已知散热器的温差为 50℃,求流入散热器的功率。

10-6  平板铜散热器垂直安放,面积为 $(25×8)cm^2$,厚度为 2mm。求此热阻。在此板中心安装一只晶体管,其内损耗为 12W,功率管的 $R_{jc}=1℃/W$,接触面无氧化物,接触面积为 $5cm^2$;环境温度为 60℃,求功率管结温。

# 参 考 文 献

[1] 丁道宏. 电力电子技术（修订版）. 北京：航空工业出版社，1999.
[2] 阮新波. 电力电子技术. 北京：机械工业出版社，2021.
[3] 刘进军，王兆安. 电力电子技术. 6 版. 北京：机械工业出版社，2022.
[4] 陈坚，康勇，阮新波，等. 电力电子学——电力电子变换和控制技术. 3 版. 北京：高等教育出版社，2011.
[5] 徐德鸿，马皓，汪槱生. 电力电子技术. 北京：科学出版社，2006.
[6] 张兴，黄海宏. 电力电子技术. 3 版. 北京：科学出版社，2023.
[7] 邢岩，肖曦，王莉娜. 电力电子技术基础. 北京：高等教育出版社，2011.
[8] 严仰光，谢少军. 民航飞机供电系统. 北京：航空工业出版社，1998.
[9] 夏长亮. 无刷直流电机控制系统. 2 版. 北京：科学出版社，2023.
[10] 张承慧，崔纳新，李珂. 交流电机变频调速及其应用. 北京：机械工业出版社，2008.
[11] Infineon 半导体公司. IR2110 数据手册. https://www.infineon.com/cms/en/product/power/gate-driver-ics/ir2110/.
[12] 周洁敏，赵修科，陶思钰. 开关电源磁性元件理论及设计. 北京：北京航空航天大学出版社，2014.
[13] 张卫平，陈亚爱，张懋. 开关变换器的建模与控制. 北京：机械工业出版社，2019.
[14] 徐德鸿. 电力电子系统建模及控制. 北京：机械工业出版社，2005.
[15] 蔡宣三，龚绍文. 高频功率电子学——直流-直流变换部分. 北京：科学出版社，1993.
[16] Erichson R W，Maksimovic D. Fundamentals of Power Electronics. 3rd. Berlin：Springer，2020.
[17] Teuvo S. 开关变换器的动态特性：建模、分析与控制. 许建平，王金平，等译. 北京：机械工业出版社，2012.
[18] 程红，王聪，王俊. 开关变换器建模、控制及其控制器的数字实现. 北京：清华大学出版社，2013.
[19] 谢少军. 开关电源的闭环控制基础. https://www.eeyxs.com/livebroadcast/index/playback/tid/91/additional/39.html.
[20] 胡寿松，姜斌，张绍杰. 自动控制原理. 8 版. 北京：科学出版社，2023.
[21] 谢少军，许津铭. 非隔离光伏并网逆变器及其控制技术. 北京：电子工业出版社，2017.
[22] 肖岚，严仰光. 交直流双向变换器. 北京：机械工业出版社，2022.
[23] 陈宏. 基于重复控制理论的逆变电源控制技术研究. 南京：南京航空航天大学，2003.
[24] 沈忠亭. 基于神经网络的变速恒频电源逆变器控制研究. 南京：南京航空航天大学，2002.
[25] 阮新波，严仰光. 脉宽调制 DC/DC 全桥变换器的软开关技术. 北京：科学出版社，1999.
[26] Barbi I，Pöttker F. 隔离式直流-直流变换器软开关技术. 文天祥，译. 北京：电子工业出版社，2021.
[27] 马运东. 直流变换器的三电平拓扑及其控制. 南京：南京航空航天大学，2003.

# 附录

## 基本环节的对数频率特性

工程中在对电力电子变换器闭环控制系统分析与设计时采用频域分析，其中一个基本的环节就是伯德图的绘制。

1. 伯德图

伯德图又称为对数频率特性曲线，包括对数幅频曲线和对数相频曲线，表示当系统输入为正弦波时，输出正弦波信号相对于输入正弦波信号的幅值增益和相角位移。

对数幅频曲线和对数相频曲线的横坐标相同，使用角频率 $\omega$，采用对数 $\lg\omega$ 标度，单位为 rad/s；或使用频率 $f$（$f = \omega/(2\pi)$），采用对数 $\lg f$ 标度，单位为 Hz。在电力电子变换器的控制系统分析中，开关器件的开通与关断频率是一个很重要的参数，使用频率进行分析要比使用角频率更为直观，因此本书采用频率取代角频率标度伯德图的横坐标。

由于采用对数，横坐标每增加一个单位长度就代表频率 $f$（或角频率 $\omega$）增加 10 倍的距离，所以又称十倍频程，用 dec 表示。这使得 $1 \leqslant f \leqslant 10^n$ 的频率长度可以仅采用 $n$ 个单位长度进行标度。对数幅频曲线的纵坐标表示幅频特性幅值的对数乘以 20，单位为 dB。对数相频曲线的纵坐标表示相角，单位为"度（°）"，或者用实数表示，单位为"弧度（rad）"。

2. 单极点（一阶惯性环节）伯德图

单极点又称为一阶惯性环节，其标准形式：

$$G(s) = \frac{1}{1+\tau_0 s} = \frac{1}{1+\dfrac{s}{\omega_0}} = \frac{1}{1+\dfrac{s}{2\pi f_0}}$$

式中，$\tau_0 = \dfrac{1}{\omega_0} = \dfrac{1}{2\pi f_0}$，为正实数（若为负实数，则称该极点为右半平面极点）。式中分母含有一个 $s = -\omega_0$ 的根，因此传递函数在复平面的左半平面存在一个实极点。

其对数幅频特性：

$$L(\omega) = 20\lg|G(\mathrm{j}\omega)| = 20\lg\frac{1}{\left|1+\mathrm{j}\dfrac{\omega}{\omega_0}\right|} = -20\lg\left|1+\mathrm{j}\dfrac{f}{f_0}\right|$$

式中，若 $f \ll f_0$，则 $|G(\mathrm{j}\omega)| \approx 1$，$L(\omega) \approx 0$，$L(\omega)$ 与 $\lg f$ 的关系是一条水平线，就是 0dB 线；若 $f_0 \ll f$，则 $|G(\mathrm{j}\omega)| \approx \dfrac{f_0}{f}$，$L(\omega) \approx 20\lg\dfrac{f_0}{f} = 20\lg f_0 - 20\lg f$，$L(\omega)$ 与 $\lg f$ 的关系是斜率

为 –20dB/dec 的直线。这两条直线的交点横坐标为 $f_0$，纵坐标为 0；在交点处 $L(\omega) = -20\lg|1+j(f/f_0)| = -20\lg\sqrt{2} \approx -3\text{dB}$。因此对数相频曲线用两条渐近线近似表示：$0 < f < f_0$ 时，$L(\omega)$ 与 $\lg f$ 的关系是 0dB 水平线；$f_0 < f$ 时，$L(\omega)$ 与 $\lg f$ 的关系是斜率为 –20dB/dec 的直线；在 $f = f_0$ 时，两条直线（渐近线）在此相交，相交点的频率 $f_0$ 就是转折频率。转折频率将近似的对数幅频曲线分为两段：低频段和高频段。转折频率确定后就可以绘制出近似的对数幅频曲线，实际的对数幅频曲线在低频段和高频段非常趋近于渐近线，在转折频率 $f_0$ 处，实际曲线与渐近线有约 –3dB 的误差，在 $f = f_0/2$ 及 $f = 2f_0$ 处，实际曲线与渐近线有约 –1dB 的误差。

其相频特性：
$$\varphi(\omega) = \angle G(j\omega) = -\arctan\frac{\omega}{\omega_0} = -\arctan\frac{f}{f_0}$$

式中，若 $f \ll f_0$，则 $\varphi(\omega) \approx 0$，$\varphi(\omega)$ 与 $\lg f$ 的关系是 0° 水平线；若 $f_0 \ll f$，则 $\varphi(\omega) \approx -90°$，$\varphi(\omega)$ 与 $\lg f$ 的关系是 –90° 水平线。因此，对数相频曲线可以用三条渐近线近似表示：$0 < f < f_0/10$ 时，$\varphi(\omega)$ 与 $\lg f$ 的关系是 0° 水平线；$10f_0 < f$ 时，$\varphi(\omega)$ 与 $\lg f$ 的关系是 –90° 水平线；$f_0/10 < f < 10f_0$ 时，$\varphi(\omega)$ 与 $\lg f$ 的关系是斜率为 –45°/dec 的直线。三条渐近线分别在 $f = f_0/10$ 和 $f = 10f_0$ 处相交，近似曲线与实际曲线在这两点的误差约为 $\pm 5.7°$，且曲线 $\varphi(\omega)$ 关于点 $\varphi(\omega_0)$ 奇对称，如附图 1 所示。

3. 单零点（一阶比例微分环节）伯德图

单零点又称为一阶比例微分环节，其标准形式：

$$G(s) = 1 + \tau_0 s = 1 + \frac{s}{\omega_0} = 1 + \frac{s}{2\pi f_0}$$

式中，$\tau_0 = \dfrac{1}{\omega_0} = \dfrac{1}{2\pi f_0}$，为正实数（若为负实数，则称为右半平面零点）。式中分母含有一个 $s = -\omega_0$ 的根，因此传递函数在复平面的左半平面存在一个实零点。

该传递函数与单极点的传递函数互为倒数，伯德图如附图 2 所示。

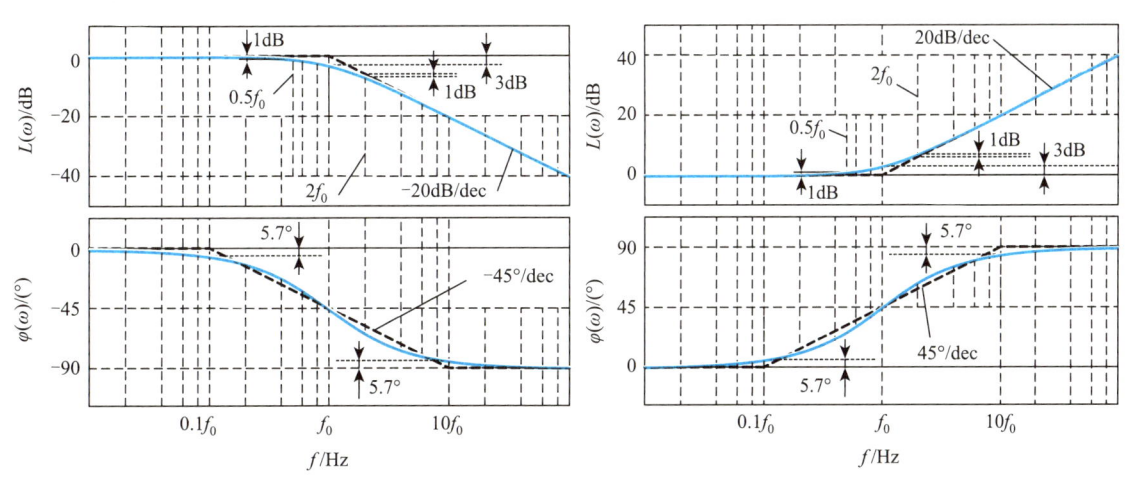

附图 1　单极点传递函数伯德图

附图 2　单零点传递函数伯德图

## 4. 右半平面零点伯德图

右半平面零点的标准形式：

$$G(s) = 1 - \tau_0 s = 1 - \frac{s}{\omega_0} = 1 - \frac{s}{2\pi f_0}$$

式中，$\tau_0 = \dfrac{1}{\omega_0} = \dfrac{1}{2\pi f_0}$，为正实数。式中分母含有一个 $s = \omega_0$ 的根，因此传递函数在复平面的右半平面存在一个实零点。

右半平面零点的对数幅频特性曲线与左边平面零点（单零点）的对数幅频特性曲线相同；右半平面零点的对数相频特性曲线与左半平面极点（单极点）的对数相频特性曲线相同。可直接根据单极点和单零点的对数幅频和相频特性曲线绘出右半平面零点伯德图，如附图 3 所示。

## 5. 倒置极点（一阶惯性环节和微分环节的乘积组合）伯德图

将单极点或单零点传递函数中含有 $s$ 项的分子与分母倒置，称为频率变换。

把单极点的传递函数进行频率变换，得到新的传递函数：

$$G(s) = \frac{1}{1 + \dfrac{\omega_0}{s}} = \frac{\dfrac{s}{\omega_0}}{1 + \dfrac{s}{\omega_0}} = \frac{\dfrac{s}{2\pi f_0}}{1 + \dfrac{s}{2\pi f_0}} = \frac{\tau_0 s}{1 + \tau_0 s}$$

式中，$\tau_0 = \dfrac{1}{\omega_0} = \dfrac{1}{2\pi f_0}$，为正实数。该传递函数被称为倒置极点。它实质上是一个一阶惯性环节和一个微分环节的乘积组合。其伯德图如附图 4 所示。在 $0 < f < f_0$ 时，$L(\omega)$ 与 $\lg f$ 的关系是斜率为 20dB/dec 的直线；在 $f_0 < f$ 时，$L(\omega)$ 与 $\lg f$ 的关系是 0dB 水平线；在 $f = f_0$ 时，两条直线（渐近线）在此相交，相交点的频率 $f_0$ 就是转折频率。

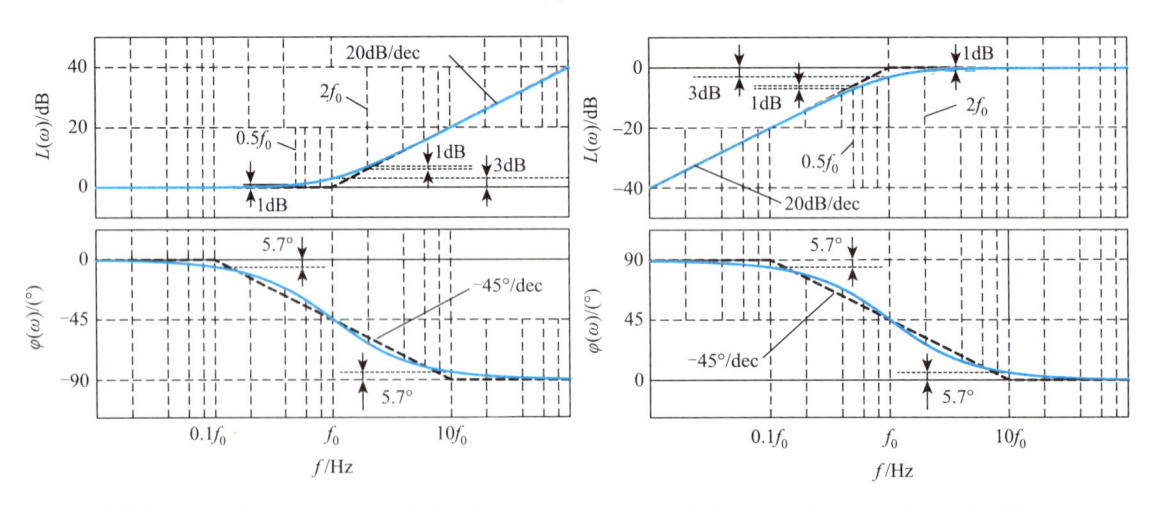

附图 3　右半平面零点传递函数伯德图　　附图 4　倒置极点传递函数伯德图

## 6. 倒置零点（一阶比例微分环节和积分环节的乘积组合、PI 调节器）伯德图

把单零点的传递函数进行频率变换，得到新的传递函数：

$$G(s) = 1 + \frac{\omega_0}{s} = \frac{1 + \dfrac{s}{\omega_0}}{\dfrac{s}{\omega_0}} = \frac{1 + \dfrac{s}{2\pi f_0}}{\dfrac{s}{2\pi f_0}} = \frac{1 + \tau_0 s}{\tau_0 s}$$

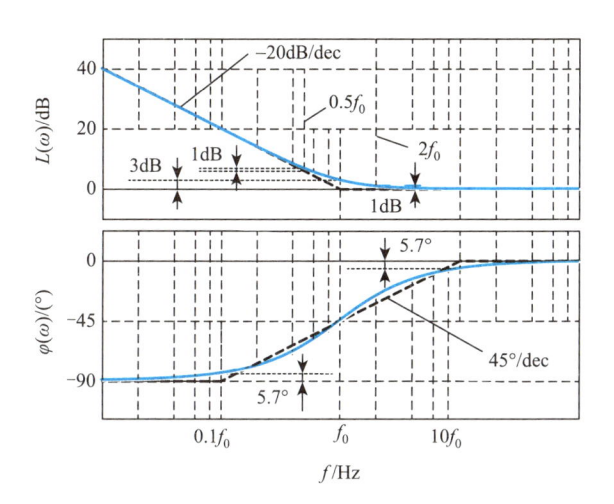

式中，$\tau_0 = \dfrac{1}{\omega_0} = \dfrac{1}{2\pi f_0}$，为正实数。该传递函数被称为倒置零点。它实质上是一个一阶比例微分环节和一个积分环节的乘积组合。其伯德图如附图5所示。在 $0 < f < f_0$ 时，$L(\omega)$ 与 $\lg f$ 的关系是斜率为 $-20\text{dB/dec}$ 的直线；在 $f_0 < f$ 时，$L(\omega)$ 与 $\lg f$ 的关系是 0dB 水平线；在 $f = f_0$ 时，两条直线（渐近线）在此相交，相交点的频率 $f_0$ 就是转折频率。PI 调节器具有这种传递函数形式。

附图5 倒置零点传递函数伯德图

**7. 二阶振荡环节**

附图6为典型的 $LC$ 低通滤波器。不考虑元器件的寄生杂散参数，该滤波器的传递函数为

$$G(s) = \frac{v_o(s)}{v_i(s)} = \frac{\dfrac{1}{LC}}{s^2 + \dfrac{1}{RC}s + \dfrac{1}{LC}}$$

$$= \frac{\omega_n^2}{s^2 + 2\zeta\omega_n s + \omega_n^2} = \frac{1}{\left(\dfrac{s}{\omega_n}\right)^2 + 2\zeta\dfrac{s}{\omega_n} + 1} = \frac{1}{\left(\dfrac{s}{2\pi f_n}\right)^2 + 2\zeta\dfrac{s}{2\pi f_n} + 1} = \frac{1}{(\tau_n s)^2 + 2\zeta\tau_n s + 1}$$

式中，$\omega_n = \dfrac{1}{\sqrt{LC}}$ 为自然振荡角频率，$\omega_n = \dfrac{1}{\tau_n} = 2\pi f_n$，$\tau_n = \sqrt{LC}$；$\zeta = \dfrac{1}{2R}\sqrt{\dfrac{L}{C}}$，为阻尼比。

在电路求解中，往往把上式写成：

$$G(s) = \frac{v_o(s)}{v_i(s)} = \frac{1}{\left(\dfrac{s}{\omega_n}\right)^2 + \dfrac{1}{Q}\dfrac{s}{\omega_n} + 1}$$

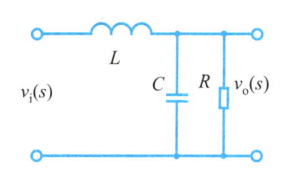

附图6 $LC$ 低通滤波器

式中，$Q = \dfrac{1}{2\zeta} = R\sqrt{\dfrac{C}{L}}$，为该滤波器的品质因数。

由上述关系式可知，当 $Q < 0.5$ 时，$\zeta > 1$，传递函数有两个不同的实极点；当 $Q = 0.5$ 时，$\zeta = 1$，传递函数有二重实极点（双极点）；当 $Q > 0.5$ 时，$\zeta < 1$，传递函数有两个共轭复极点。

当 $Q > 0.5$，$\zeta < 1$，传递函数有两个共轭复极点时，称为二阶振荡环节，其频率特性：

$$G(j\omega) = \cfrac{1}{1-\left(\cfrac{\omega}{\omega_n}\right)^2 + j\cfrac{1}{Q}\cfrac{\omega}{\omega_n}} = A(\omega)e^{j\varphi(\omega)}$$

式中，$A(\omega) = \cfrac{1}{\sqrt{\left(1-\left(\cfrac{\omega}{\omega_n}\right)^2\right)^2 + \left(\cfrac{1}{Q}\cfrac{\omega}{\omega_n}\right)^2}}$；$\varphi(\omega) = -\arctan\cfrac{\cfrac{1}{Q}\cfrac{\omega}{\omega_n}}{1-\left(\cfrac{\omega}{\omega_n}\right)^2}$。

其对数幅频特性：

$$L(\omega) = 20\lg A(\omega) = -20\lg\sqrt{\left(1-\left(\cfrac{\omega}{\omega_n}\right)^2\right)^2 + \left(\cfrac{1}{Q}\cfrac{\omega}{\omega_n}\right)^2}$$

根据上式，二阶振荡环节对数幅频特性渐近线如附图 7 所示：

在 $f \ll f_n$ 的低频段，$A(\omega) \rightarrow 1$，$L(\omega) \rightarrow 0$，是 0dB 水平线；在 $f_n \ll f$ 的高频段，$A(\omega) \approx \cfrac{\omega_n^2}{\omega^2} = \cfrac{f_n^2}{f^2}$，$L(\omega) \approx -40\lg\cfrac{f}{f_n} = 40\lg f_n - 40\lg f$，是斜率为 –40dB/dec 的直线；两条渐近线在 $f = f_n$ 处相交。由于渐近线在此相交转折，因此转折频率 $f_0 = f_n$。

在 $f = f_n$ 处，$L(\omega_n) = -20\lg\sqrt{\left(1-\left(\cfrac{\omega_n}{\omega_n}\right)^2\right)^2 + \left(2\zeta\cfrac{\omega_n}{\omega_n}\right)^2} = -20\lg(2\zeta) = 20\lg Q$，此时 $Q$ 就是传递函数的幅值。所以在 $f = f_n$ 附近，实际对数幅频特性曲线与渐近线之间的误差随 $Q$ 不同而不同，如附图 8 所示。不同 $Q$ 的实际对数幅频特性曲线如附图 9 所示。

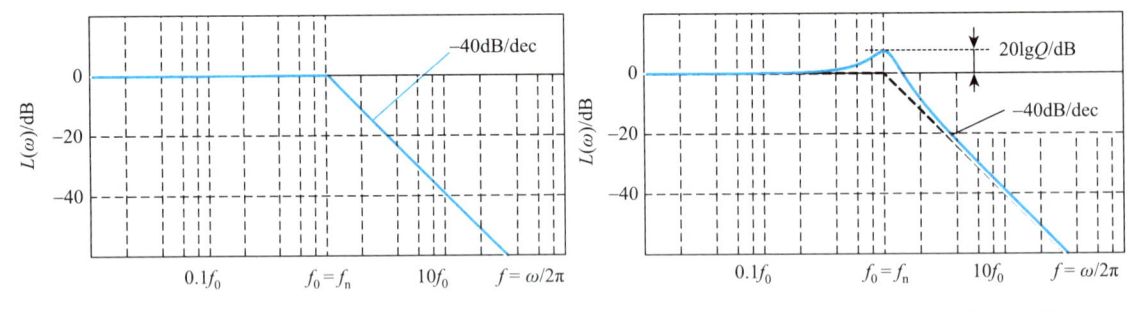

附图 7　二阶振荡环节对数幅频特性曲线的渐近线　　附图 8　二阶振荡环节对数幅频特性曲线与其渐近线

误差计算公式为

$$\Delta L(\omega) = -20\lg\sqrt{\left(1-\cfrac{f^2}{f_n^2}\right)^2 + \cfrac{f^2}{Q^2 f_n^2}},\ f \ll f_n$$

$$\Delta L(\omega) = -20\lg\sqrt{\left(1-\cfrac{f^2}{f_n^2}\right)^2 + \cfrac{f^2}{Q^2 f_n^2}} + 40\lg\cfrac{f}{f_n},\ f_n \ll f$$

根据上式绘制的误差曲线如附图 10 所示。

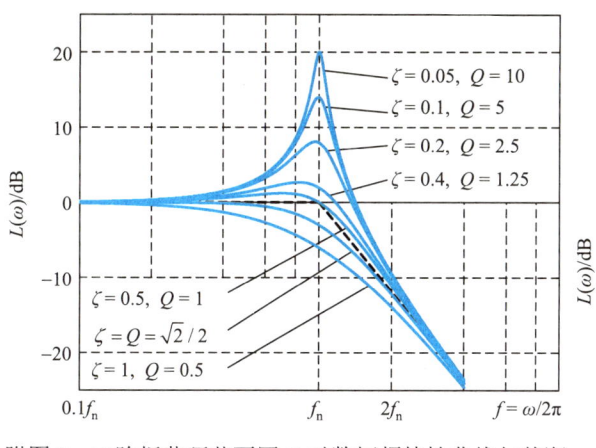

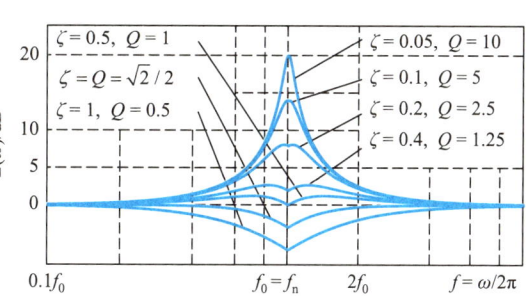

附图9 二阶振荡环节不同 $Q$ 对数幅频特性曲线与其渐近线

附图10 二阶振荡环节不同 $Q$ 渐近线误差修正曲线

二阶振荡环节的相频特性：

$$\varphi(\omega) = \angle G(\mathrm{j}\omega) = -\arctan\frac{\dfrac{1}{Q}\dfrac{f}{f_\mathrm{n}}}{1-\left(\dfrac{f}{f_\mathrm{n}}\right)^2}$$

其对应的曲线如附图11所示。

在 $f \ll f_\mathrm{n}$ 的低频段，$\varphi(\omega) \to 0$，是0°水平线；在 $f_\mathrm{n} \ll f$ 的高频段，$\varphi(\omega) \to -180° = -\pi$，是 $-180°$ 水平线或 $-\pi$ 水平线。在 $f = f_\mathrm{n}$ 附近中频段，由于 $Q$ 值不同，相频特性有变化，如附图11所示。在约2个十倍频程的频率范围内，相位从0°变化到 $-180°$。根据相频特性的实际情况，可以选择中频段的渐近线为

$$\begin{cases} f_\mathrm{a} = 10^{-\zeta} f_\mathrm{n} = 10^{-\frac{1}{2Q}} f_\mathrm{n} \\ f_\mathrm{b} = 10^{\zeta} f_\mathrm{n} = 10^{\frac{1}{2Q}} f_\mathrm{n} \end{cases}$$

在 $f_\mathrm{a} \leqslant f \leqslant f_\mathrm{b}$ 中频段，对数相频曲线渐近线为一条直线，在 $f = f_\mathrm{a}$ 处，$\varphi(\omega) = 0$；在 $f = f_\mathrm{b}$ 处，$\varphi(\omega) = -180°$。如附图12所示。

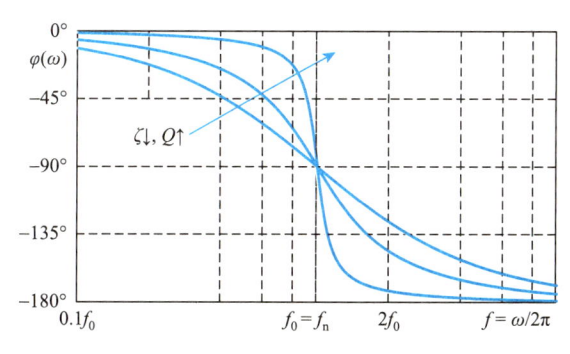

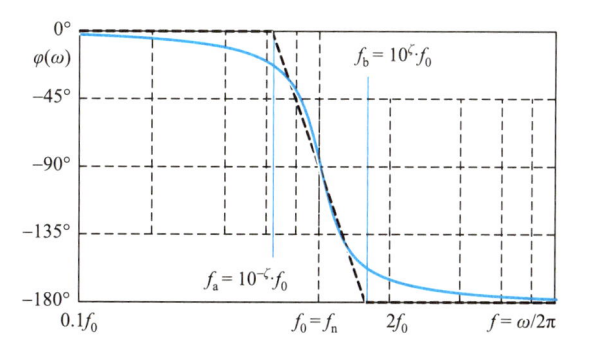

附图11 二阶振荡环节 $Q$ 变化对对数相频特性的影响

附图12 二阶振荡环节实际对数相频特性曲线与其渐近线

不同 $Q$ 时对数相频特性实际曲线如附图 13 所示。

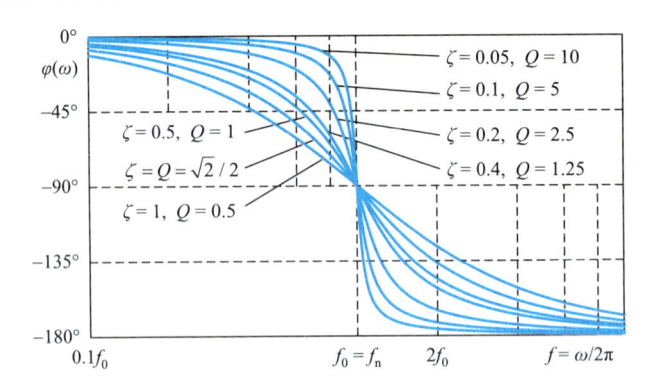

附图 13　二阶振荡环节不同 $Q$ 时对数相频特性曲线

相位裕量与品质因数之间的关系：

$$\varphi_m = \arctan\frac{2\zeta}{\sqrt{\sqrt{1+4\zeta^4}-2\zeta^2}} = \arctan\sqrt{\frac{2}{\sqrt{1+4Q^4}-1}} = \arctan\sqrt{\frac{1+\sqrt{1+4Q^4}}{2Q^4}}$$

由此绘制出 $\varphi_m = f(Q)$ 的函数关系曲线，如附图 14 所示。

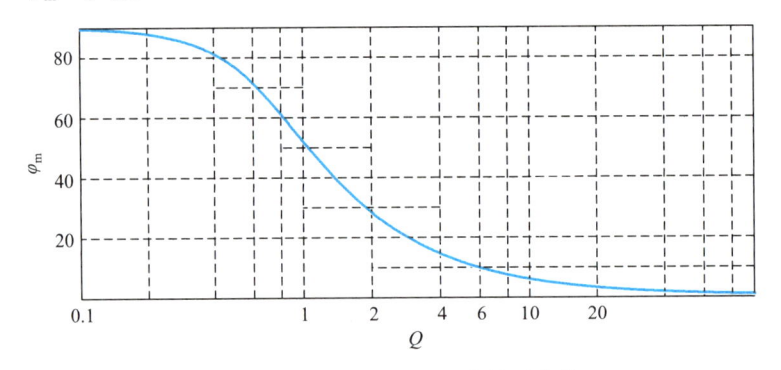

附图 14　$\varphi_m = f(Q)$ 的函数关系曲线